KB115971

나무의사
필기 심화 모의고사
625제

박범수
㈜에듀웨이 R&D연구소
지음

EDUWAY

저자 프로필 | **박범수**

• 경북대학교 영어영문학과 석사 수료
• 한국방송통신대학교 농학과 졸업
• 현재 나무의사로 활동
• 자격증 : 나무의사, 식물보호산업기사, 조경기능사

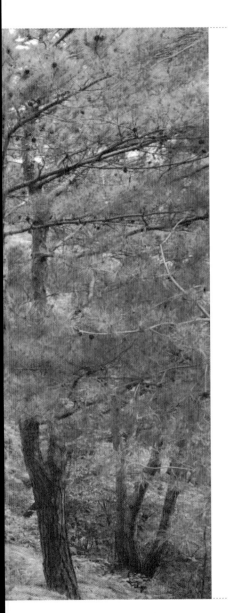

나무의사 자격시험은 산림보호법에 의거하여 생활권 수목 진료 및 치료의 전문성 확보를 통해 생활권 수목의 올바른 관리를 도모하기 위해 산림청에서 시행하는 자격시험입니다. 생활권 수목의 진단을 하고자 하는 자는 반드시 나무의사 자격증을 취득해야만 수목의 진료 및 처방을 할 수 있으므로 미래의 유망 직종으로 꼽히고 있습니다.

이 책은 나무의사 자격증 시험의 난이도에 맞춰 최종점검 할 수 있는 모의고사 문제와 반드시 알아야 할 핵심이론으로 구성되었습니다.

이 책의 특징

1. 최근 기출문제의 난이도에 맞춰 모의고사 문제를 구성하였습니다.

2. 반드시 알아야 할 핵심이론을 요약 · 정리하였습니다.

3. 주요 수목병과 해충의 필수 암기 내용을 표로 정리하여 학습에 도움이 되도록 하였습니다.

4. 기출지문 O/× 문제를 통해 실제시험에서 어떤 지문들이 출제되었는지 파악할 수 있도록 하였습니다.

이 책으로 공부하신 여러분 모두에게 합격의 영광이 있기를 기원하며 책을 출판하는 데 있어 도와주신 ㈜에듀웨이 임직원, 편집 담당자, 디자인 실장님에게 지면을 빌어 감사드립니다.

㈜에듀웨이 R&D연구소 드림

나무의사 시험개요

01 **자격명** : 나무의사

02 **자격의 종류** : 국가전문자격

03 **자격발급기관** : 한국임업진흥원(KOFPI)

04 **응시원서 접수** : 원서접수기간에 KOFPI(https://namudr.kofpi.or.kr/)에서 온라인 접수

05 **문의사항** : 1600-3248 (나무의사 4번)

06 **검정수수료** : 1차 20,000원 , 2차 : 47,000원

07 **1차 필기 시험과목**

과목	문항수	배점	시험방법
수목병리학	25	100점	
수목해충학	25	100점	
수목생리학	25	100점	객관식 5지택일형
산림토양학	25	100점	
수목관리학	25	100점	

08 **시험시간** : 125분

09 **합격기준** : 각 과목 40점 이상, 전 과목 평균 60점 이상

10 **응시자격**

1. 「고등교육법」 제2조 각 호의 학교에서 **수목진료 관련 학과의 석사 또는 박사 학위를 취득**한 사람

2. 「고등교육법」 제2조 각 호의 학교에서 수목진료 관련 학과의 학사학위를 취득한 사람 또는 이와 같은 수준의 학력이 있다고 인정되는 사람으로서 **해당 학력을 취득한 후 수목진료 관련 직무분야에서 1년 이상 실무**에 종사한 사람

3. 「초·중등교육법 시행령」 제91조에 따른 **산림 및 농업 분야 특성화고등학교를 졸업**한 후 수목진료 관련 직무분야에서 3년 이상 실무에 종사한 사람

4. 「국가기술자격법」에 따른 **산림기술사, 조경기술사, 산림기사·산업기사, 조경기사·산업기사, 식물보호기사·산업기사** 자격을 취득한 사람

5. 「국가기술자격법」에 따른 **산림기능사 또는 조경기능사** 자격을 취득한 후 수목진료 관련 직무분야에서 **3년 이상 실무**에 종사한 사람

6. 「자격기본법」에 따라 국가공인을 받은 **수목보호 관련 민간자격**으로서 「자격기본법」 제17조제2항에 따라 등록한 기술자격을 취득한 사람

7. 「문화재수리 등에 관한 법률」에 따른 **문화재수리기술자(식물보호 분야)** 자격을 취득한 사람

8. **수목치료기술자 자격증을 취득**한 후 수목진료 관련 직무분야에서 4년 이상 실무에 종사한 사람

9. 수목진료 관련 직무분야에서 5년 이상 실무에 종사한 사람

11 나무의사 사격시험 경력증명서

1차 시험에 처음 접수 시 양성기관 교육이수와 응시자격에 대한 증빙서류를 첨부

① 나무의사 교육이수증명서 스캔본
② 증명사진(3.0×4.5) 스캔본 – 6개월 이내 촬영한 칼라사진, 상반신 정면, 탈모, 무배경
③ 응시자격 증빙서류 스캔본 (해당하는 하나만 첨부)
- 학사학위 + 경력1년 : 90일이내 발급한 졸업증명서 등(진위확인 가능문서) + 경력증명서 + 4대보험(중 택1) 가입증명서 등
- 석사·박사 학위 : 90일이내 발급한 졸업증명서(진위확인 가능문서) 혹은 학위기
- 기술사·기사·산업기사 자격 : 한국산업인력공단 수첩형(상장형) 자격증 – 산림·조경·식물보호 자격에 한함
- 문화재수리기술자(식물보호분야) 자격 : 한국산업인력공단 수첩형(상장형) 자격증
- 기능사 자격 + 경력3년 : 한국산업인력공단 수첩형(상장형) 자격증 + 경력증명서 + 4대보험(중 택1) 가입증명서 등 – 산림·조경·식물보호 자격에 한함
- 수목치료기술자 자격 + 경력4년 : 한국임업진흥원 카드형(상장형) 자격증 + 경력증명서 + 4대보험(중 택1) 가입증명서 등
- 경력 5년 : 경력증명서 + 4대보험(중 택1) 가입증명서 등
※ 수목진료 관련 학과 및 직무분야 경력만 인정 (자세한 사항 검정관리–시험안내 참고)
※ 경력증명서 서식은 반드시 본 누리집 내에서 공지하고 있는 서식을 제출하여야 하며, 회사 자체 발급 경력증명서는 참고자료로서만 활용
※ 응시자격 서류는 처음 응시하는 시험에서만 심사하므로 불합격 이후 다음 필기시험 재접수 시 응시자격 서류를 제출하지 않아도 됨

12 기타

1. 시험 당일 지참 : 신분증, 수험표, 필기구 수정테이프 및 일반 계산기 허용 (공학용 계산기 및 메모리 기능이 있는 계산기 사용불가)
- 시험장에서는 계산기를 제공하지 않으며, 미소지로 발생하는 귀책사유는 수험자에게 있음
- 답안지를 잘못 작성했을 시 수정테이프를 사용하여 수정할 수 있음 (수정액, 수정스티커 등 사용 불가)
- 불완전한 수정처리로 인해 발생하는 전산자동판독불가 등 불이익은 수험자에게 있으니 주의할 것

2. 시험문제지 수령 가능
- 나무의사 자격시험 1차(선택형 필기) 시험에 한하여 시험 종료 후 본인 문제지를 직접 가지고 갈 수 있음
- 단, 시험포기 후(시험포기 후 중도퇴실 포함) 문제지를 가지고 퇴실하는 경우는 부정행위자로 처리될 수 있음
- 문제지는 나무의사 자격시험 누리집에 게시
- 시험문제와 문제지는 저작권법에 의해 보호되며, 무단복제·배포·공중송신 등의 불법행위는 고발될 수 있음

13 2차 시험

과목	배섬	시험방법
수목피해 진단 및 처방	100점	논술형 및 단답형
수목 및 병충해의 분류, 약제처리와 외과수술	100점	작업형

1 수목병리학

항목	세부항목
1. 수목병리학 일반	① 수목병리학 일반 ② 수목병리학의 역사
2. 수목병의 원인	① 비생물적 병원 ② 생물적 병원(바이러스 포함)
3. 수목병해의 발생	① 수목병의 성립 ② 수목병해의 병환 ③ 병환 구성요소 및 단계별 특성
4. 수목병해의 진단	① 진단의 중요성과 절차 ② 진단법의 종류 ③ 진단법의 특징 및 적용
5. 수목병의 관리	① 수목병의 치료 ② 수목병의 방제 ③ 종합적 관리 ④ 병해관리의 실행 요소
6. 수목병해	① 곰팡이 병해 ② 세균 병해 ③ 선충 병해 ④ 파이토플라스마 병해 ⑤ 바이러스 병해 ⑥ 종자식물, 조류, 등에 의한 병해 ⑦ 쇠락과 마름

2 수목해충학 (25문항)

항목	세부항목
1. 곤충의 이해	① 곤충의 번성과 진화 ② 곤충의 분류
2. 곤충의 구조와 기능	① 외부구조와 기능 ② 내부구조와 기능
3. 곤충의 생식과 생장	① 곤충의 생태적 특징 ② 곤충의 생장과 행동
4. 수목해충의 분류	① 수목해충의 정의 및 특징 ② 수목해충의 구분
5. 수목해충의 예찰 및 방제	① 수목해충의 예찰 ② 수목해충의 방제 ③ 종합적 관리
6. 수목해충	① 잎을 갉아먹는 해충 ② 즙액을 빨아먹는 해충 ③ 종실 및 구과에 피해를 주는 해충 ④ 벌레혹을 만드는 해충 ⑤ 줄기나 가지에 구멍을 뚫는 해충

3 수목생리학

항목	세부항목	항목	세부항목
1. 수목생리학 정의	① 수목의 정의 ② 세포의 생사 ③ 기타	10. 수분생리와 증산작용	① 물의 특성과 기능 ② 뿌리의 수분 흡수와 물의 이동 ③ 증산의 기능 ④ 증산 억제 ⑤ 수액 상승
2. 수목의 구조	① 영양구조와 생식구조 ② 통도조직 ③ 분열조직 ④ 잎과 눈 ⑤ 수간(가지) ⑥ 뿌리 ⑦ 특수 구조	11. 유성생식과 개화생리	① 유성생식 기간과 특징 ② 개화생리
		12. 식물 호르몬	① 특징과 역할 ② 종류와 기능 ③ 호르몬과 수목 생장
3. 수목의 생장	① 생장의 종류 ② 수목의 분열조직 ③ 줄기(수고)생장형 ④ 직경생장 ⑤ 수관형 ⑥ 수피 ⑦ 뿌리 생장 ⑧ 균근	13. 스트레스 생리	① 수분 ② 온도 ③ 빛, 바람, 기타
4. 광합성	① 햇빛의 중요성과 생리적 효과 ② 광색소와 광합성		
5. 호흡	① 호흡의 중요성 ② 호흡 기작		
6. 탄수화물 대사	① 탄수화물의 기능과 종류 ② 운반, 축적 및 분포		
7. 단백질과 질소대사	① 아미노산과 단백질 ② 질소 대사 ③ 수목 내 분포 및 계절적 변화		
8. 지질대사	① 기능과 종류 ② 수목 내 분포		
9. 무기영양	① 무기양분의 종류와 요구도 ② 무기양분의 체내 분포와 변화 ③ 무기염 흡수기작		

이 책의 구성

수목병 및 수목해충 분류
수목병 및 수목해충의 분류표를 작성하여 수목병과 수목해충의 종류를 한눈에 볼 수 있게 하여 전체 윤곽을 그릴 수 있게 하였습니다.

가독성을 향상시킨 정리
다소 지루한 이론 중 핵심사항만 일목요연
하게 정리하였습니다. 또한, 반드시 숙지해
야 할 부분은 형광펜 표시를 하였습니다.

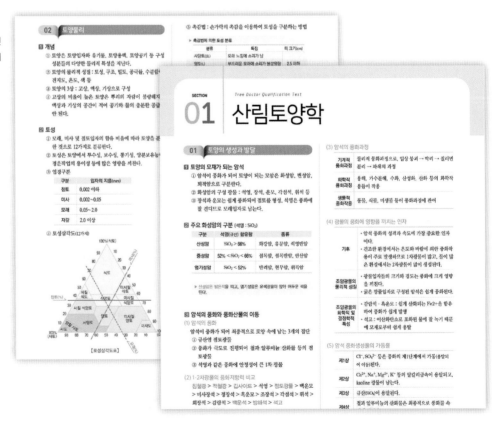

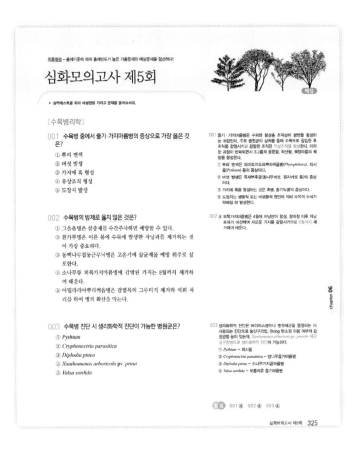

심화모의고사
지금까지의 기출문제를 토대로 출제유형 및 출제빈도를 분석하여 실제 시험과 유사한 문제를 풀어봄으로써 시험에 만전을 기하도록 하였습니다.

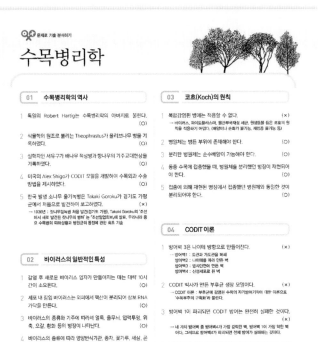

OX문제로 기출 분석하기
최근 기출문제를 통합 분석하여 O·X 문제로 체크할 수 있도록 하였습니다.

Contents

▣ 나무의사 시험개요
▣ 출제기준

Forest and
Shade Tree Pathology

CHAPTER

01

수목병리학

수목병리학 총론

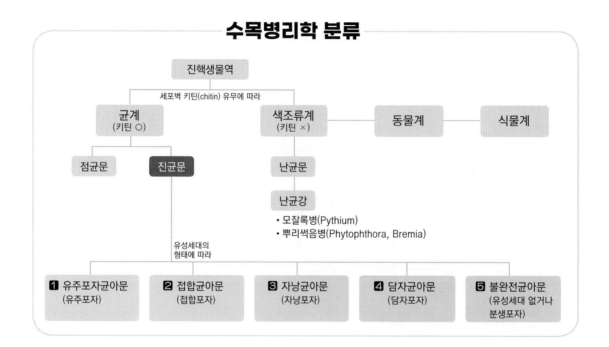

수목병리학 분류

진핵생물역

세포벽 키틴(chitin) 유무에 따라

균계 (키틴 ○)   색조류계 (키틴 ×)   동물계   식물계

점균문   진균문   난균문

난균강
- 모잘록병(Pythium)
- 뿌리썩음병(Phytophthora, Bremia)

유성세대의 형태에 따라

❶ 유주포자균아문 (유주포자)   ❷ 접합균아문 (접합포자)   ❸ 자낭균아문 (자낭포자)   ❹ 담자균아문 (담자포자)   ❺ 불완전균아문 (유성세대 없거나 분생포자)

❶ 유주포자균아문 (유주포자)

병꼴균강 (호상균류)

- 식물병원균(Olpidium, Physoderma, Synchytrium)
- 대부분 민물이나 습한 토양에서 부생생활

❷ 접합균아문 (접합포자)

접합균강

- 식물병원균(Choanephora, Rhizopus, Mucor)
- 균근균(Endogone속)
- 곤충기생곰팡이(Entomophthora, Massospora속)
- 포식균류(아메바, 선충 등 포식)
- 대부분 부생생활

③ 자낭균아문 (자낭포자)

자낭과 형성과 형태에 따라

| 반자낭균강 (자낭과 없음) | • Taphrina 속
• 대부분의 효모 |

| 부정자낭균강 (자낭구) | • 불완전균류 Penicillium
• Aspergillus 속의 유성세대 |

| 각균강 (자낭각) | • 흰가루병, 탄저병균
• 일부 그을음병 |

| 반균강 (자낭반) | • Rhytisma
• Lophodermium |

| 소방자낭균강 (위자낭각) | • Elsinoe
• Mycosphaerella
• Venturia
• Guignardia
• 각종 그을음병균 |

| 동충하초강 | 목재부후균 | • 연부후균(콩버섯, 콩꼬투리버섯)
• 청변균곰팡이균(Ophiostoma, Ceratocystis, Leptographium) |

④ 담자균아문 (담자포자)

버섯 형성 유무에 따라

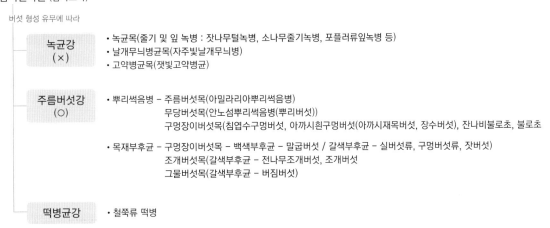

| 녹균강 (×) | • 녹균목(줄기 및 잎 녹병 : 잣나무털녹병, 소나무줄기녹병, 포플러류잎녹병 등)
• 날개무늬병균목(자주빛날개무늬병)
• 고약병균목(잿빛고약병균) |

| 주름버섯강 (○) | • 뿌리썩음병 – 주름버섯목(아밀라리아뿌리썩음병)
　　　　　　　무당버섯목(안노섬뿌리썩음병(뿌리버섯))
　　　　　　　구멍장이버섯목(침엽수구멍버섯, 아까시흰구멍버섯(아까시재목버섯), 장수버섯), 잔나비불로초, 불로초
• 목재부후균 – 구멍장이버섯목 – 백색부후균 – 말굽버섯 / 갈색부후균 – 실버섯류, 구멍버섯류, 잣버섯)
　　　　　　　조개버섯목(갈색부후균 – 전나무조개버섯, 조개버섯
　　　　　　　그물버섯목(갈색부후균 – 버짐버섯) |

| 떡병균강 | • 철쭉류 떡병 |

⑤ 불완전균아문 (유성세대 없거나 분생포자)

분생포자 형성 유무에 따라

| 총생균강 (분생포자 ○, 분생포자과 ×) | • 잎병(Alternaria, Corynespora, Cercospora 등) |

| 유각균강 (분생포자 ○, 분생포자과 ○) | • 잎병(Marssonina, Entomosprium, Pestalotiopsis 등) |

| 무포자균강 (분생포자 ×) | • 뿌리썩음병(Rhizoctonia)
• 경화증곰팡이(Sclerotium) |

01 수목병리학의 역사

1 수병의 역사

(1) 식물학 원조

① Theophrastus(B.C. 370~286) : 올리브나무 등의 병을 기록

(2) 수병의 아버지

① 로버트하티그(1839~1901, Robert Hartig) : 부후재 균의 균사와 자실체 관계 최초 밝힘, 수병교과서, 수병고전 저서 등

(3) 세계 3대 수병

① 밤나무줄기마름병(*Cryphonectria parasitica*)
② 오엽송류 털녹병(*Cronartium ribicola*)
③ 느릅나무시들음병(*Ophiostoma ulmi*)

(4) 우리나라 수병의 역사

조선후기	• 『행포지』(서유구) - '배나무적성병', 향나무와 관계 등 경험적으로 입증
1922년	• 조선총독부 임업시험장 설치한 후 주로 산림해충 연구
1937년	• Takaki Goroku의 "조선에서 새로 발견된 잣나무의 병해"는 『조선임업회보』에 발표 • 우리나라 중요 수목병의 피해상황과 병원균의 동정에 관한 최초 기술
1935~1942년	• Hiratsuka Naohide는 『조선산수균』에 우리나라 녹병균 203종 수록 • 우리나라 녹병균 분류에 관한 최초의 연구논문
1940년	• 『선만실용임업편람』에 수목병 92종, 버섯류 163류 기록 • 우리나라에 발생하던 수목병의 종류에 대한 유일한 문헌
1943년	• Hemmi Takeo는 『식물분류지리』에 "조선산림 식물병원균의 연구" 발표 • 우리나라 산림식물병원균의 최초 균학적 연구 결과 수록, 산림식물병 표본 125개 중 단풍나무갈색점무늬병균 등 14종의 병원균 동정
1945년 이후	임업 연구 공백기
1950년대 말	"측백나무에 기생하는 병원성 Pestalotia에 대한 연구", "한국의 진균성 식물병목록", "포플러엽고병에 관한 연구" 등

2 우리나라 주요 수목병 (포·잣·대·오·소·소·참)

① 포플러류 녹병(*Melampsora larici-populina*) : 1956년부터 이태리포플러의 집단조림지에서 잎녹병 크게 발생, 저항성 이태리포플러1호와 2호 개발
② 잣나무털녹병(*Cronartium ribicola*) : 1936년 가평 처음 발견
③ 대추나무빗자루병(*Phytoplasma*) : 1976년 OTC(옥시테트라사이클린) 치료, 1980년 모무늬매미충 전염 밝힘
④ 오동나무빗자루병(*Phytoplasma*) : 1967년 담배장님노린재 매개충 밝힘, 1980년 수간주입 치료 입증
⑤ 소나무류 송진가지마름병(푸사리움가지마름병)(*Fusarium circinatum*) : 1996년 인천 리기다소나무림 처음 발견, 테부코나졸 유탁제 수간주사 효과 입증(최근)
⑥ 소나무재선충(*Bursaphelenchus xylophilus*) : 1988년 부산 동래 금정산 최초 발견, 2006년 경기도 광주 잣나무 발생 확인
⑦ 참나무시들음병(*Raffaelea quercus-mongolicae*) : 2004년 경기도 성남 신갈나무에 처음 발견, 광릉긴나무좀 매개충

02 곰팡이 분류

1 균류 분류

	유주포자균아문	병꼴균강(호상균류)
진균문	접합균아문	접합균강
	자낭균아문	반자낭균강, 부정자낭균강, 각균강, 반균강, 소방자낭균강
	담자균아문	녹균강, 주름버섯강, 떡병균강
	불완전균류	유각균강, 총생균강, 무포자균강
난균문	난균강	

2 균류의 특징

(1) 유주포자균아문 - 병꼴균강[호상균류]

① 격벽이 없는 다핵균사
② 세포벽 있음(키틴)
③ 유주포자(무성포자)는 1개의 민꼬리형 편모를 가짐
④ 특징 : 민물이나 습한 토양
⑤ 병원균 : *Olpidium, Physoderma*

16   1장 수목병리학

(2) 접합균아문 - 접합균강

① 격벽이 없는 균사, 노화 시 형성되기도 함

② 유성포자 : 접합포자(모양과 크기가 비슷한 배우자낭이 합쳐짐)

③ 병원균 : *Choanephora, Rhizopus, Mucor*

(3) 자낭균아문

① 격벽이 있는 균사, 단순격벽공(물질이동 통로)

② 균사조직에서 균핵과 자좌가 형성됨

③ 세포벽 있음(키틴, 섬유소는 거의 없음)

④ 유성포자 : 자낭포자

⑤ 무성포자 : 분생포자

⑥ 분류

반자낭균강	• 자낭과를 형성하지 않고, 자낭은 병반위에 나출됨, 자낭은 단일벽으로 구성 • 병원균 : *Taphrina* 속, 대부분의 효모
부정자낭균강	• 자낭구 형성, 단일벽에 자낭 산재 • 병원균 : 불완전균류 *Penicillium, Aspergillus* 속의 유성세대
각균강	• 자낭각 형성, 단일벽의 자낭이 자실층에 배열 • 병원균 : 흰가루병, 단저병균
반균강	• 자낭반 형성, 단일벽의 자낭이며 측사를 가지고 있음, 내벽에 나출된 자실층 • 병원균 : *Rhytisma, Lophodermium*
소방자낭균강	• 위자낭각 형성, 자낭은 2중벽 • 병원균 : *Elsinoe, Mycosphaerella, Venturia, Guignardia*, 그을음병균

(4) 담자균아문

① 격벽이 있는 균사, 유연공격벽

② 유성포자 : 담자포자(감수분열)

③ 병원균 : 녹병균, 부후균, 뿌리썩음병 등

(5) 불완전균류

① 유성세대 상실 또는 발견을 못함

② 무성세대가 자낭균과 유사하여 대부분 자낭균류이며, 일부는 담자균임

③ 분류

유각균강	• 분생포자과 안쪽에 분생포자 형성 • 분생포자각을 형성하는 병원균 : *Ascochyta, Marcophoma, Septoria* • 분생포자반을 형성하는 병원균 : *Collectotrichum, Entomosporium, Marssonina, Pestalotiopsis* 등
총생균강	• 분생포자과를 형성하지 않음 • 균사 조직인 분생포자좌, 분생포자경 다발 또는 균사에 직접 분생포자경을 형성하고 그 위에 분생포자 형성 • 병원균 : *Alternaria, Fusarium, Cercospora, Corynespora* 등
무포자균강	• 분생포자를 형성하지 않음 • 균사만 알려진 곰팡이(균핵 형성) • 병원균 : *Rhizoctonia, Sclerotium* 속

(6) 난균강

① 균사 발달

② 격벽없는 다핵균사

③ 세포벽 있음(키틴 없음, 글루칸, 섬유소)

④ 유성포자 : 난포자(대형 장란기+소형 장정기 수정)

⑤ 무성포자 : 유주포자(유주포자낭에서 발아)와 분생포자(직접 발아)

⑥ 유주포자 : 2개 편모(털꼬리형+민꼬리형), 1·2차형 유주포자

　• 특징 : 물 또는 습한 토양에서 서식

　• 병원균 : 모잘록병(Pythium), 뿌리썩음병(Phytophthora) 등

---

03 수목병의 진단법

1 병원균의 표징

① 곰팡이 : 균사체, 균사매트, 뿌리꼴균사다발, 자좌, 균핵, 흡기, 포자, 분생포자경, 포자낭, 분생포자반, 분생포자좌, 분생포자각, 자낭반, 자낭, 자낭각, 자낭구, 담자기, 버섯

　→ 모든 곰팡이가 표징을 나타내지는 않는다.

② 세균 : 세균 덩어리

③ 선충 : 난괴(알덩어리), 선충 자체

④ 바이러스와 파이토블라스마 : 뚜렷한 표징이 없음

2 배양적 진단

(1) 여과지 습실처리법

① 병징이나 표징이 나타나지 않을 때 사용

② 수입종자 검역에 많이 사용

③ 멸균 페트리접시, 여과지 2장, 항온기에 3~7일 배양 후 포자 관찰(해부현미경, 루페, 돋보기 등 이용)

(2) 영양배지법

① 습실처리법 동정이 잘 안될 때

② 물한천배지, 영양배지에서 병원균 배양하여 균총이나 포자를 관찰

③ 포자 형성이 잘 안되면 근자외선이나 형광등을 이용하여 포자 형성을 유도

3 생리생화학적 진단

① 식물의 화학적 성질 변화를 조사하여 진단

② 바이러스병의 황산구리법 진단(즙액에 황산구리와 수산화칼륨을 첨가하여 즙액의 착색 정도로 진단), Biolog의 탄소원 이용 여부의 검정법, Gram염색 및 10여 가지의 영양원과 생리생화학반응검사로 진단

4 해부학적 진단

① 현미경이나 육안으로 조직 내·외부의 병원균의 형태 또는 조직 내부의 변색, 식물세포 내의 X-체(봉입체) 등 관찰하는 진단

② 과습에 의해 변형된 엽육조직 진단, 세균에 의한 풋마름병의 진단(우윳빛의 세균 누출), 미세절편기(자실체의 형태 및 포자의 색깔) 등

5 현미경적 진단

(1) 해부(실체)현미경 : 물체 표면에서 반사된 빛을 통해 관찰. 육안으로 관찰할 수 없는 병원균의 표면을 관찰하는 1차적인 진단도구

(2) 광학 현미경 : 해부현미경보다 고배율로서 물체를 통과한 빛을 통해 관찰. 진균의 포자, 균사, 세균을 관찰

(3) 전자현미경

① 투과전자현미경(TEM) : 명암대비 상 형성, 광학현미경의 업그레이드 버전, 세포 내부·부속사·바이러스 등

② 주사전자현미경(SEM) : 반사된 형상, 해부현미경의 업그레이드 버전, 진균·세균·식물표면·포자표면 돌기·무늬

6 면역학적 진단

① 병든 식물에서 분리한 병원균에 대한 항혈청 만든 다음에 병든 식물의 즙액에서 분리한 병원체와 반응시킨다.

② 이미 알고 있는 병원체와 동일 여부로 균을 동정한다.

③ 바이러스병의 진단에 많이 이용되었으나, 최근에 진균 및 세균병의 진단에도 사용된다.

④ 방법 : 응집과 침강 반응, 면역확산법, IF법, 면역효소항체법(ELISA, 가장 많이 사용), ISEM법, dot-blot assay, dip-stick 법, 다클론항체

7 분자생물학적 진단

① 병든 식물체에서 DNA 추출 → PCR 이용하여 DNA의 특정부위를 증폭 → 증폭된 유전자의 염기서열을 DNA 데이터베이스에 등록된 유전자 또는 DNA염기서열과 비교하여 병원균을 동정

② 추가적인 현미경적 진단법이 병행되어야 한다.

③ 단점

• 데이터베이스 염기서열 등록시 검증절차가 부족하여 병원균 동정에 오류 가능성이 있음

• 미등록된 신종 병원균 동정 어려움

8 코흐의 원칙

① 병든 식물의 병징 부위에서 병원체를 찾을 수 있어야 한다.

② 병원체는 반드시 분리되고 영양배지에서 순수배양 되어 그 특성을 알아낼 수 있어야 한다.

③ 순수배양 된 병원체는 병이 나타난 식물과 같은 종 또는 품종의 건전한 식물에 접종하였을 때 그 식물체에서와 똑같은 증상을 일으켜야 한다.

④ 병원체는 재분리하여 배양할 수 있어야 하며, 그 특성은 ②와 같아야 한다.

> ▶ 바이러스, 파이토플라스마, 물관부국재성 세균, 원생동물 등은 코흐의 원칙을 적용하기 어렵다.(배양이나 순화가 불가능, 재접종 불가능 등)

04 수목병해의 관리

1 전염원 제거

① 1차 전염원인 병든 낙엽을 늦가을에 묻고 소각 : 전염고리를 끊으면 이듬해 발병률이 낮아짐

② 전염원 제거의 예
- 칠엽수얼룩무늬병 : 늦가을 이병엽 소각
- 소나무류 잎떨림병 : 장마 전까지 이병엽 제거
- 녹병균 : 중간기주 제거
- 소나무재선충 : 감염목 제거

2 발병환경 개선

(1) 발병환경

① 생장기 이식 시 : 낙엽송·편백·분비나무·활엽수류 등은 뿌리썩음병·페스탈로티아병·잿빛곰팡이병·탄저병·줄기마름병 등의 발생 가능성이 높다.

② 늦은 가을식재 시 : 뿌리 동해로 생육장해

③ 묘목 불량 및 잘못된 식재방법 : 아밀라리아뿌리썩음병(심식), 자주빛날개무늬병, 흰날개무늬병 등의 발생가능성이 높다.

④ 일광 부족·토양습도 부적당 할 때 : 침엽수의 *Rhizoctonia solani*, *Pythium debaryanum* 등이 발생하기 쉽다.

⑤ 비교적 건조한 토양 : 모잘록병(*Fusarium* 속) 발생 가능성이 높다.

⑥ 유기물 많은 토양 : 자줏빛날개무늬병의 발생 가능성이 높다.

⑦ 질소비료 과용 : 동해, 냉해 및 침엽수의 모잘록병, 삼나무의 붉은마름병 발생 증가

⑧ 황산암모니아의 과용 : 토양전염병의 피해 증가

⑨ 연식할 시 : 낙엽송보살록병, 오리나무갈색무늬병, 오동나무탄저병, 뿌리혹선충병 등의 발생 가능성이 높다.

⑩ 잡초나 잡목에 의한 피압된 침엽수 : 잿빛곰팡이병, 페스탈로티아병, 삼나무·편백검은돌기잎마름병, 삼나무붉은마름병·소나무류 잎떨림병·피목가지마름병 등의 피해를 받기 쉽다.

⑪ 덩굴류에 의한 압박 : 소나무피목가지마름병, 낙엽송잎떨림병, 삼나무가지마름병, 삼나무검은돌기잎마름병, 편백검은돌기잎마름병 등의 발생 가능성이 높다.

(2) 발병환경 개선

① 무병건전묘 선별 식재

② 휴면기 이식 원칙

③ 돌려짓기 : 모잘록병, 뿌리썩이선충 등 예방효과

④ 윤작연한
- 오리나무갈색무늬병, 오동나무탄저병은 2~3년의 윤작으로 방제효과 높다.
- 침엽수의 모잘록병, 자주날개무늬병, 흰비단병 등은 3~4년 윤작으로 방제효과 낮다.

⑤ 임지무육
- 임지의 잡초와 잡목을 제거하여 임분의 과밀화를 방지하고 병을 예방하는 수단
- 지속적이고 장기간의 작업이 효과가 있다. **예** 풀베기, 덩굴치기, 제벌과 간벌 등

⑥ 풀베기
- 천연갱신묘에 심각한 모잘록병을 예방할 수 있다.
- 소나무류·전나무류의 잎녹병, 소나무혹병 등은 겨울포자 형성되기 전에 풀베기가 예방효과 높다.

⑦ 제벌과 간벌 : 소나무류의 잎떨림병·피목가지마름병, 낙엽송의 낙엽병·가지끝마름병 등의 방제효과가 높다.

> ▶ 과도한 제벌, 간벌·가지치기(전정)는 주로 남서쪽의 수간이나 가지에 볕뎀(피소나 동렬) 등이 발생하여 줄기마름병을 유발할 수 있다.

⑧ 기타
- 낙엽송가지끝마름병의 피해임지에서 여름에 덩굴치기를 하면 새 가지의 선단부가 상처를 받아 가지끝마름병의 피해가 증가할 수 있어, 저온기에 덩굴치기를 실시한다.
- 포플러와 오동나무 숲은 강한 간벌을 할 경우 줄기마름병이 많이 발생한다.

1 의의

① 수목은 자기방어기작에 의하여 부후외측의 변색재와 건전재의 경계에 방어벽을 형성하여 부후균의 침입에 저항한다.

② 이러한 방어기작이 파괴되면 부후균이 방어벽을 뚫고 건전재로 침입해서 부후를 확대하기 때문에 외과수술 시에 방어벽이 형성된 변색재와 건전재에 상처를 내면 안 된다.

2 방어벽 4단계

구분	특징
방어벽 1	부후의 세로축 방향(섬유방향) 진전을 저지하는 벽(도관과 가도관 폐쇄)
방어벽 2	부후의 방사방향 진전을 저지하는 벽 (나이테를 따라 만든 벽)
방어벽 3	부후의 접선방향 진전을 저지하는 벽 (방사단면에 만든 벽)
방어벽 4	노출된 외부상처를 밖에서 에워싸기 위해 상처가 난 후에 형성층이 세포분열로 만든 신생세포로 된 벽

→ 네 가지 방어벽 중 방어벽 4가 가장 강력한 벽이며, 방어벽 1이 가장 약한 벽이다.

06 수목병의 부위별 특징

1 뿌리병

(1) 주요 병원체

① 뿌리의 주요 병원체는 곰팡이며, 대부분 임의기생체이므로 토양에서 부생적으로 생존할 수 있다.

② 목재부후균이 죽은 뿌리를 통해 감염하면 줄기로 진전하면서 심재부를 부후시킨다.

(2) 발생과 병징

① 수세가 약하거나 지하부의 상처를 통해서 병원체가 침입한다.

② 뿌리둘레를 에워싸고 생장하며 지제부 줄기 테두리를 부후시켜 고사시킨다.

③ 지상부는 초기에 잎의 크기가 작아지고 갈변하며, 점점 시들음증상과 가지마름증상이 나타나며, 줄기 하단의 테두리가 부후하여 고사한다.

④ 주변에는 말라죽은 나무나 영양결핍증상을 보이는 나무들이 있다.

(3) 뿌리병해의 진단

① 자실체나 구조체가 표징이다.

② 조직 배양으로 진단한다.

(4) 병원균 우점병

① 미성숙 조직을 침투하여 조직을 연화시킨다.

② 뿌리노화를 촉진시켜 감염된 나무가 조기 고사한다.

③ 병원균 : 피시움(*Pythium*), 푸사리움(*Fusarium*), 뿌리썩음병(*Rhizoctonia solani*), 파이토프토라(*Phytophthora*), 리지나뿌리썩음병(*Rhizina undulata*)

(5) 기주 우점병

① 기주가 병 발생에 더 큰 영향을 끼친다.

② 대부분 뿌리썩음병과 시들음병을 유발한다.

③ 병의 진행은 만성적으로 진전되며, 생장 지연과 결실률 저하가 나타난다.

④ 조직 특이적인 병(유관속병)도 나타난다.

⑤ 병원균 : 아밀라리아뿌리썩음병(*Armillaria mellea*), *A.solidipes*, 안노섬뿌리썩음병(*Heterobasidion annosum*), 자주날개무늬병(*Helicobasidium mompa*), 흰날개무늬병(*Rosellinia necatrix*), 아까시재목버섯(*Perenniporia fraxinea*), 영지버섯뿌리썩음병(*Ganoderma lucidum*), 잔나비불로초(*G.applanatum*)

2 줄기병

(1) 일반적 특징

① 수피와 형성층 상에 병반을 형성(궤양)하고 부분적으로 발생한다.

② 줄기, 가지, 잔가지 등에 발생한다.

(2) 병의 발달 과정

병원균이 상처 침입 → 휴면기에 수피 침입 → 수목은 감염조직 가장자리에 유합조직을 형성 → 병원균은 다음 휴면기에 유합조직을 침입 → 수목은 새로운 유합조직을 형성 → 반복 → 윤문형 유합조직 형성

(3) 병원균

밤나무줄기마름병, 호두나무검은돌기가지마름병, 낙엽송가지끝마름병, 편백·화백가지마름병, 소나무가지끝마름병(디플로디아순마름병), 소나무류수지궤양병(송진궤양병, 푸사리움가지마름병), 소나무류 피목가지마름병, 밤나무잉크병, 잣나무수지동고병, 오동나무줄기마름병, 벚나무빗자루병

(4) 궤양의 형태

윤문형	• 감염부에 둥근모양의 유합조직이 형성 • 병원균의 진전이 느림 • 수목 성장과 궤양의 생장 속도가 비슷
확산형	• 궤양 가장자리에 유합조직이 생성되지 않는다. • 감염부위가 타원형으로 길쭉하다. • 병원균의 이동이 빠르다. • 궤양의 생장이 수목의 부피생장보다 빨라서 환상박피가 일어난다.
궤양마름	• 유합조직이 거의 없거나 없다. • 감염부가 둥글거나 타원 • 병원균은 급속히 발달 • 수목은 1~2년 내에 고사한다.

(5) 병원균 전반

① 임의기생체

② 상처침입 후 수피에 궤양 형성한다.

③ 최근에 죽은 수피에 자실체를 형성한다.

④ 장거리 이동은 공기전염성 포자로, 근거리 이동(빗물)은 누출포자(2차전염원)로 전반한다.

3 잎병

(1) 일반직 특징

① 광합성 방해, 조기낙엽, 영양탈취 등 수목의 생장을 위축, 저항성 감소, 기능적 가치 하락(그늘, 방풍, 방음 등)

② 줄기·뿌리병 같은 전신적이고 단기간에 치명적이지 않다.

③ 유성세대가 밝혀진 병원균도 실제 가해시기는 대부분 불완전세대이다.

④ 분류학적으로 근연의 곰팡이는 기주를 달리하여도 비슷한 병징을 나타내는 경향이 있다.

(2) 점무늬병

발병과정 : 각피·개구조직 침입 − 엽육조직 침입 − 세포괴사 − 다양한 병반을 형성한다.

(3) 총생균강(Hyphomycetes)

Cercospora 속	• 주로 작은 점무늬에서 지름 수 mm의 점무늬 병반 − 융합 − 큰 병반이 형성된다. • 병든 부위에 분생포자경 및 분생포자가 밀집하여 다양한 색깔이 나타난다. • 자좌는 병반 위에 검은색 돌기나 긴 막대기형의 융단 같은 모양으로 형성된다. • 바람이 적고 습하면 흰색, 갈색의 포자덩이가 관찰된다. • 병원균 : 소나무잎마름병, 삼나무붉은마름병, 포플러갈색무늬병, 느티나무갈색무늬병, 벚나무갈색무늬구멍병, 명자꽃점무늬병, 무궁화점무늬병, 배롱나무갈색무늬병, 족제비싸리점무늬병, 때죽나무점무늬병, 두릅나무뒷면모무늬병, 쥐똥나무둥근무늬병, 멀구슬나무갈색무늬병, 모과나무점무늬병

Corynespora 속	• 어린 줄기 또는 잎에 주로 발생한다. • 분생포자가 크고 분생포자경이 길어 짧은 털이 밀생한 것 같다. • 돋보기만으로도 진단이 가능하다. • 병원균 : 무궁화점무늬병
기타 총생균강	• 병원균 : 소나무류 갈색무늬잎마름병, 소나무류 디플로디아순마름병

(4) 유각균강(Coelomycetes)

Marssonina 속	• 잎 점무늬병을 일으킨다. • 분생포자반은 표피아래 형성되고, 성숙하면 표피 찢고 나출된다. • 습할 때 흰색의 분생포자덩이가 분생포자반에 쌓여 흰색 또는 담갈색으로 보이며, 육안으로 관찰이 가능하다. • 분생포자는 무색의 두 개의 세포(윗세포와 아랫세포)로 형성되며 서로 크기와 모양이 다르다. • 병원균 : 포플러류 점무늬잎떨림병, 참나무갈색둥근무늬병, 장미검은무늬병
Entomosporium 속	• *Entomo*(곤충) + *sporium*(포자)를 합친 의미로, 분생포자가 곤충의 모양을 닮은 특이한 형상이다. • 병원균 : 홍가시나무점무늬병, 채진목점무늬병
Pestalotiopsis 속	• 분생포자반에 짧은 분생포자경을 형성하고 그 위에 분생포자가 발생한다. • 분생포자반은 표피 밑에 형성된다. • 표피는 찢어지지 않으나 다습하면 찢어지며 분생포자덩이가 분출한다. • 분생포자는 5개의 세포(중앙 3개는 착색된 세포, 양쪽 세포는 무색 · 부속사)로 구성된다. • 잎의 가장자리를 포함한 큰 병반을 형성하여 잎마름증상이 나타난다. • 병반 위에 검은 점은 분생포자반 위에 암갈색의 분생포자덩이가 집단으로 형성되어 나타난다. • 병원균 : 은행나무잎마름병, 삼나무잎마름병, 철쭉류잎마름병, 동백나무겹둥근무늬병
Collectotrichum 속	• 거의 모든 과수류, 수목은 호두나무, 사철나무, 오동나무 등에 나타난다. • 잎, 어린 줄기, 과실에 병원균이 침입한다. • 분생포자반은 표피 밑에 형성되고 표피를 찢고 쉽게 노출된다. • 분생포자반 위에 짧고 무색의 분생포자경 병렬되며 무색의 분생포자(단세포)를 형성한다. • 움푹 들어가고 흑갈색의 병반을 형성한다. • 습하면 흰색 또는 담홍색으로 보이고, 주로 흑갈색의 병반으로 나타난다. • 병원균 : 호두나무탄저병, 사철나무탄저병, 오동나무탄저병, 동백나무탄저병, 개암나무탄저병, 버즘나무탄저병
Septoria 속	• 잎에 작은 무늬를 형성하며, 잎자루나 줄기는 거의 침해하지 않는다. • 분생포자각은 병반에 묻혀있고, 윗부분이 표피를 뚫고 열려있는 머릿구멍(공구)이 있다. • 분생포자각은 육안으로 관찰이 가능하다. • 분생포자각의 안쪽에 짧은 곤봉 모양의 분생포자경이 있고 여기에 분생포자가 형성된다. • 분생포자는 긴 방추형의 막대기 형이며, 곧거나 약간 굽고, 2~10개의 격벽있고 무색이다. • 균사, 분생포자각은 병든 잎에서 월동하고 이듬해 봄에 분생포자는 바람과 빗물에 전반된다. • 병원균 : 자작나무갈색무늬병, 오리나무갈색무늬병, 느티나무흰별무늬병, 밤나무갈색점무늬병, 가죽나무갈색무늬병
Elsinoe 속	• 각종 수목류, 초본류에 더뎅이병을 일으킨다. • 우리나라에는 두릅나무, 산수유, 으름 등에 흔히 발생한다. • 병원균 : 두릅나무더뎅이병

기타 점무늬병	• 병원균 : 가죽나무겹둥근무늬병, 다릅나무회색무늬병, 회양목잎마름병, 참나무둥근별무늬병, 참나무갈색무늬병, 오동나무새눈무늬병, 말채나무점무늬병, 가래나무점무늬병, 소나무류 잎떨림병, 포플러잎마름병, 칠엽수얼룩무늬병

4 녹병

(1) 녹병균의 생활환과 핵상

기호	세대형	포자명	핵상	특징
0	녹병정자세대	녹병정자	n	원형질융합→녹포자 형성(유성생식)
I	녹포자세대	녹포자	$n+n$	녹포자 발아 $n+n$균사 형성(기주교대)
II	여름포자세대	여름포자	$n+n$	여름포자 발아 $n+n$균사 형성(반복감염)
III	겨울포자세대	겨울포자	$n+n \to 2n$	핵융합 $2n$, 발아시 감수분열 담자포자(월동) 형성
IV	담자포자세대	담자포자	n	담자포자 발아 n균사 형성(기주교대)

(2) 포자의 형태

① 녹병정자 : 단세포, 돌기없이 평활
② 녹포자 : 단세포, 구형, 독특환 무늬돌기
③ 여름포자 : 단세포, 구형, 다양한 무늬돌기
④ 겨울포자 : 갈색 단세포, 두꺼운 세포벽의 월동포자
⑤ 겨울포자퇴 : 갈색, 검은색
⑥ 담자포자 : 작고, 무색의 단핵포자

(3) 녹병균 생활환

① 장세대종 : 5종 포자형 잣나무털녹병 등
② 중세대종 : 4종 포자형(여름세대 없음) 사과 · 배나무 붉은별무늬병
③ 단세대종 : 녹포자, 여름포자 없음

▶ 모든 녹병균은 겨울포자와 담자포자를 갖는다.

(4) 병원균 : 잣나무털녹병, 소나무줄기녹병, 소나무류 잎녹병, 소나무혹병, 전나무잎녹병, 향나무녹병, 버드나무잎녹병, 포플러잎녹병, 오리나무잎녹병, 회화나무녹병

5 시들음병

① 기주 특이성 병 : 물관부 병원균
② 병원균 : 느릅나무시들음병, 참나무시들음병, *Verticillium* 시들음병

6 목재부후균

(1) 목재부후

① 목재부후균이 원인으로 살아 있는 나무에서는 주로 심재가 피해를 받으나, 죽은 나무나 조직, 벌채목에서는 변재에 목재부후균이 침입하여 목재가 부후되거나 목재의 질을 저하시킨다.

② 비파괴적 탐색방법 : 생장추, 컴퓨터 단층 X선 촬영, 열, 전기저항(ERT), 음파(SoT), 중성자, 화상기법 등
③ 대부분 담자균(백색부후, 갈색부후), 자낭균(연부후)

(2) 목재변색
① 목재변색균의 균사 내에 존재하는 색소물질인 멜라닌에 기인한 것으로 목재의 질을 저하시키지만, 목재부후균과 달리 목재의 강도에는 영향을 미치지 않는다.
② 목재변색균은 *Ophiostoma, Ceratocystis* 속의 곰팡이들이 있고, 이 청변곰팡이들은 벌채된 침엽수, 특히 소나무류의 변재 부위에 가장 먼저 침입하여 빠르게 생장한다.

▼ 공생성 곰팡이
(1) 내생균근
① 기주 뿌리의 피층세포 내에 존재하며(세포내 침입), 두꺼운 균사층을 형성하지 않는다.
② 짧은 기간 동안 생장하고 난 후 없어지거나 분해된다.
③ 격벽이 없는 균사를 가진 VA 내생균근과 격벽이 있는 균사를 가진 난초형, 철쭉형 내생균근이 있다.
④ 격벽이 없는 VA 내생균근은 접합균문에 속하는 곰팡이로서 진정한 포자를 형성하지 않는다.
⑤ 균근은 뿌리의 흡수면적을 증가시켜 양분의 흡수(특히 인(P)의 순환)에 중요한 역할, 병원성 미생물에 의한 침입으로부터 수목의 뿌리를 보호한다.

(2) 외생균근
① 담자균문과 자낭균문에 속한다.
② 온대지역의 수목, 특히 소나무과 · 참나무과 · 자작나무과 · 피나무과 · 버드나무과 등에 일반적으로 형성된다.
③ 유근은 두꺼운 균사층에 둘러싸여 있다.
④ 소나무 뿌리에 외생균근이 형성되면 뿌리는 Y자형으로 분지된다.
⑤ 세포 사이에 존재하는 균사가 그물망 모양인 하티그망(Hartig net)을 형성한다.
⑥ 세포내 침입은 하지 않으며, 짧은 기간 동안 형성되고 수개월~3년 정도 생존한다.
⑦ 모래밭버섯(*Pisolithus tinctorius*, Pt), *Cenococcum graniforme* 등의 균근 곰팡이가 대표적이다.
⑧ 균근은 뿌리의 흡수면적을 증가시켜 양분의 흡수(특히 인(P)의 순환)에 중요한 역할, 병원성 미생물에 의한 침입으로부터 수목의 뿌리를 보호한다.

07 세균, 파이토플라스마, 바이러스의 특징

▶ 세균
(1) Gram 염색법

Gram 양성균	*Corynebacterium* 계열의 5개 속
Gram 음성균	나머지 세균 *Agrobacterium, Erwinia, Pseudomonas, Streptomyces, Xanthomonas, Xylella* 등

(2) 일반적 특징
① 현미경으로 볼 수 있다.
② 하나의 세포이며, 엽록체가 없다.
③ 대부분 막대 모양이고 길이 1~3ym, 폭 1ym 정도이다.
④ 세포벽과 세포막이 있다.
⑤ 유전물질인 플라스미드를 가진다.
⑥ 대부분 편모를 가진다.
⑦ 세균의 종류에 따라 균총의 크기, 모양, 색깔 등이 다르다.
⑧ 이분법의 무성생식으로 빠르게 증식한다.

(3) 병징
점무늬, 마름, 과일 · 뿌리 · 저장기관의 무름과 시들음, 과대생장 등

(4) 병원균
혹병, 불마름병, 잎가마름병, 세균성구멍병, 감귤궤양병, 호두나무갈색썩음병

▶ 파이토플라스마
(1) 발병 과정
매미충이 감염된 식물을 흡즙 → 매미충(매개충) 체내 *Phytoplasma* 균 감염 → 일정기간 *Phytoplasma* 균의 증식기간 후 → 매미충은 *Phytoplasma* 보독충이 됨 → 다른 식물 흡즙시 병원체 전파

> ▶ *Phytoplasma* 균 증식
> 매개충 창자에 증식 – 헤모림프 · 내장 감염 – 뇌 · 침샘 도달 – 침샘 내 *Phytoplasma* 균 농도 어느 수준 도달

(2) 발병 환경
① 온도 30℃일 때 10일/10℃일 때 45일의 증식기간 후 전염
(매개충이 병원체 흡즙한 후 바로 Phytoplasma 균 전염하지 못함)
② 경란전염은 안 됨

③ 성숙한 식물보다 어린 식물을 흡즙하면 매미충의 보독이 더 잘된다.

④ *Phytoplasma* 균은 성충보다 약충에 효과적으로 침투한다.

(3) 병징과 표징

① 감염된 나무의 뿌리조직(체관부) 내 월동하고, 봄에 수액을 따라 나무 전체로 퍼진다.

② 새로 자라나온 가지나 줄기에서 연약한 가지 총생, 황록색의 작은 잎이 밀생, 꽃대 전체가 엽화증상이 나타난다.

③ 일찍 시들며 조기낙엽된다.

(4) 병원균

오동나무빗자루병, 대추나무빗자루병, 뽕나무오갈병, 붉나무빗자루병 등

❸ 바이러스

(1) 일반적인 특징

① 최초로 발견된 바이러스는 담배모자이크바이러스(TMV)이다.

② 핵산과 단백질 외피로 된 입자이다.

③ 전신감염을 일으킨다.

(2) 전염

즙액접촉, 접목, 영양번식체, 매개생물, 종자 및 꽃가루 전염 등이 있다.

(3) 검정식물

명아주, *Nicotiana glutinosa*, 동부콩, 오이, 호박, 천일홍 등

(4) 병원균

포플러류 모자이크병, 장미 모자이크병, 벚나무 번개무늬병 등

---

08 종자식물

❶ 기생성 종자식물

① 새삼은 줄기에 흡기를 내어 기주식물 유관속 조직의 양분을 흡수하며 혹을 형성한다.

② 구과류 겨우살이들은 잎과 줄기의 퇴화로 수분과 영양분을 기주식물에 전적으로 의존한다.

▶ 활엽수의 겨우살이들은 잎을 가지고 있어 광합성을 한다.

③ 기생성 종자식물은 모두 쌍떡잎식물에 속하며, 외떡잎식물이나 겉씨식물은 기생성 종자식물이 발견되지 않았다.

❷ 비기생성 종자식물

칡은 비기생성 종자식물로서 나무의 광합성을 저해한다.

02 | 수목병리학 각론

01 곰팡이

병원균·학명	기주	발병 환경	방제
1	**모잘록병** *Pythium* spp., *Rhizoctonia solani* 난균문, 불완전균류	광범위	• 발생 : 묘포에서 주로 발생 • 밀식, 습함, 깊이 파종, 종자 불량 시 발병이 심함 • *Rhizoctonia solani* : 토양에 서식하며, 습하고 건조할 때 발병	• 묘포관리 : 토양소독, 종자소독, 비배관리, 질소과용 피하고, 완숙퇴비 사용 • 감염묘 : 수거 후 소각
2	**파이토프토라뿌리썩음병** *Phytophthora cactorum,* *P.cinnamomi* 난균문	광범위	• 전 세계에 발병 • 미국 : 남·동부에 적송 묘목과 밤나무 황폐 • 호주 : 산림황폐의 주요 원인 • 한국 : 사과원에 평균 0.2% 발병, 사과나무줄기밑동썩음병 유발 • 습하고 배수 불량 시 심각 • 딱딱한 지반이 있는 토양에서 발병이 심함	• 잔뿌리의 생성이 양호하도록 적절한 비배관리 • 토양훈증, 종자소독 실시
3	**리지나뿌리썩음병** *Rhizina undulata* 자낭균	침엽수	• 불이 난 지역에 왕성하게 번식	• 감염목을 벌채하고 난 뒤 감염지 등 임지에서 태우지 않는다. • 산성토양에서 피해가 심하므로 석회로 중화시켜 병원균 억제

특징	병징 · 표징
Pythium - 난균문 • 휴면 : 불량한 환경에서 주로 난포자로 휴면 • 발아 : 난포자 · 포자낭 · 유주포자로 발아 • 감염 : 잔뿌리에 국한 • 침입 : 효소 등 화학적 침입과 기계적 침입 동시 • 어리고 연약한 조직에 침입 • 균사의 생장은 약하므로 타균의 2차 감염으로 병진전이 악화 *Rhizoctonia solani* - 불완전균류 • 월동 : 감염된 토양이나 뿌리에서 균핵 또는 균사로 월동 • 감염 : 화학적 · 기계적(부착기, 침입관) 침입하여 미분화 · 분열조직 감염	• 출아 후 : 어린 묘목 지제부는 흑갈색을 띠며, 잘록 쓰러진다. • 출아 전 : 땅속에서 발아하기 전이나 직후에 부패한다. • 유묘기 이후는 일반적으로 발병되지 않는다.(병원균 우점병의 특징) • *Rhizoctonia solani* : 큰 수목에도 피해 **Pythium과 Rhizoctonia solani 의 병징 구분** • *Pythium* : 뿌리에서 지제부(줄기) 방향으로 병이 진전, 토양을 제거하면 감염뿌리에 균이 뿌리에 잘 부착되어 있지 않다. • *Rhizoctonia solani* : 지제부(줄기) 아래방향으로 병이 진전, 토양을 제거하면 감염뿌리에 균이 뿌리에 잘 부착되어 있다.
• 월동 : 감염된 뿌리 조직이나 잔해물에 난포자, 휴면포자(후벽포자), 균사 등으로 월동 • 감염 : 습한 토양에 감염이 심하고, 감염된 작은 뿌리는 짧은 시간 내 고사 • 균근 형성은 병원균의 감염을 차단하는 효과가 있다. 단, 유묘는 균근형성률이 낮아 보호받지 못하지만, 소나무는 균근형성 시기에 따라 감염 유무가 결정된다.	• 초기 : 잔뿌리가 죽고, 차츰 큰 뿌리에 갈색 · 흑색 병반이 나타난다. • 지상부는 쇠락증상이 나타난다. • 침엽수 : 당해년 잎이 전년에 비해 작고, 황화현상 발생. 가지 끝 잎이 작고 꼬부라져 타래모양 • 활엽수 : 초기 잎이 작고 퇴색되며 조기 낙엽지고 황화현상 발생. 잎이 뒤틀리며 여름에 잎이 마르고 가지 생장이 감소한다. 꼭대기에 가지가 마르고 심하면 1~2년 내 고사한다.
• 전염 : 자낭포자로 토양전염 • 사부침입을 하며, 섬유소분해효소, 팩틴분해효소 등으로 식물의 연화성 병을 일으킨다.	• 초기 : 땅가 잔뿌리가 흑갈색으로 부패, 회백색 · 담황색 균사가 장마 후 자실체를 형성(밑동이나 낙엽 등) • 리지나뿌리썩음병의 자실체 : 대가 없고, 적갈색, 가장자리 백색, 땅위에 무리지어 퍼진다. • 땅속 : 딱딱한 덩어리가 형성(토양 입자와 뿌리에 분비된 수지가 뭉쳐진 형태) • 지상부 : 잎의 황화현상, 심하면 나무전체가 고사, 뿌리표면에 감염된 흔적이 있다.

	병원균 · 학명	기주	발병 환경	방제
4	아밀라리아뿌리썩음병 *Armillaria mellea,* *A.solidipes* 담자균	광범위 (목본+초본)	• 침엽수 : 20년생 이하에 많이 발생 • 잣나무림 : 피해 심각	• 저항성 수종 식재 • 그루터기 제거 • 석회처리(지나친 산성화 억제) • 토양소독

5	안노섬뿌리썩음병
	Heterobasidion annosum
	담자균
		주로
		침엽수
			• 주로 적송, 가문비나무가 감수성이 심함
			• 북반구 온대 발생하며,
			  조밀지역에서 다량 발생
			• 건전한 수목에 발생하지 않음
				• 식재 거리를 충분히 유지하여 뿌리감염을
				  사전에 방지
				• 그루터기에 요소, 붕사, 질산나트륨, 길항미
				  생물 포자현탁액 등으로 처리

6	자주날개무늬병
	Helicobasidium mompa
	담자균
		활엽수,
		침엽수
			• 우리나라 사과과수원에서 약 5% 발생
			• 뿌리가 부패하여 수세가 약화되고 고사
				• 임지는 제거한 잡목림의 잔재를 충분히
				  부식시키고 난 후에 다른 건전묘 식재
				• 석회살포(토양산도 조절)
				• 보호목의 외과수술
				  (감염부위 제거 및 살균제 도포)

7	밤나무줄기마름병 *Cryphonectria parasitica* 자낭균	밤나무	• 저항성 : 일본밤나무, 중국밤나무 • 감수성 : 미국밤나무, 유럽밤나무	• 배수 · 수세관리 • 초기 병징의 외과수술 • 질소비료 과용 피하기 • 백색 페인트 동해예방 • 천공성 해충(박쥐나방 등) 방제 • 저항성 품종 식재

8	호두나무검은돌기마름병
	Melanconis juglandis
	자낭균
		호두나무,
		가래나무
			• 10년생 이상 수목에서 주로 발병
			  (특히, 통기성이 부족한 경우)
			• 수목의 2~3년생 가지 또는
			  웃자란 가지에서 잘 발생
			• 어린나무는 줄기에 발생하면
			  나무가 고사함
				• 병든 가지 소각하고 자른 부분에 도포제
				• 수세관리
				• 수관 내부 가지 정리
				• 이른 봄, 8~10월 보르도액 살포

특징	병징·표징
• 담자균의 주름버섯목 곰팡이 • 감염 : 주로 균사다발로 감염되고, 가끔 **뽕**나무버섯에서 담자포자로 전염 • 토양에서 생존기간이 길며, 1년에 수십cm~1m 이상 확산 • 건조한 침엽수림은 감염이 심각하며, 임분의 연령이 증가할수록 피해가 감소 • 곤충의 피해와 기후변화에 따른 수목의 스트레스 증가는 수목의 감수성을 높인다. • A.mellea : 천마와 공생하면서 내생균근 형성	• **뿌리꼴균사다발**(근상균사) : 나무 밑둥에서 균사가 뿌리나 구두끈 처럼 뭉쳐지며 육안으로 잘 관찰되지 않는다. • **부채꼴균사판**(선상균사) : 수피와 목질부 사이에 하얀 부채모양의 균사 • **뽕**나무버섯 : 대표 표징으로서 매년 발생하지 않고 몇 주 안에 고사한다. 늦은 여름이나 가을(8~10월)에만 관찰 가능 • 잣나무 : 밑둥 부분에서 토양 근접까지 송진이 흘러 굳는다. • 백색부후 곰팡이이며, 부후된 부분에서 대선(zone line)이 나타난다.
• 담자균의 말굽버섯속 곰팡이 • 전염 : 담자포자로 전염한다. • 주로 상처로 침입하며 그루터기가 이상적인 전염원이다. • 백색부후균	• 지상부 : 영양결핍 증상과 잎의 황화현상이 나타난다. • 병든 뿌리는 섬유질 모양 • 주변은 위황(백화현상)과 가지마름 증상을 나타내는 수목들이 둘러싸고 있다. • 병원균 자실체는 표면이 갈색이고, 아래 부분이 흰색으로 다공성이며, 죽은 나무 밑둥이나 뿌리에 발생한다.
• 전염 : 담자포자로 전염 • 자주날개무늬병의 자실체는 헝겊처럼 땅에 깔리는 모습이며, 자색~자갈색의 담자포자를 형성	• 지상부 : 조기황화 및 조기낙엽지며, 고온기에 심한 위조 현상이 나타난다. • 지하부 : 뿌리표면을 휘감는 갈색의 균핵을 형성한다. • 땅가 부근 : 균사망이 발달하여 자갈색의 헝겊같은 피막을 형성 • 6~7월에는 균사층에서 포자가 형성되어 흰가루처럼 보인다.
• 전염 : 분생포자, 자낭포자 • 분생포자·자낭포자 : 주로 빗물, 곤충, 또는 바람에 의해 전반되며 상처로 침입 • 월동 : 균사나 자실체로 월동하며, 자낭각으로 수년간 생존 • 수피 밑에 황갈색의 자좌를 형성하고 자좌 아래 자낭각을 형성 • 병원균은 셀룰로오스 분해효소와 옥살산을 분해하여 세포를 죽이고 겨울동면 후 봄에 다시 생장	• 초기 : 수피가 황갈색~적갈색으로 변한다. • 수세가 약한 수목은 병반 괴저(수목의 형성층이 급속히 죽어 표면이 약간 들어감)가 급속히 확대 • 수세가 강한 수목은 유합조직(암종모양)이 생기고 길이 방향으로 균열이 발생 • 여름철에 잎·가지가 말라 아래로 쳐져 관찰이 쉬움 • 수피를 떼어내면 황색의 두품한 균사판이 나타난다. • 병든 부위에서 적갈색의 분생포자덩이가 실 모양으로 누출
• 월동 : 자낭각 및 균사 • 전반 : 주로 분생포자로 전반 • 분생포자반 : 검은색, 0.5~1mm 크기로 수피 밑에 형성되며 연중 관찰 • 분생포자 : 암갈색의 타원형 단세포	• 감염된 가지는 회갈색 또는 회백색으로 약간 함몰되어 죽고 건전 부위와 구별 • 죽은 가지는 세로로 주름잡히고 수피 내에 돌기가 형성되지만, 성숙하면 수피 뚫고 검은색 포자가 다량 누출 • 포자는 빗물에 씻겨 수피로 흘러내려 마치 잉크를 뿌린듯 눈에 잘 띔 • 주 해충에 의한 상처로 침입

	병원균 · 학명	기주	발병 환경	방제
9	낙엽송가지끝마름병 *Guignardia laricina* 자낭균	일본잎갈나무	• 10년생 내외의 일본잎갈나무 • 고온 · 다습하고 강한 바람이 부는 지역	• 묘포 관리 철저 • 임지 방제는 어려움 • 묘포장 부근 방풍림 조성 • 조림지 방제, 7월 상순
10	편 · 화백가지마름병 *Seiridium unicorne* 자낭균	편백, 화백, 노간주나무 등 측백나무과	• 이식묘 또는 10년생 이하의 어린나무	• 감염 부위 및 주위는 자르고 소각 • 묘포 생육기에 보르도액 월 2회 살포
11	소나무가지끝마름병 *Sphaeropsis sapinea,* *Diplodia pinea* 자낭균	소나무류	• 건전 수목 : 당년지 가지 • 수세 약한 수목 : 굵은 가지에도 발생 • 주로 수관하부에서 발생 • 산림보다는 정원이나 조경지 등 낮은 지대의 조림지에서 주로 발생	• 비배관리 및 이병지 소각 • 4~6월 상순 약제 살포 • 어린나무 조림지의 풀베기 실시 • 수관하부 가지치기 • 수세약화 방지

12	소나무류 수지궤양병
	(푸사리움가지마름병,
	송진궤양병)
	Fusarium circinatum
	자낭균
		리기다소나무,
		곰솔, 테다소나
		무, 전나무
			• 해충, 강풍, 우박 등의 상처에 주로 감염
			• 우리나라에서는 1996년 인천
			  리기다소나무에서 처음 발견
			• 주로 1~2년생 가지가 말라 죽는다.
			• 우리나라의 향토 수종인 소나무,
			  잣나무 – 저항성
				• 살균제의 수간주입은 효과가 없음
				• 생물적 방제 효과 적음
				• 저항성 개체 육종선발
				• 종자소독 효과적임

13	소나무류 피목가지마름병
	Cenangium
	ferruginosum
	자낭균
		소나무류
		(소나무, 곰솔,
		잣나무, 전나무,
		가문비 등)
			• 소나무류의 가지와 줄기에 발생
			• 일반적으로 피해가 경미하지만
			  수세가 약해지면 넓은 면적에 발생
			• 채광이 낮고 뿌리발육이 저조하면
			  잘 발생
			• 따뜻한 가을을 지나 겨울 기온이
			  매우 낮으면 피해가 심하다.
				• 남향으로 뿌리가 노출된 소나무 · 곰솔
				  임지는 관목 무육
				• 토양건조 방지
				• 감염된 가지는 6월까지 제거 · 소각

특징	병징 · 표징
• 월동 : 자낭각 • 전염 : 분생포자, 자낭포자 • 수피 밑에 구형의 자낭각을 형성하며, 자낭포자는 9월~다음해 봄까지 월동하며, 5~6월에 비산한다. • 7월부터 감염된 가지의 윗부분과 침엽 뒷면에 검은색 분색포자각이 많이 형성된다. • 분생포자 : 수피 밑에 구형으로 형성되며, 포자는 무색의 단세포이다.	• 새로 나온 가지가 감염되면 퇴색하고 수축되며 흘러내린 수지로 가지가 희게 보인다. • 6~7월 감염 : 수관 위쪽만 남기고 낙엽되어 가지 끝이 아래로 처진다. • 8~9월 감염 : 가지는 꼿꼿이 선채로 말라죽는다. • 어린 모록 : 감염부위의 위쪽이 말라죽으며 이식묘는 총생한 죽은 가지가 빗자루 모양의 무정묘가 된다.
• 전염 : 분생포자 • 수피 밑 분생포자층 형성하여 육안 식별이 가능 • 전반 : 봄~가을에 습하거나 비올 때 분생포자 방출하여 전반 • 분생포자 : 방추형 6개의 세포로 구성되며, 양끝의 세포는 무색에 각각 1개씩의 부속사를 가지고 있으며 중앙 4개의 세포는 암갈색이다.	• 초기 : 죽은 가지 기부나 상처에서 발병 • 병이 진전함에 따라 수피가 세로로 찢어지면서 수지가 흘러내리며 수지의 흰색 자국이 특징이다. • 감염부위와 건전부위의 경계부는 유합조직이 형성되고 약간 부풀어 방추형이 된다. • 수령이 10년을 넘기면 줄기의 상처는 치유되지만 수관 윗부분의 작은 가지는 계속 발병 • 치유된 줄기 내부는 연륜을 따라 1~2cm 갈색 얼룩 반점이 남아 있다.
• 전염 : 분생포자 • 분생포자각 : 지름이 250μm의 검은색 구형, 소공 • 분생포자 : 20μm 내외의 갈색장타원형	• 6월부터 새 가지의 침엽이 짧아지면서 갈색 · 회갈색으로 변하며 어린가지는 말라 죽고 아래로 처진다. • 감염된 가지와 침엽은 수지에 젖어있고, 마르면 쉽게 부러진다. • 명나방류 · 얼룩나방류의 피해와 유사하지만 차이점은 해충에 의한 가해터널이 없다는 것이다. • 돌기 주변에 암갈색의 포자가 흩어져 있어 관찰이 용이하다. • 4~6월에 발생되며, 봄기온이 따뜻하고 비가 많이 내릴 때 빗물이나 바람에 의해 전반된다.
• 전염 : 분생포자 • 단세포 소형포자를 형성(후벽포자는 형성하지 않음) • 소나무 조직내에 1년 내내 존재 • 병원성이 강함	• 여러 부위가 감염되며 감염된 가지와 구과에서 수지가 흘러내리는 궤양이 형성 • 수피 아래 목질부 : 수지에 젖어있어 정상적인 부위와 구분이 된다. • 감염된 가지의 수관 상부 : 마름증상이 나타나며 노랑 – 적갈 – 암갈색으로 변함 • 암꽃과 성숙한 구과에서도 감염되므로 종자전염이 된다. • 가지 엽흔과 구과 표면은 분홍색 균퇴가 형성된다.
• 자낭반 형성 • 전염 : 자낭포자 • 월동 : 균사 • 감염성 무성포자는 형성하지 않는다. • 병원성이 약한 2차병원균으로 부생균이라 할 수 있다.	• 초기 증상은 잘 나타나지 않는다. • 수피를 벗겨보면 건전부와 감염부의 경계가 뚜렷하고, 미성숙 자낭반의 검은색 자실체가 다수 발견 • 감염된 2~3년생 가지 : 적갈색으로 갈변 · 고사 • 침엽 : 기부에서 위쪽으로 갈변되면서 떨어진다. • 4월부터 죽은 가지 · 줄기의 수피에는 담갈색의 돌기(미성숙 자낭반)가 무리지어 외부로 노출 • 늦은 봄~여름까지 죽은 가지 및 줄기의 피목에서 암갈색의 자낭반이 형성 • 자낭반 : 건조하면 갈색이고, 습기가 있으면 암갈색의 접시모양으로 벌어지며 노란색~미색의 내부가 나타난다. • 장마철 이후 자낭포자 비산하여 건전 수목 침입하고 균사로 월동

	병원균·학명	기주	발병 환경	방제
14	밤나무잉크병 *Phytophthora katsurae,* *P.cinnamomi* 난균문	밤나무	• 감수성 : 미국밤나무, 유럽밤나무 • 저항성 : 중국밤나무, 일본밤나무 • 습하고 배수불량지역에서 많이 발생	• 토양표면의 배수관리, 토양소독 • 저항성 대목(이평, 대보, 옥광) • 메타락실 나무주사 – 포자발아 저해
15	잣나무수지동고병 *Valsa abieties* 자낭균	잣나무	• 1988년 경기도 가평의 잣나무 조림지에서 처음 발견 • 현재 피해율은 5% 정도 • 잣나무 단순림이면 경계해야 함	• 수세의 증강 • 병든 나무 제거 • 상처 발생 방지
16	오동나무줄기마름병 *Valsa paulowniae* 자낭균	오동나무	• 상처(가지치기, 죽은 잔가지, 얼어터진 상처 등)를 통해 병원균 침입 • 추운 지방에 서리·동해로 인해 수세가 약해진 수목에 주로 발병	• 상처 신속 치유 • 눈따기(적아) 일찍 실시(전염원 제거) • 동해와 피소 예방(줄기에 백색페인트) • 오동나무 단순조림 피하고 오리나무 등 혼식
17	벚나무빗자루병 *Taphrina wiesneri* 자낭균	왕벚나무, 벚나무	• 벚나무에서 가장 중요한 병 • 전국적으로 큰 피해 • 왕벚나무에 가장 큰 피해	• 겨울~이른 봄 이병가지를 잘라 소각하고 지오판 도포제를 바른다.
18	소나무잎마름병 *Mycosphaerella gibsonii* 불완전균류	곰솔, 적송	• 잎이 갈변되면서 조기낙엽되어 생장이 크게 위축 • 저항성 : 잣나무, 리기다소나무	• 습한 환경 개선, 짚 등으로 토양 피복 • 이식 전 충분한 약제 처리된 묘목을 이식 • 만코제브 또는 보르도액을 살포(4~10월)
19	포플러갈색무늬병 *Pseudocercospora salicina* 불완전균류	포플러류	• 이태리포플러, 은백양, 황철나무 등에는 거의 매년 발병 • 묘목, 성목 모두 조기낙엽되어 수세가 약화	• 병든 낙엽을 긁어모아 소각 • 7~10월 살균제 살포 • 7월 상순 보르도액 살포

특징	병징 · 표징
• 감염 : 유주포자 • 월동 : 난포자, 휴면포자(후벽포자), 균사 등 • 장란기 : 표면에 울퉁불퉁한 돌기 • 유주포자낭 : 꼭지 형성 • 균사 : 격벽이 없고, 불규칙한 짧은 가지 형성	• 뿌리를 가해하고 점차 줄기(지제부)로 전염되면서 검고 움푹 가라앉은 궤양이 형성된다. • 6월 중순에 높이 1m 이하의 줄기 주변이 갈라지면서 유백색의 수액이 흘러나오고 나중에 흑색으로 변한다. • 수피 표면이 젖고, 궤양을 쪼개면 잉크처럼 검은색 액체가 흘러나오며, 심하면 알코올 냄새가 난다. • 봄에 증상이 나타나고 장마 후에 병의 진전이 급증한다. • 잎의 수와 크기가 작아지고 미성숙 잎이 말라 수관 쇠락증상이 나타난다. • 밤송이는 미성숙 된 채 달려있다. • 1~2년 안에 고사한다.
• 전염 : 분생포자 • 분생포자각 : 육안으로 확인, 습하면 갈색의 분생포자 덩이가 누출	• 1~2m 높이 줄기의 가지치기 한 부위에서 감염이 되어 아래로 진전된다. • 초기에 감염부위가 함몰하면서 수피가 가늘게 터지며 송진 방울이 맺힌다. • 나중에 세로로 크게 터지며, 송진이 흘러 흰색으로 굳는다. • 이 병으로 나무가 죽지는 않지만 목재가치가 떨어진다.
• 자낭각 형성 • 전염 : 분생포자, 자낭포자 • 분생포자 : 6~10월 사이 비산하여 장마철 상처로 침입 • 자낭각 : 8월~이듬해 4월에 감염부위에 발생 • 자낭포사 : 8~10월에 비산	• 어린 가지의 감염부위가 자갈색으로 괴저되며 건전부위와 뚜렷이 구별된다. 큰 나무는 구별이 뚜렷하지 않다. • 수세가 왕성한 나무는 감염부위에 유합조직이 형성되며, 동심원의 다년생 유합조직을 형성한다.
• 나출자낭을 형성 • 자낭포자 : 자낭 안의 자낭포자는 발아하여 분생포자(출아포자)가 되어 각포를 채운다.	• 감염된 가지 : 혹처럼 부풀고 잔가지가 뭉쳐나와 빗자루 모양 형성 • 1~2년 후 잔가지가 많아지고 꽃이 피지 않는다. • 작은 크기의 잎들이 빽빽하게 나타나며, 4~5년 뒤 가지 전체가 말라 죽는다. • 4~5월 중순에 잎 뒷면에 회백색의 가루(나출자낭)로 뒤덮이고, 가장자리는 흑갈색으로 고사 • 균사는 감염된 조직에서 월동하며, 포자는 표면에서 월동하는 것으로 추측
• 불완전균류이며, 유성세대는 자낭균 • 전염 : 분생포자 • 전반 : 봄에 분생포자가 1차전염원이 되며 빗물이나 바람에 의해 전반 • 분생포자 : 7월~10월까지 잎에 형성된 후 2차전염원이 되어 반복 전염	• 봄(4월)부터 침엽 윗부분에 띠 모양의 황색점무늬가 형성되고, 점차 융합 · 갈변 • 병반위 검은색익 작은 점이 융기(자좌)되며 분생포자경과 분생포자를 형성
• 자낭각 형성 • 전염 : 자낭포자 • 월동 : 병든 낙엽에서 월동한 후 자낭포자가 1차전염원이 된다. • 6월 중 자낭포자가 성숙하며, 12월에 자낭각이 나타난다.	• 잎 : 갈색점무늬가 형성되고 점차 부정형의 대형병반이 나타난다. • 여름~초가을(7월~낙엽)까지 잎 양면에 포자를 형성하며 잎 앞면의 병반은 뚜렷하다.

	병원균 · 학명	기주	발병 환경	방제
20	벚나무갈색무늬구멍병 *Mycosphaerella cerasella* 불완전균류	벚나무류	• 벚나무의 생장에는 큰 피해가 없지만 미관을 해친다.	• 감염된 잎 소각(월동 전염원 없앰), 수세관리 • 만코제브 수화제, 보르도액 살포 (5월, 장마 이후)
21	포플러점무늬잎떨림병 *Drepanopeziza* *punctiformis* 불완전균류	포플러류	• 감수성 : 이태리계 개량포플러 • 저항성 : 은백양, 일본사시나무 • 가로수의 포플러류에서 흔히 발생하고 조기낙엽으로 피해가 크다. • 묘목~성목 모두 발생	• 특별한 방제대책이 없음 • 6월부터 살균제 살포 • 저항성 은백양, 사시나무 식재
22	장미검은무늬병 *Marssonina rosae* 불완전균류	장미 속 식물	• 전 생육기를 거쳐 나타나며, 특히 장마철 또는 봄비 잦은 5~6월 심하게 발생 • 조기낙엽지며, 장마철에 모두 낙엽지고 8월에 앙상한 가지 끝에 새잎이 달린다.	• 5월부터 적용 약제 살포
23	홍가시나무점무늬병 *Entomosporium mespili* 불완전균류	홍가시나무, 비파나무, 다정큼나무 등	• 나무의 미적 가치를 떨어뜨리고 조기낙엽을 일으켜 수세를 약화시킨다.	• 감염된 가지 수거 · 소각 • 발병초기 살균제 살포
24	은행나무잎마름병 *Pestalotia ginkgo* 불완전균류	은행나무	• 성목에서 거의 발병하지 않고 묘목이나 어린 나무에 주로 발생 • 실재 발병률은 낮다.	• 수세를 강화 • 풍해 · 한해 · 일소 등에 저항력 증강 • 태풍 후 보르도액 살포
25	호두나무탄저병 *Ophiognomonia* *leptostyla* 불완전균류	호두나무	• 비교적 따뜻하고 습한 곳에서 발생하고, 잎 · 잎자루 · 어린가지 등을 침입 • 묘포에서 자주 발생하고, 성목도 발생	• 이른 봄 감염지 제거 · 소각 • 봄 · 여름 습한 시기에 살균제 살포 • 묘포 정기적 방제
26	오동나무탄저병 *Collectotrichum* *kawakamii* 불완전균류	오동나무	• 어린묘는 모잘록병과 증상이 유사하며 전멸하기도 한다. • 5~6월에 발생 시작하여 장마철에 심각 • 성목 : 어린 줄기, 잎에 발생하며 줄기마 름 증상이 나타나며 수형과 생육이 저 하된다.	• 양묘는 토양소독 • 짚 등으로 토양피복 – 빗물에 흙이 튀는 것 방지 • 발아 후 살균제

특징	병징 · 표징
• 자낭각 형성 • 전염 : 자낭포자, 분생포자 • 월동 : 자낭각으로 월동하고, 이듬해 자낭포자를 형성하여 1차전염이 된다.	• 5~6월 발생 시작, 장마 이후(7~9월) 극심하다. • 수관아래에서 발생하여 상부로 이동하며, 작은 점무늬가 동심원상이 되면서 이층이 생기고 병환부가 탈락한다.(탈락구멍 1~5mm) • 세균성구멍병과 차이 : 벚나무갈색무늬구멍병은 다소 부정형 병반에 옅은 동심윤문과 검은색 작은 돌기(분생포자퇴, 자낭각)가 발생한다. 주요 발생시기는 장마철 이후이다.
• 전염 : 분생포자 • 월동 : 감염된 잎에서 월동한 후 1차전염원인 분생포자가 형성	• 6월 하순~장마철에 발병이 심각하다. • 갈색의 작은 점이 잎 전체를 뒤덮는다. • 잎자루, 잎맥, 어린 줄기 등에 병든 조직은 괴사하고 방추형 흑갈색으로 함몰 • 수관 아래에서 위로 병이 진전된다. • 8월 초에 낙엽지며 8월 하순에는 가지 끝의 어린잎만 앙상하게 달려있다. • 습할 때는 분생포자가 희게 보인다.
• 자낭각 형성 • 전염 : 자낭포자 • 월동 : 감염된 잎에서 자낭각으로 월동하고, 이듬해 봄 자낭포자가 1차전염원이 된다.	• 잎에 크고 작은 암갈색 · 흑갈색의 (부)정형 반점이 생기고, 병반 주위가 황색으로 변한다. • 병반 위에는 작고 검은 점(분생포자반)이 생기고, 습하면 분생포자가 희게 보인다. • 곤충 · 빗물 · 공기 전염
• 전염 : 분생포자 • 월동 : 감염된 잎과 낙엽에서 월동한 후 이듬해 봄 분생포자가 1차전염원이 된다.	• 4월 하순부터 햇잎과 어린 가지에 발생하며, 붉은색 작은 점 – 회갈색 둥근병반이 되고 병반주변은 홍자색으로 변한다. • 병반 가운데 광택의 까만딱지(분생포자층)가 융기하고 비가 오면 담색 포자덩이가 콩죽처럼 돌기된다. • 5월에는 월동한 감염된 잎이 낙엽지고, 새로 자란 잎에 계속 발병
• 전염 : 분생포자 • 분생포자 : 검은색의 방추형, 5개의 세포(양쪽 2개는 무색으로 부속균사 붙어있고, 중앙 3개는 갈색)로 형성	• 여름 고온 · 건조시기에 볕뎀, 강풍, 해충 등에 의한 상처 부위에 발생 • 잎의 가장자리 : 갈색 · 회갈색으로 변하고 고사하며 잎의 안쪽으로 부채꼴 모양으로 진전된다. 건전부와 감염부의 경계부는 황록색으로 퇴색 • 잎의 앞 · 뒷면의 병반 위에 검은 점의 분생포자반이 형성
• 전염 : 자낭포자, 분생포자 • 월동 : 땅에 떨어진 감염된 잎 · 줄기에서 병원균이 월동한 후 이듬해 봄에 1차전염원인 자낭포자 형성 • 전반 : 주로 빗물에 의해 전반	• 5~6월 : 잎 · 줄기에서 발생 • 병환부 : 검게 변하고 움푹 들어가서 어린 줄기는 말라 죽는다. • 잎자루 · 잎맥 : 흑갈색의 병반 형성 • 잎 : 기형이 되거나 검게 말라 죽는다. • 습할 때는 병반 위가 담황색의 분생포자덩이가 형성
• 전염 : 분생포자 • 월동 : 감염된 낙엽에서 월동한 후 이듬해 봄에 분생포자가 1차전염원이 된다.	• 바늘자국같은 작은 담갈색 점이 생기고 암갈색으로 변하면서 병반 주위가 퇴색 · 황화된다. • 잎맥 · 잎자루에 심하게 발생하여 잎이 기형이 된다. • 줄기 : 뚜렷한 함몰 부위 발생 • 습하면 분생포자덩이가 담갈색 가루처럼 보인다. • 새눈무늬병과 오동나무탄저병 차이 : 새눈무늬병은 탄저병보다 일찍 발병되고, 감염된 부위가 부스럼 딱지처럼 융기되지만, 오동나무탄저병은 병반이 함몰

	병원균 · 학명	기주	발병 환경	방제
27	동백나무탄저병 *Collectotrichum* sp. 불완전균류	동백나무	• 잎 · 과실 · 어린 가지 등에 발병 • 감염된 과실은 커지지 않고 종자는 빈 껍질만 남는다. • 상습발생지는 나무의 수세가 약해지고 동백기름 생산이 줄어든다.	• 감염된 잎 · 과실 제거 • 장마철 직전부터 예방 살균제 살포
28	사철나무탄저병 *Gloeosporium euonymicola* 불완전균류	사철나무	• 흔히 갈색무늬병과 같이 발생하는 경향이 있어 병징이 혼동 • 관리 부실한 나무에서 많이 발생	• 비료와 전정 등 관리 철저 • 감염지는 소거 · 소각 • 6월부터 살균제 살포
29	버즘나무탄저병 *Apiognomonia veneta* 불완전균류	버즘나무	• 봄비 잦은 해에 심하게 발생 • 어린 잎 · 가지 모두 말라죽어 늦서리 맞은 모습이다.(초여름에 새 잎이 다시 나오기도 함) • 봄철 이후 거의 발생하지 않으나 때로 장마철에 발생	• 1차전염원 소각 • 새싹 나오는 시기에 방제 • 일평균 기온 15℃ 이하인 경우 강우가 있으면 반드시 살균제 살포
30	오리나무갈색무늬병 *Septoria alni* 불완전균류	오리나무	• 묘포에서 항상 발생하며, 감염된 잎은 조기낙엽지고 수세가 약해진다. • 성목 : 그늘지고 습한 곳에서 발생되며 위축되고 지저분한 모습 • 특히, 산오리나무에 피해가 크다.	• 종자소독, 6월부터 살균제 방제 • 감염된 잎은 가을~이른 봄 수거 · 소각
31	느티나무흰별무늬병 *Sphaerulina abeliceae* 불완전균류	느티나무	• 묘포에 주로 발생 • 성목 : 땅 부근의 맹아지에서 많이 발생, 건물 근처나 그늘환경에서는 수관 전체에 발생 • 조기낙엽되지 않고, 생장이 위축되어 관상가치가 떨어진다.	• 5월초 봄비 오면 방제 • 밀식하지 않고, 비배관리 철저
32	오동나무새눈무늬병 *Sphaceloma tsujii* 불완전균류	오동나무	• 주로 묘목에 발생하고, 탄저병보다 일찍 발병 • 봄비가 잦을 때 심각하게 발생	• 봄비가 잦으면 적용 약제 살포

특징	병징 · 표징
• 전염 : 분생포자 • 월동 : 감염된 낙엽에서 월농한 후, 　이듬해 봄에 1차전염원으로 분생포자 형성	• 잎 가장자리가 퇴색된 후 적갈색에서 회색으로 변한다. • 병반주위는 넓게 퇴색되며, 병반 앞쪽은 검은 색 돌기(분생포자반)가 생겨 　겹둥근무늬를 형성한다. • 과실 : 6~7월에 외표피가 담자색 또는 흑자색 병반을 형성한다. • 다습하면 분생포자가 다량 형성되어 점질물이 나타난다.
• 전염 : 분생포자 • 월동 : 감염된 잎에서 월동한 후, 　이듬해 봄 분생포자가 1차전염원이 된다.	• 잎에 크고 작은 점무늬가 형성되고 움푹 들어간다. • 지저분하고 조기낙엽진다. • 회색병반이 확대되어 병반 바깥은 짙은 갈색의 경계띠를 형성하고, 　병반 안쪽은 회백색으로 드문드문 검은 돌기(분생포자반)가 형성된다. • 분생포자경 위에 분생포자와 강모가 섞여있다.
• 전염 : 분생포자 • 월동 : 감염된 낙엽에서 균사나 분생포자반으로 　월동하고, 이듬해 봄 1차전염원인 분생포자 형성	• 초봄 : 어린 싹이 까맣게 말라죽는다. • 잎이 전개된 후 발병하면 잎맥의 중심으로 갈색 반점이 형성되며, 조기낙엽 　진다. • 잎맥과 주변에 작은 점(분생포자반)이 무수히 발생한다.
• 전염 : 분생포자	• 잎 : 작은 갈색점무늬가 발생한 후 확대융합하여 부정형의 병반이 흩어져 나 　타난다. • 병반 위 작은 돌기 모양의 점(분생포자각)이 형성되며, 6월~늦가을까지 발생 　하며 장마철이 심하다.
• 전염 : 분생포자	• 대체로 잎맥을 넘어가지 못하여 10mm 크기의 다각형 · 부정형 병반을 형성 • 병반 가운데는 회백색이고 바깥쪽은 적갈색으로 경계의 구분이 뚜렷하고 탈 　락하기도 한다. • 병반 위에 흑갈색의 작고 짙은 갈색의 돌기(분생포자각) 형성
• 전염 : 분생포자 • 부스럼딱지가 병반에 발생	• 잎에 갈색의 작은 점무늬가 점점 작은 부스럼 딱지로 병반에 무수히 형성 • 어린잎의 잎맥, 잎자루, 어린 줄기에 심하게 발생 • 때로는 탄저병과 유사한 병징이 나타난다. • 습할 때 : 다량의 분생포자가 흰 가루모양의 포자덩이로 관찰된다.

	병원균 · 학명	기주	발병 환경	방제
33	소나무류 잎떨림병 *Lophodermium* spp. 자낭균	소나무류	• 반송에 많이 발생 • 15년생 이하의 어린 잣나무에서 자주 발생 • 봄에 잎이 적갈색으로 변하고 마치 죽은 나무처럼 보인다. • 신초는 건강하고 2년생 잎만 적갈색 낙엽진다.	• 늦봄~초여름에 이병엽 수거 · 소각 • 임지는 수관 하부에 풀깎기, 가지치기를 하여 통풍 향상 • 7~9월 자낭포자 비산시기에 살균제 살포
34	침엽수얼룩무늬병 *Guignardia aesculi* 자낭균	가시칠엽수와 일본칠엽수	• 봄~장마까지 발생 · 지속하며, 8~9월에 심각 • 감염목 : 생장 감소 • 녹음수 : 관상가치 하락	• 자낭포자 비산시기와 잎눈 틀 무렵 살균제 살포 • 묘포는 밀식을 삼가, 통풍 증강, 배수철저
35	철쭉류 떡병 *Exobasidium* spp. 담자균	철쭉류, 진달래류	• 봄비 잦은 해에 많이 발생 • 정원목 : 관상가치 하락	• 감염부위는 자르고 묻음 • 봄비 잦은 해에 4월부터 살균제 살포
36	단풍나무타르점무늬병 *Rhytisma acerinum* 자낭균	단풍나무, 버드나무류, 인동덩굴 등	• 수목에 피해는 크지 않지만 잎 표면에 타르를 떨어뜨린 것 같은 새까만 병반들이 관상가치를 떨어뜨린다. • 타르점무늬병 : 아황산가스에 민감하므로 인구밀집, 공장지대에는 미발생	• 감염된 낙엽을 모아 소각 • 봄비가 온 후 살균제 살포
37	양버즘나무흰가루병 *Erysiphe platani* 자낭균	양버즘나무 등	• 가로수 중에 거의 유일하게 흰가루병의 문제를 일으킨다. • 장마철 이후 급격히 심해진다.	• 병든 낙엽 소거 · 소각 등 전염원 반드시 차단 • 늦가을이나 이른봄에 감염된 어린 가지를 제거하는 것이 가장 중요 • 통기불량, 일조부족, 질소과다 등 발병원인이므로 개선
38	배롱나무흰가루병 *Erysiphe australiana* 자낭균	배롱나무	• 장마철 이후 급격히 심해진다.	

특징	병징 · 표징
• 자낭반 형성 • 전염 : 자낭포자 • *L.seditiosum* : 소나무류 당년생 잎을 감염시키는 병원균 • *L.pinastri* : 대부분 부생균이고 병원성이 약하다. • 무성세대는 알려지지 않았다. • 자낭반 : 6~7월에 감염된 낙엽에서 형성 • 자낭포자 : 7~9월에 비가 오면 비산하여 　새 잎의 기공을 침해 • 감염된 잎 : 노란 점무늬~갈색 띠를 형성하며 　이듬해 봄에 낙엽진다.	• 3~5월 : 묵은 잎의 1/3 이상이 적갈색으로 변하고 대량 낙엽진다. • 심하면 감염된 잎 모두 낙엽지고 새순만 앙상하게 남는다. • 수관 하부에 많이 발생한다.
• 위자낭각을 형성 • 전염 : 자낭포자, 분생포자 • 월동 : 미성숙 위자낭각 • 이듬해 봄 : 1차전염원인 자낭포자 형성 • 전반 : 봄비가 오면 포자가 빗물에 비산 · 전반 • 여름 : 감염된 잎에 형성된 분생포자각에서 　2차전염원인 분생포자를 형성하면서 병 확산	• 어린잎에 작고 희미한 점무늬가 갈색에서 적갈색의 얼룩무늬로 변한다. • 성숙한 병반 위에 까만 점들(분생포자각)이 형성된다.
• 월동 : 감염지, 눈의 세포간극에서 균사 상태로 월동 • 전염 : 담자포자(이듬해 봄)	• 4월말부터 잎 · 꽃눈이 국부적 비후하면서 흰색 덩어리로 변한다. • 처음에 광택이 나다가 차츰 흰가루에 덮인 듯(담자기와 담자포자가 밀생)하다. • 햇빛이 비치는 쪽은 핑크빛으로 변한다. • 흰색부분이 때로는 부생성 곰팡이에 의해 흑회색으로 변한다.
• 자낭반 형성 • 전염 : 자낭포자 • 단풍나무 *R.acerinum*(대형자좌), *R.punctatum*(소형자좌) • 버드나무류 *R.salicinum*(대형자좌), 　인동덩굴 *R.lonicericola* • 자낭포자 : 감염된 잎에서 이듬해 5~6월 형성	• 잎에 황색 점무늬가 나타나며 여름 이후에 검은 점(자좌)이 융기하는데 　이것이 타르처럼 보인다.
• 전염 : 자낭포자(1차), 분생포자(2차) • 균사 : 주로 표면에 존재하면서 광합성 방해 • 균사 일부는 표피를 뚫고 침입하여 기주조직에 　흡기를 형성하여 양분 탈취 • 감염된 세포는 죽지 않고 병원균은 계속 양분 탈취 　(절대기생체)	• 감염된 잎은 흰가루를 뿌려놓은 듯하다. • 주로 어린 잎에 발생하여 새순이 오그라든다.
	• 7~9월 개화기에 흔히 발생한다. • 감염된 잎은 흰가루를 뿌려놓은 듯하다. • 주로 어린 잎에 발생하여 새순이 오그라든다.

	병원균 · 학명	기주	발병 환경	방제
39	그을음병 Meliolaceae 및 Capnodiaceae 과 자낭균	광범위	• 장마철 이후에 많이 발병	• 살충제 또는 수간주사(흡즙성 해충 방제) • 스펀지로 닦아내기 • 통풍 · 채광 관리
40	잣나무털녹병 *Cronartium ribicola* 담자균	5엽송류	• 감수성 : 잣나무, 스트로브잣나무 • 저항성 : 섬잣나무, 눈잣나무 • 5~20년생의 잣나무에서 주로 발생 • 중간기주 : 송이풀, 까치밥나무류 • 1936년 강원도에서 처음 발견	• 중간기주 지속 제거 • 수고 1/3까지 조기 전정 · 병원균 차단 • 녹포자기 발병목은 녹포자가 비산하기 전 비닐로 감싸 8월 이후 이병목을 제거하며, 반출하지 않는다. • 8월 하순~10월 보르도액 살포
41	소나무줄기녹병 *Cronartium flaccidum* 담자균	2엽송류	• 2엽송류에 큰 피해 • 중간기주 : 백작약, 참작약, 모란 • 소나무는 1978년에 강원도의 천연림 소나무에서 처음 발견	• 묘포 부근에서 중간기주인 모란 또는 작약 을 재배하지 않는다. • 병든 나무는 즉시 줄기를 잘라 소각하거나 묻는다. • 잣나무털녹병과 유사
42	소나무혹병 *Cronartium quercuum* 담자균	소나무, 곰솔, 참나무속	• 감수성 : 소나무, 곰솔 • 구주소나무는 특히 감수성이 강하다. • 중간기주 : 참나무속 • 유럽 · 북미에서 줄기마름병을 일으켜 피해가 극심하지만, 우리나라는 피해 가 적다. • 묘목에 발생하면 수년 내 고사하지만 성목은 직접 고사하지 않는다.	• 참나무류 제거 • 묘포 9월 상순부터 살균제 살포
43	향나무녹병 *Gymnosporangium asiaticum* 담자균	향나무, 노간주나무, 배나무, 사과나무, 명자나무, 산당화 등	• 향나무, 노간주나무의 잎 · 가지 · 줄기 에 침입 • 배나무, 사과나무, 모과나무 등에는 붉은별무늬병 발생 • 향나무 : 피해가 크지 않지만, 관상가치 하락 • 여름포자세대를 형성하지 않는다.	• 향나무 부근 2km 이내 장미과 수목 식재 금 지 • 살균제 살포 (향나무 3~4월, 7월, 중간기주 장 미과 수목 4월중순~6월)

특징	병징 · 표징
• 자낭각 형성 • 전염 : 자낭포자 • 월동 : 균사 또는 자낭각 • 병원균 : 대부분 곤충의 분비물을 영양원으로 생장하는 부생성 외부착생균	• 기주식물의 광합성을 방해 • 균사와 포자 : 암갈색 또는 함흑색을 띠며, 대부분 바람에 날려 전파된다. • 전파 : 진딧물, 깍지벌레, 가루이 등의 분비물에 모여든 곤충에 의해 전파되기도 한다.
• 전염 : 담자포자 • 비산거리 : 녹포자 − 수백 km 　　　　　　담자포자 − 300m~수 km • 겨울포자퇴 : 길고 굽은 털모양	• 감염된 잎은 조기낙엽하고, 수피는 황색으로 변한다. • 감염부위는 1~2년 후 적갈색 방충형으로 부풀고, 8월 이후 수피는 갈라지며 황색의 달콤한 점액(녹병정자)이 흐른다. • 6월 이후 녹포자가 비산한 후 줄기의 형성층이 파괴되어 나무가 고사한다. • 수관은 고사지로 엉성하며 침엽은 황갈색으로 고사한다.
• 전염 : 담자포자 • 4~5월 녹포자기(황색) 가 수피 뚫고 돌출하고 곧 황색 녹포자가 비산 • 중간기주 잎 뒷면에 황색 여름포자퇴를 형성하고 겨울포자퇴에서 담자포자가 생성 • 잣나무털녹병과 유사	• 소나무류의 줄기 또는 가지에 발생 • 병든 부위는 약간 방추형으로 부풀고 거칠어진다.
• 전염 : 담자포자 **소나무혹병 병환** 　• 4~5월 : 녹병정자기 · 녹병정자 생성 − 녹포자기 돌출 후 녹포자 비산 − 참나무류 잎에 전반 　• 5~6월 : 참나무류 잎 뒷면에 여름포자 형성 　• 7월 이후 : 짧고 짙은 갈색 겨울포자퇴 형성 　• 9~10월 : 겨울포자 발아 후 담자포자 형성 − 담자포자 비산 − 소나무 당년가지 침입 (10개월 간 소나무 가지에 잠복 후) 　• 4~5월 : 소나무 혹의 수피에서 점액 흐름 (녹병정자) − 녹포자기 돌출 후 녹포자 비산 − 참나무류 잎에 전반	
• 전염 : 담자포자 • 배나무붉은별무늬병 : *G.asiaticum* • 사과나무붉은별무늬병 : *G.yamadae* • 눈향나무녹병 : *G.juniperum* **향나무녹병 병환** 　• 4~5월 : 비가 오면 겨울포자 발아 후 담자포자 형성 　• 5~6월 : 담자포자 배나무 · 사과나무 잎으로 전반 　• 6~7월 : 배나무 · 사과나무 잎 앞면에 녹병자기, 잎 뒷면에 녹포자퇴 형성 　• 8~9월 : 녹포자가 향나무로 전반 후 균사 월동, 이듬해 겨울포자퇴 형성	• 겨울포자세대 기주인 향나무, 노간주나무는 돌기, 혹, 빗자루증상, 가지 및 줄기 고사 등이 나타난다. • 녹포자세대의 기주인 장미과 수목은 잎과 열매에 노란색의 작은 반점이 나타나고 곧이어 잎 뒷면에 갈색의 긴 털모양의 녹포자퇴가 만들어진다.

	병원균 · 학명	기주	발병 환경	방제
44	포플러잎녹병 *Melampsora larici-populina* 담자균	포플러류, 사시나무	• 여름~가을에 전염되고, 1~2개월 일찍 낙엽진다. • 생장이 감소하지만 고사하지는 않는다. • 중간기주 : 일본잎갈나무(낙엽송), 댓잎현호색, 현호색	• 저항성 포플러 식재 • 6~9월 보르도액 살포
45	회화나무녹병 *Uromyces truncicola* 담자균	회화나무	• 가지와 줄기에 길쭉한 혹을 형성 • 발병하면 생육이 저하되고 혹부위는 썩어 도복의 가능성이 있다.	• 감염지 수거 · 소각 • 개엽~9월 살균제 살포
46	참나무시들음병 *Raffaelea quercus- mongolicae* 자낭균	참나무류	• 주로 신갈나무에서 나타나며 매년 피해 증가 • 매개충 : 광릉긴나무좀 (*Platypus koryoensis*)	• 침입한 해충의 외부탈출 차단 (수간 하부~2m 높이까지 끈끈이트랩으로 감는다) • 유인목 · 페로몬트랩 설치 • 감염 심한 이병목은 벌채 후 훈증처리 (메탐소듐)
47	verticillium 시들음병 *Verticillim dahliae* 자낭균	단풍나무, 느릅나무 등	• 단풍나무, 느릅나무에서 가장 심하게 발병 • 발병속도 : 천천히 발달	• 감수성 수종은 감염된 토양에 재식재 하지 않는다.

- 전염 : 담자포자
- 대부분 *M.larici-populina* 피해이며, *M.magnusiana* 도 발생한다.

포플러잎녹병의 병환
- 4~5월 : 일본잎갈나무의 잎 표면에 황색 병반, 잎 뒷면에 녹포자기 형성
- 초여름 : 일본잎갈나무에서 비산한 녹포자가 포플러 잎 침입 후 여름포자퇴 형성
- 가을 : 포플러 잎에 겨울포자퇴 생성 후 겨울포자 형성, 포플러 잎에서 월동
- 이듬해 3월 : 포플러 잎의 담자포자가 일본잎갈나무 잎으로 비산 후 감염
- 따뜻한 남부지역은 겨울포자를 형성하지 않고 여름포자 상태로 월동 후 다음해 포플러 잎을 직접 침입하는 1차 전염원이 된다.

- 전염 : 담자포자
- 중간기주가 없는 동종기생성이다.
- 회화나무의 줄기 · 가지 · 잎에 발생한다.
- 감염된 줄기 · 가지는 껍질이 갈라져 방추형 혹을 생성하고 혹 껍질 밑에 흑갈색 가루덩이(겨울포자)가 무더기로 형성된다.
- 혹은 매년 비대해진다.

회화나무녹병의 병환
- 가을 : 감염된 가지 · 줄기 · 잎에서 겨울포자 월동
- 봄 : 겨울포자에서 담자포자 발아 후 담자포자가 새잎 · 가지를 감염
- 7월 초 : 잎 뒷면에 황갈색의 가루덩이(여름포자) 형성 후 잎 · 어린 가지에 반복 전염
- 8월 중순 : 여름포자덩이에서 흑갈색의 겨울포자덩이 출현
- 가을 : 감염된 가지 · 줄기 · 잎에서 겨울포자 월동

특징	병징 · 표징
• 전염 : 매개충 • 병원균 : 변재에 생장하면서 목재를 변색시키고, 물관부에 생장하면서 물 · 양분의 이동을 방해하여 시들음증상 유발	• 매개충(광릉긴나무좀)이 5월 말 참나무에 침입한 후 딸려온 병원균을 나무에 감염시키고, 감염된 나무는 7월 말부터 빠르게 시들고 잎은 빨갛게 말라 죽는다. • 고사한 수목의 잎은 나무에 달린 채 있다. • 매개충은 수컷이 먼저 목질부를 침입한 후 암컷을 유인한다. 목질부 내에서 수정 · 산란하고 부화유충은 병원균을 먹고 성장한다. 성충으로 우화한 후 탈출한다. • 수간 하부~2m 이내에 침입공과 목재부스러기가 발견된다.
• 감염 : 균핵 • 토양 내의 휴면상태인 균핵이 발아하여 상처난 뿌리를 감염 • 균핵 : 오랫동안 휴면상태로 생존 가능하므로 감수성 수종을 새로 식재하는 것은 다시 감염될 가능성이 높다.	• 가지는 완만히 시들음 증상이 나타나고 말라죽게 한다. • 감염된 가지 · 줄기 · 뿌리의 변재부에 녹색 · 갈색의 줄무늬 형성

	병원균 · 학명	기주	발병 환경	
1	혹병 *Agrobacterium tumefaciens*	목본 · 초본	• 뿌리 · 줄기 · 지제부 등에 혹 형성	• 석회 시용량을 줄이고, 유기물 사용 • 접목 등에 사용한 도구는 70% 알코올로 소독
2	불마름병 *Erwinia amylovora*	사과나무, 살구나무, 벚나무 등	• 2015년 경기도 안성, 천안, 충북, 제천 발병과원 전원 폐원	• 감염지는 이병부에서 30cm 이상 아래에서 자른다. • 수피는 궤양 주변의 건전 조직가지 완전 제거한다. • 감수성 나무는 개화기~여름 초기에 항생제를 투여한다. • 나무용 페인트를 전정부위에 도포한다. • 인산 · 칼리질 비료 수세강화, 발아 전 석회 보르도액 살포
3	세균성구멍병 *Xanthomonas arboricola* pv. *pruni*	복숭아나무, 살구나무 등 핵과류	• 이른봄 비가 많이 오면 다각형 수침상 병반이 많이 나타나고 낙엽진다.	• 과실 봉지 씌우기 • 농용신 수화제(연용피하기)
4	잎가마름병 *Xylella fastidiosa*	느릅나무, 뽕나무, 참나무 등 조경수와 녹음수와 포도 나무 등 과수	• 활엽수의 물관부에 기생하면서 잎 가장 자리의 갈변현상과 마름증상 발생	• 수세회복, 충분한 관수
5	감귤궤양병 *Xanthomonas axonopodis* pv. *citri*	감귤류	• 모든 종류의 감귤에 발생 • 과실, 잎, 잔가지에 괴사병징이 나타나며 과실의 품질 저하	• 과수원 주위에 방풍림을 조성하고, 귤굴나방 방제한다. • 질소과다 피하고, 감염된 가지는 제거 · 소각한다.
6	호두나무갈색썩음병 *Xanthomonas arboricola* pv. *juglandis*	호두나무류, 가래나무	• 탄저병과 증상 유사	• 기존의 호두나무 갈색썩음병 방제약제가 효과가 있음

특징	병징 · 표징
• 그람(Gram)음성 세균 • 짧은 막대모양 • 고온 다습, pH 7.3에 최적 • 월동 : 식물 조직 및 토양	• 초기 : 병든 조직이 약간 비대하고 우윳빛을 띤다. • 차츰 껍질은 거칠고 암갈색으로 변색된다. • 접목한 부위에서 잘 나타난다.
• 그람(Gram)음성 세균 • 궤양 주변에서 월동하고 봄에 활동 • 전반 : 가지에서 세균 점액(Ooze)이 흘러 곤충을 유인하여 전반	• 늦은 봄에 어린 잎 · 꽃 · 작은 가지가 갑자기 시들며, 수침상에서 곧 검은색으로 불에 탄듯하다. • 잎 : 초기에 잎맥 따라 진전 • 뿌리 가까운 곳의 줄기 : 담갈색 수침상으로 움푹 들어간 부스럼같은 것이 생긴다.
• 그람(Gram)음성 세균 • 새가지의 피하조직 세포간극에서 월동 후 4월부터 병반 형성 • 전파 : 빗물에 의해 분산 전파 • 바람이 많고 습도가 오래 유지되는 지역에 감염이 심하다	• 잎맥 따라 1mm 정도 부정형 백색병반에서 담갈색으로 변색하고 병반에 구멍이 생긴다. • 2년생 열매가지 및 새가지에 흑갈색의 타원형 부풀어오른 병반이 나타나고 확대 · 균열 발생 • 봄에 봄형 가지병반과 6~8월에 여름형 가지병반이 나타난다. • 과실표면 : 암갈색의 작은 병반에서 차츰 확대 · 균열이 생기고 수지가 유출된다.
• 그람(Gram)음성 세균 • 물관부국재성 세균 • 전염 : 매미충류의 접촉에 의해 전반, 잎맥에서 잎맥으로 전염	• 잎의 가장자리 : 갈변하며 안쪽의 조직이 물결무늬모양과 노란색의 둥근무늬가 생기기도 한다. • 중륵 가까이 건전한 녹색조직과 경계를 이룬다. • 늦여름 : 잎이 말리고 떨어진다. • 수분부족에 의한 증상과 달리 주변 조직과의 경계에 노란색의 물결무늬가 니디나고 수분을 충분히 공급하더라도 잎마름 증상이 계속 진전
• 그람(Gram)음성 세균	• 바람이 심하고 태풍이 지나간 후 많이 발생한다. • 처음에 수침상 반점이고 확대되면 황색 · 회갈색으로 변색 • 오래된 병반 중앙부 : 코르크화되고 주위에 수침상의 녹색 부분이 생기고 바깥쪽에는 황색무늬가 생긴다.
• 그람(Gram)음성 세균	• 피해 : 잎, 가지, 줄기, 열매 등 • 잎과 열매 : 갈색 반점 • 가지 : 검은색 궤양 발생

03 파이토플라스마

	병원균 · 학명	기주	발병 환경	
1	파이토플라스마 *Phytoplasma* 속	오동나무, 대추나무, 붉나무, 뽕나무 등	• 매개충에 의해 전반된다. • 빗자루병 발생	• 건전묘 식재 • 테트라사이클린계 항생제인 옥시테트라사이클린 수간주입 • 7~9월 매개충 방제

04 선충

	병원균 · 학명	기주	발병 환경	

1	소나무시들음병
	Bursaphelenchus
	xylophilus
		소나무	• 1988년 부산에서 처음 발견
			• 감수성 : 적송, 곰솔, 잣나무, 낙엽송,
			  가문비나무, 향나무
			• 저항성 : 리기다소나무, 테다소나무
				• 재선충병 피해고사목 전량 방제(파쇄 · 훈
				  증 · 소각) : 10월~익년 3월
				• 매개충 페로몬 유인트랩 방제 : 4월~10월
				• 매개충 항공 · 지상 약제방제(헬기, 드론 등)
				  : 5월~9월
				• 재선충병 예방 나무주사 : 11월~익년 3월
				• 재선충병 피해목 훈증무더기 제거 : 연중

특징	병징 · 표징

• 매개충의 내부에서 일정기간 증식한 후 식물에 전염
• 경란전염은 안 된다.
• 감염된 나무의 뿌리조직(체관부)내 월동하고,
  봄에 수액을 따라 나무 전체로 퍼진다.
 	
매개충
  • 오동나무빗자루병 – 담배장님노린재.썩덩나무노린
    재 · 오동나무애매미충
  • 대추나무빗자루병 – 마름무늬매미충
  • 뽕나무오갈병 – 마름무늬매미충
  • 붉나무빗자루병 – 마름무늬매미충
	• 새로 자라나온 가지나 줄기에서 연약한 가지 총생, 황록색의 작은 잎이
	  밀생, 꽃대 전체가 엽화증상이 나타난다.
	• 일찍 시들며 조기낙엽된다.

특징	병징 · 표징

• 선충이며, 3령유충인 영속유충이 솔수염히늘소와 북
  방수염하늘소에 의해 전반되어 감염시킨다.
• 상처를 통해 소나무에 침입한 후 빠른 증식으로 나무
  의 통도작용을 저해한다.
	• 갑자기 침엽이 변색하며 나무 전체가 말라 죽는다.
	• 상처에서 송진량이 감소한다.
	• 갈변한 침엽은 우산살 모양으로 아래로 처진다.
	• 매개충의 침입공과 탈출공이 수피에 형성된다.

Tree Doctor Qualification Test

CHAPTER

02

수목해충학

수목해충학 총론

해충 분류

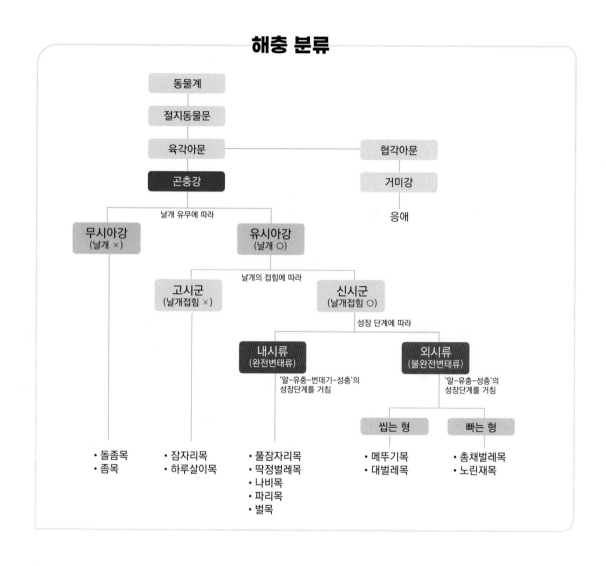

가해 형태에 따른 분류

식엽성 해충

대벌레목
- 대벌레

딱정벌레목
- 호두나무잎벌레
- 버들잎벌레
- 오리나무잎벌레
- 느티나무벼룩바구미

벌목
- 잣나무별납작잎벌
- 개나리잎벌

나비목
- 회양목명나방
- 제주집명나방
- 벚나무모시나방
- 노랑쐐기나방
- 솔나방
- 천막나방
- 황나리독나방
- 매미나방
- 미국흰불나방

흡즙성 해충

노린재목
- 버즘나무방패벌레
- 진달래방패벌레
- 갈색날개노린재
- 갈색날개매미충
- 미국선녀벌레
- 꽃매미
- 말매미
- 뽕나무이
- 목화진딧물
- 조팝나무진딧물
- 복숭아혹진딧물
- 소나무솜벌레
- 귤가루이
- 솔껍질깍지벌레
- 주머니깍지벌레
- 소나무가루깍지벌레
- 쥐똥밀깍지벌레

응애목
- 점박이응애

종실 · 구과 해충

딱정벌레목
- 도토리거위벌레
- 밤바구미

나비목
- 백송애기잎말이나방
- 복숭아명나방

충영형성 해충

노린재목
- 때죽나무납작진딧물
- 외줄면충

파리목
- 솔잎혹파리
- 아까시잎혹파리
- 사철나무혹파리

천공성 해충

딱정벌레목
- 벚나무사향하늘소
- 향나무하늘소
- 솔수염하늘소
- 북방수염하늘소
- 알락하늘소
- 광릉긴나무좀
- 앞털뭉뚝나무좀
- 오리나무좀
- 소나무좀
- 박쥐나방

나비목
- 복숭아유리나방

1 곤충의 번성 요인
  ① 작은 크기
  ② 마디연합(합체절형성) : 조직화된 몸
  ③ 높은 유전적 변이성 : 개체간 유전적 변이성 높아 환경 적응 빠름
  ④ 공진화
  ⑤ 날개
  ⑥ 짧은 세대기간
  ⑦ 변태 · 휴면

2 곤충의 진화 순서
  ① 무시류 (날개 진화 안됨) →
  ② 유시곤충 (날개 진화 됨) →
  ③ 고시류 (날개 배위로 접지 못함 : 잠자리) →
  ④ 신시류 (날개 근육 유연성 확보 : 메뚜기) →
  ⑤ 내시류(번데기 과정 추가)

3 곤충의 목별 특징
(1) 속입틀류 : 낫발이목 · 좀붙이목 · 톡토기목
  ① 머리덮개 안에서 입틀이 앞쪽으로 열린 공동으로 에워싸는 방식 (흡입 – 공동 안 – 큰턱 + 작은 턱)
  ② 톡토기목 : 제1배마디 아래 쐐기모양 끈끈이관(수분 균형), 제4배마디 도약기

(2) 곤충강 : 겉입틀류
  ① 입틀이 머리덮개 밖으로 확장
  ② 무시아강/유시아강으로 분류

(3) 유시아강 : 날개가 있음
  ① 약충 : 불완전변태 미성숙충
    유충 : 완전변태 미성숙충
    새끼 : 무변태 미성숙충
  ② 고시군/신시군으로 분류
  ③ 신시군은 외시류(불완전변태)/내시류(완전변태)로 분류
  ④ 외시류(불완전변태) : 총채벌레목, 노린재목
  ⑤ 내시류(완전변태) : 딱정벌레목, 나비목, 벌목, 파리목, 풀잠자리목, 벼룩목 등

총채벌레류	• 몸 길이 0.5~5mm 소형 곤충 • 꽃 · 잎 · 어린 줄기 · 과일 등 식물조직 섭식피해 • 신초부위 생육저해 · 부분적 고사 • 줄쓸어 빠는 입으로 식물을 쓸어 즙을 내어 먹는다. • 일부는 육식성 → 진딧물 등 잡아먹음 • 식물병 바이러스를 매개한다.
노린재류	• 뚫어 빠는 입틀, 2쌍의 날개(앞 날개 기부 절반은 두꺼운 가죽질, 끝부분은 막질로 된 반초시), 미모는 없다. • 냄새샘에서 악취(약충기–등판샘, 성충기–뒷가슴샘)
매미 · 매미충류	• 찌르고 빠는 입틀 • 주둥이가 머리 밑에서 발생(후구식) • 소화계 부분은 여과실로 변형(다량의 식물체 즙액을 처리 · 소화)
진딧물아목	• 주둥이는 앞 다리의 밑마디 사이에서 발생 • 긴 실모양의 더듬이(일부 깍지벌레는 없다) **나무이과** – 성충은 잘 띄어오른다 – 약 → 성충은 자유로이 이동 – 벌레혹 등의 형태로 산다. – 기주특이성(자귀나무이 – 자귀나무, 돈나무이 – 돈나무) **진딧물과** – 즙액 흡즙 – 식물 바이러스 매개 – 배설물은 그을음병 유발 – 이주형 · 비이주형, 단위생식(태생) · 양성생식(난생) – 면충류 : 주기주에 혹 또는 식물체 조직 변형, 2차 기주는 혹 형성 하지 않음
나비 · 나방류	• 성충은 흡관형 입틀(수목피해 주지 않음) • 유충은 씹는 형 입틀(수목의 잎을 갉아먹음) : 솔나방, 미국흰불나방, 매미나방 등 • 구과나 종실 가해 : 백송애기잎말이나방, 솔알락명나방, 복숭아명나방 등 • 줄기 가해 : 복숭아유리나방, 박쥐나방 등
딱정벌레목	• 곤충강 내 가장 큰 분류 • 딱딱한 앞날개 • 잎 식해 : 잎벌레류, 풍뎅이류, 느티나무벼룩바구미 등 바구미류 • 줄기 · 종실 구멍 · 갉아 피해 : 나무좀류, 바구미류, 하늘소류, 거위벌레류 • 매개충으로 최근 문제 : 솔수염하늘소, 북방수염하늘소, 소나무재선충, 광릉긴나무좀(참나무시들음병)

잎벌류 · 벌류	• 익충이 대부분 • 잣나무별납작잎벌 : 잣나무 잎 • 극동등에잎벌 · 장미등에잎벌 등 : 조경수 잎 • 밤나무혹벌 : 밤나무의 눈에 벌레혹 형성
파리류	• 굴파리류 : 잎에 굴을 파고 식해(수목피해 크지 않다) • 솔잎혹파리 : 소나무 잎에 충영형성, 흡즙(막대한 피해를 준다) • 아까시잎혹파리, 향나무혹파리, 사철나무혹파리 등
응애류	• 입틀을 식물체에 찔러넣고 흡즙 • 잎응애류 : 잎에서 기생 • 혹응애류 : 혹 형성

03 해충 천적

■ 기생성 천적

(1) 종류

1) 기생벌류

① 가루이, 굴파리, 진딧물, 나방류 등의 천적

② 예시

해충	천적
나비류	유충 맵시벌
솔잎혹파리	솔잎혹파리먹좀벌, 혹파리살이먹좀벌
솔수염하늘소	진디벌, 개미침벌, 가시고치벌(유충)
진딧물	콜레마니진디벌

2) 기생파리류 : 쉬파리 - 진딧물 등

(2) 기생 방식

내부 기생성 천적	• 기주의 체내에 부화한 유충이 체내에서 기생하며 기주인 해충을 죽인다. • 먹좀벌류, 진디벌류 등
외부 기생성 천적	• 기주의 체외에서 영양을 섭취하여 기생하며 기주인 해충을 죽인다. • 개미침벌, 가시고치벌 등

② 포식성 천적(해충을 먹이로 하는 곤충)

(1) 씹는형 입틀을 가진 포식성 해충

① 무당벌레, 사마귀, 풀잠자리, 말벌류 등

② 배달리아무당벌레 - 이세리아깍지벌레

(2) 찔러 빨아먹는 흡즙성 포식성 해충

① 꽃등에 유충, 풀잠자리 유충, 침노린재, 애꽃노린재 등

② 침노린재 · 애꽃노린재 - 총채벌레

(3) 거미강에 속하는 포식성 해충

① 포식성 응애류 : 잎응애, 총채벌레

② 거미류

(4) 포식성 조류 및 동물

① 박새, 진박새 : 솔잎혹파리

② 두더지 : 잣나무별납작잎벌

③ 나방류의 천적

기생벌, 곤충병원성 미생물, Bt세균, 백강균, 바이러스(핵다각체바이러스), 선충(장내 공생균) 등

04 해충의 대표 생활환

■ 응애 - 점박이응애(*Tetranychus urticae*)

(1) 생활사(8~10회)

수정한 암컷성충 월동 → 3월 중순 잡초 등에 산란 → 4~5월 잡초에서 증식 → 5월 중순 나무로 이동

> ▶ 이동 방법
> • 땅에 떨어져서 이동
> • 거미줄로 이동
> • 바람과 함께 이동 : 7~8월 밀도 최고조 - 9월 하순 월동형 성충 출현한 후 월동처로 이동(잡초, 나무껍질, 낙엽) - 10월 중순 이동 완료

(2) 특징

① 방패벌레유 피해와 유사, 차이는 잎 뒷면 가해부위 검은 배설물과 탈피각이 없음

② 잎 뒷면 집단 즙액 - 바늘 자국의 하얀색 점

③ 여름형 : 황녹색 바탕에 좌우 뚜렷한 검은색 반점

④ 겨울형 : 검은색 반점 없음

⑤ 암컷은 적색, 수컷은 담황색

⑥ 기온 높고 건조할 때 피해 심함

⑦ 응애의 공통 생활환 : 알 → 유충(다리3쌍) → 제1약충(다리 4쌍) → 제2약충 → 성충

② 바구미 – 밤바구미(*Curculio sikkimensis*)

(1) 생활사(1회)

유충월동 → 7월 토양속 번데기 → 8월 상순 성충우화 → 8월 하~10월 중순 산란 → 9월 중~11월 상순 노숙유충 탈출 후 땅속(18~36cm) 흙집에서 월동

(2) 특징

① 암컷성충의 주둥이로 종피까지 구멍을 뚫고 산란관 꽂고 과육과 종피 사이 1~2개 알 산란
② 부화유충은 과육먹고 자람
③ 배설물 밖으로 내보내지 않아 피해 확인 어려움
④ 수확한 밤 포스핀 훈증제 훈증
⑤ 중·만생종 패해가 큼, 밤송이 가시밀도 클수록 피해가 적음

③ 나방 – 복숭아명나방(*Conogethes punctiferalis*)

(1) 생활사(2~3회)

활엽수형	유충월동 (고치속) – 4월 활동 – 5월 하순 번데기 – 6월 1세대성충 – 7월 중~8월 상순 2세대성충 – 10월 유충 월동처 이동
침엽수형	유충 벌레주머니 월동 – 5월 활동 – 6~7월 1세대성충 – 8~9월 2세대성충

(2) 특징

활엽수형	① 밤나무 피해 심각 ② 조생종 밤나무에 피해가 심하나, 최근은 만생종 피해도 나타남 ③ 밤송이 가시 잘라먹어 밤송이 누렇게 보임
침엽수형	잣나무 구과 피해 심각, 잎과 작은 가지 묶고 그 속에서 잎 가해, 새잎 나는 시기인 5월에 피해가 가장 심함

※ 활엽수형·침엽수형은 모두 배설물은 가해 부위에 붙여 놓음

④ 진딧물 – 조팝나무진딧물(*Aphis spiraecola*)

(1) 생활사(수회)

알월동 (가지의 기부·눈) → 4월 간모 → 단위생식 → 5월 유시충 출현 → 5월 중~6월 중순 여름기주 이동(배, 사과나무) → 단위생식 → 가을 겨울기주 이동(조팝나무) → 산란형 무시암컷과 유시수컷 교미 후 월동알 산란

(2) 특징

① 약·성충이 신초와 잎을 집단 즙액하여 가지 생장 저해
② 잎은 뒷면으로 말리며 여름에 조기 낙엽
③ 과수를 가해하는 주요 해충

(3) 진딧물 공통점

① 머리, 가슴, 배 구분 없음
② 더듬이 4~6개
③ 투명한 날개 2쌍 중 뒷날개가 앞 날개보다 큰 편
④ 제 5·6배마디 등판 사이에 뿔관
⑤ 이형생식(양성생식 세대와 단위생식 세대가 교대로 나타나는 생식)
• 단위생식(무성생식) : 봄~여름에 교미하지 않고 암컷이 태생으로 개체수 늘림
• 양성생식(유성생식) : 가을 쯤 무성생식의 새끼 중 수컷이 태어난 후 이 수컷과 암컷의 교미 → 알 → 월동

▶ 응애류
• 전체부와 후체부로 구분
• 더듬이 없음
• 겹눈 없음
• 홑눈 있음
• 날개 없음
• 다리 4쌍

⑤ 잎벌 – 낙엽송잎벌(*Pachynematus itoi*)

(1) 생활사(3회)

번데기(전용)월동(부식층) → 5월 1화기 성충(수컷>암컷) → 6월 하순~7월 중순 2화기 성충(수컷<암컷) → 8월 상순~하순 3화기 성충

(2) 특징

① 1~4령 유충 : 군서 식해, 5령 유충 분산 가해
② 신엽은 가해하지 않고 2년 이상 잎만 가해
③ 한번 발생한 지역은 재발생하지 않는 전형적인 돌발해충

⑥ 하늘소 – 솔수염하늘소(*Monochamus alternatus*)

(1) 생활사(1회)

유충월동(목질부) → 4월 번데기 → 5월 하~7월 하순 성충우화(6mm 탈출공) → 후식피해 → 산란 → 7~8월 유충 → 10월 목질부 번데기 집에서 유충 월동

(2) 특징

① 수컷의 더듬이는 몸길이의 2배, 암컷은 1.5배 정도
② 유충이 수피 밑에 형성층과 목질부 갉아 먹음
③ 주로 쇠약목·고사목에서 발견

④ 건전한 나무는 산란을 하지 않으므로 이 해충의 직접적인 피해는 크지 않다.

⑤ 소나무재선충 매개

7 좀 – 소나무좀(*Tomicus piniperda*)

(1) 생활사(1회)

성충월동(지제부) → 3월 하~4월 상 월동처 탈출 → 5월 부화 약충 → 5월 하순 번데기 → 6월 상순 신성충 탈출 → 후식피해 → 늦가을 탈출 후 월동처 이동

(2) 특징

① 소나무좀의 후식피해는 수관하부보다는 상부, 측아지보다는 정아지의 피해가 크다.

② 유·성충이 수피 밑 형성층과 목질부 가해(주로 수세가 약한 나무 가해)

③ 신성충은 신초의 줄기 속을 파고 들어가 후식피해로 신초가 구부러진다.

④ 더듬이 끝이 달걀형

⑤ 유인목 : 1~2월 중 설치, 5월 하순 제거

05 곤충의 구조와 기능

1 곤충의 외부구조와 기능

(1) 외골격

① 곤충의 체벽, 근육의 부착면, 건조 방수, 감각 등의 기능

② 외골격의 주요 구성요소 : 내돌기, 날개, 기관지, 소화계 전장·후장, 일부 분비샘

③ 기본 구성

표피	외표피 – 원표피(외원표피층 – 내원표피층) • 외표피층 : 왁스층 또는 시멘트층, 가장 바깥쪽, 보호색, 종특이적 후각신호 • 외원표피층 : 색소침착, 비수용성, 탈피시 재활용 안됨 • 내원표피층 : 진피(표피세포)에 접한 층, 무색, 탈피시 재활용
진피 (표피세포)	• 살아있는 세포층 • 탈피액 분비, 내원표피 재흡수 • 상처재생
기저막	• 진피 아래에 있는 얇은 막, 외골격과 체강을 구분 • 물질의 투과에 관여하지 않음

④ 체벽 구성성분

키틴	다당류 결합체로서 경화
단백질	• 아스로포딘(arthropodin) : 부드러운 단백질, 내원표피 • 스클러로틴(sclerotin) : 단단한 단백질, 색깔 띠게 함 • 레실린(resilin) : 고무같이 탄력있는 단백질, 주로 날개, 뒷다리 등
센털(강모)	• 움직이는 털, 외표피에서 발생 • 피모, 인편, 분비센털, 감각센털
가동가시	• 움직임, 가시털 모양의 돌기, 곤충의 다리
가시 (체표돌기)	• 체벽 바깥쪽 고정된 가시, 움직이지 않음, 미모

※ 외골격의 함입(도랑–격막, 홈–속돌기, 봉합선)은 힘과 강도, 근육 부착 표면적을 넓힌다.

(2) 머리

1) 더듬이 : 냄새, 페로몬, 습도변화, 진동, 풍속 및 풍향 등 감지

① 첫 번째 마디 : 자루마디(밑마디, 기절)

② 두 번째 마디 : 흔들마디(병절), 존스톤 기관(소리 감지)

③ 세 번째 마디 : 채찍마디(편절)

2) 눈 : 낱눈들이 모여 한 쌍의 겹눈, 추가로 2~3개의 홑눈(시각적 보조)

3) 입틀 : 상순(먹이담기), 큰턱(먹이 분쇄·갈기, 아래위가 아니라 좌우로 작동), 작은턱(숟가락 역할), 하인두(먹이와 타액 썩는 혀 역할), 아랫 입술수염·작은 턱수염(감각수용기 역할)

4) 입의 종류

• 뚫어 빠는 입 : 매미, 모기

• 흡취형 입 : 파리

• 흡관형 입 : 나비

• 씹고 핥는 입 : 벌

• 줄쓸어 빠는 입 : 총채벌레

• 씹는 입 : 딱정벌레

(3) 가슴 : 앞가슴·가운데가슴·뒷가슴

1) 각 가슴에 1쌍의 다리가 있음(총 3쌍의 다리)

2) 다리마디 : 밑마디(기절) – 도래미마디(전절) – 넓적다리(퇴절) – 종아리(경절) – 발목(부절)

3) 날개

① 날개등판 바로 아래 날개밑앞판에 가운데·뒷가슴에 한 쌍씩 달려있음
② 체벽 외피가 형성된 것
③ 날개시맥(6종류의 맥)

> - 전연맥 : 날개 맨 앞, 비행시 바람영향 많이 받아 가장 굵고 튼튼한 맥
> - 아전연맥 : 전연맥 바로 뒤, 일반적으로 분지하지 않음
> - 경맥 : 1~5개의 분맥
> - 중맥 : 1~4개의 분맥
> - 주맥 : 1~3개의 분맥
> - 둔맥 : 주맥 뒤의 분지하지 않은 시맥

④ 날개의 변형

> - 막질의 날개 : 나비·잠자리 얇은 날개
> - 딱지날개 : 딱정벌레의 앞날개, 뒷날개 덮어 보호
> - 반딱지 날개 : 노린재 앞 날개, 기부쪽 절반은 단단, 정단부 절반은 막질
> - 가죽날개 : 메뚜기, 바퀴
> - 평균곤 : 파리·모기 뒷날개, 퇴화되어 비행하지 못함, 비행시 중심·방향·움직임 등 감지

(4) 배 : 기본 11마디

① 꼬리돌기(미모) : 배의 끝에 위치, 촉각기
② 뿔관
  - 진딧물 등에 위치
  - 분비물 생산
  - 공격용·보호용 물질 분비

② 곤충의 내부구조와 기능

(1) 소화계

1) 곤충의 식성에 따른 4가지 분류

고체음식 섭취군	굵고 짧은 곧은 장, 위식막 발달
액체음식 섭취군	가늘고 길게 말려있는 장
식물성먹이 섭취군	한 그루에서 먹이 지속성으로 장의 길이 짧고, 음식저장 장소 없음
동물성먹이 섭취군	장내 큰 저장소

2) 전장·후장

① 체벽이 말려들어가 생성
② 허물 시 전·후장 내막 탈피, 허물 전 음식을 먹지 않고 장을 비움

③ 전장(음식물 섭취·보관·제분·이동) : 식도, 모이주머니, 전위
④ 후장(물·염재흡수, 최종배설) : 말피기세관, 유문, 회장, 결장, 직장, 항문

> ▶ 말피기세관
> - 여러 개의 끝이 막힌 가는 관들(개수 0 ~ 200개 이상)
> - 체내 쌓인 함질소 노폐물 제거
> - 삼투압 조절 및 에너지 활용 - 물과 함께 요산 등 흡수
>
> ▶ 함질소노폐물의 요산 형태 배출 이유
> - 노폐물을 요소·암모니아로 배출할 시 물 분자가 많이 필요
> - 수분 잃는 효과 큼
> - 독성 강함
> - 요산은 물 적게 들고 독성 없음

3) 중장 : 음식물 흡수, 위맹낭·위 포함

(2) 생식계

1) 수컷 생식기관 : 2개의 정소(정자의 이동) - 정소 내 정관(정자생성) - 수정세관 - 수정관 - 저정낭 - 정자주머니 - 사정관 - 생식공
① 정자주머니 : 부속샘에서 정자주머니·정액 만듦
② 정액 : 정자에 양분공급, 이동·산란 촉진, 다른 수컷 피하게 하는 유도물질 포함

2) 암컷 생식기관 : 2개의 난소(난자의 이동) - 난소소관 - 알 - 측수란관 - 중앙수란관 - 수정 - 산란
① 수정 후 부속샘으로부터 보호막·점착액 등 추가되어 산란
② 부속샘 변형 : 알주머니, 독샘(벌), 젖샘 등
③ 저정낭 : 정자 보관
④ 저정낭샘(수정낭샘) : 저정낭에 보관 중인 정자에게 양분 공급

(3) 순환계(개방순환계)

1) 부속박동기관(부맥박기관) : 심장 이외에 혈액 진행방향 정해주는 기관

2) 심문
① 심문을 통하여 혈액이 심장으로 들어감
② 심장 내 혈액의 역류 방지

3) 혈액
① 모든 조직 간의 영양분·배설물 등의 교환이 혈액 내에서 일어남
② 색상 : 대개 무색 (노랑, 초록, 빨강, 파랑 등도 있음)
③ 비행 시 체온조절
④ 공기순환
⑤ 탈피 후 몸의 팽창 등의 역할

(4) 기관계

호흡계(산소전달) : 기문 – 확산·통풍 – 복잡한 기관지 – 몸 안으로 퍼짐

▶ **곤충의 크기가 작은 이유**
원활하지 못한 공기순환으로 산소전달이 곤란하여 세포호흡이 저조

(5) 신경계

중추 신경계	• 대표신경절 : 뇌, 겹눈, 더듬이, 윗입술, 전위 • 식도하신경절 : 상순 제외한 입의 신경 담당
내장 신경계	• 알라타체 　– 신경호르몬에 의해 조절 　– 유약호르몬 분비 　– 성충 형질 발육 억제(미성숙단계) 　– 성적 성숙 촉진(성숙단계) 　– 성충기 전환기 – 억제 　– 성충의 생식기 – 재활성 　– 성충에서 알의 난황 축적, 부속샘 활동 조절, 　　페로몬 생성 • 카디아카체 　– 뇌의 신경분비세포(신경호르몬 분비) 신호에 　　의해 조절 　– 앞가슴샘(내분비샘)을 자극 　– 탈피유도 탈피호르몬 분비 　– 성충은 앞가슴샘 퇴화(탈피 안됨)
말초 신경계	• 중앙신경계와 내장신경계의 신경절에서 좌우로 뻗어나옴 • 운동·감각뉴런

(6) 내분비계 – 체내 호르몬 체계

1) 앞가슴샘 및 카디아카체

① 뇌의 신경분비세포(신호 및 자극) – 카디아카체에서 펩타이드호르몬(앞가슴샘자극호르몬) 생산 – 앞가슴샘에서 엑디스테로이드(탈피호르몬) 생산

② 곤충이 성충 단계이면 앞가슴샘은 퇴화되어 탈피하지 않음

▶ 앞가슴자극호르몬 : 앞가슴샘을 자극하여 탈피호르몬을 생산하도록 유도하는 호르몬
▶ 탈피호르몬 : 표피세포에서 키틴과 단백질의 합성을 자극하여 탈피를 유발하는 호르몬

2) 알라타체

뇌의 신경분비세포(신호 및 자극) – 알라타체에서 유약호르몬 생산

▶ 유약호르몬 : 곤충의 미성숙 단계(유충단계)에서 성충 형질의 발육을 억제, 성충 단계에서 성적 성숙을 촉진하는 호르몬

3) 신경분비세포

① 뇌의 중앙과 옆쪽에 위치

② 신경펩타이드호르몬 생산

▶ 신경펩타이드호르몬 : 뇌호르몬, 경화호르몬, 이뇨호르몬, 알라타체자극호르몬 등이 있다.

(7) 곤충의 배자 발육

외배엽	표피, 외분비샘, 뇌 및 신경계, 감각기관, 전장 및 후장, 호흡계, 외부생식기
중배엽	심장, 혈액, 순환계, 근육, 내분비샘, 지방체, 생식선(난소 및 정소)
내배엽	중장

❸ 곤충의 생태적 특성

(1) 탈피 과정

① 표피층분리 : 진피세포로부터 기존의 외골격 분리

② 불활성 탈피액 분비 : 진피세포에서 분비

③ 지질단백질(표피소층) 분비 (역할 : 탈피액 소화 안 되게 보호)

④ (표피소층 형성 후) 탈피액 활성화

⑤ 기존의 내원표피 소화·흡수

⑥ 새로운 원표피 및 새로운 외표피 형성

⑦ 왁스층·시멘트층 형성

⑧ 새로운 외골격 형성

⑨ 근육의 수축·공기유입(혈액)

⑩ 외골격 탈피선 찢어져 열림

⑪ 탈피

(2) 변태

① 무변태 : 크기만 커지고 모양은 변하지 않고 탈피만 계속

② 불완전변태 : 알 → 약충 → 성충 (수서형 – 큰변화, 육서형 – 날개만)

③ 완전변태 : 난(알) → 유충 → 번데기(용) → 성충

(3) 애벌레의 종류

① 나비유충형 : 나비·나방류

② 좀붙이형 : 무당벌레·풀잠자리류

③ 굼벵이형 : 풍뎅이

(4) 번데기의 종류

① 피용(나비번데기) : 부속지가 몸에 달라붙음
② 나용(딱정벌레·풀잠자리) : 모든 부속지가 자유로움
③ 위용(파리류) : 가짜 번데기 유각

06 수목 해충 일반

1 외래 해충

① 북아메리카 원산지 해충 : 미국흰불나방, 버즘나무방패벌레, 소나무재선충 등
② 동북아시아 원산지 해충 : 유리알락하늘소, 서울호리비단벌레 등
③ 우리나라에 유입된 해충 : 주홍날개꽃매미(중국), 갈색날개매미충(중국), 밤나무혹벌 및 솔잎혹파리(일본에서 유입 추정), 소나무재선충(일본)
④ 기타 해충 : 유리알락하늘소, 밤나무혹벌 등

2 우리나라 수해 역사

① 1922년 경성임업시험장에서 산림해충 예찰 시작
② 1958년 서울 이태원 미국흰불나방 발견 – 도심시역 활엽수 해충 관심 계기
③ 1962년부터 이태리포플러의 해충(버들재주나방, 오리나무잎벌 등) 생태와 방제 연구
④ 1967년 솔잎혹파리 나무주사 개발 – 산림해충 대표 방제
⑤ 1977년 솔잎혹파리먹좀벌·혹파리살이먹좀벌 대량사육 확립 – 생물적 방제 이용 시대
⑥ 2000년대 꽃매미, 미국선녀벌레, 갈색날개매미충 등 돌발해충 피해 극심

3 해충의 가해 형태에 따른 분류

식엽성 해충	• 수목의 잎을 갉아 먹는 해충 - 씹는형 입틀 • 수목해충의 50% • 잎을 직접 가해, 잎을 말거나 은신처 만들어 가해, 엽육사이 터널 뚫고 가해 • 잎벌류·나비목 유충 – 유충시기 가해 • 풍뎅이류 – 성충시기 가해 • 잎벌레류·대벌레류 – 성충·유충(약충) 모두 가해

흡즙성 해충	• 즙액을 빨아 먹는 해충 – 빠는형 입틀(수목의 조직내 빨대 형 입틀 찔러) • 노린재목(진딧물류, 깍지벌레, 방패벌레류, 나무이류, 선녀벌레, 매미충류 등), 응애류 • 가해시 감로 발생, 그을음병 유발
종실·구과 해충	• 활엽수 열매, 침엽수 고과, 종자를 가해 • 밤바구미, 도토리거위벌레 등
충영형성 해충	• 가해를 받은 식물체 조직이 이상비대로 벌레혹(충영)이 생겨 그 안에서 즙액을 흡즙하는 해충 • 진딧물, 혹응애류, 혹파리, 혹벌류 등
천공성 해충	• 수목의 줄기나 가지에 산란된 알에서 유충이 수목의 목질을 가해, 성충이 줄기나 가지에 구멍을 뚫고 들어가 가해 • 건강한 나무 줄기·가지 가해 : 나비목의 유리나방류, 박쥐나방류, 일부 명나방 • 약한 나무 줄기·가지 가해 : 딱정벌레목의 나무좀류, 하늘소류, 바구미류, 비단벌레류 등

4 기주범위에 따른 분류

단식성 해충	한 종의 수목만 가해하거나 같은 속의 일부 종만 기주로 하는 해충 • 줄마디가지나방 -회화나무 • 회양목명나방 -회양목 • 개나리잎벌 -개나리 • 자귀뭉뚝날개나방 – 자귀나무, 주엽나무 • 솔껍질깍지벌레, 소나무가루깍지벌레, 소나무왕진딧물 - 소나무, 곰솔 • 밤나무혹벌, 밤나무혹응애, 붉나무혹응애, 회양목혹응애 • 뽕나무이, 솔잎혹파리, 아까시잎혹파리, 소나무혹응애 • 소나무좀, 노랑애소나무좀
협식성 해충	기주수목이 1~2개 과로 한정된 해충 • 솔나방, 광릉긴나무좀 • 벚나무깍지벌레, 쥐똥밀깍지벌레 • 방패벌레류

광식성 해충	여러 과의 수목을 가해하는 해충
	• 미국흰불나방, 독나방, 매미나방, 천막벌레나방, 애모무늬잎말이나방
	• 목화진딧물, 조팝나무진딧물, 복숭아혹진딧물
	• 뿔밀깍지벌레, 거북밀깍지벌레, 이세리아깍지 벌레
	• 전나무잎응애, 점박이응애, 차응애
	• 오리나무좀, 알락하늘소, 왕바구미, 가문비왕나 무좀

07 수목해충의 예찰

▣ 수목해충의 발생조사

(1) 직접조사

전수조사	• 대상지 내에 서식하는 해충을 전부 조사
표본조사	• 집단의 일부 조사 • 상시해충 유리, 돌발해충 주의
축차조사	• 해충의 밀도조사를 순차적으로 누적 조사 • 방제 대상지의 선정에 유용 • 솔나방, 오리나무잎벌레 조사
원격탐사	• 위성영상이나 유무인항공기로 촬영한 항공사진 을 이용 • 소나무재선충병과 참나무시들음병 피해목 조사 에 주로 활용

(2) 간접조사

유아등	• 형광 블랙라이트 가장 효과적 • 주광성 해충 포집 • 종의 개체군 변동 비교나 성충의 우화시기 추정 에 사용
황색수반 트랩	• 황색물에 날아든 해충 채집 조사
페로몬 트랩	• 페로몬을 이용한 조사
우화상	• 성충의 우화시기에 조사 • 산림해충의 예찰조사 주로 사용 (솔잎혹파리, 잣나 무별납작잎벌, 솔수염하늘소 등)

말레이즈 트랩	• 곤충이 날아다니다 텐트 형태의 벽에 부딪히면 위로 올라가는 습성을 이용 (화분매개곤충 조사에 주로 이용)
끈끈이트랩	• 참나무시들음병 매개충 발생상황 조사

▨ 우리나라 주요 수목해충의 예찰조사

① 소나무재선충병 매개충
   • 솔수염하늘소 · 북방수염하늘소 우화상황 조사
   • 전년도 11월 말까지 우화상 적치 완료
   • 매년 4월~8월 우화상 매일 조사
   • 솔수염하늘소 6월 중순 우화, 북방수염하늘소 5월 중하
     순~6월 상순 우화

② 솔잎혹파리
   • 우화상황과 충영형성률 조사
   • 우화상황은 4월10일까지 우화상 설치 후 7월까지 실시
   • 충영형성률은 9~10월 조사

③ 솔껍질깍지벌레
   • 충남 태안군을 제외 남부지역에 국한
   • 4월경 선단지 전방의 곰솔림에서 알덩어리 발생여부 조
     사하여 선단지와 확산거리를 예찰

④ 솔나방
   • 전국 고정조사지를 설치
   • 가지 위에 있는 유충수를 조사 및 5월과 9월 임지 순회
     답사 조사

⑤ 참나무시들음병 매개충
   • 광릉긴나무좀의 우화시기 예찰조사
   • 매년 4월15일까지 유인목 설치 · 끈끈이롤트랩 부착 후
     4월 중순~8월 개체수 · 후화최성기 조사

⑥ 미국흰불나방
   • 발생량 조사와 발생시기 조사
   • 발생량 조사 : 6월과 8월 전국 29개소의 고정조사지에
     서 조사
   • 발생시기 조사 : 5~9월 전국 9개 지역에 유아등 또는 페
     로몬트랩에서 채집한 성충수 조사

⑦ 밤나무 해충
   • 복숭아명나방, 밤바구미, 밤나무혹벌 등 조사
   • 예찰조사는 7~9월 각 도별 3개군 3개 조사구를 설치
   • 복숭아명나방과 밤바구미는 피해율과 우화시기, 밤나
     무혹벌은 피해율 조사
   ※ 밤바구미 피해율은 2011년까지 수행하였고 현재는 실시하지 않음

02 수목해충학 각론

01 식엽성 해충

해충명	기주	피해	방제
대벌레 *Ramulus irregulariterdentatus*	활엽수	• 천적에 대한 의사 사망 • 다리 떼고 도망 • 잎 가해 - 성·약충 집단 가해	• 포살 • 천적 : 풀잠자리, 무당벌레, 침노린재, 사마귀 등 • 6월 중순 이전에 약제 살포(성충 산란 차단)
호두나무잎벌레 *Gsatrolina depressa*	호두나무 가래나무	• 부화유충 : 알껍데기를 먹고 집단으로 잎 식해, 2령 유충부터 분산·가해 (그물모양 식흔, 주맥만 남는다)	• 포살·피해잎 소각, 매달려 있는 번데기 소각 • 천적 : 남생이무당벌레·다리무늬침노린재·거미류 • 유충 가해시기에 적용약제 살포
버들잎벌레 *Chrysomela vigintipunctata*	황칠나무 오리나무 버드나무류	• 유·성충 : 잎을 갉아 먹고, 어린나무에 피해가 심함	• 어린유충이 달린 잎 채취·소각 • 나무 밑에 비닐을 깔고 나무를 흔들어 떨어지는 성충을 포살 • 4월 중순 이후 적용약제 살포
오리나무잎벌레 *Agelastica coerulea*	오리나무 박달나무 개암나무	• 유·성충 : 잎 식해(수관 아래에서 위쪽으로, 수관 하부 피해 심각) • 피해목에 8월경 부정아가 맹아하여 고사하지는 않음	• 5~7월 유충·알덩이 잎 채취 소각 • 4~6월 하순 유·성충 동시 방제 (델타메트린, 디플루벤주론 약제 살포) • 7월~성충 포살
느티나무벼룩바구미 *Orchestes sanguinipes*	느티나무 비술나무	• 성충 : 주둥이로 잎 표면을 뚫고 가해 • 유충 : 잎 가장자리에 터널을 형성하며 가해	• 끈끈이트랩, 천적유지(기생벌, 포식성노린재, 미생물 백강균 등) • 월동성충 활동시기에 나무주사(이미다클로프리드 분산성액제 등), 신성충 발생기에 적용 약제 살포

세대	생활사	특징
1세대	• 월동 : 알 → 3mm 연한 흑갈색, 600~700개 산란 • 약충 : 3월 하순 • 성충 : 6월 중순~11월 활동, 날개 없음, 7~10cm, 암컷 머리꼭대기에 1쌍의 가시, 다양한 색깔(서식환경에 적응) • 특징 : 산란 시 머리를 위쪽으로 정지. 성·약충 모두 대나무 가해	–
1세대	• 월동 : 성충·낙엽, 수피 밑 → 4월 하순 출현, 5월 상순 최성기, 7~8mm 검은 남색 • 알·유충 : 잎 뒷면 30개 산란, 2령 집단/3령 분산 • 노숙유충 : 검은 머리, 암황색의 몸, 각 마디 검은색 무늬와 가는털 • 신성충 : 6월 하순~7월 출현, 잎 가해 후 휴면·월동 • 번데기 : 가해잎 뒷면 엽맥에 탈피각 붙여놓고 매달려 용화한다.	–
1세대	• 월동 : 성충·지피물이나 토양 속 → 6~9mm 크기의 머리와 몸은 녹색 또는 남색의 광택, 가장자리는 황갈색, 딱지날개는 황갈색으로 20개의 청록색 무늬 • 알 : 반투명의 노란색, 잎 뒷면 수십개의 알 덩어리 • 유충 : 4월 하순 부하유충, 5월 상순 번데기, 노숙유충은 몸이 황록색, 등과 측면에 검은 점 줄지어 산재 • 신성충 : 5~6월 우하, 8월 하순 월동처 이동	• 노숙유충은 잎 뒷면에 꼬리를 붙이고 번데기가 됨
1세대	• 월동 : 성충·지피 및 토양 → 4월 하순 출현하여 잎 식해, 7mm 남색 • 알 : 5월 중순~6월 하순, 잎 뒤에 50~60개 산란, 1mm 노란색 • 유충·번데기 : 7회 탈피 후 땅속에서 번데기, 노숙유충은 검은 잔털이 드문드문 • 신성충 : 7월 중순 우화 후 잎 식해, 8월 하순 월동처로 이동	• 부화유충은 잎 뒷면 군식 • 성장유충은 분산 가해
1세대	• 월동 : 성충·지피, 토양, 수피 → 4월 출현, 2~3mm 흑갈색 • 알 : 긴 장타원형의 투명한 유백색 • 유충·번데기 : 노숙유충은 머리가 진한 갈색, 몸은 유백색에 마디가 뚜렷, 번데기는 4월 하순에 잎 조직 속 번데기집 • 신성충 : 5월 출현 후 가해, 가을에 월동처 이동	• 성충은 뒷다리 넓적마디 발달해서 벼룩처럼 잘 도약 • 잎 뒷면 주맥에 구멍을 뚫고 1~2개의 알 산란

해충명	기주	피해	방제
잣나무별납작잎벌 (잣나무넓적잎벌) *Acantholyda parki*	잣나무	• 유충(4~5령) 피해 심각 • 20년 이상 잣나무림에서 대발생 • 잣나무넓적잎벌이 지속적으로 발생한 지역에 두더지의 밀도가 높아짐	• 9월~4월 호미 · 괭이 등으로 굴취 · 소각 • 4월 중에 비닐(폴리에틸렌필름) 등으로 임내지표 피복 • Bt균, 핵다각체바이러스, 알좀벌류, 벼룩좀벌류 천적 유지 • 7월 중순~8월 상순 수관 가해하는 유충시기에 클로르플루아주론 유제 살포
개나리잎벌 *Apareophora forsythiae*	개나리	• 유충이 무리로 가해, 심하면 잎 전체를 갉아먹어 줄기만 남는다. • 개나리 식재면적이 증가함에 따라 피해 증가	• 부화유충의 집단 가해 잎 채취 · 소각 또는 유충 살포 • 찌르레기 등 포식성 조류 보호 • 유충 발생 초기에 적용약제 살포
회양목명나방 *Glyphodes perspectalis*	회양목	• 유충이 실을 토하여 잎을 묶고 그 속에서 잎의 표피와 잎살 가해 (잎이 반투명) • 수관에서 거미줄 관찰 • 잎을 모조리 갉아먹기도 하며 피해가 지속되면 나무 전체가 고사	• 포살하여 밀도 낮추고, 잎 채취 · 소각 • Bt균, 핵다각체병바이러스, 페로몬트랩 • 유충 초기에 메티다티온 수화제, 클로르페나피르 유제 등 적용약제 살포
제주집명나방 *Orthaga olivacea*	후박나무	• 잎 또는 가지를 묶어 바구니 모양의 벌레주머니 형성, 그 속에서 가해, 육안으로 쉽게 관찰 • 심하면 피해 가지가 고사	• 벌레집 채취 · 소각 • 유충 발생시기에 적용약제 살포
벚나무모시나방 *Elsysma westwood*	벚나무 매실 등 장미과	• 잎 식해 • 돌발해충, 성충은 낮에 활동, 교미전 이른 아침에 떼지어 날아다님 • 어린유충 : 잎살 가해, 중령은 잎에 작은 구멍 내고 가해 • 노숙 : 잎 전부 갉아먹음 • 경관이 혐오스럽고, 수세가 약해짐	• 집단 월동처 소각 • 피해 초기에 잎 채취 · 소각 • 유충 초기에 적용약제 방제
노랑쐐기나방 *Monema flavescens*	다양한 활엽수	• 어린유충 : 잎 뒷잎살만 가해 • 성숙유충 : 잎 주맥만 남기고 모두 가해 • 유 · 성충의 자모는 사람 피부에 통증 · 염증을 유발 • 위생해충	• 겨울철 가지에 고치 제거 • 피해 초기에 잎 채취 · 소각 • 유아 · 유살등으로 수컷 포살 • 기생파리 · 좀벌 · 거미류 등 천적 보호 • 유충 초기에 적용약제 살포

세대	생활사	특징
1세대	• 월동 : 유충 · 5~25cm 흙속의 토와(흙집) → 가을~5월 • 번데기 · 우화 : 번데기 5월 하순~7월 중순, 　성충우화는 6월 중순~8월 상순 우화 후 토양 밖으로 출현 • 알 : 신엽에 1~2개 산란 • 유충 : 4회 탈피 후 노숙유충, 7월~8월 하순 땅위로 떨어져 월동처로 　이동	• 성충 : 잣나무가지 또는 잎에서 교미하고 　신엽에 산란 • 부화유충 : 잎 기부에 실로 잎을 묶어 집짓 　고 안에서 잎을 절단 · 가해 • 토양속 기간 : 약 11개월 　(7월 중순~다음해 6월 중순)
1세대	• 월동 : 유충 · 땅속 1cm 깊이의 흙집속 → 노숙유충 16mm 검은색으로 황갈 　색의 짧은 털 • 성충 : 4월 상순~하순 출현, 약 10mm 검은색, 다리는 노란색 • 알 : 개나리의 잎 조직속에 1~2줄로 산란	• 노숙유충은 줄기를 타고 지면으로 내려와 　월동처로 이동
2~3세대	• 월동 : 유충 · 지표, 땅 → 4월 하순 출현, 6령, 6월 상순 피해 극심, 　가해부위에 번데기(연녹색에서 흑갈색) • 성충 : 6~7월 우화, 앞날개 20~24mm • 알 : 1.3mm 둥근 형태 • 유충 · 성충 : 8월에 노숙유충(머리 검고, 몸은 황록색의 갈색점무늬가 양쪽), 　8월 하순 성충 – 알 – 유충(월동처로 이동)	• 알은 둥근 납작모양, 잎에 서로 포개진 형 　태로 산란, 투명에서 유백색으로 변색
1세대	• 월동 : 유충 · 토양 속 추정 • 성충 : 6~8월 출현, 날개 25~31mm, 담갈색의 머리, 　앞날개는 황록색, 뒷날개는 흑갈색 • 유충 : 9월부터 월동처로 이동, 노숙유충은 머리 검고 몸은 녹색의 광택, 　양쪽으로 갈색 점무늬	–
1세대	• 월동 : 유충 · 낙엽, 지표 → 4월부터 활동, 몸 길이 30mm, 머리는 흑갈색, 　몸은 담황색으로 등줄 · 옆줄에 가느다란 검은색 세로줄, 몸 전체에 검은색 　털 • 노숙유충 : 6월 중순~하순 출현, 잎을 뒷면으로 말고 고치, 고치속에서 번데 　기 • 성충 : 9~10월 출현, 나무껍질 · 잎 뒷면에 수~20개 산란(평균산란수 약 110 　개), 검은색, 더듬이 빗살모양 • 알 · 유충 : 10월 하순에 유충이 월동처로 이동	• 성충은 검은색 시맥이 뚜렷, 앞날개 기부 　에 등황색, 뒷날개 4~7맥 사이 꼬리모양 　으로 돌출
1세대	• 월동 : 유충 · 새알모양의 고치 안 → 뒷다리의 종아리마디에 2쌍의 가동가시 　(짧은 가시털) • 번데기 : 5월 고치속, 고치는 새알모양(회백색에 흑갈색 무늬) • 성충 : 6월~8월 우화, 밤에만 활동, 야간 교미, 잎 뒷면 1~2개 산란 • 알 · 유충 : 유충은 6~7회 탈피, 6월~7월 잎 식해 후 고치	• 성충은 더듬이가 실모양, 황갈색, 다리는 　갈색이며 뒷다리 종아리마디에 2쌍의 가 　동가시가 있다.

해충명	기주	피해	방제
솔나방 *Dendrolimus spectabilis*	소나무, 곰솔 등 소나무류	• 1970년대까지 피해 많음 • 현재는 돌발 피해 • 유충인 송충이가 묵은 잎을 주로 갉아먹음, 밀도가 높으면 신엽(새잎)도 가해 • 유충 한 마리가 한해동안 가해하는 솔잎의 길이는 평균 64m(수컷 약 40m, 암컷 약 78m)	• 유충이 월동처로 이동시 잠복소 설치 • 다음해 봄에 설치물 소각 • Bt균 살포 • 기생성 천적인 좀벌류 · 맵시벌류 · 알좀벌류 · 기생파리류 등 보호 • 포식성 천적인 무당벌레류 · 풀잠자리류 · 거미류 등 보호 • 조류 박새 · 찌르레기 등 보호 • 월동유충 가해 초기인 4월~5월, 어린 유충시기 8월 하순 적용약제 살포 • 월동유충기에 나무주사(아바멕틴 유제, 아바멕틴 · 설폭사플로르 분산성액제) 실시
천막나방(텐트나방) *Malacosoma neustria*	활엽수	• 유충이 막을 치고 모여 살고 • 낮에 쉬고 밤에 잎을 식해	• 겨울 알덩이 소각 • 맵시벌, 고치벌, 기생파리 등 천적 보호 • 4월 곤충생장조절제, 미생물농약 살포
황다리독나방 *Ivela auripes*	층층나무	• 부화유충이 줄기를 타고 올라가 신엽 · 새순을 식해 • 부화유충은 피해가 적고 3령 이후 주맥만 남기고 모두 식해	• 황다리독나방기생고치벌 천적 보호 • 줄기에 알덩어리 채취 · 소각 • 피해초기에 적용약제 살포
매미나방 *Limantria dispar*	활엽수 침엽수	• 유충 1마리가 700~1,800cm^2 잎을 가해 • 돌발해충	• 6~7월 유아 · 유살등 • 4월 이전에 월동난괴 제거 • Bt, 핵다각체병바이러스 살포 • 짚시벼룩좀벌, 풀색딱정벌레, 청노린재, 황다리잡작맵시벌 등의 천적 보호 • 어린 유충기에 에마멕틴벤조에이트 유제 등의 적용 약제 살포
미국흰불나방 *Hyphantria cunea*	활엽수	• 어린 유충 : 잎을 실로 싸고 집단 가해 • 5령 후 : 분산 가해 • 가로수 · 정원수 등 도시숲이 심각 • 1화기보다 2화기의 피해가 심각	• 월동 번데기 채취 · 제서 • 5월 상순~8월 중순 알덩이 붙어있는 잎 채취 · 소각 • 유아등 · 포충기 · 잠복소 설치 • Bt균, 핵다각체병바이러스 살포 • 꽃노린재류, 검정명주딱정벌레, 송충알벌, 나방살이납작맵시벌 등의 천적 보호

세대	생활사	특징
1~2세대	• 월동 : 유충 · 나무껍질, 지피물 밑 → 겨울 기온 높으면 수관 월동(제주도), 4월 유충활동, 솔잎 가해(8령까지 가해), 주로 밤에 활동 • 번데기 : 노숙유충은 7월 상순 · 중순 솔잎 사이에 고치 · 번데기, 고치는 긴타원형 · 황갈색으로 유충의 센털이 붙어있음 • 성충 : 7월 하순~8월 중순, 오후 6~7시 우화, 야간 활동, 주광성, 알 500개 솔잎에 무더기 산란 • 알 · 유충 : 알은 2mm 원형의 담적갈색과 청갈색이 양쪽에 나타남. 유충은 솔잎의 한쪽 가해후 실을 토하여 낙하하면서 분산. 5령 유충은 11월에 월동처로 이동	• 솔나방의 1세대 중 사망률이 가장 높은 시기는 부화유충기 • 8월경에 비가 많이 내리면 다음 해 발생량이 줄어듦
1세대	• 월동 : 알 · 나뭇가지나 잎의 황색 고치속 • 유충 : 4월 중 · 하순 부화유충 실로 천막 형성하여 낮에 쉬고 밤에 식해 • 번데기 : 6월 나뭇가지 · 잎에 황색의 고치 속 번데기 • 성충 : 6월 하순 성충 우화, 밤에 가는 가지에 200~300개 알 산란	–
1세대	• 월동 : 알 · 줄기에 알덩어리로 → 4월 중순 부화 후 신엽으로 올라감 • 번데기 : 5월 하순 번데기, 노란색의 검은 무늬 • 성충 : 6월 상순 우화, 6월 중순 최성기, 줄기에 무더기로 40~50개 알 산란, 몸은 흑갈색 • 유충 : 노숙유충은 머리와 몸이 검은색, 등은 노란색 무늬에 흑갈색 긴털이 빽빽	• 성충 • 몸은 흑갈색, 하얀색의 인모로 뒤덮임 • 앞다리 종아리와 발목마디가 노란색 • 날개는 우윳빛 반투명 흰색, 앞뒤 무늬가 없음
1세대	• 월동 : 알 · 줄기, 가지 • 유충 · 번데기 : 4월 중순에 부화유충 출현하여 거미줄로 분산 이동 • 노숙유충은 55mm 등쪽에 돌기(앞은 파란, 뒤는 붉은 색)가 있고, 전체적으로 연한 노란색 털 • 성충 : 7~8월 우화, 나무줄기에 알덩이(약 500개의 알) • 알 : 약 8개월(7월~이듬 해 3월) 알기간, 1.7mm의 공모양으로 100~1,000개의 알덩어리가 노란색 털로 덮여있음	• 수컷성충 : 날개가 물결모양에 검은 무늬, 더듬이는 깃털모양 • 암컷성충 : 날개에 4개의 담흑색 가로띠, 더듬이는 검은색 실모양 • 누숙유충 : 머리(검은색에서 황갈색) 양쪽 검고 긴 8자형 무늬
2~3세대	• 월동 : 번데기 · 수피, 지피 밑 고치 속 • 1화기 성충 : 5월 중순~6월 상순 저녁 6~7시 우화, 잎 뒷면에 600~700개의 알 무더기 산란, 하얀색에 검은 점, 야행성 · 주광성 • 유충 · 번데기 : 5월 하순에 부화유충, 4령까지 실로 잎 싸고 가해, 5령 이후 분산가해, 수피, 돌틈 등에 번데기 • 2화기 성충 · 유충 · 번데기 : 7월 하순~8월 중순 우화, 10월 중순 번데기	• 1화기 성충만 날개에 검은점(수컷)있음 • 노숙유충은 몸 각 마디의 등에 검은색 돌기, 양 옆 황갈색 돌기 • 알은 둥글고 담녹색에서 회흑색으로 변색, 알덩이는 흰 털로 엉성하게 덮여있음

해충명	기주	피해	방제
버즘나무방패벌레 *Corythucha ciliata*	버즘나무 물푸레나무 닥나무류	• 양버즘나무가 피해 큼 • 약·성충 동시 잎 뒷면을 집단 즙액 • 잎의 백화현상 • 검은 배설물과 탈피각	• 거미류 천적 보호 • 발생 초기 에토펜프록스 유제 등의 적용 약제를 잎 뒷면에 충분히 살포 • 발생 초기에 이미다클로프리드 분산성액제, 클로티아니딘 액제 등의 약제를 나무주사
진달래방패벌레 *Stephanitis pyrioides*	산철쭉 연산홍	• 약·성충이 잎 뒷면에서 즙액 흡즙하여 잎의 백화현상 • 띠띤애매미충류의 피해와 유사하지만 잎 뒷면의 배설물과 탈피각이 붙어 있어 구별 • 고온건조 시에 피해가 많음	• 피해 초기 잎 제거·소각 • 거미류 등의 천적 보호 • 발생 초기에 티아메톡삼 입상수화제 등 적용 약제를 잎 뒷면에 살포
갈색날개노린재 *Plautia stali*	유실수 등	• 주로 과일을 가해 • 성충 : 과실 즙액 • 약충 : 잎 뒷면 즙액 흡즙 • 8~10mm 정도의 둥근 검은색 반점 　(반점 중앙부 과육은 흰 스펀지 모양)	• 발견 즉시 제거 • 뚱보기생파리 천적 보호 • 집합페로몬(성충 유인) • 적용 약제 살포
갈색날개매미충 *Pochazia shantungensis*	활엽수 침엽수(주목)	• 성충이 가지에 산란한 가지는 말라죽는다. • 약·성충 : 잎·가지·과실의 수액 흡즙, 그을음병 유발	• 끈끈이트랩 설치 • 월동알 제거 • 거미류 등의 천적 보호 • 발생초기에 아세타미프리드 수화제 등의 적용 약제 살포 • 공동방제(꽃매미, 미국선녀벌레 등의 외래해충은 동시방제 필요)
미국선녀벌레 *Metcalfa pruinosa*	무궁화 개오동 등 침엽 리기다소나무	• 약·성충 : 가지·잎 집단 즙액 • 감로로 인한 2차 그을음병 • 하얀색 밀랍물질로 미관 해침	• 기주범위가 넓어 공동 방제가 효과 – 　약충 5~6월, 성충 7월 • 적용 약제 살포
꽃매미(주홍날개꽃매미) *Lycorma delicatula*	활엽수 (특히 가죽나무, 포도나무)	• 약·성충 : 긴 구침으로 수액 흡즙 • 심하면 가지 고사 • 2차 피해 : 그을음병으로 광합성 저해 및 과실 품질 저하	• 4월 전에 줄기에 알덩이 제거 • 끈끈이트랩 설치 • 가죽나무 등 주요 기주 제거 • 어린 약충 시기에 이미다클로프리드 분산성액제 나무주사

세대	생활사	특징
3세대	• 월동 : 성충 · 수피 틈 → 주맥 · 부맥 사이에 알 90개 산란 • 약충 · 성충 : 5월 중순~6월 하순에 약충, 6월 상순에 우화 • 약충 · 성충 : 6월 하순~8월 중순 약충, 7월 상순에 우화 • 약충 : 7월 하순~10월 중순 약충	• 성충 : 검은색 몸에 그물모양의 날개 • 약충 : 납작하고 검은 색, 복부에 3개의 가시다발
4~5세대	• 월동 : 성충 · 낙엽, 지피물 밑 → 잎 뒷면 1개씩 산란 • 약충 · 성충 : 약충은 4월 하순부터 잎 가해 • 약충 · 성충 : 계속 불규칙하게 반복하며 4~10월 약 · 성충이 동시 가해	• 성충 : 날개는 투명, 그물 모양의 시맥 뚜렷, 등에 X자 모양의 갈색 무늬 • 약충 : 흑갈색에 털 모양의 가시돌기가 다수
2세대	• 월동 : 성충 · 낙엽 밑 → 풀뿌리 근처, 3월 하순~4월 중순에 출현, 15개씩 마름모꼴 산란 • 알 · 성충 : 반복하며 8~10월 성충 월동처로 이동	• 성충 : 등면이 녹색이며 앞날개는 막질부 갈색
1세대	• 월동 : 알 · 가지 • 약충 : 5월 중순~6월 상순 부화약충 출현, 4회 탈피 후 성충 • 성충 : 7월 중순~11월 중순 활동, 1년생 가지에 산란 • 알 : 1.2mm 우윳빛 장타원형	• 수컷성충이 복부 선단부가 뾰족, 암컷은 둥글다. • 1년생 가지에 2열로 가지를 파고 산란, 톱밥과 흰색 밀랍물질을 썩어 덮음 • 약충 : 항문 중심에 노란색 밀랍물질의 부채살 모양
1세대	• 월동 : 알 · 가지, 수피 밑 → 원통형 흰색 • 약충 : 4월 하순에 부화약충, 4회 탈피 • 성충 : 7~10월 우화, 9~10월 90개의 알을 가시 · 수피 밑에 산란	• 성충 : 뒷다리가 잘 발달해서 잘 튀어오름, 머리가 앞가슴보다 훨씬 좁다. • 약충 : 흰 밀랍물질 분비 • 노숙약충 : 흰 밀랍을 온몸에 뒤덮어 씀
1세대	• 알 월동 : 알 · 가지, 줄기 • 약충 : 4월 하순 부화약충, 4회 탈피(1~3령 검은색 바탕에 흰점, 4령 붉은색 바탕에 흰점) • 성충 : 7월 상순~10월 하순에 성충 우화, 9월 하순에 가지에 40~50개 알 덩어리 평행으로 산란 • 알 : 2.5mm 타원 · 갈색	• 알은 남쪽을 향한 나무줄기 틈에 40~50개 덩어리 • 회색 분비물로 덮음

해충명	기주	피해	방제
말매미 *Cryptotympana atrata*	벚나무 버즘나무 느티나무 등	• 암컷 성충 : 2년생 가지에 산란을 위해 상처를 냄 • 성충 : 수액 흡액, 상처로 수액 흘러 그을음병 유발, 병원균 침입하여 사과부란병 발생	• 성충 포살 • 살란 가지 절단 후 소각 • 유아등으로 유인 포살 • 성충 발생기에 적용 약제 살포
뽕나무이 *Anomoneura mori*	뽕나무류	• 약충 : 잎 · 줄기 · 열매 집단 즙액, 하얀색 밀랍물질 분비 • 피해 잎은 오그라들면서 말라 죽고, 그을음병 발생	• 피해 초기에 잎 채취 · 소각 • 풀잠자리류 · 거미류 등의 천적 보호 • 적용약제를 잎 뒷면에 충분히 살포
목화진딧물 *Aphis gossypii*	활엽수 농작물	• 이른 봄 무궁화 피해 큼 • 약 · 성충 : 새 가지와 잎 뒷면에 즙액, 잎은 위축, 그을음병, 식물바이러스 유발	• 월동알 제거 • 무당벌레 · 꽃등에류 · 풀잠자리류 · 진디벌 등 천적 보호 • 월동 기주(무궁화 · 개오동나무) 주변에 여름 기주(가지 · 오이) 식재를 피할 것
조팝나무진딧물 *Aphis spiraecola*	활엽수	• 약 · 성충 : 신초와 잎을 집단 즙액하여 가지 생장 저해, 잎은 뒷면으로 말리며 여름에 조기 낙엽 • 과수를 가해하는 주요해충	• 피해 초기 가지 · 잎 채취 · 소각 • 무당벌레류 · 풀잠자리류 · 혹파리류 · 진디벌류 · 꽃등에류 등의 천적 보호 • 발생 초기에 적용약제 살포, 약제 저항성이 잘 발달하므로 동일 계통의 약제를 연용 피할 것
복숭아혹진딧물 *Myzus persicae*	벚나무 복사나무 사철나무 돈나무 등	• 잎 뒷면에 흡즙 • 피해잎 시들고 세로 방향으로 말리며 갈변 • 이식 벚나무에 많이 발생하여 고사하기도 함	• 무당벌레 · 풀잠자리 · 꽃등에류 · 혹파리 등의 천적 보호 • 4월 상순에 적용 약제 살포 • 약제 저항성이 잘 발달하므로 동일 계통의 약제를 연용 피할 것
소나무솜벌레 *Pineus orientalis*	소나무류	• 약 · 성충 : 가지 · 줄기 껍질 틈에서 수액 흡즙, 하얀색 밀랍 분비해 하얗게 보임 • 피해부위는 새 눈의 생장이 저해되며, 수세 약하되고 밀도 높으면 나무 고사 • 조경수의 반송에 피해가 많음 • 통풍이 잘 안되는 줄기의 하부에 자주 발생	• 통풍과 채광조건의 개선을 위해 가지치기할 것 • 부화 약충시기 5~6월에 적용 약제 살포

세대	생활사	특징
약 6년에 1세대	• 월동 : 알 · 약충 → 산란 첫해 6월 하순~7월 중순에 부화약충이 가지에서 땅속으로 이동, 약 4~5년 후 오후 8시~새벽 6시에 땅속에서 나옴 • 성충 : 6월 하순~9월 하순에 성충 출현, 가지 조직속에 5~7개의 알을 150~400개 산란 • 알 · 부화약충 : 부화약충은 땅속으로 이동	• 갓 우화한 성충은 황금색 가루로 덮여있음
1세대	• 성충월동 : 성충 · 침엽수 및 잡초 → 4월 상순 출현, 새순 · 잎 뒷면에 200~300개의 알 산란 • 약충 : 5월 상순~6월 중순 약충 출현 • 신성충 : 5월 중순~6월 중순 출현, 주변의 침엽수 및 잡초 등으로 이동 후 여름 이후에는 뽕나무에서 발견 안됨	• 신성충은 여름 이후에는 뽕나무에서 발견 안됨
4세대	• 월동 : 알 · 무궁화, 개오동나무 등의 겨울눈, 가지 → 남부지방은 성충 월동 • 약충 · 성충 : 4월 중순 부화(간모), 약충 3회 탈피 후 성충 • 유시충 : 5월 하순 유시충 출현, 여름기주인 오이 · 고추 등으로 이동, 10월 상순에 유시충 무궁화로 이주	• 기주 이동시 유시충이 출현
수 세대	• 월동 : 알 · 조팝나무 등 겨울눈 · 가지 → 따뜻한 지역은 암컷성충 월동 • 약충 : 4월 부화후 신초 · 잎 가해 • 유시충 : 5월 중순 유시태생 암컷성충 출현, 여름기주인 명자나무 · 귤나무로 이동, 10월 중순에 겨울기주로 이동	• 유시형 수컷과 무시형 산란성 암컷이 교미해서 겨울눈이나 가지의 지표 가까운 부위에 알을 낳는다.
수세대	• 월동 : 알 · 복숭아나무 등 겨울 기주의 겨울눈 부근, 따뜻한 지방 암컷성충 월동 • 약충 : 3월 하순~4월 상순 간모 출현, 단위생식 2~3세대 • 유시충 : 5월 하순에 유시충 출현 후 여름기주인 무 · 배추로 이동, 단위생식(무시태생 성충 번식) 몇 세대, 10월 중순에 유시충 출현 후 겨울기주인 복숭아나무로 이동, 복숭아 나무에서 유시형 수컷과 무시형 산란성 암컷 교배 후 나뭇가지의 겨울눈 부근에 알을 5~8개 산란	• 무시충 : 담황록색 · 적갈색, 뿔관은 중앙이 팽대, 끝이 볼록, 띠가 있음, 원기둥 흑갈 • 유시충 : 머리 · 가슴은 검은색, 배등면은 검은색 무늬
수세대	• 월동 : 약충 · 가지, 줄기의 수피 틈 • 무시충 : 5월 상순 무시충 출현 후 가지 · 줄기의 표면에 산란 • 약충 : 기주의 수피 수액 흡즙, 5~6월 밀도 최상. 그 후 여름철 성충 출현	–

해충명	기주	피해	방제
귤가루이 *Dialeurodes citri*	귤나무 감나무 광나무 배롱나무 등	• 유·성충 : 새잎의 뒷면에 집단 즙액 • 피해 잎 뒷면의 **투명한 번데기껍데기** 붙어있고 부생성 그을음병 발생 • 어린 나무나 질소질비료의 과다사용 시 진초가 웃자란 나무에 많이 발생 • 비가 적은 해에 밀도 높음	• 통풍 불량한 환경에 피해 많으므로 가지치기 • 질소질비료 과용 피할 것
솔껍질깍지벌레 *Matsucoccus mastsumurae*	소나무 곰솔	• 약충 : 가지의 인피부에 구침을 꽂고 즙액하면서 타액 분비(세포막 파괴) • 3~5월에 수관하부의 가지가 갈변하며 전체 수관이 갈변하면서 고사 • 7년~22년생 나무가 최고 피해를 받음. 침입 4~5년 뒤 피해가 심함 • 11월~이듬해 3월 후약충 시기에 피해가 가장 심함 • 여름~가을에 피해진전이 없음	• 솔껍질깍지벌레 피해지 또는 선단지 솎아베기와 간벌 실시 • 하층 영세목 제거하여 밀도 조절 • 2~5월 페로몬트랩 수컷성충 유인 • 피해도 '중' 이상은 나무주사 후약충시기 (11월~2월) 실시 • 피해선단지 대면적 발생지역은 2월 하순~3월 중 순 뷰프로페진 액상수화제 항공살포
주머니깍지벌레 *Eriococcus lagerstroemiae*	배롱나무 석류나무 팽나무 예덕나무 회양목 등	• 가지·줄기를 흡즙하고 생장저해와 수세 약화를 유발 • 석류나무·팽나무·예덕나무·회양목 : 주로 가지와 줄기 흡즙 • 배롱나무 : 가지·줄기·잎 흡즙	• 겨울철 가지에 알덩어리 문질러 제거 • 겨울철 기계유유제, 석회유황합제 등을 살포, 월동란 방제 • 부화 약충시기 6월 하순과 8월 하순에 클로티아 니딘 액상수화제 등의 적용 약제를 살포
소나무가루깍지벌레 *Crisicoccus pini*	소나무류	• 약·성충 : 신초 및 잎 사이 수액 흡즙하 여 신초의 생장 저하 • 부생성 그을음병 발생 • 피목가지마름병 발생의 원인	• 밀도 낮을 때 문질러 제거 • 무당벌레류·풀잠자리류·거미류 등의 천적 보호 • 약충시기에 약제 살포
쥐똥밀깍지벌레 *Ericerus pela*	쥐똥나무 광나무 물푸레나무 이팝나무 등	• 약·성충 : **잎·가지** 집단 흡즙 • 가지에 하얀색 밀랍 분비 • 1령약충 시기 : 잎맥따라 기생 • 2령충 이후 : 가지로 이동·기주 간 수평적 이동능력 높은 편 • 밀도가 높으면 가지 말라죽음	• 겨울철 수컷약충의 밀랍이 있는 가지 제거 • 애홍점박이무당벌레·쥐똥밀깍지좀벌 등의 천 적 보호 • 1령약충시기 6~7월에 적용 약제 살포
점박이응애 *Tetranychus urticae*	광범위	• 바늘로 찔린 듯한 하얀색의 점이 잎 뒷면에 나타남 • 집단 즙액 • 잎 뒷면 가해 부위에 배설물과 탈피각이 없는 것이 방패벌레와 구분됨 • 고온·건조 시 피해 심각	• 긴털이리응애·칠레이리응애, 꽃노린재·검정명 주딱정벌레 등의 천적 보호 • 월동시기에 기계유유제를 줄기·주변 잡초에 살포 • 발생 초기에 에마멕틴벤조에이트 유제, 페나자퀸 액상수화제 등의 약제를 잎 뒷면에 충분히 살포 • 동일한 계통의 약제 연속살포는 약제 저항성 유발 되므로 연용 피할 것

세대	생활사	특징
2세대	• 월동 : 유충 또는 번데기 · 잎 뒷면 • 성충 : 5월 상순 출현, 1세대 5월 중순, 2세대 8월 중순~9월 하순, 잎 뒷면에 세로로 알을 산란, 산란수는 40~120개	−
1세대	• 후약충 : 11월~3월 사이 소나무 흡즙과 발육이 왕성, 암컷성충은 불완전변태, 수컷성충은 완전변태(전성충 − 번데기 − 수컷성충), 3~5월 사이 암수성충의 우화(우화최성기 4월) • 알 : 가지에 작고 흰솜덩어리 모양의 알주머니(150~450개 알) • 부화약충 : 5월 상순~6월 상순에 출현 후 가지 위를 가해하다가 수피틈에서 정착 • 정착약충 : 하기휴면(6~10월), 10월경 휴면을 끝내고 생장 시작	• 2령후 약충 피해가 극심 : 11월~3월 • 수컷성충 : 한쌍의 날개, 긴 흰꼬리(비행시 균형), 완전변태 • 암컷성충 : 날개가 없고, 황갈색, 불완전변태
2세대	• 월동 : 알 · 약충 → 암컷성충은 깍지속 알 월동, 일부는 약충 월동 • 성충 : 4월 하순~5월 하순 출현, 암컷성충하얀색의 밀랍으로 주머니 형성, 수컷성충은 적자색, 반투명한 1쌍의 하얀색 날개 • 알 · 약충 : 충태가 반복 · 중복되어 나타남, 약충은 적자색, 하얀색 밀랍가루로 덮임	−
2세대	• 월동 : 약충 → 잎과 가지의 수피, 타원형의 적갈색 • 성충 : 하얀 밀랍가루로 덮으며, 밀랍돌기 몇 쌍이 몸 주위에 나와있음, 2개의 원뿔모양 가시털, 샘구멍은 등면, 다리는 갈색 · 넓적마디가 가장 큼, 알주머니 만들지 않고 160여개의 알 산란	−
1세대	• 월동 : 암컷성충 · 가지 → 3월 중순부터 성장 후 4월 하순 산란(평균 수천 개) • 약충 : 1령약충은 6월부터 출현 • 암컷성충의 배 밑에 잠시 머물러 있다가 분산 후 잎에 정착 • 암컷약충 : 잎의 표면 정착, 잎맥 따라 분산 • 수컷약충 : 잎의 뒷면에 집단 정착 • 성충 : 8월 하순부터 성충 출현	−
8~10세대	• 암컷성충 월동 : 암컷성충 · 나무껍질, 잡초, 낙엽 → 3월 중순 잡초에 산란 • 알 · 약충 : 알은 둥글며 투명 − 하얀색 − 노란색으로 변색, 4~5월까지 잡초에 증식 • 5월 중순부터 나무로 이동하여 7~8월에 밀도 최고 • 9월 하순부터 월동형 성충 출현 후 월동처로 이동 • 몸의 등 쪽 좌우에 검은색 반점 • 발육단계 : 알 · 유충 · 제1약충 · 제2약충 · 성충	• 여름형 : 연한 황록색 반점이 뚜렷 • 겨울형 : 연한 주황색 반점이 없음 • 부화한 유충 : 3쌍의 다리(움직임은 활발하지 않음) • 탈피한 약충 : 4쌍의 다리(움직임 활발)

해충명	기주	피해	방제
도토리거위벌레 *Cyllorhynchites ursulus* *quercuphillus*	참나무류	• 참나무류의 종실에 피해를 줌 • 도토리에 산란공 뚫고 산란 후 가지 절단하여 땅에 떨어뜨림 • 도토리의 과육 갉아먹음 • 심한 피해는 주지 않지만 공원 등의 경관 해침	• 여름철에 도토리가 달린 떨어진 가지를 모아서 소각 • 성충 우화최성기에 유아등 설치 • 8월 상순(성충 우화기)에 적용 약제 살포
밤바구미 *Curculio sikkimensis*	밤나무 참나무류	• 참나무류의 종실 가해 • 부화유충 : 과육 먹고 성장, 조생종보다 중·만생종에 피해가 많음 • 밤송이의 가시 밀도가 높으면 피해가 낮음	• 산란기에 적용약제 수관 전면에 살포 • 성충 우화기에 적용약제 살포 • 수확 후 포스핀 훈증제로 밤을 훈증
백송애기잎말이나방 *Gravitarmata margarotana*	잣나무 소나무류 전나무	• 유충 : 구과와 새 가지 가해 • 5~6월 피해 극심 • 부화유충 : 암꽃 가해 후 2년생 구과로 옮겨 가해(피해구과는 속이 비고 고사하여 위축)	• 잣 수확시 피해구과 소각 • 우화 최성기 5월 상순에 적용 약제 살포
복숭아명나방 *Conogethes punctiferalis*	밤나무 잣나무 등	• 활엽수형 : 밤나무 피해 심각, 조생종 밤나무에 피해가 심하나, 최근은 만생종 피해도 나타남. 밤송이 가시 잘라먹어 밤송이 누렇게 보임 • 침엽수형 : 잣나무 구과 피해 심각, 잎과 작은 가지 묶고 그 속에서 잎 가해, 새잎 나는 시기인 5월에 피해 최고	• 피해 종실·구과 모아 소각 • 성페로몬트랩 설치(높이 1.5m~2m) • 밤나무는 7월 하순~8월 중순에 약제 방제

세대	생활사	특징
1세대	• 월동 : 노숙유충 · 땅속 3~9cm 흙집속 → 5월 하순 번데기 • 성충 : 6월 중순~9월 하순 출현, 8월 우화최성기, 도토리 즙액, 암컷성충은 도토리 산란공에 1~2개(평균 20~30개)알 산란 후 산란공 메운 후 가지 절단 • 유충 : 도토리 파먹고 성장, 20일 후 열매에서 탈출, 땅속 이동	• 성충 : 날개에 짧은 털과 검은색 짧은 털, 가늘고 긴 주둥이의 길이는 날개의 길이와 비슷 • 주둥이 중간부위의 더듬이는 11마디, 선단(先端) 3마디부터 팽대(퍼짐)되어 있음 • 번데기 : 꼬리에 한 쌍의 갈색 가시털 있음
1세대	• 월동 : 노숙유충 · 토양 속 18~36cm 흙집 속 → 7월 중순 토양 속에서 번데기 • 성충 : 회황색 비늘털 빽빽, 불규칙 담갈색 무늬, 중앙 회황색 가로띠, 과육과 종피 사이에 1~2개 알 산란(평균 1~7개) • 노숙유충 : 9월 중순~11월 상순에 종피에서 약 3mm 구멍을 뚫고 나와 땅속으로 들어감	• 암컷성충의 주둥이(6.5mm)가 수컷(3.5mm)보다 길어 산란활동이 유리 • 배설물을 밖으로 내보내지 않아 유충 탈출 전까지 피해 확인 안됨
1세대	• 월동 : 번데기 · 낙엽, 땅속 고치 • 성충 : 4월 상순~5월 하순 우화, 10mm 갈색으로 진한 갈색무늬 • 유충 : 노숙유충 5월 하순~6월 상순에 지면으로 내려가 흙속 고치를 짓고 번데기, 머리는 다갈색, 몸은 적갈색	–

2~3세대	◎ 활엽수형
	  • 월동 : 유충 · 수피 고치 속 → 4월 활동 후 번데기
	  • 1세대 성충 : 23~29mm, 몸과 날개는 황갈색에 검은색 반점이 산재, 6월 출현, 복숭아나무 · 자두나무 · 사과나무 등에 산란
	  • 알 : 0.6mm 유백색의 납작한 타원형
	  • 유충 : 부화유충은 과실 식해, 노숙유충은 20~25mm 머리 흑갈색, 가슴 · 배는 분홍색에 갈색점 산재
	  • 2세대 성충 : 7월 중순~8월 상순 출현, 밤나무 종실에 1~2개 알 산란
	  • 부화유충 : 1 · 2령은 밤과육 속에 들어가지 않고 밤송이 식해, 3령 이후 과육 식해, 10월 유충이 과육에서 월동처로 이동 후 고치, 배설물을 가해 부위에 붙여 놓음
	◎ 침엽수형
	  • 월동 : 유충 · 벌레주머니 속 → 5월 활동
	  • 1세대 성충 : 6~7월
	  • 2세대 성충 : 8~9월
	  • 특징 : 배설물은 가해 부위에 붙여 놓음	

해충명	기주	피해	방제
외줄면충 *Paracolopha morrisoni*	느티나무	• 간모가 느티나무 잎 뒷면 즙액하면 잎면에 표주박 모양의 담녹색 벌레혹 형성 • 유시충 탈출 후 벌레혹 갈변되어 딱딱하게 굳은 채로 잎 위에 남는다. • 잎이 기형이 되며 미관을 해침	• 유시충 탈출시기인 5월 하순 전에 피해 잎을 채취 · 제거 • 4월 중순 약충시기에 적용 약제 잎 뒷면에 살포 • 여름기주 대나무 제거
솔잎혹파리 *Thecodiplosis japonensis*	소나무	• 수관 상부에 많이 형성 • 초기에 단목 – 군상 – 전면 확산하여 5~7년 최고조 • 피해 극심기 이후 피해 증감현상은 초기와 같이 심한 피해 발생하지 않음 • 지피식생 많은 임지, 북향 임지, 산록부 임분, 동일임분 내 수관폭 좁은 임목 많이 발생 • 솔잎 기부에 충영 형성	• 지표면에 비닐 피복 : 낙하유충의 월동처 이동 차단(9월 하순부터), 우화성충 수관 이동 막음(5월 중순) • 솔잎혹파리먹좀벌, 혹파리살이먹좀벌, 혹파리등뿔먹좀벌, 혹파리반뿔먹좀벌 등의 천적 보호 • 박새 · 쇠박새 · 곤줄박이 등의 포식성 조류 보호 • 5월 하순~6월 하순 적용 약제 나무주사 • 11월 하순~1월 상순 / 4월 하순~5월 하순 토양 처리
아까시잎혹파리 *Obolodiplosis robiniae*	아까시나무	• 아까시나무 꿀 채밀시기에 가해 시작하여 피해 부각 • 유충 : 잎 뒷면의 가장자리에서 수액을 흡즙하여 잎이 뒤로 말림 • 5월 상순 새잎의 전체가 뒤로 말림	• 아까시민날개납작먹좀벌, 무당벌레류, 풀잠자리류 등의 천적 보호 • 피해 초기에 적용 약제 살포
사철나무혹파리 *Masakimyia pustulae*	사철나무 줄사철나무	• 유충 : 사철나무 잎 뒷면에 벌레혹 형성하여 그 속에서 즙액 • 피해 잎은 조기 낙엽	• 피해 잎 채취 · 소각 • 기생봉류 · 기생파리류 등의 천적 보호 • 3월 중순, 5월 상순에 적용 약제 토양처리
붉나무혹응애 *Aculops chinonei*	붉나무	• 약 · 성충 : 잎 뒷면 기생하여 잎 앞면에 사마귀 같은 둥근 벌레혹 형성	• 벌레혹 형성된 잎을 제거 · 소각 • 밀도 높으면 적용 약제 살포
때죽나무납작진딧물 *Ceratovacuna nekoashi*	때죽나무	• 잎의 측아속 즙액하여 바나나 송이 모양의 황록색 벌레혹 형성	• 성충 탈출 전에 벌레혹 채취 · 소각 • 4월 상순에 적용 약제 살포 또는 나무주사 • 무당벌레류, 풀잠자리류, 거미류 등의 천적 보호 • 8~10월 여름기주인 나도바랭이새에 적용 약제 살포

세대	생활사	특징
수 세대	• 월동 : 알 · 수피 틈 • 간모 : 4월 중순 잎 뒷면 가해, 벌레혹 형성, 벌레혹 당 15~24마리 유시성충 • 유시성충 : 5월 하순~6월 상순 여름기주 대나무류로 이동, 10월 중순 다시 느티나무로 이동, 수피틈에 산란	–
1세대	• 월동 : 유충 · 지피물 밑 1~2cm 흙속 → 다리 없고 노란색 · 하얀색, 5월 상순~6월 중순 고치 짓고 번데기 • 성충 : 5월 중순~7월 중순 우화, 비오는 다음 날 우화 많아짐, 우화 직후 임내 하층식생 날아다니며 교미, 솔잎에 6개씩 90개 알 산란 • 유충 : 부화유충이 솔잎 기부에 충영 형성(6월 하순부터 잎의 생장 중지), 유충낙하는 9월 하순~다음해 1월, 벌레혹 탈출하여 지피 흙속 월동 (비오는 날 많이 낙하)	• 우화최성기 : 6월 상순~중순 • 비가 온 다음 날 특히 많이 우화
2~3세대	• 월동 : 번데기 · 땅 • 성충 : 5월 상순에 우화후 새잎 뒷면의 가장자리에 산란(평균 포란수 192개) • 유충 : 잎 뒷면으로 말리고 2회기의 피해기 심함 • 2화기성충 : 벌레혹에서 우화	• 말린 잎 속에 평균 10마리 내외의 유충이 가해하며, 잎이 뒤로 말린다.
1세대	• 월동 : 유충 · 벌레혹 속 → 3월 번데기 • 성충 : 몸이 2mm 노란색, 4월 하순~5월 하순 우화, 6~12시간 생존, 잎 뒷면에 1개씩 알 산란(포란수 약 90개) • 유충 : 부와유충은 잎 표피 파고 들어가 벌레혹 형성	–
수 세대	• 암컷성충 : 방추형의 오렌지색 • 잘 알려져 있지 않음	• 벌레혹은 봄에 녹색이나 늦여름 이후 붉게 변하며 밀도가 높으면 잎이 고사
수 세대	• 월동 : 알 · 가지 • 간모 : 4월 부화, 겨울눈 즙액 후 측아로 이동하여 벌레혹 형성, 6월에 눈에 띄게 커짐, 벌레혹 속에 보통 한 마리 들어있음 • 유시충 : 7월 하순 출현 후 여름기주 나도바랭이새로 이주하여 잎 뒷면에 하얀 솜털의 군체 형성, 가을에 다시 유시충 출현 후 때죽나무로 돌아옴	• 벌레혹의 꼬투리 수 : 평균 11개 • 꼬투리당 평균 진딧물 수 : 약 15마리

해충명	기주	피해	방제
벚나무사향하늘소 *Aromia bungii*	벚나무속	• 유충 : 목질부 갉아먹고 목설 배출 • 수액 배출되기도 함	• 벌목 · 박피 · 철사, 끈끈이롤트랩, 기피제, 페로몬 트랩 등 설치
향나무하늘소 *Semanotus bifasciatus*	향나무류 측백나무류	• 유충 : 수피 뚫고 침입 • 형성층 갉아 먹어 나무 고사	• 딱다구리 등 조류 보호 • 10월 ~ 이듬해 2월 피해목 벌채 · 반출 · 소각

솔수염하늘소
Monochamus alternatus
	소나무류	• 유충 : 수피 밑에 형성층과 목질부 갉아
		  먹음
		• 주로 쇠약목 · 고사목에서 발견,
		• 건전한 나무는 산란을 하지 않으므로
		  직접적인 피해는 크지 않음
		• 소나무재선충 매개
			• 4월 하순까지 고사목 벌채, 훈증 · 소각 등
			• 성충 우화시기에 항공 · 지상 살포
			• 성충 우화 전 3월15일~4월15일 티아메톡삼
			  분산성액제 나무주사
			• 페로몬 유인트랩 설치

북방수염하늘소 *Monochamus saltuarius*	소나무류 잣나무	• 유충 : 형성층과 목질부 가해 • 주로 쇠약목 · 고사목에서 발견 • 소나무재선충 매개충	• 3월 하순까지 고사목 벌채, 훈증 · 소각 등 • 성충우화시기에 항공 · 지상 살포 • 성충 우화 전 3월15일~4월15일 티아메톡삼 분산성액제 나무주사 • 매개충 페로몬 유인트랩 설치

알락하늘소
Anoplophora chinensis
	단풍나무
	밤나무 등
	활엽수
	칠엽수(삼나무)
		• 유충 : 줄기 아래쪽 목질부 속을 파먹고
		  목설을 배출
		• 노숙유충 : 아래 지제부로 이동하여
		  형성층을 갉아먹어 수세가 약하되며 고사
		• 성충의 후식피해는 크지 않으나 가지를
		  환상으로 갉아먹어 고사
			• 성충의 우화 최성기(5월 하순) 접촉독, 식독제
			  수관 살포
			• 성충 우화 탈출 후 8~12일 후식기간에 약제 살포
			• 성충 탈출 확인 후 1주일 뒤 약제 살포, 그리고
			  다시 10일 후(6월 중순)에 약제를 수관 살포
			• 철사 포살
			• 알락하늘소살이고치벌 등 고치 · 좀 · 맵시벌류 ·
			  기생파리 등의 천적 보호

세대	생활사	특징
2년 1세대	• 월동 : 유충 · 줄기 • 성충 : 7~8월, 1~6개(약 300개) 산란, 앞가슴등판이 선홍색이며 양옆에 돌기 • 유충 : 갱도 형성	• 목설의 우드칩모양은 길이가 짧고 넓은 특징 • 목설 배출시 복숭아유리나방과 비교 • 복숭아유리나방 : 목설이 나무수액과 함께 배출 · 섬유질 형태 • 벚나무사향하늘소 : 목설 가루 배출
1세대	• 월동 : 성충 · 피해목 목질부의 번데기집 → 3~4월 탈출공 뚫고 탈출, 교미후 수피 물어뜯고 속에 알 낳음, 평균 28개 산란 • 유충 : 3월 부화, 형성층 갉아 먹고 갱도에 목설 채움, 9월 노숙유충 번데기집	• 목설을 밖으로 배출하지 않아 나무가 죽기 전까지 피해를 발견하기 어려움
1세대	• 월동 : 유충 · 피해목 → 4월 번데기집 짓고 번데기, 추운 지방은 2년에 1세대 • 성충 : 5월 하순~8월 상순 우화, 약 6mm 탈출공 뚫고 나옴, 맑고 따뜻한 날 많이 나옴, 우화전성기 6월 중하순, 탈출 성충은 어린 가지 수피 식해(후식피해– 이 시기에 소나무재선충이 목질부 속 침입), 1개씩 산란(평균100여개) • 유충 : 7~8월 부화유충 내수피 갉아 먹고 목설 배출, 10월에 목질부 번데기 집에서 월동	• 암 · 수컷 더듬이 비교 | 수컷	암컷
---	---
몸길이의 2배	몸길이의 1.5배
더듬이의 채찍마디 전체가 흑갈색 미모로 덮여 있음	더듬이의 모든 편절마디 기부 쪽 절반 정도가 회백색 미모로 덮여 있음	
1세대	• 월동 : 유충 · 피해목 → 4월 번데기집 짓고 번데기, 추운 지방은 2년에 1세대 • 성충 : 4월 중순~5월 하순 우화, 약 6mm 탈출공 뚫고 나옴, 맑고 따뜻한 날 많이 나옴, 우화전성기 5월 상순, 탈출 성충은 어린 가지 수피 식해(후식피해–이시기에 소나무재선충이 목질부 속 침입), 야행성, 1개씩 산란(평균 100여개) • 유충 : 7~8월 부화유충 내수피 갉아 먹고 목설 배출, 10월에 목질부 번데기 집에서 월동	
1세대	• 월동 : 유충 · 가지 → 5월 목질부에 번데기 • 성충 : 6월 중순~7월 중순 우화 · 탈출, 수관에서 후식 피해, 1개씩 산란 (30~120개) • 유충 : 부화유충은 수피 밑 가해하면서 위쪽으로 목질부 가해, 노숙유충은 지제부로 내려오면서 형성층 가해	–

해충명	기주	피해	방제
복숭아유리나방 *Synanthedon bicingulata*	자두나무 복숭아나무 벚나무류	• 유충 : 줄기 · 가지의 수피 밑 형성층 가해 • 가해부에 목재부후균 등의 병원균 침입 • 가해부는 적갈색의 굵은 배설물과 함께 수액이 흘러나와 쉽게 눈에 띈다. • 어린 유충은 수액분비가 적어서 잎말이나 방류 피해로 오인하기 쉬움	• 철사 포살 • 6~8월 성충 발생 초기에 적용 약제 줄기 살포 • 페로몬트랩 설치
광릉긴나무좀 *Platypus koryoensis*	참나무류	• 신갈나무 피해가 많다. • 유 · 성충 : 쇠약한 나무에 침입하고 목설을 배출	• 6월 중순 이전에 끈끈이롤 트랩을 설치 (높이 2m까지) • 유인목 4~5월 이전에 설치, 10월경 소각 • 6월 중순에 적용 약제 살포
앞털뭉뚝나무좀 *Scolytus frontails*	느티나무	• 유 · 성충 : 수피 안쪽과 목질부 가해 • 이식목에서 많이 발생	• 성충 탈출 전 피해목 제거 • 작은 가지도 가해하므로 방제가 매우 어려움
오리나무좀 *Xylosandrus germanus*	활엽수 침엽수	• 건강한 나무 집단 공격, 쇠약목 공격 • 암브로시아균 배양, 외부로 목설 배출	• 적용 약제 살포
소나무좀 *Tomicus piniperda*	침엽수	• 유 · 성충 : 수피 밑 형성층과 목질부 가해, 주로 수세가 약한 나무 가해 • 신성충은 신초의 줄기 속을 파고 들어가 후식피해로 인한 신초가 구부러진다.	• 유인목 1~2월 설치하고 5월 하순 제거 • 후식피해가지 제거 • 적용 약제 살포
박쥐나방 *Endoclyta excrescens*	활엽수 침엽수	• 어린 유충 : 초본류의 줄기속 가해 • 성장한 유충 : 나무로 이동하여 수피와 목질부 표면을 고리모양으로 식해 후 중심부로 파고 들어감 • 태풍이나 강한 바람에 쉽게 부러지는 경우도 있음	• 6월 이전 임내 잡초 제거, 지면에 적용 약제 살포 • 유충 침입공 철사 포살 • 수간에 끈끈이트랩감기

세대	생활사	특징
1세대	• 월동 : 유충·줄기, 가지의 가해 부위 → 봄부터 활동·가해 • 성충 : 6~8월 우화, 갈라진 수피 틈에 산란	• 유충 : 수피 밑에 고치를 짓고 번데기 • 번데기 : 꼬리끝 가시를 이용하여 몸의 반 정도를 수피 밖으로 내놓고 우화 • 성충 : 배에 노란색 띠 2개, 배 끝에 털무더기
1세대	• 월동 : 노숙유충, 목질부내 → 일부는 번데기, 성충으로도 월동 • 성충 : 4~10월 우화, 암컷 등판에 5~11개 균낭 • 유충 : 분지공 형성하고 균먹으며 5령기에 걸쳐 성장 후 번데기, 월동	• 수컷성충이 먼저 침입하고, 유인물질 발산하여 암컷 유인
1세대	• 월동 : 번데기, 피해목 내부 • 성충 : 6~7월 우화, 4~5mm 긴 원통형 흑갈색, 머리 앞 이마부 위에 연한 갈색 짧은 털이 많이 나와 있음	• 피해목은 5~8월 우윳빛이나 연갈색 액체가 침입공에서 흘러나옴
2~3세대	• 월동 : 성충 → 4~5월 출현, 줄기 구멍 뚫고 갱도에 20~50개 알 무더기 산란 • 유충 : 암브로시아균을 먹고 자란다.	–
1세대	• 성충월동 : 성충, 지제부 → 3월 하순~4월 상순 활동처를 탈출, 1개씩 60개 산란 • 유충 : 모갱과 직각으로 내수피 가해하며 유충갱도 형성, 노숙 유충은 번데기집 형성 • 신성충 : 6월 상순 탈출하여 당년지 가지 목질부 가해하고 늦가을에 상부에 구멍을 뚫고 탈출 후 월동처로 이동	• 소나무좀의 후식피해는 수관하부보다는 상부, 측아지보다는 정아지의 피해가 크다.
1~2년에 1세대	• 월동 : 알, 지표면 → 따뜻한 지방은 지표면에서 알로 월동, 5월 부화 후 지피물 밑에 서식하다가 3~4령기 이후 나무로 이동 • 성충 : 8월 하순~10월 상순 우화 16~17시, 산란수는 3,000~8,000개, 평균 5,000개 알을 포란 • 유충월동 : 2년에 1회 발생은 피해목 갱도 내에서 유충 월동	• 가해부위는 배출된 목설을 거미줄과 같은 실로 묶어놓아 혹같이 보이며 쉽게 발견됨

연 발생횟수에 따른 해충 분류

연 1회 발생	식엽성 해충	대벌레, 주둥무늬차색풍뎅이, 곱추무당벌레, 호두나무잎벌레, 버들잎벌레참긴더듬이잎벌레, 오리나무잎벌레, 두점알벼룩잎벌레, 느티나무벼룩바구미, 잣나무넓적잎벌, 개나리잎벌, 남포잎벌, 좀 검정잎 벌, 제주집명나방, 노랑털알락나방, 벗나무모시나방, 노랑쐐기나방, 별박이자나방, 남방차주머니나방, 솔나방, 밤나무산누에나방, 참나무재주나방, 독나방, 황다리독나방, 매미나방, 두충밤나방, 노랑쐐기나방
	흡즙성 해충	갈색날개매미충, 선녀벌레, 미국선녀벌레, 꽃매미, 회화나무이, 뽕나무이
	종실 · 구과 해충	도토리거위벌레, 밤바구미
	충영형성 해충	밤나무혹벌, 솔잎혹파리, 사철나무혹파리
	천공성 해충	향나무하늘소, 솔수염하늘소, 북방수염하늘소, 알락하늘소, 광릉긴나무좀, 앞털뭉뚝나무좀, 소나무좀, 박쥐나방, 복숭아유리나방
연 2회 발생	식엽성 해충	자귀뭉뚝날개나방, 회양목명나방, 대나무쐐기알락나방, 줄마디가지나방, 차독나방, 큰붉은잎밤나방
	흡즙성 해충	갈색날개노린재, 귤가루이
	충영형성 해충	큰팽나무이
연 2~3회 발생	식엽성 해충	솔잎벌, 목화명나방, 미국흰불나방
	흡즙성 해충	돈나무이
	종실 · 구과 해충	복숭아명나방
	충영형성 해충	아까시잎혹파리
	천공성 해충	오리나무좀
연 3회 발생	식엽성 해충	큰이십팔점박이무당벌레, 대추애기잎말이나방, 극동등애잎벌, 장미등애잎벌, 버들재주나방, 꼬마버들재주나방
	흡즙성 해충	버즘나무방패벌레

CHAPTER

03

수목생리학

01 나무의 분류

1 목본식물

목본식물은 종자식물 중 형성층에 의한 2차생장 (2차목부 + 2차사부)을 하는 식물이다.

2 목본식물의 분류

구분	분류
식물학적 분류	• 나자식물(겉씨식물) : 은행목, 주목목, 구과목 • 피자식물(속씨식물) : 쌍자엽식물, 단자엽식물
잎의 모양에 의한 분류	침엽수, 활엽수
낙엽성	상록수, 낙엽수

3 소나무속의 분류와 특징

구분	소나무류	잣나무류
엽속 내의 잎의 숫자	2~3개	3개 또는 5개
잎의 유관속의 숫자	2개	1개
아린의 성질	잎이 질 때까지 남아 있음	첫해 여름 탈락
목재의 성질	비중이 높아 굳고 춘재에서 추재의 전이가 급함	비중이 낮아 연하고, 춘재에서 추재의 전이가 점진적임
수종	소나무, 곰솔, 리기다소나무, 테다소나무, 방크스소나무	잣나무, 섬잣나무, 스트로브잣나무, 백송

4 참나무속의 분류와 특징

구분	갈참나무류	상수리나무류
종자 성숙 시기	개화 당년에 익음	개화 이듬해에 익음
수종	• 낙엽성 : 갈참나무, 졸참나무, 신갈나무, 떡갈나무 • 상록성 : 종가시나무, 가시나무, 개가시나무	• 낙엽성 : 상수리나무, 굴참나무, 정릉참나무 • 상록성 : 붉가시나무, 참가시나무

02 수목의 구조

1 특징

① 식물의 구조와 형태가 다양하며 환경에 따라 다양한 기능을 가짐
② 기온이 높고 강우량이 많은 열대지방의 식물은 세포간격이 넓고 왁스층이 얇은 잎을 가졌다.
③ 건조한 지역의 식물은 세포간격이 좁고 왁스층이 두꺼운 잎을 가짐으로써 증산작용을 효과적으로 억제할 수 있다.

2 수목의 기본 구조

(1) 6개의 기본 기관

① 3개의 영양기관 : 잎, 줄기, 뿌리
② 3개의 생식기관 : 꽃, 열매, 종자

(2) 목본식물의 조직의 분류

분류	특징
표피조직	• 어린 식물의 표면 보호 및 수분 증발 억제 • 표피층, 털, 기공각피층, 뿌리털
코르크조직	• 표피조직을 대신하여 표면 보호, 수분증발 억제, 내화 • 코르크층, 수피, 피목

분류	특징
유조직	• 원형질을 가지고 살아 있고, 신장, 세포분열, 탄소동화작용 등의 대사작용 활발 • 생장점, 분열조직, 형성층, 수선, 농화조직, 저장조직, 통기조직 등의 유세포
목부	• 수분의 이동 및 지탱 • 도관, 가도관, 수선, 춘재, 추재
사부	• 탄수화물의 이동 및 지탱 • 사관세포, 반세포
분비조직	• 점액, 유액, 고무질, 수지 등 분비 • 수지구, 선모, 밀선
후각조직	• 어린 나무의 표면에서 지탱역할을 하는 유세포 • 엽병, 엽맥, 줄기
후벽조직	• 지탱 역할, 세포벽이 두껍고 원형질이 없음 • 호두껍질, 섬유세포

❸ 잎

(1) 피자식물의 잎

① 엽신 : 상표피(잎의 위쪽), 하표피(아래쪽)

② 엽육조직 : 양쪽 표피(상표피, 하표피) 세포의 안쪽 전체

　　• 엽육조직의 위쪽 부분은 책상조직

　　(표피와 수직 방향 배열, 햇빛 최대한 수용)

　　• 엽육조직의 아래쪽 부분은 해면조직

　　(세포간격 불규칙하고 흩어져 탄산가스의 확산 용이)

③ 일반적으로 엽록체는 책상조직에 더 많이 분포하고, 잎의 앞면이 뒷면보다 더 짙은 녹색이다.

④ 엽육조직의 한복판에 엽맥, 상표피 쪽에 목부, 하표피 쪽에 사부가 위치한다.

(2) 나자식물의 잎

① 은행나무, 주목, 전나무, 미송 : 책상조직과 해면조직으로 분화

② 소나무류 : 책상조직과 해면조직이 분화되어 있지 않다.

　　• 표피세포와 내표피세포로 구성된다.

　　• 내피 안쪽에 유관속이 한 개(잣나무류) 또는 두 개(적송류)가 있다.

(3) 기공

① 기공은 특수한 공변세포에 의해 형성된 구멍이다.

② 공변세포 주변의 반족세포와 함께 공변세포의 삼투압을 조절하여 기공을 열고 닫는 개폐가 삭동된다.

③ 피자식물 : 대부분 잎의 뒷면에만 기공이 분포

　　→ 예외 : 포플러나무는 양면

④ 나자식물 : 기공은 공변세포가 반족세포보다 안쪽에 위치하여 증산작용을 효율적으로 억제할 수 있다.

⑤ 기공의 분포빈도가 큰 수종은 기공의 크기가 작고, 빈도가 적은 수종은 기공의 크기가 크기 때문에 상호 보완적이다.

⑥ 기공의 역할

　　• 잎과 대기의 가스교환 장소

　　• 탄산가스 흡수 및 산소 방출

　　• 수분을 버리는 증산작용

❹ 줄기

나무의 줄기는 형성층을 가지고 있으며 줄기의 2차생장(줄기가 굵고 단단해짐)을 유도한다.

(1) 형성층

① 형성층은 식물의 분열조직 중 직경을 증가시키고, 옆부분에 있는 '측방분열조직'이라 한다.

　　→ 정단분열조직 : 식물의 가지와 뿌리의 끝부분에 위치

② 유관속형성층의 형성 과정 : 어린 줄기 (1차생장) 전형성층 → 속간형성층 생성(피층세포의 분열로 형성) → 전형성과 속간형성층 연결 → 원형의 유관속형성층 형성

③ 피나무는 발아 초기부터 속내형성층(관다발내형성층)이 생성되어 속간형성층의 발달없이도 원형의 형성층을 갖춘다.

(2) 심재와 변재

① 심재 : 기름, gum, 송진, 탄닌, 페놀 등의 물질이 축적된 목부조직. 죽어있는 조직으로 나무의 지지역할을 한다.

② 변재 : 최근에 형성층에 의해 생성된 목부조직. 수분이 많고 살아있는 조직으로 뿌리에서 수분을 이동시키는 통로 역할을 하며 탄수화물을 저장한다.

　　→ **예** 아까시나무 : 최근 2~3년 사이에 생산된 목부조직이 변재 역할을 하고, 벗나무는 10년 전에 생산된 목부조직이 변재 역할을 한다.

(3) 연륜

① 춘재 : 봄철에 형성되며 세포벽의 지름이 크고 세포벽이 얇다.

② 추재 : 여름과 가을에 형성되며 세포의 지름이 작고 세포벽이 두껍다.

> ▶ 도관의 크기에 따른 분류
> • 환공재 : 참나무, 물푸레나무, 음나무
> • 산공재 : 단풍나무, 포플러, 피나무
> • 반환공재 : 호도나무, 가래나무
> • 침엽수재 : 소나무류

(4) 목재의 구조

① 피자식물 : 종축 방향의 세포는 도관, 가도관, 목부섬유 등 모두 2차세포벽(원형질이 없고 중앙이 빈 성숙세포)을 가지며, 두껍고 단단하다.

② 나자식물 : 종축방향의 세포는 가도관이 90% 이상 차지

③ 수선세포
  • 수평방향세포로서 피자식물과 나자식물에 공통으로 존재하는 유세포
  • 역할 : 물질이동, 탄수화물 저장, 세포분열, 통기 등

④ 나자식물의 가도관은 수분이동이 비효율적(수분이동은 작은 막공격막을 통해서만 가능)이고, 특히 심재는 막공폐쇄(막공의 원절이 한쪽으로 치우쳐 막공이 막혀 수분이동 불가능)가 일어나므로 수분이동이 거의 불가능하다.

(5) 수피

수피의 구성 : 표피 − 주피* − 피층 − 사부 − 형성층 − 목부(변재 − 심재)

> ▶ 주피 : 코르크층 − 코르크 형성층 − 코르크 피층
> ※ 코르크형성층(목전피층)은 엽록체를 가지고 있어 주로 녹색을 띠고 전분을 저장한다. 측방분열조직으로 직경생장의 기능도 적게 한다.

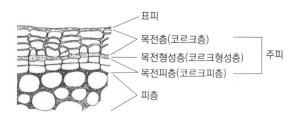

표피	
목전층(코르크층)	
목전형성층(코르크형성층)	주피
목전피층(코르크피층)	
피층	

5 뿌리

뿌리는 식물의 고정, 토양으로부터 수분과 양분흡수, 탄수화물 저장 등의 기능을 가진다.

(1) 근계의 분류

① 일반적인 수목 : 직근(밑으로 자람) − 측근(옆으로 자람)

> ▶ 배수가 잘 되고 건조한 토양에서는 직근의 발달이 깊게 이루어지고, 습한 지역이고 배수가 불량한 토양에서는 직근 대신 측근이 얕게 발달한다.

② 소나무류
  • 장근 : 개척근, 주근, 직경생장, 오래 생존
  • 단근 : 세근, 직경생장 하지 않고, 1~2년 정도 생존, 수분과 양분 흡수

(2) 어린뿌리의 분열조직

근관(맨끝) → 세포분열 구역 → 세포신장 구역 → 세포분화 구역 → 뿌리털 구역 등 연속적으로 존재한다.

> ▶ 분열된 세포는 종축방향으로 세포가 신장하여 뿌리를 앞으로 나아가게 한다.
>
> ▶ 근관
> • 뿌리의 맨 끝부분에 위치
> • 세포분열 구역을 보호
> • 중력의 방향을 감지하여 굴지성을 유도
> • 탄수화물로 만든 mucigel을 분비하여 윤활제 역할
> • 근관 주변에 토양미생물인 많이 서식

(3) 성숙한 세근의 모양

① 뿌리는 형성층의 2차생장이 시작하기 전에 뿌리털, 표피, 피층, 내피, 유관속조직 등을 모두 갖춘다.

② 뿌리의 표피는 비교적 치밀하게 배열된 맨 바깥쪽의 세포층이다.

③ 뿌리털은 표피세포가 길게 밖으로 자라서 형성된다.

④ 피층은 여러 층의 유세포가 여유있게 배열된 세포층이다.

⑤ 내피는 방사단면의 세포벽에 카스페리안대가 형성되어 있어 자유로운 수분의 이동(세포벽이동−아포플라스트)을 효율적으로 차단할 수 있게 배열되어 있다.

⑥ 내초는 내피 안쪽에 한 층 또는 수 층 배열되어 있다.

⑦ 내초 안쪽에는 유관속 조직은 목부(xylem)와 사부조직(Phloem)이 있다.

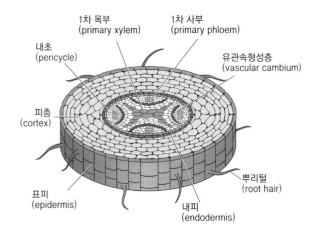

내초
(pericycle)

1차 목부
(primary xylem)

1차 사부
(primary phloem)

유관속형성층
(vascular cambium)

피층
(cortex)

뿌리털
(root hair)

표피
(epidermis)

내피
(endodermis)

(4) 유세포

① 죽어 있는 세포가 집단으로 모여있는 곳 : 수간과 굵은 가지의 목부조직(도관, 가도관, 섬유), 조피 등이며 주로 수목을 지탱하는 역할을 한다.

② 유세포(살아있는 세포)가 집중적으로 모여 있는 곳 : 잎, 눈, 꽃, 열매, 형성층, 세근, 뿌리끝 등이며 주로 세포분열, 광합성, 호흡, 물질이동, 무기염의 흡수, 증산작용 등의 대사작용의 기능을 한다.

▶ 유세포가 모인 유조직 : 표피세포, 주피, 사부조직, 방사조직, 분비조직 등

▶ 유세포와 다른 유세포의 연결 : 유세포 내의 작은 구멍(원형질연락사)을 통하여 무기질과 수분 등이 이동한다.

03 수목의 생장

수목의 생장 과정	세포분열, 세포신장, 세포분화 등 3단계에 의해 이루어진다.
수목의 생장 종류	영양생장(크기가 커짐), 생식생장(종자 등의 번식)으로 나눈다.

→ 수목의 생장 부분은 줄기와 뿌리의 끝부분에 있는 형성층이다.

❶ 수고생장

① 줄기는 대(stem)와 잎으로 구성되고, 절(잎이 붙어 있거나 가지가 돋아나온 곳)과 절간(절과 절 사이의 밋밋한 부분)으로 구별된다.

② 줄기는 눈이 터서 길게 자라면서 커진다.

(1) 눈의 종류

정아	• 가지 끝의 한복판에 위치, 주지를 만든다.
부정아	• 줄기 끝이나 엽액에서 생성되지 않고, 수목의 오래된 부위에서 불규칙하게 형성된 것이다. • 유상조직이나 형성층 근처에서 만들어진다. • 아흔이 없다.
측아	• 정아의 측면에 위치, 측지를 만든다.
액아	• 대와 잎 사이의 겨드랑이에 위치, 주로 새로운 잎을 만든다.
잠아	• 눈 중에서 자라지 않고 휴면상태에 남아있는 눈 • 흔적(아흔)을 남긴다.
엽아	• 잎을 만든다.
화아	• 꽃을 만든다.
혼합아	• 잎, 꽃, 가지를 함께 만든다.

▶ 가지치기 후 생기는 가지, 그루터기에서 나오는 주맹아, 피자식물의 도장지, 나자식물의 맹아지 등은 모두 잠아에서 유래한 것이다.

▶ 포플러와 오동나무의 뿌리에서 나오는 근맹아는 부정아에서 비롯한 것이다.

(2) 잎의 생장

① 최초 잎은 자엽으로 종자의 배가 자란 것이다.

② 인편은 눈을 보호하며, 양분을 저장한다.

③ 잎이 자라는 기간
 • 사과나무, 자작나무, 포플러 : 15일
 • 포도나무 : 40일
 • 굴나무 : 130일

④ 소나무류의 잎은 1차엽과 2차엽의 두 가지 형태이며, 분열조직은 2차엽의 기부에 위치하며 엽초로 싸여 있다.

(3) 줄기생장형(수고생장형)

유한 생장	• 정아가 줄기의 생장을 조절하면서 한 가지당 1년에 한 번 혹은 두세 번 정아가 형성됨 • 종류 : 소나무류, 가문비나무류, 참나무류 등
무한 생장	• 정아가 죽으면 맨 위에 있는 측아가 정아의 역할을 하여 이듬해 봄 다시 줄기가 자란다. • 종류 : 자작나무, 서어나무, 버드나무, 버즘나무, 아까시나무, 피나무, 느릅나무 등

고정 생장	• 당년에 자랄 줄기의 원기를 동아에 미리 형성한 후 봄에 동아를 개엽한다. • 봄 일찍 줄기생장을 끝마치고 생장량이 적다. • 종류 : 적송, 잣나무, 가문비나무, 솔송나무, 너도밤나무, 참나무 등
자유 생장	• 동아 속에 미리 만들어진 원기는 **춘엽**이 되고, 새로 만들어진 원기가 여름의 **하엽**을 만들어 형태가 다른 두 종류의 잎을 생성 • 자유생장은 가을 늦게까지 줄기생장이 이루어지며 수고생장속도가 고정생장 수종보다 **빠르다.** • 종류 : 사과나무, 포플러, 은행나무, 낙엽송, 자작나무, 소나무류 중 테다소나무·대왕송

(4) 수분부족과 줄기생장

전년도 동아형성시기에 수분이 부족하면 다음의 영향이 있다.

① 고정생장의 수종은 당년 줄기생장량이 적어진다.

② 자유생장의 수종은 봄 줄기생장만 영향을 받고, 여름에 자라는 줄기의 생장은 전년도 기상조건과 무관하며, 당연 여름의 기상조건의 영향을 더 많이 받는다.

(5) 수관형

① 원추형은 침엽수의 정아가 측아보다 빨리 자라서 수관이 형성된다.
  → 정아우세현상 : 정아가 옥신계통의 식물 호르몬을 생산하여 측아의 생장을 억제하기 때문

② 대부분의 피자식물이 어릴 때 정아우세현상으로 원추형이지만 곧 측지의 발달이 왕성하여 구형이 된다.

2 직경생장

유관속형성층과 **코르크형성층**이 줄기 비대에 관여하며 이를 '측방분열조직'이라 한다.
  → 주로 유관속형성층의 2차생장으로 줄기가 비대해지는 생장이다.

(1) 형성층의 세포분열

① 병층분열 : 목부와 사부 생산을 하며 **접선방향**으로 세포벽을 만든다.

② 수층분열
  • **방사선 방향**으로 세포벽을 만든다.
  • 나무 직경이 굵어지면서 형성층 자체의 세포수가 증가한다.

(2) 목부와 사부의 생산

① 형성층 안쪽으로 **목부**를 생성하고, 바깥쪽으로 **사부**를 추가 생성한다.

② 옥신의 함량이 높고 지베렐린의 농도가 낮으면 목부를 생산하고, 그 반대의 경우 사부를 생산한다.

③ 어떤 환경에서나 목부의 생산량이 사부보다 많다.

④ 목부의 생산량은 불리한 환경이 되면 사부 생산보다 더 민감하게 줄어든다.

⑤ 온대지방 봄에 형성층이 활동을 시작하면 사부가 목부보다 먼저 만들어진다.

(3) 세포분화

형성층에서 안쪽으로 분화한 목부조직은 도관, 섬유, 가도관, 유세포 중 하나로 분화되며, 방사조직을 만드는 유세포는 살아있는 세포로 남는다.

(4) 형성층의 계절적 활동

① 일반적으로 봄에 줄기생장이 시작될 때 형성층의 활동이 함께 시작하여 여름에 줄기생장이 정지한 후에도 지속되는 경향이 있다.

② 나무 꼭대기에서 형성층 활동이 **제일 먼저 시작**되고 나무 밑동 부분에서 제일 늦게 시작된다.
  → 옥신이 아래로 이동하며 형성층을 자극하여 세포분열을 유도하므로

③ 가을이 되면 아래로 내려가는 옥신의 양이 줄어들어 나무 밑동에서 형성층 분열이 중단되고, 그 여파가 위로 전달된다.

④ 늦여름 **추재**를 만들기 시작하는 시기는 잎에서 **옥신**이 줄어드는 시기와 일치한다.

3 뿌리생장

(1) 뿌리의 생장 과정

종자내 배의 유근 발아 – 직근 발달 – 측근 생성 – 다시 세근 형성

(2) 뿌리털의 기능

① 표피세포의 변형으로 자란 형태이며, 뿌리의 표면적을 확대시켜 무기염과 수분을 흡수한다.

② 소나무류, 참나무류는 뿌리털을 형성하지 않는다. – 외생균근 형성

(3) 측근의 생성

① 측근은 주근의 내피 안쪽의 **내초세포**가 분열하여 형성된다.

② 측근 형성 시 만들어진 상처는 토양의 무기염이 뿌리안쪽으로 이동할수 있고 동시에 병원균의 침입, 질소고정 박테리아 서식 등이 발생한다.

(4) 뿌리의 활동

① 뿌리는 이른 봄에 줄기의 신장보다 빨리 시작하며, 가을에 줄기보다 더 늦게 지속된다.

→ 이유 : 잎의 광합성으로 탄수화물이 생성되고 뿌리로 이동하여 뿌리가 생장하기 때문

② 일반적으로 뿌리의 생장은 지상부의 줄기생장과 무관하게 시작하고 정지한다. 그러므로 지상부의 환경이 악화되어도 지하부의 환경이 좋으면 뿌리는 독자적으로 자란다.

(5) 뿌리의 수명, 형성층, 분포, 방향 등

① 세근은 주로 1년 정도 생존하며 겨울철에 대부분 죽는다.

② 뿌리털은 뿌리끝의 정단분열조직 바로 뒤쪽에서 자라며 수 시간~수 주일 정도 생존한다.

③ 뿌리의 비대생장은 줄기의 비대생장과 동일하며, 내초의 세포가 코르크형성층을 만들고 어린 뿌리의 피층 조직은 찢어 없어진다.

④ 뿌리형성층에 의한 목부조직의 생산량은 토양 근처 뿌리에서 가장 많고, 뿌리형성층의 생장을 뿌리내 측근으로 전달하는 속도가 지상부에서보다 훨씬 느리다.

⑤ 목부조직의 생산량은 뿌리가 토양 깊이 내려갈수록, 뿌리 끝으로 갈수록 적어져 초살도가 급증하고 뿌리가 가늘어진다.

⑥ 뿌리의 수직적 분포는 토성의 영향을 많이 받는다.

⑦ 표토에 세근이 집중하는 이유 : 표토의 통기성이 좋아 호흡이 유리, 무기영양분의 함량이 높고, 적은 강우량에도 수분이용을 원활히 할 수 있기 때문이다.

⑧ 복토의 부작용 : 산소부족으로 호흡불량, 황화현상, 왜소화, 위축, 조기 낙엽, 가지마름병, 수피부패 등이 발생한다.

1 햇빛

(1) 햇빛의 특징

① 햇빛은 종자의 발아, 줄기의 생장과 굴기, 줄기와 뿌리의 비율, 수목의 형태 결정, 눈의 휴면, 휴면타파, 개화, 굵기, 증산작용 등 생리적인 현상에 영향을 미친다.

② 식물은 400nm~700nm 파장대의 가시광선을 이용하여 광합성을 한다.

③ 660~730nm 적색광선은 식물 생리 반응(광주기 현상, 종자 휴면, 광형태 변화 등)에 독특한 역할을 한다.

④ 단풍나무 활엽수림 밑 임상에는 파장이 긴 적색광선이 주를 이루고, 소나무 침엽수림 밑 임상에는 가시광선 스펙트럼이 골고루 분포한다.

(2) 광주기

① 광주기는 수목의 줄기생장, 직경생장, 낙엽시기, 휴면진입 및 타파, 내한성, 종자발아 등이 결정한다.

② 대부분의 목본식물은 광주기에 개화반응을 보이지 않는다.

→ 무궁화(장일성 식물), 진달래(단일성 식물), 측백나무과(장일-개화촉진) 등은 예외적으로 광주기에 반응한다.

③ 온대지방 단일조건에서 줄기 생장 정지, 동아 형성의 촉진하고, 장일조건에서 휴면을 지연·억제한다.

④ 자유생장 수종은 단일조건으로 생장이 정지하고, 고정생장 수목은 낮이 긴 여름 일찍 줄기생장을 중단하기에 단일조건과 상관없다.

⑤ 유한생장 수종은 단일조건에서 휴면상태의 정아를 형성하지만, 무한생장 수목은 단일조건에서 줄기 끝이 죽어버리면서 생장이 정지한다.

→ 많은 수목은 줄기생장과 직경생장이 함께 이루어지며 함께 중단되지만, 고정생장 수목은 줄기생장은 여름에 일찍 정지하지만 직경생장은 더 늦게까지 계속되므로 광주기가 직경생장에 영향을 준다.

⑥ 북반구 고위도의 수종을 남반구 저위도 지방으로 이식하면 일찍 생장을 정지하여 생육이 불량해진다.

⑦ 남반구 저위도 수종을 북반구 고위도 이식하면 일장이 길어서 가을 늦게까지 자라다가 서리 피해를 받을 수 있다.

(3) 주광성

① 옥신이 햇빛의 반대방향으로 이동하여 세포의 신장을 촉진시켜 식물이 햇빛 방향으로 자란다.

② 주광성은 청색과 보라색을 띠는 450nm, 360nm 부근이 효율적이다.

　→ 주광성 관련 색소는 크립토크롬(cryptochrome)이다.

③ 굴지성은 중력이 작용하는 방향으로 식물이 자라는 것을 의미한다. 예를 들면 종자에서 나오는 유근이 자라 주근이 된다.

④ 2차근은 수평의 측근이 되며, 3차근은 굴지성의 영향을 거의 받지 않으므로 여러 방향으로 자라 골고루 퍼진다.

　→ 옥신이 뿌리 아래쪽으로 이동해서 세포 신장을 억제하면 위쪽의 세포가 더 빨리 자라서 수평으로 자라던 뿌리가 굴지성에 의해 밑으로 구부러진다.

(4) 광색소

1) 파이토크롬(phytochrome)

① 햇빛 혹은 적색광(660nm)에 활성 형태(Pr → Pfr)가 되고, 원적색광(730nm)에 불활성 형태(Pfr → Pr)가 된다.

② 암흑 속에서 기른 식물체내에 가장 많은 양이 들어있으며, 햇빛을 받으면 합성이 일부 금지되거나 파괴된다.

③ 파이토크롬은 식물체내 대부분 기관에 존재하고, 뿌리 포함 생장점 근처에 가장 많이 존재한다.

④ Pfr은 생리적으로 활성을 띠는 형태, 광주기현상, 종자휴면, 광형태 변화 등의 반응에 관여한다.

⑤ Pr은 생리적으로 불활성을 띤다.

2) 크립토크롬(Cryptochrome)

① 청색광과 보라색광(320~450nm)에 반응한다.

② 햇빛의 주광성에 영향을 끼친다.

3) 고광도 반응(HIR)

고광도 반응은 종자발아, 줄기 생장억제, 잎의 신장생장, 색소 합성에 관여한다.

> ▶ 파이토크롬(phytochrome)과 차이
> • phytochrome보다 최소 100배 높은 고광도를 요구하며, 수 시간 노출되어야 한다.
> • 적색광과 원적색광에 의해 상호환원이 안 된다.
> • 청색, 적색, 원적색 부근에 1개 이상 흡광정점을 가지고 있다.

2 광합성

(1) 광합성 기작

1) 명반응 과정

① 엽록소에서 광에너지(햇빛)를 흡수한다.

　→ 엽록소가 흡수하지 못하는 광에너지는 카르테노이드계 보조색소가 흡수하여 반응 중심으로 전달한다.

② 물분자를 분해하여 산소와 전자(e^-)를 생성한다.

• 엽록소가 광에너지를 흡수하면서 생긴 일부 에너지가 물을 분해한다.

• 물이 분해되면 산소분자(O_2)와 수소이온(H^+), 그리고 전자(e^-)가 방출된다.

• 유리된 전자(e^-)는 전자전달계로 전달된다.

• 생성된 산소는 잎 밖으로 방출된다.

③ 전자(e^-)가 전자전달계로 전달되어 에너지(NADPH)를 생성한다.

• 전자전달계의 전자수용체들이 전자(e^-)를 연쇄적으로 전달한다.

• 최종적으로 전자(e^-)는 $NADP^+$에 수용되어 NADPH를 생성한다.

④ 광인산화

• 광인산화는 엽록체의 전자전달과정에서 발생하는 양성자기울기를 이용하여 ATP를 합성하는 반응이다.

• ADP를 무기인산과 합성하여 ATP를 생성한다.

2) 암반응 과정

캘빈회로(암반응)는 3단계(이산화탄소의 고정 − PGA의 환원 − RuBP의 재생)를 반복적으로 순환한다.

① 이산화탄소(CO_2)의 고정

• 엽록체에 흡수된 CO_2와 5탄당(RuBP)이 루비스코 효소에 의하여 6탄당으로 생성된다.

• 생성된 6탄당은 가수분해되어 2분자의 3탄당(3-PGA)을 형성한다.

② PGA의 환원

• 3탄당 3-PGA는 에너지(ATP, NADPH)를 사용하여 G3P를 생성한다.

• G3P는 대부분 5탄당(RuBP) 재생 단계에 이용되며, 일부는 과당, 포도당, 설탕, 녹말 또는 다른 유기화합물을 합성하게 된다.

③ RuBP의 재생

G3P는 일련의 과정을 거쳐 5탄당(RuBP)을 재생하면서 CO_2 고정의 순환을 완성한다.

▶ **광합성 작용 요약**
  • 광합성은 엽록체에서 발생한다.
  • 명반응은 틸라코이드(그라나), 암반응은 스트로마(기질)에서 발생한다.
  • 물과 이산화탄소가 투입되어 탄수화물 합성과 산소 방출이 일어난다.
  • 녹말은 엽록체에서 합성되고 일시적으로 축적되며, 설탕은 세포질(시토졸)에서 합성되어 체관을 통해 수송되며 호흡기질로 사용되거나 저장기관에 저장된다.

(2) 엽록소

① 광에너지를 흡수하는 중요한 색소이다.

② 엽록체 내의 틸라코이드에 존재한다.

③ 명반응은 틸라코이드의 그라나(엽록소가 존재하는 부분)에서 일어난다.

④ 암반응은 틸라코이드의 스트로마(엽록소가 존재하지 않는 부분)에서 일어난다.

⑤ 엽록소의 구성에 마그네슘 분자가 있다.

⑥ 물에 잘 안 녹고, 에테르에 잘 녹는 지질 화합물이다.

⑦ 가시광선 중 적색 부근과 청색 부근의 빛을 흡수하고, 녹색부근의 빛을 반사하여 잎이 녹색으로 보인다.

(3) 카르테노이드

① 엽록소를 보조하여 햇빛을 흡수하는 광합성 보조색소 역할을 한다.

② 식물의 뿌리, 꽃, 열매 등에서 노란색, 오렌지색, 적색 등을 나타내는 색소이다.

③ 잎에서는 엽록소에 가려서 색깔을 나타내지 않는다.

④ 광도가 높을 경우 광산화 작용에 의한 엽록소 파괴를 방지하는 엽록소의 광산화 방지 역할을 한다.

(4) 암반응에서 CO_2를 고정하는 방식에 따른 구분

C-3 식물군	• 대부분의 녹색식물 • 엽육세포의 엽록체에서 암반응 발생(유관속초세포는 엽록체가 없기 때문에) • 엽육세포의 엽록체에서 5탄당(RuBP)이 CO_2를 고정하여 6탄당이 생성(루비스코 효소가 CO_2 고정에 관여) • 생성된 6탄당은 곧 바로 3탄당인 3-PGA로 분해 • 3-PGA는 캘빈회로에서 일련의 환원적 과정을 거쳐 RuBP 재생산 및 탄수화물 생산
C-4 식물군	• 열대성 초본류인 사탕수수, 옥수수, 수수 • 엽육세포와 유관속초세포 모두 엽록체가 있다. • 엽육세포의 엽록체에서 CO_2를 고정하여 4탄당인 옥살아세트산(OAA) 생성 • 옥살아세트산(OAA)은 4탄당인 말산 또는 아스파르트산(탄소 4개)로 변환 • 엽육세포에서 생성된 말산 또는 아스파르트산이 유관속초세포로 이동 • 엽육세포와 유관속초세포 간에 원형질연락사가 잘 발달되어 있기 때문에 말산의 이동이 용이 • 유관속초세포의 엽록체에서 말산은 이산화탄소를 다시 방출 • 유관속초세포에서 CO_2 고정은 C-3식물과 동일한 방법으로 진행 • 광합성 속도는 빠르고, 효율이 매우 높다.
CAM 식물군	• 사막지방에 자라는 다육식물이거나, 염분지대에 자라는 식물 • 밤에 기공을 열어 CO_2를 흡수, PEP가 CO_2를 고정하여 OAA를 만들고, malic acid로 바뀌어 엽육세포의 액포에 저장된다. • 낮에는 기공을 닫은 상태로 malic acid가 OAA로 바뀌고, OAA가 분해되어 CO_2가 방출되면 엽육세포의 엽록체에서 RuBP가 CO_2를 다시 고정하는 과정이 순환된다.

3 광호흡

① 광조건하에서만 일어나는 호흡작용으로 야간의 호흡작용과 다르다.

② 한여름 기온이 높고 건조할 때 증산작용을 억제하기 위해 기공을 닫을 때 잎의 내부에 이산화탄소 농도가 낮아진다.

③ 이때 CO_2와 5탄당(RuBP)의 촉매효소인 루비스코효소가 O_2와 5탄당(RuBP)을 결합시키는 옥시게나아제로 작용한다.

④ 위의 과정에서 PGA와 이산화탄소를 생성한다.

⑤ 광조건에서 산소를 소모해 CO_2가 방출되는 과정으로 C-3 식물의 경우 광합성으로 고정한 CO_2의 1/4~1/3이 다시 광호흡으로 방출된다.

▶ C-4식물은 광호흡량이 적으므로 C-3식물보다 광합성 속도가 더 빠르다.

❹ 광합성에 영향을 주는 요인

① 광보상점
- 호흡작용으로 방출되는 CO_2의 양과 광합성으로 흡수하는 CO_2의 양이 일치하는 광도
- 식물은 광보상점 이상이어야 생존할 수 있다.

② 광포화점
- 더이상 광합성량이 증가하지 않는 포화상태의 광도
- 극양수인 소나무류는 음수인 단풍나무류보다 10배 높은 광도에서 광보상점에 도달한다. 그러므로 단풍나무류는 그늘에서도 살아갈 수 있다.
- 고정생장은 초여름 광합성량이 최대치에 도달하고, 자유생장은 늦여름 광합성 최대치에 도달한다.
- 질소를 고정하는 오리나무류는 가을 늦게까지 광합성을 수행하고, 상록수는 연중 광합성을 실시한다.

05 호흡

❶ 개념

① 호흡은 원형질을 가진 세포의 미토콘드리아에서 일어난다.
② 미토콘드리아에서 기질(탄수화물 등의 유기물)을 산화시키면서 에너지를 발생시키는 과정이다.
③ 생성된 에너지는 ATP 등의 화학에너지 형태로 저장된 후 필요로 하는 대사과정에 사용된다.

❷ 에너지의 역할

① 세포의 분열, 신장, 분화
② 무기영양소의 흡수
③ 탄수화물의 이동, 저장
④ 대사물질의 합성, 분해 및 분비
⑤ 주기적 운동과 기공의 개폐
⑥ 세포질 유동

❸ 호흡작용의 기작

탄수화물은 산화되어 CO_2가 되며, 흡수된 산소(O_2)는 환원되어 물(H_2O)이 된다.

▶ 호흡작용의 3단계
해당작용 → 크랩스회로(Krebs cycle) → 말단전자전달경로
(세포질)   (미토콘드리아 기질)   (미토콘드리아 내막)

(1) 해당작용

① 포도당 1분자가 2분자의 피루브산(PEP) 또는 말산을 생성하는 세포호흡의 첫단계이다.
② 해당 작용단계는 산소를 요구하지 않는다.
③ ATP를 소모하면서 ATP를 생산하여 결과적으로 4분자의 ATP를 생산한다.(에너지 생성률이 낮음)

(2) Krebs회로

① 피부산(탄소 3개)이 아세틸-CoA(탄소 2개)를 형성하고 옥살로아세트산(탄소 4개)과 반응하여 시트르산(탄소 6개)을 형성한 후 탈탄산, 탈수소, 가수화학작용을 거쳐 옥살로아세트산(OAA, 탄소 4개)을 재생하는 일련의 과정이다.
② 4개의 CO_2가 발생하며, NADH, FADH2, ATP를 생산한다.

(3) 말단전자경로

① NADH로 전달된 전자와 수소가 산소에 전달되어 물을 환원시키면서 추가로 ATP를 생산하는 과정이다.
② 산소가 소모되므로 '호기성 호흡'이라 한다.

▶ 포도당 1분자 : 30(32) ATP, 6개 CO2, 6개 H_2O 생산
▶ 호흡을 통해서 생성된 ATP는 광합성의 광반응에서 생성된 ATP와 같은 형태의 조효소이며 높은 에너지를 가진 화합물이다. 대사과정에 에너지를 공급해주는 에너지원이 된다.

❹ 수목의 호흡

수목은 호흡을 통하여 필요한 에너지를 발생시키는 동시에 탄수화물을 소모하므로 수목의 건중량이 감소된다. 특히 목본에는 죽어 있는 지지조직(심재)이 많기 때문에 단위건중량을 기준으로 미생물이나 초본보다 수목의 호흡량이 적게 나타난다.

(1) 산림의 종류

① 어린 숲의 호흡량 증가는 엽량이 많고 살아 있는 조직이 많기 때문이다.
② 광합성량에 대한 호흡량의 비율 : 어린임분(광합성량의 1/3 정도 호흡에 사용) < 혼효림 < 노숙 임분 (광합성량의 90% 정도 호흡에 사용)

(2) 임분의 그늘과 밀도

밀식된 임분은 개체수가 많으면서 작은 직경으로 형성층의 표면적이 많아 호흡량이 많아져서 생장량이 감소한다.

→ 음수는 양수보다 광합성량이 적지만 호흡량도 낮아서 그늘에서 살아갈 수 있다.

(3) 수목의 나이

① 녹색식물의 일반적인 호흡량은 광합성량의 30~40%에 해당한다.

② 나이가 오래될수록 광합성을 할 수 없는 줄기와 뿌리의 체적이 넓어지므로 호흡량이 증가하고, 전체조직에 대한 비광합성 조직의 비율이 늘어난다.

(4) 수목의 부위

지상부	• 잎의 호흡이 가장 왕성하고, 눈의 호흡은 계절적 변동이 심하다. • 형성층의 호흡은 외부접촉을 하지 않아 산소공급이 부족하므로 혐기성 호흡이 일어나는 경향이 있다.
지하부	• 뿌리는 무기염을 흡수하면서 ATP를 소모하므로 산소 호흡량이 많다. • 세근은 유세포로 구성되어 있어 세포분열로 산소 호흡량이 많다. • 낙우송과 버드나무가 과습토양에서 잘 견디는 이유는 줄기에서 뿌리로 산소를 확산시키는 능력이 크고 뿌리가 혐기성 호흡에 잘 견디기 때문이다. → 물에 장기간 침수되면 잎이 상편생장으로 아래로 휘어 말린다. → 종자의 호흡은 성숙하면 감소하고, 특히 휴면상태에 들어가면 극히 적어진다.

(5) 온도와 호흡

① Q10은 온도가 10℃ 상승함에 따라 나타나는 호흡량의 증가율을 의미한다.

② 식물이 5~25도에서 Q10 = 2.0 이면 호흡량이 2배로 증가한다는 의미이다.

③ 수목의 야간 온도주기는 수목의 생장에 매우 중요하다.

→ 야간의 온도가 수간보다 낮아야 수복이 정상적으로 생상할 수 있다.

④ 가을에 과일이 커지고 당도가 높은 이유 : 이른 가을의 낮은 기온으로 호흡량이 급격히 감소하고 광합성량은 유지되므로 상대적으로 광합성량이 높아져서 탄수화물이 축적되기 때문이다.

⑤ 과실 형성 직후에는 호흡이 급격히 증가 - 과실이 성장함에 따라 서서히 저하 - 성숙단계를 지나 완숙이 진행되는 전환기에 호흡이 급상승 - 이후 점차 감소하며 과실이 노화

06 탄수화물 대사와 운반

■ 탄수화물 대사

수목의 생리대사에서 탄수화물은 주요한 기능을 담당하는 화합물이다.

(1) 탄수화물의 기능

① 세포벽의 주요성분

② 에너지를 저장하는 주요 화합물

③ 지방, 단백질 등의 합성을 위한 기본 물질

④ 광합성에 의해 처음 만들어지는 물질

⑤ 세포액의 삼투압을 증가시키는 물질

⑥ 호흡과정에서 산화되어 에너지를 발생시키는 주요화합물

(2) 탄수화물의 종류

1) 단당류 : 포도당, 과당 등

① 조효소 ATP, NAD 등의 구성성분이며, 핵산인 RNA, DNA의 기본골격을 이룬다.

② 광합성과 호흡작용에서 탄소의 이동에 직접 관여한다.

③ 물에 잘녹고, 이동이 용이하며 환원당으로 다른 물질을 환원시킬 수 있다.

2) 올리고당류 : 설탕, 유당, 맥아당

설탕은 포도당과 과당의 결합형태이고, 사부를 통하여 이동하는 탄수화물의 주성분이다.

3) 다당류 : 전분, 셀룰로오스, 펙틴 등

① 단당류 분자 수백 개 이상이 직선으로 연결된 형태이다.

② 물에 잘 녹지 않고 이동이 잘 안 된다.

③ 섬유소(cellulose)는 세포벽의 주성분으로 지구상 생물의 유기물 중 가장 흔한 화합물이다.

④ 전분은 가을철에 사부조직의 유세포에는 많이 축적되고, 목부조직중에서는 변재부위의 방사선조직, 종축유세포에 저장된다.

⑤ 헤미셀룰로오스는 세포벽의 주성분으로 1차 세포벽에 25~50%, 2차 세포벽에서 30% 정도로 셀룰로오스 다음으로 많다.

⑥ 펙틴은 1차 세포벽에는 10~35% 정도 있지만, 2차 세포벽에는 거의 존재하지 않으므로 목부조직에 거의 없다.

(3) 탄수화물의 합성과 전환

① 탄수화물의 합성은 엽록체 속 Calvin Cycle을 통하여 단당류가 합성된다.

② 잎 조직 세포 내에는 단당류보다 2당류인 설탕의 농도가 훨씬 더 높다.

③ 설탕의 합성은 엽록체 내에서 이루어지지 않고 세포질에서 합성된다.
④ 전분(starch)은 엽록체, 전분체에 축적된다.
⑤ 셀룰로오스, 펙틴과 같이 세포벽 구성요소로 합성되어 부착된 탄수화물은 거의 전환되지 않는다.

② 탄수화물의 운반

(1) 탄수화물의 축적과 분포
① 탄수화물은 유세포에 저장되며, 유세포가 죽으면 저장된 탄수화물은 다시 회수된다.
② 탄수화물 축적 농도는 지하부가 지상부보다 높다.
③ 줄기, 가지, 뿌리의 경우 전분이 종축방향 유세포, 방사조직 유세포와 한복판의 수 조직에 저장된다.
④ 심재는 탄수화물 축적이 없고, 변재는 유세포 내에 저장되고, 수피는 주로 사부조직에 저장된다.

(2) 탄수화물의 이용
① 탄수화물은 세포분열하는 부위, 호흡작용, 저장물질로 전환, 공생균에 탄수화물 제공, 세포의 결빙 방지 등에 이용된다.
② 저장된 탄수화물은 야간의 호흡작용에 이용되며, 낙엽수의 경우 겨울철의 호흡에 이용된다.
③ 이른 봄 수목의 개엽 시 줄기와 잎의 초기생장에 저장된 탄수화물이 사용된다.

(3) 탄수화물의 계절적 변화
① 가을에 줄기의 탄수화물 농도가 최고치에 도달하여 겨울철 내한성을 증가시킨다.
② 늦은 봄이 되면 수목의 초기생장에 모두 사용되므로 탄소화물의 함량은 최저치에 달한다.
③ 겨울철에는 전분이 설탕과 환원당으로 바뀌어 가지의 내한성을 증가시키는 역할을 한다.

(4) 탄수화물의 운반
① 피자식물의 탄수화물 이동은 사부조직을 통하여 이루어진다.
② 피자식물의 사관세포는 서로 사판으로 연결되어 탄수화물이 사공을 통해서 효율적으로 상하 방향으로 이동한다.
③ 나자식물의 사세포는 길이가 사관세포보다 길며, 사판이 없고, 이웃하는 사세포와 사부막공을 통해 탄수화물을 이동시키므로 비효율적이다.

> ▶ 탄수화물이 이동할 때 모두 비환원당이 된다.
> 비환원당이 효소에 분해가 잘 되지 않고, 화학반응에 안정적이라서 먼 거리까지 이동이 용이하기 때문이다.

(5) 운반속도와 방향
① 탄수화물의 운반 방향은 잎의 엽육조직 등 공급원에서 줄기 끝 분열조직, 열매, 형성층, 뿌리조직 등 수용부로 운반된다.
② 탄수화물의 수용부에 대한 상대적인 강도 : 열매, 종자 > 어린 잎, 줄기 끝의 눈 > 성숙한 잎 > 형성층 > 뿌리 > 저장조직

(6) 운반원리
탄수화물의 운반원리는 압력유동설에 의해 가장 잘 설명된다. 즉, 두 장소(공급부와 수용부) 간의 삼투압 차이에 의한 탄수화물이 수동적으로 밀려간다.

07 단백질과 질소대사

식물의 단백질 함량은 매우 적으며, 단백질의 구성성분인 질소의 함량도 적지만 생리적으로 매우 중요한 역할을 한다.

① 질소화합물의 기능

(1) 아미노산과 단백질 그룹
① 단백질은 여러 개의 아미노산이 펩티드결합(peptide)을 하고 있는 화합물이다.
② 아미노산은 알칼리성의 아미노기(-NH₂)와 산성의 카르복실기(-COOH)가 같은 탄소에 부착되어 있는 유기물이다.
③ 단백질의 기능
• 원형질의 구성성분 : 세포막의 선택적 흡수기능, 엽록체에서 효율적인 광합성 작용
• 효소 : 루비스코효소(RuBP), 엽록체와 미트콘드리아에 많이 포함
• 저장물질 : 종자 속에 많이 포함
• 전자전달 매개체 : 씨토크롬(Cytochrome, 광합성과 호흡작용에서 전자 전달)

(2) 핵산 관련 그룹
① 핵산은 질소를 함유한 pyrimidine과 purine, 그리고 5탄당과 인산으로 구성된다.
② 핵산의 기본단위는 뉴클레오타이드(nucleotides)이며, 뉴클레오타이드는 인산·5탄당, 염기(A.G.C.T)가 연결된 화합물이다.

(3) 대사중개물질 그룹

대사중개물질 중 질소 화합물인 pyrrole은 엽록소, Phytochrome(광주기 감지) 색소, 헤모글로빈(산소공급을 원활), 식물호르몬 IAA 등에 포함되어 있다.

❷ 수목의 질소대사

① 식물은 아미노산을 합성하기 위해 토양에서 무기질소를 흡수한다. 흡수한 무기질소를 이용하여 단백질을 합성하는데 이 기작을 '질소대사'라 한다.

② 식물뿌리의 무기질소 흡수 형태 : 질산태질소(NO_3^-)

→ 질산화박테리아 : 암모늄(NH_4^+)질소비료를 NO_3^-로 변환시켜서 식물이 흡수할 수 있게 한다.

③ 토양 산성화가 심하면 질산화박테리아의 활동이 억제되어 토양중에 암모늄(NH_4^+)이 축적된다.

→ 균근 : 산성산림토양에서 암모늄(NH_4^+)을 식물이 직접 흡수할 수 있도록 도와준다.

❸ 질산환원

① 식물체 내에 흡수된 NO_3^-는 NH_4^+ 형태로 환원되어야 하는데, 이 과정을 '질산환원'이라 한다.

② 질산환원 상소는 뿌리 또는 잎 두 곳에서 발생하는데 식물에 따라 다르다.

→ 소나무류와 진달래류는 질산환원 대사가 뿌리에서 일어나므로 줄기의 수액에 NO_3^-가 거의 없고 아미노산과 질소의 농축물인 ureides가 존재한다.

③ 질산환원 과정 : NO_3^-(질산태) → 질산환원효소와 반응 → NO_2^-(아질산태) → 아질산환원효소와 반응 → NH_4^+(암모늄)

→ 두 가지 효소가 관여한다.(질산환원효소는 햇빛에 의해 활력도가 높아지므로 낮에 효소 활력이 높고, 밤에 줄어든다)

→ 질산환원효소 반응은 세포질에서, 아질산환원효소 반응은 전색소체(엽록체) 내에서 일어난다.

❹ 암모늄의 유기물화

① 암모늄(NH_4^+)은 식물체 내에 축적되지 않고 식물에게 ATP 생산을 방해하는 유독한 물질이다.

② 환원적 아미노반응

• 생성된 암모늄(NH_4^+)은 글루탐산(아미노산의 일종)과 결합하여 글루타민을 생성한다.

• 생성된 글루타민은 a-ketoglutaric acid와 결합하여 두 분자의 글루탐산을 생성하여 다시 순환한다.

③ 아미노기 전달 반응

• 생성된 글루탐산은 OAA(옥살아세트산)과 만나서 아미노기(–NH_2)를 넘겨주고, 자신은 a-ketoglutaric acid가 된다.

• 아미노기를 받은 OAA는 아스파르트산(아미노산의 일종)이 된다.

→ 아미노기 전달 반응은 여러 가지 아미노산을 합성하는 중요한 반응이다.

→ 🔖 아스파르트산이 피루브산에게 아미노기를 넘겨주면 알라닌이 생성된다.

④ 광호흡 질소순환

• 광호흡은 광합성 과정에서 RuBP효소가 O_2와 결합한 후 CO_2를 발생시키는데, 이때 NH_4^+가 동시에 발생한다.

• 발생한 NH_4^+는 엽록체로 이동하여 글루타민으로 만들어진다.

• 엽록체 - 퍼옥시솜 - 미토콘드리아 간에 광호흡과정에서 발생한 NH_4^+를 다시 고정하는 과정을 '광호흡 질소순환'이라 한다.

→ 이 과정은 세포내에 광호흡으로 발생한 NH_4^+가 축적되어 독성을 띠는 것을 방지하고 아미노산 합성에 도움이 된다.

❺ 질소의 체내 분포

① 대사작용이 활발한 부위에 질소가 집중한다. 또한 질소는 오래된 조직에서 새로운 조직으로 재분배 된다.

② 수간의 질소함량은 비교적 낮고, 심재는 특히 낮다.

③ 수피의 질소함량은 비교적 높고, 내수피는 특히 잎과 비슷한 질소함량을 보인다.

❻ 질소의 이동

(1) 질소의 계절적 변화

① 조직 내 질소함량은 가을과 겨울에 가장 높고, 봄철에 줄기생장이 개시되면 감소하다가 생장이 정지되면 다시 승가한다.

② 사부의 질소함량 변화가 목부보다 더 심하다. (→ 질소공급은 사부조직이기 때문)

③ 가을에 잎의 분리층이 떨어져 나가고 탈리현상이 생긴다. 이전에 낙엽에 있는 많은 양의 무기영양소를 가지로 회수한다.

④ 낙엽 직전에 잎의 N · P · K는 줄어들고, Ca · Mg는 증가한다.

⑤ 잎에서 회수된 질소는 사부를 통하여 이동하여 방사선 유조직에 저장된다.

⑥ 단풍나무, 버드나무, 포플러 등의 경우 내수피의 유세포에 단백질체가 가을과 겨울에 축적되고, 봄에 없어진다.
⑦ 봄철에 저장단백질이 분해되어 아미노산, 아미드, 우레이드 등의 형태로 목부를 통해 새로운 잎으로 이동한다.

(2) 질소고정

식물이 이용할 수 있는 형태로 바뀌는 과정을 '질소고정'이라 한다.
① 생물적 질소고정 (미생물에 의해 암모늄태로 환원)
   - 니트로젠(nitrogenase) 효소에 의해 질소고정이 된다.
   - 토양 내 자유로운 질소 고정 미생물 : Azotobacter, Clostridium
   - 식물과 공생하는 질소 고정 미생물 : Cyanobacteria, Rhizobium, Frankia
   - Rhizobium : 콩과식물과 공생
   - Frankia : 오리나무류, 보리수나무와 공생 (비콩과식물과 공생)
   - Rhizobium, Frankia는 기주식물의 세포 안으로 들어가서 공생하는 내생공생
② 광화학적 질소고정(번개에 의해 대기권에서 산화)
③ 산업적 질소고정(비료공장에서 합성)

> ▶ 토양이 조부식 : pH 3.8~4.5의 산성토양, 질소고정에 불리한 호기성 토양, C/N이 25:1로 높다. 자유생활 박테리아에 의한 질소고정량이 적다.
> ▶ clostridium은 혐기성 박테리아로서 Azotobacter보다 산성토양에서 잘 견디며, 산림토양에서 비교적 많은 양의 질소를 고정한다.

(3) 산림 내 질소순환

① 낙엽 등에 포함된 유기질소는 토양의 박테리아에 의해 암모늄으로 분해(암모늄작용)된다.
② 암모늄작용에 의해 NH_4^+가 생기고, 다시 NO_3^-로 되는 과정(질산화작용)이 두 단계로 이루어진다.
   - NH_4^+가 NO_2^-로 전환 (Nitrosomonas 박테리아 관여)
   - NH_4^+가 NO_3^-로 전환 (Nitrobacter 박테리아 관여)
③ 질산화작용에 관여하는 박테리아는 중성토양에 활동이 왕성하고(경작지에 유리), 부식이 많은 산림토양에는 거의 활동하지 않는다.
④ 산림토양에 NH_4^+가 축적된다. 균근의 도움으로 식물체내에 직접 흡수한다.
⑤ 산림토양에서 질산화작용이 일어나지 않는 원인
   - 낙엽의 분해로 유기산이 토양을 산성화시킨다.
   - 타닌, 폐녹 화합물 등의 타감물질 이 축적되어 박테리아 활동을 억제한다.

⑥ NH_4^+는 토양입자에 부착 보존되므로 쉽게 유실되지 않는다.(경작지의 NO_3^-는 쉽게 유실된다.)
⑦ 오랫동안 침수된 토양 또는 산소공급이 안된 답압토양은 NO_3^-가 환원되어 N_2 가스 혹은 NOx 화합물(질소화합물)이 되어 대기권으로 돌아가는 탈질작용이 발생한다.
   → 이때 Psedomonas 박테리아가 관여한다.

지질대사

1 개념

① 지질은 체내에서 극성을 갖지 않은 물질이며, 극성을 가진 물에 잘 녹지 않고, 벤젠, 에테르에 잘 녹는다.
② 지질 성분은 주로 탄소와 수소이며, 산소(극성을 유발)분자는 거의 가지고 있지 않다.

2 지질의 종류와 기능

(1) 지질의 기능

세포의 구성성분	• 원형질막은 인지질로 이루어졌고, 수용성 용질의 통과를 억제한다. • 페놀 화합물인 리그닌은 목본식물의 세포벽의 구성성분이다.
저장물질	종자나 과일의 저장물질이다.
보호층 조성	왁스, 큐틴, 수베린 등은 잎, 줄기 또는 종자의 표면에 피복층을 만든다.
저항성 증진	수지는 병원균이나 곤충의 침입을 막고, 인지질은 수목의 내한성을 증가시킨다.
2차산물의 역할	고무, 탄닌 등

(2) 지질의 종류

① 수베린(suberin)
   - 지하부 조직 보호 역할을 한다.
   - 무기영양소의 자유이동을 억제하는 카스페리안대는 수베린으로 구성되어 친수성이 적다.
② 정유
   - 수목의 독특한 냄새(향기)를 유발하는 휘발성 물질이다.
   - 소나무과, 녹나무과, 운향과의 목본식물에서 기공을 통해 방출된다.

- 건조한 지방에서 관목이나 유칼리나무의 잎에 정유가 많이 포함되어 산불의 속도를 **빠르게** 한다.
- **타감작용**으로 경쟁식물의 생장을 억제한다.
- 수분을 유도하는 곤충을 유인한다.
- 포식자의 공격을 억제한다.

③ 카르테노이드
- 식물의 다양한 색깔에 관여한다.
- 암흑 속에서 생장한 식물은 노란색을 띤다.(카르테노이드는 암흑에서도 합성된다.)
- 생육환경이 불리하면 엽록소는 곧 파괴되지만, 카르테노이드는 비교적 안정된 상태로 남아 노란 색깔을 나타낸다.(잎이 초록색에서 노란색으로 변화)
- 광합성의 보조색소 역할을 하여 엽록소가 광산화되는 것을 방지한다.

④ 수지
- 수목에서 에너지 저장의 역할을 하지 않는다.
- 목재의 부패를 방지한다.
- 나무좀의 공격에 대해 저항성을 생성한다.
- 수목이 상처를 입으면 수지를 다량 분비하는 수지병이 나타난다.

3 페놀 화합물
① 페놀 화합물은 방향족 고리를 가지고 있는 화합물이며 지질보다 수용성이 높다.
② 페놀 화합물은 분해가 잘 안되므로 분해과정에서 최종까지 남아있는 화합물이다.
③ 리그닌은 분자량이 크며, 대부분의 용매에 불용성이므로 추출하기 어렵다.
- 주로 목부조직에서 발견된다.
- 세포벽의 구성성분이며 셀룰로스의 미세섬유 사이를 충진시켜 압축강도를 높임으로써 목부의 지지력을 크게 한다. (셀룰로스는 인장강도)
④ 타닌은 폴리페놀의 중합체로서 떫은맛이다.
- 토양에 분해되지 않고 남아 있어 타감작용을 한다.
- 상업적 용도는 생가죽을 무두질할 때 첨가하여 가죽의 단백질과 결합시켜 미생물의 분해를 방지한다.
⑤ 플라브노이드(Flavonoids)는 꽃잎에서 화려한 색깔을 만든다.
- 주로 세포내 액포에 존재한다.
- 가을철 낙엽에서 붉은 단풍에 관여한다.
- 붉은 단풍이 들기 위해서는 가을철 기상조건이 맑고, 서늘한 날씨가 지속되고, 온도가 점진적으로 감소해야 한다.

4 수목 내 지질의 분포와 변화
① 지질의 함량은 월동기간에 높아지고, 여름에 낮아진다.
② 일반적으로 수피의 지질함량이 목부의 심재나 변재보다 높다.
③ 지질은 작은 공간에 효율적으로 에너지를 저장할 수 있다.
④ 유세포의 세포질에 지질이 저장되며, 종자는 올레오솜에 저장된다.

▶ 지방의 분해
- 올레오솜에서 글리세롤과 지방산으로 분해되고, 글리옥시솜으로 이동하여 에너지(ATP)를 생산한다.
- 3개의 소기관인 올레오솜(oleosome), 글리옥시솜(glyoxysome), 미토콘드리아에서 발생한다.

09 수분생리와 증산작용

1 수분생리
(1) 물의 특성

높은 비열, 높은 기화열, 높은 융해열, 극성, 자외선과 적외선의 흡수

(2) 물의 기능

원형질의 구성성분, 가수분해의 반응물질, 여러 물질의 용매, 대사물질 운반체, 식물세포의 팽압 유지

(3) 수분퍼텐셜
① 순수한 증류수는 자유에너지가 '0'이다.
② 수분퍼텐셜은 물이 이동하는 데 사용할 수 있는 에너지량이다.
③ 수분퍼텐셜의 종류

삼투퍼텐셜	• 액포 속에 용해된 여러 용질 사이의 삼투압에 의한 것으로 값은 항상 0보다 작은 음수(−)이다. • 어린 잎의 삼투퍼텐셜이 성숙잎보다 값이 더 낮으므로 수분 부족으로 잎이 시들 때 성숙잎부터 시든다.
압력퍼텐셜	• 세포가 수분을 흡수하면서 원형질막이 세포벽을 향해 밀어내어 나타내는 압력(팽압)이다. • 수분을 충분히 흡수한 세포(뿌리와 잎)의 경우 (+)값을 가진다. • 수분을 잃어버려 원형질분리 상태에 있으면 0값을 가진다. • 왕성한 증산작용으로 장력이 발생하는 도관세포 내에는 (−)값을 가진다. • 팽압과 삼투압은 반대방향으로 서로 작용한다.

기질 퍼텐셜	• 친수성을 가진 교질상태의 단백질과 전분 입자 등의 표면에 흡착되어 있는 물 분자에 의한 것으 로 세포내에서 0에 가까운 수치로 거의 무시된 다.(토양에서는 기여도가 크며 (−)값을 가진다.) → 세포 내의 삼투(압력, 기질)퍼텐셜의 합은 항상 0보 다 작은 값을 가진다.

(4) 도관의 장력과 수분퍼텐셜

① 수목의 잎은 증산작용 시 엽육조직의 수분 부족으로 엽육
세포에서 삼투압과 세포벽의 수화작용(세포벽과 물분자 간
의 부착력)이 발생한다.

② 삼투압과 수화작용으로 근처의 도관(또는 가도관)에서 엽육
세포로 수분이 이동한다.

③ 도관에서 엽육세포로 수분이 이동하면 도관이 수축되어
장력이 발생하고, 이때 압력퍼텐셜은 음(−)값을 가지므로
수목의 수분퍼텐셜이 더 낮아진다.

(5) 수분퍼텐셜의 분포와 수분의 이동

① 토양과 수목의 수분퍼텐셜 기울기가 형성되면 수분의 이
동은 수동적으로 토양에서 대기로 이동한다.

② 토양수분퍼텐셜이 가장 높고, 대기권이 가장 낮으며, 식
물이 중간에 위치한다.

③ 수분퍼텐셜에 의한 수분이동은 에너지의 소모가 없이 이
동한다.

④ 물 분자 간의 응집력과 도관내의 장력에 의하여 이동이
가능하다.

⑤ 토양에서 대기권까지 수분이동의 속도는 조직 내 저항과
반비례한다.

(6) 수분의 흡수

① 물이 세포의 내피까지 도달하면 카스페리안대로 인하여
내피의 원형질막을 통과해야 한다.

→ 하지만 내초에서 기원된 측근의 발달로 주변의 조직이 찢어지면
서 생긴 공간으로 수분이나 무기염이 자유로이 이동할 수도 있다.

② 나이를 먹어 수베린화 된 뿌리는 친수성이 적지만, 수분
을 흡수하는 능력이 있다.

③ 수동흡수와 능동흡수

수동 흡수	• 증산작용으로 나타나는 물의 이동현상이다. • 수분의 집단유동에 의해 뿌리는 수동적으로 수분을 흡수한다. • 에너지를 소모하지 않는다.

능동 흡수	• 겨울철에 증산작용을 하지 않는 낙엽수는 뿌리의 삼투압에 의하여 수분을 흡수한다. (일액현상) → 생육기간중에 수목의 수분흡수에는 기여도가 적다. • 에너지를 소모한다.

④ 근압

• 증산작용을 하지 않을 때, 뿌리의 삼투압에 의하여 능동
적으로 수분을 흡수함으로써 나타나는 뿌리내의 압력
이 근압이다. → 일액현상

• 근압을 해소하기 위해 잎의 엽맥 끝부분에 있는 구멍으
로 수분이 밖으로 나와 물방울이 맺힌다.

• 자작나무와 포도나무 줄기에 상처를 내면 수액이 흘러
나오는 경우이다.

⑤ 수간압

• 사탕단풍나무, 야자나무, 아가베 등에서 나오는 수액이
수간압에 의한 현상이다.

• 낮에 CO_2가 수간의 세포간극에 축적되어 압력이 증가
하면 수액이 상처를 통해 밖으로 흘러나오고, 밤에 CO_2
가 흡수되어 압력이 감소하면 뿌리에서 물이 상승하여
도관을 재충전시킨다.

(7) 수분흡수를 위한 토양의 조건

① 토양의 모세관수가 최대로 유지되면 포장용수량에 달해
있고, 식물이 물을 최대한으로 이용할 수 있다. (이때 수분
퍼텐셜은 −0.03MPa)

② 토양수분의 영구위조점(−1.5MPa)이 되면 식물은 수분을
흡수할 수 없게 되면서 시들게 된다.

③ 토양용액의 농도

• 토양용액에 고농도의 무기염이 녹아있으면 토양 중에
수분이 많아도 식물은 수분흡수가 어렵다.

→ 토양의 삼투퍼텐셜이 낮아지기 때문

• 예 지하수의 관개수 사용시 관개수에 과다한 무기염으
로 수목의 수분 흡수가 어려운 경우, 건조한 지역에
산림 조성을 할 때 토양의 과다한 무기염으로 관수를
하여도 수목이 흡수할 수 없는 경우

④ 토양온도

• 토양온도가 낮아지면 수목뿌리의 흡수력은 매우 낮아
진다.

• 뿌리의 투과성이 감소한다.(원형질막에 지질의 성질 변화)

• 토양수분의 점성이 증가하여 토양 내 이동속도가 느려
진다.

• 온도가 급상승하는 이른 봄에 상록성 침엽수는 증산작용이 활발하면서 수분 요구도가 증가한다. 하지만 토양의 기온이 낮아 뿌리의 수분 흡수가 불량하여 수목은 수분부족현상의 피해를 입는다.

❷ 증산작용

(1) 증산작용의 기능
기공으로 증산작용을 하며 무기염의 흡수와 이동을 촉진하며, 물의 높은 기화열로 잎의 온도를 낮춘다.

(2) 기공개폐
① 기공은 칼륨이 공변세포로 이동함으로써 열린다.
② 수분이 부족하면 뿌리와 엽육세포에서 만든 ABA가 공변세포로 이동하여 K^+가 밖으로 나가게 되므로 기공이 닫힌다.
③ 햇빛을 받거나, 엽육조직 세포간극 내 CO_2 농도가 낮으면 기공이 열린다.
④ 잎의 수분퍼텐셜이 낮아지면 기공이 닫힌다.
⑤ 온도가 높아지면 호흡작용이 높아져 CO_2가 축적되므로 기공이 닫힌다.

(3) 수분부족 및 스트레스
① 잎의 수분퍼텐셜이 −0.2~−0.3MPa부터 수분 스트레스가 시작된다.
② 수분 스트레스는 세포내 생화학적 반응의 속도를 감소시키며, 효소의 활동을 둔화시킨다.
③ 수분이 부족하면 세포의 팽압이 약해지고 기공이 닫힌다.
④ 기공이 닫힘으로써 광합성이 중단되고 탄수화물과 질소대사가 비정상적으로 되어 생장이 둔화된다.

(4) 줄기 및 수고생장

고정생장 수종	• 줄기생장시기인 봄~이른 여름에 수분스트레스를 받으면 수고생장이 감소한다. • 전년도의 동아형성시기에 수분스트레스를 받으면 당년의 수고생장에 영향을 끼친다.
자유생장 수종	• 두 가지의 줄기형성 즉, 동아에서 유래한 줄기와 당년 여름에 새로 형성된 줄기가 있다. • 동아에서 유래한 줄기는 전년도의 동아형성시 수분스트레스는 당년 봄의 수고생장에 영향을 준다. • 당년 여름에 새로 형성된 줄기는 당년 여름철의 수분스트레스에 영향을 받는다. • 자유생장 수종은 수분스트레스 영향을 받는 기간도 전 생육기간에 걸쳐서 나타난다.

(5) 직경생장
① 수목의 연륜생장은 기후 요인 중 강우량에 가장 큰 영향을 받는다.
② 강우의 변화로 인하여 위연륜과 복륜이 생성된다.

(6) 뿌리생장
① 뿌리는 수목에서 수분스트레스를 가장 늦게 받고, 가장 먼저 회복하는 곳이다.
② 뿌리에서 식물호르몬인 cytokinin이 합성되어 줄기로 이동한다.
③ 뿌리가 수분스트레스를 받으면 cytokinin의 합성량이 감소하고 abscisic acid(ABA)의 합성량이 증가한다.
④ ABA는 기공의 폐쇄와 줄기생장정지에 큰 영향을 끼친다.
⑤ 뿌리에 생성된 ABA는 공변세포로 이동해서 K^+을 밖으로 나가도록 유도한다. (기공 폐쇄)

(7) 내건성
내건성은 식물이 한발에 견딜 수 있는 능력으로 수종 간의 생존 기준이 되며, 건조지역에 식재할 수종을 선택하는 기준이 된다.

1) 수종 간의 차이
① 내건성이 적은 수종은 수분이 많은 계곡부위를 선호하고, 내건성이 큰 수종은 남향의 경사지와 산 정상부를 점령한다.
② 같은 종 내에서도 분포지에 따라 내건성에 차이가 있다.

2) 심근성
① 한발을 견딜 수 있는 중요한 것이 깊고 넓게 근계를 개척하는 것이다.
② 심근성 수종 : 야자나무, 유칼리나무, 루브라참나무 등
③ 천근성 수종 : 낙우송, 자작나무 등
  → 루부룸단풍나무는 건조한 토양에서는 심근성이지만, 습한 토양에서는 천근성이 되어 환경에 대한 적응력이 크다.

3) 건조저항성
① 건조저항성은 선인장과 같이 저수조직을 가지고 있는 경우이다.
② 건조한 지방의 수목은 증산량이 매우 낮은 경엽(각피층이 두껍고, 기공이 폐쇄된 상태)을 가진다.(지중해의 월계수, 올리브나무 등)
③ 소나무류는 표피에서 깊숙한 곳에 기공을 가지며 기공통로에 wax층이 증산량을 감소시킨다.

4) 건조인내성

① 건조인내성은 마른 상태에서 견딜수 있는 능력이다.
② 이끼류, 지의류, 고사리류 등에서 볼 수 있는 성질이다.
③ 참나무류는 뿌리의 건조인내성이 줄기보다 높다.
④ 소나무류는 뿌리가 줄기보다 건조인내성이 약하다.

5) 소나무의 내건성

① 소나무의 내건성은 증산작용을 억제하는 지상부의 구조와 토양 수분을 확보하는 뿌리의 기능으로 구분된다.
② 소나무의 잎은 바늘형으로 앞·뒤 두꺼운 왁스층으로 싸여있고, 기공이 숨어 있고, 왁스로 막혀있어 증산작용을 최소화한다.
③ 눈·가지에 송진의 함량이 높아 탈수를 막는다.
④ 두꺼운 외수피는 수간의 수분이탈을 막는다.
⑤ 소나무의 뿌리는 심근성의 굵은 뿌리와 천근성의 가는 뿌리로 구성된다.
⑥ 가는 뿌리는 균근균과 공생하여 근계를 넓히고, 수분과 양분을 대신 흡수한다.

10 무기염의 흡수와 수액상승

1 무기염이 흡수되는 과정

① 무기염이 토양에서 뿌리표면으로 이동
② 뿌리세포내 축적 또는 이동
③ 중앙의 목부조직을 향한 횡적 이동
④ 뿌리에서 줄기로 이동(목부에서 수액의 상승과 함께 일어나는 현상)

2 뿌리의 기능

① 뿌리의 발달은 환경의 영향을 많이 받는다.
② 토양의 수분과 무기염의 함량이 적으면 식물은 근계를 많이 발달시켜 흡수량을 늘린다.
③ 수분이 부족하면 수목의 뿌리 비율은 증가한다.

3 무기염의 흡수기작

토양에 적당한 수분과 양분이 있다면, 뿌리의 수분퍼텐셜의 구배가 이루어져 토양용액이 뿌리 표면까지 확산에 의해 쉽게 도달한다.

(1) 자유공간의 개념

① 뿌리 표면까지 도달한 토양용액은 뿌리 속으로 흡수되는데, 이때 뿌리내 자유공간을 이용할 수 있다.
② 자유공간은 뿌리의 세포벽은 섬유가 엉성하게 부착되어 있어서 크기가 작은 물분자나 무기염 등이 확산과 집단유동에 의해 자유로이 들어올 수 있는 부분이다.
③ 세포벽이동(아포플라스트) : 세포벽과 세포벽 사이 자유공간의 이동
④ 세포질이동(심플라스트) : 세포 내 원형질연락사를 통한 이동

(2) 카스페리안대의 역할

① 내피세포의 방사단면벽과 횡단면벽은 수베린으로 만들어진 카스페리안대가 둘러싸여 있다.
② 카스페리안대는 세포벽을 통한 무기염의 자유로운 이동을 차단하며, 내피세포의 원형질막을 통한 무기염의 선택적 흡수를 유도한다.

(3) 선택적 흡수와 능동운반

① 뿌리 내 무기염의 농도는 토양용액의 농도보다 매우 높다.
② 뿌리의 무기염 흡수는 선택적이며, 비가역적이고, 에너지를 소모한다.
③ 뿌리의 호흡을 억제시키면 무기염의 흡수가 중단된다.
④ 자유공간을 이용한 무기염의 이동은 비선택적이고, 가역적이며, 에너지를 소모하지 않는다.
⑤ 능동운반 : 원형질막의 운반체가 무기염을 농도가 낮은 곳에서 높은 곳으로 농도 구배에 역행하여 운반하며, 에너지를 소모하면서 선택적으로 이루어진다.

4 균근

(1) 개념

① 균근이란 식물의 뿌리가 토양 중에 있는 균근균(곰팡이)과 공생하는 형태를 의미한다.
② 균근의 도움으로 무기영양소의 함량이 낮은 토양에서 수목이 살아갈 수 있다.
③ 균근의 역할은 인산의 흡수 촉진, 산성토양에서 암모늄태(NH_4^+) 질소의 흡수, 효율적인 수분흡수를 돕는다.
④ 균근의 형성률은 토양의 비옥도가 높을수록 낮고, 인산의 함량에 반비례한다.

(2) 종류

내생균근	• 기주 뿌리의 피층세포 내에 존재하며(세포내 침입), 두꺼운 균사층을 형성하지 않는다. • 짧은 기간 동안 생장하고 난 후 없어지거나 분해된다. • 격벽이 없는 균사를 가진 VA 내생균근과 격벽이 있는 균사를 가진 난초형, 철쭉형 내생균근이 있다. • 격벽이 없는 VA 내생균근은 접합균문에 속하는 곰팡이로서 진정한 포자를 형성하지 않는다. • 균근은 뿌리의 흡수면적을 증가시켜 양분의 흡수(특히 인(P)의 순환)에 중요한 역할, 병원성 미생물에 의한 침입으로부터 수목의 뿌리를 보호한다.
외생균근	• 담자균문과 자낭균문에 속한다. • 온대지역의 수목, 특히 소나무과, 참나무과, 자작나무과, 피나무과, 버드나무과 등에 일반적으로 형성된다. • 유근은 두꺼운 균사층에 둘러싸여 있다. • 소나무 뿌리에 외생균근이 형성되면 뿌리는 Y자형으로 분지된다. • 세포 사이에 존재하는 균사가 그물망 모양이 하티그망(Hartig net)을 형성한다. • 세포내 침입은 하지 않으며, 짧은 기간 동안 형성되고 수개월~3년 정도 생존한다. • 모래밭버섯(Pisolithus tinctorius), Cenococcum graniforme 등의 균근 곰팡이가 대표적이다. • 균근은 뿌리의 흡수면적을 증가시켜 양분의 흡수(특히 인(P)의 순환)에 중요한 역할, 병원성 미생물에 의한 침입으로부터 뿌리를 보호한다.
내외생 균근	• 외생균근의 변칙적인 형태이며, 외생균근 곰팡이의 균사가 세포 안으로 침투하여 자라는 형태 • 소나무류의 어린 묘목에서 주로 발견된다. • 외부형태는 외생균근과 유사하다.

5 내피 통과 후의 무기염의 이동과 증산작용

① 무기염이 내피세포의 원형질막을 통과한다.
② 내피를 통과한 무기염은 내초를 거쳐 중앙 부위의 통도조직인 도관(가도관)에 도착한 후 줄기로 이동한다.
    → 이 과정은 세포벽이동(아포플라스트)이다.
③ 도관에 도착한 무기염은 증산작용에 의해 올라가는 증산류를 따라 도관을 타고 수동적으로 올라간다.
    → 도관 내 무기염의 속도는 증산속도에 비례한다.

6 수액상승

① 나자식물(침엽수류) : 가도관의 작은 막공을 통해 수분이 이동한다.
② 피자식물(활엽수류) : 도관(환공재, 산공재, 반환공재)을 타고 올라간다.

> ▶ 환공재의 틸로시스(tylosis) 현상은 수분 이동의 효율성을 떨어뜨린다.
> → 틸로시스 현상 : 기포, 전충체가 막공을 통하여 도관 안으로 들어와 도관이 막히는 현상

(1) 수액의 상승

① 수직 방향으로 곧바로 올라가는 것이 아니라 목부조직에서 점진적으로 나선 방향으로 돌면서 올라간다.
② 수분이 수관에 고루 배분되는 역할을 하며, 수간에 영양제나 살충제 등 약제를 골고루 분배시킨다.

(2) 수액의 상승 원리

① 기공에서 증산작용을 개시
② 잎의 엽육세포가 수분을 잃어버림
③ 엽육세포의 삼투압과 수화작용에 의해 인근 도관에서 수분이 엽육세포로 이동해 온다.
④ 도관이 탈수되어 밑에 있는 물을 잡아당김으로써, 물기둥이 장력하에 놓임
⑤ 물분자 간의 응집력에 의하여 도관내 수분이 딸려 올라감
⑥ 응집력이 뿌리까지 전달되어 토양에서 뿌리 안으로 수분이 이동함

(3) 도관내 기포 발생

① 증산작용이 왕성하면 도관내 장력이 내려감으로써 물기둥은 도관의 장력 때문에 끊어질 수 있다.
② 이때 기포가 발생하여 공동현상이 발생한다.
③ 작은 도관이나 가도관은 다시 물로 채워져 제 기능을 발휘한다.
④ 겨울철 얼어있던 수간이 녹을 때 기포가 발생하는데, 참나무의 경우는 월동이 끝나면 새로운 잎이 나오기 전에 먼저 새로운 도관을 만들어 수액을 상승시키고, 전년도의 도관은 사용하지 않는다.

> ▶ 도관의 직경이 크면 수분이동이 효율적이지만, 공동현상이 생길 때 문제가 생긴다. 수고가 100m 이상인 나무의 꼭대기에 수분을 이동시키기 위해서는 침엽수의 가도관은 더 효율적일 수 있다.

1 개념

무성생식	수목의 품종 특성을 그대로 유지하기 위한 증식
유성생식	자성배우자와 웅성배우자의 유전물질을 교환하여 접합자를 형성하여 증식

→ 임업에서는 유성생식에 의한 종자 번식이 대부분을 차지한다.

2 유성생식의 종류

(1) 피자식물

단성화를 가진 경우	• 암술과 수술 중 한 가지만 달린다. • 1가화(대부분) : 암꽃과 수꽃이 한 그루 내에 달린다. → 참나무류, 밤나무류, 가래나무과, 자작나무류, 오리나무류 등 • 2가화 : 암꽃과 수꽃이 각각 다른 그루에 달린다. → 버드나무, 포플러류 등
양성화를 가진 경우	• 암술과 수술이 한 꽃에 달린다. → 벚나무, 자귀나무 등
잡성화를 가진 경우	• 양성화와 단성화가 한 그루에 달린다. → 물푸레나무, 단풍나무 등

(2) 나자식물

① 나자식물의 꽃은 양성화가 없으며, 모두 1가화 혹은 2가화이다.
② 1가화 : 구과목에 속하는 소나무과, 낙우송과, 측백나무과가 있다.
③ 2가화 : 소철류, 은행나무가 있다.
④ 1가화 혹은 2가화(개체에 따라) : 주목과, 향나무가 있다.

3 유형과 성숙

① 유형 : 수목이 영양생장만을 하고 어린 형태로서 개화하지 않은 상태
② 성숙 : 수목이 성장하여 개화하는 상태에 이름

▶ 수목의 유형과 성숙의 기준은 개화능력으로 판단한다.

4 유형기의 생리적 원인

① 수목이 어릴 때 꽃이 피지 않는 원인은 정단분열조직이 세포분열을 실시한 횟수가 적다.
② 유목은 영양생장을 계속적으로 하려는 특성이 있어 개화가 안 된다.
③ ABA처리로 개화를 앞당길 수 있다.

5 유형기의 특징과 수종별 유형기

(1) 유형기의 특징

① 잎의 모양 : 향나무의 바늘잎(성엽은 인엽), 서양담쟁이덩굴의 결각(성엽은 둥글다), 소나무류의 1차엽
② 가시의 발달 : 귤나무와 아까시나무의 가시
③ 엽서 : 유칼리나무의 잎의 배열순서와 각도(성숙하면서 변함)
④ 삽목의 용이성 : 유형기에 삽목이 쉽다.
⑤ 곧추선 가지 : 낙엽송의 곧추서 자란다.
⑥ 낙엽의 지연성 : 참나무류의 가을 낙엽 늦게 진다.

(2) 수종별 유형기

① 방크스소나무와 리기다소나무는 보통 3년이면 개화가 시작된다.
② 유럽적송은 5년 이상지나야 개화가 된다.
③ 낙엽송은 10~15년, 가문비나무는 20~25년, 전나무는 25~30년 후에 개화한다.
④ 유럽의 너도밤나무는 30~40년 지나야 개화한다.

6 생식생장과 영양생장의 관계

영양조직과 생식조직 간의 양분 경쟁으로 수목의 개화는 정기적으로 나타나지 않고 불규칙하다. 예 과수의 격년결실

7 개화와 수정

(1) 피자식물

① 봄에 일찍 꽃이 피는 목본피자식물의 화아원기는 전년도에 이미 형성되었고 월동 후 봄에 개화한다.
② 봄~6월까지 영양생장을 하다가 일시적 생장 정지시기에 눈의 일부가 꽃눈으로 전환되면서 세포분열과 확장으로 화서가 형성된다.
③ 참나무류의 1가화의 경우 수꽃의 원기형성과 수꽃발달이 암꽃보다 먼저 이루어진다.(수꽃 5월말, 암꽃 7월말)

(2) 나자식물

일반적으로 수꽃의 형성이 암꽃보다 먼저 이루어진다.

① 젓나무류 · 미송 : 4월

② 솔송나무류 : 6월

③ 가문비나무류 · 잎갈나무류 : 7월

④ 소나무류 : 수꽃 – 6월 말~7월 초순, 암꽃 – 8월말

(3) 개화(온대지방)

① 개화 시기

시기	수종
3월	오리나무, 개암나무
4월 하순	적송
5월 중순	잣나무
6~8월	자귀나무(6~7월) 회화나무(7~8월)
10월	개잎갈나무(히말라야시다)

② 소나무과의 개화

• 수꽃은 수관 아래쪽에 활력이 약한 가지에 달리는데, 탄수화물의 공급이 적어서 가지가 수꽃으로 분화한다.

• 수꽃의 숫자만큼 엽량이 줄어들므로 매년 수꽃을 생신하면 가지의 활력이 약해진다.

• 암꽃과 수꽃은 동시에 개화하지만 수꽃은 비산이 끝나면 곧 탈락한다.

• 암꽃은 수분이 되면 종자가 성숙할 때까지 나뭇가지에 붙어 있으며 수분이 안되면 조기낙과한다.

▶ 소나무과 수종은 암꽃이 주로 수관의 상단에 달리고 수꽃은 하단부에 달린다. (자가수분 방지, 타가수분 증가, 충실한 종자의 생산 도모)

(4) 화분

충매화인 과수류, 피나무, 단풍나무, 버드나무류는 화분 생산량이 적으며, 풍매화인 포도나무, 자작나무, 포플러, 참나무류, 침엽수는 화분 생산량이 많다.

(5) 수정

① 나자식물의 수정 과정

• 부계 세포질유전 현상이 나타난다.

• 소나무속, 잎갈나무속, 미송 등에서 나타난다.

▶ 부계 세포질유전 : 정핵이 난자를 수정시키면 난세포 내의 소기관이 소멸되며, 화분관에서 배출된 웅성배우체의 세포질 내의 소기관인 색소체와 미토콘드리아 등이 분열하여 대체하는 현상

② 배의 발달

• 수분 후 화분관이 발달하면 배주(나자식물) 또는 자방(피자식물)이 생존할 수 있는 조건이 마련된다.

• 배유는 수분 후 발달하기 시작하며 일정한 시간이 지나면 수정이 이루어진다.

• 배유는 발달하면서 탄수화물, 지방, 단백질 등을 축적하면서 자란다.

• 배는 배유가 어느 정도 자란 뒤 자라기 시작하며 배유로부터 영양소를 공급받는다.

(6) 성 결정

① 임분 내에서 햇빛을 많이 받는 개체는 암꽃을 생산하고, 그늘에 있는 개체는 수꽃을 생산한다.

② 무기영양상태는 소나무속의 성을 결정하는데 영향을 준다. 수목의 무기영양상태가 결핍되면 수꽃이 생기며, 질소비료를 시비하면 수꽃에서 암꽃으로 전환이 일어난다.

③ 식물호르몬도 수목의 성 결정에 관여한다.

(7) 영양상태

① 인산이나 칼륨은 단독으로 사용하면 효과가 없지만, 질소비료와 함께 사용하면 개화가 촉진된다.

② 질소비료를 화아원기 형성시기에 시비하면 개화촉진이 효과적이고, 봄철에 시비하면 영양생장만 촉진한다.

12 식물호르몬

1 옥신(auxin)

① 정아에서 생산되어 가지의 활력과 성 결정에 영향을 준다.

② 뿌리의 생장, 정아우세, 주광성, 굴지성, 목본식물의 개화생리, 낙엽 지연, 형성층 세포분열의 시작 유도, 제초효과 등

▶ 인돌아세트산(IAA) : 천연옥신의 일종으로 어린 조직에서 생합성되며, 줄기끝의 분열조직, 생장하는 잎과 열매에서 생된다.

2 지베렐린(gibberellin, GA)

① 신장생장, 개화 및 결실, 휴면과 종자

② 나자식물의 개화에 효과가 있다.

3 사이토키닌(cytokinin)

① 식물의 어린 기관과 뿌리 끝부분에 많이 존재

② 세포분열을 촉진하고 기관형성, 잎의 노쇠를 지연

③ 뿌리에서 생산 → 목부조직 → 잎으로 운반

④ 아브시스산(ABA)

① 카로테노이드(carotenoid)의 분리된 물질로 생장정지를 유도하고 잎, 꽃, 열매 등의 탈리현상을 촉진한다.

② 스트레스 감지 호르몬으로 수분스트레스를 받으면 뿌리에서 합성된 ABA가 잎의 기공을 폐쇄시킨다.

③ 휴면을 유도하고, 모체내 종자 발아를 억제한다.

⑤ 에틸렌(ethylene)

① 과실의 성숙을 촉진하고, 개화를 촉진한다.

② 줄기와 뿌리의 생장을 억제한다.

③ 침수된 경우 에틸렌이 줄기로 이동하여 독성을 나타낸다.

→ 잎의 황화현상, 줄기의 신장억제, 줄기의 비대 촉진, 잎의 상편생장, 탈리현상 등이 발생

13 필수 원소

1 이동

① 이동이 쉬운 원소 : 질소, 인, 칼륨, 마그네슘

② 이동이 쉽지 않은 원소 : 칼슘, 철, 붕소

③ 이동이 중간인 원소 : 황, 아연, 망간, 구리, 몰리브덴

▶ 무기영양소의 이동은 목부를 이용하지 않고 사부를 통하여 이동한다.
▶ 어떤 원소의 이동성이란 세포 내에서의 용해도와 사부조직으로 들어갈 수 있는 용이성이다.

2 수목의 부위별 분포

① 잎 : 영양소의 함량이 제일 높음

② 수간 : 함량이 제일 낮음

③ 작은 가지 : 큰 가지와 수간보다 영양소 함량이 높고, 잎보다 낮음

3 계절적 변화(온대지방)

① 가을이 가까워지면 이동이 용이한 원소(N, P, K 등)의 함량은 잎에서 감소하고, Ca과 같은 이동이 쉽지 않은 원소는 증가한다.

② 사과나무

• 꽃이 피고 난 후 어린잎에서 질소, 인, 칼륨의 함량이 제일 높고 그 후 감소한다.

• 가을이 되면 질소와 인의 함량이 급격히 감소하고, 칼

륨도 감소한다.

• 칼슘의 함량은 어린잎에서 계속 증가하여 낙엽 전에 급격히 증가한다.

4 수종에 따른 영양소의 요구

① 활엽수는 침엽수보다 더 많은 영양소를 필요로 한다.

② 침엽수 중 소나무류는 가장 적은 양을 필요로 한다.

5 엽면시비

① 잎에 뿌려진 영양소는 잎의 큐티클 층, 기공, 털, 가지의 피목 등을 통해 흡수된다.

② 나트륨은 마그네슘보다 빨리 흡수되고, 마그네슘은 칼슘보다 빨리 흡수된다.

③ 전착제의 농도가 진할수록 시비효과가 크지만 너무 진하면 잎에 염분 피해가 발생한다.

CHAPTER

04

산림토양학

01 산림토양학

01 토양의 생성과 발달

1 토양의 모재가 되는 암석

① 암석이 풍화가 되어 토양이 되는 모암은 화성암, 변성암, 퇴적암으로 구분한다.
② 화성암의 구성 광물 : 석영, 장석, 운모, 각섬석, 휘석 등
③ 장석과 운모는 쉽게 풍화되어 점토를 형성, 석영은 풍화에 잘 견디므로 모래입자로 남는다.

2 주요 화성암의 구분 (석영 : SiO_2)

구분	석영(규산) 함유량	종류
산성암	$SiO_2 > 66\%$	화강암, 유문암, 석영반암
중성암	$52\% < SiO_2 < 66\%$	섬록암, 섬록반암, 안산암
염기성암	$SiO_2 < 52\%$	반려암, 현무암, 휘록암

▶ 산성암은 밝은색을 띠고, 염기성암은 유색광물이 많아 어두운 색을 띤다.

3 암석의 풍화와 풍화산물의 이동

(1) 암석의 풍화

암석이 풍화가 되어 최종적으로 토양 속에 남는 3개의 집단
① 규산염 점토광물
② 풍화가 극도로 진행되어 철과 알루미늄 산화물 등의 점토광물
③ 석영과 같은 풍화에 안정성이 큰 1차 광물

(2) 1·2차광물의 풍화저항력 비교

침철광 > 적철광 > 깁사이트 > 석영 > 점토광물 > 백운모 > 미사장석 > 정장석 > 흑운모 > 조장석 > 각섬석 > 휘석 > 회장석 > 감람석 > 백운석 > 방해석 > 석고

※ 구분 : 1차광물, 2차광물

(3) 암석의 풍화과정

기계적 풍화과정	물리적 풍화과정으로, 입상 붕괴 → 박리 → 절리면 분리 → 파쇄의 과정
화학적 풍화과정	용해, 가수분해, 수화, 산성화, 산화 등의 화학작용들이 작용
생물적 풍화작용	동물, 식물, 미생물 등이 풍화과정에 관여

(4) 광물의 풍화에 영향을 끼치는 인자

기후	• 암석 풍화의 성격과 속도에 가장 중요한 인자이다. • 건조한 환경에서는 온도와 바람에 의한 풍화작용이 주로 발생하므로 1차광물이 많고, 물이 많은 환경에서는 2차광물이 많이 생성된다.
조암광물의 물리적 성질	• 광물입자들의 크기와 경도는 풍화에 크게 영향을 끼친다. • 굵은 광물입자로 구성된 암석은 쉽게 풍화된다.
조암광물의 화학적 및 결정학적 특성	• 감람석 · 흑운모 : 쉽게 산화되는 Fe2+을 함유하여 풍화가 쉽게 발생 • 석고 : 이산화탄소로 포화된 물에 잘 녹기 때문에 모재로부터 쉽게 용탈

(5) 암석 풍화생성물의 가동률

제1상	Cl^-, SO_4^{2-} 등은 풍화의 제1단계에서 가동(용탈되어 이동)된다.
제2상	Ca^{2+}, Na^+, Mg^{2+}, K^+ 등의 알칼리금속이 용탈되고, kaoline 광물이 남는다.
제3상	규산(SiO_2)이 용탈된다.
제4상	철과 알루미늄의 산화물은 최종적으로 풍화물 속에 축적된다.

▶ 원소의 가동률 (Cl^-을 100으로 할 때)
Cl^-, SO_4^{2-} > Ca^{2+}, Na^+, Mg^{2+}, K^+ > 규산(SiO_2) > 철과 알루미늄

4 토양의 생성과 발달

(1) 토양의 생성인자 (암기법 : 모-기-지-생-시)

모재	모재의 광물학적 특성에 따라 토양의 발달속도가 다르다.
기후	강우량과 기온이 가장 큰 영향을 끼친다.
지형	지표면의 형상과 기복을 말한다.
생물	식생이 가장 큰 영향을 끼친다.
시간	여러 토양생성인자들의 영향은 시간과 함께 토양의 단면에 나타난다.

(2) 토양단면

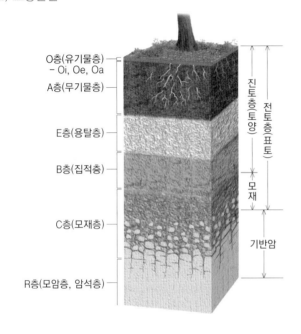

유기물층 (낙엽층)	• Oi(L)층 (분해층) : 미부숙된 유기물층 • Oe(F)층 (발효층) : 중간 정도의 부숙 유기물층 • Oa(H)층 (부식층) : 완전히 분해된 부식층
A 층 (무기질층)	• 부식된 유기물과 섞여있고, 입단구조가 잘 발달된 무기물층 • 하위층에 비해 토성이 조립질이며, 뿌리 활동이 양호한 환경을 이룬다.
E 층	• 약간의 유기물을 포함한 밝은 층(용탈과 세탈)
B 층 (집적층)	• 상부토층으로부터 Fe, Al의 산화물이 용탈된 집적층
C 층 (모재층)	• 아직 토양생성 작용을 받지 않은 무기물층

▶ 지표면으로부터 기암층 상부까지 경화되지 않은 미고결층을 전토층이라하며, 그 중 O층을 '임상'이라 한다.

▶ AB : 하나의 주층이 다른 층으로 점차 변해가는 것이 '전위층'이다. B층으로의 전위층

▶ Ap : 주층의 하위 분류이며, 소문자로 표기

(3) 토양 생성 작용

점토생성작용	• 토양의 1차광물이 분해되어 2차규산염 광물을 생성하는 과정
갈색화작용	• 화학적 풍화작용으로 규산염광물에서 유리된 철 이온이 가수산화철이 되어 토양이 갈색으로 변색되는 과정
부식집적작용	• 토양 중의 유기물이 분해되어 부식되고 생성된 부식이 재합성되어 안정된 물질로 집적되는 과정
이탄집적작용	• 지하수위가 높은 토양이 혐기상태가 되어 덜 분해된 유기물과 습지식물이 쌓이는 현상
염기용탈작용	• 강수량이 많은 지역에서 토양 중의 교환성 양이온 등의 염기가 토양용액과 함께 세탈되는 현상
염류집적작용 (염류화작용)	• 증발량이 강수량보다 많은 건조한 지역에서 지하수의 수용성 염류가 상승하여 토양의 염류농도가 점차 높아져 표토 밑에 집적되는 현상
포드졸화작용	• 습윤한 한대지방의 침엽수림에서 일어나며, 표토에 유기물이 집적된다. • 토양용액은 강산성을 띠는 부식물질을 많이 함유
석회화작용	• 강우량이 적은 건조, 반건조 지대에서 일어나며, 용해도가 큰 염화물 등 수용성 염류는 대부분 용탈되고, 용해도가 약한 $CaCO_3$나 $MgCO_3$은 토양 중에 축적되는 현상

1 개념

① 토양은 토양입자와 유기물, 토양용액, 토양공기 등 구성 성분들의 다양한 물리적 특성을 지닌다.

② 토양의 물리적 성질 : 토성, 구조, 밀도, 공극률, 수분함량, 견지도, 온도, 색 등

③ 토양의 3상 : 고상, 액상, 기상으로 구성

④ 고상의 비율이 높은 토양은 뿌리의 자람이 불량해지고 액상과 기상의 공간이 적어 공기와 물의 충분한 공급이 안 된다.

2 토성

① 모래, 미사 및 점토입자의 함유 비율에 따라 토양을 분류한 것으로 12가지로 분류한다.

② 토성은 토양에서 투수성, 보수성, 통기성, 양분보유능력, 경운작업의 용이성 등에 많은 영향을 끼친다.

③ 입경구분

구분	입자의 지름(mm)
점토	0.002 이하
미사	0.002~0.05
모래	0.05~2.0
자갈	2.0 이상

④ 토성삼각도(12가지)

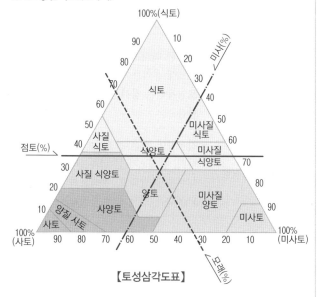

【토성삼각도표】

⑤ 촉감법 : 손가락의 촉감을 이용하여 토성을 구분하는 방법

▶ **촉감법에 의한 토성 분류**

분류	특징	띠 크기(cm)
사양토(SL)	모래 느낌에 소리가 남	
양토(L)	부드러운 모래에 소리가 불분명함	2.5 이하
미사질 양토(SiL)	밀가루 같이 부드러움	
사질 식양토(SCL)	모래 느낌에 소리가 남	
식양토(CL)	부드러운 모래에 소리가 불분명함	2.5~5.0
미사질 식양토(SiCL)	밀가루 같이 부드러움	
사질 식토(SC)	모래 느낌에 소리가 남	
식토(C)	부드러운 모래에 소리가 불분명함	5.0 이상
미사질 식토(SiC)	밀가루 같이 부드러움	

▶ 촉감법은 토성명을 결정하지만, 모래·미사·점토의 함량은 알 수 없다.

3 토양구성물의 용적과 질량과의 관계

토양 모세관의 크기는 입자의 크기에 따라 비례하며, 공간을 채우고 있는 물과 공기의 양, 공기와 물의 흐름에 영향을 끼친다.

(1) 입자밀도

① 입자밀도(P_s) : 토양의 고상을 구성하는 고형 입자 자체의 밀도

② 일반 토양의 입자밀도 : 2.6~2.7 g/cm³ (유기물은 1.1~1.4 g/cm³)

③ 인위적으로 변하지 않으며, 농경학적으로 중요한 의미를 가지지 않는다.

(2) 용적밀도

① 용적밀도(P_b) : 고상의 고형 입자 무게를 전체 용적으로 나눈 것

$$P_b \,[g/cm^3] = \frac{\text{고형 입자의 무게}}{\text{전체 용적}} = \frac{M_s \,(\text{고상의 질량})}{V_t \,(\text{총용적})}$$

② 용적밀도에 따른 특징

용적밀도가 큰 토양	고형 입자가 많고 토양이 다져진 상태 → 배수성 및 투수성이 불량
용적밀도가 낮은 토양	고형 입자가 적고 푸석푸석한 상태의 토양, 식물의 뿌리자람과 투수성이 양호

③ 일반적인 토양의 용적밀도 : 1.2~1.35 g/cm³
④ 용적밀도는 인위적인 요인에 의하여 변할 수 있다.
⑤ 유기물은 입단구조를 형성하여 용적밀도를 낮게 한다.

(3) 공극률

전체 토양용적(V_t)에 대한 공극(V_a+V_w)의 비율 또는 퍼센트로 나타낸 것이다.

$$공극률(f) = \frac{공극의 용적}{전체\ 토양의\ 용적} = \frac{V_a+V_w}{V_t} = 1 - \frac{P_b}{P_S}$$

❹ 공극

(1) 개념 : 토양의 입자들의 배열에 따라 형성되는 공간

(2) 공극의 발달

① 고운 토성의 토양은 공극률이 높고, 모래가 많은 토양은 공극률이 낮다.
② 점토가 많은 토양은 상태에 따라 공극률의 차이가 많다.
→ 예 수축이 많이 된 상태 > 팽창된 상태
　　입단형성이 잘 된 토양 > 분산된 토양
③ 입단이 잘 형성된 토양은 대공극과 미세공극의 비율이 골고루 분포하며 전체적인 공극률이 높다.
④ 입단이 잘 형성되지 않은 토양은 미세공극이 많고 대공극이 작으므로 전체 공극률이 낮다.
⑤ 토양이 깊이짐에 따라 공극률이 낮아진다.

(3) 크기에 따른 분류

대공극	토괴 사이의 큰 공극으로 물이 빠지는 통로, 뿌리가 뻗는 공간
중공극	모세관현상에 의하여 유지되는 물, 곰팡이와 뿌리털이 자라는 공간
소공극	토괴 내의 작은 공극, 식물이 흡수하는 물을 보유, 세균이 자라는 공간
미세공극	점토입자 사이의 공간, 작물이 이용할 수 없는 물
극소공극	미생물도 자랄 수 없는 아주 극소의 공간

❺ 입단의 생성과 발달

(1) 개념

① 입단은 작은 토양입자들이 서로 응집하여 형성된 덩어리 형태의 토양 (떼알구조)
② 입단의 형성은 토양의 수분보유력과 통기성을 향상시켜 식물의 생장에 매우 중요하다.

(2) 입단형성의 요인

양이온의 작용	점토의 응집에서 입단의 형성이 시작되며, 점토 사이에 양이온이 위치함으로써 정기적인 힘이 나타나는 현상
유기물의 작용	유기물은 carboxyl기 등의 작용기에 의하여 응집된 점토를 더 강하게 결합시킨다.
미생물의 작용	곰팡이의 균사가 토양입자와 서로 엉켜서 입단을 형성한다. 유기물을 분해하는 미생물의 점액성 물질 또한 입단형성을 도와준다. → 폴리사카라이드는 큰 입단을 형성하는 데 중요한 역할을 한다.
기후의 작용	토양이 건조함에 따라 수분이 빠져나가면서 부피가 줄어들고 다시 결합되는 과정에서 입단이 형성된다.
토양개량제의 작용	토양무게의 0.1% 처리량으로 입단개량 효과를 나타내는 합성물질

❻ 토양구조

(1) 특징

① 토양구조는 토양을 구성하는 입자들의 배열상태를 나타낸다.
② 시표면에서 약 30cm 이내인 표층 : 구형의 입상과 판상
③ 30cm~1m 이내의 심층 토양 : 괴상 구조
④ 1m 이하의 깊은 토양 : 결정주

(2) 구상 구조(입상 구조)

① 유기물이 많은 표층토에서 주로 발달
② 입단의 형태 : 구상
③ 입상 구조는 토양 동물의 활동이 많은 토양에서 발견
④ 입단의 결합이 약하여 쉽게 부서진다.

(3) 괴상 구조

① 배수 및 통기성 양호

② 뿌리의 발달이 원활한 심토층에서 주로 발달

③ 입단의 형태 : 불규칙 · 다면체, 구상

④ 밭토양과 삼림의 하층토집적층(B층)에서 발견

(4) 각주상 구조

① 형태 : 단위구조의 수직길이가 수평길이보다 긴 기둥모양, 수평면이 평탄하고 각진 모서리

② 건조 또는 반건조지역의 심층토에서 주로 지표면과 수직한 형태로 발달

③ 습윤지역의 배수가 불량한 토양에서 각주상 구조가 발달

(5) 원주상 구조

① 형태 : 기둥모양의 주상 구조, 수평면이 둥글게 발달

② Na이온이 많은 토양의 B층에서 주로 관찰

③ 논토양의 심층토에서 주로 발견

(6) 판상 구조

① 형태 : 접시 모양 또는 수평배열의 토괴로 구성

② 토양 생성과정 또는 인위적인 요인에 의하여 만들어짐

③ 모재의 특성을 그대로 간직하고 있음

④ 논토양의 작토 밑에서 주로 발견

⑤ 토양수분의 수직배수가 불량하여 습답을 이룸

(7) 무형구조

① 형태 : 낱알구조 또는 덩어리

② 낱알구조 : 토양입자들이 서로 결합되지 않은 상태

③ 덩어리구조 : 서로 결합되어 있으면서 어떠한 모양으로 구분하여 나눌 수 없는 형태

④ 모재가 풍화과정 중에 있는 C층에서 발견

7 토양색

① 주로 Munsell 토색첩 사용

② Munsell 토색첩은 색상(H), 명도(V) / 채도(C)의 순으로 표기

③ 토양색의 측정과 표기방법

단계 1	토양덩어리 채취 후 수분상태를 기록한다. 건조한 토양은 분무기로 토양을 습윤하게 한다.
단계 2	토양덩어리를 양손으로 2등분한다.
단계 3	직사광선이 토양시료와 Munsell 색도표에 직접 조사될 수 있게 한다.
단계 4	Munsell 색도표를 가지고 2등분된 토양시료의 안쪽 면을 비교하여 가장 유사한 색도를 찾아 토양색을 정한 후 기록한다. 예 7.5R 7/2 → 7.5R : 색상(H), 7 : 명도(V), 2 : 채도(C)

④ 토양색

토양유기물(부식)	암갈색 또는 흑색
밭토양(산화조건, Fe^{3+})	불포화 수분상태, 붉은색
논토양(환원조건, Fe^{2+})	포화수분상태, 회청색, 녹색

※ 유기물이 없는 토양에서 철을 제거하면 : 밝은 회백색으로 변함

8 토양공기

토양공기 중에서 CO_2의 축적은 토양의 pH를 낮추고, 광물을 녹이거나 침전물을 형성한다.

→ 특히, 미부숙 유기물의 함량이 많은 토양에 많이 발생

(1) 통기성

① 대기와 토양공기의 분압차에 의해 발생하는 교환현상

② 토양과 대기의 공기 교환은 주로 확산에 의해 발생

→ 농도차가 발생하면 확산에 의해 교환 발생

③ 통기성이 좋은 토양은 산소 공급이 원활하여 식물의 양분 흡수와 토양유기물의 분해가 활발

④ 통기성이 나쁜 토양은 뿌리호흡이 나빠지고 유기물의 분해속도가 느리다.

⑤ 대공극이 많은 토양은 소공극이 많은 토양보다 산소확산율이 크다.

⑥ 토양 깊이가 깊을수록 산소확산율이 작아진다.

⑦ 산소가 부족하면 유기물의 분해가 환원적으로 일어나므로 CO_2 대신에 CH_4(메탄)이 발생한다.

⑧ 산소가 부족하면 황은 불용성 황화물을 형성하고 뿌리의 양분과 산소 흡수를 저해한다.

⑨ 토양 중에 산소함량이 10% 이상 유지되면 통기성이 불량하여도 식물의 생육은 원활하다.

⑩ 토양 내 이산화탄소의 함량이 많아도 산소공급이 충분하면 식물의 생육에 문제가 없다.

❾ 토양온도

① 냉온대지역 : 낮은 토양온도로 인하여 유기물의 분해속도가 지연되어 토양 내에 유기물이 집적

② 아열대 및 열대지역 : 높은 토양온도로 인하여 유기물의 분해 속도가 빨라 부식집적이 일어나지 않음

③ 모래의 함량이 많을수록 용적열용량이 작아지고, 점토가 많을수록 용적열용량이 커진다.

④ 수분함량이 많은 토양의 용적열용량은 건조한 토양보다 높아서 온도변화가 작다.

→ 사토보다 식토의 온도변화가 작다.

03 토양수분

❶ 물의 구조적 특성

(1) 물의 특성

① $H_2 + O$로 구성

② 수소 원자 104.5도의 V자형의 비대칭 공유결합

③ 극성을 유발

④ 물 분자 간의 수소결합

⑤ 상온 액체, 높은 비열, 용매 등

(2) 표면장력

① 물이 토양 중에 보유될 수 있는 것은 물의 응집(같은 물질간의 끌림현상)과 물의 부착(다른 물질 간의 끌림현상)과 같은 현상 때문이다.

② 물의 표면장력(뻥기는 힘)은 액체(물)와 기체(공기)의 응집력과 부착력 사이에서 발생한다. → 물방울 형성

③ 모세관현상 : 물의 부착력과 물 분자들 사이의 응집력 때문에 생기는 현상

④ 토양 중의 모세관 공극에서 물이 보유될 수 있는 것은 모세관현상 때문이다.

❷ 토양수분의 함량과 퍼텐셜

(1) 토양수분 함량

① 중량수분함량 : 단위무게당(건조한 토양무게)

② 용적수분함량 : 단위부피당 토양수분 함량

$$용적수분함량 = \frac{물의\ 부피}{토양의\ 부피} \times 100(\%)$$

(2) 토양수분퍼텐셜(토양수분 에너지)

① 토양수분의 단위부피, 단위질량, 단위무게당 물이 가진 에너지이다.

② 에너지는 높은 곳에서 낮은 곳으로 이동한다.

③ 종류

중력퍼텐셜	• 비가 많이 온 후 대공극에 채워진 과잉의 수분을 제거하는 데 작용
기질퍼텐셜 (메트릭퍼펜셜)	• 불포화상태에서 작용하며 토양 수분의 이동기작에서 가장 중요
삼투퍼텐셜	• 토양 용액 중의 이온이나 분자들로 인해 발생 • 용질은 수화현상으로 물분자들을 끌어당기므로 물의 퍼텐셜에너지가 낮아진다.
압력퍼텐셜	• 불포화상태의 토양에서는 물의 이동에 영향을 끼치지 못한다.

(3) 토양수분퍼텐셜 값과 공극크기

① 토양수분의 분류

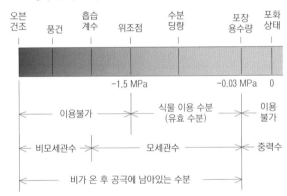

② 포장용수량 : $-0.03MPa = pF2.49 = -0.3bars$

→ 중력수가 빠져나가 물의 하향이동이 거의 없는 상태로, 큰 공극은 공기, 미세공극은 물로 채워져 있다.

③ 위조점 : $-1.5MPa = pF4.18 = -15bars$

→ 식물이 토양수분을 흡수하지 못하는 상태로서 식물이 시드는 상태

④ 포장용수량과 위조점 사이 = 유효수분 = $-0.03MPa \sim -1.5MPa$

⑤ 최대용수량(포화상태) : 모든 공극이 물로 채워져 있으며, 기질퍼텐셜이 0이다.

(4) 토성에 따른 유효수분의 함량 변화

① 유효수분 함량은 양토, 미사질 양토, 식양토 등이 식토
보다 많다.

② 식토는 포장용수량이 가장 많지만 수분의 흡착이 강하여
위조점 수분함량도 많아 다른 토성의 토양에 비하여 유효
수분의 함량이 적다.

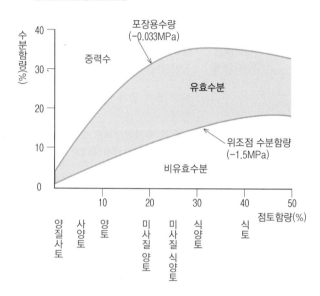

(5) 수분이력현상

① 동일한 토양에서 토양이 흡수한 수분의 양은 토양을 건조
시킨 후 제거된 수분의 양보다 적다.

② 원인
• 토양 공극 내부 공간이 그 입구(병목현상)보다 크기 때문
• 토양 공극의 불균일성과 토양구조의 변화 때문

---

04 토양화학

1 토양교질물
토양의 무기광물 성분 중 점토는 교질의 특성을 지닌다.

(1) 점토광물

1차광물	• 풍화작용으로 2차광물을 형성 • 대부분 석영, 장석이고, 휘석, 운도, 각섬석, 감람석 등이 소량 존재한다.
2차광물	• 규소(Si)와 알루미늄(Al)을 주요 구성성분으로 하는 규산염광물이다.

▶ 규산염광물
• 층상 구조로 토양 중에 가장 흔하게 존재하는 점토광물
• 종류 : kaolinite, montmorillonite, vermiculite, illite, chlorite 등

(2) 점토광물의 기본구조

규소사면체 (SiO_4)	• 규산염광물을 구성하는 단위구조 • 산소(O) 4개가 사면체의 각 꼭지점에 배열하고, 이때 형성되는 중앙의 공간에 규소(Si)가 위치한다.
알루미늄 팔면체	• 규산염광물을 구성하는 단위구조 • 6개의 산소원자가 팔면체의 각 꼭지점에 배열하고, 이때 형성되는 중앙의 공간에 알루미늄(Al)이 위치한다. • 내부공간의 중심에는 주로 Al^{3+}가 들어가지만, Fe^{2+} 또는 Mg^{2+}가 대신 들어가기도 한다.
동형치환	• 점토광물의 중심이온이 크기가 비슷한 다른 양이온으로 치환되는 것이다. • 규소사면체 : $Si^{4+} > Al^{3+}$로 치환 • 알루미늄팔면체 : $Al^{3+} \rightarrow Mg^{2+}$, Fe^{2+}로 치환

(3) 규산염점토광물

① 1차광물
• 규소사면체를 결정의 기본구조로 가지며, 규소사면체의 배열에 따라 다양한 종류의 광물들이 생성된다.
• 석영은 1차광물들 중 규소사면체의 배열이 3차원의 망상구조를 가진 가장 치밀하고 안정된 규산염광물로서 풍화에 대한 저항성이 크다.
• 장석은 규소사면체가 3차원 구조이지만, 석영에 비하여 불안하고 풍화되기 쉽다.
• 감람석은 규소사면체의 배열이 가장 간단한 구조의 규산염광물로서 풍화가 가장 쉽다.

② 2차광물
• 규소사면체층과 알루미늄팔면체층의 비율에 따라 분류된다.
• 종류 : kaolinite, montmorillonite, vermiculite, illite, chlorite 등

▶ 2차광물의 종류

① Kaolinite 카올리나이트
- 규산사면체와 알루미나팔면체가 1:1로 결합한다.
- 수축 팽창 불가(도자기 원료), 동형치환이 기의 일이니지 않는다.
- 우리나라 토양의 대표적인 점토광물

② Smectite 스멕타이트
- 2:1의 층상구조를 가지며, 2개의 규소사면체층 사이에 1개의 알루미늄팔면체 층이 결합한 구조이다.
- 규소사면체층에서 Si^{4+} 대신 Al^{3+} 의 동형치환이 흔히 발생
- 알루미늄팔면체층에서도 Al^{3+} 대신 Fe^{2+}, Mg^{2+} 등이 치환된다.
- 결합력이 약해 물분자의 출입이 자유로우며 팽창과 수축이 심하게 발생한다. (montmorillonite)

③ Vermiculite 질석
- 2:1의 층상구조를 가지며, 보수성이 좋고, CEC(양이온교환용량)가 높다.
- vermiculilte의 팽창정도는 montmorillonite보다 작다.
  → kaolinite나 montrmorillonite와 달리 vermiculite는 2:1 층들 사이의 공간에 있는 K^+ 대신 Mg^{2+} 등의 다른 수화된 양이온이 치환되어 생성된다.

④ illite
2:1의 층상구조를 가지며, 2:1층 사이의 공간에 K^+이 비교적 많이 함유되어 있어 습윤상태에서도 팽창이 불가능하며, 전체적인 광물의 안정성이 유지될 수 있다.

⑤ chlorite (녹니석)
- 대표적인 혼층형 광물로서 2:1:1의 비팽창성 광물이다.
- 2:1층 사이에 brucite 층이 첨가되어 있어 2:1:1형 광물이라 한다.
- 여러 양이온들의 흡착력이 좋다.
- 퇴적암에서 흔히 발견된다.

(4) 점토광물의 전하

점토광물의 전하는 토양 pH의 영향을 받지 않는 영구전하와 pH 영향을 받는 가변전하의 두 가지 형태로 나눈다.

① 영구전하
- 동형치환에 의해 생성되는 음전하는 pH 등 토양의 환경조건이 달리도 그대로 유지되는 전하
- smectite, vermiculite, mica, chlorite 등의 2:1형 광물 또는 2:1:1형 광물은 동형치환이 많이 일어나므로 많은 영구전하를 가진다.
- 1:1형 광물은 동형치환이 거의 일어나지 않으므로 영구전하가 거의 없다.

② pH 의존전하(가변전하, 변두리전하)
- pH가 낮은 조건에서는 양전하가 생성되지만, pH가 높은 조건에서는 음전하가 생성
- kaolinite 등과 같은 규산염 층상 광물의 양쪽 끝의 절단면과 금속산화물 또는 수산화물에서 생성

(5) 토양유기물(부식)의 역할

① 교환성염기와 암모니아를 흡착하는 능력(염기교환용량)이 크다.
② 물을 흡수하는 능력이 크다. → 보수력
③ 양성적 성질을 가진다. → 토양의 완충능력
④ 구리와 같은 중금속이온의 유해작용을 감소시킨다.
  → 유기물의 킬레이트
⑤ 입단구조를 형성하여 토양의 물리적 성질을 개선한다.
⑥ 토양을 갈색~암색으로 바꾸어 온도를 상승시킨다.
⑦ 토양미생물의 활동을 활발하게 하여 유용한 화학반응을 촉진시킨다.
⑧ 토양의 유효인산 고정을 억제한다. → 유기물의 킬레이트

② 토양의 이온교환

(1) 양이온교환용량(CEC)

① 양이온교환용량(CEC)가 높을수록 양분유효도가 높다.
② CEC가 클수록 산성 토양의 pH를 높이기 위한 석회요구량은 증가한다.
③ 흡착된 염기성 이온들이 쉽게 용탈되지 않는다.
④ 토양에 비료로 시용한 K^+, NH_4^+ 등은 토양에서 이동성이 급격하게 감소된다.
⑤ 중금속을 흡착하여 지하수 및 지표수로의 이동을 억제하여 오염 확산을 방지한다.
⑥ 산림토양의 부식량이 농경지토양보다 크다.

▶ 양이온의 흡착의 세기
- 양이온의 전하가 증가할수록 증가한다.
- 양이온의 수화반지름이 작을수록 증가한다.
- 교환체의 음전하가 증가할수록 증가한다.
- 흡착세기(이액순서) : $H^+ > Al > Ca^{2+} > Mg^{2+} > K^+ = NH_4^+ > Na^+$

(2) 염기포화도

① 교환성 양이온의 총량 또는 양이온교환용량에 대한 교환성 염기의 양

$$염기포화도(\%) = \frac{교환성\ 염기의\ 총량(cmolc/kg)}{양이온교환용량(cmolc/kg)} \times 100$$

② 산성토양의 염기포화도는 낮고, 알칼리성 토양의 염기포화도는 높다.
③ 토양 염기포화도가 25% 이하이면 토양 산성화 우려가 높고, 10% 이하이면 알루미늄이 활성화되어 문제가 많다.

❸ 토양반응

(1) 토양의 완충능력
① 토양은 산이나 염기 투입에 의한 pH 변화에 대한 저항성이 있다.
② 토양의 양이온치환용량이 클수록 완충용량이 커진다.
③ 토양의 완충능력은 양분의 유효도와 밀접한 관계가 있다.

(2) 토양의 산도(토양반응 = 토양 pH)
① 토양에서 알칼리와 산의 정도
② 토양단면에서 유기물층과 A층은 주로 산성이며, 아래층으로 갈수록 산도가 감소한다.
③ 분류

활산도	현재 토양용액속에 용해되어 있는 수소·알루미늄의 산도, 식물에게 직접 영향을 끼침
교환성산도	교환 가능한 이온의 양, 토양 콜로이드에 흡착됨
잔류산도	비교환성 불용성 상태의 이온, 잠재적 풍화 등에 의해 활산도 또는 교환성 산도로 바뀔 수 있음

▶ 잠산도 : 교환성산도 + 잔류산도
▶ 전산도 : 활산도 + 교환성산도 + 잔류산도

(3) 토양산성화의 원인 및 피해

1) 원인
① 미생물의 유기물 분해 시 생성되는 유기산
② 뿌리와 미생물 호흡으로 생성되는 수소이온
③ 질산화작용에 의하여 생성되는 수소이온
④ 농경지의 작물 제거로 인한 염기성 이온 제거 효과

2) 피해
① 토양미생물 활동 저해
② 염기성 이온 용탈과 양분 유효도 감소
③ 유해한 Al이온의 활성화 및 식물 해작용
④ 인산의 고정으로 식물의 인산 부족현상
⑤ 토양의 완충용량 감소

(4) 토양산성과 염기성토양

1) 특이산성토양
① 특징
• 강의 하구나 해안지대의 배수상태가 불량한 곳에 늪지 퇴적물을 모재로 하여 발달한 토양이다.

• 황철석 등의 황화물이 다량 함유되어 있다.
• 배수와 통기성을 개선시키면 pH 4.0 이하의 강산성 토양이 되므로 일반적인 산성토양과 구분되어 특이산성토양이라 한다.

② 특이산성토양의 피해
• 강산성으로 철, 알루미늄, 망간 등의 함량이 높고, 황화수소가 발생하여 작물에 피해가 발생한다.
• 벼 재배 시에 황화수소의 피해가 특히 많이 나타난다.

③ 특이산성토양의 개량
• 배수되기 전 토양의 습윤도는 중성인 것이 보통이다.
• 토양을 계속 담수상태로 유지시키면 황화물의 산화가 억제되어 산성의 발달을 제어할 수 있다. → 벼 재배에 이용할 때 가능한 방법
• 석회를 사용하여 특이산성토양을 개량시키는 것은 가능하지만, 실질적인 효과를 기대하기 어렵고 경제성이 낮다.

2) 나트륨성 토양
알칼리성 토양을 다른 염류토양과 구별하기 위해 나트륨 토양이라 한다.
① 특성
• pH가 8.5 이상이며, 식물의 생장이 저해된다.
  → pH가 높아지는 이유 : $NaHCO_3$의 가수분해
• 전기전도도(EC)는 4dS/m 이하이고, 교환성 나트륨(ESP)은 15% 이상이며, 나트륨흡착률(SAR)은 13 이상이다.
• Na_2CO_3(탄산나트륨)이 형성되고 유기물이 분산되어 토양이 어두운 색을 띤다.
• 간척지 토양은 Na 이온으로 포화되어 있어 토양이 잘 분산되며 입단이 파괴되기 쉽다.

② 토양개량
• 석고($CaSO_4$)를 시용한다.
• 석고는 교환성 Ca을 높이고 교환성 나트륨의 비율을 낮추어 토양의 물리성과 화학성을 개량한다.

3) 염류토양
염화물, 황산염, 질산염 등의 가용성 염류가 비교적 많지만 가용성 탄산염은 거의 포함되지 않는다.
① 특성
• pH는 8.5 이하이며, 교환성 나트륨은 15% 이하이고, 나트륨흡착률(SAR)은 13 이하이다.
• 전기전도도(EC)는 4dS/m 이상이고 대부분의 식물이 생육할 수 없다.

② 토양개량
  - 배수를 개선시켜 잔류 염류를 용탈시킨다.
  - Ca 염을 첨가하고 충분한 배수를 하여 염류를 용탈시킨다.
  - 석고나 석회석을 첨가하는 것은 나트륨을 침출시켜 황산염이나 탄산염으로 전환시키기 위한 것이다.
  - 황산분말을 시용하여 토양의 pH와 물리성을 개량한다.

---

05 토양생물과 유기물

1 토양생물

(1) 지렁이의 토양물리성 개선작용
  ① 토양의 배수성과 통기성을 증대
  ② 점액성 분비물의 토양구조를 개선
  ③ 미생물의 활성화를 높인다.
  ④ 분변토는 안정된 입단을 생성한다.

(2) 지렁이의 서식에 영향을 끼치는 환경요인
  ① 통기가 잘 되는 습한 지역을 좋아한다.
  ② 분해가 거의 안된 유기물을 사용하면 지렁이의 개체수가 증가한다.
  ③ 약산성(pH 5.5)~약알칼리성(pH 8.5)의 토양에 지렁이의 개체수가 많다.
  ④ 잦은 경운은 지렁이의 개체수를 현저히 감소시킨다.

(3) 토양사상균
  ① 일반적으로 곰팡이를 사상균이라 하며, 호기성 생물이다.
  ② 유기물이 풍부한 곳에서 활동이 왕성하고, 이산화탄소의 농도가 높은 환경에서도 잘 견딘다.

(4) 균근균
  ① 균근(사상균 뿌리)을 형성하는 곰팡이로서 식물뿌리와 공생관계의 사상균을 의미
  ② 균근균의 균사는 감염된 뿌리에서 5~15cm까지 토양 중으로 연장하므로 식물의 양분흡수율을 높인다.
  ③ 인산과 같은 유효도가 낮은 양분을 식물이 쉽게 흡수할 수 있도록 도와주며, 유해물질의 흡수를 억제한다.
  ④ 식물의 수분흡수를 증가시켜 한발에 대한 저항성을 높여주고, 균사는 토양을 입단화하여 통기성과 투수성을 향상시킨다.

⑤ 균근균의 종류

외생균근	- 외생균근은 소나무류 식물과 공생관계를 형성한다. - 균사는 식물뿌리의 피층공간에서 증식하며 피층의 세포벽을 침입하지 않는다. - *Pisolithus tinctorus*는 나무의 유묘에 많이 사용되며, 척박한 토양에 접종하면 많은 생육증가의 효과가 있다.
내생균근	- 균근이 뿌리를 침입하고 균사는 피층의 세포벽 공간과 피층 세포벽을 뚫고 들어가 식물 세포 안에서 나뭇가지모양의 구조인 수지상체를 형성한다. - 일부는 세포벽의 공간에 양분을 저장하는 낭상체를 형성한다. - 대표적인 내생균근은 *Arbuscular mycorrhiza*(AM)이다. - 대부분의 식량작물과 거의 모든 채소작물, 그리고 많은 나무가 AM균근균과 공생하여 균근을 형성한다. - 콩과식물에서 질소의 흡수를 증가시킨다.
토양 방선균	- 방선균은 사상균과 비슷하지만 세포핵이 없는 원핵생물로서 그램양성균이고, 균사상태로 자라면서 포자를 형성한다. - 흙에서 나는 냄새는 방선균이 분비하는 geosmins과 같은 물질을 발생한다. - 대부분은 유기물을 분해하는 부생성 생물이다. - 호기성 균으로 과습한 곳에서는 잘 자라지 않는다. - 산성에 약하며 알칼리성에 내성이 있다. - *Frankia*속의 방선균은 관목류 식물과 공생하여 질소를 고정하고, *Streptomyces* 속의 방선균은 항생물질을 생성하는 균이다.
토양세균	- 세균은 많은 유기물을 분해하고, 철, 암모니아, 황 등과 같은 무기물을 산화하며, 질소를 고정시킨다.
질소 고정균	- 니트로젠효소(nitrogenase)에 의해 질소 고정

▶ 질소고정 : 식물이 이용할 수 있는 형태로 바뀌는 과정
- 토양 내 단생(자유생활) 질소고정 미생물 : *Azotobacter, Clostridium*
- 식물과 공생하는 질소고정 미생물 : *Cyanobacteria, Rhizobium, Frankia*
- *Rhizobium*(콩과식물과 공생), *Frankia*(비콩과식물과 공생(오리나무류, 보리수나무과))는 기주식물의 세포 안으로 들어가서 공생하는 내생공생이다.
- 조부식(pH 3.8~4.5)은 산성토양이며, 질소고정에 불리한 호기성 토양이고, C/N율이 25:1로 높다. 그러므로 자유생활 박테리아에 의한 질소고정량이 적다.
- *clostridium*은 혐기성 박테리아로서 *Azotobacter*보다 산성토양에서 잘 견디며, 산림토양에서 비교적 많은 양의 질소를 고정한다.

2 토양 유기물

(1) 유기물 분해에 미치는 요인

요인	특징
환경요인	• 토양의 pH가 심하게 높거나 낮으면 유기물의 분해속도는 매우 느리다. • 토양의 산소와 수분이 적당하게 유지되면 유기물의 분해가 빠르다. • 낮은 온도에서는 유기물(낙엽) 분해가 느리거나 되지 않고 쌓이게 된다.
유기물의 구성요소	• 유기물에 리그닌과 페놀화합물의 함량이 많으면 분해되는 데 시간이 많이 걸린다.
탄질률 (C/N율)	• 미생물의 유기물 분해와 관련된 탄소와 질소의 비율 • 탄질률이 20~30보다 높으면 질소부족으로 유기물 분해가 느려진다. → 질소기아현상 발생

▶ 질소기아현상
탄질률(C/N율)이 20~30보다 높으면 유기물 분해에 필요한 질소가 부족하여 미생물이 질소의 일부를 토양용액으로부터 이용하는 현상

▶ 식물체 및 미생물의 C/N율

가문비나무의 톱밥	활엽수	밀짚	가축의 분뇨	음식물 퇴비	곰팡이
600	400	80	20	2	10

▶ C/N율이 20보다 작으면 무기화작용, 20~30 사이면 작용하지 않음, 30 이상이면 고정화작용이 발생한다.

1 필수 식물영양소

(1) 필수 영양소의 분류

분류		특징
C, H, O (비무기성)		• 무기형태 흡수 후 유기물질 생성
다량원소	1차 영양소	• N : 아미노산, 단백질, 핵산, 효소 등의 구성원소 • P : 에너지저장과 공급 • K : 효소의 형태유지 및 기공의 개폐조절
	2차 영양소	• Ca : 세포벽 중엽층의 구성요소 • Mg : 엽록소 분자구성 • S : 황함유 아미노산 구성요소
미량원소		• Fe : 시토크롬의 구성요소, 광합성작용의 전자전달 • Cu : 산화효소의 구성요소 • Zn : 알코올탈수소효소 구성요소 • Mn : 탈수소효소 및 카르보닐효소 구성요소 • Mo : 질소환원효소 구성요소 • B : 탄수화물대사에 관여 • Cl : 광합성반응에서 산소 방출

(2) 영양소의 유효도에 관계되는 요인

① 토양의 영양소 농도가 낮더라도 흡수 이용이 잘 되면 영양소의 유효도가 높다.

② 토양입자의 완충역할로 토양용액 중의 이온의 농도가 적절하게 유지된다.

③ 토양의 양이온교환현상은 식물의 무기염류 흡수를 용이하게 한다.

④ 양이온교환용량이 크고 유기물함량이 많은 식질 토양은 사질 토양보다 토양용액 중의 영양소농도가 높고 완충용량이 크다.

⑤ 대공극이 많은 사질 토양은 영양소의 공급이 빨리 일어날 수 있지만, 완충용량이 낮다.

⑥ 동일한 토양에서 수분함량과 토양용액의 농도는 반비례한다.

(3) 토양용액

① 토양용액 중의 함량 : Ca > Mg > K > Na

② 토양의 음이온은 NO_3, SO_4^{2-}, Cl 등이고, 인산은 H_2PO_4, HPO_4^{2-} 형태로 존재하지만 농도가 매우 낮다.

(4) 영양소의 공급기작

뿌리 차단	• 뿌리가 자라 토양 중의 영양소와 직접 접촉함으로 써 영양소를 더 많이 공급받는 기작 • 단위토양부피당 뿌리의 양이 많을수록 많아진다. • 작물이 필요로 하는 영양소의 대부분은 집단류와 확산에 의해 공급된다.
집단류	• 영양소가 뿌리 근처로 이동하여 흡수되는 기작 • 식물의 증산작용으로 토양, 식물, 대기의 연속적인 수분퍼텐셜의 기울기가 형성되면서 토양 속의 양분 과 수분과 함께 이동된다. • 온도가 높을수록 증산작용과 함께 집단류에 의한 영양소 공급도 증가한다.
확산	• 이온이 높은 농도에서 낮은 농도 쪽으로 이동하는 현상 • 식물의 영양소요구량이 많으면 흡수량이 많아지면 서 농도기울기가 커진다. 이때 뿌리근처로 토양용 액의 확산이 증가한다. • 확산에 의해 주로 공급 영양소 : 인산과 칼륨

(5) 완충용량

토양이 영양소를 지속적으로 공급하여 토양용액 중의 농도
를 일정하게 유지시키는 능력을 말한다.

2 식물영양소의 순환과 기능

(1) 질소순환 및 기능

1) 질소의 순환

① 토양의 질소는 유기태질소–무기태질소로 순환되어야 식
물이 흡수할 수 있는 NO_3^-, NH_4^+ 형태가 된다.

② 유기태질소는 토양의 박테리아에 의해 암모늄(NH_4^+)으로
분해된다. → 무기화반응

③ 암모늄(NH_4^+)은 다시 NO_3^-로 된다.
  • NH_4^+가 NO_2^-로 전환 → *Nitrosomonas* 박테리아 관여
  • NO_2^-가 NO_3^-로 전환 → *Nitrobacter* 박테리아 관여

④ 질산화작용에 관여하는 박테리아는 중성토양에서 활동이
왕성하고(경작지에 유리), 부식이 많은 산림토양(산성화)에서
는 거의 활동하지 않는다.

⑤ 박테리아 활동이 없는 산림토양에는 NH_4^+가 축적되며,
균근의 도움으로 식물체 내에 직접 흡수한다.

⑥ 산림토양은 토양의 산성화와 타닌, 페놀 화합물 등의 타
감물질로 박테리아 활동이 억제되므로 질산화작용이 잘
일어나지 않는다.

⑦ NH_4^+는 토양입자에 부착 보존되므로 쉽게 유실되지 않는
다. → 경작지의 NO_3^-는 쉽게 유실된다.

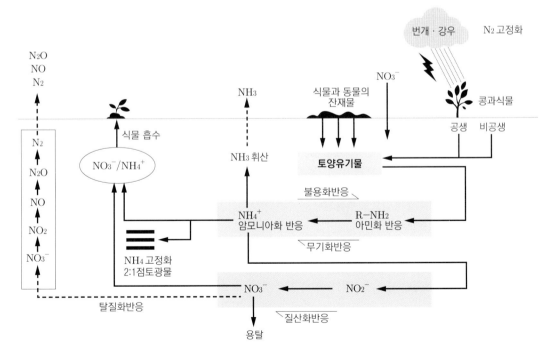

【질소의 순환】

2) 무기화작용과 고정화작용

무기화작용	유기태 질소 → 무기태 질소로 변환되는 과정
고정화작용	무기태 질소 → 유기태 질소로 변환되는 과정 → 미생물이 무기태질소를 흡수하여 생체구성물질로 다시 동화시키는 과정

▶ 토양의 탄질률(C/N율)에 따른 특징

30 이상	고정화반응이 우세
20~30	고정화반응과 무기화반응이 동등
20 이하	무기화반응이 우세

3) 탈질작용

오랫동안 침수된 토양 또는 산소공급이 안된 답압토양은 산소 부족으로 NO_3^-가 환원되어 N_2 가스 또는 NOx 화합물이 되어 대기권으로 돌아가는 탈질작용이 발생한다.

→ 이때 *Psedomonas* 박테리아가 관여한다.

4) 질소의 기능

① 질소는 건물 중 1~6% 함유되며, 아미노산, 핵산, 엽록소 등의 유기화합물의 필수원소이다.

② 질소는 NH_4^+, NO_3^- 형태로 흡수되어 식물의 각 기관에서 환원된다.

③ 질소의 흡수는 영양생장기에 주로 이루어진다.

④ 질소의 결핍 결과 : 오래된 잎의 황화현상, 뿌리의 생장 불량, 결실시기가 앞당겨져 수확량 감소 등

5) 질소질비료 : 황산암모늄(유안), 요소, 염화암모늄, 질산암모늄, 석회질소, 암모니아수

(2) 인의 순환 및 기능

식물이 흡수하는 인의 형태는 $H_2PO_4^-$, HPO_4^{2-}의 무기인산이다.

1) 인의 순환

① 식물이 인을 흡수하면 토양 중 인의 농도가 감소하여 토양 중에 불용성의 상태로 있던 인이 가용성인으로 변환된다.

→ 변환된 가용성인을 식물이 계속 흡수한다.

② 인산은 토양용액 중의 농도가 매우 낮고, 이동성 또한 낮으며, 기체 형태의 인산화합물은 존재하지 않는다.

→ 인산의 유출은 토사유출과 동반하여 일어난다.

③ 토양 중의 인은 용탈은 거의 발생하지 않지만 양분의 유효도가 낮아 작물의 흡수량이 상대적으로 적다.

2) 인의 기능

① 인은 건물 중 0.1~0.5% 함유되며, 광합성으로 생성된 에너지를 저장하고 전달한다.

② 핵산과 인지질 등의 구성원소이다.

③ 토양 중의 인의 농도가 증가하면 토양용액 중 가용성인은 불용성인으로 변환되거나 토양입자에 흡착된다.

④ 결핍 증상 : 오래된 잎의 암록색, 1년생 식물의 줄기는 자주색, 곡류작물의 경우 분얼수가 감소되며 결실이 지연된다.

⑤ 인의 비료 : 과린산석회, 용성인비, 용과린 등

(3) 칼륨

① 칼륨은 양이온의 칼륨(K^+) 형태로 식물에 흡수되며, 체내 이동성이 매우 크다.

② 공변세포의 팽압조절에 관여하며, 다양한 효소 작용을 활성화시킨다.

③ 결핍 증상 : 잎의 주변과 가장자리에 황화현상 및 괴사현상, 오래된 잎에서 먼저 발생

④ 칼리질비료 : 황산칼리, 염화칼리

(4) 칼슘

① Ca^{2+} 형태로 식물에 흡수되며, 활동성이 매우 낮다.

② 주로 세포벽의 구성물질에 관여하고, 효소의 활성화에 중요한 역할을 한다.

③ 결핍 증상 : 분열조직에서 먼저 발생, 새 잎의 기형, 뿌리의 신장 불량, 식물의 막 구조 손상

④ 칼슘비료 : 소석회, 석회석, 석회고토, 생석회 등

(5) 마그네슘

① Mg^{2+} 형태로 식물에 흡수되며, 체관부를 통한 이동성이 있다.

② 엽록소 분자의 구성원소이고, 인산화작용의 활성 효소의 보조인자로 작용한다.

③ 결핍증상 : 엽맥 사이의 황화현상, 오래된 잎에서 먼저 발생

④ 마그네슘비료 : 황산고토, 수산화고토

(6) 황

① 주로 SO_4^{2-}로 흡수되고, 기공을 통해 SO_2 형태로 일부 흡수

② 결핍 증상 : 질소결핍증상과 유사하며, 생육 억제, 결실 지연

③ 어린잎에서 황화현상이 먼저 나타나고 콩과작물은 근류(뿌리혹)의 형성이 저해된다.

④ 황비료 : 황산암모늄(질소질비료), 황산칼리(칼리질비료), 황산고토(마그네슘비료) 등을 통해 SO_4^{2-} 형태로 공급

1 개념

① 토양오염은 토양으로 유입된 오염물의 농도가 토양의 자연함유량(natural abundance)보다 많아 토양의 기능이 상실된 상태이다.

② 토양의 완충용량은 오염물질의 여과기능이 있지만 토양오염물질의 용량이 완충용량을 초과하면 토양은 여과기능을 상실한다.

2 오염물질과 토양과의 상호반응

(1) 물리적 작용

① 투수성이 양호한 토양은 여과속도가 빠르지만 지하수오염이 심한 반면, 토양오염은 심하지 않다.

② 토양공극의 형태 및 크기는 물의 속도를 지배한다.

③ 토양입자에 오염물질이 흡착된다.

(2) 화학적 작용

증발	순수한 오염물질과 토양공기(기상) 사이에서의 분배와 이동
용해	순수한 오염물질과 물(액상) 사이에서의 분배와 이동
휘발	물(액상)과 토양공기(기상) 사이에서의 이동
흡착	오염물질이 물(액상)과 토양입자의 경계면(고상) 사이에서 분배
침전	수용액으로부터 고상 표면으로 용질이 이동하고 새로운 물질로 축적되는 것 (↔ 용해)

▶ 토양성분의 유기물은 금속과 킬레이트를 형성하며, 중금속의 양이온에 강한 친화성을 나타낸다.
→ 킬레이트의 기능은 양성인 염기성물질과 음성인 유기킬레이트 분자 간에 화학적인 결합을 하는 것이다.

▶ 흡착과 침전은 수용액으로부터 용질이 제거되는 과정이다.

(3) 생물적 작용

① 토양미생물은 유기화학물질을 분해할 때 유기탄소를 에너지원으로 사용한다.

② 미생물은 동·식물에 의해 축적된 오염물질을 분해 및 제거하는 역할을 한다.

3 중금속이 식물 생육에 미치는 영향

① 중금속의 오염 농도가 증가할수록 식물체는 증산, 호흡, 광합성 및 식물의 발달을 억제한다.
→ 성장억제, 잎의 편성장, 황화현상, 뿌리의 고사현상 등이 발생

② 중금속이 식물의 생육에 미치는 영향 : 원형질막의 투과성 변경, 식물효소의 억제작용

4 오염토양의 복원기술

① 토양 중의 오염물질을 분해, 무해화시키는 기술

② 토양으로부터 오염물질을 분리, 추출하는 기술

③ 오염물질을 고정화하는 처리기술

1 토양침식

토양침식은 농경지의 생산성과 토지의 이용효율을 떨어뜨리며 하상(하천의 바닥)을 높이고, 수질오염을 심화시키는 등의 피해를 유발한다.

(1) 지질침식과 가속침식

지질침식	• 굴곡이 심한 지연지형을 고르고 평평하게 하는 과정인데, 그 속도가 매우 느리다. • 새로 형성되는 토양이 이미 생성된 토양 표면의 유실보다 빨리 형성되므로 새로운 토양의 생성을 가능하게 한다.
가속침식	• 강우가 많은 경사지역에서 심하게 발생한다. • 빠른 속도로 침식되므로 토양층이 얇아져 식물이 잘 서식하지 못한다. • 토양관리가 필요하다.

(2) 토양침식의 원인 및 종류

1) 물에 의한 침식(수식)

① 수식의 3단계 : 분산탈리 → 이동 → 퇴적

② 수식의 종류 : 면상침식, 세류침식, 협곡침식

③ 면상침식이 진행되면서 작은 수로 형성 → 수로의 유출수는 세류침식을 유발 → 강우량과 강우도가 증가하면서 규모가 커지면 협곡침식 발생

④ 세류침식은 농기계를 이용한 평탄화 작업 및 개간이 가능하지만 협곡침식은 어렵다.

2) 바람에 의한 침식(풍식)
① 풍식의 이동 경로

약동	• 0.1~0.5mm의 토양입자가 비교적 짧은 거리를 구르거나 튀는 모양으로 이동 • 풍식에 의한 전체 이동량의 50~90% 차지
포행	• 약 1.0mm 이상의 토양입자가 토양 표면을 구르거나 미끄러지며 이동 • 전체 토양 이동량의 5~25%를 차지
부유	• 가는 모래나 더 작은 입자가 공중에 떠서 토양 표면과 평행하게 멀리 이동 • 전체 토양 이동량의 15% 차지

② 풍식의 조절
  • 적당한 토양 수분의 유지, 토양 표면의 굴곡과 식생은 풍식에 대한 저항력을 증가시킨다.
  • 고랑과 이랑을 바람의 방향과 직각이 되도록 하고, 식생은 밀생시킨다. 재배가 끝나고 그루터기를 회수하지 않는다.

(3) 토양침식에 영향을 미치는 인자

지형	토양유실량과 유출수량을 결정하는 데 중요한 요소
기상조건	토양침식에 가장 큰 영향을 끼치는 기상조건은 강우
토양의 성질	유기물이 많은 토양은 물의 흡수능력이 크고, 유거를 줄이며, 토양의 입단화를 형성하여 토양침식을 감소시킴
식물의 생육	식물로 피복된 토양은 토양유실 방지에 가장 효과적

(4) 침식방지
① 식물에 의한 지표면의 피복
② 토양개량을 하여 유거의 발생량을 줄임
③ 유거의 속도조절 및 경작법
  • 초생대와 부초 설치
  • 등고선 재배
  • 승수로 설치 등

② 토양관리기술

(1) 정밀농업
① 지속농업을 위한 농업기술로서, 비료와 농약의 사용량을 줄여 환경을 보호하며 농작업의 효율을 향상시켜 경제적 이득을 최적화하는 것이다.
② 우리나라의 정밀농업은 주문형 배합비료(BB비료)에 국한되는 초보적인 단계에 있다.

> ▶ 주문형 배합비료
> 지역별, 농가별 토양분석에 의한 시비처방서를 근거로 N, P, K의 입상 원료비료 2종 이상을 물리적으로 단순 배합하여 만든 비료

(2) 지속농업
① 관행농업 문제점을 해소하기 위해 나타난 대체농업
② 목표 : 환경자원 보전, 토지생산성 유지, 노업소득 및 경제성 제고, 안전한 농산물 생산
③ 비료와 농약 등 농업자재의 저투입, 퇴구비 시용 및 유기성 폐자원 활용, 생물학적 방법에 의한 병해충 방제, 윤작, 생물공학적 기술적용 등이 있다.
④ 유기농업은 지속농업의 한 수단일 뿐 동의어가 아니다.

(3) 친환경농업
① 개념 : 농약안전사용기준과 작물별 표준시비량을 준수하고, 병해충종합관리(IPM), 작물양분종합관리(INM), 천적과 생물학적 방제기술의 이용, 윤작 등을 이용하여 농업환경을 보전하는 포괄적 개념
② 유기농업과 저투입농업으로 구분한다.

(4) 유기농업
① 현대 농업의 지나친 화학비료, 화학농약 사용으로 인한 환경과 생태계 교란 및 농산물의 품질 저하를 우려하여 개발된 영농방법
② 좁은 의미의 유기농업 : 화학비료, 유기합성농약 및 가축사료첨가제 등 합성화학물질을 전혀 사용하지 않고 유기물 등의 자연적인 자재만을 사용하여 농산물을 생산하는 농업
③ 유기농업의 필요성 : 자연생태계보호, 농가소득증대, WTO 대응, 우리농산물 애용운동
④ 유기농법의 종류 : 자연농법, 태평농법, 쌀겨농법, 오리농법, 지렁이농법, 그린음악농법, 우렁이농법, 기타농법 등

(5) 저투입농업
① 목적 : 농업환경 오염을 줄이고 자연생태계 유지 및 보전으로 안전한 농산물 생산
② 실천방안 : IPM(병충해종합관리) 기술을 바탕으로 농약 사용량을 줄이고, INM(작물양분종합관리)을 통한 화학비료의 사용량을 줄여 합성화학물질의 사용을 최소화한다.

❸ 산불지역의 토양관리

(1) 산불 발생의 결과

① 유기물이 유실되어 양분 불균형 초래

② 단기간 염기포화도 증가(산불 재로 인해 양분 유효도 증가)

③ 장기간 염기포화도 급감(양분 유효도 급감 : 식물의 뿌리 손상으로 양분 흡수가 어려운 상태)

④ 토양의 수분함량 증가(토양 온도가 상승하고 증산작용이 줄어들기 때문에)

⑤ 토양 pH의 증가

⑥ 토양의 표면 침식 증가

⑦ 용적밀도 증가

> ▶ 양이온 치환용량
> • 산화지나 비산화지 사이에 뚜렷한 차이를 보이지 않는다.
> • 유기물의 양이 적은 지역에서의 산불은 토양의 양이온 치환용량에 뚜렷한 차이가 없다.

(2) 산불 발생지역의 관리

① 토양의 침식방지를 위한 토양 표면 피복화(식물체의 잔사 정리–등고선과 나란하게)

② 산성토양의 개량(석고사용) 등

09 토양조사와 분류

❶ 토양조사

① 페돈(pedon) : 토양의 최소단위로, 가로 · 세로 · 깊이가 각각 1～ 2m 이상인 3차원적 자연체인 6면체로 가정한다.

② 폴리페돈(polypedon) : 서로 성질이 유사한 토양의 많은 페돈들이 모여 이루어진 토양개체

> ▶ 토양의 대표적인 특성은 페돈을 대상으로 조사하고, 생산성이나 특성의 범위, 농업입지로서의 적부 등은 토양개체(폴리페돈)를 대상으로 조사한다.

❷ 토양조사방법

(1) 현장조사

개별 지형판별과 지형 내의 대표 지점을 토양시료채취기로 채취한 시료를 근거로 단면을 평가하여 작도단위를 결정한다.

(2) 토양단면 만들기

① 너비 1~2m, 길이 2~3m, 깊이 1.5m 정도의 장방형 구덩이를 파서 토양단면을 만든다.

② 토양단면은 다져지지 않도록 주의하고, 자연토양의 색상과 구조가 잘 관찰될 수 있게 한다.

(3) 토양단면기술

토양명, 조사일자, 모재, 토양수분 정도, 지형, 토성 등이 기술된다.

(4) 토양도편집 및 토양조사보고서

토양조사보고서는 토양도, 작도단위별 설명 및 토양 해설 부분으로 구성된다.

❸ 미국 신토양 분류법

> 목 → 아목 → 대군 → 아군 → 속 → 통의 6개 분류단위

(1) 신토양분류법의 토양목

Alfisols (성숙토)	• 온대침엽수림, 혼효림, 활엽수림 • argillic(흰 점토, A층과 E층에서 이동한 점토 집적), B층, 염기포화도 35% 이상
Entisols (미숙토)	• 온대침엽수림, 혼효림, 활엽수림 • 단면 발달이 거의 안됨, 주로 담색 표층(ochric)
Histosols (유기토)	• 이탄토 지역, 습지, 한대림 • 유기물이 풍부한 토층 함유 • 유기물 20% 이상, 유기물토층 40cm 이상, 산소 함량이 적음
Inceptisols (반숙토)	• 온대침엽수림, 혼효림, 활엽수림, 한대림, 열대우림, 몬순림, 건조지 산림 • 토양 단면 발달이 빈약, 약한 B층, 담색, umbric 표층(염기 결핍, 암색 표층)
Mollisols (암연토)	• 초원지역과 일부 활엽수림 • 유기물이 많이 축적, Ca이 풍부 • 암갈색의 mollic 표층
Oxisols (과분해토)	• Al, Fe의 산화물이 풍부한 적색의 열대토양 • 풍화가 많이 진척된 토양
Spodosols (과용탈토)	• 춥고 습윤한 침엽수림, 한대림 • spodic 층, Al, Fe 및 부식집적층, E층이 존재
Ultisols (과숙토)	• 습윤 온대, 아열대 지역 • 점토집적층인 argillic 차표층 • 염기포화도 30% 이하

(2) 우리나라의 주요 토양통

① 미숙토 : 낙동통, 관악통

→ 퇴적 후 경과시간이 짧거나 급경사지여서 침식이 심하여 층위의 분화발달이 미약함

② 반숙토 : 삼각통, 지산통, 백산통

→ 우리나라의 가장 흔한 토양. 대부분의 농경지, 침식이 심하지 않은 산악지, 충적토와 붕적토 등이 여기에 속함

③ 성숙토 : 평창통, 덕평통

→ 오랜 기간 안정지면을 유지, 집적층이 발달, 저구릉지 등

④ 과숙토 : 봉계통, 천곡통

→ 성숙토가 용탈작용으로 인해 심토까지 염기가 유실되어 척박하고 세립질, 서남해안부에 분포, 일종의 화석토양

4 우리나라 산림토양 분류

(1) 산림토양의 분류

분류	특징
토양군 (8군)	토양생성작용이 같고 토양단면 내 특징적 층위, 배열, 성질이 유사한 것끼리 단위를 묶은 것
토양아군 (11아군)	토양군의 전형적인 성질을 갖고 있는 토양아군과 다른 토양아군으로 이행해가는 중간적인 성질을 갖는 토양아군으로 구분
토양형 (28형)	지형조건에 따른 수분조건을 감안해서 낙엽층의 발달정도, 토양단면 형태의 차이, 층위의 발달정도 및 각 층위의 구조, 토색 등의 차이로 구분 → 토양 단면의 성숙도 구분

(2) 8토양군의 특징

분류	특징
갈색산림 토양	• 습윤한 온대 및 난대기후 • 산성토양 • 갈색산림토양아군과 적색계갈색산림토양아군 구분
적·황색 산림토양	• 홍적대지에 생성된 토양으로 야산지에 주로 분포 • 퇴적상태가 치밀하고 토양의 물리적 성질이 불량한 산성토양
암적색 산림토양	• 퇴적암지대의 석회암 및 응회암을 모재로 하는 지역에 분포 • 모재층에 가까워질수록 적색이 강함
회갈색 산림토양	• 퇴적암지대의 니암, 회백색사암, shale 등의 모암으로부터 생성 • 미사함량이 현저히 높고, 물리적 성질 중 투수성이 다른 토양에 비해 불량
화산회 산림토양	• 화산활동에 의해 생성된 비교적 짧은 시간을 갖는 토양 • 제주도 및 울릉도와 연천지역 등에 국소적으로 분포 • 물리적 성질 중 가비중이 낮고, 유기물 함량이 매우 높다.
침식토양	• 산정의 능선부근 및 산복경사면에 주로 분포 • 층위가 발달하였으나 침식을 받아 토층의 일부가 유실된 토양
미숙토양	• 주로 산복사면, 계곡저지 및 산복하부에 출현하는 토양 • 층위의 분화가 완전하지 않거나 2~3회 이상 봉적되어 쌓여 있는 토양
암쇄토양	• 산정 및 산복사면에 나타나는 토양으로 B층이 결여된 A-C층의 단면 형태 • 토심이 얕으며 암반이 노출된 곳이 많음

한국의 산림토양 분류표

토양군	기호	토양아군	기호	토양형	기호
갈색산림토양	B	갈색산림토양	B	갈색건조 산림토양 갈색약건 산림토양 갈색적윤 산림토양 갈색약습 산림토양	B1 B2 B3 B4
		적색계갈색산림토양	rB	적색계갈색건조 산림토양 적색계갈색약건 산림토양	rB1 rB2
적황색산림토양	RY	적색산림토양	R	적색건조 산림토양 적색약건 산림토양	R1 R2
		황색산림토양	Y	황색건조 산림토양	Y
암적색산림토양	DR	암적색산림토양	DR	암적색건조 산림토양 암적색약건 산림토양 암적색적윤 산림토양	DR1 DR2 DR3
		암적갈색산림토양	DRb	암적갈색건조 산림토양 암적갈색약건 산림토양	DRb$_1$ DRb$_2$
회갈색산림토양	GrB	회갈색산림토양	GrB	회갈색건조 산림토양 회갈색약건 산림토양	GrB1 GrB2
화산회산림토양	Va	화산회산림토양	Va	화산회건조 산림토양 화산회약건 산림토양 화산회적윤 산림토양 화산회습윤 산림토양 화산회자갈많은 산림토양 화산회성적색건조 산림토양 화산회성적색약건 산림토양	Va1 Va2 Va3 Va4 Va-gr Va-R1 Va-R2
침식토양	Er	침식토양	Er	약침식토양 강침식토양 사방지토양	Er1 Er2 Er-c
미숙토양	Im	미숙토양	Im	미숙토양	Im
암쇄토양	Li	암쇄토양	Li	암쇄토양	Li
8개 토양군		11개 토양아군		28개 토양형	

8개 토양군

토양군	기호	토양군	기호
갈색산림토양	B	화산회산림토양	Va
적황색산림토양	RY	침식토양	Er
암적색산림토양	DR	미숙토양	Im
회갈색산림토양	GrB	암쇄토양	Li

1 용적밀도(Pb)

문제1) 한 아파트의 녹지에서 토양샘플러(100cm³) 코어로 채취한 토양의 무게가 300g이었고, 채취한 토양을 완전히 건조한 후 토양의 무게가 250g이었다. 이 토양의 용적밀도는? (입자밀도 3.0g/cm³)

[풀이] 용적밀도(P_b) = $\dfrac{\text{고형 입자의 무게(Ms)}}{\text{전체 용적(Vt)}}$ [g/cm³]

- 토양 수분의 무게 = 300g − 250g = 50g
  (건조 전 토양) (건조 후 토양)
- 고형 입자의 무게 = 토양의 무게 − 토양 수분의 무게
  = 300g − 50g = 250g
- 전체 용적 = 100cm³
∴ 용적밀도 = $\dfrac{250g}{100cm^3}$ = 2.5 g/cm³

문제2) 농경지 10a(300평)에 15cm 깊이로 질소비료를 줄 때 이 토양에 대한 용적은? (용적밀도는 2.5g/cm³)

[풀이] 15cm 두께의 토양 용적 = 토양의 넓이×토양의 깊이
= 1,000m² ×0.15m = 150m³

용적밀도가 2.5g/cm³인 토양의 질량 = 150m³ ×2.5g/cm³
×1,000(kg 단위로 환산) = 375,000kg = 375톤

2 공극률

문제1) 한 아파트의 잔디밭 토양의 푸석푸석한 정도를 알아보려 한다. 토양의 입자밀도는 2.65g/cm³이며, 용적밀도가 1.5g/cm³일 때 토양의 공극률은?

[풀이] 공극률(f) = 1 − $\dfrac{\text{용적밀도(Pb)}}{\text{입자밀도(Ps)}}$ = 1 − $\dfrac{1.5\ g/cm^3}{2.65\ g/cm^3}$ = 0.43g/cm³

백분률(%)로 나타내면 0.43×100 = 43%

문제2) 한 아파트의 녹지에서 토양샘플러(100cm³) 코어로 채취한 토양의 무게가 300g이었고, 채취한 토양을 완전히 건조한 후 토양의 무게가 250g이었다. 이 토양의 공극률은? (입자밀도 3.0 g/cm³)

[풀이] 입자밀도 = 3.0 g/cm³, 용적밀도 = 2.5g/cm³

- 용적밀도(P_b) = $\dfrac{\text{고형 입자의 무게(Ms)}}{\text{전체 용적(Vt)}}$ [g/cm³]
- 토양 수분의 무게 = 300g − 250g = 50g
  (건조 전 토양) (건조 후 토양)
- 고형 입자의 무게 = 토양의 무게 − 토양 수분의 무게
  = 300g − 50g = 250g

- 전체 용적 = 100cm³
∴ 용적밀도 = $\dfrac{250g}{100cm^3}$ = 2.5 g/cm³

- 공극률 = 1 − $\dfrac{\text{용적밀도(Pb)}}{\text{입자밀도(Ps)}}$ = 1 − $\dfrac{2.5\ g/cm^3}{3.0\ g/cm^3}$ = 0.17 g/cm³

백분율(%)로 나타내면 0.17 g/cm³×100 = 17%

3 양이온치환용량(CEC) / 염기포화도

문제1) 아래 〈보기〉의 치환성 양이온(cmolc/kg)에서 토양의 양이온치환용량과 염기포화도는?

[보기]

치환성 양이온(cmolc/kg) : H − 2.0, Al − 2.0, Na − 3.0, Ca − 2.0, K − 3.0, Mg − 2.0

[풀이]
- 양이온치환용량은 토양의 치환성 양이온들의 총량이다.
  → 양이온치환용량 = 2 + 2 + 3 + 2 + 3 + 2 = 14 cmolc/kg
- 염기포화도(%) = $\dfrac{\text{교환성 염기의 총량(cmolc/kg)}}{\text{양이온교환용량(cmolc/kg)}}$×100

- 교환성 염기의 총량 = Na − 3.0, Ca − 2.0, K − 3.0, Mg − 2.0의 합 = 3 + 2 + 3 + 2 = 10cmolc/kg

※ H와 Al은 산성 양이온이므로 교환성 염기에서 제외함
(둘의 합 = 염기불포화도)
양이온치환용량 = 14cmolc/kg
∴ 염기포화도 = $\dfrac{10}{14}$×100 = 71.4%

문제2) A 토양의 교환성 양이온은 아래와 같다. 이 토양의 염기포화도는? (단, 토양의 CEC는 19.5 cmolc/kg이다)

[보기]

교환성 양이온
Ca − 4cmolc/kg
Mg − 6cmolc/kg
K − 0.5cmolc/kg
Na − 3cmolc/kg
H − 6cmolc/kg

[풀이]
- 토양의 양이온교환량(CEC) = 19.5 cmolc/kg
- 토양의 교환성 염기총량 = 4 + 6 + 0.5 + 3 = 13.5 cmolc/kg
- 토양의 염기포화도 = $\dfrac{13.5}{19.5}$×100% = 69.2%

문제3) 양이온교환용량이 20cmolc/kg인 토양의 Mg 포화도는 60%이다. 이 토양 4kg이 지니고 있는 교환성 Mg의 양은 몇 mg인가? (단, Mg 1 cmolc = 120mg)

> **풀이** 토양의 CEC는 20cmolc/kg, Mg 포화도는 60%이므로
> 토양 1kg 중의 Mg의 포화도 = 20×0.6 = 12 cmolc/kg
>
> Mg 1 cmolc = 120mg이므로
> 12 cmolc/kg ×120mg = 1,440mg
>
> 토양 4kg의 Mg 포화도 = 1,440mg × 4kg = 5,760mg

4 질소의 시비량

문제1) 밭 10a 면적에 질소 20kg을 주려고 할 때, 요소비료의 양은 얼마인가? (단, 요소비료의 질소함량은 46%)

> **풀이** 요소는 질소를 46% 함유하고 있으므로
> 요소비료의 양 = 필요한 질소 20kg / 요소에 함유된 질소 0.46 = 43.5kg
> ※ 면적은 필요 없음

문제2) 밭 10a당 15kg의 인산을 시비할 때 30a당 얼마의 용성인비를 주어야 하는가? (단, 용성인비의 인산함량은 20%)

> **풀이** 용성인비는 인산을 20% 함유하고 있으므로
> 용성인비의 양 = $\dfrac{\text{필요한 인산 15kg}}{\text{용성인비에 함유된 인산 0.20}}$ = 75kg
>
> 10a 당 용성인비 75kg이 필요하므로
> 30a 당 용성인비 = 75kg ×3 = 225kg

문제3) 탄소함량이 60%이고, 질소함량이 0.5%인 톱밥 10kg을 사상균에 의하여 분해될 때 식물의 질소기아 없이 분해가 되려면 추가될 질소의 양은? (단, 사상균의 탄질률은 10이고, 탄소동화율 0.5이라 가정한다)

> **풀이** 유기물 10kg 중 탄소 60% = 6kg
> 유기물 10kg 중 질소 0.5% = 50g = 0.05kg
> 사상균에 의하여 동화된 탄소 = 6kg×0.5(탄소동화율) = 3kg
> 유기물에 함유된 총 탄소 6kg 중 3kg은 사상균에 의해 동화됨
> (나머지 3kg은 호흡작용에 의해 이산화탄소(C)로 전환됨)
>
> C/N율 = 10 = $\dfrac{\text{탄소 6kg}}{\text{질소 } x\text{kg}}$ → 질소 x = 0.6kg
>
> 유기물 중 질소가 50g(0.05kg)가 있으므로
> ∴ 필요한 질소량 = 0.6kg - 0.05kg = 0.55kg

Tree Doctor Qualification Test

CHAPTER

05

수목관리학

수목관리학

01 수목 관리학 개요

1 수목의 역사

(1) 외국의 수목 역사

기원전 300년경	테오프라스투스(Theophrastus)는 수목식재와 관리에 관한 지침을 하였다.
중세 유럽	사원 근처에 식물원을 조성하여 승려들이 주로 연구하였다.
이탈리아	16세기에 대규모 빌라에 수목을 배식한 르네상스 정원을 만들었다.
프랑스	수목과 구조물을 저연하게 배치, 장식하여 기하학적인 정형식 정원을 조성하였다.
영국	공공 녹지공간과 공원을 만들고, 자연스러운 수목의 배치로 사실적인 자연풍경식 정원을 만들었다.
중국	13세기에 북경의 공공 도로변에 가로수 식재를 의무화하였다.

(2) 한국의 수목 역사

신라 경덕왕	호도나무, 뽕나무, 잣나무를 각 촌락에 식재하였다.
정조대왕	18세기 말 수원 화성을 축조하고 노변에 소나무를 가로수로 식재하였고, 현재 '노송지대'로 지정되어 있다.

2 수목의 정의

수목(목본식물) : 유관속 형성층에 의하여 2차 직경생장을 하는 종자식물(야자류 제외)

3 수목의 가치

고유가치, 미적 가치, 공익적 가치, 경제적 가치

4 수목의 종류

(1) 나무 키(수고)에 따른 분류

교목	수고 4m 이상
관목	수고 4m 이하
소교목 (아교목)	교목 중 수고 6~7m까지 (함박꽃나무, 남쪽지방 무궁화 등)

(2) 잎의 모양에 따른 분류

침엽수	바늘모양의 가늘고 길게 생긴 잎을 가진 수목 (소나무, 은행나무 등)
활엽수	잎자루(엽병)와 넓적한 잎몸(엽신)의 잎을 가진 수목

(3) 겨울철 잎의 탈락여부에 따른 분류

낙엽수	겨울철 잎이 탈락하는 수목
상록수	겨울철 잎이 지속해서 붙어 있는 수목

(4) 용도에 따른 분류

용재수	목재생산 목적 (임업적 용도)
유실수	과실생산 목적
속성수	성장속도가 빨라 펄프재나 연료용으로 사용
장기수	성장속도가 느려 용재생산이 가능
경제수	경제적 이들을 주는 수목

▶ 조경용도 : 조경수, 관상수, 공원수, 녹음수, 정원수, 가로수, 화관목, 환경수 등

5 수목관리학과 조림학의 비교

(1) 조림학

① 산림에서 자라는 수목에서 목재를 생산하기 위해 숲을 가꾸는 방법을 연구하는 학문이다.
② 수목집단 전체의 생장과 갱신에 관심을 가진다.
③ 나무를 촘촘히 심는 밀식재배가 기본이며 숲 전체를 대상으로 조방적인 관리를 한다.

(2) 수목관리학(arboriculture)

① 수목(arbor)과 재배(culture)의 복합어로, 원예학(horticulture)의 한 분야이다.

② 수목의 재배, 식재, 유지관리, 병해충 방제, 그리고 진단과 치료 등에 관하여 연구한다.

③ 조경수, 관상수 등 수목 하나하나의 생장, 형태, 건강상태를 관리한다.

④ 수목을 넓은 간격으로 식재하고, 수형조절, 시비, 관수, 병해충 등의 집약적 관리를 한다.

⑤ 집약적 관리를 통해서 각각의 수목의 생장을 조절하고, 원하는 수형을 유지하도록 관리한다.

02 조경수 선택

1 수종 고유의 특성

(1) 나무의 크기

① 토심이 낮거나 바람이 심한 곳은 교목성 수종을 피하는 것이 좋다.

② 그늘, 방풍, 차폐에 적질한 수종은 속성수 교목이 좋다.

(2) 잎의 낙엽성과 상록성

상록수와 낙엽수는 계절적 변화를 고려하여 적절히 섞어서 심는다.

(3) 내음성

① 내음성 : 수목이 그늘에서 잘 견디는 정도를 말한다.

② 내음성에 따른 수목의 분류

구분	분류
극음수	• 침엽수 : 금송, 개비자나무, 주목 등 • 활엽수 : 사철나무, 식나무, 굴거리나무, 호랑가시나무, 황칠나무, 회양목 등
음수	• 침엽수 : 가문비나무, 전나무, 비자나무, 솔송나무 등 • 활엽수 : 단풍나무, 녹나무, 너도밤나무, 서어나무, 칠엽수 등
중성수	• 침엽수 : 잣나무, 편백, 화백 등 • 활엽수 : 느릅나무, 동백나무, 개나리, 노각나무, 때죽나무, 마가목, 목련, 물푸레나무, 산딸나무, 참나무류, 철쭉류, 회화나무 등

구분	분류
양수	• 침엽수 : 소나무, 삼나무, 은행나무, 낙우송, 메타세콰이어, 측백나무, 향나무 등 • 활엽수 : 밤나무, 벚나무, 느티나무, 오동나무, 무궁화, 가죽나무, 모감주나무, 배롱나무, 산수유, 아까시나무, 자귀나무, 층층나무, 플라타너스 등
극양수	• 침엽수 : 낙엽송, 대왕송, 방크스소나무 등 • 활엽수 : 두릅나무, 자작나무, 붉나무, 버드나무, 예덕나무, 포플러류 등

(4) 수명

① 포플러, 버드나무, 오동나무, 벚나무 등의 수명은 100년 정도이다.

② 기념식수로 사용되는 수목은 장수 수종의 어린 묘목을 넓은 간격으로 식재하고, 토심이 깊고 평평한 곳에서 거목으로 생장할 수 있다.

2 적지적수

적지적수는 식재장소의 환경여건, 특히 토양과 기후조건에 맞는 수종을 선택한다는 의미이다.

(1) 내염성에 따른 분류

구분	분류
내염성이 강한 수목	• 침엽수 : 곰솔, 낙우송, 노간주나무, 리기다소나무, 메타세콰이어, 주목, 향나무 등 • 활엽수 : 가죽나무, 감탕나무, 느티나무, 녹나무, 굴거리나무, 동백나무, 때죽나무, 모감주나무, 무궁화, 벽오동, 식나무, 아까시나무, 아왜나무, 양버들, 자귀나무, 주엽나무, 참나무, 칠엽수, 회양목, 회화나무, 후박나무
내염성이 약한 수목	• 침엽수 : 가문비나무, 낙엽송, 소나무, 은행나무, 전나무, 측백나무, 개잎갈나무 • 활엽수 : 가시나무, 개나리, 단풍나무, 마가목, 목련, 백합나무, 벚나무, 사철나무, 자작나무, 조팝나무, 피라칸다

(2) 내습성에 따른 분류

내습성이 강한 수목	• 침엽수 : 낙우송 • 활엽수 : 단풍나무류(은단풍, 네군도, 루부룸), 물푸레나무, 버드나무, 버즘나무, 오리나무, 포플러
내습성이 약한 수목	• 침엽수 : 가문비나무, 서양측백나무, 소나무, 전나무, 주목, 해송, 향나무 • 활엽수 : 단풍나무류(설탕, 노르웨이), 벚나무, 사시나무, 아까시나무, 자작나무, 층층나무

(3) 내건성에 따른 분류

내건성이 강한 수목	• 침엽수 : 곰솔, 노간주나무, 향나무, 소나무, 섬잣나무 • 활엽수 : 가죽나무, 보리수나무, 사시나무, 사철나무, 아까시나무, 호랑가시나무, 회화나무
내건성이 약한 수목	• 침엽수 : 낙우송, 삼나무 • 활엽수 : 느릅나무, 능수버들, 단풍나무, 동백나무, 물푸레나무, 주엽나무, 층층나무

(4) 대기오염 저항성에 따른 분류

저항성이 강한 수목	• 침엽수 : 은행나무, 편백, 향나무 • 활엽수 : 가죽나무, 녹나무, 동백나무, 때죽나무, 물푸레나무, 버드나무, 벽오동, 사철나무, 아까시나무, 아왜나무, 자작나무, 층층나무, 플라타너스
저항성이 약한 수목	• 침엽수 : 가문비나무, 반송, 삼나무, 소나무, 잣나무, 측백나무, 개잎갈나무 • 활엽수 : 가시나무, 감나무, 느티나무, 단풍나무, 명자나무, 목서, 박태기나무, 벚나무, 자귀나무, 백합나무

(5) 내한성 수종

① 남부 수종은 대부분 내한성이 약하여 중부지방에 심을 수 없다.

② 피라칸다와 편백은 비교적 내한성이 있어 중부지방에 심을 수 있다.

③ 곰솔은 남부 · 서부 · 동부의 해안가에 자라며, 내륙에서는 동해를 입는다.

(6) 지구온난화

① 지구온난화 현상이 계속되면서 남쪽지방의 수종들이 중부지방에 식재되고 있다.

② 개잎갈나무, 대나무(신이대), 편백 등이 서울에 심겨지고 있다.

③ 고산성 수종인 잣나무 대신에 스트로브잣나무를 심고, 구상나무, 전나무, 가문비나무 대신에 독일가문비나무를 심는다.

03 가지치기(전정)

1 가지치기의 목적

조경수의 역할을 증진시키고, 미적가치를 높이고, 건강한 상태를 유지시킨다.

① 조경수는 정기적인 가지치기를 통해 모양과 크기를 조절해야 한다.
  • 활엽수 : 가지마다 잠아가 있어 잘린 가지 바로 아래에서 맹아지가 나타난다.
  • 침엽수 : 잠아가 성숙하면서 대부분 죽는다. 윗가지 제거시 맹아지가 나오는지 판단하여 자른다.

② 나무가 어릴 때 가지치기와 수형 조절을 한다. 성숙목, 대경목의 굵은 가지치기를 하면 상처 치유 이전에 부패 가능성이 크다.

③ 가지치기는 가능하면 이른 봄에 실시한다. 형성층의 세포분열이 가장 왕성하기 때문이다. 적당한 가지치기는 수목의 활력을 증가시키고 생장을 촉진시킨다.

④ 어린나무의 지나친 가지치기는 총광합성량이 감소하고, 뿌리발달이 둔화되어 생장을 저해한다.

⑤ 치수의 골격전정은 서로 중복되지 않게 공간적 배치를 고려하여 잘라야 한다.

2 가지치기 시기

① 일반적인 가지치기는 수목의 휴면상태인 이른 봄이 적기이다.

② 봄에 일찍 가지치기를 하는 것은 형성층의 세포분열이 봄에 개엽과 더불어 시작되므로 잎이 나온 후 상처치유가 가장 잘 된다.

③ 죽은 가지, 부러진 가지, 병든 가지는 연중 아무때나 가지치기를 할 수 있다.

【수종별 개화시기 및 화아원기 형성시기】

수종	2월			3월			4월			5월			6월			7월			8월			9월			10월		
	초	중	하	조	중	하	초	중	하	초	중	하	초	중	하	초	중	하	초	중	하	초	중	하	초	중	하
매화나무	○	○	○	○	○	○														●							
동백나무				○	○	○	○	○	○					●	●	●	●										
산수유					○	○	○							●													
개나리							○	○	○															●			
명자나무							○	○	○													●					
백목련							○	○	○			●															
왕벚나무							○	○	○								●										
복숭아나무								○	○										●								
라일락								○	○	○	○	○				●											
조팝나무								○	○	○															●		
단풍철쭉										○	○	○							●								
무궁화												●	○	○	○	○	○	○	○								
배롱나무											●						○	○	○	○	○	○					
금목서																			●			○	○	○	○	○	○

○ : 개화시기, ● : 화아원기 형성시기

④ 단풍나무와 자작나무는 늦가을(초겨울)이나 잎이 완전히 나온 후 전정을 하여 수액이 나오는 시기를 피한다.
⑤ 가지치기를 피할 시기는 봄의 중간과 초가을이다.
⑥ 봄 중간은 수피가 벗겨져 상처받기 쉽고, 탄수화물을 적게 함유하고 있어 상처치유가 늦다.
⑦ 초가을은 영양분을 저장하는 시기이므로 상처치유가 늦고, 곰팡이 포자에 의한 감염의 가능성이 크다.

▶ 화관목의 전정시기
• 봄에 일찍 개화하는 수목은 개화가 끝나고 꽃눈이 생기기 전에 전정하여야 한다.
• 여름에 개화하는 수목(배롱나무, 무궁화 등)은 당년도 4월까지 전정하여도 된다. → 꽃눈이 5~7월에 형성된다.

❸ 가지치기 요령

(1) 가는 가지

① 원가지를 남겨 놓고 옆 가지를 자를 때 바짝 자른다.
② 옆 가지를 남겨 놓고 원가지를 자를 때 원가지의 가지터기를 남겨둠으로써 옆 가지가 찢어지는 것을 방지한다.
③ 길게 자란 가지의 중간을 자를 때 가지터기를 눈 위 6~7mm 정도 남겨둔다.

(2) 굵은 가지

옆가지(측지) 제거	• 굵기가 5cm 이상일 경우 3단계로 나누어 자르기 1. 원하는 절단위치에서 30cm 가량 가지끝 방향으로 올라가서 가지의 밑부분을 직경의 1/3정도 자른다. 2. 첫 번째 절단부분보다 2~3cm 가지끝 방향으로 더 올라가서 가지의 윗부분을 가지가 부러질 때까지 자른다. 3. 남아있는 가지터기를 제거한다.
굵은 가지, 원가지 제거	• 굵은 가지는 가지터기를 남기지 않고 바짝 자른다. • 원가지를 자를 때 지피융기선을 기준으로 지륭을 그대로 두기 위하여 위쪽으로 비스듬히 각도를 유지하여 자른다.

▶ 지륭(枝隆) : 나뭇가지의 무게를 지탱하기 위하여 가지 밑에 생긴 볼록한 조직
▶ 원가지 제거 순서는 가지 3단 자르기로 자른다.
▶ 마지막 3단계에서 지피융기선을 그대로 두면서 비스듬히 자른다.

chapter 05

(3) 죽은 가지

죽은 가지는 지륭이 튀어나와 있어도 지륭의 바깥부분에서 바짝 자르고, 지륭을 다치지 않게 자른다.

④ 상처보호

① 가지치기 후 상처부위는 상처도포제를 처리하여 목재부후균과 천공충으로부터 보호한다.

② 상처도포제는 주로 방부제를 사용하는데, 첫 해에 얇게 여러 번 나누어 수차례 바른다.

③ 작은 가지의 가지치기 상처는 1년 내에 상처가 유합되며, 굵은 가지의 경우 3~4년 정도 걸린다.

04 수형 조절

1 어린나무 치수

① 치수시절에 침엽수와 활엽수 대부분의 수형은 곧추선 모양(직립형)이다.

② 원가지를 절단하면 옆 가지가 3~4개 나오는데, 이 가지들 또한 곧추서는 경향이 있다.

③ 가로수가 목적인 나무는 지하고가 2m 가량 되어야 하므로 첫 가지가 나오는 높이를 높여준다.

> → 밀식재배 : 옆 가지의 발생을 억제하여 지하고를 높임

④ 어린나무의 골격지 형성 가지치기 요령
  • 이식한 후 2~3년간 활착되기를 기다린다.
  • 수간의 피소현상을 막기 위해 남겨둔 임시가지를 제거한다.
  • 한 마디에 1~2개의 가지를 남긴다.
  • 밑가지를 제거하여 지하고를 높인다.
  • 공간적으로 적당하게 배치된 5~7개의 골격지를 최종적으로 남긴다.

2 성숙목

(1) 수관청소

① 고사지, 부러진 가지, 병든 가지, 교차지, 맹아지 등을 제거하는 작업

② 전정 후 채광이 양호해져 병해충 예방과 나무의 수세가 좋아진다.

(2) 수관 솎아베기

① 바람에 부러지기 쉬운 가지나 안쪽 수관에 가지가 많은 경우 수관청소를 우선 실시한 후 아직도 가지가 많으면 가지 수를 줄이는 작업이다.

② 직경 5cm 미만의 가지를 제거한다.

③ 전체 수관밀도의 1/3 가량을 제거한다.

④ 수관 꼭대기부터 밑으로 내려오면서 밖에서 안쪽으로 실시한다.

(3) 수관 축소

① 수관의 크기를 줄이기 위해 일부 가지를 제거하는 작업이다.

② 기본원칙은 위쪽의 원가지를 자를 때 남겨 둘 아래쪽 옆 가지의 직경이 잘라낼 원가지 직경의 1/2 가량 되도록 한다.

3 침엽수의 전정

① 침엽수의 원대는 중앙의 한 개로 유지하며, 쌍대가 될 경우 외대로 고쳐준다.

② 수관 밖으로 튀어나온 옆가지는 일찍 제거하여 그 가지 전체가 죽지 않도록 한다.

③ 잎이 붙어 있는 바깥쪽 가지는 잠아가 나와서 옆 가지가 발생하지만 더 안쪽에 잎이 없는 묵은 가지를 자르면 그 가지는 고사한다.

> → 침엽수는 오래된 가지에 잠아가 거의 없기 때문

4 관목의 전정

① 오래된 가지의 30% 정도를 매년 제거하여 수관에 활력을 넣어준다.

② 이른봄 가지 끝을 전정하면 치밀한 수관을 형성한다.

③ 회양목을 강전정 하면 잎이 모두 제거되어 가지만 남겨지므로 새 가지가 나오지 않을 수 있다.

5 특수전정

생울타리	살아있는 나무로 만든 울타리 (꽝꽝나무, 사철나무, 회양목 등)
두목작업	큰 나무를 작게 동일한 위치에서 모두 자르는 전정
적심	소나무의 새 가지(신초)의 끝을 5월 초순~중순에 자르는 작업

05 조경수 이식

1 이식 형태

(1) 이식목의 모양

① 가로수는 지하고가 2m 이상이 되어야 한다.

② 골격지의 배치는 네 방향으로 뻗어 있어야 한다.

③ 수관의 높이는 수고의 2/3 정도가 좋다.

④ 무게중심이 아래에 있어 바람에 쓰러지지 않아야 한다.

(2) 뿌리의 상태

1) 나근묘

① 작은 나무의 활엽수는 뿌리가 노출된 나근의 상태로 이식한다.

② 근원경 5cm 미만의 활엽수는 가을이나 봄에 이식할 경우 나근묘로 할수 있다.

③ 뿌리의 꼬임이 없어야 하며, 밑동에서 나온 측근이 4개 이상이어야 한다.

④ 펼쳐진 뿌리의 폭이 근원경의 10배 이상 되어야 한다.

⑤ 직근이 발달하는 수종은 직근을 자르고 측근을 발달시키기 위해 묘포장에서 판갈이를 1회 이상 실시한다. (2-1묘)

→ 2-1묘 : 파종상에서 2년, 이식상에서 1년을 경과한 3년생 묘목

2) 용기묘

① 플라스틱 용기에 조경수를 생산한다.

② 용기의 벽을 따라 꼬인 뿌리를 가위로 절단한 후 식재한다.

3) 근분묘

① 근원경이 5cm 이상 되거나 상록수의 경우 흙이 붙어있는 상태로 뿌리를 파내어 이식한다.

② 가장 중요한 것은 근분의 크기와 포장상태이다.

(3) 수종에 따른 이식 성공률

① 낙엽수는 상록수보다 일반적으로 이식이 잘 되며, 관목은 교목보다 잘 된다.

② 가는 뿌리가 치밀하게 뻗는 수종은 직근이 발달하는 수종보다 이식이 잘 된다.

③ 맹아가 잘 나오는 수종은 이식 후 일부 가지가 죽어도 성공률이 높다.

2 이식 시기

① 온대지방은 수목의 휴면시기에 가장 적당하다.

→ 낙엽지기 시작하는 가을~새싹이 나오는 이른봄

② 가을이식은 이른봄에 일찍 뿌리 발달을 시작해 활착률이 높다. 추운 지역에서 가을이식을 하면 얼어 죽거나 말라

죽을 가능성이 높다.

③ 겨울뿌리의 발생 시기가 잎이 트는 시기보다 2주 이상 먼저 진행되는 이른 봄이 나무이식의 적기이다.

④ 7월과 8월은 수목 이식의 시기가 아니다.

3 사전작업

(1) 뿌리돌림

① 수목을 이식하기 전에 미리 뿌리를 절단하여 세근의 발달을 촉진시킨다.

② 뿌리 절단에 따른 스트레스에 적응할 기간을 준다.

③ 대경목은 2년 전부터 뿌리돌림을 실시한다.

(1년에 반씩 2년에 걸쳐 시행)

• 근분을 만들 때 뿌리돌림을 실시한 곳보다 약간 바깥쪽에 구덩이를 판다.

• 노출된 뿌리 중 직경 5cm 미만은 절단하고, 그 이상은 부분 또는 환상박피를 한다.

• 흙을 메울 때 토양개량을 하여 넣는다.

④ 이식하기 1년 전에 뿌리돌림할 때는 유공관을 수직으로 설치하여 뿌리의 통기성을 높여 세근의 발달을 촉진시킨다.

• 사전에 부직포를 넣고 뿌리박피를 실시하여 세근의 발달을 유도한다.

• 유기질 비료를 섞어준다.

(2) 굴취 전 준비작업

① 이식장소 선정 : 식재공간, 토양(배수, 채광)상태, 주변환경 등

② 가지치기와 가지묶기 : 굴취 전 가지치기는 가능한 최소한으로 실시한다.

③ 수관이 크면 일부 가지를 묶어서 운반이 용이하도록 한다.

④ 지제부의 가지가 많으면 굴취작업에 방해받는 가지를 제거한다.

⑤ 수피보호 : 굴취 전에 수간을 마대, 부직포 등으로 피복하여 보호한다. 수간에 해충의 피해를 막기 위해 수간에 살충제를 충분히 뿌리고 피복한다.

⑥ 증산억제제와 잎 훑기

• 증산억제제를 굴취 전에 잎에 뿌려주면 효과가 있다.

• 활엽수의 여름 이식 시 뿌리가 제거된 양과 비교하여 잎을 일부 훑어주면 효과가 있다.

⑦ 관수와 강우 : 굴취 수일 전에 관수하여 토양이 너무 마르지 않게 해서 굴취한다.

4 굴취

(1) 나근작업

① 유묘는 펼쳐진 뿌리의 폭이 근원경의 10배 이상 되도록 한다.
- 굴취한 유묘의 뿌리는 보습제에 싸서 보관 또는 운반한다.
- 야외에 임시 보관할 시 동서 방향으로 구덩이를 파고 묘목을 45도 각도로 눕히고 나란히 배열한 후 뿌리를 골고루 펴고 흙을 덮고 공기가 남지 않도록 밟아준다.(가식)
- 상록수의 가식은 가지가 서로 겹치지 않게 묘목간 간격을 유지한다.

② 소경목은 근원경이 5cm 이하이며 활엽수는 늦가을이나 이른봄에 나근상태로 이식할 수 있다.
- 모래가 많은 토성에서 나근을 이용한다.
- 뿌리의 폭은 근원경의 12배가 되도록 절단한다.
  - → 뿌리의 흙을 털어내면서 절단한다.
- 작업 도중 노출된 뿌리는 젖은 마대 등으로 덮고, 40~45cm까지 파내려간다.
- 맨 아래 직근을 끊어 나무를 옆으로 쓰러뜨리고 뿌리 사이에 보습물질을 넣고 젖은 녹화마대 등으로 뿌리 전체를 감싼다.

(2) 근분작업, 운반 및 식재

1) 근분묘
① 근원경 5cm 이상 활엽수, 상록수는 근분을 만든다.
② 근분 크기가 클수록 유리하다.
③ 근분은 근원경의 4배 이상 되도록 한다.

2) 수간보호
① 수간보호는 수피 이탈을 막고, 피소와 해충을 방제한다.
  - → 줄기를 부직포로 감고 녹화마대로 감쌈
② 녹화마대에 약제를 살포한다.
③ 여름이 지나면 녹화마대를 제거한다.

3) 운반
① 차량에 적재시 적재물 또는 차량과의 접촉부분은 담요나 쿠션 등을 삽입한다.
② 건조 및 바람의 피해에 의한 탈수현상을 예방하기 위해 포장을 덮어 이동한다.
③ 짧은거리 이동시 나무를 천막으로 덮을 필요는 없다.
④ 근분을 들어올릴 때 수간의 수피가 손상을 받지 않도록 수간에 녹화마대 등을 감는다.

4) 구덩이 파기
① 구덩이 직경은 근분직경의 2배(딱딱한 토양은 3배)가 되도록 판다.
② 구덩이 안에서 마무리 작업할 수 있도록 60cm 이상 빈 공간을 확보한다.
③ 계획된 높이보다 높게 앉혀야 심식되지 않는다.(심식은 절대금기 사항)

5) 식재
① 식재 시 뿌리 주변에 발근제를 토양관주하고, 완숙퇴비를 사용한다.
② 물매턱을 만들어 근분과 주변 흙이 밀착되도록 한다.

6) 이식후 관리
① 지지대 설치 : 수목의 뿌리 활착 및 지상부 고정
② 멀칭은 5~15cm 사이가 적당하다.
③ 수세회복을 위하여 영양제 수간주사, 무기양분 관주 및 병해충 방제를 실시한다.

06 토양관리(시비, 관수, 토양개량, 멀칭)

1 시비
① 고정생장 수목은 소나무, 전나무, 가문비나무, 참나무류 등 2월보다는 9~10월 시비가 적절하다.
② 자유생장 수목은 주목, 향나무, 활엽수 중 속성수 등 가을에 다시 자랄 가능성이 있으므로 안전하게 2월에 시비하는 것이 바람직하다.
③ 완효성비료는 연중 아무 때나 사용 가능하지만 값이 비싸다.
④ 유기질 비료는 최소한 3개월 이상 발효가 된 후 사용해야 한다.

2 관수
관수가 필요한 시기는 첫째는 잎이 축 늘어지거나 시들기 시작하고, 둘째는 20cm 깊이의 흙이 뭉쳐지지 않을 때, 셋째는 토양수분측정기를 사용하여 수분이 부족할 때이다.

(1) 관수 방법
스프링클러에 의한 새벽시간 관수, 점적관수, 웅덩이 관수, 고랑 관수 등이 있다.

(2) 관수시기

① 한국은 봄(4~5월)이 관수가 가장 필요한 시기이다.

② 수목을 이식한 후 5년까지는 가뭄이 올 때마다 관수가 요구된다.

❸ 토양개량

(1) 유기물 첨가

토양의 물리적 성질(투수성, 통기성, 보수력, 공극 등)을 개선하기 위하여 충분히 부숙된 유기물을 토양에 첨가한다.

(2) 배수

① 배수가 불량인 토양은 땅고르기와 명거배수를 실시하여 과습을 방지한다.

② 표토 아래에 경지질층이 있어 물이 스며들지 못하면 배수공과 유공관을 설치하여 배수시킨다.

③ 토양이 극도로 딱딱하여 배수가 극히 불량하면 암거배수관을 묻는다.

(3) 답압토양

수목의 뿌리가 다치지 않게 동력아가로 토양을 천공하고, 다공성 물질이나 유기물을 첨가하여 통기성을 개선시킨다.

(4) 염분토양

염분토양을 개량하기 위해서 배수개선, 충분한 관수(염분 용탈), 석고 시비, 멀칭(염분 상승을 억제), 고농도 비료 등을 실시한다.

(5) 멀칭

멀칭은 수목식재가 끝난 후 실시하며, 수목 생장을 돕고 분위기를 창출한다.

1) 멀칭의 장점

① 잡초의 발생 최소화

② 수분증발 감소

③ 표토 유실 방지

④ 여름철 토양온도 상승 억제

⑤ 겨울철 토양 동결 완화

⑥ 토양 답압 방지

⑦ 토양의 입단화 촉진, 공극률 높임

⑧ 토양미생물의 생장 촉진

⑨ 토양에 양료를 공급, 토양비옥도를 높임

⑩ 건조할 때 먼지 발생 최소화

2) 멀칭 재료

① 수목뿌리가 호흡을 하기 때문에 입자가 너무 작으면 불리하다.(잘게 썬 볏짚, 가는 톱밥 등)

② 2cm 이상 되는 수피와 우드 칩, 왕모래 등이 좋다.

3) 멀칭 방법

① 수관 밑에 균일하게 최소 5cm, 최대 15cm까지 덮는다.

② 교목은 근분과 근분 주변에 깔아주고, 관목은 주변을 모두 멀칭한다.

07 특수지역 식재

❶ 포장지역 식재

포장된 구역에 식재할 경우 구덩이 공간확보, 객토, 깔판 사용, 유공관 설치, 그리고 공극성 재료 멀칭과 포장 등을 실시하여 양료 부족과 통기성 및 배수 불량 등을 개선한다.

❷ 플랜터 식재

① 플랜터의 깊이는 초화류는 30cm, 관목은 최소 45cm, 교목은 80cm 이상이 되어야 한다.

② 플랜터의 깊이는 최소한 50cm 이상이 되어야 한다.

→ 이유 : 플랜터 바닥의 배수 후 수분이 포장용수량보다 많아 바닥에서 30cm 이상 물이 과다하기 때문

08 수관활력도

❶ 수관활력도 구분기준

코드	구분	판정기준
1	건강	• 나무가 건강한 상태로 죽은 주가지가 없음 • 수관이 임분 상태에서 정상이며, 주가지 또는 주가지 가장자리의 잔가지와 잎의 죽은 비율이 10% 이하 또는 잎의 변색률이 10% 이하
2	중간건강	• 주가지 치사율, 주가지 가장자리의 잔가지 치사율 또는 잎의 변색율이 수관의 11~25% • 죽은 가지로 인하여 잎이 없는 주가지 또는 수관 부분이 25% 이하

chapter 05

코드	구분	판정기준
3	중간 쇠퇴	• 주가지 치사율, 주가지 가장자리의 잔가지 치 사율 또는 잎의 변색률이 수관의 26~50% • 죽은 가지로 인하여 잎이 없는 주가지 또는 수 관 부분이 50% 정도
4	심한 쇠퇴	• 주가지 치사율, 주가지 가장자리의 잔가지 치사 율 또는 잎의 변색률이 수관의 50% 이상이지만, 잎으로 나무가 살아있음을 판단 가능할 경우 • 죽은 가지로 인하여 잎이 없는 주가지 또는 수 관 부분이 50% 이상
5	고사	• 고사가 진행 중

※ 산림건강성 모니터링 지표(국립산림과학원, 2017)

09 비생물 피해 및 관리

1 수목에 피해를 일으키는 비전염성 병의 요인

① 기후적 원인 : 고온, 저온, 풍해, 낙뢰, 건조, 과습, 설해,
염해 등
② 토양적 원인 및 기타 : 불리한 물리적 성질, 물리적 상처,
매립지의 유독가스

2 기후적 원인

(1) 고온피해 – 엽소와 피소

1) 엽소 피해
① 수관의 남서방향에 있는 잎에서 주로 발생
② 잎 끝이 먼저 마르게 된다.
③ 봄 : 지상의 증산작용이 활발하고, 뿌리의 활동이 둔하
여 수분공급의 불량으로 수분흡수가 상대적으로 적어서
발생
④ 여름 : 잎의 과도한 증산작용에 의해 발생
⑤ 겨울 상록수 : 고온 건조 시 자주 발생
⑥ 토양의 보수력이 적은 사질토와 식양토에서 자주 발생
⑦ 비료의 농도가 과할 때 발생
⑧ 방제
• 관수와 전정으로 뿌리의 부담을 줄여 준다.
• 퇴비와 유기질 비료를 시비한다.

2) 피소 피해
① 햇빛으로 인해 나무의 수피가 마르게 되어 형성층이 고사
하면서 수피가 들뜬 상태가 되는 현상
② 수피가 얇은 수목인 단풍나무, 배롱나무, 느티나무, 노
간주나무, 벽오동, 목련, 동백 등에서 피소가 발생하기
쉽다.
③ 밀식된 곳의 수목을 독립수로 이식하면 피소가 발생하
기 쉽다.
④ 북사면에 있는 나무를 남쪽에 식재하면 피소가 발생하
기 쉽다.
⑤ 방제 : 녹화마대, 황토마대 등으로 수피감기를 하거나 수
피에 백색 페인트를 칠한다.

(2) 저온피해

1) 동해피해
① 식물이 순화되지 않은 상태에서 빙점 이하의 온도에 노출
되면 동해를 입는다.
> → 순화 : 온대지방에서의 목본식물은 일장이 짧아지는 가을부터
> 하강하는 기온을 감지하여 낙엽이 되고 탄수화물과 지질함량 증
> 가 등의 생리적인 변화가 일어나 적응함으로써 월동능력을 가
> 지는 상태

② 활엽수는 동아가 얼어 죽으면 잠아가 생장하여 잎으로 자
랄 수 있다.
③ 방제
• 배수를 원활히 하고, 전정을 하여 통풍이 잘 되게 한다.
• 동해를 받기 쉬운 수종은 수간부에 흰색 페인트를 도포
하고, 짚이나 녹화마대 등을 감아 보호한다.
• 수피가 얇은 남부 수종은 근원부를 보호하여 동해를 예
방한다.

> ▶ 상렬(霜裂, frost crack)
> • 수간이 동결하는 과정에서 종축으로 갈라지는 현상
> • 남서 사면의 수피가 낮 동안 햇빛에 의해 올라간 온도와 밤 기온
> 이 영하로 급락하여 생긴 온도차에 의해 발생하게 된다.
> • 남부수종을 중부지역에 이식할 때 발생 확률이 높다.
> • 아왜나무, 목서류, 흥가시나무, 광나무, 가시나무류에서 자주
> 발생한다.

2) 냉해 피해
① 냉해는 보통 생육기간에 빙점 이상의 온도에서 나타나는
저온피해를 말한다.
② 수목은 냉해가 발생하여도 대부분 고사로 이어지지 않지
만, 개화결실이 저조하다.
③ 방제 : 시비를 하여 꽃눈을 튼튼하게 하는 것이 효과적
이다.

3) 만상과 조상
① 만상 : 늦봄에 나타나는 서리 피해
② 조상 : 가을 첫 서리에 의한 피해
③ 방제 : 조상은 질소비료의 과용이 주된 원인이므로 늦여름 시비에 주의한다.

4) 상주(서리발) 피해
① 겨울철 지표 아래 토양이 얼게 되면 기둥 형태가 되고 반복 성장하면 기둥이 길게 자라는 현상
② 배수 불량 토양에서 자주 형성되며, 점토에서는 형성되기 어렵다.
③ 겨울비가 내린 후 밤 기온이 떨어지면 양토에서 흔히 발생한다.
④ 겨울철 그늘진 곳에서 흔히 발생하게 되고 수분이 공급되면 기둥의 성장이 빠르게 진행된다.
⑤ 뿌리가 깊지 않은 식물이 큰 피해를 입게 된다.
⑥ 방제
  • 뿌리를 토양층에 밀착시켜 들뜨지 않게 한다.
  • 피해가 심한 지역은 사질토로 개량해준다.

(3) 낙뢰피해
① 수목 중에서 수고가 높거나 가장자리에 있는 나무는 낙뢰가 떨어질 가능성이 높다.
② 방제
  • 지상부의 죽은 가지, 부러진 가지 등을 제거하고 죽은 부위는 다듬어 준다.
  • 목질부는 도포제를 처리하여 괴사하는 것을 방지하고, 상처 부위는 형성층을 노출시키고 바세린을 처리한 후 녹화마대로 수피감기를 하여 보호한다.
  • 피뢰침을 설치하여 수목을 낙뢰로부터 보호한다.

(4) 건조피해
① 어린 잎과 줄기가 시드는 현상
② 이식목에서 처음 2년 동안 수분이 절대적으로 부족하여 건조피해가 많이 발생한다.
③ 나이테가 좁아지면서 위연륜을 만든다.
④ 남서향의 가지와 바람에 노출된 부분이 영향을 많이 받는다.
⑤ 피해 수종 : 주로 천근성 수종이거나 토심이 낮은 곳에서 자라는 수종
⑥ 단풍나무류, 마로니에, 층층나무, 물푸레나무, 느릅나무 등이 쉽게 건조 피해가 발생한다.

⑦ 방제
  • 관수할 때 하층토까지 완전히 젖을 때까지 충분히 관수한다.
  • 점적관수와 토양 멀칭은 건조에 큰 도움이 된다.

(5) 과습피해
① 과습으로 인하여 수목의 뿌리호흡이 장해를 일으키는 것
② 초기 증상 : 잎이 시들고 엽소현상이 나타나 직경생장과 수고생장이 현저히 떨어진다.
③ 방제 : 명거배수(개거배수)를 설치하여 물이 고이는 것을 방지하고, 빠르게 배출시킨다.

(6) 풍해
① 바람에 의한 물리적 · 생리적 피해
② 강풍에 의한 피해는 침엽수가 활엽수보다 크다.
③ 방제
  • 가지치기를 주기적으로 하여 위험한 가지를 제거하고, 수관의 크기를 작게 유지한다.
  • 소경목을 이식할 경우 2년이 경과하면 지주목을 제거하고, 밑가지를 그대로 두어 초살도를 높인다.
④ 종류

태풍 피해	• 태풍은 많은 강수량과 토양 침수로 인하여 수목의 뿌리호흡에 장해를 발생시킨다. • 하류지역에 피해가 많이 발생한다. 〈방제〉 • 전정을 하여 도복의 위험을 예방한다. • 도복목은 3~4일이 지나면 뿌리부분이 굳기 때문에 이전에 세워준다. • 부러진 가지는 깨끗이 제거하고 도포제를 처리한다. • 수피가 벗겨진 경우 수피를 원상복구한 다음 녹화마대로 수피감기를 한다.
해풍 피해 (염해)	• 염해는 바닷바람에 의한 수목의 넘분씌해이나. • 잎이 타고 심하면 낙엽진다. • 활엽수의 피해가 심하다. → 도로의 염화칼슘 사용으로 침엽수는 잎의 가장자리가 괴사하고, 활엽수는 이듬해 봄에 증상이 나타난다. • 방제 : 관수를 하여 염분농도를 줄인다.

3 토양적 원인

(1) 답압

① 답압된 토양은 공극이 작고, 통기성과 투수성 등이 불량하여 수목의 뿌리호흡을 저해한다.

② 방제 : 나무의 뿌리 주변을 경운하거나 파쇄하고 부산물 퇴비, 유기질 비료 및 토양개량자재(버미큐라이트, 퍼라이트, 제오라이트 등)를 흙과 혼합한다.

③ 종류

천공법	• 동력아가를 이용하여 토양에 직경 5~10cm의 구멍을 30~45cm 깊이로 뚫고 모래나 유기물을 넣는다. • 굵은 뿌리를 비켜 뿌리를 다치지 않게 한다.
방사상 도랑	• 수간 밑동으로부터 방사방향으로 45도 간격으로 8방향으로 8개 도랑을 폭 15cm, 깊이 30cm로 판다. • 판 도랑 속에는 모래나 유기물을 넣는다.
멀칭	• 가장 간단하면서도 효과가 큰 방법 • 토양수분이 많아지고, 미생물과 토양소동물의 서식을 촉진하며, 더 이상 답압이 진행되는 것을 막을 수 있다. • 굵고 큰 수피같은 유기물로 멀칭하는 것이 가장 바람직하며, 두껍게(10~15cm) 덮어준다.

(2) 물리적 상처

① 주로 잔디 깎는 기계, 예초기, 지주와 당김줄 등에 의해 수피가 종종 상처를 받는다.

② 방제 : 나무 밑동 근처에는 멀칭을 하거나, 밑동 주변에 수피보호대를 씌운다.

(3) 매립지의 유독가스

① 쓰레기 매립지는 메탄가스와 이산화탄소를 주로 방출한다.

② 토양의 색깔은 청회색을 띠고, 계란 썩는 냄새가 나며, 땅이 불규칙하게 가라앉거나 금이 간다.

③ 토양은 이산화탄소가 많고 산소가 부족하기 때문에 통기성이나 배수가 불량한 경우와 비슷하게 보인다.

④ 뿌리가 청색을 띠면서 수침현상이 나타난다.

⑤ 방제 : 배기파이프를 설치하여 가스를 배출시키고 산소공급을 촉진시킨다. 중금속 오염이 발생하면 객토한 후 식재하는 것이 좋다.

1 외과수술

(1) 외상에 대한 생리적 방어체계

1) 방어 : 병원균 침입의 4단계 방어기작

1단계 방어 — • 침입한 병원균이 물관벽을 타고 아래 또는 위로 이동하는 것을 저지한다.

2단계 방어 — • 방사조직의 좌우로 확대되는 것을 막는다.

3단계 방어 — • 나이테를 따라 조직을 분리하는 방어체계이다.

4단계 방어 — • 가장 강력한 방어체계이다.
• 죽은 조직을 감싸는 외부 형성층으로 공동이 생긴 부위를 채워나가게 된다.
• 1차 방어벽이 가장 약하기 때문에 나무가 썩을 때 상하방향으로 더 빠르게 진행된다.

▶ 외과수술은 방어체계를 살리면서 부후부위만 제거하고(조직이 단단한 변색부위는 제거하지 않음) 병원균의 증식을 막도록 한다.

2) 상처회복

① 상처 부위의 목질부가 더 이상 부후되지 않도록 조치를 취하는 것이 좋다.

② 공동은 이물질을 채우는 방식보다 단순히 부후 부위만 도려내고 살균, 살충, 방수 처리만 하는 것이 가장 효과적이다.

③ 상처부위의 공동에 물이 고이면 배수구멍을 뚫어 주고 자연스럽게 상구유합이 되도록 유도한다.

④ 이물질을 채워 넣으면 상처는 잘 아물지 않는다.

(2) 수목의 수피 훼손에 따른 조치

1) 수피 훼손

① 외수피 훼손만 있고 형성층이 파괴되지 않은 경우 도포제(살균제)를 도포한다.

② 형성층이 파괴된 상처부위를 깨끗이 다듬고 도포제를 발라 준다.

③ 물리적 피해로 수피가 들뜬 경우 내수피가 훼손된 부분만 다듬고 도포제를 발라준다. 살아있는 부분은 그대로 두고 주변만 정리한다.

2) 들뜬 수피의 고정

① 들뜬 수피를 녹화마대, 녹화끈, 못 등으로 고정한다.

② 2~3주 후 들뜬 수피 내부로 유상조직이 형성되지 않을 경우 제거하여 햇빛에 노출시키고 도포제를 살포한다.

3) 수피이식

① 수피가 목질 내부로 파고 들어간 경우 수피이식을 할 수 있다.

② 수피이식의 순서
- 손상된 부분을 깔끔하게 다듬는다.
- 신선한 수피의 형성층의 위치를 위아래로 정확히 맞추고 못 등으로 고정한다.
- 녹화마대 등으로 덮어 건조를 예방한다.

(3) 뿌리 외과수술

01 흙파기	—	• 살아있는 부위가 나올 때까지 흙을 판다.
02 뿌리절단과 박피	—	• 세근 발생 유도를 위해 죽은 부위에서 살아있는 부분을 포함하여 절단한다. • 절단 후 살아있는 조직에 부분 박피 또는 환상박피를 한다.
03 바세린 도포	—	• 환상박피 후 형성층에 바세린을 도포한다. → 수분 증발 억제 및 병해충 예방
04 토양소독 및 토양개량	—	• 토양살충제와 살균제를 사용하여 토양을 소독한다. • 개량토를 만든 후 되메우기를 실시한다.
05 지상부 처리	—	• 되메우기 후 충분한 관수와 생리조절의 전정, 수피감기, 약제살포 등을 실시한다.

(4) 수간 외과수술

수간에 병이 발생하여 목질부가 부패하고 공동이 생길 때, 부패의 진전이 더 이상 되지 않도록 하는 치료이다.

① 수술 적기
- 형성층의 분열이 활발한 4~9월 사이가 가장 적절하다.
- 충전재료의 활성이 원활한 20℃ 정도에서 작업하는 것이 좋다.

② 수술 순서

공동이 작은 경우	• 순서 : 부패부 제거 → 공동가장자리의 형성층 노출 → 소독(살균, 살충) 및 방부처리(방수처리) → 공동충전 → 방수처리 → 표면경화처리 → 인공수피처리 ▶ 소독 및 방부처리 후 방수처리가 되어야 하나 공동충전시 밀착이 잘 되지 않을 수 있어 상황에 따라 처리한다.
큰 공동으로 도복의 위험이 있는 경우	• 공동이 너무 커서 충전을 하여도 바람의 피해를 받을 수 있을 때 시행하는 방법 • 공동충전 작업 전에 썩은 줄기를 미리 자른다. • 공동 내부는 버팀대 박기(세로방향)와 버팀목 설치(가로)를 한 후 공동충전을 실시 • 순서 : 수목 전체 고사지, 쇠약지 제거 , 부패부 제거(만지면 부서지는 부분) → 공동가장자리의 형성층 누출 → 공동내부 다듬기 → 버팀대 박기(리프트 등) → 살균, 살충제 처리 → 방부 · 방수처리 → 버팀목 설치(가로) → 공동충전 → 방수처리 → 표면경화처리(매트처리) → 인공수피 처리

③ 방어선 변색부위는 제거하지 않는다.

④ 형성층 노출의 폭을 약 3cm 정도로 하고 바세린을 발라 이물질이나 해충의 침입과 수분 증발을 막는다.

⑤ 살균제 : 포르말린, 크레오소트 골타르, 70%의 에틸알코올(가장 많이 사용)

⑥ 살충제 : 파라치온, 메치온 등 시중에 판매되는 살충제를 사용

⑦ 방부제 : 비소화합물(유산동 + 중크롬산카리) 처리

⑧ 방수제 : 목질부에 접착력과 침투력이 좋은 인공수지(필요시에 실시, 주로 공동충전 후에 실시), 흙바닥은 습기방지를 위해 콜타르 처리

수목이식장비	굴착기, 동력 이식기, 윈치, 도르래, 로프
전정장비	톱, 전정톱, 기계톱, 고절기
토양관리 장비	토양채취기, 토양천공기, 관수장치, 토양관주기, 토양산도 측정기, 토양수분 측정기, 토양경도계, 염류농도계, 토양체(채취한 흙을 입자별로 분리, 토성 측정)
잔디관리장비	잔디깎기, 예초기, 낙엽불기
일반관리장비	측고기, 윤척(흉고자), 생장추, 광도계, 가지파쇄기, 근주제거기, 뿌리절단기
외과수술장비	칼, 끌, 긁기와 깎기, 도끼, 망치, 마모기, 분무기
작업부 보호장비	보호의, 두꺼운 작업복, 안전화, 보호장갑, 연장혁대, 헬멧, 보호안경, 고굴, 귀마개, 방독면 등
조경수 관리자재	녹화마대, 쥬트, 코아, 부직포, 수간피복종이, 흰색 페인트, 목도끈 등

02 | 농약학

01 농약의 정의

1 정의

농약이란 농작물을 해치는 균과 해충 등을 방제하는 데 사용하는 살균제, 살충제, 제초제, 기피제, 유인제, 전착제, 식물 생장조절제, 보조제 등의 약제를 의미한다.

2 농약의 구비조건

① 적은 양으로 약효가 확실할 것
② 농작물에 대한 약해가 없을 것
③ 인축에 대한 독성이 낮을 것
④ 어류에 대한 독성이 낮을 것
⑤ 다른 약제와의 혼용 범위가 넓을 것
⑥ 천적 및 유해 곤충에 대하여 독성이 낮거나 선택적일 것
⑦ 비용이 싸고, 대량 생산이 가능할 것
⑧ 사용 방법이 편리할 것
⑨ 물리적 성질이 양호할 것
⑩ 등록되어 있을 것(농촌진흥청)

3 농약의 약효

① 농약의 효과 여부는 살포약제의 부착량 및 부착질에 의해 결정된다.
② 농약의 살포량이 어느 한계 이하에서는 농약의 약효가 살포량과 부착량에 비례한다.
③ 농약의 살포량이 증가함에 따라 약효 상승률이 점진적으로 떨어진다.

4 농약의 포장지 색상

색상	농약의 종류
분홍색	살균제
초록색(녹색)	살충제
노란색(황색)	제초제
청색	생장조절제
적색	맹독성 농약

▶ 농약의 독성표시
  농약병 하단에 색띠로 표기
  • 저독성 : 파란색
  • 보통 독성 : 노란색
  • 고독성 : 빨간색

5 농약 제품포장지의 표기사항

① 품목등록번호   ② 농약의 명칭
③ 포장단위   ④ 족용 병해충
⑤ 사용시기   ⑥ 취급제한기준
⑦ 농약별 표시사항   ⑧ 작용기작
⑨ 상호 및 소재지   ⑩ 약효보증기간
⑪ 저장/보관 및 사용상의 주의사항

02 농약의 분류

1 농약의 사용 목적에 따른 분류

살균제, 살충제, 살비제, 살선충제, 살서제, 제초제, 식물 생장조절제, 보조제

2 살균제

병원체로부터 작물을 보호하는 약제이며, 직접 살균제와 보호 살균제로 구분한다.

(1) 살균제의 목적에 따른 분류

분류	특징
보호 살균제	• 병이 발생하기 전에 예방을 목적으로 작물에 처리한다. • 포자의 발아 억제 등 식물체 내에 침입하는 것을 방지한다. • 발병 예상시점에 예방차원으로 방제하며, 약효 지속기간이 길고 부착성 및 고착성이 양호해야 한다. • 넓은 범위의 생화학적 작용점을 나타내어 저항성 유발이 적은 편이다. • 살균력이 떨어지므로 발병하면 약효가 불량하다. ⑩ 석회보르도액, 수산화구리제, 석회유황합제, dithiocarbamates 등

분류	특징
직접 살균제	• 침입한 병원균을 죽이는 치료제 • 작물체 내에 침투한 균사를 사멸시키기 위하여 대개 반침투성 이상의 침투성이 요구된다. • 단점 : 저항성 유발이 잘 일어난다. • 보호살균제와의 혼합제 형태로 많이 사용 예 metalaxyl, benzimidazoles, triazoles, pyrazophos, 항생물질 등
종자 소독제	• 작물의 종자에 감염된 병원체를 죽이는 약제 • 주로 약제 가루를 종자에 묻힘, 침지법(종자를 약제 희석액에 일정 시간 담금) 등이 사용된다. 예 thiram, prochloraz, fludioxonil 등
토양 소독제	• 토양 중의 병원미생물을 죽이기 위해 식재 전에 토양에 처리하는 약제 • 휘발성이 높은 훈증성분을 이용하여 주로 살균, 살충, 살선충 및 제초효과를 동시에 나타낸다. • 고체형태나 가수분해 형식이 주로 사용 • 휘발성의 MITC(methyl isothiocyanate)가 실제 유효 성분이다. 예 dazomet, metam sodium 등

(2) 주요 약제의 특성

① 동제(구리제)

특징	• 알칼리성 농약 • 광범위한 살균효과 • 작물에 따라 약해 발생 가능성 • 어류에 독성 • 유기인계 농약과 혼용 불가
석회 보르도액	• 보르도액의 원료(황산구리)는 물에 잘 녹기 때문에 약해 우려가 있으므로 석회와 반응시켜서 불용성인 동염으로 사용한다. • 보르도액을 살포한 후에 바로 비가 내리게 되면 약해가 발생하게 된다.
사용법	• 조제 즉시 사용한다. → 오래되면 약효가 저하 • 발병 전에 사용한다. • 파라티온, 말라티온, PPN 같은 ester제와 혼용 금지

석회보르도 액 조제 시 주의사항	• 제조 즉시 살포한다. • 반드시 비금속제 통을 사용한다. • 약해 방지를 위해 황산아연을 황산구리 정량의 1/2을 첨가한다. • 석회유에 황산구리 용액을 첨가한다. → 순서가 바뀌면 안된다. • 교반용 막대는 나무 제품을 사용한다.

② 유황제

무기 유황제	• 유황의 살균 작용으로 병원균을 죽이는 약제 • 종류 : 석회 유황합제 → 경제적이며 살균력과 살충력을 함께 가지지만, 약해를 일으키기 쉬운 단점이 있다.
유기황제	• 디티오카바메이트계의 약제(만코제브 수화제) • 동제나 유황제의 무기 살균제에 비해 약해 작용이 적다. • 지효성이 좋고 약효가 효과적이다. • 알칼리성 약제와 혼용이 불가능하며, 이외의 모든 약제와 혼용 가능하다. • 단점 : 살균 작용에서 선택성을 가진다. • 저장 중 흡습에 의하여 분해되기 쉬운 단점이 있고, 무기유황제보다 고가이다. • 종류 : 만코제브, 아이소프로티올레인, 지네브, 마네브, 지람

③ 유기비소제
• 강한 알칼리성의 약제이다.
• 유기인계 농약의 혼용에 주의한다.
• 종류 : 아소진, 네오아소진(Neoasozin)

▶ 네오아소진(Neoasozin) : 사과의 부란병 예방 및 치료 효과가 있는 유기비쇼계 살균제

④ 농용 항생제
• 다른 미생물의 발육 또는 대사 작용을 억제시키는 생리 작용을 지닌 물질을 의미한다.
• 구비 조건

– 식물 병원균에 대하여 살균력을 갖추어야 한다.
– 일광이나 공기에 의해서 분해되어서는 안 된다.
– 식물에 대해 약해가 없어야 한다.
– 인축에는 독성이 없어야 한다.
– 가격이 싸고 분해작용이 느려야 한다.

• 종류 : 스트렙토 마이신(streptomycin), 블라스티시딘 에스(Blasticidin -s), 가수가마이신(Kasugamycin)

⑤ 침투성 살균제
- 약제 자체가 살균력을 가지지 않는다.
- 식물체 내로 침투 이행되어 식물의 대사에 작용하는 약제이다.
- 기름에 대한 용해도와 수용성이 적절해야 잘 침투된다.
- 기생균이 분비하는 독소를 불활성화시키는 물질로 변화시킨다.
- 식물 자체의 저항성을 높여준다.
- 종류 : 베노밀, 티람, 카벤다짐, 티오파네이트메틸, 티아벤다졸 등

▶ 종자 소독제로 주로 사용되는 농약 : 베노밀, 티람

❸ 살충제

(1) 살충제의 목적에 따른 분류

분류	특징
식독제	- '소화중독제'라고도 하며, 해충의 소화기관을 침투하는 독작용을 나타내는 살충제이다. - 식엽성 해충이 주요 방제 대상이다. - 접촉독제의 한 부류로 구분한다. 예 유기인계, carbamate계, Bt제 등
접촉독제	- 해충의 표피에 직접 접촉되어 체내로 침입함으로써 독작용이 나타나는 약제이다. - 구분 : 직접접촉독제, 잔류성 접촉독제 예 유기인계, carbamate계 등
침투성 살충제	- 약제가 식물체 내로 흡수, 이행되어 식물체 각 부위로 이동하여 약효를 나타내는 약제이다. - 흡즙성 해충에 약효가 우수하다. - 살충제와 살균제 모두 적용된다. - 이동 중 분해되지 않도록 화학석 안성성이 요구된다. - 반침투성(잎의밑면까지 확산하는 정도)과 침투이행성(물관부를 통해 작물체 전체로 이동)으로 세분화된다. 예 유기인계, carbamate계
훈증제	- 휘발, 증기상태로 해충의 호흡기관을 통하여 체내에 침투되는 살충제 - 상온에서도 증기압이 높은 약제가 사용된다. - 흡입독성이 강하여 사용자가 배제된 상태의 밀폐된 장소에서 방제하는데 사용된다. 예 CH_3Br, chloropicrin 등

분류	특징
유인제	- 약제가 부착된 장소로 해충을 유인하는 약제이다. - 페로몬 트랩이 대표적이다. 예 페로몬, oryzanone, arylisothiocyanate 등
토양형 (28형)	- 해충이 접근하지 못하게 하는 약제이다. 예 lauryl alcohol, N, N-dimethyl-m-toluamide 등

❹ 제초제

(1) 제초제의 분류

선택성 제초제	특정한 잡초만 살초(2,4-D, MCP)
비선택성 제초제	모든 식물 살초(염소산나트륨, TCA, Glyphosate, paraquat)
발아전 제초제	잡초 발아 전 토양 처리(시마진, 부타클)
발아후 제초제	잡초 발아 후 경엽처리
접촉형 제초제	약제가 접촉된 부위에 살초
이행형 제초제	약제가 식물체 내 침투, 이행하여 살초

(2) 작용기작

작용기작	분류 및 종류
광합성 저해	벤조티아디아졸계, 트리아진계, 요소계, 아미이드계, 비피리딜리움계(과산화물 생성)
호흡 및 산화적 인산화 저해	카바메이트계, 유기염소계
호르몬 작용 교란	페녹시계(2,4-D, MCP), 벤조산계
단백질 합성 저해	아마이드계, 유기인계, 카바메이트계
세포분열 저해	디니트로아닐린계, 카바메이트계
엽록소형성 저해	피라졸계
아미노산 생합성 저해	설포닐우레아계, 이미다졸리논계, 유기인계 (Glyphosate)

5 식물 생장조절제

① 식물의 생장 촉진 등 식물의 생육을 조절하기 위하여 사용되는 약제이다.
② 종류 : 지베렐린, 테테로 오옥신, α-나프탈렌초산, MH제

6 보조제

① 농약 유효성분의 효력을 증진시키기 위해 사용되는 첨가제로서 그 자체는 약효가 없다.
② 종류 : 전착제, 증량제, 용매, 유화제, 협력제, 약해 경감제 등
③ 분류

전착제	• 주성분을 병해충이나 식물체에 잘 전착시키기 위해 사용되는 약제이다. • 습윤성(널리 적시는 성질)과 확전성(골고루 퍼지는 성질)이 좋아야 한다. • 부착성과 고착성이 양호해야 한다. • 수화제는 현수성, 유제는 유화성이 양호해야 한다.
증량제	• 농약 제조시 양을 증대시킬 목적으로 사용하는 보조제이다. • 증량제의 흡유가에 따라 고농도, 저농도 제제가 가능한 증량제로 구분한다. • 증량제의 주재료는 활석(talc), 고령토(kaolin), 벤토나이트(bentonite), 규조토(diatomite) 등이 주로 사용된다. • 수용제는 설탕, 유안 등을 증량제로 사용한다.
용매	• 유제나 액제 등의 액상 농약 제품을 만들 때 원제를 녹이기 위하여 사용하는 용매를 의미한다. • 유제를 제조할 때 물에 녹지 않는 원제를 녹이는 용매는 xylene, benzene 등이 있다. • 액제는 물 또는 알코올류 등이 용매로 사용된다.
유화제	• 유제를 물에 희석할 때 물에 대한 분산성(유화성)을 좋게 하기 위해 사용되는 첨가제이다. • 주로 계면활성제가 사용된다.
분산제	• 고체 제형인 수화제에 첨가할 경우, 고체성 입자의 물에 대한 분산성(현수성)을 좋게 한다.

농약 제제의 목적은 소량의 유효성분을 넓은 지역에 균일하게 살포, 사용자에 대한 편의성, 최적의 약효 발현과 최소의 약해 발생, 유효성분의 물리화학적 안정성 향상, 살포자에 대한 안전성을 향상시키는 것이다.

1 희석살포용 제형

제형	특징
액상 수화제	• 물과 유기용매에 난용성인 원제를 액상 형태로 조제한 약제이다. • 분말의 비산 등의 단점을 보완하였다. • 수화제보다 약효가 우수하다. • 단점 : 용기에 달라붙음
수화제	• 원제가 액체이면 백토, 증량제(점토, 규조토 등)와 계면활성제를 혼합하여 제제한다. • 원제가 고체이면 백토를 첨가하지 않고, 증량제와 계면활성제 등을 첨가하여 제제한다. • 현수성이 2분 이내의 것이 좋다.
유제	• 농약 원제를 석유계 용제(xylene 등), ketone류, alcohol류 등에 녹이고 계면활성제를 유화제로 첨가하여 제제한다. • 유화성이 2시간 이내가 양호하다.
입상수화제	• 과립형태로 제제한 수화제의 형태이다. • 비산에 의한 중독 가능성이 적다.
액제	• 원제가 수용성이며 가수분해의 우려가 없을 때 원제를 물 또는 알코올에 녹이고 계면활성제나 동결방지제를 첨가하여 제제한다. • 유제의 제제방법과 유사하다. • 겨울철 저장에 유의해야 한다.(동결)
유탁제 및 미탁제	• 유탁제는 유제용제를 줄이기 위한 방안으로 개발된 제형이다. • 우수한 유화제를 선발하는 것이 유탁제형에서 가장 중요한 요소이다. • 미탁제는 유탁제의 기능을 더욱 개선한 제형으로 소량의 유기용제를 사용하며, 외관상 투명한 상태가 된다. • 미탁제는 유제나 유탁제에 비하여 약효가 우수하다.

제형	특징
수용제	• 수용성 고체 원제와 유안이나 망초, 설탕과 같은 수용성의 중량제를 혼합하여 제제한 분말제제이다. • 수화제와 달리 투명한 용액이다. • 수용성 고체 원제만을 제제 대상으로 한다. • 단점 : 용해상태가 불량하여 살포기 노즐이 막히는 경우가 있다.

▶ 제형별 사용 비율 : 희석살포제(77.6%) > 직접살포제(19.8%) > 특수제형(1.8%) > 종자처리제(0.8%)

▶ 희석살포제 사용 비율 : 액상수화제 > 수화제 > 유제 > 액제 > 입상수화제 > 미탁·유탁제 > 수용제

2 직접살포용 제형

① 입제 : 입상의 제제
② 분제 : 10ym 이하의 입자가 50% 이상인 가루의 제제

3 농약 보조제

(1) 계면활성제

① 동일 분자 내에 친유성기와 친수성기가 함께 존재한다.
② 서로 섞이지 않는 유기물층과 물층의 두 층계를 서로 흡착하여 계면의 성질을 변화시키는 물질이다.
③ 유화제, 분산제, 전착제, 가용화제 등의 용도로 사용된다.
④ 비이온 계면활성제 : 농약제제에서 중요한 계면활성제
⑤ 계면활성제의 HLB
  • HLB값이 올라갈수록 물에 잘 녹고 투명하다.
  • 농약 HLB값 : 10~14

04 농약의 사용법

1 농약의 살포 전 후 관리 및 유의사항

(1) 농약 살포 전후(농약 사용 시) 유의사항

① 방제 대상 작물과 병해충
② 농약 혼용 관계
③ 농약의 안전사용 기준
④ 가격과 포장 단위
⑤ 운반상 문제
⑥ 주변 여건을 고려(대상 작물의 주변)

(2) 저장중의 주의사항

① 냉암소에 저장 및 보관할 것
② 건조한 장소에 보관할 것
③ 화기 주변을 피할 것
④ 제초제는 다른 약제와 구분 격리 보관할 것
⑤ 어린이의 손에 닿지 않도록 할 것

2 농약 살포방법

농약의 효과는 살포량이 증가함에 따라 약효 상승률은 점점 떨어져 약효 상승률이 '0'이 되는 살포량에서 약효는 최고에 달한다.

분무법	• 유제와 액제를 물로 희석한 후, 그리고 수화제와 수용제를 물에 녹인 후 분무기를 사용하여 살포하는 방법 • 약제의 혼합이 쉽고 비산이 적으며, 뿌린 후 식물에 부착이 잘 되기 때문에 조경수에서 가장 많이 사용하는 방법이다. • 관목을 대상으로 소면적에 살포할 때에는 수동식을, 교목을 대상으로 대면적에 살포할 경우에는 동력식을 사용한다.
입제살포법	• 입제로 된 농약을 식물표면에 직접 뿌리는 방법으로, 제초제를 뿌릴 때 주로 사용된다.
토양시용법	• 액제, 입제, 분제를 토양표면 또는 땅속에 혼합하는 방법이다. • 침투성 농약의 경우 이 방법을 쓰면 뿌리가 흡수하여 지상부로 이동시켜서 병해충을 구제할 수 있다. • 관주법은 토양시용법의 한 종류로서 토양훈증제나 약액을 땅속에 깊숙이 집어 넣는 방법이다. • 농약뿐만 아니라 시비할 때에도 쓰이며, 관주기를 이용한다.
도포법	• 수간과 줄기의 표면과 상처에 침투성 약액을 발라서 조직내로 약 성분이 흡수되어 해충과 병균의 침입을 막는 방법
수간주입법	• 수간에 구멍을 뚫고 침투이행성 약제를 넣어 잎이나 줄기를 가해하는 해충이나 병균을 구제하는 방법 • 솔잎혹파리 구제를 위한 포스팜 사용과 빗자루병 구제를 위한 항생제 투여시 적용한다.

chapter 05

1 인축독성 구분

구분	급성경구(mg/kg)		급성경피(mg/kg)	
	고체	액체	고체	액체
I급 (맹독성)	5 미만	20 미만	10 미만	40 미만
II급 (고독성)	5 이상 50 미만	20 이상 200 미만	10 이상 100 미만	40 이상 400 미만
III급 (보통독성)	50 이상 500 미만	200 이상 2,000 미만	100 이상 1,000 미만	400 이상 4,000 미만
IV급 (저독성)	500 이상	2,000 이상	1,000 이상	4,000 이상

2 농약의 독성에 관한 용어

용어	의미
LD	치사량
LD50	각 실험동물 50%를 죽일 수 있는 약량 (mg/kg)
LC	치사농도
LC50	각 실험동물 50%를 죽일 수 있는 농약 농도
TLM	각 실험동물 50%가 생존 할 수 있는 농약 농도
ADI	1일 농약섭취 허용량
NOAEL	실험동물에 대한 최대무작용량(최대무작용량이 낮을수록 그 농약의 만성독성이 높다)

▶ NOAEL 값에서 안전계수를 적용하여 ADI 값을 산출 – ADI값에서 MRL(잔류허용기준) 값을 산출

3 생물농축계수(BCF)

① 수질환경 중 화합물의 농도에 대한 생물의 체내에 축적된 화합물의 농도비를 의미

지용성 생체구성물질과 수질환경 간의 분배현상

$$BCF = \frac{C_b}{C_w}$$

- C_b : 생물체 중 화합물의 농도
- C_w : 수질환경 중 화합물의 농도

② 농약의 분배계수가 높을수록, 배설속도가 느릴수록, 수용성과 증기압이 낮을수록 생물농축 경향이 강하다.
→ 분배계수(LogP) : 농약이 옥탄올/물 양쪽 용매에 분배되는 비율

1 약제의 저항성 요인과 대처 방법

(1) 저항성 증가요인
① 해충 세대가 짧을수록, 농약잔류성이 길수록, 농약 회수가 많고 농도가 높을수록 저항성이 증가한다.
→ 해충의 밀도와는 관계 없음
② 동일 약제를 계속 사용하면 저항성이 높아진다.
③ 교차저항성과 복합저항성

교차 저항성	어떤 살충제에 저항성이 발달한 해충이 다른 살충제(작용기구가 같은)에 저항성을 나타내는 현상
복합 저항성	살충작용이 다른 2종 이상에 대하여 동일 해충이 저항성을 나타내는 현상

(2) 저항성 줄이는 방법
① 살포횟수를 적게 한다.
② 다른 약제로 바꾸어 사용한다.
③ 작용기작이 다른 농약을 살포한다.

2 약제 혼용 시 주의할 사항과 예시

(1) 약제 혼용 시 주의할 사항
① 표준 희석배수 준수, 다종 혼용 및 고농도 희석 금지
② 혼용한 살포액은 되도록 즉시 살포한다.
③ 혼용 시 침전물 생성이 있는 경우 사용하지 않는다.
④ 유기인계 혹은 카바메이트계 농약과 알칼리성 농약은 혼용하지 않는다.
⑤ 유기염소계나 유기황계 농약을 알카리성 농약과 혼합해도 약효가 떨어지고 약해가 난다.
⑥ 되도록 농약과 비료는 혼합하여 살포하지 않는다.
⑦ 혼용가부표를 반드시 확인하여 혼용여부를 결정한다.
⑧ 동시에 2가지 이상의 약제를 섞지 말고 한 약제를 물에 천천히 섞은 후 추가 희석한다.
⑨ 유제와 수화제의 혼용을 피하고, 다종 혼용 시 과량 살포를 피한다.
⑩ 약제 혼용 순서 : 수용제 > 수화제 > 유제

(2) 약제 혼용 예시

혼용이 가능한 경우	• 페니트로티온 + 아이비피, • 페니트로티온 + 가수가마이신 • 펜치온 + 에디펜포스 • 디클로르보스 + 마네브
혼용이 불가능한 경우	• 오메토에이트 + 석회유황합제 • 프로파닐 + 카바메이트 • 부라딘 + 칼탑

07 농약 약해 및 방제

1 약해

(1) 약해의 원인

① 살포약제의 고농도 살포
② 제4종 복합비료와 혼용 살포
③ 2종 이상의 약제를 섞어서 살포할 때
④ 살포장비의 세척
⑤ 장마철 보르도액의 살포
⑥ 고온 및 고광도 시 석회황합제 사용
⑦ 동시 사용 약해
⑧ 근접살포 약해

(2) 일반적인 농약의 약해

① 활엽수는 잎의 가장자리가 괴사하고 부정형의 반점이 발생한다.
② 침엽수(소나무)는 잎 끝이 적갈색으로 변한다.

▶ 디프 수화제
핵과식물(복숭아나무 등)은 잎의 황화현상과 낙엽

2 제초제의 약해

증상	특징
잎의 가장자리 괴사	• 수관 전체의 병징 • diuron, atrazine, dalapon, borates
엽맥 사이의 엽육 조직 괴사 및 잎 전체 괴사	• 갑자기 병징이 나타남

증상	특징
잎 작은 반점(주 근깨 모양)	• 갑자기 병징이 나타나며, 수관 가장자리 잎에 증상이 심하다. • 반점이 균일하게 나타나며, 반점의 가장자리가 뚜렷하다. • paraquat, benatazon, diphenyl-ethers, oxadiazon, diquat, fluazifop, cyclohexenone
잎의 엽맥 사이 조직 황화현상	• 잎의 가장자리와 엽맥에 황화현상이 뚜렷이 나타남 • 노엽에서 먼저 시작되고, 수관 전체에서 병징이 보임 • triazines, atrazine, simazine
잎의 황화, 백색화	• 신엽의 가장자리에서 병징이 갑자기 나타남 • 약제를 살포한 곳 전체에서 증상이 나타남 • amitrole, noflurazon, clomazone
갑자기 낙엽이 짐	• 살포지역 전체에서 병징이 갑자기 나타남 • 노엽의 피해가 먼저 시작되고 잎의 끝이 괴사 후 낙엽진다. • bromacil
신초의 비틀림	• 약제를 살포한 지역 전체에서 신초가 비틀리는 증상이 나타남 • thiocarbamates, 2,4-D, dicam-ba, glyphosate, dalapon ▶ dicam-ba 살포 시 • 활엽수는 잎의 기형과 신초의 비대생장이 나타난다. • 침엽수(소나무 등)는 신초 정단부위가 비대생장하고 꼬부라진다. • 은행나무는 잎이 말린다. • 주목은 황화현상이 발생한다.
신초가 총생 (빗자루 모양)	• 신초의 어린 잎이 기형이 되고, 길게 자라지 않는다. • 약을 살포한 전 지역에서 증상이 나타난다. • 활엽수는 잎이 갈변한 후 고사하고, 침엽수(주목, 측백나무 등)는 신엽의 가장자리에 황화현상이 나타난다. • glyphosate의 경우 가을에 살포하면 이듬해 봄에 증상이 나타난다. • glyphosate

증상	특징
잎과 신초가 갈라짐	• 감수성 수종에 제초제가 살포되면 증상이 나타남 • 주로 잎과 신초가 뒤틀리는 증상이 동반 • 2,4-D계통의 화합물
오그라듦	• 농약을 살포한 전 지역의 수관 전체에서 병징이 나타남 • 가지의 왜성화와 잎 전체 또는 엽맥 사이의 황화현상이 나타남 • dinitroanilines, amides, thiocabamates
뿌리의 뒤틀림	• 가지의 왜성화와 잎 전체 또는 엽맥 사이의 황화현상이 나타남 • 뿌리가 부풀면서 곤봉모양으로 된다. • trifluralin, oryzalin

❸ 제초제 피해의 치료

① 토양내 제초제가 뿌리에 흡수되었을 때 먼저 배수상태를 확인하고 충분한 관수로 농약을 세척한다.

→ 배수되지 않으면 제초제 피해가 커질 수 있다.

② 표토를 유기물이 풍부한 토양으로 개량하고 석회를 시용하여 제초제를 중화시킨다.

③ 토양 속에 활성탄을 넣어 체초제를 흡착시키고 며칠 후 제거한다.

④ 신초를 절단하여 새로운 가지를 형성하도록 한다.

⑤ 수세 회복을 위하여 무기양분의 엽면시비, 토양관주, 수간주사 등을 실시한다.

❹ 농약 사용시 유의사항

① '농약혼용 적부표'를 확인하고 혼용 가능한 농약을 사용한다.

② 가지 등에 상처가 많을 때 약해가 발생할 수 있다.

③ 고온일 때 약해가 발생할 수 있다.

④ 바람이 불거나 농약 살포 직후 비가 오면 농약의 약효가 낮아진다.

08 농약 희석 계산문제

❶ 소요약량 구하기

문제1) 클로티아니딘 유제를 1,500배로 희석하여 액량 10L로 살포하려 한다면 원액약량은?

풀이 $\text{소요약량} = \dfrac{\text{단위면적당 사용량}}{\text{소요 희석배수}} = \dfrac{\text{10L (10,000mL)}}{1500} = 6.7\text{mL}$

※ $\text{희석배수} = \dfrac{\text{소요물량}}{\text{소요약량}}$

문제2) DDVP 유제 50%를 1,000배로 희석하여 면적 10a당 4말(1말=18L)을 살포하고자 할 때 소요약량은?

풀이 $\text{소요약량} = \dfrac{\text{단위면적당 사용량}}{\text{소요 희석배수}} = \dfrac{18,000 \times 4}{1000} = 72\text{mL}$

❷ 희석할 증량제의 중량 구하기

문제1) 농도 95% 타로닐 수화제 원제 10kg을 가지고 증량제를 희석하여 타로닐 수화제 75%를 만들려고 한다. 이때 소요되는 증량제는 몇 kg인가?

풀이 $\text{희석할 증량제의 중량} = \text{원분제의 중량} \times \left(\dfrac{\text{원분제의 농도}}{\text{희석할 농도}} - 1 \right)$

$= 10\text{kg} \times \left(\dfrac{95}{75} - 1 \right) = 2.67\text{kg}$

문제2) 10% MIPC 분제 2.0kg을 2.0% 분제로 만들려고 할 때 필요한 증량제의 양은?

풀이 $2\text{kg} \times \left(\dfrac{10}{2} - 1 \right) = 8\text{kg}$

❸ 희석에 필요한 물의 양 구하기

문제1) 30% DDVP 유제 500ml로 0.01%의 살포액을 만드는데 소요되는 물의 양은? (단, 원액의 비중은 1.0)

풀이 $\text{희석에 필요한 물의 양} = \text{원액의 용량} \times \left(\dfrac{\text{원액의 농도}}{\text{희석할 농도}} - 1 \right) \times \text{원액의 비중}$

$= 500\text{ml} \times \left(\dfrac{30\%}{0.01\%} - 1 \right) \times 1.0$

$= 1,499,500\text{mL} = 1,499.5\text{L}$

문제2) 뷰프로페진 유제 48% 500ml를 0.5% 희석액으로 만드는데 소요되는 물의 양은? (단, 유제의 비중은 1.005)

풀이 희석에 필요한 물의 양 $=$ 원액의 용량 $\times(\dfrac{\text{원액의 농도}}{\text{희석할 농도}}-1)\times$ 원액의 비중

$$= 500ml \times (\dfrac{48\%}{0.5\%} - 1) \times 1.005$$

$$= 47,737mL = 47.7L$$

4 농약 잔류량 구하기

문제1) 건초 중 농약잔류량이 0.5ppm 이었다면 시료 20kg 중의 농약잔류량은?

풀이 1ppm : 100만분의 1의 양

1kg 중 1ppm = 1kg 중 1mg

즉, 농약잔류량 0.5ppm = 건초 1kg 중 농약잔류량 0.5mg이므로 건초 1kg 중 0.5ppm일 때, 건초 20kg 중 ppm은 다음과 같다.

1 kg : 0.5 ppm = 20 kg : x ppm

x = 10ppm

∴ 건초 20kg 중 10mg의 농약잔류량

살충제 분류

구분	유효성분	사용 목적	침투유형	적용 대상
유기염소계 (organochlorine 계)	DDT, BHC, 엔도설판(Endosulfan)	방제	접촉 및 식독	담배나방, 토양해충
유기인계 (organophosporus 계)	파라티온(parathion), 페니트로티온(fenitrothion), 다이아지논(diazinon), 클로르피리포스 (chlorpyrifos), 디클로로보스(dichlorvos), 말라티온(malathion), EPN 등	살충	소화중독, 접촉독, 호흡독 (이상흥분)	이화명나방, 굴파리류, 심식충류, 잎말이나방류, 진딧물류 등 각종 해충
카바메이트계 (carbamate계)	카바릴(carbaryl), 카보퓨란(carbofuran), 카보설판, 벤퓨라카보(benfuracarb), 메소밀(methomyl)	살충	침투이행성, 접촉, 식엽.흡즙	멸구류, 매미충류
합성피레스로이드계 (pyrethroids 계)	델타메트린, 펜발러레이트, 펜프로파틴, 비펜트린, 아크리나트린, 사이플루트린, 사이할로트린, 사이퍼메트린	살충	접촉, 식독 (축삭작용 : 반복흥분, 녹다운)	딱정벌레목, 파리목, 노린재목, 나비목, 메뚜기목
네오니코티노이드계 (nicotine 계)	이미다클로프리드(imidacloprid), 아세타미프리드 (acetamiprid), 클로티아니딘(clothianidin), 디노테 퓨란(dinotefuran), 티아클로프리드(thiacloprid), 티 아메톡삼(thiamethoxam)	살충	침투이행, 접촉, 소화중독	흡즙성 해충
벤조일(페닐)우레아계 [벤조일요소계] (benzoylurea 계)	디플루벤주론(diflubenzuron), 테플루벤주론 (teflubenzuron), 클로르플루아주론(chlorfluazuron), 비스트릴퓨론(bistrilfuron), 플루페녹수론 (flufenoxuron), *뷰프로페진(bufrofezin)	살충 곤충생장 조절제	접촉, 식독	나방류, 나방의 어린유충 등
네레이스톡신계 (nereistoxin 계)	카탑(cartap), 벤설탑(bensultap)	살충	접촉, 식독	각종 해충
디아마이드계 (diamide 계)	사이안트라닐리프롤(cyantraniliprole), 테트라닐리프롤(tetraniliprole)	살충	침투이행성, 접촉, 소화중독	총채벌레, 가루이류, 진딧물류, 나방류 탁월한 효과
아바멕틴류 (abamectin류)	아바멕틴(abamectin), 에마멕틴벤조에이트(emmamectin benzoate)	살충	침투이행성, 접촉, 식독	흡즙성 해충 (응애, 총채벌레류, 굴파리 등), 타양한 해충
니아신계	플로니카미드(flonicamid)	살충	침투이행성	진딧물류, 가루이류
설폭시민계	설폭사플로르(Sulfoxaflor)	살충	침투이행성, 접촉, 소화중독	진딧물, 깍지, 노린재, 매미충 등

작용기작	특성
2a, GABA 의존 Cl 통로 억제	• 엔도설판(Endosulfan)이 우리 나라에서 거의 유일한 유기염소 시클로디엔계(cyclodiene)살충제이다. • 잔류성이 다른 시클로디엔계(cyclodiene)보다 상대적으로 짧다.
1b, AchE 저해	• 인(P) + 4O.S 기본구조 • 타 약제와 혼합시 안정성이 높음 (단, 알칼리성 농약과 혼용 금지)
1a, AchE 저해	• 카르밤산 기본구조 • 일반적으로 카바메이트계 살충제는 종 특이성이 높음(멸구류, 매미충류) • 카보퓨란(carbofuran)은 살응애 및 살선충 효과도 있어 광범위함 • 벤퓨라카보(benfuracarb), 메소밀(methomyl)는 토양처리제, 종자처리, 경엽처리 등
3a, Na 통로 조절	• 제충국의 피레스린 추출
4a, 신경전달물질 수용체 차단 (AchR와 결합 신경전달저해)	• 니코틴과 아나바신 등의 화합물 • 꿀벌의 집단붕괴의 원인 • 선충, 응애 효과없음
15, 키틴 생합성 저해	• 플루페녹수론(flufenoxuron) - 저항성 응애류 효과 좋음, 나방류의 유충 살충효과 높음 • 클로르플루아주론(chlorfluazuron) - 잣나무넓적잎벌 • 뷰프로페진(bufrofezin) - 솔껍질깍지벌레 　→ 뷰프로페진 : Benzoylurea계와 작용기작(16, 키틴합성 저해)이 유사하나 화학구조가 달라 세부분류는 달리한다.
시냅스후막으로 Ach전달차단	• 갯지렁이의 천연소독성분인 네레이스톡신 구조변화시켜 개발 • 카탑(cartap)은 유기인계 및 카바메이트계 살충제에 대한 저항성 해충에도 안정적 방제효과 • 벤설탑(bensultap)은 딱정벌레목 및 나비목 효과 우수
28, 라이아노딘 수용체 조절	• 해충이 접촉 또는 섭식 시 빠른 섭식 억제효과를 보임
6, Cl 통로 활성화	• abamectin류는 발효물질인 abamectin 계통의 미생물 기원 살충제 • 아바멕틴(abamectin) - 흡즙성 해충(응애, 총채벌레류, 굴파리 등), 소나무재선충 • 에마멕틴벤조에이트(emmamectin benzoate) - 다양한 해충(나방에 지속효과 뛰어남)
29, 현음기관 조절	• 꿀벌에 대한 안전성이 높아 개화기에 사용 가능
4c, 신경전달물질 수용체 차단	• 진딧물에 강력한 효과

chapter 05

살균제 분류

구분	유효성분	사용 목적	침투유형	적용 대상
벤지미다졸계 (benzimidazole 계)	지람(ziram) 티람(thiram) 지네브(zineb) 마네브(maneb) 만코제브(mancozeb)	보호 및 치료 (포자 발아 방지, 침입균의 살멸)	비침투성	탄저병, 노균변 등
페닐아마이드계 (phenylamides 계)	티오파네이드 메틸(thiophanate methyl) 카벤다짐(carbendazim)	치료제 (포자의 발아 및 균사 침입 저해)	침투이행성	광범위
트리아졸계 (triazole 계)	메타락실(metalaxyl) 베날락실(benalaxyl)	치료제 (균사, 포자 생장 억제)	침투이행성	역병, 노균병, 탄저병, 뿌리썩음병 등
트리아졸계 (triazole 계)	트리아디메폰(triadimefon) 테부코나졸(tebuconazole) 디페노코나졸(difenoconazole)	예방 및 치료 (세포막 ergosterol의 생합성 저해하여 살균)	침투이행성	흰가루병, 붉은별무늬병, 탄저병, 녹병 등
스트로빌루린계 (strobilurin 계)	아족시스트로빈(azoxystrobin) 트리플록시스트로빈(trifloxystrobin)	예방 및 치료 (미토콘드리아의 전자전달계를 저해)	침투이행성	겹무늬썩음병, 갈색무늬병, 흰가루병, 노균병, 녹병, 탄저병, 뿌리혹병 등
프탈리마이드계 (phthalimide 계)	캡탄(captan) 폴펫(folpet) 등	치료제 (병원균의 호흡을 저해하여 살균)	침투이행성	탄저병, 겹무늬썩음병, 눈마름병 등
아릴니트릴계 (arylnitrile 계)	클로르탈로닐(chlorothalonil)	예방 및 치료 (병원균의 호흡을 저해하여 살균)	비침투성	탄저병, 노균병, 역병, 마름병, 각종 낙엽병 등
유기인계 (organophosphates 계)	포스틸알(fosetyl-Al) 이프로벤포스(iprobenfos) 에디펜포스(edifenphos)	치료	침투이행성	벼 도열병, 노균병, 역병 등
퀴논계(quinone 계)	디티아논(dithianone) 클로라닐(chloranil)	보호살균제 (포자 발아 억제)		광범위 (세균성 병해도 효과)

훈증제

구분	유효성분	사용 목적	침투유형
할로겐탄화수소계	메탐소듐(metam sodium) 클로로피크린(Chloropicrin) 메틸브로마이드(methyl bromide)	살균, 살충	토양속 훈증제

작용기작	특성
바2, 인지질 생합성 저해	• 약해 거의 없음 • 지람(ziram)과 티람(thiram)은 예방 및 치료효과 겸비 • 지네브(zineb)와 마네브(maneb)는 탄저병, 노균병 등의 보호살균제이며 현재 사용 금지 • 만코제브(mancozeb)는 탄저병 등의 보호살균제이며, 고온 및 다습시 경시변화 심하여 잘 밀봉 후 냉암소에 보관
나1, 세포분열(유사분열)저해 (미세소관 생합성 저해)	• 병원균의 약제 저항성 유발(연용 피함) • 베노밀(benomyl)은 침투이행성이고 광범위 • 티오파네이드 메틸(thiophanate methyl)은 베노밀의 특징과 유사하고 주로 경엽 살포용 • 카벤다짐(carbendazim)은 베노밀 및 티오파네이트 메틸의 살균 특성과 유사하고, 뿌리나 녹색의 조직을 통하여 흡수
가1, 핵산합성 저해 (RNA 중합효소 1 저해)	• 경엽, 종자, 토양 등에 다양하게 처리
사1, 막에서 스테롤 생합성 저해 (탈메틸 효소 기능 저해)	• 작물에 약해 없음 • 트리아디메폰(triadimefon) 흰가루병, 잿빛곰팡이병, 낙엽병 등 • 디니코나졸(diniconazole) 붉은별무늬병 등 • 디페노코나졸(difenoconazole) 탄저병, 흰가루병, 녹병, 검은별무늬병 등
다3, 호흡저해(에너지 생성 저해) (복합체 3:시토크롬기능 저해)	• 아족시스트로빈(azoxystrobin)은 사과의 겹무늬썩음병, 노균병 등의 방제에 사용
카, 다점 접촉작용 (효소 또는 단백질의 SH작용기와 반응)	• 살균제, 종자소독, 토양살균제 등으로 사용 • 폴펫(folpet)은 습기와 열에 가수분해되고, 알칼리성 약제(석회보르도액, 석회유황합제 등)와 혼용 안됨
카, 다점 접촉작용 (효소 또는 단백질의 SH작용기와 반응)	• 생물활성 범위가 넓어 각종 작물의 병해방제제로 사용
바2, 지질생합성 및 막 기능 저해 (인지질 생합성, 메틸 전이효소 저해)	• 포스틸알(fosetyl-Al)는 밭작물의 노균병, 역병 등 방제, 식물의 저항성 증가 • 이프로벤포스(iprobenfos), 에디펜포스(edifenphos)는 벼 도열병
카, 다점 접촉작용 (효소 또는 단백질의 SH작용기와 반응)	• 포자 발아 후 살포효과는 없음, 종자소독

적용 대상	특성
곰팡이, 선충, 곤충, 잡초 씨앗 등	• 훈증제는 휘발성, 비인화성, 확산성, 침투성이 강해야 함 • 클로르피크린(Chloropicrin)은 살선충제와 토양살균제로도 사용 • 메틸브로마이드(methyl bromide)는 주로 저장 곡류의 훈증제로 사용

Tree Doctor Qualification Test

TRIAL
EXAMINATION

CHAPTER

06

심화모의고사

심화모의고사 제1회

해설

▶ 실력테스트를 위해 해설란을 가리고 문제를 풀어보세요.

【수목병리학】

001 수목병해의 발생에 관한 설명으로 옳은 것은?

① 기주수목이 병원체에 면역이 되어도 환경조건이 발병에 적합하면 병은 발생한다.

② 곰팡이는 직접 기주 수목의 세포 내로 침입하지 않고 상처나 자연개구를 통해서 침입한다.

③ 수목의 줄기에 유합조직이 생기면 병원체를 확인하지 않아도 병원균에 의한 병으로 판단할 수 있다.

④ 선충은 일반적으로 뿌리의 가장 중요한 부위인 심장근을 가해한다.

⑤ 파이토플라스마는 잎에서 뿌리로 이동하는 에너지 저장화합물을 방해하여 수목을 고사시킨다.

001 ⑤ 파이토플라스마는 수목의 체관부에서 발견되며 대부분 사부요소에 존재하면서 당의 이동을 방해한다.

① 기주수목이 병원체에 면역이 되면 환경조건이 발병에 적합하여도 병은 발생하지 않는다. – 병삼각형의 원리

② 곰팡이는 직접 기주 수목의 세포 내로 침입하고, 상처나 자연개구를 통해서도 침입한다.

③ 줄기에 유합조직의 발생은 상처나 병원균 등에 의하여 형성될 수 있다. 그러므로 유합조직에서 병원균을 확인할 수 없다면 병원균에 의한 수목병으로 진단할 수 없다. – 코흐의 법칙

④ 선충은 일반적으로 뿌리의 가장 중요한 부위인 유근을 가해한다.

002 수목병의 진단 방법에 관한 설명으로 옳지 않은 것은?

① 식물체의 지제부 줄기를 칼로 잘라 우유빛 액체의 누출 유무를 통해서 곰팡이균과 세균을 구분할 수 있다.

② 황산구리와 수산화칼륨을 이용하여 바이러스병을 진단하는 것을 생리생화학적 진단이라 한다.

③ 병원균의 포자와 균총을 관찰하기 위하여 물한천배지를 사용할 때 형광등을 사용하면 병원균의 관찰이 용이하다.

④ 투과전자현미경은 명암 대비로 상을 형성하는 원리를 이용하여 포자 표면의 돌기·무늬를 관찰할 수 있다.

⑤ 면역학적 진단법은 최근에 진균 및 세균병의 진단에 많이 이용된다.

002 ④ 투과전자현미경은 명암 대비로 상을 형성하는 원리를 이용하여 세포 내부, 바이러스 입자를 관찰할 수 있다.

※ 주사전자현미경(SEM) : 전자빔을 시료에 주사하여 반사된 전자빔을 표획하여 상을 형성하며 진균, 세균, 식물의 표면 정보를 얻기 위하여 이용한다. 포자 표면의 돌기·무늬 등을 관찰할 수 있다.

① 자른 줄기부분에서 유윳빛 액체가 흘러나오면 세균에 의한 풋마름병이다.

정답 001 ⑤ 002 ④

003 수목 외과수술에 관한 설명으로 옳은 것은?

① 표면처리층의 가장자리는 중앙부보다 낮아야 유합조직이 표면처리층을 감쌀 수 있다.

② 공동의 횡단면에서 변색부는 부후부와 건전부의 중간에 위치한다.

③ 공동의 크기가 작고 깊지 않더라도 충전재를 사용하여 공동을 메워야 스스로 아무는 속도가 빨라진다.

④ 형성층 노출 부위에 바르는 바세린 또는 상처도포제는 해충 방제가 주요 목적이다.

⑤ 공동 내부의 살균제 처리 시 열풍기를 사용하면 살균제의 살균 효과를 증가시킨다.

004 수목병에 관한 설명으로 옳은 것은?

① 진단이란 병명을 결정하는 것이다.

② 수목병의 방제란 수목 · 병원균 및 환경 중 병원균만을 제거하는 것이다.

③ 비기생성 병과 기생성 병은 뚜렷이 구분된다.

④ 어떤 증상이 비기생성 원인에 의한 것임을 증명할 때 그 부위에 병원체의 존재 여부는 중요하지 않다.

⑤ 이상 징후가 있는 나무의 정상 또는 비정상 구분을 할 때 그 나무의 종류는 중요하지 않다.

005 곰팡이에 관한 설명으로 옳은 것은?

① 곰팡이의 세포는 일반적으로 세포 중간에서 세포막이 안쪽으로 자라 횡단막을 형성하면서 두 개의 세포로 나누어진다.

② 곰팡이에 감염된 식물 및 매개충의 즙액을 매개충에 주입시키면 병원체를 획득할 수 있다.

③ 곰팡이에 감염된 식물의 조직에서 짜낸 즙액을 건전한 잎에 바르면 쉽게 전염이 된다.

④ 곰팡이의 유성세대는 주로 월동이나 휴면 또는 유전적 변이를 통한 주변 환경에 적응하는 생활환이라 할 수 있다.

⑤ 포자는 1개의 세포로만 구성된 번식체이며, 무성적 또는 유성적으로 형성된다.

003 ① 표면처리층의 가장자리는 중앙부보다 낮아지지 않도록 편평하게 성형해야 유합조직이 표면처리층을 감쌀 수 있다.

③ 공동의 크기가 작고 깊지 않으면 충전재를 사용하지 않고 스스로 아물도록 유도하는 것이 바람직하다.

④ 형성층 노출 부위에 바르는 바세린 또는 상처도포제는 형성층이 마르지 않게 하는 것이 주 목적이다.

⑤ 열풍기는 단시간 내 공동 내부를 건조시킬 때 사용한다.

004 ② 수목병의 방제란 수목 · 병원균 및 환경 중 하나를 조절하는 것이다.

③ 비기생성 병은 기생성 병과 혼동되는 경우가 많다.

④ 어떤 증상이 비기생성 원인에 의한 것임을 증명할 때 그 부위에 병원체 존재 여부가 매우 중요하다.

⑤ 이상 징후가 있는 나무의 정상 또는 비정상 구분을 할 때 그 나무의 종류를 파악하는 것은 진단에 도움이 된다.

005 ① 세균 증식(이분법) : 세포는 일반적으로 세포 중간에서 세포막이 안쪽으로 자라 횡단막을 형성하면서 두 개의 세포로 나누어진다.

② 파이토플라스마는 감염된 식물 및 매개체의 즙액을 매개충에 주입시키면 병원체를 획득할 수 있다.

③ 바이러스 즙액전염 : 감염 식물 조직의 일부를 건전 식물에 문지르거나 또는 감염된 식물의 조직에서 짜낸 즙액을 잎에 바르면 쉽게 전염이 된다.

⑤ 포자는 1개 또는 수 개의 세포로 구성된 번식체이다.

chapter 06

정답 ▶ 003 ② 004 ① 005 ④

006 뿌리에 발생하는 병해의 설명으로 옳은 것은?

① 뿌리병원 곰팡이는 대부분 임의기생체이므로 토양의 환경에 따라 뿌리병해 발병률이 달라진다.

② 자연림에서는 특정 병원균에 의한 피해가 크지만, 개간지나 농지에서는 특정 병원균에 의한 피해 발생률이 낮다.

③ 뿌리 접촉에 의한 병원균의 침입은 동일한 수종보다 다른 수종이 밀집한 지역에서 쉽게 전염된다.

④ 뿌리병은 주로 수피와 형성층 조직상에 부분적인 병반인 궤양을 형성하며, 잎을 가해하여 잎병을 일으키기도 한다.

⑤ 뿌리 병을 일으키는 곰팡이는 주로 자낭균류, 불완전균류, 그리고 녹병균이다.

007 줄기에 발생하는 병원균에 대한 설명으로 옳은 것은?

① 균사체는 두꺼운 균사층을 형성하지 않고, 일정 기간 동안 생장하고 없어지거나 기주에 의해 분해된다.

② 분생포자는 주로 무색의 두 세포이며 윗세포와 아랫세포의 크기와 모양이 서로 다르다.

③ 줄기 병원균은 대부분 순활물기생체로서 살아 있는 식물조직 내에서만 살아가며, 기주를 교대하는 생활환을 가진다.

④ 줄기의 수피와 형성층 조직상에 형성된 병반은 병원균의 이동률과 유합조직의 형성량에 따라 병반의 형태가 달라진다.

⑤ 궤양을 유발하는 곰팡이는 살아있는 수목의 수피를 통해 침입하지만, 죽은 수피에는 자실체를 형성하지 않는다.

008 세균에 의한 수목병해의 설명으로 옳지 않은 것은?

① 세균은 이분법의 무성생식으로 증식하며, 환경에 따라 20분에 한 번씩 분열·증식하기도 한다.

② 세균에 따라 토양 유기물을 분해하는 균과 기주식물 내에서 증식하는 균으로 나눌 수 있다.

③ 세균 감염의 주된 원인은 상처이다.

④ 세균의 특징적인 병징들은 무름과 시들음이다.

⑤ 기주 범위가 넓은 식물병원세균은 돌려짓기로 방제효과를 높일 수 있다.

006 ② 토양의 환경이 균형잡힌 자연림에서는 특정 병원균에 의한 피해가 작지만, 개간지나 농지에서는 특정 병원균에 의한 피해 발생률이 높다.

③ 뿌리 접촉에 의한 병원균의 침입은 동일한 수종이 밀집한 지역에서 쉽게 전염된다.

④ 줄기에 발생하는 병은 주로 수피와 형성층 조직상에 부분적인 병반인 궤양을 형성하며, 잎을 가해하여 잎병을 일으키기도 한다.

⑤ 잎에 병을 일으키는 곰팡이는 주로 자낭균류와 불완전균류, 그리고 담자균류 중 녹병균이다.

007 ① 뿌리에 공생하는 균근(내생균근) : 균사체는 뿌리의 피층세포 내에 존재하며, 두꺼운 균사층을 형성하지 않고, 일정 기간 동안 생장하고 없어지거나 기주에 의해 분해된다.

② 잎에 발생하는 병(유각균강에 의한 병) : 분생포자는 무색의 두 세포이며 윗세포와 아랫세포의 크기와 모양이 서로 다르다.

③ 줄기에 발생하는 병원체는 대부분 임의기생체이다.

※ 녹병 : 녹병원균은 순활물기생체로서 살아 있는 식물조직 내에서만 살아가며, 기주를 교대하는 생활환을 가진다.

⑤ 줄기 병원균(임의기생체) : 궤양을 유발하는 곰팡이는 살아있는 수목의 수피를 통해 침입하고, 최근에 죽은 수피에 자실체를 형성한다.

008 ⑤ 기주 범위가 좁은 식물병원세균은 돌려짓기로 방제효과를 높일 수 있다.

정답 ▶ 006 ① 007 ④ 008 ⑤

009 잎에 발생하는 병에 관한 설명으로 **옳은 것은?**

① 줄기나 가지에 궤양을 일으키는 탄저병원균은 잎을 기해하지 않는다.

② 병원균은 대부분 *Cercospora*류와 *Marssonina*류이며, 실제 가해 시기는 유성세대이므로 불완전세대에서는 잘 나타나지 않는다.

③ 분생포자덩이는 육안으로 관찰되기 어렵고 현미경을 통해서만 관찰이 가능하다.

④ 여름포자를 형성하여 반복감염을 한 후, 겨울포자로 월동하는 병원균도 있다.

⑤ 흰가루병은 기주 세포를 죽이면서 양분을 탈취하는 절대기생체이다.

009 ④ 녹병균에 대한 설명이다.

　① 탄저병원균은 줄기나 가지에 궤양을 일으키며 동시에 잎을 가해하기도 한다.

　② 병원균은 대부분 *Cercospora*류, *Marssonina*류이며 실제 가해 시기는 불완전세대이다.

　③ 분생포자는 주로 흰색이고 습하면 다량의 분생포자덩이가 나타나며, 육안으로 관찰이 가능하다.

　⑤ 흰가루병은 기주 세포를 죽이지 않으면서 양분을 탈취하는 절대기생체이다.

010 녹병에 관한 설명으로 **옳은 것은?**

① 전 세계적으로 약 150속 6,000여 종이 알려져 있으며, 수목의 잎·가지·줄기에 녹병을 일으킨다.

② 모든 녹병균은 생활사를 완성하기 위하여 서로 다른 두 종의 기주를 필요로 하는 이종기생균이다.

③ 녹포자는 표면에 독특한 무늬돌기가 있으며 발아하여 겨울포자를 형성한다.

④ 대부분의 녹병균은 세포벽을 뚫고 원형질막을 파괴하면서 세포 내로 들어가서 영양분을 흡수한다.

⑤ 회화나무 녹병은 가지와 줄기에서만 발생하며, 7월부터 껍질이 갈라져 혹이 생긴다.

010 ② 대부분의 녹병균은 생활사를 완성하기 위하여 서로 다른 두 종의 기주를 필요로 하는 이종기생균이지만, 동종기생균도 있다.

　③ 녹포자가 발아하여 형성된 균사에서 여름포자가 형성되며, 녹포자의 표면은 다양하고 독특한 무늬돌기가 형성된다.

　④ 대부분의 녹병균은 세포벽을 뚫고 세포 내로 들어가지만 원형질막을 파괴하지 않으므로 기주세포는 살아있다.

　⑤ 회화나무 녹병은 가지와 줄기, 잎에서 발생하는데, 7월부터 껍질이 갈라져 혹이 생기며 가을에 갈라진 혹의 껍질에 흑갈색의 가루덩이가 나타난다.

011 시들음병에 관한 설명으로 **옳지 않은 것은?**

① 감염된 가지의 목부에 녹색 또는 갈색의 줄무늬 증상이 있는 유관속 시들음병의 병원균은 *Verticillium dahliae* 균이다.

② 느릅나무시들음병, 참나무시들음병, *Verticillium* 시들음병은 매개충에 의해서만 감염된다.

③ 매개충인 광릉긴나무좀은 수컷의 페로몬 발산에 암컷이 유인되며 매개충의 몸에 병원균을 묻혀 와서 전염된다.

④ 참나무시들음병은 다른 지역으로 전반되는 것을 막기 위해 훈증제를 사용하거나 수피를 제거하여 방제한다.

⑤ 균핵은 토양 내에서 휴면하며 오래 생존 가능하므로 새로운 묘목을 식재 시 다시 감염될 가능성이 매우 높다.

011 ② *Verticillium* 시들음병은 느릅나무시들음병이나 참나무시들음병과 다르게 뿌리의 상처를 통해서 감염되는데, 감수성 수종의 뿌리가 생장하면서 토양 내에서 휴면상태의 구조체인 균핵으로 존재하는 병원균 근처를 통과할 때 균핵이 발아하여 뿌리를 감염시킨다.

　※ 참나무시들음병은 광릉나무긴좀 매개충에 의해 전염된다.

정답 ▶ 009 ④　010 ①　011 ②

012 목재 부후 및 변색에 관한 설명으로 옳은 것은?

① CODIT 이론에 따르면 목재의 변색과 부후의 진전은 수목의 구획화에 의해 제한된다.

② 목재의 변색곰팡이와 부후곰팡이는 셀룰로스, 헤미셀룰로스, 리그닌을 순서대로 분해한다.

③ 목재 부후균은 매개충에 의해 전반되며, 변색 곰팡이는 포자에 의해 전반된다.

④ 무색균주(albino strain)를 변색균이 침입한 후 목재에 처리하면 침입한 변색균을 억제할 수 있다.

⑤ 갈색부후균은 주로 리그닌을 분해하며, 셀룰로스와 헤미셀룰로스는 잘 분해되지 않는다.

013 파이토플라스마에 의한 수목병의 설명으로 옳은 것은?

① 주요한 병으로 뽕나무오갈병, 오동나무빗자루병, 벚나무빗자루병 등이 있다.

② 소의 흉막폐렴 병원균으로 처음 발견된 후 식물로 전염된 것으로 널리 알려졌다.

③ 파이토플라스마의 외부 형태는 DAPI의 개발로 신속하고 정확하게 관찰 가능하게 되었다.

④ 스피로플라스마와 마찬가지로 주로 식물의 물관 즙액 속에 존재하며, 대부분 매미충류에 의해 전염된다.

⑤ 매개충은 병든 식물에서 병원체를 흡즙한 후 잠복기 없이 파이토플라스마를 전염시키지 못한다.

014 선충에 의한 수목병의 설명으로 옳은 것은?

① 식물성 기생선충은 대부분 토양선충으로서 두 종류의 식도형, 구강형 구침을 가지고 있다.

② 식물선충은 암·수 구분이 되며, 암·수의 생식기관은 성충이 되면 완전히 발달하며, 이 시기에 생식이 이루어진다.

③ 뿌리혹선충은 고착성 내부기생선충으로서 몸이 비대해지며 주로 수컷에 의해 피해가 나타난다.

④ 식균성 토양선충은 균근 형성에는 피해를 끼치지 않는다.

⑤ 지상부 선충병으로 소나무재선충과 감귤선충이 있다.

---

012 ① CODIT 이론은 수목에 상처가 생긴 후 곰팡이뿐만 아니라 여러 생물체가 수목을 다양한 시기와 방법으로 침입하고, 수목은 이에 대하여 물리적·화학적 반응(심재 물질의 축적, 미생물에 의한 변색 등)으로 변색 및 부후가 발생한다. 이러한 부후는 수목의 구획화에 의하여 진전이 제한된다.

② 부후곰팡이는 셀룰로스, 헤미셀룰로스, 리그닌을 분해하지만, 변색곰팡이는 목재부후균과는 달리 목재의 강도에는 영향을 미치지 않으며, 목재의 표면과 방사유조직에 침입하여 목재를 변색시킨다. 주로 색소 물질인 멜라닌에 의하여 변색된다.

③ 목재 부후균은 주로 포자에 의해 전반되며, 변색 곰팡이는 매개충에 의해 전반된다.

④ 무색균주(albino strain)를 변색균이 침입하기 전에 목재에 처리하면 침입한 변색균을 억제할 수 있다.

⑤ 갈색부후균은 세포벽 성분인 셀룰로스, 헤미셀룰로스 등을 분해하며, 리그닌은 잘 분해되지 않는다.

013 ⑤ 매개충은 병원체를 흡즙한 후 온도조건에 따라 10일 내지 45일간의 잠복기를 거친 다음 건전 식물체를 전염시킨다.

① 뽕나무오갈병, 오동나무빗자루병, 대추나무빗자루병, 쥐똥나무빗자루병 등은 파이토플라스마의 주요한 수목병이다. 벚나무빗자루병은 곰팡이(자낭균)에 의한 수목병이다.

② 소의 흉막폐렴 병원균으로 처음 발견된 이래 주로 가축과 사람의 병원체로 널리 알려진 것은 마이코플라스마이다.

③ DAPI는 형광현미경 기법으로 파이토플라스마의 외부 형태는 관찰할 수 없으며, 감염 여부를 신속하고 간단하게 관찰할 수 있다.

④ 파이토플라스마는 식물의 체관 즙액 속에 존재하며, 대부분 매미충류에 의해 전염된다.

014 ② 식물선충의 암·수의 생식기관은 유충 말기가 되면 완전히 발달하며, 이 시기에 생식이 이루어진다.

③ 뿌리혹선충은 주로 암컷에 의해 피해가 나타난다.

④ 식균성 토양선충은 균근균을 가해하며 균근 형성을 저해한다.

⑤ 지상부 선충병으로 소나무재선충과 야자수시들음병이 있다. 지하부 선충병에는 뿌리혹선충, 감귤선충, 뿌리썩이선충 등의 내부기생성 선충이 있다.

정답 012 ① 013 ⑤ 014 ①

015 바이러스에 의한 수목병의 설명으로 옳은 것은?

① 세계 최초로 발견된 식물바이러스는 감자 바이러스 X(PVX)로서 즙액전염이 된다.

② 야자나무에 큰 피해를 주는 카당카당병(coconut cadang-cadang disease)은 단백질 외피가 없는 외가닥 RNA 바이러스이다.

③ 일반적으로 전신감염을 일으키는 바이러스는 독특한 결정상 봉입체, 과립상 봉입체 등의 외부 병징이 나타난다.

④ 자두, 장미, 느릅나무 등의 수목은 종자 및 꽃가루에 의한 전염이 높게 나타난다.

⑤ 수목바이러스를 진단하는 주요 수단으로 검정식물을 이용하고, 보조수단으로 효소결합항체법(ELISA)을 많이 사용한다.

016 뿌리에 발생하는 병의 방제법으로 옳은 것은?

① 뿌리병이 심하게 전반적으로 발병한 경우 토양살균제를 처리하거나 외과수술을 통하여 전염원을 제거할 수 있다.

② 조직을 연화시키는 병원균은 일반적으로 유묘기를 넘기면 발병이 지속되지 않으므로 질소질 비료를 많이 시비하여 빠른 생장을 유도한다.

③ 불난 자리에서 많이 발생하며 주로 침엽수에 발생하는 병원균은 유황성분의 시비로 토양을 산성화시키면 병원균의 생장이 억제된다.

④ 아밀라리아뿌리썩음병은 침엽수만 피해를 주며, 저항성 수종의 식재나 그루터기 제거 등으로 방제할 수 있다.

⑤ 자주날개무늬병은 석회를 살포하여 토양의 산도를 조절하고, 병든 부위를 제거하고 상처 부위를 살균제로 도포한다.

017 목재의 수분 함유가 높은 상태에서 발생되며 표면을 연하고 암갈색으로 변하게 하는 수목병원균은?

① 실버섯류 (*Coniophora puteana*)

② 말굽버섯 (*Fomes fementarius*)

③ 청변곰팡이 (*Ophiostoma*)

④ 구멍버섯류 (*Postia placenta*)

⑤ 콩꼬투리버섯 (*Xylaria*)

---

015 ④ 바이러스의 종자 및 꽃가루 전염 : 종자의 배 안에 있던 바이러스에 의해 대부분 전염되며, 수분할 때 바이러스를 지닌 꽃가루가 배에 들어가서 진염되기도 한다. 공과작물, 사두, 장미, 느릅나무 등에 주로 발생한다.

① 세계 최초로 발견된 식물바이러스는 담배모자이크바이러스(TMV)로서 즙액전염이 된다.

② 야자나무에 큰 피해를 주는 카당카당병(coconut cadang-cadang disease)은 바이러스가 아니다.

※ 단백질 외피가 없는 외가닥 RNA는 바이로이드(Viroid)이다. 바이로이드는 바이러스의 1/50 정도인데 수목병으로 필리핀에서 야자나무의 카당카당병이 알려져 있다.

③ 결정상 봉입체, 과립상 봉입체, 이상 미세구조 등은 바이러스의 내부병징에 해당한다. 바이러스의 외부병징에는 모자이크, 잎맥투명, 번개무늬, 꽃얼룩무늬, 목부 천공 등이 있다.

⑤ 보조 수단으로 검정식물을 이용하고, 주요수단으로 효소결합항체법(ELISA)을 많이 사용한다.

016 ① 뿌리병이 전반적으로 심하게 발병한 경우 방제 시기가 늦은 때이므로 토양살균제나 외과수술로는 방제 가능성이 거의 없으며, 뿌리와 그루터기를 포함하여 나무 전체를 제거해야 한다.

② 질소질 비료의 과용은 식물이 연약하게 도장하여 내병성이 떨어지기 때문에 병원균의 침입을 받기 쉽다.

③ 불난 자리에서 많이 발생하며 주로 침엽수에 발생하는 병원균은 리지나뿌리썩음병으로 산성 토양에서 피해가 심하므로 석회로 토양을 중화시킨다.

④ 아밀라리아뿌리썩음병은 침엽수와 활엽수 모두 피해를 주며, 저항성 수종의 식재나 그루터기 제거 등으로 방제할 수 있다.

017 목재의 수분 함유가 높은 상태에서 발생되며 표면을 연하고 암갈색으로 변하게 하는 수목병원균은 연부후균인데, 콩버섯(*Daldinia*), *Hypoxylon*, 콩꼬투리버섯(*Xylaria*), *Alternaria* 등이 있다.

- 갈색부후균 : 구멍버섯류(*Postia placenta*), 실버섯류(*Coniophora puteana*)
- 백색부후균 : 말굽버섯(*Fomes fementarius*)
- 목재변색균 : 청변곰팡이(*Ophiostoma*)

 정 답 **015 ④   016 ⑤   017 ⑤**

018 줄기에 발생하는 병의 방제법으로 옳지 않은 것은?

① *Cryphonectria parasitica*는 주로 곤충이나 빗물에 의해 전반되므로 천공성 해충의 피해를 예방하며 배수관리를 철저히 해야 한다.

② *Botryosphaeria dothidea*는 추운 지방에서 피해가 심하므로 가을에 식재를 피하며 내병성 품종을 식재한다.

③ *Nectria galligena*의 기주인 사시나무는 방제법이 알려져 있지 않아 발병 시 벌채해야 한다.

④ *Fusarium circinatum*에 의한 병원균은 종자 소독이 가장 확실한 예방법이다.

⑤ *Valsa abietis*는 기주인 잣나무에 발생하는데, 효과적인 방제 방법은 없으며 일반적인 관리를 철저히 해야 한다.

019 잎에 발생하는 수목병의 방제법으로 옳지 않은 것은?

① 소나무잎마름병은 적송의 묘목에 주로 발생하는데, 짚 등으로 토양을 피복하면 발병을 줄일 수 있다.

② 벚나무갈색무늬구멍병은 장마 이후에 살균제를 3~4회 살포하면 발생을 크게 줄일 수 있다.

③ 편백·화백 가지마름병은 감염된 가지를 포함한 건전한 부위까지 잘라내어 태우고, 보르도액을 살포한다.

④ 버즘나무탄저병은 봄에 일평균기온이 15℃ 이하일 때 비가 오면 살균제를 살포한다.

⑤ 소나무류 잎떨림병의 예방은 늦가을에서 이른 봄 사이에 병든 잎을 모아 태우거나 땅속에 묻는다.

020 파이토플라스마에 의한 수목병의 방제법으로 옳지 않은 것은?

① 옥시테트라사이클린을 사용한다.

② 메프 수화제를 7~9월에 살포한다.

③ 건전묘목을 사용한다.

④ 영양기관을 50℃의 온수에 10분간 침지한다.

⑤ 토양 전염이 되므로 토양 살충제를 살포한다.

---

018 ② *Botryosphaeria dothidea* 밤나무가지마름병은 전세계적으로 100여 속의 수목에 발생하는 병해로 줄기와 가지에 발생한다. 방제법으로는 주요 전염원인 아까시나무를 제거하는 방법을 사용한다.

※ 포플러 줄기마름병(*Valsa sordida*) : 특히 추운 지방에서 피해가 심하므로 가을에 식재를 피하며 내병성 품종을 식재한다.

① 밤나무줄기마름병
② 밤나무가지마름병
③ Nectria 궤양병
④ 푸사리움가지마름병
⑤ 잣나무수지동고병

019 ⑤ 소나무류 잎떨림병의 예방은 늦봄부터 초여름 사이에 병든 잎을 모아 태우거나 땅속에 묻는다.

020 ⑤ 파이토플라스마에 의한 수목병은 즙액 전염, 종자 전염, 토양 전염이 되지 않는다.

정답 018 ② 019 ⑤ 020 ⑤

021 세균에 의한 수목병의 방제법으로 옳지 <u>않은</u> 것은?

① 세균에 의한 수목병은 방제가 어려우므로 건전한 종자와 묘의 사용이 제일 중요하다.

② 구리화합물에 의한 방제는 일반적인 농약보다 효과가 낮으며 약해가 발생하기 쉽다.

③ 불마름병은 장미과 나무에 많이 발생하며 개화기부터 이른 여름까지 항생제(streptomycin)와 구리계 살균제로 예방할 수 있다.

④ 세균성구멍병은 핵과류에 주로 발생하며 농용신 수화제가 효과적이지만 약제에 대한 내성을 가질 가능성이 있다.

⑤ 잎가마름병은 수목의 물관부에만 존재하는 물관부국재성 세균으로 가뭄의 피해를 받지 않도록 한다.

021 ② 구리화합물에 의한 방제는 약해가 발생하기도 하지만, 일반적인 농약보다 효과가 높다.

022 <보기>에서 담자균으로 옳게 짝지어진 것은?

[보기]

리지나뿌리썩음병, 아밀라리아뿌리썩음병, 안노섬뿌리썩음병, 포플러잎녹병, 자주날개무늬병, 흰날개무늬병

① 아밀라리아뿌리썩음병, 안노섬뿌리썩음병, 포플러잎녹병
② 리지나뿌리썩음병, 안노섬뿌리썩음병, 자주날개무늬병
③ 리지나뿌리썩음병, 아밀라리아뿌리썩음병, 포플러잎녹병
④ 흰날개무늬병, 아밀라리아뿌리썩음병, 안노섬뿌리썩음병
⑤ 흰날개무늬병, 안노섬뿌리썩음병, 포플러잎녹병

022 • 자낭균 : 리지나뿌리썩음병, 흰날개무늬병
    • 담자균 : 녹병, 아밀라리아뿌리썩음병, 안노섬뿌리썩음병, 자주날개무늬병, 포플러잎녹병

023 느티나무갈색무늬병에 관한 설명으로 옳은 것은?

① 줄기에 발생하는 수목병이다.
② 유각균강(*Coelomycetes*)에 의한 병이다.
③ 이종기생균으로 기주교대를 한다.
④ 성목의 독립수에서 주로 발생한다.
⑤ 병반이 확대 융합되면서 병반 안쪽이 옅은 색깔을 나타낸다.

023 ① 느티나무갈색무늬병은 잎에 발생하는 수목병이다.
    ② 총생균강(*Hyphomycetes*)에 의한 병이다.
    ③ 병원균은 병든 기주의 병든 낙엽에서 월동하며, 이듬해 봄에 병반에서 분생포자가 형성되어 1차 전염원이 된다.
    ④ 성목에서도 집단식재지에서는 발생하지만, 독립수에서는 거의 발생하지 않는다.

 정답 ▶ 021 ② 022 ① 023 ⑤

024 <보기>에 나열된 수목병의 공통점으로 옳은 것은?

[보기]
- 잎가마름병 (*Xylella fastidiosa*)
- 오동나무빗자루병 (*Phytoplasma*)
- 소나무시들음병 (*Bursaphelenchus xylophilus*)

① 매미충류에 의해 전반된다.
② 물관부국재성 병이다.
③ 체관부국재성 병이다.
④ 유관속조직의 작용을 방해한다.
⑤ 병에 걸리면 단시간에 고사한다.

024 ・잎가마름병(*Xylella fastidiosa*) : 물관부국재성 세균병, 매미충류 곤충과의 접촉에 의하여 전반, 잎맥에서 잎맥으로 전염, 전염되어도 고사는 거의 발생하지 않음

・오동나무빗자루병(*Phytoplasma*) : 사부의 체관부(체관 즙액)에 존재, 매미충류에 의하여 전염, 전염되어도 단시간에 고사하지 않음

・소나무시들음병 : 나무의 통도작용 저해, 소나무재선충병 (*Bursaphelenchus xylophilus*)에 의한 전반, 전염되면 단시간에 고사

025 녹병의 병징 및 병환에 관한 설명으로 옳은 것은?

① 담자균문의 녹병균목에 속하며, 임의기생체이다.
② 무성생식을 하는 녹병정자는 세포분열을 하여 녹포자를 형성한다.
③ 녹포자는 기주교대를 하지 않는다.
④ 반복감염을 하여 피해를 증가시키는 여름포자는 n+n 균사를 형성한다.
⑤ 녹병정자는 주로 잎의 뒷면, 녹포자기는 잎의 앞면에 형성된다.

025 ① 담자균문의 녹병균목에 속하며, 순활물기생체이다.
② 유성생식을 하는 녹병정자는 원형질융합을 하여 녹포자를 형성한다.
③ 기주교대를 하는 포자는 녹포자와 담자포자이다.
⑤ 녹병정자는 주로 잎의 앞면, 녹포자기는 잎의 뒷면에 형성된다.

정 답 ▶ 024 ④ 025 ④

【수목해충학】

026 곤충의 생존 전략에 대한 설명으로 <u>옳지 않은</u> 것은?

① 이주는 곤충의 생식적인 성숙이 시작되기 전에 일어나는 현상이다.

② 일장이 짧아지면 많은 곤충은 호르몬에 의해 휴면이 유도된다.

③ 벌목의 암컷은 양성생식으로 수컷을 생산한다.

④ 복숭아가루진딧물의 세대교번은 환경조건과 기주식물의 질적인 변화에 따라 나타난다.

⑤ 곤충의 색상과 모양은 포식자로부터 보호하는 기능을 한다.

026 ③ 벌목의 암컷은 단위생식으로 알을 넣어 수컷을 생산한다.

※ 세대교번 : 곤충의 생활사에서 무시형 세대와 유시형 세대가 교대로 번갈아 일어나는 현상

027 해충의 천적에 대한 설명으로 옳은 것은?

① 먹좀벌류는 기주의 체외에서 알을 낳고 영양을 섭취한다.

② 꽃등애 유충은 포식성 천적으로 빠는 형 입틀을 가진다.

③ 솔잎혹파리의 천적은 주로 외부기생성 천적이다.

④ 솔수염하늘소의 천적인 가시고치벌은 내부기생성으로 기주 안에서 영양을 섭취한다.

⑤ 응애류의 천적은 씹는 형 입틀을 가진 포식성 천적이다.

027 ① 먹좀벌류는 기주의 체내에 알을 낳고 유충이 기주의 체내에 기생하는 내부기생성 천적이다.

③ 솔잎혹파리의 천적은 주로 내부기생성 천적이다.

④ 솔수염하늘소의 천적인 가시고치벌은 외부기생성으로 기주의 체외에서 영양을 섭취한다.

⑤ 응애류의 천적인 애꽃노린재류는 빠는 형 입틀을 가진 포식성이다.

028 곤충의 목별 특징에 대한 설명으로 옳은 것을 모두 고르시오.

> [보기]
>
> ㉠ 노린재아목은 앞날개 기부 절반이 가죽질로 끝 절반이 막질이다.
> ㉡ 매미아목에는 매미충·진딧물·매미 등이 있고, 찌르고 빠는 입틀이다.
> ㉢ 풀잠자리류 유충은 진딧물·가루이·깍지벌레의 포식자로서 유익하다.
> ㉣ 딱정벌레목의 유충은 3쌍의 가슴다리와 2쌍의 배다리가 있다.
> ㉤ 나비목은 곤충목에서 첫 번째로 크다.

① ㉠, ㉡

② ㉠, ㉡, ㉢

③ ㉠, ㉡, ㉣

④ ㉠, ㉡, ㉢, ㉣

⑤ ㉢, ㉣, ㉤

028 ㉣ 딱정벌레목의 유충은 3쌍의 가슴다리가 있고 배다리는 없다.
㉤ 나비목은 곤충목에서 두 번째로 큰 목이다.

정답 ▶ 026 ③ 027 ② 028 ②

029 해충의 기주 범위에 대한 설명으로 <u>옳지 않은</u> 것은?

① 회양목명나방은 회양목을 기주로 하는 단식성 해충이다.

② 광릉긴나무좀은 참나무류 · 서어나무 등 2개의 과를 가해한다.

③ 벚나무깍지벌레는 기주 범위가 한정적인 협식성 해충이다.

④ 조팝나무진딧물은 다양한 수목을 가해하는 광식성 해충이다.

⑤ 천공성 해충 중 오리나무좀은 오리나무를 기주로 하는 단식성 해충이다.

029 ⑤ 천공성 해충 중 오리나무좀은 기주범위가 매우 넓은 광식성 해충이다.

030 병원균을 매개하는 해충을 모두 고른 것은?

[보기]

㉠ 호두나무잎벌레
㉡ 솔수염하늘소
㉢ 광릉긴나무좀
㉣ 썩덩나무노린재
㉤ 갈색날개매미충

① ㉠, ㉡

② ㉠, ㉡, ㉢

③ ㉡, ㉢, ㉣

④ ㉠, ㉡, ㉢, ㉣

⑤ ㉢, ㉣, ㉤

030 • 솔수염하늘소, 북방수염하늘소 – 소나무재선충을 매개한다.
• 광릉긴나무좀 – 참나무시들음병을 매개한다.
• 썩덩나무노린재 – 파이토플라스마를 매개한다.

031 곤충의 외부구조에 대한 설명으로 <u>옳은</u> 것은?

① 곤충의 앞쪽은 전체부, 뒤쪽은 후체부로 나뉜다.

② 외골격의 표면적이 내골격의 것보다 작아 몸집에 비해 근육이 작다.

③ 탈피선은 머리의 윗부분에 있는 Y자가 거꾸로 된 모양의 선이다.

④ 더듬이는 밑마디, 도래마디, 흔들마디, 채찍마디로 나눌 수 있다.

⑤ 가슴은 앞가슴, 가운뎃가슴, 뒷가슴으로 나누며, 앞가슴과 뒷가슴에 1쌍의 날개가 있다.

031 ① 응애류(거미강)는 앞쪽의 전체부와 뒤쪽의 후체부로 나뉜다.

② 외골격의 표면적이 내골격의 것보다 넓어 몸집에 비해 근육이 많다.

④ 더듬이는 밑마디, 흔들마디, 채찍마디로 나눌 수 있다.

※ 도래마디는 다리의 마디를 말한다. 다리마디에는 밑마디, 도래마디, 넓적마디, 종아리마디, 발목마디가 있다.

⑤ 가슴은 앞가슴, 가운뎃가슴, 뒷가슴으로 나누며, 가운뎃가슴과 뒷가슴에 1쌍의 날개가 있다.

정답 ▶ **029** ⑤ **030** ③ **031** ③

032 곤충의 감각계에 대한 설명으로 옳은 것은?

① 감각기관은 빛에너지, 화학에너지, 기계에너지를 열에너지로 전환시키는 역할을 한다.

② 감각수용체는 내배엽에서 파생되며, 내골격의 필수부분이다.

③ 가는 털은 감각신경이 분포된 접촉성 털로서 다리 또는 관절 근처에 많이 분포한다.

④ 맛 감각기는 입틀에 가장 풍부하며, 더듬이와 생식기에도 존재한다.

⑤ 곤충의 시력은 척추동물보다 우수하며, 물체의 움직임을 감지하는 능력 또한 우수하다.

032 ① 감각기관은 빛에너지, 화학에너지, 기계에너지를 전기에너지로 전환시키는 역할을 한다.

② 감각수용체는 외배엽에서 파생되며, 외골격의 필수부분이나.

③ 센털은 감각신경이 분포된 접촉성 털로서 다리 또는 관절 근처에 많이 분포한다.

⑤ 곤충의 시력은 척추동물보다 열등하지만, 물체의 움직임을 감지하는 능력은 우수하다.

033 곤충의 생식에 관한 설명으로 옳지 않은 것은?

① 알은 암컷의 생식계 내에서 만들어지며, 관 모양의 외부생식기인 산란관을 통해 몸 밖으로 방출된다.

② 배자 발생 동안 핵은 생식세포를 형성하지만, 성장·분열하지 않으므로 DNA를 보존할 수 있다.

③ 외배엽 세포는 표피, 뇌와 신경계, 호흡계를 형성하며, 내배엽 세포의 분화에 의해 발생된다.

④ 중배엽은 심장, 혈액, 지방체, 근육 등을 형성한다.

⑤ 곤충이 생존하기 위해 겪는 성장·탈피·성숙과 관련된 변화들을 형태 형성이라 한다.

033 ③ 외배엽 세포는 표피, 뇌와 신경계, 호흡계를 형성하며 외배엽과 중배엽이 발생한 후 내배엽이 형성된다.

034 밤나무혹벌의 목, 과, 학명이 옳은 것은?

① Hymenoptera - cynipidae - *Dryocosmus kuriphilus*

② Hymenoptera - Cecidomyiidae - *Dryocosmus kuriphilus*

③ Hemiptera - cynipidae - *Dryocosmus kuriphilus*

④ Hemiptera - cynipidae - *Thecodiplosis japonensis*

⑤ Hymenoptera - cynipidae - *Thecodiplosis japonensis*

034 • Hymenoptera (벌목) – cynipidae (혹벌과) – *Dryocosmus kuriphilus* (밤나무혹벌)

• Hemiptera (노린재목), Cecidomyiidae (혹파리과), *Thecodiplosis japonensis* (솔잎혹파리)

chapter 06

정답 032 ④　033 ③　034 ①

035 식엽성 해충의 피해에 관한 설명으로 옳은 것을 모두 고른 것은?

[보기]

ㄱ 느티나무벼룩바구미는 성충이 주둥이로 잎 표면에 구멍을 뚫어 가해하며, 유충은 잎 가장자리에 터널을 형성하며 갉아 먹는다.

ㄴ 회양목명나방의 유충은 잎을 실로 묶고 잎살을 먹으며, 나무에 큰 피해를 주지 않는다.

ㄷ 황다리독나방의 3령 이후 유충은 잎의 주맥만 남기고 전부 갉아 먹는다.

ㄹ 미국흰불나방의 피해는 도시 숲보다 산림이 심하며, 1화기의 피해가 2화기보다 심하다.

ㅁ 주둥무늬차색풍뎅이는 수목 주위에 잔디 또는 풀이 많으면 피해가 자주 발생한다.

① ㄱ, ㅁ

② ㄴ, ㄷ

③ ㄴ, ㄹ, ㅁ

④ ㄱ, ㄷ, ㅁ

⑤ ㄱ, ㄴ, ㄹ

035 ㄴ 회양목명나방의 유충은 잎을 실로 묶고 잎살을 먹으며, 나무 전체가 고사하기도 한다.

ㄹ 미국흰불나방의 피해는 산림보다 조경수·가로수 등에 심하며, 1화기보다 2화기의 피해가 심하다.

036 수목 해충의 가해 습성에 관한 설명으로 옳은 것은?

① 개나리잎벌은 광식성 해충으로 유충이 집단으로 잎을 갉아 먹어 줄기만 남는다.

② 조팝나무진딧물은 단식성 해충으로 성·약충이 신초와 잎을 집단으로 가해하며, 잎은 뒷면으로 말린다.

③ 주머니깍지벌레는 단풍나무에 피해를 가장 많이 주고 줄기·가지·잎을 가해하며, 2차 피해인 그을음병을 유발한다.

④ 밤바구미의 유충은 과육을 먹고 배설물을 밖으로 배출하지 않아 피해 확인이 어렵다.

⑤ 외줄면충은 느티나무 잎 앞면에서 즙액을 빨아 먹으면 잎 뒷면에 벌레혹이 만들어진다.

036 ① 개나리잎벌은 단식성 해충으로 개나리를 가해하고 유충이 집단으로 잎을 갉아 먹어 줄기만 남는다.

② 조팝나무진딧물은 광식성 해충으로 성·약충이 신초와 잎을 집단으로 가해하며, 잎은 뒷면으로 말린다.

③ 주머니깍지벌레는 배롱나무에 피해를 가장 많이 주고 줄기·가지·잎을 가해하며, 2차 피해인 그을음병을 유발한다.

⑤ 외줄면충은 느티나무 잎 뒷면에서 즙액을 빨아 먹으면 잎 표면에 벌레혹이 만들어진다.

정답 035 ④ 036 ④

037 천공성 해충의 생태와 피해에 관한 설명으로 옳은 것은?

① 벚나무사향하늘소의 유충은 보통 7월 상순부터 목질부를 갉아 먹고 구멍을 통해 목설을 배출한다.

② 북방수염하늘소의 성충은 나무의 지제부 수피를 갉아 먹는 후식 피해를 가한다.

③ 광릉긴나무좀은 신갈나무에 피해를 많이 주며, 암컷이 유인물질을 발산하여 수컷을 유인한다.

④ 오리나무좀의 월동 성충은 3월에 줄기에 구멍을 뚫고 갱도 끝부분에 100여 개의 알을 낳는다.

⑤ 박쥐나방은 광식성 해충으로 어린 유충은 수목의 수피와 목질부 표면을 고리 모양으로 파먹으며 목질부 속으로 들어간다.

037 ② 북방수염하늘소는 소나무재선충의 매개충으로서 줄기에서 탈출한 성충은 어린 가지의 수피를 갉아 먹는 후식 피해를 가한다.

③ 광릉긴나무좀은 참나무속 수종 중 신갈나무에 피해를 많이 주며, 수컷이 유인물질을 발산하여 암컷을 유인한다.

④ 오리나무좀의 월동 성충은 4~5월경에 줄기에 구멍을 뚫고 갱도 끝부분에 20~50개의 알을 낳는다.

⑤ 박쥐나방은 광식성 해충으로 어린 유충은 초본류의 줄기 속을 가해하지만, 성장한 유충은 수목의 수피와 목질부 표면을 고리 모양으로 파먹으며 목질부 속으로 들어간다.

038 수목 해충의 방제에 대한 설명으로 옳은 것은?

① 산림병해충 예찰 · 방제에 관한 법적 기준은 '식물방역법' 제정을 통해 마련되었다.

② 해충의 우화나 산란 등을 차단하기 위해 끈끈이롤트랩을 이용하거나 지표면에 비닐을 피복하여 방지하는 방법은 포살법이다.

③ 수목의 생육환경 개선을 통해 박쥐나방, 녹병, 진딧물류의 밀도를 낮출 수 있다.

④ 생물적 방제의 장점은 잔류독성이 없으나 단점은 해충에 대한 저항성이 발생한다.

⑤ 곤충병원성 바이러스는 주로 인공배양이 가능하며, 기주곤충이나 곤충배양세포에서는 배양이 불가능하다.

038 ③ 박쥐나방은 6월 이전에 임내 잡초를 제거하면 어린유충을 방제할 수 있고, 녹병은 중간기주를, 진딧물류는 여름기주를 제거하면 발병을 낮출 수 있다.

① 산림병해충 예찰 · 방제에 관한 법적 기준은 2009년 '산림보호법' 제정을 통해 마련되었다.

② 해충의 우화나 산란 등을 차단하기 위해 끈끈이롤트랩을 이용하거나 지표면에 비닐을 피복하여 방지하는 방법은 차단법이다.

④ 생물적 방제의 장점은 잔류독성이 없고, 대상 해충만 방제할 수 있으며, 해충에 대한 저항성이 발생하지 않는다.

⑤ 곤충병원성 바이러스는 인공배양은 어려워 기주곤충이나 곤충배양세포에서만 증식 가능하다.

039 <보기>는 수목 해충의 예찰조사에 관한 설명이다. ( ) 안에 들어갈 해충으로 옳은 것은?

[보기]

(㉠)은(는) 해충 발생의 선단지인 충남 · 전북 · 경북에서 예찰조사를 담당하고, 4월경에 선단지에서 해충의 알덩어리 발생 여부를 조사하고 있으며, (㉡)은(는) 2001년부터 예찰조사를 시작하여 매년 8월경 조사목의 1개 가지에서 10개의 잎을 채취하여 약충수와 성충수를 조사하고 있다.

	㉠	㉡
①	소나무재선충매개충,	솔껍질깍지벌레
②	솔껍질깍지벌레,	버즘나무방패벌레
③	버즘나무방패벌레,	복숭아명나방
④	복숭아명나방,	미국흰불나방
⑤	미국흰불나방,	오리나무잎벌

039 솔껍질깍지벌레는 해충 발생의 선단지인 충남 · 전북 · 경북에서 예찰조사를 담당하고, 4월경에 선단지에서 해충의 알덩어리 발생 여부를 조사하고 있으며, 버즘나무방패벌레는 2001년부터 예찰조사를 시작하여 매년 8월경 조사목의 1개 가지에서 10개의 잎을 채취하여 약충수와 성충수를 조사하고 있다.

040 수목 해충의 예찰에 관한 설명으로 옳지 않은 것은?

① 해충은 전 생육기간 동안 수목에 피해를 주는 것이 아니라 특정 발육 단계에서 수목에 피해를 준다.
② 곤충은 저온치사 임계온도에서 발육영점 사이가 되면 동면을 하고, 발육영점에서 발육한계 고온도 사이는 활동 시기이다.
③ 솔잎혹파리 월동 유충은 토양 내 함수율이 낮으면 우화율이 높아서 솔잎혹파리의 피해가 증가한다.
④ 우리나라에서는 솔나방, 오리나무잎벌레에 대한 해충의 밀도조사인 축차조사의 연구 · 개발이 이루어졌다.
⑤ 성페로몬트랩은 종 특이성이 강하여 대상 해충만 포획 가능하고, 수컷성충에만 유인효과가 있다.

040 ③ 솔잎혹파리 월동 유충은 토양 내 함수율이 높으면 우화율도 높아서 지피식생피복도가 높은 지역에서 솔잎혹파리의 피해가 증가한다.

041 곤충의 신경계에 관한 설명으로 옳지 않은 것은?

① 곤충의 신경계는 중앙신경계, 내장신경계, 주변신경계로 구분한다.
② 전대뇌는 겹눈과 홑눈의 시신경을 담당하고, 후대뇌는 더듬이 신경을 담당한다.
③ 식도하신경절은 윗입술을 제외한 입의 신경을 담당한다.
④ 호흡계, 생식기관, 내분비기관은 내장신경계가 담당한다.
⑤ 운동뉴런과 감각뉴런은 말초신경계에 많이 포함되어 있다.

041 ② 전대뇌는 겹눈과 홑눈의 시신경을 담당하고, 중대뇌는 더듬이 신경을 담당한다. 후대뇌는 윗입술과 전위를 담당한다.

정답 039 ② 040 ③ 041 ②

042 수목의 종실·구과 해충에 관한 설명으로 옳은 것은?

① 백송애기잎말이나방은 3~4월에 피해가 심하며, 성충의 날개는 노란색 점무늬가 있고 뒷날개 길이는 10mm 정도이다.

② 도토리거위벌레는 연 2회 발생하며, 우화최성기는 10월 상순이며, 암컷은 산란공을 뚫고 가지를 절단한다.

③ 밤바구미는 종피와 과육 사이에 알을 낳고 유충은 배설물을 밖으로 배출하므로 피해초기에 확인할 수 있다.

④ 대추애기잎말이나방은 대추나무·헛개나무에 발생하는데, 이른 봄에 잎을 여러 장 묶어 그 속에서 가해하며, 가을에는 과실도 가해한다.

⑤ 복숭아명나방은 침엽수형과 활엽수형으로 구분하는데, 전자는 고치 속에서 월동하며, 후자는 벌레주머니 속에서 월동한다.

043 <보기>는 곤충의 가슴에 대한 설명이다. ( ) 안에 들어갈 적당한 말은?

> [보기]
> (㉠)은 앞가슴에 있고 날개가 붙지 않으며, (㉡)은 가운데가슴과 뒷가슴에 각각 1개씩 있으며 날개가 붙는 부분이다.

	㉠	㉡
①	앞가슴등판,	날개등판
②	앞가슴등판,	날개밑앞판
③	가운뎃가슴,	뒷가슴
④	날개등판,	뒷등판
⑤	가운뎃가슴,	날개등판

044 오리나무잎벌레에 대한 설명으로 옳은 것은?

① 학명은 *Agelastica sanguinipe*이며, 잎벌레과이다.

② 성충과 유충이 동시에 잎을 가해하는데, 수관 위에서 아래로 잎을 가해하므로 수관 상부의 피해가 심하다.

③ 피해 수목은 8월경 부정아가 나와 잘 고사하지 않는다.

④ 유충은 토양 속에서 월동하고, 약 30mm의 진한 남색이며, 알은 노란색이다.

⑤ 유충은 4회 탈피하며, 6월 하순~7월 상순에 월동처로 이동한다.

042 ① 백송애기잎말이나방은 5~6월에 피해가 심하며, 성충은 진한 갈색무늬가 있고 앞날개 길이가 10mm 정도이다.

② 도토리거위벌레는 연 1회 발생하며, 우화최성기는 8월 상순이며, 암컷은 산란공을 뚫고 가지를 절단한다.

③ 밤바구미는 종피와 과육 사이에 알을 낳고 유충은 배설물을 밖으로 내보내지 않아 탈출 전까지는 피해를 확인할 수 없다.

⑤ 복숭아명나방은 침엽수형과 활엽수형으로 구분하는데, 전자는 벌레주머니 속에서 월동하며, 후자는 고치 속에서 월동한다.

043 앞가슴등판은 앞가슴에 있고 날개가 붙지 않으며, 날개밑앞판은 가운데가슴과 뒷가슴에 각각 1개씩 있으며 날개가 붙는 부분이다.

044 ① 오리나무잎벌레의 학명은 *Agelastica coerulea*이다.

② 성충과 유충이 동시에 잎을 가해하는데, 수관 아래에서 위로 잎을 가해하므로 수관 하부의 피해가 심하다.

④ 성충은 토양 속에서 월동하고, 약 7mm의 진한 남색이며, 알은 노란색이다.

⑤ 유충은 2회 탈피하며, 6월 하순~7월 상순에 땅속으로 들어가 흙집을 짓고 번데기가 된다.

 정답 ▶ 042 ④   043 ②   044 ③

chapter **06**

045 곤충의 외골격 중에서 표피에 대한 설명으로 옳지 않은 것은?

① 표피는 원표피와 외표피로 나누며, 체벽의 구성요소 중 가장 바깥쪽에 위치한다.

② 표피소층은 외표피의 가장 안쪽에 위치하며, 진피세포에서 분비된 불활성 탈피액을 보호하는 역할을 한다.

③ 왁스층은 방향성이 있으며, 시멘트층을 덮고 있다.

④ 외골격의 화학적 주요 구성성분은 키틴이지만, 양적으로는 매우 적게 분포한다.

⑤ 내원표피에는 수용성 단백질인 아스로포딘이 있고, 외원표피에는 비수용성 단백질인 스클러로틴이 있다.

045 ③ 왁스층은 방향성을 가지고 표피소층 바로 위에 위치하며, 보통 시멘트층으로 덮여 있다.

046 수목 해충의 화학적 방제에 대한 설명으로 옳은 것은?

① 유기인계 살충제는 아세틸콜린에스테라제(AChE)의 활성을 저해하여 해충을 살충하는데, 살충력이 강하지만 식엽성 해충에만 효과적이다.

② 카바메이트계 살충제는 주로 접촉독으로 작용하고, 침투이행성이 좋아서 식엽성 해충과 응애류 해충에 효과적이다.

③ 마크로라이드계 살충제는 식엽성 해충의 방제 약제로 가장 많이 사용된다.

④ 네오니코티노이드계 살충제는 침투이행성이 강하여 노린재목의 흡즙성 해충 방제에 많이 사용된다.

⑤ 벤조일페닐우레아계 살충제는 키틴의 생합성을 저해하여 살충을 일으키므로 나비목 성충에 효과적이다.

046 ④ 네오니코티노이드계 살충제는 아세틸콜린 수용체(AChR)와 결합하여 신경전달을 저해하여 살충효과를 나타내며, 침투이행성이 강하여 노린재목의 흡즙성 해충 방제에 많이 사용된다.

① 유기인계 살충제는 아세틸콜린에스테라제(AChE)의 활성을 저해하여 해충을 살충하는데, 살충력이 강하여 적용 해충 범위가 넓다.

② 카바메이트계 살충제는 주로 접촉독으로 작용하고, 침투이행성이 좋아서 식엽성 해충과 흡즙성 해충에 효과적이다.

③ 마크로라이드계 살충제는 소나무재선충의 예방과 응애류의 방제 약제로 많이 사용된다.

⑤ 벤조일페닐우레아계 살충제는 키틴의 생합성을 저해하여 살충을 일으키므로 나비목 유충에 효과적이다.

047 식엽성 수목 해충에 관한 설명으로 옳은 것은?

① 호두나무잎벌레는 호두나무와 가래나무를 가해하는데, 부화유충부터 분산하여 가해한다.

② 솔나방의 성충은 몸 길이가 10mm 정도이며, 앞날개의 무늬는 거친 톱니 모양의 띠가 있다.

③ 매미나방은 돌발해충으로 활엽수와 침엽수 잎을 갉아 먹으며, 알은 약 100개를 가지에 산란하고 노란색 털로 덮여 있다.

④ 좀검정잎벌은 개나리 · 광나무 · 쥐똥나무 등의 잎을 가해하며, 개나리잎벌 유충보다 가해 시기가 빠르다.

⑤ 잣나무넓적잎벌의 부화유충은 잎 기부에 실을 토하여 잎을 묶어 집을 짓고, 약 20일 동안 가해한다.

047 ⑤ 잣나무넓적잎벌의 부화유충은 잎 기부에 실을 토하여 잎을 묶어 집을 짓고, 약 20일 동안 가해한다.

① 호두나무잎벌레는 호두나무와 가래나무를 가해하는데, 2령 유충부터 분산하여 가해한다.

② 솔나방의 성충은 몸 길이가 40mm 정도이며, 앞날개의 무늬는 거친 톱니 모양의 띠가 있다.

③ 매미나방은 돌발해충으로 활엽수와 침엽수 잎을 갉아 먹으며, 알 덩어리당 알의 수는 약 500개이다.

④ 좀검정잎벌은 개나리 · 광나무 · 쥐똥나무 등의 잎을 가해하며, 개나리잎벌 유충보다 가해 시기가 늦다.

정답 ▶ 045 ③ 046 ④ 047 ⑤

048 곤충의 소화계에 대한 설명 중 (ㄱ)~(ㄷ)에 해당하는 것을 순서대로 나열한 것은?

[보기]

(㉠) 장은 굵고 짧고 곧으며 위식막이 잘 발달되어 있으며, (㉡) 체벽이 말려들어가 생성되었고 허물 시 내막까지 탈피되며, (㉢) 음식이 후장으로 유입되는 것을 조절한다.

	㉠	㉡	㉢
①	고체음식섭취군,	전장 · 중장,	말피기세관
②	액체음식섭취군,	전장 · 후장,	말피기세관
③	고체음식섭취군,	중장,	유문관
④	식물성먹이섭취군,	중장 · 후장,	말피기세관
⑤	고체음식섭취군,	전장 · 후장,	유문관

049 소나무에 발생하는 해충에 대한 설명으로 옳지 않은 것은?

① 솔수염하늘소 – 5~8월에 신초의 수피를 갉아 먹는다.
② 소나무좀 – 6~9월에 지제부의 목질부를 갉아 먹는다.
③ 소나무앙진딧물 – 5~6월에 기지의 수액을 흡즙한다.
④ 솔껍질깍지벌레 – 11월~이듬해 3월에 가지의 수액을 흡즙한다.
⑤ 소나무가루깍지벌레 – 5~9월에 신초와 잎의 수액을 흡즙한다.

050 <보기>의 수목의 해충 중 우화 최성기가 빠른 순으로 나열한 것은?

[보기]

㉠ 북방수염하늘소
㉡ 회화나무이
㉢ 솔잎혹파리
㉣ 도토리거위벌레

① ㉠ – ㉡ – ㉢ – ㉣
② ㉡ – ㉢ – ㉠ – ㉣
③ ㉢ – ㉡ – ㉠ – ㉣
④ ㉣ – ㉡ – ㉠ – ㉢
⑤ ㉡ – ㉠ – ㉢ – ㉣

048 • 고체음식섭취군은 장이 굵고 짧고 곧으며 위식막이 잘 발달되어 있다.
• 전장 · 후장은 체벽이 말려들어가 생성되었으며, 허물 시 내막까지 탈피된다.
• 유문관은 음식이 후장으로 유입되는 것을 조절한다.

049 ② 소나무좀은 6~9월에 당년생 가지의 형성층과 목질부를 갉아 먹는다.

050 ㉠ 북방수염하늘소 : 5월 상순
㉡ 회화나무이 : 5월 하순
㉢ 솔잎혹파리 : 6월
㉣ 도토리거위벌레 : 8월

정답 **048** ⑤ **049** ② **050** ①

【수목생리학】

051 수목의 뿌리에 대한 설명으로 <u>옳지 않은</u> 것은?

① 투수성이 좋고 건조한 토양에서는 측근이 얕게 퍼지는 경향이 있다.

② 뿌리의 생장이 늦은 가을까지 이루어지는 것은 잎의 광합성 때문이다.

③ 단근은 수분과 영양분 흡수를 하며, 균근을 형성하는 세근이 된다.

④ 개척근은 뿌리의 왕성한 생장시기에 출현하여 **빠른 속도로** 개척하며 형성층이 존재한다.

⑤ 어린 뿌리의 정단분열조직에서 분열된 세포는 종축방향으로 세포신장을 한다.

051 ① 습기가 많거나 배수가 잘 안 되는 토양에서는 직근 대신 측근이 얕게 퍼지는 경향이 있다.

② 잎의 광합성 작용으로 생성된 탄수화물이 뿌리로 내려가면서 뿌리의 생장이 지속된다. 물론 기온이 낮으면 탄수화물은 체내 저장되며 뿌리는 생장을 멈춘다.

⑤ 뿌리의 정단분열조직에서 세포분열하고 세포신장이 되면서 사부와 목부의 유관속조직이 분화된다. 유관속조직의 분화가 완성된 곳에서 뿌리털이 나타나기 시작한다.

052 수목의 엽육조직에서 책상조직에 관한 설명으로 <u>옳은</u> 것은?

① 표피와 수평방향으로 배열되어 햇빛을 최대한 받을 수 있다.

② 서로 간격을 두고 불규칙하게 흩어져서 탄산가스의 확산을 용이하게 한다.

③ 엽록체가 많아서 잎의 뒷면이 앞면보다 더 짙게 보인다.

④ 전나무는 책상조직과 해면조직으로 분화되어 있지 않다.

⑤ 건조지에 자라는 수목의 잎은 책상조직이 양쪽에 있는 등면엽을 가진다.

052 ① 책상조직은 표피와 수직방향으로 배열되어 햇빛을 최대한 받을 수 있다.

② 서로 간격을 두고 불규칙하게 흩어져서 탄산가스의 확산을 용이하게 하는 것은 해면조직이다.

③ 엽록체가 많아서 잎의 앞면이 뒷면보다 더 짙게 보인다.

④ 전나무는 책상조직과 해면조직으로 분화되어 있다.

053 수목의 수피 중 주피(코르크 조직)에 관한 설명으로 <u>옳은</u> 것은?

① 줄기의 형성층 바깥쪽에 있는 모든 조직을 통틀어 일컫는다.

② 탄수화물을 이동시키고 외부로부터의 충격이나 병원균의 침입을 막아준다.

③ 피층에서 원통형의 주피가 먼저 만들어진 후 표피조직은 벗겨져 없어진다.

④ 코르크 형성층은 바깥쪽으로 목전피층(코르크피층)과 안쪽으로 목전층(코르크층)을 만든다.

⑤ 목전피층(코르크피층)은 엽록체를 포함하지 않고 무색을 띠며, 전분을 저장한다.

053 ③ 코르크 형성층의 활동으로 지름이 굵어지면 표피조직은 벗겨져 없어지는데, 이때 표피조직이 벗겨지기 전에 피층에서 원통형의 주피가 먼저 만들어진다.

① 줄기의 형성층 바깥쪽에 있는 모든 조직을 통틀어 일컫는 것은 수피이다.

② 탄수화물을 이동시키는 것은 사부의 역할이다.

※ 수분의 손실을 막고, 외부로부터의 충격이나 병원균의 침입을 막아주는 것은 코르크조직과 조피의 역할이다.

④ 코르크 형성층은 안쪽으로 목전피층(코르크피층)과 바깥쪽으로 코르크층을 만든다.

⑤ 목전피층(코르크피층)은 엽록체를 포함하여 녹색을 띠는 경우가 많고, 전분을 저장한다.

정답 **051** ① **052** ⑤ **053** ③

054 수목의 생장에서 목부와 사부의 생산에 관한 설명으로 옳은 것은?

① 직경생장은 형성층의 세포분열로 바깥쪽으로 2차목부, 안쪽으로 2차사부를 생산한다.

② 수종과 환경에 따라 사부의 생산량이 목부의 것보다 많을 때도 있다.

③ 이른 봄에 식물호르몬인 옥신에 의한 형성층의 세포분열 유도로 목부와 사부가 생산된다.

④ 1차사부에 의한 탄수화물 이동은 2차사부가 생산된 이후에도 계속된다.

⑤ 잣나무류의 잎은 사부와 목부의 유관속이 2개이다.

054 ③ 이른 봄에 식물호르몬인 옥신이 눈에서 아래로 이동하면서 형성층을 자극하여 세포분열을 유도한다.

① 직경생장은 형성층의 세포분열로 안쪽으로 2차목부, 바깥쪽으로 2차사부를 생산한다.

② 수종과 환경에 관계없이 목부의 생산량은 사부보다 많다.

④ 전형성층에 의해 생성된 1차사부가 탄수화물의 이동통로로 이용되다가, 2차사부가 형성된 후 탄수화물 이동은 2차사부가 담당한다.

⑤ 잣나무류의 잎은 사부와 목부의 유관속이 하나이다.

055 수목의 생장에 관한 설명으로 옳지 않은 것은?

① 고정생장을 하는 수목의 직경생장은 줄기생장이 정지하여도 늦게까지 지속된다.

② 수목의 정아우세현상은 측아에서 생산된 옥신이 정아로 이동하여 정단의 성장을 촉진하기 때문에 발생하는 현상이다.

③ 참나무는 1년에 1~2회 정도 정아가 형성되어 신장하는 유한생장 수종이다.

④ 수목의 줄기생장과 직경생장은 정단분열조직과 형성층에 의해 주도된다.

⑤ 식물의 생장은 세포분열 − 세포신장 − 세포분화의 과정을 거쳐서 영양생장 또는 생식생장이 된다.

055 ② 수목의 정아우세현상은 정아에서 생산된 옥신이 측아의 생장을 억제하기 때문에 발생하는 현상이다.

① 고정생장의 수목은 이른 여름에 줄기생장이 멈추며 직경생장은 늦게까지 일어난다. 직경생장은 광주기와 관계가 있다.

③ 유한생장 수종에는 소나무류, 가문비나무류, 참나무류가 있다.

056 식물의 광합성 기작에 관한 설명으로 옳은 것은?

① 첫 단계는 햇빛을 이용한 광반응으로서 탄수화물을 합성하는 단계이다.

② 두 번째 단계는 암반응으로서 CO_2를 고정하여 에너지를 생산한다.

③ 광반응은 엽록체의 그라나(grana) 부분에서 진행되며, 암반응은 엽록체의 루멘(lumen)에서 일어난다.

④ 캘빈회로는 1단계(CO_2 고정) − 2단계(PGA 환원) − 3단계(RuBP 재생)의 세 단계로 구분할 수 있다.

⑤ CO_2 고정을 촉매하는 루비스코(Rubisco) 효소는 산소(O_2)를 고정하는 촉매로 작용하지 않는다.

056 ① 첫 단계는 햇빛을 이용한 광반응으로서 에너지를 생산하여 다음 단계의 반응을 일으키는 난계이나.

② 두 번째 단계는 암반응으로서 첫 단계에서 만들어진 에너지를 이용하여 CO_2를 고정하고 탄수화물을 합성하는 단계이다.

③ 광반응은 엽록체의 그라나(grana) 부분에서 진행되며, 암반응은 엽록체의 스트로마(stroma)에서 일어난다.

⑤ CO_2 고정을 촉매하는 효소인 루비스코(Rubisco) 효소는 광합성에서 카르복시라아제로 작용한다. 광호흡 때 루비스코(Rubisco) 효소는 산소(O_2)를 고정하는 옥시게나아제로 작용한다.

정답 ▶ **054** ③ **055** ② **056** ④

057 식물의 호흡작용 기작에 관한 설명으로 <u>옳은</u> 것은?

① 탄수화물(기질)은 산화되어 물(H_2O)이 되며, 흡수된 산소(O_2)는 환원되어 CO_2가 된다.

② 첫 단계는 1분자의 포도당을 2분자의 피루브산으로 분해하면서 CO_2 2분자를 방출하는 단계로 에너지 생산효율이 높다.

③ 두번째 단계는 미토콘드리아에서 아세틸-CoA가 RuBP와 반응하여 일련의 과정을 거쳐 RuBP를 재생하는 과정이다.

④ 전자전달계를 거친 전자는 최종적으로 수소에 전달되어 환원시키고 H_2O를 만든다.

⑤ 1분자의 포도당이 완전히 산화되어 생산할 수 있는 ATP는 총 30개이다.

058 광합성의 탄수화물 합성에 관한 설명으로 <u>옳은</u> 것은?

① C3 식물의 탄수화물 저장은 주로 잎의 유관속초세포의 엽록체에 전분으로 축적된다.

② 여러 개의 아미노산이 펩티드(peptide) 연결로 결합되어 원형질의 구성성분, 효소, 저장물질 등으로 이용된다.

③ 잎의 엽록체에서 합성된 설탕은 액포에 저장되거나, 체관을 통해 필요 부위로 수송되어 호흡기질로 이용된다.

④ 광합성의 생성물인 탄수화물은 산소(O) 분자가 탄수화물 구성비율의 1/4을 가진다.

⑤ 탄수화물은 광합성 과정에서 산화되어 에너지를 발생시키는 주요 화합물이다.

059 수목의 생리작용에 관한 설명으로 <u>옳지 않은</u> 것은?

① 단풍나무류는 광보상점이 낮고 호흡량이 적기 때문에 그늘에서 생장이 유리하다.

② 활엽수는 낙엽 전에 일정량의 무기영양소를 재흡수하므로 가을이 되면 가지에 N, P, K 함량이 증가한다.

③ 가을에 붉은 단풍이 드는 것은 페놀화합물 중 플라브노이드 (flavonoids) 성분의 축적에 의한 것이다.

④ 물푸레나무는 도관의 수분이동성이 좋아 한 번 만들어진 도관은 수 년간 수분이동의 통로가 된다.

⑤ 소나무의 꽃은 암꽃과 수꽃이 한 그루에 피는데, 암꽃과 수꽃의 위치가 다른 것은 자가수분 방지와 연관이 있다.

057 ⑤ 1분자의 포도당이 완전히 산화되어 생산할 수 있는 ATP는 총 30개이며, 한 분자의 설탕은 총 60개의 ATP를 생산한다.

① 탄수화물(기질)은 산화되어 CO_2가 되며, 흡수된 산소(O_2)는 환원되어 물(H_2O)이 된다.

② 첫 단계는 포도당을 2분자의 피루브산으로 분해하면서 CO_2 2분자를 방출하는 단계로 에너지 생산효율이 비교적 낮다.

③ 두 번째 단계는 미토콘드리아에서 아세틸-CoA가 OAA(옥살르아세트산)와 반응하여 일련의 과정을 거쳐 OAA를 재생하는 과정이다.

▶ 크랩스회로는 OAA(옥살르아세트산)가 충분한 양으로 재생되어야 진행이 되는데, 식물세포는 질산염동화에 필요한 아미노산을 합성하는 과정에서 OAA가 부족하기 쉽다. 따라서 OAA를 보충하기 위해 해당과정 중에 나오는 PEP (인산에놀피루브산)를 OAA로 전화시켜 보충하거나 액포에 저장한 말산을 피루브산으로 산화시키거나 OAA로 전환시켜 보충한다.

④ 전자전달계를 거친 전자는 최종적으로 산소에 전달되어 환원시키고 H_2O를 만든다.

058 ④ 탄수화물 분자는 여러 개의 수산기로 인해 극성을 띠며 쉽게 물에 녹는다.
탄수화물 = $C_6H_{12}O_6$ = 1(탄소) : 2(수소) : 1(산소)
탄소 비율은 1/4, 산소 비율은 1/4, 수소 비율은 1/2

① C4 식물의 탄수화물 저장은 주로 잎의 유관속초세포의 엽록체에 전분으로 축적된다.

② 단백질에 대한 설명이다.

③ 잎의 시토졸에서 합성된 설탕은 액포에 저장되거나, 체관을 통해 필요 부위로 수송되어 호흡기질로 이용된다.

⑤ 탄수화물은 호흡과정에서 산화되어 에너지를 발생시키는 주요 화합물이다.

▶ 전분 : 탄수화물은 전분의 형태로 저장되는데, 전분의 합성은 기존의 긴 포도당 사슬에 새로운 포도당을 1개 추가하여 긴 사슬의 전분을 형성한다.

▶ 설탕 : 포도당과 과당으로 구성되는 수용성 이당류. 시토졸에서 합성되고, 체관을 통해 필요 부위로 수송되어 호흡기질로 사용되거나 저장기관에 녹말 형태로 저장된다.

059 ④ 물푸레나무의 수분이동은 도관이 막히는 현상 때문에 주로 당년에 만든 도관을 통해서 이루어진다.

① 단풍나무류는 음수이고, 음수는 낮은 광도에서 양수보다 광합성량이 우수하고, 호흡량도 적기 때문에 그늘에서 경쟁력이 높다.

정답 ▶ **057** ⑤ **058** ④ **059** ④

060 수목체내의 구성물질 대사에 관한 설명으로 옳지 않은 것은?

① 엽록체 내에서 생성된 포도당은 세포질에서 설탕으로 합성되어 사부를 통해 이동한다.

② 식물체내의 암모늄(NH_4^+)은 독성이 강하므로 체내 축적이 되지 않도록 즉시 질산(NO_3^-)으로 변환되어 체외로 방출된다.

③ 식물세포의 인지질은 극성이 있는 부분과 없는 부분으로 나뉘어지며, 원형질막의 반투과성 기능을 형성한다.

④ 수목의 광호흡과정에서 생성된 암모늄(NH_4^+)은 광호흡 질소 순환을 통해서 다시 아미노산으로 합성된다.

⑤ 식물체내에서 아미노기 전달반응은 식물에게 여러 가지 아미노산을 합성하는 기능을 한다.

060 ② 식물체내의 암모늄(NH_4^+)은 체내 축적이 되지 않도록 즉시 유기물인 글루타민으로 변환된다.

061 필수원소 결핍증상 중 성숙한 잎에서 먼저 나타나고, 잎에 검은 반점이 생기며, 주변에 황화현상이 나타나는 원소는?

① 질소(N)
② 황(S)
③ 칼륨(K)
④ 칼슘(Ca)
⑤ 붕소(B)

061 칼륨 결핍 증상 : 체내에서 이동이 용이하기 때문에 성숙 잎에서 결핍증이 먼저 나타나고, 잎에 검은 반점이 생기며, 주변에 황화현상이 나타난다. 칼륨이 결핍된 식물은 병에 대한 저항성이 약해져 뿌리썩음병에 잘 걸린다.

062 수목의 생물적 질소고정 기작에 관한 설명으로 옳은 것은?

① 생물적 질소고정은 미생물에 의해 N_2 가스가 NO_3^- 형태로 환원되는 과정이다.

② 질소를 고정하는 니트로게나제(nitrogenase) 효소는 기주식물의 탄수화물을 이용하여 ATP를 생산한다.

③ 외생공생류인 Frankia는 오니라무류, 보리수나무와 공생을 하면서 질소를 고정한다.

④ 산림토양에서 자유생활 박테리아인 Azotobacter에 의한 질소 고정량이 적은 이유 중 하나는 pH가 높기 때문이다.

⑤ 뿌리혹세포의 세포질에는 많은 박테리아가 모인 심비오솜을 형성하여 질소를 고정한다.

062 ② 질소를 고정하는 니트로게나제(nitrogenase) 효소는 기주식물의 탄수화물을 이용하여 Mg, ATP를 생산한다.

① 생물적 질소고정은 미생물에 의해 N_2 가스가 NH_4^+ 형태로 환원되는 과정이다.

※ N_2 가스가 NO_3^- 형태로의 고정은 광화학적 질소고정(번개)이다

③ 내생공생류인 Frankia는 오니라무류와 보리수나무와 공생을 하면서 질소를 고정한다.

④ 산림토양에서 자유생활 박테리아인 Azotobacter에 의한 질소 고정량이 적은 이유 중 하나는 조부식으로 된 토양 때문이다.

⑤ 뿌리혹세포의 세포질에는 균체가 변형된 여러 개의 박테로이드가 모인 심비오솜을 형성하여 질소를 고정한다.

▶ 박테로이드 : 근류균이 세포 안에서 공생관계를 형성하면 균체가 커지며 운동성이 없어지는 형태로 변형된 것

정답 ▶ 060 ② 061 ③ 062 ②

063 산림토양의 생물학적 성질에 관한 설명으로 옳은 것은?

① 유기물층인 O층이 L층(낙엽층), F층(발효층), H층(부식층)으로 구분된다.

② 보수력이 낮고, 통기성이 좋으며, 토양공극이 많다.

③ 유기물 함량이 많고, 탄질율(C/N율)이 높아 섬유소의 공급이 계속된다.

④ 산성을 띤 토양의 토양미생물은 곰팡이가 주를 이루며, 박테리아의 활동은 억제된다.

⑤ 산림토양은 pH가 낮고 양이온치환능력이 낮아 비옥도가 낮다.

063 생물학적 성질은 토양생물에 의해 토양의 유기물 분해와 토양 성질을 변화시키는 것을 말한다.

① 토양단면의 구분에 대한 설명이다.

② 토성, 토양공극과 용적비중, 토양수분 등은 토양의 물리적 성질에 해당한다.

③ ⑤ 유기물, 산도, 양이온 치환능력 등은 토양의 화학적 성질에 해당한다.

064 목본식물의 지질 중 복합지질에 관한 설명으로 옳은 것은?

① 세 분자의 지방산이 글리세롤과 3중으로 결합하여 만들어진 형태이다.

② 단순지질에서 지방산 한 분자가 인이나 당으로 바뀐 형태의 지질이다.

③ 증산작용을 억제하고 병원균의 침입을 막는 보호층의 역할을 한다.

④ 어린 뿌리의 내피에 있는 카스페리안대의 주성분으로 친수성이 적다.

⑤ 방향족 고리를 가지고 있는 화합물로서 약간의 수용성이며, 심재에서 많이 추출된다.

064 ① 복합지질 : 단순지질에서 세 분자의 지방산 중 한 분자가 인산이나 당으로 대체된 형태의 지질로서 인지질, 당지질 등이 있다.
   ※ 단순지질 : 세 분자의 지방산이 글리세롤과 3중으로 결합하여 만들어진 형태이다.

③ 왁스(납)에 대한 설명이다.
   ※ 왁스(납) : 알코올과 지방산의 화합물
   ※ 각피층은 표면에 왁스(wax)층이 있고, 밑에 큐틴(cutin)이 세포벽의 구성성분인 펙틴(pectin)과 결합하여 두꺼운 층을 만든다.

④ 목전질(수베린-suberin)에 대한 설명이다.

⑤ 페놀(phenol) 화합물에 대한 설명이다.
   ※ 목전질(suberin) : 지방산, 알코올, 페놀 화합물의 중합체. 큐틴(cutin)보다 페놀 화합물의 함량이 많다.
   ※ 카스페리안대 : 뿌리의 내피에 있으며 무기영양소의 자유로운 이동 억제
   ※ 페놀화합물 : 방향족 고리를 가지고 있는 화합물. 약간의 수용성이며, 심재에서 많이 추출된다.

065 수분퍼텐셜에 관한 설명으로 옳은 것은?

① 수분이 약간 빠져나간 세포는 삼투포텐셜이 낮아지고, 압력포텐셜은 증가한다.

② 수분퍼텐셜은 삼투포텐셜, 압력포텐셜, 기질포텐셜의 합으로 항상 0보다 큰 값을 가진다.

③ 식물의 삼투포텐셜은 성숙잎이 어린잎보다 값이 더 낮아 성숙잎부터 시들게 된다.

④ 증산작용이 왕성한 나무의 도관은 팽압 대신 장력이 나타나므로 수분퍼텐셜이 낮아진다.

⑤ 염생식물은 바닷물의 삼투압(약 −2.4MPa)보다 더 높은 수분퍼텐셜을 가지므로 수분을 흡수할 수 있다.

065 증산작용이 왕성하면 도관내의 물을 위쪽으로 빠른 속도로 끌어올림으로써 도관벽은 안쪽으로 수축되며, 도관은 팽압 대신 장력이 높아진다. 장력은 압력포텐셜을 '−'의 값이 되게 하므로 결국 수목의 수분퍼텐셜을 더 낮추는 역할을 한다.

① 수분이 약간 빠져나간 세포는 삼투포텐셜이 낮아지고, 압력포텐셜은 감소한다.

② 수분퍼텐셜은 삼투포텐셜, 압력포텐셜, 기질포텐셜의 합으로 항상 0보다 작은 값을 가진다.

③ 식물의 삼투포텐셜은 어린잎이 성숙잎보다 값이 더 낮아 성숙잎부터 시들게 된다.

⑤ 염생식물은 바닷물의 삼투압(약 −2.4MPa)보다 더 낮은 수분퍼텐셜을 가지므로 수분을 흡수할 수 있다.

정답 ▶ 063 ④   064 ②   065 ④

066 식물의 수분흡수에 관한 설명으로 옳지 않은 것은?

① 수분의 수동흡수는 식물이 증산작용을 왕성하게 하고 있을 때, 능동흡수는 증산작용을 거의 하지 않을 때 주로 일어난다.
② 일액현상은 뿌리의 삼투압에 의해 발생한 근압을 해소하기 위해 나타나는 현상이다.
③ 식물뿌리의 수분흡수에 적절한 토양 속 수분퍼텐셜은 −0.03MPa ~ −3.0MPa이다.
④ 토양의 삼투포텐셜이 −0.3MPa보다 낮아서 무기염의 고농도 현상이 발생하면 식물의 수분흡수는 어려워지기 시작한다.
⑤ 토양온도가 낮아지면 토양수분의 점성이 증가하여 수목뿌리의 수분흡수력은 저하된다.

066 ③ 식물뿌리의 수분흡수에 적절한 토양 속 수분퍼텐셜은 −0.03MPa ~ −1.5MPa이다.

※ 식물이 이용 가능한 수분은 모세관수이며, 포장용수량(−0.03MPa) ~ 영구위조점(−1.5MPa) 사이의 수분이다.

067 식물의 지상부 중 두 개의 공변세포로 만들어진 공간의 역할에 관한 설명으로 옳은 것은?

① 공변세포의 모양이 바뀜으로써 구멍의 개폐가 발생한다.
② 수목의 수피가 대기와 직접 가스교환, 수분 방출을 할 수 있도록 도와준다.
③ 잎의 양면에 모두 존재하기도 하지만, 주로 앞면에 더 많이 분포하여 증산작용을 효율적으로 조절한다.
④ 수분 스트레스가 작아지면 햇빛과 관계없이 독립적으로 닫힌다.
⑤ 수간압과 근압이 높아지면 두 개의 공변세포가 팽창한다.

067 ① 공변세포가 수분을 흡수하면 공변세포가 팽창하면서 기공이 열리고 반대로 수분이 부족하면 공변세포가 수축하면서 기공이 닫힌다.
② 수목의 잎이 대기와 직접 가스교환, 수분 방출을 할 수 있도록 도와준다.
③ 잎의 양면에 모두 존재하기도 하지만, 주로 뒷면에 더 많이 분포하여 증산작용을 효율적으로 조절한다.
④ 수분 스트레스가 커지면 햇빛과 관계없이 독립적으로 닫힌다.
⑤ 두 개의 공변세포가 수축하면(기공이 닫히면) 수간압과 근압이 높아진다.

068 소나무류의 어린 묘목이 균사의 세포 침투를 방어할 능력이 없을 때 가장 유용한 미생물로 옳은 것은?

① 내외생균근
② 내생균근
③ 외생균근
④ 내생공생 박테리아
⑤ 외생공생 박테리아

068 · 내외생균근 : 외생균근의 변칙적인 형태로, 외생균근 곰팡이의 균사가 세포 안으로 침투하여 자라는 형태이다. 소나무류의 어린 묘목이 균사의 세포 침투를 방어할 능력이 없을 때 주로 발견된다. 외부 형태는 외생균근과 흡사하다.
· 내생균근 : 곰팡이의 균사가 기주식물의 뿌리의 피층세포 안으로 침투하여 자라는 균
· 외생균근 : 소나무과 등에 필수적으로 균사가 뿌리표면에서 토양 속으로 뻗어 뿌리털의 역할을 대신하여 효율적인 무기염 흡수를 할 수 있다.
· 내·외생공생 박테리아 : 질소를 고정하여 식물과 공생하는 박테리아

정답 ▶ 066 ③   067 ①   068 ①

069 소나무속의 소나무류에 관한 설명으로 <u>옳은 것은</u>?

① 엽속 내 잎의 숫자가 2~5개이다.

② 잎의 유관속 숫자는 1개이다.

③ 아린의 성질은 첫 해 여름에 탈락한다.

④ 목재는 비중이 높아 춘재에서 추재의 전이가 급하다.

⑤ 수종은 소나무, 금송, 리기다소나무 등이 있다.

069 ① 엽속 내 잎의 숫자가 2~3개이다.

　② 잎의 유관속 숫자는 2개이다.

　③ 아린의 성질은 잎이 질 때까지 남아 있다.

　⑤ 금송은 낙우송과이다.

070 소나무의 목부수액(수액)에서 질산염(NO_3^-)이 발견되지 않는 이유로 <u>옳은 것은</u>?

① 소나무류는 뿌리에서 질산환원작용이 일어나기 때문에 목부수액에서는 암모늄태질소(NH_4^+) 형태로 이동한다.

② 소나무의 뿌리는 공생균근의 도움을 받아 질산염(NO_3^-)을 직접 흡수하기 때문이다.

③ 환공재의 긴 도관은 시간이 지남에 따라 기포가 도관의 막공을 막기 때문이다.

④ 무기염이 이동하는 공간은 죽은 세포로서 속이 비어있기 때문이다.

⑤ 목부수액은 흡수한 물이 상승하면서 도관 내에서 희석되기 때문이다.

070 ② 소나무의 뿌리는 공생균근의 도움을 받아 암모늄태질소(NH_4^+)를 직접 흡수하고, 흡수된 암모늄태질소(NH_4^+)는 목부수액에 포함되어 가도관을 통해 상승한다.

　③ 소나무의 수액이동 공간은 침엽수재이며, 가도관의 막공이 막히는 현상이 발생하지만, 질산염(NO_3^-)의 존재 여부와 상관없다.

　④ 무기염과 수분은 죽은 세포로 구성된 공간(가도관 또는 도관)을 통과하지만, 질산염의 존재 여부와 상관없다.

　⑤ 목부수액이 사부수액보다 더 묽은 용액이라는 것을 설명하지만, 질산염의 존재 여부와 상관없다.

> ▶ 질산환원 : 뿌리로 흡수된 질산염 형태의 질소가 암모늄태 질소 형태로 환원되는 과정
> ▶ 공동현상 : 뿌리에서 흡수된 물은 상승하면서 증산작용으로 인한 낮아진 도관의 장력으로 인하여 도관 내의 물기둥이 끊어질 수 있는데, 이때 기포가 발생하는 현상

071 수목의 화아원기의 형성시기를 무시하고 전정을 하면 발생하는 가장 큰 문제는?

① 수목의 개화량에 큰 문제를 유발할 수 있다.

② 수목의 광합성에 큰 장애가 발생한다.

③ 뿌리의 수분흡수에 큰 장애가 발생한다.

④ 수목의 저항성이 낮아진다.

⑤ 수목의 저온순화에 문제가 발생한다.

071 수목의 화아는 꽃눈이므로, 화아원기를 잘라버리면 꽃이 피지 못한다. 그러므로 화아원기의 형성시기 이전에 전정을 해야 꽃눈이 형성되고 개화가 되어 풍성한 꽃을 볼 수 있다.

정답 069 ④ 070 ① 071 ①

072 사과나무의 격년결실을 매년 결실하도록 하기 위한 방법으로 옳은 것은?

① 적당한 적화와 적과를 하고 수확 후 충분한 시비를 해준다.
② 풍년이 든 해에는 시비공급을 줄여서 축적된 탄수화물을 소비하게 한다.
③ 흉년이 든 해에는 2년생 단지를 전정한다.
④ 월동 후 봄에 전정을 하여 신초에서 개화를 유도한다.
⑤ 에틸렌 가스를 처리하여 개화를 유도한다.

072 과수의 격년결실은 풍년이 들면 열매가 탄수화물을 고갈시키기 때문에 수간, 가지, 뿌리의 탄수화물 함량이 낮아진다. 이로 인하여 형성된 화아가 적당히 발달하지 못하여 다음 해에 흉년을 조래한다. 흉년이 든 해는 탄수화물이 축적되어 화아가 발달하므로 다음 해에 풍년을 가져온다.

그러므로 다음해에 다시 결실하기 위해 적당한 적화(꽃따기)와 적과(열매따기)를 하여 과도한 탄수화물 소비를 줄이고, 수확 후 소비된 영양분을 보충해준다.

073 성숙한 종자가 적당한 환경에서도 발아하지 못하는 이유로 옳지 않은 것은?

① 종자의 배가 성숙하지 않아서 발아가 안 된다.
② 종피가 물리적으로 견고하여 배가 발아할 수 없다.
③ 배 혹은 배 주변의 조직이 생장억제제를 분비하여 발아를 억제한다.
④ 배의 생장촉진제가 부족하여 생리적으로 발아의 환경을 만들어 주지 못한다.
⑤ 종자를 젖은 상태로 겨울철 땅속에 보관하면 저온처리가 되므로 발아하지 못한다.

073 ⑤ 종자를 젖은 상태로 겨울철 땅속에 보관하면 종자의 저온처리가 되므로 종자의 배휴면, 종피휴면, 생리적 휴면을 동시에 제거하여 휴면타파를 할 수 있는 방법이다.

074 옥신의 합성과 운반에 관한 설명으로 옳은 것은?

① IAA와 2,4-D는 천연 옥신이다.
② IAA 합량이 가장 높은 조직은 수간과 가지 등이다.
③ 운반은 유관속 조직에 인접해 있는 유세포를 통해 이루어진다.
④ 옥신 이동은 에너지를 소모하지 않으므로 ATP 생산을 억제하여도 옥신의 운반이 계속된다.
⑤ 옥신은 뿌리에서 부정근의 발달을 촉진한다.

074 옥신의 이동은 목부나 사부를 통하여 이루어지지 않고, 유관속 조직에 인접해 있는 유세포를 통해 이루어진다

① IAA은 천연옥신, 2,4-D는 합성옥신이다.
② IAA 합량이 가장 높은 조직은 줄기끝, 잎, 열매 등이다.
④ 옥신 이동은 에너지를 소모하므로 ATP 생산을 억제하면 옥신의 운반이 중단된다.
⑤ 줄기에서 부정근의 발달을 촉진한다.
※ 부정근 : 뿌리 이외의 기관에서 형성된 뿌리

▶ 옥신의 체내 운반
  • 옥신의 운반은 대단히 느리게 진행되어 1시간에 1cm 이동한다.
  • 옥신의 운반은 극성을 띤다. 줄기에서 구기적 방향(나무 밑둥을 향한 방향), 뿌리에서 구정적 방향(나무의 분열조직이 있는 끝부분을 향한 방향)으로 운반된다.
  • 옥신의 운반은 에너지를 소모하는 과정이다. ATP 생산을 억제하면 옥신의 운반이 중단된다.

 정답 ▶ 072 ① 073 ⑤ 074 ③

075 수목의 수분 스트레스로 인한 생장에 관한 설명으로 옳은 것은?

① 식물 스트레스의 측정 지표인 proline이 감소된다.
② 봄철의 수분스트레스는 잣나무의 수고생장을 감소시킨다.
③ 식물의 대사작용 중 세포벽 합성이 증가한다.
④ 세포가 팽압이 약해지지만 기공은 열리므로 광합성은 활발하다.
⑤ 줄기생장에 영향을 주어 춘재에서 추재로의 이행을 촉진한다.

075 ② 고정생장을 하는 잣나무는 봄철과 이른 여름에만 줄기생장이 일어나므로 봄철의 수분스트레스는 수고생장을 감소시킨다.

① 식물 스트레스의 측정 지표인 proline이 체내에서 이용되지 않아서 축적된다.
③ 식물의 대사작용 중 세포 신장, 세포벽 합성, 단백질 합성이 감소한다.
④ 세포가 팽압이 약해지고 기공의 폐쇄가 일어나서 광합성이 중단된다.
⑤ 직경생장에 영향을 주어 춘재에서 추재로의 이행을 촉진한다.

【산림토양학】

076 산림토양에 관한 설명으로 옳지 않은 것은?

① 온대 침엽수림은 온대 활엽수림보다 pH가 낮으며 용탈이 심하다.
② 온대 활엽수림은 염기 보유량이 많고 양분의 재순환율이 높다.
③ 포도졸화 작용은 조립질 모재에 산성화된 낙엽을 생산하는 식생에서 주로 발달한다.
④ 토양의 석회화 작용은 용탈에 의한 물의 가용도가 낮은 건조 지역에서 발달한다.
⑤ 토양입자의 입단화는 토양의 중요한 화학적 변형이다.

076 ⑤ 토양입자의 입단화는 토양의 중요한 물리적 변형이다.

077 해안지역의 구릉지에 분포하며, 건조하고 견밀하고 통기성 및 투수성이 불량한 토양형은?

① 갈색건조 산림토양형
② 황색건조 산림토양형
③ 암적색건조 산림토양형
④ 회갈색건조 산림토양형
⑤ 적색약건 산림토양형

077 ② 해안지역의 구릉지에 분포하며, 건조하고 견밀하고 통기성 및 투수성이 불량한 토양형은 황색건조 산림토양형이다.

① 갈색건조 산림토양형 : 구릉지의 산정 또는 산복에 주로 분포하고 토심이 얕고 견밀하며, 건조한 토양으로 A층은 입상구조가 발달한 토양형으로 식물뿌리가 대부분 표토층에 분포한다.
③ 암적색건조 산림토양형 : 석회암 등 염기성 암을 모재로 생성된 토양으로 산정 또는 산복 남사면의 건조한 지형에 분포하며, 토심이 얕고 자갈이 많아 산림생산력이 낮다. A층은 적갈색이며 입상 구조가 발달한다.
④ 회갈색건조 산림토양형 : 퇴적암 지대의 이암·혈암·사암 등을 모재로 생성된 토양으로 견밀하며, 통기성과 투수성이 매우 불량하여 산림생산력이 낮다. A층은 황갈색이며, 세립상 구조가 약하게 발달하고 건조하다.
⑤ 적색약건 산림토양형 : 구릉지의 산복과 산록에 분포하며 토층이 견밀하여 통기성과 투수성이 불량하다. A층은 암적갈색이고 약건조하며 입상 구조가 발달한다.

 정답 **075 ②** **076 ⑤** **077 ②**

078 벌채와 산림토양의 관계에서 모두베기의 영향으로 옳지 않은 것은?

① 지표유거수 증가
② 토양답압
③ 토양 영양분 용탈 증가
④ 토양 유기물의 분해 감소
⑤ 유량 변동 극단화

078 ④ 모두베기로 인해 고사 유기물의 공급이 줄어드는 것과는 반대로 토양 유기물의 분해는 촉진된다. 토양 미생물은 임상의 노출된 토양의 온도가 증가하여 활동이 촉진된다.

079 토양에서 황의 순환에 관한 설명으로 옳지 않은 것은?

① 토양용액 중 오직 이온 형태로만 존재하며, 대기로의 유출이 없다.
② 질소 순환과 유사한 산화, 환원 과정을 거친다.
③ 토양의 교질입자에 다량 부착되어 식물이 흡수할 수 없는 형태로 존재한다.
④ 철, 알루미늄 황산염은 용해성 염으로 산림토양에서 이들 염의 침전은 중요하지 않다.
⑤ 황산의 유입은 H^+를 증가시켜 수생태계의 산성화를 초래할 수 있다.

079 ① 토양용액 중 오직 이온 형태로만 존재하며, 대기로의 유출이 없는 것은 칼륨이다.

080 토양 미생물에 관한 설명으로 옳은 것은?

① 화학독립영양세균은 유기물을 이용하여 에너지원을 얻는 세균으로 부생성 세균과 공생 세균이 있다.
② 화학독립영양세균은 토양이 산성이면 세균의 수가 증가하여 질산화 속도가 빠르다.
③ 콩과식물은 *Rhizobium* 속 세균과 공생을 하여 식물의 뿌리에 혹을 형성한다.
④ 내생균근은 뿌리 피층의 세포벽과 세포막을 침범하여 수지상체를 형성하여 탄수화물을 기주식물에 전달한다.
⑤ 조류는 주로 종속영양체이고 광합성을 하는데, 습한 산림토양에서 풍부하며 지의류를 형성한다.

080 ① 유기물을 이용하여 에너지원을 얻는 세균은 종속영양세균이다. 공생질소고정균이 포함된다.
② 화학독립영양세균은 토양이 산성이면 질산화속도가 느리며, pH가 증가하면 세균의 수가 증가하여 질산화 속도가 빠르다.
④ 내생균근은 뿌리 피층의 세포벽과 세포막을 침범하여 수지상체를 형성하여 탄수화물을 사상균에 전달한다.
⑤ 조류는 주로 독립영양을 하고 광합성을 하며, 습한 산림토양에서 풍부하며 지의류를 형성한다.

▶ 화학독립영양세균
암모늄, 황 등의 무기물을 산화하여 에너지원을 얻는다. 암모늄은 질소화합물을 에너지원으로 이용하는 세균에 의해 질산(NO_3^-)으로 변형된다.

정답 ▶ 078 ④ 079 ① 080 ③

chapter 06

081 우리나라 산림토양의 분류에 관한 설명으로 옳은 것은?

① 우리나라의 토양 중 가장 넓게 분포하는 토양은 Alfisols이다.
② 갈색 산림토양군은 갈색 건조, 갈색 약건, 갈색 적윤의 3가지 산림토양형이 있다.
③ 산정의 능선부근에 주로 분포하며 층위가 발달하였지만, 침식을 받아 토층의 일부가 유실된 토양은 침식토양이다.
④ 염기포화도가 35% 이하이며 주로 구릉지에 분포하는 토양은 entisols이다.
⑤ Inceptisols 토양은 토층분화가 잘 일어나서 강우에 의한 토양 유실과 침식은 자주 발생하지 않는다.

081 ① 우리나라의 토양 중 가장 넓게 분포하는 토양은 Inceptisols이다.
② 갈색 산림토양군은 갈색 건조, 갈색 약건, 갈색 적윤, 갈색 약습의 4가지 산림토양형이 있다.
④ 염기포화도가 35% 이하이며 주로 구릉지에 분포하는 토양은 Ultisols이다.
⑤ Inceptisols 토양은 산악지의 경우 여름의 많은 강우에 토양의 유실과 침식이 자주 발생한다.

082 산림토양 조사에서 산림토양 단면야장의 항목에 포함되지 않은 것은?

① 풍화 정도
② 토성
③ 석력 함량
④ 퇴적양식
⑤ 견밀도

082 ④ 퇴적양식은 '산림입지환경' 항목에 속한다.

※ 산림토양 단면야장의 항목 : 낙엽층 두께, 유효 토심, 토심, 풍화 정도, 토성, 토양구조, 건습도, 석력함량, 견밀도, 시료 채취 등

083 토양수에 관한 설명으로 옳은 것은?

① 토양에서 물의 보유와 이동은 물분자 간의 끌림과 물의 수소결합으로 설명된다.
② 식질 토양에서 물의 이동 속도와 상승은 사질 토양보다 빠르고 높다.
③ 유기물의 함량이 많은 토양은 포장용수량이 낮고, 토양공극의 전체 부피와 크기를 증가시킨다.
④ 식물의 유효수분은 −33kPa ~ −3,100kPa 사이의 토양수이다.
⑤ 토양 내 무기염의 농도가 높으면 확산에 의해, 농도가 낮으면 주로 집단류에 의해 이동한다.

083 ② 식질 토양은 물의 이동 속도는 느리지만, 사질 토양보다 높게 상승한다.
③ 유기물의 함량이 많은 토양은 포장용수량이 높고, 토양공극의 전체 부피와 크기를 증가시킨다.
④ 식물의 유효수분은 −33kPa ~ −1,500kPa 사이의 토양수이다.
⑤ 토양 내 무기염의 농도가 높으면 집단류에 의해, 농도가 낮으면 주로 확산에 의해 이동한다.

▶ 집단류 : 압력의 기울기 차에 따라 물 분자가 집단으로 이동
▶ 확산 : 서로 농도가 다른 물질이 혼합할 때 시간이 지나면서 차츰 같은 농도가 되는 현상

정답 ▶ 081 ③   082 ④   083 ①

084 토성에 관한 설명으로 옳지 않은 것은?

① 피펫법으로 입경 분석을 한 후 토성삼각도에서 토성을 결정한다.

② SiCL은 점토가 30~40% 정도 포함된 미사질식양토이다.

③ 양토는 사토보다 부식과 양분함유가 높고, 식토보다 배수성과 수분침투율이 더 좋다.

④ 식토는 비옥하고 많은 물을 보유할 수 있지만 배수가 어려워 산소 결핍을 유발하기도 한다.

⑤ 토심이 깊은 사질 토양에서는 양분과 수분의 요구가 낮은 가문비나무류 산림이 형성된다.

085 토양의 화학적 성질에 관한 설명으로 옳은 것은?

① 토양 산도가 높을수록 식물의 몰리브덴(Mo) 흡수율은 높아진다.

② 양·음이온의 교환현상은 점토가 많은 토양에서 교환 능력이 매우 낮다.

③ 교환성 양이온 Ca, Na, Mg, K 중 Ca의 교환이 가장 높고 Mg이 가장 낮다.

④ 산성 토양의 pH를 높이기 위한 석회요구량은 CEC가 클수록 많아진다.

⑤ 토양에 비료로 시용한 K^+, NH_4^+ 등은 토양에서 이동성이 좋아 빨리 유실된다.

086 <보기>에 주어진 암석들의 공통점으로 옳은 것은?

[보기]

화강암, 섬록암, 반려암

① 변성암 – 화산암
② 화성암 – 심성암
③ 화성암 – 산성암
④ 퇴적암 – 중성암
⑤ 화성암 – 염기성암

084 ⑤ 토심이 깊은 사질 토양에서는 양분과 수분의 요구가 낮은 소나무류의 산림이 형성된다.

※ 식토와 양토로 한랭 습윤한 곳은 가문비나무류, 전나무류, 단풍나무류, 피나무류 등이 자라며, 이보다 온난한 기후에서는 다양한 활엽수가 자란다.

085 ④ 석회요구량은 양이온교환량(Ca이나 다른 양이온과 교환될 수 있는 교환성 H^+과 $Al(OH)_2^+$의 양)으로 결정할 수 있다.

※ CEC(양이온교환용량) : 일정량의 토양이나 교질물이 양이온을 흡착·교환할 수 있는 능력. 건조토양 1kg이 교환할 수 있는 양이온의 총량을 cmolc로 나타낸다(Cmolc/kg).

① 토양 산도가 낮을수록 식물의 몰리브덴(Mo) 흡수율은 높아진다.

② 양·음이온의 교환현상은 점토가 적은 토양에서 교환 능력이 매우 낮다.

③ 교환성 양이온 Ca, Na, Mg, K 중 Ca의 교환이 가장 높고 Na이 가장 낮다.

⑤ 토양에 비료로 시용한 K^+, NH_4^+ 등은 흡착성이 좋아 이동성이 급격히 감소되어 유실이 더디다. 양이온교환에 의하여 토양용액으로 나와 뿌리를 통하여 흡수·이용한다.

086 **주요 화성암의 구분**

구분	산성암 (SiO₂ > 66%)	중성암 (SiO₂ 66~52%)	염기성암 (SiO₂ < 52%)
심성암	화강암	섬록암	반려암
반심성암	석영반암	섬록반암	휘록암
화산암	유문암	안산암	현무암

정답 084 ⑤ 085 ④ 086 ②

087 토양반응에 관한 설명으로 옳은 것은?

① 토양이 산성으로 되면 뿌리혹박테리아의 활성이 떨어지며, 식물영양소의 무기화가 느려진다.

② 강우량이 많은 지역은 탄산의 용해로 Ca_2^+에 의해 치환된 H^+가 용탈되어 토양이 염기성으로 된다.

③ 대부분의 광물질은 산성이나 약알칼리성 토양보다 중성 토양에서 용해도가 크다.

④ 잠산도는 토양용액에 해리되어 있는 H^+와 Al^+에 의한 산도이다.

⑤ 활산도는 토양입자에 흡착되어 있는 수소 및 알루미늄에 의한 산도이며, 두 이온은 물로 용출된다.

088 토양단면에 관한 설명으로 옳은 것은?

① 토양단면에서 A층과 B층을 전토층이라 하며, O층을 임상이라 한다.

② 토양단면의 전위층은 Ap, Bt 등 소문자를 첨가하고, 종속층은 AB, BA, BC 등 대문자로 표기한다.

③ 유기물층 중 완전히 분해된 Oa층은 L(litter)층과 동일하다.

④ A층은 뿌리의 활동이 양호하고 입상구조이며 하위층에 비해 토성이 세립질이다.

⑤ 유효토심은 토양단면 상에서 지름 1cm 이하의 중근 및 세근이 가장 많이 분포하는 깊이다.

089 토양의 생성과 발달에 관한 설명으로 옳은 것은?

① 점토생성작용으로 생성된 카올리나이트(kaolinite)는 Si층과 Al층의 비가 2 : 1이다.

② 갈색화작용으로 유리된 철이온은 토양을 갈색으로 착색시키는데, 특히 아열대지역에서는 적철광이 생성된다.

③ 토양의 물과 미생물이 풍부하여 완전 분해된 유기물이 쌓이거나 습지식물이 지표에 쌓이는 현상을 이탄집적이라 한다.

④ 염기용탈작용에서 Ca이나 Mg 등의 염화물은 가용성이 매우 높아 용탈이 쉽고, K과 Na 등의 염기와 같이 세탈이 잘 된다.

⑤ $CaCO_3$, $MgCO_3$이 토양단면에 집적되어 나타나는 석회집적층은 건조한 세탈형 토양수분상 조건에 주로 나타난다.

---

087 ① 토양의 산도가 높으면 공생질소고정균의 활성이 떨어지고 유기물을 분해하는 미생물의 활성이 감퇴되어 질소를 비롯한 식물영양소의 무기화가 느려진다.

② 강우량이 많은 지역은 탄산의 용해로 H^+에 의해 치환된 염기가 용탈되어 토양이 산성으로 된다.

③ 대부분의 광물질은 중성이나 약알칼리성 토양보다 산성 토양에서 용해도가 커서 수용성의 농도가 높다.

④ 활산도는 토양용액에 해리되어 있는 H^+와 Al^+에 의한 산도이다.

⑤ 잠산도는 토양입자에 흡착되어 있는 교환성 수소 및 교환성 알루미늄에 의한 것으로, 두 이온은 물로 용출되지 않고 염류용액으로 용출된다.

▶ 토양의 산도
  • 활산도 : 토양용액에 해리되어 있는 H^+와 Al^+에 의한 산도
  • 잠산도 : 토양입자에 흡착되어 있는 교환성 수소 및 교환성 알루미늄에 의한 산도

088 ① 전토층 내 A층과 B층을 진토층이라 하며, O층을 임상이라 한다.
  ※ 지표면으로부터 기암층 상부까지 경화되지 않은 미고결층을 전토층이라 하며, 그 중 O층을 임상이라 한다.

② 전위층(하나의 주층이 다른 층으로 점차 변해가는 것)은 AB와 같이 대문자로 첨가하고, 주층의 하위분류는 Ap, Bt와 같이 소문자를 첨가한다.

③ 유기물층은 완전히 분해된 Oa층을 H(Humus)층과 동일하다.
  ※ 유기물층 : Oi(L) – 분해층, Oe(F) – 발효층, Oa(H) – 부식층

④ A층은 입상구조가 나타나며 하위층에 비해 토성이 조립질이며, 뿌리 활동이 양호한 환경을 이룬다.
  ※ 조립질은 화성암의 심성암에서 나타나는데, 입자가 5mm 이상의 크기이며, 세립질은 화성암의 화산암(분출암)에서 나타나고 입자의 크기가 1mm 이하이다.

089 ① 점토생성작용으로 생성된 카올리나이트(kaolinite)는 Si층과 Al층의 비가 1 : 1이다.

③ 물에 의한 토양의 혐기상태로 유기물의 불완전한 분해 잔재가 쌓이거나 습지식물이 지표에 쌓이는 현상을 이탄집적이라 한다.

④ 염기용탈작용에서 Ca이나 Mg 등의 염화물은 약간의 가용성이 있으며, K과 Na 등의 염기는 물에 녹기 쉬워 세탈이 잘 된다.

⑤ 용해도가 약한 $CaCO_3$, $MgCO_3$이 토양단면에 집적되어 나타나는 석회집적층은 건조한 비세탈형 토양수분상 조건에 주로 나타난다.

정답 ▶ 087 ①   088 ⑤   089 ②

090 토양의 통기성에 관한 설명으로 옳은 것은?

① 토양과 대기 사이에서 압력차가 생기면 기체의 교환이 발생한다.

② 산소함량이 10% 이상 유지되면 통기성이 불량한 토양에서도 식물의 생육이 원활하다.

③ 대공극이 많은 토양이 산소확산율이 작아지고, 소공극이 많은 토양에서는 산소확산율이 커진다.

④ 지표면 30cm 이하의 깊이에서 강우 후에 산소함량은 강우 전과 비교해보면 큰 차이가 없다.

⑤ 토양 내 산소가 부족하면 CO_2가 생성되어 식물에 피해를 유발한다.

090 ① 토양과 대기 사이에서 특정 성분의 농도차가 생기면 기체의 교환이 발생한다.

③ 대공극이 많은 토양이 산소확산율이 커지고, 소공극이 많은 토양에서는 산소확산율이 작아진다.

④ 지표면 30cm 이하의 깊이에서 강우 후에 산소함량은 강우 전보다 1/2 이상 감소한다.

⑤ 토양 내 산소가 부족하면 환원상태의 이온인 CH_4 등이 생성되어 식물에 피해를 유발한다.

▶ 산소가 부족한 경우(환원) – 유기물의 분해가 환원적으로 일어나므로 CO_2 대신 메탄(CH_4)이 발생한다.

▶ 산소가 충분한 경우(산화) – CO_2, NO_3, SO_4^{2-}, Fe^{3+}, Mn_4^+ 등이 발생한다.

091 촉감에 의한 간이토성분석법에 관한 설명으로 옳은 것은?

① 토양띠의 길이가 2.5cm 이상 길어지지 않는 토성은 쉽게 부서지지 않는다.

② 토양띠가 형성되면서 손에 달라붙는 토양은 식토함량이 80% 이상이다.

③ 간이토성분석법은 토성명을 결정할 수 없다.

④ 띠의 길이가 2.5~5cm 까지 늘어나는 식양토는 문질렀을 때 다소 까칠까칠한 느낌이 있다.

⑤ 모래는 까칠까칠, 미사는 끈적끈적, 점토는 미끈미끈한 촉감의 특성을 이용하여 토성을 판별한다.

091 ① 토양띠의 길이가 2.5cm 이상 길어지지 않는 토성은 쉽게 부서진다.

② 토양띠가 형성되면서 손에 달라붙는 토양은 식토함량을 알 수 없다. 촉감에 의한 분석법은 토성명을 결정할 수 있지만, 모래·미사·점토함량을 알 수 없다.

③ 간이토성분석법은 토성명을 결정할 수 있다.

⑤ 모래는 까칠한, 미사는 미끈한, 점토는 끈적한 촉감으로 토성을 판별한다.

▶ 띠의 길이
• 식양토 : 2.5~5cm
• 양토 : 2.5cm 이하
• 식토 : 5.0cm 이상

092 <보기>의 산림내 질소고정 미생물에 관한 설명 중 옳은 것을 모두 고르시오.

보기

㉠ *Azotobacter* – 혐기성, 자유생활, 세균

㉡ *Cyanobacteria* – 외생공생, 세균, 지의류와 공생

㉢ *Frankia* – 호기성, 세포핵 없음, 포자형성, 오리나무류와 공생

㉣ *Rhizobium* – 호기성, 산성에 내성 있음, 콩과식물과 공생

㉤ *Clostridium* – 혐기성, 자유생활, 세균

① ㉡, ㉢, ㉤

② ㉡, ㉢, ㉣, ㉤

③ ㉠, ㉣, ㉤

④ ㉡, ㉢

⑤ ㉢, ㉣, ㉤

092 ㉠ *Azotobacter* – 호기성의 자유생활, 세균, 질소고정량은 약 1.0kgN/ha/년

㉡ *Cyanobacteria* – 외생공생, 기주는 지의류, 질소고정량 약 3kgN/ha/년

㉢ *Frankia* – 호기성, 내생공생, 세포핵 없고 포자형성, 기주는 오리나무류, 질소고정량 약 12~300kgN/ha/년

㉣ *Rhizobium* – 호기성, 내생공생, 알칼리성에 내성, 기주는 콩과식물, 질소고정량 약 100~200kgN/ha/년

㉤ *Clostridium* – 혐기성의 자유생활, 세균, 질소고정량 약 15~44kgN/ha/년

▶ 질소고정량 비교
Rhizobium > *Frankia* > *Clostridium* > *Cyanobacteria* > *Azotobacter*

 정답 090 ② 091 ④ 092 ①

093 토양교질물에 관한 설명으로 옳은 것은?

① 층상의 규산염광물은 규소사면체에서 Si^{4+} 대신 Al^{3+}의 치환이 일어날 수 있다.

② montmorillonite는 층 사이의 결합력이 강하므로 팽창과 수축현상이 심하게 발생하지 않는다.

③ 점토광물의 전하는 pH의존전하와 가변전하 두 가지로 구분한다.

④ vermiculite는 광물의 층 사이에 K^+이 공급되면서 생성된다.

⑤ 가변전하는 규산염 층상광물의 절단면에서 생성되며 토양 pH의 영향을 거의 받지 않는 전하이다.

094 부식(humus)에 관한 설명으로 옳지 않은 것은?

① 부식회는 비가용성 부식성 물질로서 고도로 축합되어 점토와 복합체를 형성한다.

② 부식산은 암갈색 및 흑갈색의 고분자물질의 부식성 물질이다.

③ 풀브산은 황적색의 저분자 물질로서 가용성 부식성 물질이다.

④ 부식에는 탄소가 약 58%, 질소가 약 5.8%가 함유되어 탄질률은 약 10이다.

⑤ 부식물질은 무정형으로 비부식물질에 비해 구조가 간단하며, 분해에 저항성이 적은 물질이다.

095 토양의 산화환원반응에 관한 설명으로 옳지 않은 것은?

① 토양에 산소가 부족하면 혐기성 미생물의 밀도가 높아지며, 유기물의 혐기적인 분해가 진행된다.

② 산소가 부족한 조건에서 산소 대신 전자수용체로 NO_3이 이용되어 탈질현상이 일어난다.

③ 유기물이 토양에 가해지면 유기물의 산화환원으로 토양의 통기성, 배수 등에 영향을 끼친다.

④ 토양의 통기성과 배수성이 불량한 토양은 산소 부족으로 산화환원전위가 크게 높아진다.

⑤ 토양 유기물은 혐기적 조건에서 탈질현상이 발생하며 OH^-의 농도가 증가한다.

093 ② montmorillonite는 층 사이의 결합력이 강하지 않으므로 층 사이의 물 분자 출입이 비교적 자유로워서 팽창과 수축현상이 심하게 발생한다.

③ 점토광물의 전하는 영구전하와 가변전하 2가지로 구분한다.

④ vermiculite는 vermiculite는 2:1층과 2:1층 사이의 공간에 K^+ 대신 Mg^{2+}가 치환되어 생성된 점토광물이다.

⑤ 가변전하는 규산염 층상광물의 절단면에서 생성되며 토양 pH의 영향을 받는 pH 의존적 전하이다.

▶ 영구전하와 가변전하
  • 영구전하 : 동형치환에 의하여 생성되는 음전하는 pH 등 토양의 환경조건이 달라져도 그대로 유지되는 전하. 2:1형, 2:1:1형 광물들(smectite, vermiculite, mica, chlorite)은 동형치환이 많이 일어나기 때문에 많은 영구전하를 가진다. 반면 1:1형 광물은 동형치환이 거의 일어나지 않기에 영구전하가 거의 없다. 동형치환의 정도에 따라 점토광물의 음전하량이 달라지므로 양이온교환용량이 달라진다.
  • 가변전하(pH의존전하) : 토양의 순 전하량은 pH에 따라 달라진다. 즉, pH가 낮으면 양전하가 생성되고, 높으면 과량의 음전하가 생성되는 pH의존적인 전하를 말한다.

094 ⑤ 부식물질은 무정형으로 비부식물질에 비해 구조가 다양하며, 분해에 저항성이 강한 물질이다.

095 ④ 토양의 통기성과 배수성이 불량한 토양은 산소 부족으로 산화환원전위가 크게 낮아진다.

▶ 산화환원전위
  토양 중에 산소가 충분히 공급되면 산화환원전위는 높아지고 토양 중에서 전자의 교환이 활발한 상태이며, 산소가 부족하면 토양의 산화환원전위는 크게 낮아진다.

⑤ 토양이 혐기적 상태에서 Fe^{3+}, SO_4^{2-} 등의 환원에 의해서 OH^-농도가 증가한다.

096 식물의 물흡수 기작에 관한 설명으로 옳은 것은?

① 식물의 뿌리 발달에 상관없이 식물의 물 흡수는 30cm 이하의 토층에서는 거의 발생하지 않는다.

② 뿌리가 물을 흡수하면 토양의 수분퍼텐셜이 높아져서 뿌리 쪽으로 향한 지속적인 수분의 이동이 가능하다.

③ 일반적으로 식물이 이용하는 물의 대부분은 삼투압 또는 능동적인 흡수로 이루어진다.

④ 증발산에 의하여 손실되는 물은 측정해보면 소비용수량과 거의 같다.

⑤ 식물의 증발산량과 단위토양면적당 엽면적의 비율은 비례한다.

097 필수식물 영양소의 주요 기능으로 옳지 않은 것은?

① 질소 : 아미노산, 단백질, 핵산, 효소 등의 구성요소

② 칼륨 : 효소의 형태 유지 및 기공의 개폐 조절

③ 마그네슘 : 엽록소 분자구성

④ 철 : 시토크롬(cytochrome)의 구성요소, 광합성작용의 전자전달

⑤ 망간 : 질소환원효소 구성요소

098 <보기>는 토양의 수분퍼텐셜 차이와 식물의 수분 이동에 관한 설명이다. 토양의 수분퍼텐셜이 ㉠일 때와 ㉡일 때, 각각에 대한 설명으로 옳지 않은 것은?

[보기]

· 대기의 수분퍼텐셜 : −95MPa

· 잎의 수분퍼텐셜 : −2.0MPa

· 물관의 수분퍼텐셜 : −1.2MPa

· 뿌리의 수분퍼텐셜 : −1.0MPa

· 토양의 수분퍼텐셜 : ㉠ −0.033MPa, ㉡ −1.5MPa

① ㉠일 때 : 토양 − 식물 − 대기의 순차적인 물의 에너지기울기가 형성

② ㉠일 때 : 토양의 수분은 포장용수량 상태

③ ㉠일 때 : 물이 토양에서 식물체로 쉽게 이동

④ ㉡일 때 : 뿌리 고사가 발생

⑤ ㉡일 때 : 물관의 수분은 토양으로 이동

---

096 ④ 증발산으로 손실된 물과 식물체 내에 존재하는 물의 합을 소비용수라 하는데, 증발산에 의하여 손실되는 물은 정량적인 측면에서 소비용수량과 거의 같다.

① 뿌리가 길게 발달하는 식물의 경우 대부분의 물을 60cm 이하의 토층에서 흡수하기도 한다.

② 뿌리가 물을 흡수함으로써 토양의 수분퍼텐셜이 상대적으로 낮게 유지되며, 따라서 뿌리 쪽으로 향한 지속적인 물의 이동이 가능하다.

③ 일반적으로 식물이 이용하는 물의 90% 이상은 수동적으로 흡수된다. 식물의 물요구량이 상대적으로 적은 경우에는 삼투압 또는 능동적 흡수가 일어나고, 물요구량이 많은 경우에는 집단흐름 또는 수동적인 흡수가 일어난다.

⑤ 식물의 엽면적 증가(증산량 증가)는 토양 표면의 증발 감소로 이어지므로 둘의 관계는 반비례한다.

097 ⑤ 질소환원효소 구성요소는 몰리브덴(Mo)이다. 망간(Mn)은 탈수소효소 및 광합성, 질소동화작용을 한다.

098 · 토양의 수분퍼텐셜이 뿌리의 수분퍼텐셜보다 낮을 때 뿌리의 수분은 토양으로 이동하여 뿌리가 고사하며, 물관의 수분은 잎으로 이동하여 식물의 중간부분에서 수분의 끊김현상이 발생한다.

정답 ▶ 096 ④   097 ⑤   098 ⑤

099 우리나라의 산림토양에 관한 설명으로 <u>옳은 것은</u>?

① 갈색산림토양은 습윤한 온대 및 난대기후에 발달하며, 알칼리성 토양으로서 갈색산림토양아군과 적색계갈색산림토양아군으로 구분한다.

② 암적색산림토양은 주로 계곡저지 및 산복하부에 분포하고, 층위 분화와 토양 구조가 발달하지 않고 보수력이 약하다.

③ 회갈색산림토양은 석회암이 모재인 퇴적암지대에서 생성되고, 모재층에 가까워질수록 적색이 강하다.

④ 미숙토양은 산정 및 산복사면에 분포하며, 미사 함량이 매우 높고 투수성이 다른 토양에 비해 불량하다.

⑤ 적·황색산림토양은 홍적대지에 생성된 토양으로 퇴적상태가 치밀하고 토양의 물리적 성질이 불량한 산성토양이다.

100 토양관리기술에 관한 설명으로 <u>옳지 않은 것은</u>?

① 우리나라의 정밀농업은 주문형 배합비료의 사용에 국한된다고 할 수 있다.

② 주문형 배합비료는 DAP+ 입상 칼륨비료를 주성분으로 한다.

③ 유기농업은 지속농업의 한 수단이다.

④ 유기농업의 종류는 자연농업, 쌀겨농법, 우렁이농법 등이 있다.

⑤ 좁은 의미의 유기농업은 이론적으로 실천하기 쉽다.

【수목관리학】

101 수목의 가지치기에서 침엽수와 활엽수의 차이에 관한 설명으로 <u>옳은 것은</u>?

① 침엽수의 유묘기는 측지가 주지보다 더 빠르게 자라므로 원추형을 유지하기 위해 측지의 가지치기가 필요하다.

② 일반적으로 활엽수는 유묘기부터 수관이 옆으로 퍼져 둥글게 자라므로 유묘기의 수형유지를 위한 전지가 필요하다.

③ 활엽수의 잠아는 성숙하면서 대부분 죽어 버리므로 윗가지를 제거하더라도 맹아지가 나오지 않는다.

④ 침엽수는 가지마다 잠아가 자리잡고 있어서 윗가지가 잘려 나가면 바로 아랫가지에서 맹아지가 나온다.

⑤ 침엽수의 주지를 제거하면 측지가 주지 역할을 하여 다시 원추형으로 된다.

099 ① 갈색산림토양은 습윤한 온대 및 난대기후에 발달하며, 산성토양으로서 갈색산림토양아군과 적색계갈색산림토양아군으로 구분한다.

② 암적색산림토양은 석회암이 모재인 퇴적암지대에서 생성되고, 모재층에 가까워질수록 적색이 강하다.

③ 회갈색산림토양은 미사함량이 매우 높고, 투수성이 다른 토양에 비해 불량하다.

④ 미숙토양은 주로 계곡저지 및 산복하부에 분포하고, 퇴적작용으로 생성된 층위 분화와 토양 구조가 발달하지 않고 보수력이 약하다.

100 ⑤ 협의의 유기농업은 아래의 이유로 이론적으로 실천하기 어렵다.

• 유기질 비료만으로는 합리적인 양분공급을 하기 어려움
• 농약을 사용하지 않고 병충해를 방제하기 어려움
• 생산성을 높이기 어려움

101 ① 침엽수의 수형은 원추형으로 곧추 선 형태이다.

② 활엽수는 유목시기에는 원추형의 곧추 선 형태를 유지한다.

③ 활엽수는 가지마다 잠아가 자리잡고 있어서 윗가지가 잘려 나가면 바로 아랫가지에서 맹아지가 나온다.

④ 침엽수의 잠아는 성숙하면서 대부분 죽어 버리므로 윗가지를 제거하더라도 맹아지가 나오지 않는다.

정답 099 ⑤ 100 ⑤ 101 ⑤

102 침엽수의 적심에 관한 설명으로 옳은 것은?

① 봄에 자란 소나무의 가지를 손으로 자르는 작업으로서 마디 간의 길이를 짧게 하여 수관이 치밀하도록 유도한다.

② 잣나무의 봄에 자란 잎을 훑어주는 작업으로 엽수를 조절하여 증산작용을 억제하는 작업이다.

③ 적심의 적기는 가지 끝에 새로운 눈이 생겨난 후 6월 중~말이다.

④ 가운데 가지를 길게 자르고, 옆 가지는 짧게 잘라서 비율을 맞춘다.

⑤ 적심은 침엽수의 원추형 수형을 유지하는 데 중요한 역할을 한다.

102 ② 잣나무, 소나무 등의 적심은 엽수를 줄여 증산작용을 억제하는 작업이 아니고, 고정생장하는 수목의 수관을 치밀하게 하는 작업이다.

③ 적심의 적기는 가지 끝에 새로운 눈이 생겨나기 전인 5월 초순~중순이다.

④ 가운데 가지를 짧게 자르고, 옆 가지도 이와 비례하여 잘라준다.

⑤ 침엽수는 적심을 하지 않아도 원추형 수형을 유지한다.

103 수목 굴취 전 준비작업에 관한 설명으로 옳지 않은 것은?

① 이식할 장소의 식재공간, 토양상태, 배수상태, 채광상태, 주변 환경 등을 미리 확인한다.

② 굴취 전에 실시하는 가지치기는 되도록 적게 하는 것이 바람직하다.

③ 지제부 근처는 가지가 많을수록 수세 회복이 빠르므로 제거하지 않는다.

④ 이식목의 수피에 살충제를 충분히 뿌리고 수간피복을 한다.

⑤ 여름에 수목이식을 할 경우 증산억제제를 굴취 전에 잎에 뿌려준다.

103 ③ 지제부 근처 가지가 많을 경우 방해가지는 제거한다.

104 조경수 이식에 관한 설명으로 옳지 않은 것은?

① 이른 봄 나무를 이식할 때 근분의 크기는 새로 나올 잎의 크기 및 숫자와 상관없다.

② 지주목을 오랫동안 제거하지 않으면 뿌리 발달이 상대적으로 적어지고, 초살도가 작아진다.

③ 이식목의 피소현상을 막기 위해 수간피복종이로 수간을 감아준다.

④ 수목 이식 후 멀칭은 근분직경의 3배가량 되게 원형으로 실시하며, 5~10cm 두께로 깔아준다.

⑤ 멀칭은 토양의 성질 개선과 토양의 온도 변화를 줄이고 건조를 예방한다.

104 ① 이른 봄 나무를 이식할 때 근분을 크게 만들수록 새로 나오는 잎의 크기와 숫자는 많이 나온다.

정답 **102** ① **103** ③ **104** ①

105 토양시비에 관한 설명으로 <u>옳은</u> 것은?

① 소나무는 1회의 늦은 봄 시비가 적당하며, 느티나무는 한여름에 시비해도 효과가 나타난다.

② 모래 성분이 많은 토양에서 여름철 강우가 많으면 한여름의 시비가 도움이 안 된다.

③ 잔디가 심겨진 지역은 표면살포가 효과적이며, 살포 후 양료가 씻겨내려가지 않도록 며칠 동안 관수를 하지 않는다.

④ 시비량은 토성에 따라 다양하며, 사질토는 점질토보다 2배가량 더 많이 시비를 한다.

⑤ 토양에서 이동이 잘 안 되는 인, 칼륨, 칼슘 등과 유기질 비료는 토양 속에 직접 집어넣는 것이 좋다.

106 수목의 관리 중 관수에 대한 설명으로 <u>옳은</u> 것은?

① 토양이 액상으로만 채워져 있으면 관수를 해야 한다.

② 스프링클러 관수를 새벽시간에 하는 이유 중 하나는 습기로 인한 병 예방이다.

③ 새로 이식한 나무에 관수할 때에는 물을 하루에 한 번씩 주어 60cm 깊이까지 젖도록 한다.

④ 이식 후 5년이 경과하여도 가뭄이 올 때마다 매번 관수를 해야 한다.

⑤ 우리나라의 경우 관수가 가장 요구되는 시기는 겨울이다.

107 토양관리에 관한 설명으로 <u>옳지 않은</u> 것은?

① 알칼리성 토양을 개량할 때 황산알루미늄은 황 사용량의 7배를 사용해야 황과 같은 효과가 나타난다.

② 염분토양에서 시비를 할 경우 저농도 비료를 사용해야 한다.

③ 토양에 유기물 첨가는 토양의 견밀화를 방지하고 용적비중을 낮춘다.

④ 멀칭의 이점은 수목생장에 도움이 될 뿐 아니라 독특한 분위기를 창출할 수 있다.

⑤ 장기간에 걸친 토양 유실로 인하여 노출된 뿌리는 절대 복토를 하지 않는다.

---

105 ① 소나무는 1회의 늦은 겨울시비가 적당하다.

　※ 소나무, 전나무, 가문비나무는 4~6월 사이에만 새 가지 생장을 하므로(고정생장) 1회의 늦은 겨울시비가 적절하고, 주목, 향나무, 회양목, 느티나무같이 여름철에도 새 가지가 자라는 수종(자유생장)은 한여름에 시비해도 효과가 나타난다.

② 모래 성분이 많은 토양에서 여름철 강우가 많으면 한여름의 시비가 도움이 된다.

③ 잔디가 심겨진 지역은 표면살포가 효과적이며 살포 후 즉시 물로 충분히 씻어준다.

④ 시비량은 토성에 따라 다양하며, 점질토는 사질토보다 2배가량 더 많이 시비를 한다. 사질토에서 비료의 양분 흡수량이 점질토보다 높기 때문이다.

106 ② 스프링클러 관수를 새벽에 하면 수압이 높고, 바람이 적으며, 새벽에 젖어 있던 잎과 가지가 낮에 마름으로써 습기로 인한 병을 예방할 수 있다.

① 토양이 기상으로만 채워져 있으면 관수를 해야 한다.

③ 새로 이식한 나무에 관수할 때에는 1주일에 한 번씩 하여 60cm 깊이까지 젖도록 한다.

④ 이식 후 5년이 경과하면 특별한 관수없이 조경수를 관리할 수 있다.

⑤ 우리나라의 경우 관수가 가장 요구되는 시기는 봄(4~5월)이다.

107 ② 염분토양에서 시비를 할 경우 고농도 비료를 사용해야 한다. 비료 자체가 염분 역할을 하므로 고농도 비료를 사용한다. 예를 들면, 질산나트륨(질소함량 : 16%)보다 요소(질소함량 : 45%)비료를 사용한다.

　※ 알칼리성 토양 개량 시 황산알루미늄은 황보다 효과가 훨씬 작아서 황 사용량의 7배 가량을 더 사용해야 같은 효과를 볼 수 있으며, 과다 사용 시 알루미늄의 독성이 나타난다.

정답　**105** ⑤　**106** ②　**107** ②

108 특수지역의 수목 식재에 관한 설명으로 옳지 않은 것은?

① 플랜트 식재 시 깊이는 관목의 경우 최소 45cm 이상 되어야 한다.

② 경사지에서 주요 수목 식재법은 식혈법이다.

③ 매립지는 시간이 경과함에 따라서 토양이 가라앉으며, 염분이 올라오기도 한다.

④ 해안매립지에 식재 가능한 수종은 곰솔, 단풍나무, 측백나무, 아까시나무 등이 있다.

⑤ 플랜터의 바닥 근처는 관수 후 포장용수량보다 더 많은 수분을 가지고 있다.

108 ④ 해안매립지에 식재 가능한 수종은 곰솔, 노간주나무, 측백나무, 향나무, 녹나무, 느티나무, 아까시나무 등이 있다. 단풍나무는 토양이 비옥한 곳에서 생육이 양호하다.

② 식혈법 : 작은 제비집 모양의 구덩이를 파서 편평한 땅을 만들고 나무를 앞쪽으로 당겨서 심는다. 반원형의 물웅덩이를 만들어 물이 고이며, 사면에 바짝 붙여서 등고선 방향으로 배수로를 만들어서 폭우로 인하여 물매턱이 허물어지지 않게 한다.

⑤ 플랜터의 깊이가 얕을수록 통기성이 좋은 위쪽 토양의 비율이 작아져서 수목생육이 불리하다. 그러므로 과습과 건조의 순환이 반복되므로 플랜터의 깊이는 최소한 45cm 이상이 되도록 한다.

109 수목의 필수영양소 결핍증상 중 잎에서 나타나는 증상에 대한 설명으로 옳지 않은 것은?

① 잎이 전체적으로 황색으로 되면 질소, 인, 칼륨, 황 등의 결핍 증상이다.

② 잎의 가장자리가 변색하면 마그네슘의 부족현상일 가능성이 높다.

③ 엽맥은 녹색을 유지하면서 엽맥과 엽맥 사이의 조직만 황색으로 되면 칼륨, 철, 망간 등의 결핍증상이다.

④ 잎에 생기는 가장 흔한 증상은 황화현상, 괴사, 낙엽 등이다.

⑤ 체내 이동이 잘 되는 원소는 결핍증이 유엽에서 먼저 나타나며, 가지 끝이 고사하는 증세를 보인다.

109 ⑤ 체내 이동이 잘 안 되는 원소는 결핍증이 유엽에서 먼저 나타난다.

110 수목의 비전염성 병에 관한 설명으로 옳지 않은 것은?

① 소경목을 이식할 경우 밑가지를 그대로 두어 초살도를 높이면 풍해의 가능성이 높다.

② 수목의 수분 스트레스는 잎의 크기와 새 가지 생장을 위축시켜 엽면적을 감소시킨다.

③ 은단풍이나 네군도 등의 단풍나무류는 과습한 토양에 저항성이 상대적으로 높다.

④ 곰솔은 대표적인 내염성이 강한 수종이다.

⑤ 검은색을 띤 토양에서 남서향의 수피가 여름철 고온 피해를 입기 쉽다.

110 ① 소경목을 이식할 경우 밑가지를 그대로 두어 초살도를 높이면 풍해를 줄일 수 있다.

 정 답 108 ④ 109 ⑤ 110 ①

111 <보기>의 수목 중에서 건조피해에 강한 수목으로 바르게 짝지어진 것은?

[보기]

곰솔, 노간주나무, 소나무, 향나무, 가죽나무, 사시나무, 사철나무, 아까시나무, 회화나무, 낙우송, 느릅나무, 동백나무, 물푸레나무, 층층나무

① 곰솔, 가죽나무, 회화나무, 사시나무
② 낙우송, 느릅나무, 층층나무, 동백나무
③ 가죽나무, 곰솔, 낙우송, 느릅나무
④ 노간주나무, 아까시나무, 층층나무, 동백나무
⑤ 사시나무, 사철나무, 낙우송, 소나무

112 수목의 뿌리수술에 관한 설명으로 옳지 않은 것은?

① 노출된 토양은 되메우기 전에 완숙퇴비, 모래 등을 섞어 개량한다.
② 환상박피는 살아 있는 뿌리를 3cm 폭으로 360도 돌려가면서 수피를 벗기는 것이다.
③ 지상부는 뿌리와의 균형을 맞추기 위해 가지치기로 엽량을 줄여 준다.
④ 환상박피 후 형성층에 바세린을 처리한다.
⑤ 침엽수의 노출된 뿌리에 천공을 실시하여 살아 있는 뿌리에서 세근을 유도한다.

113 수목의 굴취에 관한 설명으로 옳은 것은?

① 수목을 이식할 때 최소한의 흙에 최대의 뿌리를 포함하는 것이 가장 이상적이다.
② 접시분은 느티나무, 낙우송, 참나무류 등 심근성 수종에 적용되는 방법이다.
③ 녹화마대는 분해될 때 열이 발생하므로 여러 번 감으면 세근에 열해가 발생한다.
④ 동토법은 점토가 많은 지역에서 겨울철에 한해서 가능하다.
⑤ 어린 묘목을 나근 상태로 굴취할 때 펼쳐진 뿌리의 폭이 근원경의 크기와 비슷하게 되도록 절단한다.

111 • 내건성 높은 나무 : 곰솔, 노간주나무, 소나무, 향나무, 가죽나무, 사시나무, 사철나무, 아까시나무, 회화나무
• 내건성 낮은 나무 : 낙우송, 느릅나무, 동백나무, 물푸레나무, 층층나무

112 ⑤ 침엽수(소나무)의 노출된 뿌리를 천공하는 것은 수지의 유출 여부로 고사 여부를 판단하기 위한 것이다. 환상박피를 통해 살아 있는 뿌리에서 세근을 유도한다.

113 ② 접시분은 편백, 아까시나무, 버드나무류 등 천근성 수종에 적용되는 방법이다.
③ 녹화마대의 특성은 분해될 때 열이 발생하지 않아 세근에 열해의 위험이 없다.
④ 동토법은 마사토와 같은 지역에서 겨울철에 한해서 가능하다.
⑤ 어린 묘목을 나근 상태로 굴취할 때 펼쳐진 뿌리의 폭이 근원경의 10배 이상 되도록 한다.

정답 **111** ① **112** ⑤ **113** ①

114 농약과 방제에 대한 설명으로 옳지 않은 것은?

① parathion은 최초의 합성 유기인계 살충제이며, 살응애 효과를 가지고 있다.

② cartap은 nereistoxin계 살충제이며, 유기인계 및 카바메이트계 살충제에 저항성인 해충에도 효과적이다.

③ mancozeb는 광범위한 보호살균제이며, 다습·고온에서 불안정하며 경시변화가 심하다.

④ azoxystrobin은 침투이행성 살균제이며, 갈색무늬병, 흰가루병, 탄저병 등의 방제에 사용된다.

⑤ streptomycin은 침투이행성이고, 토양소독제로 사용할 수 있다.

114 ⑤ streptomycin은 토양 살균제로는 사용할 수 없다.

　　※ 경시변화 : 시간이 흐름에 따라 농약의 이화학적 성질이 변하는 상태

115 농약제제용으로 사용되는 증량제의 특성에 관한 설명으로 옳은 것은?

① 희석제는 흡유가가 일반적으로 높고, 증량제는 흡유가가 낮은 미세분말 또는 유기물분말이다.

② 제오라이트는 알루미늄 규산염이 주 광물이며, 수중 붕괴 확산성 및 용출도 등에 영향을 미친다.

③ 증량제는 수분함량과 흡습성이 높을수록 분산성이 증가하고 안전하게 보관할 수 있다.

④ 규조토는 매우 가볍고 연하며 기공이 많고, 염기치환용량이 매우 높다.

⑤ 활석은 알루미늄 규산염으로서 매끄러운 촉감이 있으며, 화학적으로 매우 안정된 광물이다.

115 ① 희석제는 흡유가가 일반적으로 낮고, 증량제는 흡유가가 높은 미세분말 또는 유기물분말이다.

② 몬모릴론석은 알루미늄 규산염이 주 광물이며, 수중 붕괴 확산성 및 용출도 등에 영향을 미친다.

③ 증량제는 수분함량과 흡습성이 낮을수록 분산성이 증가하고 안전하게 보관할 수 있다.

⑤ 활석은 규산 마그네슘 광물로서 매끄러운 촉감이 있으며, 화학적으로 매우 안정된 광물이다.

116 농약의 섭취허용량에 관한 설명으로 옳은 것은?

① 분제는 부착성과 고착성이 양호하여 작물잔류성이 높다.

② 최대무작용량(NOEL)이 낮을수록 그 농약의 만성독성이 낮다.

③ 최대무작용량은 인간에게 직접 적용되는 수치이며, ADI(1일 섭취 허용량) 산출에 적용된다.

④ 1일 섭취허용량은 인간에 대해서 최대무작용량의 최대 1/100까지 허용한다는 의미이다.

⑤ ADI의 수치에 표준체중 60kg을 곱하면 1일 잔류농약 섭취허용량이 된다.

116 ① 분제는 부착성이 좋으나 고착성이 불량하여 작물잔류성이 낮다.

② 최대무작용량(NOEL)이 낮을수록 그 농약의 만성독성이 높다.

③ 최대무작용량은 인간에게 직접 적용되는 수치가 아니며, ADI(1일 섭취 허용량)를 산출에 적용한다.

④ 1일 섭취허용량은 인간에 대해서 최대무작용량의 최대 1/1,000만까지 허용한다는 의미이다.

정답　114 ⑤　115 ④　116 ⑤

117 농약의 저항성에 대한 설명으로 <u>옳은</u> 것은?

① 교차저항성은 작용기구가 비슷한 농약 사용 시 발생한다.

② 해충의 저항성은 일반적으로 살충제에 노출되는 세대가 적을수록 저항성 획득의 잠재력은 커진다.

③ 한 해충은 대부분 한 가지 요인에 의해 저항성을 나타낸다.

④ 작용기구가 다른 약제를 교호사용하는 것은 저항성 발달을 유도한다.

⑤ 종합적 방제는 해충의 저항성을 높이므로 개별적 방제로 하여야 저항성을 낮출 수 있다.

117 ① 교차저항성은 작용기구가 비슷하거나 약제의 분해 및 대사에 관여하는 효소계의 유사성에 의해 발생한다.

② 해충의 저항성은 일반적으로 진딧물이나 응애와 같은 생활사가 짧은 해충일수록 저항성 획득의 잠재력은 커진다.

③ 한 해충은 대부분 여러 요인들이 복합적으로 작용하여 저항성을 나타낸다.

④ 저항성 발달을 지연시키기 위해 같은 약제의 연속 사용을 피하고 작용기구가 다른 약제를 교호사용하는 것이 중요하다.

⑤ 화학적 방제 및 경종적 방제 등 종합적 방제가 해충의 저항성을 줄이는 중요한 대책 중 하나이다.

118 살충제의 작용과정에 관한 설명으로 <u>옳은</u> 것은?

① 침투성 살충제는 해충과 더불어 유익생물의 피해도 많이 유발한다.

② 곤충의 호흡기를 통한 접촉살충제의 침입은 곤충의 종류에 따라 체벽 투과성이 다르다.

③ imidacloprid는 곤충의 AChR에 결합하여 살충작용을 일으키지만, 동물의 AChR에서는 친화도가 낮다.

④ fenitrothion의 선택성은 유효성분이 곤충과 포유동물의 작용점에 도달하기 쉽다.

⑤ 생물종 사이의 저항성 기구와 살충제에 대한 작용점의 특성은 서로 관련이 없다.

118 ① 침투성 살충제는 유익생물에는 접촉되지 않고 해충에만 접촉되어 살충효과를 높일 수 있다.

② 곤충의 체벽, 기문을 통한 접촉살충제의 침입은 곤충의 종류에 따라 체벽 투과성이 다르다.

④ fenitrothion의 선택성은 유효성분이 곤충의 작용점에는 도달하기 쉽고, 포유동물의 작용점에는 도달하기 어렵다.

⑤ 살충제에 대한 작용점의 특성이 서로 다른 것은 생물종 사이의 저항성 기구와도 관련이 있다.

119 <보기>에서 주어진 작용기작 기호의 공통점으로 <u>옳은</u> 것은?

[보기]

　⊙ 1a　　　　　　ⓛ 4a
　ⓒ 22a　　　　　　ⓔ 28

① 살충제 : 곤충의 신경 및 근육에서의 자극 전달 작용 저해

② 살균제 : 성장 및 발생 과정을 저해

③ 살충제 : 호흡 과정을 저해

④ 살충제 : 성장 및 발생 과정을 저해

⑤ 살균제 : 곤충의 신경 및 근육에서의 자극 전달 작용 저해

119 살충제의 작용기작 중 신경 및 근육에서의 자극 전달 작용 저해

　1 : 아세틸콜린에스테라제(AChE)저해
　2 : GABA 의존성 Cl 이온 통로 차단
　3 : Na 이온 통로 변조
　4 : 니코틴 친화성 ACh 수용체의 경쟁적 변조
　5 : 니코틴 친화성 ACh 수용체의 다른 자리 입체성 변조
　6 : 글루탐산 의존성 Cl 이온 통로 다른 자리 입체 변조
　9 : 현음기관 TRPV 통로 변조
　14 : 니코틴 친화성 ACh 수용체의 통로 차단
　22 : 전위 의존 Na 이온 통로 차단
　28 : 라이아노딘 수용체 변조

정답 ▶ **117** ① 　**118** ③ 　**119** ①

120 살균제의 작용기작, 표시기호, 대표적 살균제가 바르게 연결된 것은?

① C14 – 탈메틸 효소 저해 – 사1 – triazoles
② 키틴 합성 저해 – 가1 – polyoxins
③ 미세소관 형성 저해 – 다3 – azoystrobin
④ RNA 중합효소1 저해 – 아4 – metalaxyl
⑤ 복합체3 – 나1 – carbendazim

120 ② 키틴 합성 저해 – 아4 – polyoxins
③ 복합체3 – 다3 – azoystrobin
④ RNA 중합효소1 저해 – 가1 – metalaxyl
⑤ 미세소관 형성 저해 – 나1 – carbendazim

121 살균제에 대한 설명으로 옳지 않은 것은?

① benomyl – 식물의 경엽 병해, 토양병해 등 광범위한 병해에 유효하며, 내성균이 발생하지 않으므로 연용이 가능하다.
② metalaxyl – 경엽, 토양 등 다양하게 처리되며, 균사 생육, 포자생성억제 및 치료 효과도 있다.
③ difenoconazole – 다양한 작물의 탄저병, 흰가루병, 녹병 등의 예방 및 치료에 사용되는 침투이행성 살균제이다.
④ triflumizole – 약효지속기간이 길고 예방 및 치료 효과가 있으며, 흰가루병·탄저병·녹병·잎마름병 등에 사용한다.
⑤ azoxystrobin – 침투이행성이 뛰어나고 예방과 치료 효과를 동시에 나타내며, 겹무늬썩음병·노균병·갈색무늬병·녹병 등에 사용된다.

121 ① benomyl – 식물의 경엽 병해, 토양병해 등 광범위한 병해에 유효하나 내성균이 발생하므로 연용은 피해야 한다.

122 식물생장조절제에 관한 설명으로 옳은 것은?

① 옥신류는 식물의 성장을 저해하며, 탈리현상을 지연시키는 호르몬이다.
② 지베렐린 중 GA3는 씨 없는 포도, 포도의 생육 및 착과 촉진 등에 이용된다.
③ 에틸렌의 생리작용은 세포분열을 촉진시키며, 과립 비대촉진용으로 사용된다.
④ 사이토키닌의 생리작용은 세포 신장을 저해하고 확대성장을 촉진하며, 과실의 탈리현상을 작용한다.
⑤ 수분 증발억제제로 IAA가 주로 사용된다.

122 ① 옥신류는 식물의 성장을 촉진하며, 탈리현상을 지연시키는 호르몬이다.
③ 사이토키닌의 생리작용은 세포분열 촉진시키며, 과립 비대촉진용으로 사용된다.
④ 에틸렌은 세포 신장을 저해하고 확대성장을 촉진하며, 과실의 탈리현상을 작용한다.
⑤ 수분 증발억제제로 carbaryl, metalaxyl 등이 사용된다.
※ 인돌아세트산(IAA) : 천연옥신의 일종으로 어린 조직에서 생합성되며, 줄기끝의 분열조직, 생장하는 잎과 열매에서 형성된다.

chapter 06

정답 120 ① 121 ① 122 ②

123 해충과 농약의 관계가 옳은 것은?

① 응애 – 이미다클로프리드(imidacloprid)

② 딱정벌레 – 밀베멕틴(milbemectin)

③ 진딧물류 – 아바멕틴(abemectin)

④ 총채벌레 – 피라클로르스트로빈(pyraclorstrobin)

⑤ 나비목 – 디플루벤주론(diflubenzuron)

124 나무병원의 등록과 변경등록에 관한 설명으로 옳지 않은 것은?

① 나무병원을 등록하려는 자는 등록요건을 구비하여 산림청장에게 등록하여야 한다.

② 나무의사 등을 고용하고 있음을 증명하는 서류를 첨부하여야 한다.

③ 나무병원의 변경등록사항은 나무병원의 명칭, 대표자, 소재지, 나무의사의 선임에 관한 사항이다.

④ 1종 나무병원은 자본금 1억원 이상, 사무실과 나무의사 2명 이상 또는 나무의사 1명과 수목치료기술자 1명 이상이어야 한다.

⑤ 자본금 기준의 200% 이상의 자본금을 갖춘 산림사업법인은 자본금 기준을 갖춘 것으로 본다.

125 소나무재선충병 방제특별법에 관한 설명으로 옳지 않은 것은?

① 기본설계는 방제사업 대상지의 위치 및 규모, 예상 방제비용, 산림소유자 등의 요구사항 등이 있다.

② 반출금지구역 지정·해제권자는 시장·군수·구청장 등이며 발생지역과 발생지역으로부터 2km 이내이다.

③ 훈증처리 후 1년이 경과하지 아니한 훈증처리목의 훼손 및 이동은 제한한다.

④ 산지관리법에 따라 산지일시사용신고를 하여 생산된 경우 산림환경연구기관에 감염여부를 확인받아 반출금지구역에서 이동이 가능하다.

⑤ 소나무류에 대한 일시 이동중지 명령기간의 연장은 1회에 한하여 48시간의 범위에서 연장이 가능하다.

123 ① 응애 – 밀베멕틴 (milbemectin)

② 딱정벌레 – 이미다클로프리드 (imidacloprid)

③ 진딧물류 – 설폭사플로르 (sulfoxaflor)

④ 총채벌레 – 아바멕틴 (abemectin)

※ 피라클로르스트로빈(pyraclorstrobin)은 녹병 살균제이다.

124 ① 나무병원을 등록하려는 자는 등록요건을 구비하여 시·도지사에게 등록하여야 한다.

125 ③ 훈증처리 후 6개월이 경과하지 아니한 훈증처리목의 훼손 및 이동은 제한한다.

정답 123 ⑤ 124 ① 125 ③

최종점검 – 출제기준에 따라 출제빈도가 높은 기출문제와 예상문제를 엄선하다!

심화모의고사 제2회

▶ 실력테스트를 위해 해설란을 가리고 문제를 풀어보세요.

【수목병리학】

001 다음 <보기>의 수목병들이 공통적으로 가지는 특징으로 옳은 것은?

> 보기
> • 흰날개무늬병
> • 오동나무줄기마름병
> • 단풍나무타르점무늬병

① 자낭균이다.
② 병원체는 주로 줄기나 가지에 피해를 준다.
③ 추운 지방에서 동해의 피해로 수세가 약한 나무에 주로 감염된다.
④ 뿌리에 부채꼴 모양의 흰색 균사막과 균사다발을 형성한다.
⑤ 인구밀집 지역이나 공장지대에서는 거의 발생하지 않는다.

001 흰날개무늬병, 오동나무줄기마름병, 단풍나무타르점무늬병 모두 자낭균에 속한다.

흰날개무늬병	• 뿌리의 목질부에 부채꼴 모양의 흰색 균사막과 실 모양의 균사다발을 형성한다. • 10년 이상 된 사과 과수원에서 주로 발생한다.
오동나무줄기마름병	• 가지치기, 동해 등의 상처로 병원균이 침입하여 줄기나 가지에 피해를 준다. • 추운 지방에서 동해의 피해로 수세가 약한 나무에 주로 감염된다.
타르점무늬병 (단풍나무류)	• 아황산가스에 민감하기 때문에 인구밀집 지역이나 공장지대에서는 거의 발생하지 않는다. • 잎 표면에 타르 같은 새까만 병반들이 지저분하게 나타나서 관상 가치를 떨어뜨린다.

002 다음 <보기>에서 곰팡이의 특성으로 옳은 것을 모두 고른 것은?

> 보기
> 임의부생체, 구침, 유성포자, 외가닥 RNA, Plasmid, 봉입체

① 임의부생체, 유성포자
② 구침, 임의부생체, 외가닥 RNA
③ 외가닥 RNA, Plasmid, 봉입체
④ Plasmid, 유성포자
⑤ 봉입체, 임의부생체

002 일반적으로 곰팡이는 임의부생체이며, 유성포자를 형성한다.
• 구침 : 식물선충에게 모두 있는 단도 모양의 구침은 두부에 있다.
• 유성포자 : 성질이 다른 2개의 세포핵이 융합과 분열을 거쳐 만든 포자이다.
• 외가닥 RNA : 대부분의 식물바이러스는 외가닥 RNA를 가지고 있다.
• 플라스미드 : 세균은 하나 또는 그 이상의 작은 원형의 유전물질을 가지고 있는데 이를 플라스미드라고 한다.
• 봉입체 : 바이러스에 감염된 식물의 조직 내부에 나타나는 이상구조

 정답 001 ① 002 ①

chapter **06**

003 수목 뿌리썩음병의 특징으로 옳지 않은 것은?

① 수관에 뚜렷한 피해 증상 없이 시드는 경우가 많다.
② 표토층 30cm 이내의 뿌리가 양분의 흡수 기능이 크게 떨어진다.
③ 자주날개무늬병은 대표적인 자낭균 뿌리썩음병이다.
④ 우리나라의 사과 과수원에서도 종종 발생된다.
⑤ 자실체는 뽕나무버섯, 말굽버섯, 아까시재목버섯 등이 있다.

003 ③ 자주날개무늬병은 담자균 뿌리썩음병이다. 자낭균 뿌리썩음병에는 흰날개무늬병, 리지나뿌리썩음병 등이 있다.

004 Shigo 박사의 CODIT 모델에서 나무의 부후가 나무의 중심부를 향해 방사방향으로 진전되는 것을 막기 위해 나이테를 따라 만든 방어벽은?

① 방어벽 1
② 방어벽 2
③ 방어벽 3
④ 방어벽 4
⑤ 방어벽 5

004 CODIT 이론 : 상처를 입은 나무가 여러 방향으로 방어벽을 만들어 부후균과 부후균에 감염된 조직을 입체적으로 칸에 가두어 봉쇄하는 자기방어기작을 '수목 부후의 구획화, CODIT'라 한다.

방어벽 1	부후가 상처의 위아래 방향(세로축 방향 – 섬유방향)으로 진전되는 것을 막기 위해 물관(도관)이나 헛물관(가도관)을 폐쇄시키면서 만든 벽
방어벽 2	부후가 나무의 중심부를 향해 방사방향으로 진전되는 것을 막기 위해 나이테를 따라 만든 방어벽
방어벽 3	부후가 나이테를 따라 둘레 방향, 즉 접선방향으로 진전되는 것을 저지하기 위해 방사단면에 만든 벽
방어벽 4	노출된 외부 상처를 밖에서 에워싸기 위해 상처가 난 후에 형성층이 세포분열을 통해 만든 신생세포로 된 방어벽

005 수목의 공동이 크고 깊지 않을 때 실행하는 나무 외과수술 과정에서 형성층 노출 부위에 바세린 또는 상처도포제를 바르는 이유로 가장 옳은 것은?

① 해충을 방제하기 위해
② 방어벽 1을 형성하기 위해
③ 형성층이 마르지 않도록 하기 위해
④ 충전물이 흘러나오지 않도록 하기 위해
⑤ 맹아력을 높이기 위해

005 형성층 조직을 노출시키는 목적은 공동을 메웠을 때 형성층에서 자라나온 상처유합제가 공동 표면처리층의 가장자리를 완전히 감쌀 수 있도록 하는 것이다. 그러므로 형성층 제거 부위가 마르지 않도록 하여 유합조직의 활성을 유도하는 것이 중요하다.

정답 003 ③ 004 ② 005 ③

006 다음 <보기>에 해당하는 병원균의 공통점으로 옳은 것은?

[보기]

㉠ *Phytophthora* spp.
㉡ *Rhizina undulata*
㉢ *Rhizoctonia solani*
㉣ *Pythium* spp.

① 유묘기 이후에도 일반적으로 발병이 계속된다.
② 조직 연화성 병해이다.
③ 병원균이 기주보다 병 발생에 더 많은 영향을 미친다.
④ 담자포자에 의하여 전염되기도 한다.
⑤ 수종에 관계없이 발생한다.

006 <보기>는 병원균 우점병의 병원균이다.

▶ 병원균 우점병의 특징
　• 유묘기를 넘기면 일반적으로 발병이 계속되지 않는다.
　　(미성숙한 조직을 침입)
　• 모두 조직을 연화시키는 병원균이다.
　　예) 모잘록병(*Pythium* spp., *Rhizoctonia solani*)
　　　　파이토프토라뿌리썩음병(*Phytophthora* spp.)
　　　　리지나뿌리썩음병(*Rhizina undulata*) – 침엽수에 발생

③ 기주우점병에 대한 설명이다.
④ *Phytophthora* spp., *Pythium* spp. 은 난포자를 형성하는 난균문이고, *Rhizoctonia solani* 는 균사로 침입하는 불완전균류이며, *Rhizina undulata*는 자낭포자를 형성하는 자낭균문이다.
⑤ 리지나뿌리썩음병은 침엽수에 발생한다.

007 수목 병해의 진단 중 성질이 다른 하나를 고르시오.

① 버섯
② 암종(혹)
③ 뿌리꼴균사다발
④ 담자기
⑤ 균사매트

007 • 병징 : 암종(혹), 빗자루(총생), 궤양, 부후, 더뎅이, 위축 등
　　• 표징 : 버섯, 뿌리꼴균사다발, 담자기, 균사매트, 자낭구 등

008 편백·화백가지마름병에 관한 설명으로 옳은 것은?

① 주로 소나무과 수목에 발생한다.
② 찢어진 수피에서 수지가 흘러 굳어져 흰색으로 변한다.
③ 매개충은 매미충이다.
④ 비가 많이 오는 봄에만 분생포자로 전반이 된다.
⑤ 동절기에 스미치온을 살포하여 방제한다.

008 편백·화백가지마름병의 특징
　• 측백나무과 수목에 발생한다.
　• 수피 아래 분생포자층을 형성하며, 봄~가을까지 비가 오거나 습할 때 분생포자가 방출되어 바람이나 빗물에 의해 전반된다.
　• 목재 내부에 연륜을 따라 1~2cm 정도의 갈색 얼룩 반점이 남아 있어 목재가치가 하락한다.
　• 생육기에 보르도액이나 적절한 약제를 월 2회 정도 살포하여 예방한다.
　• 찢어진 수피에서 수지가 흘러 굳어져 흰색으로 변한다.

009 대가 없으며, 갓의 기부는 수피에 두껍게 부착되어 있고, 표면은 적갈색, 가장자리는 난황색, 갓의 아랫면은 외백색의 관공으로 이루어진 자실체로 옳은 것은?

① 파상땅해파리버섯
② 아까시재목버섯
③ 뽕나무버섯
④ 갈색먹물버섯
⑤ 광대버섯

009 구멍장이버섯속 아까시재목버섯 : 활엽수 성목에 주로 발생하며, 심재가 먼저 썩고 나중에 변재가 썩는다. 줄기의 밑둥에 초여름~가을 사이에 백색부후균인 반원형의 아까시재목버섯(장수버섯: *Perenniporia fraxinea*)이 발생한다.

정답 ▶ 006 ② 007 ② 008 ② 009 ②

chapter 06

010 **Phytophthora katsurae에 관한 설명으로 옳지 않은 것은?**

① 유주포자가 뿌리를 가해하여 감염시킨 후 줄기로 뻗어나간다.

② 수피를 제거하면 감염 부위의 목질부는 적갈색으로 변색된다.

③ 살균제 방제는 비효율적이라 저항성 대목을 사용하는 것이 좋다.

④ 열매가 감염되면 특유의 술 냄새가 난다.

⑤ 줄기마름병과 함께 밤나무에 가장 큰 피해를 끼치는 병해다.

011 **Mycosphaerella gibsonii에 관한 설명으로 옳은 것은?**

① 무성세대는 Marssonina 속의 분생포자이다.

② 잎집 밑에 분생포자각이 형성된다.

③ 전국의 리기다소나무에 상당한 피해를 입힌다.

④ 감염된 부위의 목질부가 수지로 젖는 것이 특징이다.

⑤ 짚으로 토양을 피복하면 발병을 줄일 수 있다.

012 **무궁화점무늬병(pseudocercospora abelmoschi)에 관한 설명으로 옳은 것은?**

① 아황산가스에 민감한 균이다.

② 딱딱한 지반의 토양에서 발병이 심하며 유주포자가 전염원이다.

③ 병환부에 회색의 털 같은 균사체가 밀생한다.

④ 석회를 살포하여 토양산도를 조절한다.

⑤ 주로 곤충으로 전염되며 가끔 빗물에 의해서도 전염된다.

013 **포플러류점무늬잎떨림병에 관한 설명으로 옳은 것은?**

① 분생포자는 두 세포로 구성되며, 대부분 크기와 모양이 다르다.

② 학명은 Drepanopeziza martinii이다.

③ 수관의 상부에서 시작되어 하부로 진전된다.

④ 병징은 황색 반점에서 갈색으로 변색되며 노란 띠가 형성된다.

⑤ 자낭포자의 비산 시기인 잎눈이 틀 무렵에 약제 살포한다.

---

010 밤나무잉크병 : Phytophthora katsurae

④ 열매가 감염되었을 때 특유의 술 냄새가 나는 병은 밤나무가지마름병이다.

011 소나무잎마름병 : Mycosphaerella gibsonii

① 무성세대는 Pseudocercospora 속의 분생포자이다.

② 소나무잎마름병은 침엽의 윗부분에 검은색의 작은 점(자좌)이 융기되며, 분생포자경 및 분생포자가 형성된다. 잎집 밑에 분생포자각이 형성되는 병은 소나무디플로디아순마름병이다.

③ 소나무잎마름병은 잣나무나 리기다소나무에서는 별 문제가 되지 않는다. 전국의 리기다소나무에 상당한 피해를 입히는 병은 소나무류수지궤양병(푸사리움가지마름병, 송진가지마름병)이다.

④ 소나무잎마름병은 봄에 침엽의 윗부분에 띠 모양으로 황색 점무늬가 생기고 병반이 확대, 융합되며 갈변한다. 감염된 부위의 목질부가 수지로 젖는 병은 소나무류수지궤양병이다.

012 ① 아황산가스에 민감한 균은 타르점무늬병이다.

② 딱딱한 지반의 토양에서 발병이 심하며 유주포자가 전염원인 병은 파이토프토라뿌리썩음병이다.

④ 석회를 살포하여 토양산도를 조절하는 병은 아밀라리아뿌리썩음병, 리지나뿌리썩음병, 자주날개무늬병 등 뿌리썩음병이다.

⑤ 무궁화점무늬병은 병든 낙엽에서 월동한 병원균이 이듬해 봄에 분생포자를 형성하여 주로 바람에 의해 전반된다.

013 ① Marssonina의 분생포자는 무색의 두 세포가 윗세포와 아랫세포로 나뉘어지며, 크기와 모양이 다른 경우가 많다.

② 포플러류점무늬잎떨림병의 학명은 Drepanopeziza punctiformis (= Marssonina brunnea) 이다.

③ 수관의 아래에서 시작되어 위쪽으로 진전된다.

④ 병이 진전되면 잎 전체가 갈색의 점으로 뒤덮인다.

⑤ 6월부터 살균제를 2주 간격으로 살포한다. 자낭포자의 비산 시기인 잎눈이 틀 무렵에 약제 살포하는 병은 포플러잎마름병이다.

정답 ▶ 010 ④ 011 ⑤ 012 ③ 013 ①

014　철쭉류잎마름병에 관한 설명으로 옳은 것은?

① *Quercus* 속의 식물에서 흔히 발생한다.

② 병원균 학명은 *Entomosporium mespili*이다.

③ 장마철 직후 10일 간격으로 보르도액을 살포하여 병원균 침입을 막는다.

④ 감염되어 고사한 죽은 나무에 갈변한 잎이 달린 채로 남아 있다.

⑤ 잎 가장자리를 포함한 큰 병반으로 진전된다.

014 ① 철쭉류잎마름병은 *Rhododendron* 속의 식물에서 흔히 발생한다.

　　② 병원균 학명은 *Pestalotiopsis* spp.이다. *Entomosporium mespili*는 홍가시나무섬무늬병의 학명이다.

　　③ 장마철 직전과 가을비가 온 후에 살균제를 살포한다.

　　④ 병든 잎은 갈변되면서 뒤틀리고 잘 떨어진다. 감염되어 고사한 죽은 나무에 갈변한 잎이 달린 채로 남아 있는 병은 참나무시들음병이다.

015　수목병에 대한 설명으로 옳지 않은 것은?

① 밤나무줄기마름병은 여름철에 가지나 잎이 아래로 처진다.

② 벚나무번개무늬병은 여름에 자라나는 잎에서 심해진다.

③ 소나무류갈색무늬잎마름병은 병든 잎을 수거하면 발병률이 크게 떨어진다.

④ 버즘나무탄저병은 잎맥과 주변에 작은 점이 무수히 나타난다.

⑤ 소나무류잎녹병의 담자포자는 침입 유효거리가 3~10m 이다.

015 벚나무번개무늬병(APLPV)은 바이러스 병으로서 항상 봄에 자라나온 잎에만 나타나며, 그 후 자라나오는 잎에는 나타나지 않는다.

016　수목병의 방제법에 대한 설명으로 옳은 것은?

① 모잘록병에 감염된 수목은 수세 강화를 위해 질소질 비료를 많이 시비한다.

② 오동나무줄기마름병은 오동나무 단순림을 조성하면 예방할 수 있다.

③ 배롱나무갈색무늬병에 감염되면 전정으로 새로운 가지를 유도하여도 수세회복이 어렵다.

④ 사철나무흰가루병에 감염된 가지는 잘라내는 것이 매우 좋은 방제법이다.

⑤ 뿌리혹선충은 매개충에 의하여 전반되므로 방제를 위하여 살충제를 살포한다.

016 ④ 사철나무흰가루병은 장마 이후에 새로 올라온 가지에서 발병하는 경우가 흔하며, 병든 가지를 잘라내는 것이 좋은 방제법이다.

　　① 모잘록병은 질소질 비료의 과잉을 삼간다.

　　② 오동나무줄기마름병은 오동나무 단순림의 조성을 피하고 오리나무 등과 혼식을 하면 예방효과가 높다.

　　③ 배롱나무갈색무늬병에 감염되어 피해가 심하면 전정하여 새로운 가지를 유도하고 수세를 강화시키면 거의 문제되지 않는다.

　　⑤ 뿌리혹선충은 토양에서 선충에 직접 감염되므로 토양에 살선충제를 처리한다.

정답　014 ⑤　015 ②　016 ④

017 다음 <보기>의 병원균들의 공통점으로 옳지 않은 것은?

[보기]

흰가루병균, 탄저병균, Meliolaceae

① 자낭은 단일벽이다.
② 머릿구멍이 있거나 없다.
③ 자낭과를 형성한다.
④ 각균강에 속한다.
⑤ 자낭은 나출된 자실층에 배열된다.

017 〈보기〉의 병원균은 모두 자낭균으로 각균강(자낭각)에 해당되며, ①~④ 모두 각균강의 특징에 해당된다. 자낭이 나출된 자실층에 배열되는 자낭균은 반균강(자낭반)에 속한다.
 ※ 각균강(자낭각) : 자낭과는 자낭각을 형성하며, 위쪽에 머릿구멍이 있거나 없으며, 단일벽의 자낭이 자낭과 내의 자실층에 배열되어 있다. 대단히 많은 균류가 여기에 포함되며, 동충하초속을 비롯한 흰가루병균 · 맥각병균 · 탄저병균 · 일부 그을음병균 등이 대표적이다.

018 장미흰가루병(*Podosphaera pannosa*)에 대한 설명으로 옳은 것은?

① 대부분의 장미는 이 병원균에 저항성이다.
② 심하게 발생하면 가지마름병으로 진전되기도 한다.
③ 임의부생체이다.
④ 중간기주를 지속적으로 제거하면 전염원이 차단되어 발병률이 매우 낮아진다.
⑤ 수피에 기생하는 깍지벌레를 방제한다.

018 ① 대부분의 장미는 장미흰가루병(*Podosphaera pannosa*)에 감수성이다.
 ③ 절대기생체이다.
 ④ 병든 낙엽을 모아 태우거나 땅속에 묻으면 전염원이 차단되어 발병률이 매우 낮아진다. 중간기주를 지속적으로 제거하면 전염원이 차단되어 발병률이 매우 낮아지는 병은 녹병이다.
 ⑤ 장미흰가루병의 발병 원인은 일조 부족과 질소 과다이다. 수피에 기생하는 깍지벌레를 방제하는 병은 회색/갈색고약병이다.

019 다음 중 소나무 뿌리에 서식하는 모래밭버섯(Pt)에 대한 설명으로 옳은 것은?

① 뿌리의 피층세포 내 침입하여 두꺼운 균사층을 형성하고 외부로부터 병원균의 침입을 막아준다.
② 접합균문에 속하는 곰팡이로 격벽이 없고 포자를 형성하지 않는다.
③ 뿌리세포 내에 저장과 증식, 기주와 곰팡이의 양분교환 구조체를 형성한다.
④ 수목과 묘포장에서 많이 사용되며 최초의 외생균근성 곰팡이이다.
⑤ 뿌리 세포와 세포 사이에서 형성된 하티그망은 최소 5년 이상 생존한다.

019 ① 모래밭버섯은 외생균근으로 뿌리의 세포 사이에 존재한다.
 ② 담자균문에 속하는 곰팡이로 격벽이 있고 포자를 형성한다.
 ③ 뿌리세포 내에 저장과 증식, 기주와 곰팡이의 양분교환 구조체를 형성하는 병원균은 내생균근이다.
 ⑤ 뿌리 세포와 세포 사이에서 형성된 하티그망은 수개월 ~ 3년 정도 생존한다.

정답 ▶ 017 ⑤   018 ②   019 ④

020 녹병균의 생활사에 대한 설명으로 옳은 것은?

① 녹병균의 포자는 4가지 포자형이 있다.
② 녹병정자의 표면은 돌기가 없다.
③ 겨울포자는 n+n 균사를 형성한다.
④ 여름포자는 다양한 무늬의 돌기가 존재하며 기주교대를 한다.
⑤ 모든 녹병균은 여름포자세대와 담자포자세대를 가진다.

021 전나무잎녹병에 대한 설명으로 옳은 것은?

① 5월 하순~7월 중순에 묵은 침엽에 녹색의 작은 반점이 나타난다.
② 중간기주는 모란·작약이다.
③ 4월 하순~5월 상순에 중간기주에서 담자포자가 비산하여 전나무에 침입한다.
④ 1936년 경기도 가평군에서 처음 발견되었다.
⑤ 녹포자기가 터지면 수피가 마르면서 형성층은 죽는다.

022 지역에 따라 겨울포자를 형성하지 않고 여름포자 상태로 월동하여 이듬해 봄에 1차 전염원이 되는 녹병은?

① *Melampsora larici-populina*
② *Gymnosporangium* spp.
③ *Cronartium quercuum*
④ *Coleosporium asterum*
⑤ *Cronartium ribicola*

023 우리나라의 주요 수목병에 대한 설명으로 옳지 않은 것은?

① 대추나무빗자루병은 모무늬매미충에 의해 매개 전염된다.
② 오동나무빗자루병은 1970년대 조림지를 황폐화 시킨 적이 있다.
③ 포플러류 녹병은 아직까지 저항성 품종이 개발되지 않았다.
④ 참나무시들음병은 2004년 경기도 성남시의 신갈나무에서 처음 발견되었다.
⑤ 잣나무털녹병은 송이풀에 의한 피해가 심하다.

---

020 ① 녹병균의 포자는 담자포자, 녹포자, 여름포자, 겨울포자, 녹병정자 등 5가지 포자형이 있다.
③ 겨울포자는 핵융합으로 핵상은 2n이다.
④ 여름포자는 다양한 무늬의 돌기가 존재하며 반복감염을 한다.
⑤ 모든 녹병은 겨울포자와 담자포자 세대를 가진다.

021 ① 5월 하순~7월 중순에 당년생 침엽에 녹색의 작은 반점이 나타난다.
② 중간기주는 뱀고사리이다. 소나무줄기녹병의 중간기주가 모란·작약이다
④ 1986년 강원도 횡성의 전나무림에서 처음 보고되었다. 1936년 경기도 가평군에서 처음 발견된 병은 잣나무털녹병이다.
⑤ 녹포자기가 터지면 병든 잎은 낙엽이 된다. 녹포자기가 터지면 수피가 마르면서 형성층이 죽는 병은 잣나무털녹병이다.

022 지역에 따라 겨울포자를 형성하지 않고 여름포자 상태로 월동하여 이듬해 봄에 1차 전염원이 되는 녹병은 *Melampsora larici-populina* (포플러잎녹병)이다.
② *Gymnosporangium* spp. (향나무녹병)
③ *Cronartium quercuum* (소나무혹병)
④ *Coleosporium asterum* (소나무잎녹병)
⑤ *Cronartium ribicola* (잣나무털녹병)

023 ③ 포플러류 녹병은 이태리포플러 1·2호의 저항성 품종이 개발되었다.

정답 ▶ 020 ② 021 ③ 022 ① 023 ③

024 포플러류 모자이크병에 대한 설명으로 옳지 않은 것은?

① 늦봄 잎에 불규칙한 모양의 퇴록반점이 나타나면서 모자이크 증상이 나타난다.

② 황백색의 번개무늬와 그물무늬가 나타난다.

③ 지표식물인 동부에 접종하면 국부병반이 나타난다.

④ ELISA 진단시약으로 진단 가능하다.

⑤ 종자전염은 하지 않으며, 접목전염을 한다.

024 ② 황백색의 번개무늬와 그물무늬가 나타나는 병은 장미모자이크병이다.

025 수목에 병을 일으키는 곰팡이의 병명, 구조체, 월동장소, 생존기간의 연결이 옳지 않은 것은?

① 아밀라리아뿌리썩음병(*Armillaria mellea*) − 균사체 − 토양 − 10년

② 밤나무줄기마름병(*Cryphonectria parasitica*) − 자낭포자 − 수피 − 1년

③ 안노섬뿌리썩음병(*Heterobasidion annosum*) − 균사체 − 그루터기 − 63년

④ 안노섬뿌리썩음병(*Heterobasidion annosum*) − 담자포자 − 토양 내 수피 − 18개월

⑤ 파이토프토라부리썩음병(*Phytophthora cinnamomi*) − 유주포자 − 토양 − 10년

025 ⑤ 파이토프토라부리썩음병(*Phytophthora cinnamomi*) − 유주포자 − 토양 − 32주

정답 024 ② 025 ⑤

【수목해충학】

026 해충의 생물적 방제에 관하여 바르게 짝지어진 것은?

① 점박이응애 − 콜레마니진디벌

② 진딧물 − 칠리이리응애

③ 총채벌레 − 애꽃노린재

④ 잎굴파리 − 남색긴꼬리좀벌

⑤ 온실가루이 − 굴파리고치벌

027 곤충의 날개의 관절부 등 탄성을 요구하는 부분에 필요한 성분으로 옳은 것은?

① 스클러로틴(sclerotin)

② 레실린(resilin)

③ 아스로포딘(arthropodin)

④ 키틴(chitin)

⑤ 엑소펩티다아제(exopeptidase)

028 소나무좀(*Tomicus piniperda*)의 분류로 옳은 것은?

① 곤충강(속입틀류) − 유시아강 − 고시군 − 외시류 − 나비목

② 곤충강(속입틀류) − 무시아강 − 고시군 − 내시류 − 매미아목

③ 곤충강(겉입틀류) − 유시아강 − 신시군 − 외시류 − 노린재목

④ 곤충강(겉입틀류) − 유시아강 − 신시군 − 내시류 − 딱정벌레목

⑤ 곤충강(겉입틀류) − 무시아강 − 고시군 − 외시류 − 좀목

029 해충의 생활사에서 월동태를 바르게 나열한 것은?

① 호두나무잎벌레(*Gastrolina depressa*) − 유충 − 낙엽, 수피

② 회양목명나방(*Glyphodes perspectalis*) − 유충 − 땅속, 잎

③ 버들재주나방(*Clostera anastomosis*) − 성충 − 줄기기부 고치속

④ 소나무왕진딧물(*Cinara pinicensiflorae*) − 알 − 땅속, 낙엽

⑤ 벚나무사향하늘소(*Aromia bungii*) − 번데기 − 줄기

---

026 ① 점박이응애 – 칠리이리응애

② 진딧물 – 콜레마니진디벌

④ 잎굴파리 – 굴파리고치벌

⑤ 온실가루이 – 온실가루이좀벌

▶ 해충의 천적

• 솔수염하늘소 (소나무재선충의 매개충) : 개미침벌, 가시고치벌

• 이세리아깍지벌레 – 베다리아무당벌레

• 솔나방 – 송충알벌

• 밤나무혹벌 – 남색긴꼬리좀벌

• 솔잎혹파리 –솔잎혹파리먹좀벌, 혹파리살이먹좀벌, 박새

• 잣나무별납작잎벌 – 두더지

027 ① 스클러로틴(sclerotin) : 표피에서 키틴과 결합하는 비수용성 단백질로서 뜨거운 물에 잘 녹지 않는 성질이 있다.

③ 아스로포딘(arthropodin) : 표피에서 키틴과 결합하는 수용성 단백질로서 뜨거운 물에 잘 녹는 성질이 있다.

④ 키틴(chitin) : N−아세틸글루코사민이 긴 사슬 형태로 결합한 다당류로서 곤충의 단단한 표피, 균류의 세포벽 등을 이루는 중요한 구성성분이다.

⑤ 엑소펩티다아제(exopeptidase) : 단백질 분해효소로서 펩티드 말단을 분해한다.

028 곤충강(겉입틀류)의 구분

유시아강	신시군	외시류 (불완전변태)	메뚜기계열(씹는형) – 메뚜기목/대벌레목
			노린재계열(빠는형) – 총채벌레목/노린재목
		내시류 (완전변태)	풀잠자리목/딱정벌레목/ 나비목/파리목/벼룩목/벌목
	고시군		하루살이목/잠자리목
무시아강	돌좀목/좀목		

※ 나무좀 : 딱정벌레목

029 ① 호두나무잎벌레(*Gastrolina depressa*) – 성충 – 낙엽, 수피

③ 버들재주나방(*Clostera anastomosis*) – 유충 – 줄기기부 고치속

④ 소나무왕진딧물(*Cinara pinicensiflorae*) – 알 – 가지, 수피

⑤ 벚나무사향하늘소(*Aromia bungii*) – 유충 – 줄기

 정답 026 ③ 027 ② 028 ④ 029 ②

030 향나무하늘소(*Semanotus bifasciatus*)에 대한 설명으로 옳은 것은?

① 1년에 1회 발생하며, 3~4월에 침입공을 뚫는다.
② 주로 소나무를 침투하여 형성층을 파괴시켜 고사시킨다.
③ 목설을 배출하여 유충의 가해는 잘 발견되지만 방제가 어렵다.
④ 외시류 – 딱정벌레목 – 하늘소과에 속한다.
⑤ 딱지날개는 중앙과 끝에 검은색 띠가 있는 황갈색이다.

031 곤충의 내분비계에 대한 설명으로 옳지 않은 것은?

① 곤충의 호르몬은 항상성 유지와 행동 조정, 성장과 발육 등을 조절하는 역할을 한다.
② 가장 큰 내분비샘은 앞가슴샘이며, 탈피호르몬을 생산한다.
③ 앞가슴샘자극호르몬은 카디아카체에서 분비된다.
④ 알라타체는 성충 단계에서 성적 성숙을 억제하는 호르몬을 생산한다.
⑤ 신경분비세포는 곤충의 뇌 중앙과 옆쪽에 모여 있다.

032 <보기>에 나열된 해충들의 공통점으로 옳은 것은?

[보기]
· 버즘나무방패벌레   · 쥐똥밀깍지벌레
· 미국선녀벌레   · 갈색날개노린재

① 식엽성 해충
② 성충 월동
③ 년 3세대
④ 밀납 분비
⑤ 노린재목

033 수목해충의 학명과 기주수목의 연결이 옳지 않은 것은?

① 알락하늘소 – *Monema flavescens* – 단풍나무. 삼나무
② 밤나무혹응애 – *Aceria japonica* – 밤나무
③ 뽕나무깍지벌레 – *Pseudaulacaspis pentagona* – 벚나무
④ 조팝나무진딧물 – *Aphis spiraecola* – 사과나무
⑤ 남방차주머니나방 – *Eumeta japonica* – 개잎갈나무

해설

030 ① 1년에 1회 발생하며, 3~4월에 탈출공을 뚫는다.
② 향나무류와 측백나무류의 나무를 침투하여 형성층을 파괴시켜 고사시킨다.
③ 목설을 배출하지 않아 유충의 가해는 잘 발견되지 않는다.
④ 내시류 – 딱정벌레목 – 하늘소과에 속한다.

031 ④ 알라타체는 미성숙 단계에서 성충 형질의 발육을 억제하고, 성충 단계에서 성적 성숙을 촉진하는 화합물인 유약호르몬을 생산한다.

032 · 버즘나무방패벌레 – 성충 월동 – 3세대 – 노린재목 – 외시류
· 쥐똥밀깍지벌레 – 성충 월동 – 1세대 – 노린재목
· 미국선녀벌레 – 알 월동 – 1세대 – 노린재목
· 갈색날개노린재 – 성충 월동 – 2세대 – 노린재목

033 ① 알락하늘소 – *Anoplopora chinensis* – 단풍나무, 삼나무

정답 **030** ⑤   **031** ④   **032** ⑤   **033** ①

034 곤충의 목별 특징에 관한 설명으로 **옳은** 것은?

① 벌목은 1쌍의 날개가 있으며, 일부 송이 해충이다.
② 나비목은 씹는형 입틀을 가졌으며, 보통 2쌍의 배다리가 있다.
③ 파리목은 2쌍의 날개가 있으며, 빠는형 입틀을 가진다.
④ 딱정벌레목은 곤충강에서 두 번째로 크며, 씹는형 입틀을 가진다.
⑤ 풀잠자리목은 더듬이가 실 모양이며, 입틀은 씹는 형이다.

034 ① 벌목은 2쌍의 날개가 있다.
② 나비목은 씹는형 입틀을 가졌으며, 보통 5쌍의 배다리가 있다.
③ 파리목은 2쌍의 날개 중 1쌍은 퇴화되었으며, 빠는형 입틀을 가진다.
④ 딱정벌레목은 곤충강에서 가장 크며, 씹는형 입틀을 가진다.

035 외줄면충의 방제법으로 가장 **옳은** 것은?

① 4월 중순 약충 시기에 적용 약제를 잎 앞면에 살포한다.
② 여름기주인 쑥을 제거한다.
③ 유시충이 탈출하는 5월 하순 전에 피해 잎을 채취하여 제거한다.
④ 베노밀 수화제를 4월 잎 뒷면에 살포한다.
⑤ 천적인 남색긴꼬리좀벌을 보호한다.

035 ① 약충은 새로운 잎 뒷면에 기생하므로 4월 중순 약충 시기에 적용 약제를 잎 뒷면에 살포한다.
② 5월 하순~6월 상순에 유시태생 암컷 성충이 출현하여 중간기주인 대나무류에 이주하므로 대나무를 제거해야 한다.
④ 진딧물 살충제(네오니코티노이드계/피레스로이드계)를 4월 잎 뒷면에 살포한다. 베노밀 수화제는 살균제이다.
⑤ 남색긴꼬리좀벌은 밤나무혹벌의 천적이다. 외줄면충은 무당벌레류, 풀잠자리류, 거미류 등을 보호한다.

036 곤충의 날개에 관한 설명으로 **옳은** 것은?

① 날개는 상하 2개의 막으로 되어 있으며, 굵은 시맥에는 신경이 없다.
② 기본시맥상에서 날개의 앞가장자리를 따라 나오는 세로맥을 아전연맥이라 한다.
③ 앞 · 뒷날개의 연결방식에서 날개갈고리형은 벌목에서 발견된다.
④ 반초시는 딱정벌레목에서 볼 수 있다.
⑤ 외형적으로 전연과 외연으로 생기는 각을 둔각이라 한다.

036 ① 굵은 시맥에는 신경이 분포한다.
② 기본시맥상에서 날개의 앞가장자리를 따라 나오는 세로맥을 전연맥이라 한다.
④ 반초시는 노린재아목에서 볼 수 있다.
⑤ 외형적으로 전연과 외연으로 생기는 각을 꼭지각이라 한다.

037 어떤 곤충의 발육이 20℃에서 20일 걸렸다. 이 곤충의 발육영점온도가 13℃이면 유효적산온도(DD)는?

① 140
② 400
③ 260
④ 100
⑤ 300

037 유효적산온도
= (발육기간중의 평균온도 − 발육영점온도)×경과일수
= (20−13)×20 = 140

038 수목해충의 발생조사와 방법에 관한 설명으로 <u>옳은</u> 것은?

① 전수조사는 육안으로 해충을 직접 조사하는 방법으로 단일수종에 적합하다.

② 표본조사는 다양한 수종의 대규모 조림지에 유리하지만, 좁은 지역의 돌발해충은 표본추출이 잘못될 경우가 있어 주의해야 한다.

③ 유아등은 주화성이 있는 성충을 대상으로 야간에 광원을 사용해서 유인하는 방법이다.

④ 황색수반트랩의 단점은 강우 시 채집된 표본 유실과 조사 간격에 따른 부패가 있다.

⑤ 페로몬트랩은 주로 성페로몬트랩을 이용하여 대상 해충을 포획하지만 해충의 정확한 발생 시기를 예측하기 어렵다.

038 ① 전수조사는 다양한 수종에서 환경에 따라 해충군과 밀도가 달라질 수 있는 구역에 적합하다.

② 표본조사는 단일수종이 대규모 조림지에 식재된 경우 유리하나, 좁은 지역의 돌발해충은 표본추출이 잘못될 경우가 있어 주의해야 한다.

③ 유아등은 주광성이 있는 유충을 대상으로 야간에 광원을 사용해서 유인하는 방법이다.

⑤ 페로몬트랩은 주로 성페로몬트랩을 이용하여 대상 해충만 유인포획 가능하고 해충의 정확한 발생 시기와 밀도를 예측할 수 있다.

039 소나무가루깍지벌레에 관한 설명으로 <u>옳은</u> 것은?

① 2세대 성충은 알주머니를 만들지 않고 160여 개의 알을 낳는다.

② 성충으로 땅속에서 월동하며 5월 중순에 나타난다.

③ 2차 피해로 그을음병이 발생되고, 푸사리움가지마름병의 원인이 되기도 한다.

④ 2세대 성충은 5월 중순~6월 하순에 나타나며, 가느다란 센털이 몸의 둘레와 등면에 있다.

⑤ 약충은 타원형으로 약 3.5mm이며 연한 적갈색이다.

039 ② 약충으로 잎과 가지의 수피에서 월동하며 5월 중순에 나타난다.

③ 2차 피해로 그을음병이 발생되고, 피목가지마름병의 원인이 되기도 한다.

④ 2세대 성충은 8월 중순~9월 하순에 나타나며, 가느다란 센털이 몸의 둘레와 등면에 있다.

⑤ 약충은 타원형으로 약 0.35mm이며 연한 적갈색이다.

040 수목해충에 관한 설명으로 <u>옳은</u> 것은?

① 노랑털알락나방은 단풍나무에 큰 피해를 주며 매년 동일 장소에서 발생한다.

② 노랑쐐기나방은 어린 유충이 잎을 가해하며, 성충은 뒷다리의 종아리마디에 2쌍의 가동가시가 있다.

③ 밤나무산누에나방은 주로 밤나무에 발생하며, 6월 하순부터 잎을 가해하고, 땅속에서 알로 월동한다.

④ 황다리독나방은 활엽수를 가해하며 3령 이후 식엽량이 감소한다.

⑤ 박쥐나방의 유충은 초본류를 가해하며 우화한 후 나무로 이동하여 목질부를 가해한다.

040 ① 노랑털알락나방은 사철나무에 큰 피해를 주며 매년 동일 장소에서 발생한다.

③ 밤나무산누에나방은 주로 밤나무에 발생하며, 4월 하순부터 잎을 가해하고, 월동은 줄기와 가지에서 알로 한다.

④ 황다리독나방은 층층나무만 가해하며 3령 이후 식엽량이 증가한다.

⑤ 박쥐나방의 유충은 초본류 줄기 속을 가해하며 성장 후 나무로 이동하여 목질부 표면을 가해한다.

정답 038 ④ 039 ① 040 ②

041 소나무좀에 관한 설명으로 옳은 것은?

① 딱정벌레목 – 하늘소과에 속하며 침엽수를 가해한다.

② 나무의 수세에 상관없이 모든 나무에서 피해가 발생된다.

③ 새로 우화한 성충은 지제부의 수간 속을 파고 들어가 후식피해를 일으킨다.

④ 더듬이는 끝이 곤봉형이고 중간마디가 3마디이다.

⑤ 소나무좀의 후식 피해는 수관의 하부보다는 상부의 피해가 높다.

041 ⑤ 소나무좀의 후식 피해는 수관의 하부보다는 상부, 측아지보다 정아지의 피해가 높다.

① 딱정벌레목 – 바구미과에 속하며 침엽수를 가해한다.

② 주로 수세가 약한 이식목, 벌채목, 고사목 등에서 피해가 발생된다.

③ 새로 우화한 성충은 신초의 줄기 속을 파고 들어가 후식피해를 일으킨다.

④ 더듬이는 끝이 달걀형이고 중간마디가 5마디이다.

042 곤충의 생식계에 관한 설명으로 옳지 않은 것은?

① 수컷의 부속샘은 정자주머니와 정액을 만든다.

② 정액은 정자에 양분을 공급하고, 산란을 촉진하며, 다른 수컷을 피하게 하는 물질 등이 포함된다.

③ 알은 초기난모세포 – 증식실 – 난황실 – 난모세포(알) 순서로 형성된다.

④ 암컷의 부속샘은 벌의 독샘, 체체파리의 젖샘 등으로 발달한다.

⑤ 암컷의 저장낭은 정자에게 영양분을 공급하는 역할을 한다.

042 ⑤ 저장낭샘은 저장낭에 보관 중인 정자에게 영양분을 공급한다.

043 매미나방에 관한 설명으로 옳지 않은 것은?

① 학명은 *Lymantria cunea*이며, 침엽수와 활엽수를 가해한다.

② 수컷 성충은 암갈색을 띠고 날개에 물결 모양의 검은 무늬가 있다.

③ 암컷의 성충은 회백색을 띠고 더듬이는 검은색의 실 모양이다.

④ 알은 공 모양이고, 알덩어리가 암컷의 연한 노란색 털로 덮여 있다.

⑤ 1년에 1회 발생하며 알덩어리로 줄기나 가지에서 월동한다.

043 ① 매미나방의 학명은 *Lymantria dispar*이다.

chapter 06

044 잣나무별납작잎벌(*Acantholyda parki*)에 관한 설명으로 옳지 않은 것은?

① 1953년 경기 광릉에서 최초로 발견되었으며 피해 발생지역에는 두더지류의 밀도가 증가한다.

② 번데기는 피용 형태이고, 유충은 담황색을 띠며, 다 자라면 약 50mm가 된다.

③ 성충은 머리와 가슴이 검은색 바탕에 노란 무늬가 있고 배와 다리는 황갈색이다.

④ 곤충병원성 미생물인 Bt균으로 방제 가능하다.

⑤ 일반적으로 1년에 1회 발생하며, 날개는 투명하고 연한 노란색을 띤다.

045 말피기세관의 역할로 옳지 않은 것은?

① 여러 개의 끝이 막힌 가는 관들이 체강 안에 떠 있는 구조이다.

② 소화과정에서 체내에 쌓인 함질소노폐물을 제거한다.

③ 삼투압 조절 및 에너지를 활용하여 물과 함께 요산 등을 흡수하여 배설계로 보낸다.

④ 음식의 후장 유입을 조절하고, 배설물로부터 수분, 아미노산 등을 재흡수한다.

⑤ 독성이 강한 요소나 암모니아를 독성이 없는 성분으로 바꾼다.

046 곤충의 소화기관에 관한 설명으로 옳은 것은?

① 전장과 중장은 외배엽이 함입하여 생기며, 후장은 내배엽성 기관이다.

② 음식물의 제분 역할을 하는 전위는 중장에 속한다.

③ 중장맹장은 전위 일부가 늘어난 것으로 소화·흡수에 도움을 준다.

④ 후장은 말피기세관을 포함하여 회장 – 유문 – 결장 – 직장 – 항문의 순으로 연결되어 있다.

⑤ 위는 위식막에 싸여있으며 안쪽 상피세포는 소화효소 분비 등의 역할을 한다.

---

044 ② 번데기는 위용 형태이고, 유충은 담황색을 띠며, 다 자라면 약 25mm가 된다.

045 ④ 유문은 음식의 후장 유입을 조절하고, 직장은 직장 판돌기를 통하여 배설물로부터 수분, 염, 아미노산 등을 재흡수한다.

046 ⑤ 위는 상처 방지를 위해 위식막에 싸여있으며, 안쪽 상피세포는 소화효소 분비, 음식 흡수 등의 역할을 한다.
   ① 전장과 후장은 외배엽이 함입하여 생기며, 중장은 내배엽성 기관이다.
   ② 음식물을 가는 역할을 하는 전위는 전장에 속한다.
   ③ 중장맹장은 위의 일부가 늘어난 것으로 소화·흡수에 도움을 준다.
   ④ 후장은 말피기세관을 포함하여 유문 – 회장 – 결장 – 직장 – 항문의 순으로 연결되어 있다.

정답 ▶ 044 ② 045 ④ 046 ⑤

047 **천공성 해충의 방제 방법으로 옳지 않은 것은?**

① 피해목이나 고사목을 벌목하여 제거한다.
② 철사 등을 이용하여 유충을 포살한다.
③ 끈끈이롤트랩 등을 이용하여 성충을 포획한다.
④ 페로몬트랩을 이용하여 성충을 유인 포살한다.
⑤ 배달리아무당벌레 등의 천적을 보호한다.

047 ⑤ 천공성 해충은 딱다구리 등의 천적을 보호한다. 배달리아무당벌레는 이세리아깍지벌레의 천적이다.

048 **수목해충의 생태에 관한 설명으로 옳지 않은 것은?**

① 솔나방은 유충으로 월동하고 4월부터 솔잎을 먹으며, 5령충까지 자라고 7월부터 우화한다.
② 잣나무별납작잎벌은 땅속에서 유충으로 월동하며, 6월~8월 사이에 우화하면서 토양 밖으로 나온다.
③ 배롱나무알락진딧물은 새로 나온 가지를 즙액하여 생장 저해를 하고 개화를 방해하며, 배설물로 그을음병을 유발한다.
④ 뿔밀깍지벌레는 1년에 1회 발생하며, 성충으로 월동한 후 6월부터 알을 낳고 약충은 가지나 잎에 정착한다.
⑤ 벚나무응애는 벚나무에서 4월부터 활동하고 잎 뒷면에서 흡즙하며, 고온 건조한 7월에 밀도가 가장 높다.

048 ① 솔나방은 5령 유충으로 지피물에서 월동하고 4월부터 솔잎을 먹으며, 8령충까지 자라고 7월부터 우화한다.

049 **수목해충과 피해의 특징으로 바르게 연결된 것은?**

① 꽃매미 – 성충은 가해를 하지 않고 약충이 수액을 빨아 먹어 심하면 줄기가 고사하고, 감로 배설로 그을음병을 유발시킨다.
② 미국흰불나방 – 어린 유충은 실로 잎을 싸고 집단으로 가해하며, 1화기보다 2화기의 피해가 작다.
③ 방패벌레 – 성충과 약충이 동시에 기주의 잎 앞면에서 즙액하고 피해 잎은 황백색으로 변하며, 검은색 배설물과 탈피각이 붙어 있다.
④ 소나무왕진딧물 – 5~6월경 소나무의 가지에 집단으로 발생하고 신초의 생장을 저해 및 고사시키며, 그을음병을 유발한다.
⑤ 복숭아유리나방 – 가지나 줄기의 형성층을 가해하고 배설물은 배출하지 않고 수액만 흘러나와 피해 여부를 판단하기 어렵다.

049 ① 꽃매미 – 약충과 성충이 수액을 빨아 먹어 심하면 줄기가 고사하고, 감로 배설로 그을음병을 유발시킨다.
② 미국흰불나방 – 어린 유충은 실로 잎을 싸고 집단으로 가해하며, 1화기보다 2화기의 피해가 크다.
③ 방패벌레 – 성충과 약충이 동시에 기주의 잎 뒷면에서 즙액한다.
⑤ 복숭아유리나방 – 가지나 줄기의 형성층을 가해하고 적갈색의 배설물과 함께 수액이 흘러나와 눈에 쉽게 띈다.

050 해충의 화학적 방제에 관한 설명으로 **옳은** 것은?

① 노린재목의 흡즙성 해충 방제에 사용되는 네오니코티노이드계 살충제는 선충과 응애에도 효과가 높다.

② 적용 해충 범위가 넓고 강한 살충력, 낮은 잔류성 등의 유기인계 살충제는 인축독성이 높아 수목해충 방제용으로 많이 사용되지 않는다.

③ 주로 접촉독으로 작용하며, 속효성이 좋은 카바메이트계 살충제는 식엽성 해충에는 효과적이나 흡즙성 해충에는 효과가 없다.

④ 키틴 생합성을 저해하고 탈피를 교란시켜 살충하는 벤조일페닐우레아계 살충제는 나비목 유충에 효과적이나 성충에는 효과가 없다.

⑤ 수목에 주로 사용되는 침투이행성 살충제는 흡즙성 해충에 효과가 높지만 굴파리류나 혹파리류는 효과가 없다.

050 ① 네오니코티노이드계 살충제는 선충과 응애에는 효과가 없다.

② 유기인계 살충제는 수목해충 방제용으로 가장 많이 사용된다.

③ 카바메이트계 살충제는 식엽성 해충 및 흡즙성 해충 모두 효과적이다.

⑤ 수목에 주로 사용되는 침투이행성 살충제는 흡즙성 해충과 굴파리류나 혹파리류 모두 효과적이다.

【수목생리학】

051 나무의 특징에 관한 내용으로 **옳지 않은** 것은?

① 종자식물 중에서 2차 생장을 하는 식물이다.

② 세포벽이 있어 나무의 몸이 지탱된다.

③ 증산작용만 하면 자동으로 수분과 영양분이 운반된다.

④ 생식생장의 에너지 사용은 영양생장의 에너지 사용보다 크다.

⑤ 나자식물의 목재는 피자식물의 목재보다 비중이 가볍다.

051 ④ 생식생장의 에너지 사용보다 영양생장의 에너지 사용이 크다.

※ 꽃과 열매에 사용하는 에너지를 적게 사용함으로써 다음 생장에 필요한 에너지를 많이 저장한다.

052 수목의 잎의 구조와 형태에 관한 설명 중 **옳은** 것은?

① 건조한 지방의 식물은 왁스층이 얇은 경엽을 가진다.

② 엽신은 상표피와 하표피로 둘러싸여 있고 그 사이에 기공이 있다.

③ 책상조직이 수직으로 형성된 것은 광 흡수와 연관이 있다.

④ 소나무류는 잎의 유관속이 1개이다.

⑤ 기공의 개폐는 공변세포의 모양 변화와 상관없다.

052 ③ 책상조직은 표피세포와 수직으로 촘촘히 형성되어 햇볕을 최대한 많이 받도록 되어있다.

① 건조한 지방의 식물은 왁스층이 두꺼운 경엽을 가진다.

② 엽신은 상표피와 하표피로 둘러싸여 있고 그 사이에 엽육조직이 있다.

④ 소나무류는 잎의 유관속이 2개이다.

⑤ 공변세포의 모양 변화가 기공을 열리고 닫히게 한다.

053 목본식물의 기공의 분포밀도가 작은 순으로 연결된 것은?

① 은행나무 < 버드나무 < 붉나무 < 아까시나무
② 버드나무 < 은행나무 < 붉나무 < 아까시나무
③ 은행나무 < 버드나무 < 아까시나무 < 붉나무
④ 은행나무 < 아까시나무 < 붉나무 < 버드나무
⑤ 아까시나무 < 버드나무 < 붉나무 < 은행나무

054 수목의 연륜(춘재, 추재)에 관한 설명으로 옳은 것은?

① 연륜은 1차 생장을 하는 식물에서 만들어진다.
② 연륜은 주로 정단분열조직에 의하여 만들어진다.
③ 심재의 연륜은 기름, 송진, 페놀 등이 축적되어 있고 생리적 역할이 없다.
④ 춘재의 세포는 지름이 작고 세포벽이 두껍다.
⑤ 열대지방의 나무처럼 연중 생장을 계속하는 나무는 연륜이 뚜렷하다.

055 수목의 수고 생장에 관한 내용으로 옳지 않은 것은?

① 나무의 아흔은 잠아의 흔적이다.
② 가지치기 후에 생기는 가지는 부정아에서 유래한다.
③ 인편은 눈의 형성에서 제일 먼저 만들어지며 눈을 보호한다.
④ 참나무는 고정생장을 한다.
⑤ 정아우세현상은 옥신에 의한 측아 생장의 억제 때문이다.

---

053 기공의 분포밀도

수종	분포밀도 (개/mm²)	기공길이 (마이크로미터)
은행나무	103	56.3
버드나무속	215	25.5
아까시나무	282	17.6
붉나무속	634	19.4

※ 수목의 기공의 수는 기공의 크기와 상호보완적인 상태에 있다. 일반적으로 수목의 기공의 크기가 크면 기공의 수는 적어지고, 기공의 크기가 작으면 기공의 수는 많아진다.

054 ③ 심재는 생리적 역할이 없으며 나무를 지탱해주는 역할을 한다.

① 연륜은 2차생장을 하는 수목에서 2차목부. 사부를 형성하는 형성층에 의해서 추가된다.
② 연륜은 주로 측방분열조직에 의하여 만들어진다.

※ 수목의 분열조직은 세포분열을 왕성하게 하여 새로운 잎과 가지, 그리고 뿌리를 만들며, 수목의 직경을 증가시킨다. 이 중 수목의 직경을 증가시키는 분열조직을 측방분열조직이라 한다. 분열조직은 생육기간 동안 거의 쉬지 않고 세포분열을 계속한다.

④ 춘재의 세포는 지름이 크고 세포벽이 얇다. 반면, 추재의 세포는 지름이 작고 세포벽이 두껍다. 그래서 추재와 춘재 사이에 뚜렷한 경계선이 만들어진다.
⑤ 열대지방의 나무처럼 연중 생장을 계속하는 나무는 연륜이 없다.

055 ② 가지치기 후에 생기는 가지는 잠아에서 유래한다.

③ 인편은 눈의 형성에서 제일 먼저 만들어지는데, 눈을 보호하고 양분을 저장한다.
④ 적송, 잣나무, 가문비나무, 참나무 등은 고정생장을 한다.
⑤ 정아가 옥신을 생산하여 측아의 생장을 억제하면서 정아 우세 현상이 일어난다.

▶ 잠아와 부정아

잠아	• 눈 중에서 자라지 않고 계속 휴면상태로 남아 있는 눈. 가지와 잎 사이의 엽액에서 만들어져서 수피 바로 밑에까지 계속해서 따라오면서 흔적으로 아흔을 남긴다. • 잠아에서 유래된 가지 : 가지치기 후에 생기는 가지, 나무를 베어 낸 그루터기에서 나오는 주맹아, 피자식물의 도장지와 나자식물의 맹아지 등
부정아	• 줄기 끝이나 엽액에서 유래하지 않고, 수목의 오래된 부위에서 불규칙하게 형성됨. 유상조직이나 형성층 근처에서 만들어진다. 아흔이 없다. • 부정아에서 유래된 가지 : 포플러의 뿌리에서 나오는 근맹아

chapter 06

056 수목의 뿌리 생장에 관한 내용으로 옳은 것은?

① 복토된 수목 밑동의 수피에서 유관속조직은 붕괴되지 않는다.
② 보통 수직 방향으로 자라는 직근을 제거하더라도 측근은 사선방향으로 자란다.
③ 사과나무의 세근은 약 3년 생존하며, 독일가문비나무의 세근은 일주일 생존한다.
④ 일반적인 뿌리의 생장은 지상부의 줄기 생장과 무관하다.
⑤ 측근은 표피세포가 분열하여 만들어진다.

057 수목의 줄기생장, 직경생장, 낙엽시기, 휴면진입 및 타파, 내한성, 종자 발아 등에 영향을 끼치는 요인으로 가장 적당한 것은?

① 광주기
② 주광성
③ 굴지성
④ 광합성
⑤ 광흡흡

058 광색소 중 파이토크롬(phytochrome)에 관한 설명으로 옳은 것은?

① 4개의 엽록소가 모인 발단색이다.
② 청색, 적색, 원적색 부근에 1개 이상의 흡광정점을 가진다.
③ 파장 660nm에서 Pr → Pfr 형태로 바뀌면서 생리적 반응이 발현된다.
④ Pr은 광주기, 종자휴면, 광형태변화 등을 지배한다.
⑤ 청색광과 원적색광에 의한 상호환원이 된다.

056 ④ 뿌리의 생장이 줄기의 생장 정지시기와 관계없이 가을 늦게까지 계속되는 이유는 줄기가 신장생장을 정지하여도 잎이 붙어 있는 한 광합성이 계속되어 탄수화물이 뿌리로 이동하여 뿌리가 자라기 때문이다.

① 복토된 나무에서 밑동 수피의 사부조직 붕괴를 유발한다.
② 보통 수직 방향으로 자라는 직근을 제거하면 측근이 수직방향으로 자란다.
③ 사과나무의 세근은 약 일주일 생존하며, 독일가문비나무의 세근은 3∼4년 생존한다.
⑤ 측근은 내초세포가 분열하여 만들어진다.

057 광주기는 수목의 줄기생장, 직경생장, 낙엽시기, 휴면진입 및 타파, 내한성, 종자 발아 등은 낮과 밤의 상대적인 길이차이에 따라 결정된다. 많은 종류의 수목이 계절의 변화(광주기)에 따라서 점차 생리적으로 준비하는 시기가 일치하게 됨으로써 동시에 개화하고 동시에 휴면에 들어가게 된다.

058 ③ 파장 660nm에서 Pr → Pfr 형태로 바뀌면서 생리적 반응이 발현되면서 광주기 현상, 종자휴면, 광형태 변화 등이 나타난다.

① 파이토크롬은 4개의 pyrrole이 모인 발단색으로 암흑 속에서 기른 식물체 내에 가장 많은 양이 있고, 생장점 근처에 가장 많이 존재한다. 적색광(660nm)과 원적색광(730nm)에 활성과 불활성 형태를 띠며 상호환원이 된다.
② 고광도 반응에 관한 설명이다.
  ※ 고광도 반응(HIR) : 암흑에서 자란 수수의 붉은 색소 합성은 고광도 반응에 의해 발현된다.
④ Pfr는 생리적으로 활성을 띠는 형태로서 여러 가지 광주기, 종자휴면, 광형태변화 등을 지배한다.
⑤ 적색광과 원적색광에 의한 상호환원이 된다.

정답 ▶ 056 ④ 057 ① 058 ③

059 광합성의 기작에 대한 설명으로 <u>옳은</u> 것은?

① 광반응은 그라나(grana)에서 일어나며, 에너지 생산 단계로서 탄수화물을 합성한다.

② 암반응은 기존의 탄수화물을 이용하지 않고 새로운 탄수화물을 만드는 과정이다.

③ C3 식물은 유관속초 세포 내에 엽록체가 특히 발달해 있다.

④ C4 식물은 엽육세포에서 만든 OAA를 유관속초 세포로 이동시켜 CO_2를 재고정한다.

⑤ 광호흡량의 차이로 C4 식물은 C3 식물보다 광합성 속도가 매우 느리다.

---

060 수목의 호흡작용에 관한 내용으로 <u>옳은</u> 것은?

① 해당작용은 미토콘드리아에서 일어나며 산소를 요구하지 않는다.

② 호흡작용에서 이산화탄소(CO_2)를 소모하여 ATP를 생산하는 단계는 말단전자경로이다.

③ 밀식된 임분은 저조한 광합성과 많은 호흡으로 생장량이 감소한다.

④ 뿌리의 장기간 침수는 PAN 오염물질을 발생하여 잎의 황화현상이나 상편생장을 유발한다.

⑤ Q10의 값이 2.5이면 온도가 10℃ 상승함에 따라 호흡량이 5배 증가한다.

---

061 광합성으로 생성된 탄수화물의 운반에 관한 설명으로 <u>옳은</u> 것은?

① 소나무의 탄수화물 운반은 사공을 통해서 이루어진다.

② 탄수화물이 환원당이면 장거리 이동에 유리하다.

③ 탄수화물의 운반 방향은 공급원에서 수용부로 이동하며, 각각의 위치는 고정되어 있다.

④ 압력유동설은 탄수화물의 운반이 양방향성인 것을 설명하지 못한다.

⑤ 사부에서 탄수화물의 운반자체는 에너지를 소모하는 능동적 이동으로 이루어진다.

---

059 ④ C4 식물은 엽육세포에서 만든 OAA를 원형질연락사를 통해 유관속초 세포로 이동시켜 RuBP가 CO_2를 흡수하여 3-PGA로 된다. 따라서 엽육세포에서 C4 경로를 거쳐 CO_2를 고정하고, 유관속초 세포에서 C3 식물군과 동일한 방법으로 CO_2를 재고정한다.

① 광반응은 그라나(grana)에서 일어나며, 에너지 생산 단계로서 다음 단계인 암반응에 필요한 에너지를 생산한다. 첫 단계에서 만들어진 에너지를 이용하여 다음 단계인 암반응에서 탄산가스를 환원시켜 탄수화물을 합성한다.

② 암반응은 기존의 탄수화물(RuBP - 5탄당)을 이용하여 새로운 탄수화물을 만드는 과정이다.

③ C4 식물은 유관속초 세포 내에 엽록체가 특히 발달해 있다. 반면, C3 식물은 유관속초 세포 내에 엽록체가 없다.

⑤ C4 식물은 광호흡이 아주 적기 때문에 결과적으로 광합성 속도가 C3 식물보다 매우 빠르다.

060 ③ 밀식된 임분은 개체수가 더 많으면서 직경이 작아 호흡작용을 하는 형성층의 표면적이 더 많아 호흡량이 많아진다.

① 해당작용은 시토졸(세포기질)에서 일어나며, 산소를 요구하지 않는다.

② 호흡작용에서 산소를 소모하여 ATP를 생산하는 단계는 말단전자경로이다.

④ 뿌리의 장기간 침수는 메탄가스를 발생하여 잎의 황화현상이나 상편생장을 유발한다.

　※ PAN : 대기오염물질. NOx와 탄화수소가 자외선에 의해 광화학산화반응으로 형성되는 2차 오염물질로서 광화학산화물질 중에서 가장 독성이 크다.

　　$NOx + 탄화수소 \rightarrow O_3 + PAN$

⑤ 대부분의 식물은 온도 5~25℃에서 Q10의 값이 2.5이면 온도가 10℃ 상승함에 따라 호흡량이 2.5배 증가한다.

061 ④ 압력유동설은 한 방향으로만 이동할 수 있다.

① 소나무의 탄수화물 운반은 사부막공을 통해서 이루어진다.

　※ 피자식물은 주로 사공을 통하여 탄수화물이 이동하며, 나자식물은 사부막공을 통하여 비효율적인 이동을 한다.

② 탄수화물이 비환원당이면 장거리 이동에 유리하다.

　※ 이동하는 탄수화물이 효소에 의해 잘 분해되지 않고 화학반응을 잘 일으키지 않기 때문에 먼 거리까지 수송이 쉽도록 하기 위한 수단이 된다.

③ 탄수화물의 운반 방향은 공급원에서 수용부로 이동하며, 각각의 위치는 고정되어 있지 않다. 공급원과 수용부의 위치는 고정되어 있지 않고 잎의 나이와 열매의 유무에 따라 바뀐다.

⑤ 탄수화물의 운반원리는 공급원(탄수화물의 농도가 높은 곳)에서 수용원(농도가 낮은 곳)으로 삼투압의 차이에 의해 에너지를 소모하지 않으며 수동적으로 발생한다.

 정답 ▶ **059** ④　**060** ③　**061** ④

062 수목의 여러 부위별로 탄수화물의 수용부로서 상대적인 강도가 옳은 것은?

① 줄기끝의 눈 > 열매·종자 > 형성층 > 뿌리 > 저장조직

② 열매·종자 > 줄기끝의 눈 > 형성층 > 뿌리 > 저장조직

③ 열매·종자 > 저장조직 > 형성층 > 뿌리 > 줄기끝의 눈

④ 열매·종자 > 줄기끝의 눈 > 저장조직 > 뿌리 > 형성층

⑤ 저장조직 > 줄기끝의 눈 > 형성층 > 뿌리 > 열매·종자

062 열매가 가장 강한 수용부 역할을 하는데, 이것은 열매에서 생산하는 식물호르몬 때문이다. 형성층과 뿌리는 약한 수용부인데, 특히 피압된 나무가 동화작용이 부족할 때 직경생장이 현저하게 저하되고, 근계발달이 빈약해져서 경쟁에서 불리해지는 현상이 나타난다.

063 잎의 광합성 작용으로 생성된 설탕을 저장세포, 뿌리세포, 과실, 분열조직으로 이동시키는 현상을 옳게 설명한 것은?

① 사관세포의 탄수화물 적재는 설탕의 농도 구배에 대하여 정방향이다.

② 사부에서 물과 설탕의 이동 속도는 같다.

③ 탄수화물의 운반 자체에 많은 에너지가 소모되므로 비효율적이다.

④ 나무의 호흡이 억제되면 공급원에서 설탕의 적재현상이 줄어든다.

⑤ 소나무류의 탄수화물 운반속도는 1시간당 50∼159cm 정도 된다.

063 ④ 나무의 호흡량과 탄수화물 적재는 상관관계가 있다. 공급원(사관세포)에서의 적재와 수용부(저장세포, 뿌리세포, 과실, 분열조직 등)에서의 하적현상은 에너지를 소모한다. 그러므로 호흡이 억제되면 적재현상이 줄어든다.

① 사관세포의 탄수화물 적재는 설탕의 농도 구배에 대하여 역방향이다.

② 사부에서 물과 설탕의 이동 속도는 다르다.

③ 탄수화물의 운반 자체에 에너지를 소모하지 않으므로 장거리까지 이동시킬 수 있어 효율적이다.

⑤ 소나무류의 탄수화물 운반속도는 1시간당 18∼20cm 정도 된다.

064 수목의 질소순환과 관련된 내용으로 옳은 것은?

① 아까시나무잎의 황화현상 원인 중 하나는 해충의 피해로 인한 질소 결핍증일 가능성이 높다.

② 산림수목은 농작물에 비하여 많은 양의 질소를 요구한다.

③ 유기물층의 질소는 무기태 질소로 전환되지 않아도 수목이 흡수할 수 있다.

④ 유기질소의 분해는 질산화작용이 일어난 후 암모늄작용이 일어난다.

⑤ 침엽수는 pH 5.0에서 NH_4^+보다 NO_3^-를 흡수할 가능성이 훨씬 높다.

064 ① 아까시잎혹파리의 피해는 유충의 어린잎 섭식으로 인하여 어린잎이 광합성을 못해 생장이 위축되고 새가지가 죽어버려 광합성을 수행하지 못한다. 잎의 탄수화물 생산량이 부족하여 뿌리에 살고 있는 근류균(뿌리혹 박테리아)의 질소고정이 되지 않으므로 나무는 질소가 절대적으로 부족하게 된다. 결국 성숙 잎에서 질소가 빠져나가 성숙 잎이 황화현상을 일으키게 된다.

② 산림수목은 생장이 농작물보다 느린 만큼 적은 양의 질소를 요구한다.

③ 유기물층의 질소는 무기태 질소로 전환되어야 수목이 흡수할 수 있다. 수목에 필요한 질소는 유기질소가 무기질소(NH_4^+, NO_3^-)로 전환되어야 흡수된다.

④ 유기질소의 분해는 암모늄작용이 일어난 후 질산화작용이 일어난다. 낙엽 속의 유기질 질소(단백질, 아미노산)는 박테리아, 곰팡이의 분해과정인 암모늄작용을 거쳐 NH_4^+를 생성하고 다시 박테리아의 분해과정인 질산화작용에서 NO_3^-를 생성하여 수목이 흡수한다.

⑤ 침엽수는 pH 5.0에서 질소를 NH_4^+ 형태로 흡수하여 근류균이 NO_3^- 형태로 변환시키므로 NH_4^+ 형태로 흡수할 가능성이 훨씬 높다.

 정답 062 ② 063 ④ 064 ①

065 식물체 내의 질소화합물에 관한 설명으로 옳지 않은 것은?

① 아미노산은 알칼리성을 띤 아미노기와 산성을 띤 카르복실기가 같은 탄소에 부착되어 있는 유기물이다.

② 모든 효소는 단백질로 구성되어 있으며 크기가 다양하다.

③ 핵산은 pyrimidine과 purine, 그리고 5탄당과 인산으로 구성되어 있다.

④ pyrrole 4개의 고리를 가지는 화합물은 엽록소, 피토크롬색소 등이 있다.

⑤ rubisoco 효소는 세포막에 존재하며, 세포막의 선택적 흡수기능에 기여한다.

065 원형질을 구성하는 세포는 세포막에 존재하며, 세포막의 선택적 흡수기능에 기여한다. rubisco 효소는 광합성 시 CO_2의 고정에 관여하며, 녹색 잎에 들어 있는 단백질의 12~25%이고, 지구상에서 가장 흔한 단백질이다.

066 수목 체내의 질소 분포 및 이동에 관한 설명으로 가장 옳은 것은?

① 수간의 2차목부와 형성층 조직의 질소함량은 유사하므로 질소의 재분배는 성립하지 않는다.

② 수목의 생장이 정지하는 시기에는 조직 내 질소함량은 감소한다.

③ 탈리현상은 주로 고정생장을 하는 수목에서 나타난다.

④ 사부의 방사선 유조직으로 질소의 이동은 물관을 통하여 이루어진다.

⑤ 단풍나무에 저장된 단백질은 봄철에 목부를 통해 새로운 잎으로 이동한다.

066 ⑤ 단풍나무, 버드나무, 포플러의 경우, 내수피의 유세포에 단백질체가 가을과 겨울에 축적되고 봄에는 없어진다. 이 단백질체는 저장단백질로서 봄철에 목부를 통해 새로운 잎으로 이동한다.

① 수간의 2차목부는 상대적으로 형성층 조직의 질소함량보다 매우 낮다.

※ 수목 내 질소가 집중된 부위는 대사작용이 활발한 조직이다. 광합성조직인 잎, 분열조직인 눈과 뿌리끝, 형성층 등이며, 지지 역할을 하는 2차목부에 해당하는 수간의 중앙 부위에는 질소함량이 극히 적다. 따라서 수목은 제한된 질소를 활용하기 위해 오래된 조직에서 새로운 조직으로 재분배한다.

② 조직 내 질소함량은 가을과 겨울에 가장 높고, 저장된 질소를 이용하여 봄철에 줄기생장이 개시되면 감소하기 시작하다가 생장이 정지되면 다시 증가한다.

③ 탈리현상은 가을이 되면 분리층이 떨어져 나가고 표면에 수베린, 검 등이 분비되어 보호층을 형성하는 현상이다. 탈리현상은 고정생장과 자유생장의 수목 모두에서 나타난다.

④ 사부의 방사선 유조직으로 질소의 이동은 사부를 통하여 이루어진다. 잎에서 회수된 질소는 줄기와 뿌리의 목부와 사부의 방사선 유조직에 저장되며, 이때 질소의 이동은 사부를 통하여 이루어진다.

067 지질의 종류와 특성에 대한 설명으로 옳은 것은?

① 정유는 세 분자의 지방산과 글리세롤의 3중 결합으로 이루어진 형태이다.

② 카로테노이드(carotenoids)는 isoprene(C_5H_8) 단위가 8개 이상 모여서 이루어진 것이다.

③ 풀을 베었을 때 풀냄새와 소나무류 숲의 고유한 냄새는 플라보노이드(flavonoids)에 의해 유발된다.

④ 암흑에서 자란 식물이 노란색을 띠는 것은 카로테노이드의 파괴 때문이다.

⑤ 수지의 주요 목적은 저장에너지 역할이며, 목재의 부패를 방지하는 기능도 있다.

067 카로테노이드(carotenoids)는 isoprene(C_5H_8) 단위가 8개 이상 모여서 이루어진 것이다.

① 세 분자의 지방산과 글리세롤의 3중 결합으로 이루어진 형태는 단순지질이다. 정유는 isoprenod 화합물 중의 하나인데, isoprenod 화합물은 기본적으로 isoprene(C_5H_8) 단위가 2개 이상 모여서 이루어진 것이다.

③ 풀을 베었을 때 풀냄새와 소나무류 숲의 고유한 냄새는 정유에 의해 유발된다.

④ 암흑에서 자란 식물이 노란색을 띠는 것은 카로테노이드가 안정된 상태로 남아있기 때문이다.

⑤ 수지는 저장에너지의 역할은 하지 않으며, 목재의 부패를 방지하는 기능을 한다.

 정답 065 ⑤   066 ⑤   067 ②

068 산림토양의 이화학적 성질에 관한 설명으로 옳은 것은?

① 사토가 많고 경사가 있는 산림토양은 참나무류가 자라기 어렵다.

② 산림토양의 유기물층 중 낙엽층에는 곰팡이의 균사가 많이 있다.

③ 산림토양 내 유기물의 단점은 부식산이 생겨 토양을 산성화시키는 것이다.

④ 낙엽이 분해될 때 발생하는 타감작용은 셀룰로오스(cellulose) 화합물 때문이다.

⑤ 유기물의 양이온치환능력은 점토보다 낮아서 토양의 비옥도에 기여가 낮다.

069 식물의 필수원소에 관한 설명으로 옳지 않은 것은?

① 나트륨(Na)은 염분토양에서 자라는 식물에 삼투압을 유지하는 데 필요하다.

② 식물조직 내에 0.1% 이하 함유되어 있는 원소를 미량원소라 한다.

③ 질소를 고정하는 필수원소는 염소(Cl)이다.

④ 망간의 식물이용 형태는 Mn^{2+} 이다.

⑤ 필수원소의 이동성은 세포 내에서의 용해도와 사부조직으로 들어갈 수 있는 용이성을 의미한다.

070 식물뿌리와 수분 흡수의 관계가 옳은 것은?

① 내피세포의 원형질막을 통과하지 않고는 수분이나 무기염의 이동은 불가능하다.

② 낙엽수가 겨울철이 되면 수분을 수동적으로 흡수하게 되며, 이 과정에서 에너지를 소비하지 않는다.

③ 식물의 증산작용으로 뿌리에 생긴 근압을 해소하기 위한 방안으로 일액현상이 발생한다.

④ 수목 잎의 끝부분에 물방울이 맺히면 증산작용이 활발하다는 표시이다.

⑤ 토양수분의 포텐셜이 식물뿌리의 수분퍼텐셜보다 높아야 수분이 토양에서 뿌리로 이동할 수 있다.

068 ③ 유기물의 단점
• 부식산이 생겨 토양을 산성화시킴
• phenol 화합물과 tannin류가 분해되지 않고 남아 다른 식물이나 미생물의 생장을 억제하는 효과(타감작용)를 가짐
• 극상림에서 조림이나 갱신에 큰 지장을 줌

① 사토가 많고 경사가 있는 산림토양은 참나무류, 소나무류 등 영양소를 적게 요구하는 수목이 자란다.

② 산림토양의 유기물층 중 발효층에 곰팡이의 균사가 많이 있다.
※ 유기물층 : 낙엽층(아직 낙엽이 있다) – 발효층(곰팡이의 균사가 많다) – 부식층(더이상 분해되지 않는 부식이 축적)

④ 낙엽이 분해될 때 발생하는 타감작용은 phenol 화합물과 tannin류 때문이다.

⑤ 유기물의 양이온치환능력은 점토보다 높지만, 산림토양 내 유기물의 함량은 전체 토양 중에서 적은 부분이라 기여도가 점토보다 낮다.

069 ③ 질소 고정에 필요한 원소는 코발트(Co)와 몰리브덴(Mo)이다. 염소는 광합성에서 망간과 함께 H_2O의 광분해를 촉진하며, 옥신의 구성성분으로 삼투압을 높이는 데 기여한다.

070 ⑤ 수분의 이동은 수분퍼텐셜이 높은 곳에서 낮은 곳으로 이동한다.

① 새로 형성된 측근으로 인하여 찢어진 내피 조직의 공간을 통하여 수분이나 무기염이 자유로이 이동할 수 있다.

② 낙엽수가 겨울철이 되면 수분을 능동적으로 흡수하게 되며 이 과정에서는 에너지를 소모한다.
※ 능동적 수분흡수는 에너지가 소모되는데, 증산작용과는 무관하다.(에너지를 이용한 도관내 무기염류 축적 – 뿌리의 삼투압 증가 – 수분흡수)

③ 식물이 증산작용을 하지 않을 때 뿌리에 생긴 근압을 해소하기 위한 방안으로 일액현상이 발생한다.
※ 일액현상 : 뿌리의 근압을 해소하기 위하여 잎의 끝에 물방울이 맺히는 현상

④ 수목 잎의 끝부분에 물방울이 맺히면 증산작용이 일어나지 않는다.

정답 068 ③ 069 ③ 070 ⑤

071 세포벽의 중엽층을 구성하는 물질로서 이동이 안 되어 어린 조직에서 결핍현상이 먼저 나타나는 필수원소는 무엇인가?

① 질소(N)

② 칼륨(K)

③ 황(S)

④ 칼슘(Ca)

⑤ 철(Fe)

072 수목의 잔뿌리가 치밀하게 발달하지 않아도 효율적으로 무기염과 수분을 흡수할 수 있는 요인으로 가장 적당한 것은?

① 수직근의 발달로 수분을 충분히 흡수할 수 있다.

② 증산작용만 활발하면 뿌리의 무기염과 수분흡수는 항상 왕성하다.

③ 뿌리의 수분퍼텐셜이 토양보다 낮으면 뿌리 수에 상관없이 수분흡수량은 충분하다.

④ 수목의 통도조직 발달은 잔뿌리 발달과 상관없이 수분흡수를 용이하게 한다.

⑤ 균근에 감염된 수목뿌리는 수분과 무기염흡수에 도움을 준다.

073 수목의 유성생식과 개화생리에 관한 내용으로 옳지 <u>않은</u> 것은?

① 참나무는 암꽃과 수꽃이 한 그루 안에 달리는 대표적인 단성화이다.

② 소나무의 수꽃 형성은 암꽃보다 먼저 이루어지며, 주로 수관 하단부에 달린다.

③ 버드나무는 암꽃과 수꽃이 각각 다른 그루에 달리는 이가화이다.

④ 피자식물의 수분 성공은 주두의 감수성에 달려있다.

⑤ 복숭아나무는 화아원기가 당년도에 형성되어 봄에 개화한다.

---

071 칼슘 부족 현상은 이동이 안 되기 때문에 항상 어린 조직에서 먼저 나타난다.

072 균근균은 기주식물의 무기염 흡수를 도와주고, 기주식물의 탄수화물을 공유하면서 공생관계를 유지한다. 그러므로 수목의 근계가 치밀하게 발달하지 않더라도 균근의 수많은 균사가 뿌리로부터 수 cm까지 뻗어 더 효율적으로 무기염과 수분을 흡수할 수 있다.

073 복숭아나무, 포도나무, 배나무, 사과나무 등 봄에 일찍 꽃이 피는 피자식물의 경우, 화아원기는 전년도(8월 상순)에 이미 형성되어 있다가 월동 후 봄에 개화한다.

▶ 암꽃과 수꽃에 따른 분류

단성화	암술과 수술 중에서 한 가지만 가진 꽃 (버드나무류, 자작나무류)
양성화	암술과 수술이 한 꽃에 있는 경우(벚나무, 자귀나무)
잡성화	양성화와 단성화가 한 그루에 달리는 경우 (물푸레나무, 단풍나무)

▶ 단성화를 가진 경우에는 대부분 일가화로서 암꽃과 수꽃이 한 그루 안에 달리는데, 대표적인 예로 참나무과, 가래나무과, 자작나무과이다. 반면에 버드나무, 포플러류는 암꽃과 수꽃이 각각 다른 그루에 달리는 이가화이다.

chapter **06**

🔵 정답 **071** ④ **072** ⑤ **073** ⑤

074 성숙한 종자의 종자휴면에 관한 설명으로 옳은 것은?

① 종피휴면은 종자를 채취한 당시에 배의 미성숙한 미숙배 상태에 있다.

② 배휴면은 종피가 발아에 필요한 가스의 교환이나 수분의 흡수를 억제하는 경우이다.

③ 생리적 휴면은 생장촉진제가 부족하여 발아할 수 있는 여건이 안 되는 경우이다.

④ 온대지방에서는 성숙한 종자가 겨울의 저온처리 없이 봄에 발아한다.

⑤ 산소부족과 고온노출로 인한 2차휴면은 1차휴면에 비하여 제거하기 더 쉽다.

075 식물의 저온 스트레스생리에 관한 내용으로 옳은 것은?

① 온대지방의 수목은 가을에 서서히 낮은 온도에 노출되면 기후변화에 적응하는 피소과정을 거친다.

② 온대지방의 일반적인 수목의 과냉각에 의한 동결은 약 영하 40℃에서 이루어진다.

③ 자작나무 등 한대림 수목은 과냉각에 의한 동결현상이 심하게 나타난다.

④ 생육기간 중 빙점 이상의 온도에서 나타나는 저온피해를 동해라 한다.

⑤ 동계피소현상은 사간의 북쪽 부위에서 주로 발생한다.

074 ③ 생리적 휴면은 배 혹은 배 주변의 조직이 생장억제제를 분비하여 발아를 억제하거나 생장촉진제가 부족하여 생리적으로 발아할 수 있는 여건을 만들어 주지 못하는 경우를 의미한다.

① 배휴면은 종자를 채취한 당시에 배의 미성숙한 미숙배 상태에 있다.

② 종피휴면은 종피가 발아에 필요한 가스의 교환이나 수분의 흡수를 억제하는 경우이다.

④ 온대지방에서는 성숙한 종자가 겨울의 저온처리를 거쳐야만 봄에 발아한다.

⑤ 산소부족과 고온노출로 인한 2차휴면은 1차휴면에 비하여 제거하기 더 어렵다.

075 ② 저온순화를 거친 수목은 빙점 이하에 노출될 때에는 동해를 받지 않는다. 온대지방의 많은 수목의 동결은 약 영하 40℃에서 일어나는데, 이러한 현상을 과냉각이라 한다.

① 온대지방의 수목은 가을에 서서히 낮은 온도에 노출되면 기후변화에 적응하는 저온순화과정을 거친다.

③ 자작나무 등 한대림 수목은 과냉각에 의한 동결현상이 나타나지 않는다. 대신에 세포간극에서 결빙이 일어나면서 탈수가 진행되면 세포 내의 흡착수를 제외한 모든 수분이 세포 밖으로 빠져나가고, 세포는 극심한 탈수상태에서 견디게 된다.

④ 생육기간 중 빙점 이상의 온도에서 나타나는 피해를 냉해라 한다.

⑤ 동계피소현상은 사간의 남쪽 부위에서 주로 발생한다.

※ 동계피소현상 : 일몰 후에 급격히 온도가 떨어지면서 조직이 동결하여 형성층 조직이 피해를 받는 현상이다. 주로 수간의 남쪽 부위가 햇빛에 의해 가열되면 그늘진 쪽의 수간보다 온도가 20℃ 이상 올라가서 일시적으로 조직의 해빙현상이 나타나다가 일몰 후에 저온 피해를 입는다.

정답 074 ③ 075 ②

[산림토양학]

076 암석의 풍화작용으로 모재가 생성될 때 화학적 풍화 과정에 대한 설명으로 옳은 것은?

① 토양 생성의 첫 단계이며, 암석의 파쇄과정이다.
② 유기물의 부숙과정에서 생성되는 유기산과 무기산에 의해 촉진된다.
③ 화학적 풍화 과정은 입상 붕괴 – 박리 – 파쇄 순으로 이어진다.
④ 2가철(Fe^{2+})이 3가철(Fe^{3+})로 산화되면 광물의 안정성이 강화된다.
⑤ 소동물은 암석의 화학적 풍화작용을 수반하는 경우가 많다.

077 토양의 생성과 발달에 관한 설명으로 옳지 않은 것은?

① 점토는 주로 1차광물이 분해되어 생성된 2차규산염광물들의 재결합체이다.
② 습하고 추운 지방의 침엽수림은 기온이 낮아 유기물이 표토에 집적되고 토양이 강산성을 띠는 염기용탈작용이 나타난다.
③ 규산염광물이 강산성과 반응하여 생성된 점토는 kaolinite 등이 있다.
④ 토양 광물은 토양 생성인자의 작용으로 풍화과정을 거치면서 토양의 최소단위인 페돈(pedon)으로 형성된다.
⑤ 부식집적작용으로 생성된 O층은 토양 표면의 두꺼운 미부숙 유기물층을 이룬다.

078 토양의 물리성에 관한 설명으로 옳은 것은?

① 토양의 물리적 성질은 토양 3상의 구성비율에 영향을 받지 않는다.
② 일반적인 토양의 고상 비율은 약 80% 내외이고, 나머지는 액상과 기상으로 채워진다.
③ 모래는 지름이 1.0~2.0mm 사이인 토양입자로서 점토보다 크고 자갈보다 작다.
④ 토양입자의 크기가 클수록 유기물 분해 속도가 빠르다.
⑤ 미국 농무성법에 따른 토성분류 기준에 따르면 토성은 10가지로 나눈다.

076 ② 화학적 풍화작용은 1차광물(장석, 운모 등)을 2차광물(규산염 점토광물 등)과 용해성 이온들(식물의 필수원소 포함)로 변화시킨다.
① 물리적 붕괴과정에 대한 설명이다.
③ 화학적 풍화과정은 물과 용액, 산성 용액에 의한 풍화, 산화작용 등이 있다.
※ 기계적 풍화과정(물리적 풍화과정) : 입상 붕괴 – 박리 – 절리면 분리 – 파쇄
④ 2가철(Fe^{2+})이 3가철(Fe^{3+})로 산화되면 이온균형이 깨져서 광물의 안정성이 감소된다.
⑤ 소동물은 기계적 풍화작용을 수반하는 경우가 많다.
※ 식물의 뿌리나 미생물은 암석의 화학적 풍화작용을 수반하는 경우가 많다.

077 습하고 추운 지방의 침엽수림은 기온이 낮아 유기물이 표토에 집적되고 토양이 강산성을 띠는 포드졸화작용이 나타난다.

078 ① 토양의 물리 성질은 토양 3상의 구성비율에 따라 다양한 특성을 지니게 된다.
② 일반적인 토양의 고상 비율은 약 50% 내외이고, 나머지는 액상과 기상으로 채워진다.
③ 모래는 지름이 0.05~2.0mm 사이인 토양입자로서 점토보다 크고 자갈보다 작다.
⑤ 미국 농무성법에 따른 토성분류 기준에 따르면 토성은 12가지로 나눈다.

 정답 076 ② 077 ② 078 ④

079 <보기>에서 SiO₂의 함량이 66% 이상 되는 산성암석을 모두 고르시오.

[보기]

| ㉠ 화강암 | ㉡ 석영반암 | ㉢ 반려암 |
| ㉣ 섬록반암 | ㉤ 유문암 | |

① ㉡, ㉢
② ㉡, ㉤
③ ㉠, ㉢, ㉣
④ ㉠, ㉡, ㉤
⑤ ㉠, ㉡, ㉢

080 토양의 용적밀도에 대한 설명으로 옳은 것은?

① 용적밀도가 큰 토양은 공극률이 높고, 용적밀도가 작은 토양은 공극률이 낮아진다.
② 용적밀도는 토양의 총 질량(Mt)을 토양의 전체 용적(Vt)으로 나눈 것이다.
③ 용적밀도가 큰 토양에서는 식물의 뿌리자람과 배수성 및 투수성이 좋아진다.
④ 용적밀도의 단위는 g/cm^3 또는 mg/m^3로 나타내며, 일반적인 토양의 용적밀도는 2.6~2.7g/cm^3이다.
⑤ 모래가 많은 토양은 미사질 양토, 식양토 및 식토 등의 토성을 가진 토양보다 용적밀도가 높다.

081 토양의 입단화 요인 중 유기물의 작용에 대한 설명으로 가장 옳은 것은?

① 점토와 점토 사이에 정전기적인 힘으로 점토가 응집되는 현상이다.
② carboxyl[R − C = O(− OH)]의 작용기가 점토−양이온−점토와의 결합을 더 강하게 결합시킨다.
③ 입단이 잘 형성된 토양은 입단 사이의 큰 공극에 있는 물이 유지되어 보수력이 커진다.
④ 균사가 점토입자들 사이에 들어가 서로 엉켜서 입단을 형성하므로 미생물의 밀도가 중요하다.
⑤ 토양의 수축과 팽창은 토양의 균열을 유발하여 결국 입단화를 촉진시킨다.

079 규산(SiO_2)의 함량에 따른 분류
• 밝은 색을 띠는 산성암(66% 이상) : 화강암, 석영반암, 유문암
• 산성암과 염기성암의 중간인 중성암(52~66%) : 섬록암, 섬록반암, 안산암
• 유색 광물의 함량이 많아 검은색을 띠는 염기성암(52% 이하) : 반려암, 휘록암, 현무암

080 ① 용적밀도가 큰 토양은 공극률이 낮고, 용적밀도가 작은 토양은 공극률이 커진다.
② 용적밀도는 고상을 구성하는 고형 입자의 무게(Ms)를 토양의 전체 용적(Vt)으로 나눈 것이다.
③ 용적밀도가 큰 토양에서는 식물의 뿌리자람과 배수성 및 투수성이 나빠진다.
④ 일반적인 토양의 용적밀도는 1.2~1.35 g/cm^3이다.

081 ② 유기물의 작용기 carboxyl[R − C = O(−OH)]는 점토−양이온−점토와의 결합을 더 강하게 결합시켜 토양의 입단화 형성에 중요한 역할을 한다.
① 점토와 점토 사이에 정전기적인 힘으로 점토가 응집되는 현상은 양이온의 작용이다.
③ 입단이 잘 형성된 토양은 입단 사이의 큰 공극에 있는 물이 쉽게 배수되므로 배수성과 통기성이 좋다.
④ 균사가 점토입자들 사이에 들어가 서로 엉켜서 입단을 형성하므로 미생물의 밀도가 중요한 것은 미생물의 작용이다.
⑤ 토양의 수축과 팽창이 토양의 균열을 유발하여 결국 입단화를 촉진시키는 것은 기후의 작용이다.

정답 ▶ 079 ④ 080 ⑤ 081 ②

082 <보기>에서 설명하는 토양구조로 옳은 것은?

[보기]

㉠ 배수와 통기성이 양호하며 뿌리의 발달이 원활한 심층토에서 주로 발달한다.
㉡ 입단의 모양은 불규칙하지만 대개 6면체로 되어 있다.
㉢ 입단 간 거리는 5~50mm로 떨어져 있다.

① 구상 구조
② 각주상 구조
③ 원주상 구조
④ 괴상 구조
⑤ 판상 구조

083 Munsell의 표준색 분류체계를 이용하여 토양색을 측정한 결과값으로 7.5R 5/3을 얻었다. 이 결과값에 대한 설명으로 옳지 않은 것은?

① 색의 세 가지 속성을 적용하여 표기한 것이다.
② 색깔의 밝기는 중간 정도이다.
③ 색깔의 선명도는 낮은 편이다.
④ 색깔의 속성은 빨강이다.
⑤ 색깔의 표기 순서는 색상 채도/명도이다.

084 토양 속 공기의 흐름에 관한 설명으로 옳은 것은?

① 고상의 비율이 높을수록 통기성이 좋아지고 대공극의 양에 따라 토양공기의 교환속도가 달라진다.
② 토양공기 중의 산소와 이산화탄소의 함량을 합하면 약 78% 정도가 된다.
③ 토양유기물의 pH는 토양 내 이산화탄소의 축적으로 인해 높아진다.
④ 대기와 토양공기의 교환현상은 삼투압 현상에 의해서 발생하며, 이 과정을 통기라 한다.
⑤ 토양의 산소함량에 따라 토양 내 여러 이온들의 형태가 달라진다.

082 • 구상 구조 : 입상 구조라고도 하는데, 유기물이 많은 표층토에서 발달하고, 입단이 일반적으로 구상을 나타낸다.
• 각주상 구조 : 건조 또는 반건조지역의 심층토에서 주로 지표면과 수직한 형태로 발달한다.
• 원주상 구조 : 기둥 모양의 주상 구조이지만 각주상 구조와 달리 수평면이 둥글게 발달한 구조이다.
• 판상 구조 : 접시와 같은 모양이거나 수평배열의 토괴로 구성된 구조이다.

083 ⑤ 색깔의 표기 순서는 색상 명도/채도이다.

※ 7.5R 5/3
• 7.5R − 색상
• 5 − 명도
• 3 − 채도

084 ⑤ 산소는 전자수용체로서 작용하므로 산소가 부족한 경우 환원반응이 일어나고, 산소가 충분한 경우 산화반응이 일어난다.
• 환원반응시 토양의 이온 형태 : CO_2, NO_3, SO_4^{2-}, Fe^{3+}, Mn^{4+}
• 산화반응시 토양의 이온 형태 : CH_4, N_2, NH_3, S, H_2S, Fe^{2+}, Mn^{2+}, Mn^{3+}
① 고상의 비율이 낮을수록 통기성이 좋아지고 대공극의 양에 따라 토양공기의 교환속도가 달라진다.
② 토양공기 중의 산소와 이산화탄소의 함량을 합하면 약 21%로 일정하게 유지된다.
③ 토양유기물의 pH는 토양 내 이산화탄소의 축적으로 인해 낮아진다. 미부숙 유기물은 토양에서 분해가 활발하여 산소의 소모와 이산화탄소의 발생이 매우 활발하므로 축적된 이산화탄소는 토양의 pH를 낮출 뿐만 아니라 광물 성분을 녹이거나 침전물을 형성하기도 한다.
④ 대기와 토양공기의 교환현상은 분압의 차이에 의해서 발생하며, 이 과정을 '통기'라 한다.

 정 답 082 ④ 083 ⑤ 084 ⑤

085 모세관현상에 관한 설명으로 가장 <u>옳은</u> 것은?

① 외부에서 유입된 물이 토양 중에 보유되는 현상은 물의 삼투 퍼텐셜 작용에 의한 것이다.

② 토양으로 침투한 물은 토양표면의 부착력과 물의 응집력에 의해 토양의 모세관 공극에 존재할 수 있다.

③ 물 분자는 2개의 수소와 1개의 산소가 105도의 각으로 V자 모양의 비대칭 수소결합을 이루고 있다.

④ 포화상태~위조점 사이의 토양수분은 식물이 사용할 수 있는 모세관수이다.

⑤ 식물에 대한 토양의 유효수분 함량은 모세관수의 발달이 상대적으로 적은 식양토보다 식토가 더 높다.

085 ① 외부에서 유입된 물이 토양 중에 보유되려면 물의 응집력과 부착력이 동시에 작용해야 한다. 이러한 물의 응집력과 부착력은 모세관현상으로 설명이 되며, 모세관현상은 매트릭퍼텐셜 에너지로 설명이 가능하다.

③ 물 분자는 2개의 수소와 1개의 산소가 105도의 각으로 V자 모양의 비대칭 공유결합을 이루고 있다.

④ 포장용수량~위조점 사이의 토양수분은 식물이 사용할 수 있는 유효수분이다.

⑤ 식물에 대한 토양의 유효수분 함량은 모세관수의 발달이 상대적으로 적은 식양토가 식토보다 더 높다.

086 토양수분이 가지는 에너지에 대한 설명으로 <u>옳지 않은</u> 것은?

① 토양의 수분함량은 양적인 개념이고, 토양 수분의 이동은 에너지 차이의 개념이다.

② 메트릭퍼텐셜의 기준상태는 자유수이며 퍼텐셜 값은 0이지만, 토양 내 메트릭퍼텐셜은 항상 (−) 값을 가진다.

③ 토양 중의 물이 뿌리 부근으로 이동하는 것은 뿌리 부근의 수분퍼텐셜과 토양 내 수분퍼텐셜이 동일하기 때문이다.

④ 논과 같이 물로 포화된 상태의 토양에서 압력퍼텐셜은 항상 (+) 값을 가진다.

⑤ 토양 용액 중 이온이나 분자들에 의한 수화현상은 물의 퍼텐셜에너지를 낮추게 된다.

086 ③ 토양 내에서 식물이 지속적으로 물을 흡수할 수 있도록 수분이 뿌리 부근으로 이동하는 것은 메트릭퍼텐셜의 차이 때문이다.

② 토양입자의 표면이나 모세관공극에는 물이 강하게 흡착·보유되므로 기준상태인 자유수에 비하여 낮은 퍼텐셜을 가진다. 따라서 메트릭퍼텐셜은 항상 (−) 값을 가진다.

※ 수화현상 : 어떤 물질이 물과 화합 / 결합하여 수화물이 되는 현상

087 식물이 물을 가장 잘 흡수할 수 있는 범위로 <u>옳은</u> 것은?

① 오븐건조 ~ 위조점

② 흡습계수 ~ 포장용수량

③ 위조점 ~ 포장용수량

④ 포장용수량 ~ 포화상태

⑤ 오븐건조 ~ 포화상태

087 토양수분의 분류

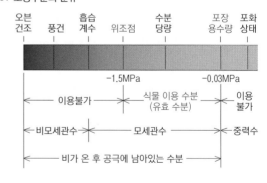

088 토양수분과 작물의 생육에 대한 설명으로 옳지 않은 것은?

① 식물 뿌리의 수분 흡수는 증산율에 따라 능동적 흡수와 수동적 흡수로 나눌 수 있다.

② 식물의 전체 잎면적이 클수록 증산량이 증가하고, 토양피복 정도가 클수록 토양 표면의 증발량이 감소한다.

③ 토양의 수분퍼텐셜이 낮을수록 뿌리의 수분흡수율은 낮아진다.

④ 수분함량이 충분한 토양의 경우 식물이 이용하는 물의 대부분은 표토 30cm 이내에서 흡수된다.

⑤ 식물의 뿌리밀도와 물의 흡수는 비례하며, 뿌리의 깊이와 물흡수는 반비례한다.

088 ⑤ 물의 흡수는 뿌리밀도와 뿌리의 깊이가 모두 비례한다.

※ 토양에 물이 존재하여도 뿌리가 물과 직접 접촉하거나 근접한 거리까지 다가가지 못하면 흡수할 수 없으며, 뿌리가 깊이 발달할수록 식물이 물을 흡수하는 데 훨씬 유리하다.

089 점토광물에 관한 설명으로 옳은 것은?

① 점토는 지름이 0.05mm 이하의 토양 무기광물의 입자를 의미한다.

② Kaolinite는 규소(Si)와 알루미늄(Al)이 주요 구성성분인 2차광물이다.

③ 동형치환은 치환되어 들어가는 음이온의 전하가 원래 양이온과 동일하거나 크기에 차이가 있을 수 있다.

④ 감람석은 가장 간단한 구조의 2차광물로서 미량원소의 공급원이 되는 광물이다.

⑤ Montmorillonite는 1 : 1층상 규산염광물로서 수축과 팽창현상이 심하며, 이온흡착능이 비교적 높다.

089 ① 점토는 지름이 2μm 이하의 토양 무기광물의 입자를 의미한다.

③ 동형치환은 치환되어 들어가는 양이온의 전하가 원래 양이온과 동일하거나 크기에 차이가 있을 수 있다.

④ 감람석은 가장 간단한 구조의 1차광물로서 미량원소의 공급원이 되는 광물이다.

⑤ Montmorillonite는 2 : 1충상 규산염광물이다.

090 점토가 많은 어떤 지역에서 100cm³ core sampler로 채취한 토양의 무게가 150g이었다. 이 토양을 105℃에서 건조하였더니 무게가 130g이 되었다. 면적 10a, 토양깊이 10cm의 토양무게는 얼마인가? (단, 토양의 입자밀도는 2.6 g/cm³이다)

① 150톤

② 130톤

③ 20톤

④ 50톤

⑤ 200톤

090 토양무게 = 토양전체부피(V_t)×용직밀도(P_b)

• V_t = 1,000m²(면적 10a)×0.1m(토양깊이 10cm) = 100m³

• $P_b = \dfrac{\text{고형 입자의 무게(건조한 무게)}}{\text{전체 용적}(V_t)} = \dfrac{130g}{100cm^3} = 1.3g/cm^3$

(1.3g/cm³을 m³로 환산하면 1,300kg/m³)

∴ 토양무게 = 100m³×1,300kg/m³ = 130,000kg = 130ton

091 <보기>는 부식에 관한 설명이다. 옳은 것을 모두 고르시오.

[보기]

㉠ 좁은 의미에서 토양유기물은 부식을 의미한다.
㉡ 큰 비표면적과 표면전하를 가지는 교질물이다.
㉢ 부식의 흡착능은 점토광물에 비해 훨씬 크다.
㉣ 토양 입단화의 안전성과 통기성을 좋게 한다.
㉤ pH완충용량을 향상시킨다.

① ㉠, ㉢, ㉣
② ㉡, ㉢, ㉣
③ ㉢, ㉣, ㉤
④ ㉠, ㉢, ㉣, ㉤
⑤ ㉠, ㉡, ㉢, ㉣, ㉤

091 ㉠~㉤ 모두 옳은 내용이다.

092 토양의 이온교환에 관한 설명으로 옳은 것은?

① 토양에 공급된 비료는 양이온교환에 의해 용탈되므로 식물이 이용할 수 있는 양이 부족한 상태가 된다.
② 토양에서 음이온특이흡착은 유효 인산을 증가시켜 작물의 인산흡수율을 증가시킨다.
③ 토양의 양이온교환량은 유기물에서 매우 높으며, 모래와 미사는 유기물 다음으로 높게 일어난다.
④ pH가 낮은 산성 토양에서는 염기포화도가 높고, 알칼리성 토양에서는 염기포화도가 낮다.
⑤ 배위자교환은 인산을 고정시켜 유효 인산을 무효화시키므로 작물의 인산 흡수율을 저하시킨다.

092 ⑤ 배위자 교환 : 착화합물의 중심 원자에 배위되어 있는 원자나 원자단이 화학적 특성이 같은 다른 배위자와 교환하는 반응

※ 배위결합(리간드(Ligand) 결합)은 배위결합하고 있는 화합물의 중심금속이온의 주위에 결합하고 있는 분자나 이온을 의미하며, 착이온 안에 존재한다. 착화합물에서 중심 금속 원자에 전자쌍을 제공하면서 배위 결합을 형성하는 원자 또는 원자단을 가리킨다.

① 토양에 공급된 비료는 양이온교환에 의해 용탈되지 않고 식물이 이용할 수 있는 형태로 보존된다.
② 토양에서 음이온특이흡착은 인산을 고정시키므로 유효인산을 감소시켜 작물의 인산흡수율을 감소시킨다.
③ 토양의 양이온교환량은 유기물에서 매우 높으며 모래와 미사는 거의 일어나지 않는다.
④ pH가 낮은 산성토양에서는 염기포화도가 낮고, 알칼리성 토양에서는 염기포화도가 높다.

093 산성 피해가 우려되는 토양의 pH 중화에 관한 설명으로 옳은 것은?

① 토양에 석회물질을 첨가하면 중탄산염을 형성하면서 동시에 OH^-를 방출하여 중화시킨다.
② 토양에서 석회물질은 H 및 Al과의 반응으로 염기포화도를 낮추어 토양용액의 pH가 상승하게 된다.
③ 교환산도법은 서로 다른 완충능력을 가진 각 토양에 적용하여 석회의 양을 산출한다.
④ 특이산성토양의 개량으로 실질적인 방법은 석회시용이다.
⑤ 완충곡선에 의한 방법은 석회소요량의 계산이 다소 부정확하다.

093 ② 토양에서 석회물질이 H 및 Al과의 반응으로 염기포화도가 높아져 토양용액의 pH가 상승하게 된다.

③ 교환산도는 교환성 Al과 H에 의한 잠재적인 산도이며, 이를 중화시킬 때 필요한 석회의 양을 산출한다.
④ 특이산성토양의 개량으로 석회를 시용하는 것은 실질적인 방법으로 보기 어렵다.
⑤ 완충곡선에 의한 방법은 서로 다른 완충능력을 가진 각 토양에 대해 적용하는 방법으로 가장 정확한 석회소요량을 측정할 수 있다.

정답 ▶ **091** ⑤ **092** ⑤ **093** ①

094 토양미생물과 식물에 대한 설명으로 옳지 않은 것은?

① R/S는 근권의 효과를 나타내는 지표로서 단위토양 중의 미생물의 양을 나타낸다.

② *Pseudomonas* 속은 식물 주변의 해로운 균을 억제시켜 식물의 생장을 촉진한다.

③ 식물생장을 촉진시키는 근권미생물들 중 *Azotobacter*는 질소고정에 큰 역할을 한다.

④ 유기물은 미생물이나 식물의 생육에 필요한 영양분을 공급해준다.

⑤ 뿌리 주위에 많은 미생물이 서식하면서 근권의 활성을 높여준다.

094 ① R/S는 근권의 효과를 나타내는 지표로서 단위토양 중의 뿌리의 양을 나타내며, 비근권 토양과 근권 토양에 존재하는 미생물의 밀도비율과 밀접한 관계가 있다.

095 토양유기물에 관한 설명으로 옳지 않은 것은?

① 유기물의 탄질률이 높을수록 식물의 질소기아현상이 발생할 가능성이 커진다.

② 탄질률이 20보다 낮으면 유기물의 분해 속도가 빠르며, 무기화작용이 활발하게 일어난다.

③ 활엽수의 톱밥에 질소 성분을 추가해 주지 않으면 분해미생물이 사멸하여 분해속도가 느리다.

④ 경작지에서 매년 토양유기물의 함량이 줄어드는 이유는 곡식이 외부로 반출되기 때문이다.

⑤ 인셉티졸(Inceptisol)은 유기물 함량이 20~30% 이상인 유기질 토양이다.

095 ⑤ 유기물 함량이 20~30% 이상인 토양을 유기질 토양이라 하며, 히스토졸(histosol)에 속한다.

※ Histosol : 유기물이 풍부한 토층 함유
※ Inceptisol : 온대, 열대의 습윤 기후에서 발달. 토층 분화 중간 정도

096 식물영양소와 식물의 유효도에 관한 설명으로 옳은 것은?

① 토양유기물, 토성, 점토광물 등은 식물영양소의 유효도에 영향을 주는 화학적 특성이다.

② 식물의 증산작용이 낮을수록 토양 내 식물영양소는 뿌리 쪽으로 많이 이동한다.

③ Ca은 다량원소로서 양이온으로 흡수되며, 세포벽 중엽층의 구성요소이다.

④ 토양 중의 영양소가 뿌리 근처로 이동하여 흡수되는 기작은 뿌리차단에 의해 발생한다.

⑤ 점토함량이 감소할수록 양이온교환용량이 증가하며 완충용량 또한 증가한다.

096 ① 토양유기물, 토성, 점토광물 등은 식물영양소의 유효도에 영향을 주는 물리적 특성이다

② 식물의 증산작용이 활발할수록 토양 내 식물영양소는 뿌리 쪽으로 많이 이동한다.

④ 토양 중의 영양소가 뿌리 근처로 이동하여 흡수되는 기작은 집단류와 확산에 의해 발생한다.

※ 뿌리차단 : 뿌리가 직접 자라나면서 토양 중의 영양소와 접촉함으로써 영양소가 뿌리까지 공급되는 기작

⑤ 점토함량이 증가할수록 양이온교환용량이 증가하며 완충용량 또한 증가한다.

정 답 094 ① 095 ⑤ 096 ③

chapter 06

097 토양용액 중 인(P)의 순환과 기능에 대한 설명으로 옳지 않은 것은?

① 인산은 식물의 생육 후기에 많이 흡수되고, 노엽 조직 중에 많이 함유되어 있다.

② 인산은 흡착과 고정이 쉽게 일어나므로 토양용액 중에 인산 농도가 낮다.

③ 식물이 주로 흡수하는 인의 형태는 $H_2PO_4^-$과 HPO_4^{2-}이며 토양용액의 pH에 의해 좌우된다.

④ 우리나라의 무기태인산질비료에는 수용성의 속효성 비료인 과린산석회가 있으며, 지효성으로 용성인비가 있다.

⑤ 인은 광합성으로 얻어진 에너지를 저장하고 핵산과 인지질의 구성성분이 된다.

097 ① 인산은 식물의 생육 초기나 개화기 및 수정기 전후에 많이 흡수되고, 어린 조직 중에 많이 함유되어 있다.

098 우리나라의 주요 토양에 대한 설명으로 옳지 않은 것은?

① 낙동통은 석영질 중간모래의 퇴적층으로서 무, 배추 등을 가꾸는 김장채소 집산지가 되고 있다.

② 반숙토는 우리나라에서 가장 흔한 토양으로 농경지로 사용되며 침식이 심하지 않은 토양이다.

③ 백산통은 일반 밭작물 및 원예작물의 재배에 적합한 식양질 밭토양이다.

④ 성숙토는 오랜 기간 안정 지면을 유지하여 집적층이 명료하게 발달한 토양이며, 평창통 · 덕평통이 있다.

⑤ 과숙토는 성숙토가 용탈작용으로 심토까지 염기가 유실되어 척박하고 세립질의 토양으로 삼각통, 지산통 등이 있다.

098 ⑤ 과숙토는 성숙토가 용탈작용으로 심토까지 염기가 유실되어 척박하고 세립질의 토양으로 봉계통, 천곡통 등이 있다.

▶ 우리나라의 주요 토양통
- 미숙토 : 낙동통, 관악통
- 반숙토 : 삼각통, 지산통, 백산통
- 성숙토 : 평창통, 덕평통
- 과숙토 : 봉계통, 천곡통

099 균사가 식물의 뿌리에 침입하여 피층의 세포 주변의 공간에서 증식하며, 피층의 세포벽을 침입하지 않는 균은?

① *Pisolithus tinctorus*

② *Arbuscular mycorrhiza*

③ *Fusarium*

④ *Mucor*

⑤ *Aspergillus*

099 ① 외생균근(*Pisolithus tinctorus*)은 균사가 식물의 뿌리에 침입하여 피층의 세포 주변의 공간에서 증식하며, 피층의 세포벽을 침입하지 않는다.

② *Arbuscular mycorrhiza*(AM)는 대표적인 내생균근으로 피층의 세포벽을 뚫고 침입하여 식물세포와 공생한다.

③~⑤ : 토양 속 물질을 분해하는 곰팡이이다.

정답 ▶ 097 ① 098 ⑤ 099 ①

100 토양의 산성화에 관한 설명으로 옳지 않은 것은?

① 토양의 산성화는 토양의 입단화와 완충용량 등 토양의 물리성을 악화시킨다.

② 산불이 발생한 지역은 치환성 양이온이 증가하여 pH가 낮고, 결과적으로 토양의 양분유효도가 증가한다.

③ 토양미생물의 세포호흡으로 생성된 이산화탄소는 결국 수소이온을 방출한다.

④ 산림토양 내 유기산은 토양 유기물의 분해과정에서 발생하며 약산성을 띤다.

⑤ 뿌리에서 방출된 수소이온은 토양을 산성화시킨다.

100 ② 산불이 발생한 지역은 치환성 양이온이 증가하여 pH가 높고, 결과적으로 토양의 양분유효도가 증가한다.

【수목관리학】

101 수목의 전정에 관한 설명으로 옳지 않은 것은?

① 정지는 전정을 통해서 나무의 골격지를 만드는 작업이다.

② 전정은 '가지를 골라서 자른다'는 뜻으로 유실수에 주로 사용하는 용어이다.

③ 전지는 나무의 가지를 잘라준다는 의미로 나무 전체의 모양을 일정하게 다듬거나 조절하는 작업이다.

④ 정자는 전지도구를 이용하여 일정한 기하학적 형태를 유지하도록 다듬거나 만드는 작업이다.

⑤ 전제는 재해를 예방하기 위한 여름철 전정, 전지 작업으로 주로 강전정을 의미한다.

101 ⑤ 전제는 이미 전정을 통한 수형이 잡혀진 상태이지만 수관의 밀도가 높거나 비대하여 바람의 피해와 병충해의 발생률이 높을 때 가지를 제거하는 작업이다. 따라서 전제는 재해를 예방하기 위한 여름철 전정, 전지 작업으로 주로 약전정을 한다.

102 수목의 일반관리에 대한 설명으로 옳은 것은?

① 지하수위가 낮은 곳은 암거배수로 토양속 과습을 예방한다.

② 겨울철 관수는 이른 아침에 실시해야 동해를 예방할 수 있다.

③ 건조한 겨울을 겪은 활엽수는 봄이 되면 충분한 수분을 공급하여 건조해를 예방해야 한다.

④ 점적관수는 토양 경도를 증가시키지 않지만, 과습해를 유발시킬 수 있다.

⑤ 과습지는 습지에 적합한 메타세콰이아, 낙우송, 버드나무류 등을 식재하는 것이 관리하기에 유리하다.

102 ① 지하수위가 높은 곳은 암거배수로 토양속 과습을 예방한다.

② 겨울철 관수는 오전 10시 전후에 실시해야 동해를 예방할 수 있다.

③ 건조한 겨울을 겪은 상록수는 봄이 되면 충분한 수분을 공급하여 건조해를 예방해야 한다.

④ 점적관수는 토양 경도를 증가시키지 않으며, 과습해를 예방할 수 있다.

 정답 **100** ② **101** ⑤ **102** ⑤

103 다간을 가진 반송 등에 줄당김을 설치할 때 <그림>과 같은 방법을 무엇이라 하는가?

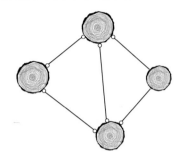

① 대각선연결법
② 삼각연결법
③ 중앙고리연결법
④ 분열법
⑤ 다간연결법

103 〈그림〉은 삼각연결법에 관한 것이다.

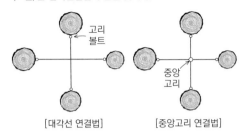

[대각선 연결법]　　　[중앙고리 연결법]

104 토양의 답압현상에 관한 설명으로 옳지 않은 것은?

① 통기성이 불량하여 산소가 부족하다.
② 토양의 용적밀도가 낮다.
③ 토양의 수분흡수력이 낮아 표토 유실이 발생된다.
④ 토양 내 유해물질이 축적된다.
⑤ 토양 내 공극이 작아진다.

104 ② 토양에 답압현상이 나타나서 토양의 용적밀도가 높아지면 통기성과 투수성이 불량하여 산소공급이 원활하지 않으므로 식물의 생장이 불량하다.

105 수목의 시비 요령으로 옳은 것은?

① 완효성 비료는 늦가을부터 이른 봄 사이에 준다.
② 복합비료는 매년 1회, 질소비료는 2년에 1회씩 주는 것이 좋다.
③ 산울타리는 수관선 바깥쪽으로 방사상으로 땅을 파고 거름을 준다.
④ 속효성은 11월 이후에 시비를 해야 효과가 있다.
⑤ 나무 직경이 10cm 이상이면 밑동에서 1m 이내에는 시비를 하지 않는다.

105 ② 일반적으로 조경수는 인과 칼륨을 시비해도 반응을 보이지 않는 경우가 많으므로 복합비료는 3~5년, 하지만 질소비료는 적어도 2년에 1회 주는 것이 좋다.

　③ 산울타리는 식재된 수목을 따라 수목 밑동으로부터 일정한 간격을 두고 도랑처럼 길게 거름 구덩이를 파서 거름을 준다.

　④ 속효성은 생장기에 주되 생장주기에 맞는 비료를 찾아 주어야 한다.

　⑤ 나무 직경이 30cm 이상이면 밑동에서 1m 이내에는 시비를 하지 않는다.

정답 ▶ 103 ② 104 ② 105 ①

106 유묘를 가식할 때 주의사항으로 옳지 않은 것은?

① 동서 방향으로 구덩이를 길게 판다.

② 묘목을 45도로 눕혀서 가지 끝이 남쪽을 향하도록 배열한다.

③ 뿌리를 골고루 펴서 흙으로 덮고 공기가 남지 않도록 물을 충분히 준다.

④ 상록수는 가지를 서로 겹쳐 동해를 예방하도록 한다.

⑤ 가을에 굴취한 묘목을 봄까지 가식해 두면 뿌리가 마를 가능성이 크다.

106 ④ 상록수는 가지를 서로 겹치지 않게 묘목 간 간격을 약간 둔다.

107 수목의 외과수술 시 사용되는 재료에 관한 설명으로 옳지 않은 것은?

① 수술 과정에서 형성층의 약해와 건조의 예방을 위하여 바세린을 바른다.

② 70% 에틸알코올은 살균력이 좋고 증발이 빨라 가장 효과적이다.

③ 불포화 폴리에스테르 수지는 땅의 습기를 차단하기 위해 바닥에 바른다.

④ 표면경화처리는 부직포에 에폭시 수지를 발라 경도를 높인다.

⑤ 동력온풍기는 부패부 제거 후 공동을 건조시키기 위해 사용한다.

107 ③ 땅의 습기를 차단하기 위해 바닥에 바르는 것은 콜타르이다.

108 비생물적 피해 중 수분 부족에 관한 설명으로 옳지 않은 것은?

① 일반적으로 낙엽활엽수는 침엽수보다 수분부족 현상이 자주 일어난다.

② 건조해를 입을 때는 증산억제제를 살포하여 피해를 줄인다.

③ 사토에 비이온계 계면활성제를 살포하면 건조해가 심해진다.

④ 잎의 주맥보다 가장자리가 먼저 갈변한다.

⑤ 건조에 감수성이 있는 수종은 더운 날 갑자기 잎이 시든다.

108 ③ 사토에 비이온계 계면활성제를 살포하면 보수력이 높아진다.

 정답 **106** ④ **107** ③ **108** ③

109 수양버들의 가지가 아래로 처지는 이유로 가장 <u>옳은</u> 것은?

① 측지의 신장생장이 비대생장보다 빠르기 때문이다.

② 고정생장을 하기 때문이다.

③ 음엽을 많이 가지고 있기 때문이다.

④ 수피에 resin 성분이 많이 함유되어 있기 때문이다.

⑤ 정아우세현상 때문이다.

110 화관목의 개화기가 빠른 순서대로 나열한 것은?

① 매화나무 – 동백나무 – 모란 – 수국 – 싸리

② 금목서 – 개나리 – 무궁화 – 수국 – 치자나무

③ 치자나무 – 매화나무 – 모란 – 수국 – 배롱나무

④ 조팝나무 – 수국 – 배롱나무 – 명자나무 – 금목서

⑤ 개나리 – 매화나무 – 라일락 – 치자나무 – 동백나무

111 소나무의 적심에 대한 설명으로 <u>옳은</u> 것은?

① 적당한 적심 시기는 7~8월이다.

② 적심 시기가 늦으면 새순이 길게 자라고, 너무 빠르면 새순이 형성되지 않는다.

③ 솔잎이 없는 부분을 자르면 이듬해 새순이 자란다.

④ 새순 중 약 1~3개를 남기고 나머지는 모두 제거한다.

⑤ 수관 축소를 위해 새순의 중앙가지를 제거한다.

112 수목의 뿌리조임과 꼬임에 대한 설명으로 <u>옳지 않은</u> 것은?

① 증상이 주로 대경목에서 나타난다.

② 초기에는 수세가 쇠약하고 수년에 걸쳐 서서히 고사한다.

③ 식수대 면적이 좁거나 지표면이 포장되었을 때 자주 나타난다.

④ 뿌리조임으로 뒤틀린 뿌리를 제거하면 나무는 고사한다.

⑤ 뿌리를 지하로 유도하기 위하여 2~3cm 쇄석과 흙, 퇴비를 혼합하여 토양을 개량한다.

109 수양버들의 가지가 아래로 처지는 이유는 측지의 신장생장이 비대생장보다 빠르기 때문이다.

110 매화나무(2~3월) – 동백나무(3~4월) – 모란(4~5월) – 수국(6~7월) – 싸리(8~9월)

※ 개나리(4월), 명자나무(4월), 라일락(4~5월), 조팝나무(4~5월), 치자나무(6월), 무궁화(7~9월), 배롱나무(8~9월), 금목서(9~10월)

111 ① 적당한 적심 시기는 5월 초~중순이다.

② 적심 시기가 늦으면 새순이 형성되지 않고, 너무 빠르면 새순이 길게 자란다.

③ 솔잎이 없는 부분을 자르면 가지가 고사한다.

⑤ 수관 축소를 위해 묵은 중앙가지를 제거한다.

112 ④ 뿌리조임으로 뒤틀린 뿌리를 제거하여 수목의 생장을 회복시킨다.

정답 ▶ 109 ① 110 ① 111 ④ 112 ④

113 농약의 제형에 따른 분류에 관한 설명으로 옳지 않은 것은?

① 유제 : 용제는 xylene, ketone류, alcohol류 등을 주로 사용한다.

② 수화제 : 주요 첨가물인 점토, 규조토 등을 가루로 분쇄하여 만든다.

③ 유탁제 : 유화성이 우수한 유화제의 선발이 유탁제형에서 가장 중요한 요소이다.

④ 수용제 : 액상 제형으로서 살포액 조제 시 분말의 비산 우려가 없다.

⑤ 분제 : 잔효성이 요구되는 과수에는 적용할 수 없으며, 농약값이 유제나 수화제에 비하여 다소 비싸다.

113 ④ 수용제 : 분말제제로서 살포액 조제 시 분말의 비산이 발생한다.

114 계면활성제의 HLB(친수-친유 균형비)에 관한 설명으로 옳은 것은?

① 비이온 계면활성제에 주로 이용되며 범위는 0~10이다.

② HLB의 값에 따라 계면활성제의 구조가 달라진다.

③ HLB의 값이 6 이하이면 친수성(수용성)이다.

④ 농약의 HLB 값은 약 10~14 사이이다.

⑤ HLB의 값이 12 이상이면 친유성(지용성)이다.

114 ① 비이온 계면활성제에 주로 이용되며 범위는 0~20이다.
② HLB의 값에 따라 계면활성제의 용도가 달라진다.
③ HLB의 값이 12 이상이면 친수성(수용성)이다.
⑤ HLB의 값이 6 이하이면 친유성(지용성)이다.

115 <보기>에서 보호살균제에 속하는 것을 모두 고르시오.

[보기]

㉠ 석회보르도액
㉡ 메타락실(metalaxyl)
㉢ 벤지미다졸(benzimidazoles)
㉣ 기계유
㉤ 디티오카바메이트(dithiocarbamates)

① ㉠, ㉣, ㉤
② ㉠, ㉢, ㉣
③ ㉡, ㉣, ㉤
④ ㉢, ㉣
⑤ ㉢, ㉤

115 • 보호살균제 : 병이 발생하기 이전에 작물체에 처리하여 예방을 목적으로 사용하는 살균제. 예) 석회보르도액, 기계유, 디티오카바메이트(dithiocarbamates)
• 직접살균제 : 침입한 병원균을 살멸시키는 특성을 나타내는 약제로 치료를 목적으로 사용하는 살균제. 예) 메타락실(metalaxyl), 벤지미다졸(benzimidazoles), 항생물질 등

정답 ▶ 113 ④ 114 ④ 115 ①

116 우리나라의 농약제품의 인축독성 구분에 대한 설명으로 옳지 않은 것은?

① 1급(맹독성) : 경구독성 – 고체 5mg/kg 미만
② 2급(고독성) : 경피독성– 고체10~100mg/kg 미만
③ 3급(보통독성) : 경구독성 – 액체 200~2,000mg/kg 미만
④ 4급(저독성) : 경피독성 – 고체 1,000mg/kg이상
⑤ 4급(저독성) : 경구독성 – 고체 50~500mg/kg 미만

117 농약 약해의 방지에 대한 설명으로 옳지 않은 것은?

① dithiocarbamate계 살균제인 zineb를 유기인계 농약과 혼용하면 약해를 일으킬 수 있으므로 서로 혼용하지 않는다.
② propanil 제초제는 유기인계 살충제와 근접살포를 피해야 약해를 방제할 수 있다.
③ 토양처리 제초제인 simazine에 증산억제제를 처리하면 약제의 하방 이동을 줄일 수 있다.
④ 약해 방지를 위해 농약 살포 전 살포기구를 점검한다.
⑤ 살포액을 조제할 때 소량의 물로 희석하고 소정량의 물을 첨가한다.

118 농약의 작용기작에 대한 설명으로 옳지 않은 것은?

① 유기인계 및 카바메이트계 살충제는 시냅스에서 ACh를 가수분해하는 효소(AChE)를 저해하여 살충작용을 나타낸다.
② BHC류의 유기염소계와 phenypyrazole계 살충제는 GABA에 의하여 개폐되는 Cl^- 이온 통로를 차단하여 살충작용을 나타낸다.
③ pyrethroid계와 유기염소계 DDT 계통의 살충제는 신경 축색에 존재하는 Na^+ 통로를 변조하여 신경 전달을 저해함으로써 살충작용을 한다.
④ diamide계 살충제는 ACh 수용체를 저해함으로써 해충 내 신경자극 전달을 교란한다.
⑤ avermectin 및 milbemycin계 살충제는 세포막의 Cl^- 이온에 대한 투과성을 증대시켜 신경을 마비, 치사에 이르게 한다.

116 ⑤ 4급(저독성) : 경구독성 – 고체 500mg/kg 이상

117 ① dithiocarbamate계 살균제인 zineb를 보르도액이나 석회유황합제 등의 알칼리성 농약과 혼용하면 약해를 일으킬 수 있으므로 서로 혼용하지 않는다.

118 ④ neonicotinoid계 살충제는 AChE 수용체의 경쟁적 작용제로서 ACh 수용체를 저해함으로써 해충 내 신경자극 전달을 교란한다.
　※ diamide계 살충제의 작용기작 – 28 – 라이아노딘수용체 변조

정답　116 ⑤　117 ①　118 ④

119 농약의 대사에 관한 설명으로 옳지 않은 것은?

① 무극성의 지용성 화합물은 생물체 내 침투가 어렵다.

② 농약의 생물적 변화 기본 경로에서 Phase1은 산화, 환원, 가수분해 등의 반응이 발생한다.

③ Phase2에서 콘쥬게이션의 반응으로 농약은 수용성으로 변환되어 해독·배설된다.

④ 유기염소계 살충제의 경우 물에 가용인 형태로 대사되지 못하고 체지방에 축적되는 경우도 있다.

⑤ 인축에는 쉽게 분해·해독·배설되며, 방제 대상 생물에는 쉽게 활성화되는 농약이 바람직하다.

120 농약과 환경에 관한 설명으로 옳지 않은 것은?

① 농약 살포액의 액적(액체방울) 비율은 살포된 액적 크기 150ym 미만의 크기를 비산 기준으로 한다.

② 유기염소계 살충제는 대기와 토양으로 반복순환한다.

③ 수서생물의 농약 독성 여부를 평가하는데 잉어, 송사리, 미꾸리 등이 활용된다.

④ 농약의 반수치사농도 1급은 0.5mg/L 미만이다.

⑤ 농약의 분배계수가 높을수록 생물농축 경향이 약하다.

121 농약과 방제에 대한 설명으로 옳지 않은 것은?

① 살선충제인 ethylene dibromide는 유기할로겐 화합물이며, 토양 중에 기화, 흡착, 확산 등에 의하여 선충에 침입한다.

② 병원균의 방제는 숙주와 유기체 관계인 병원체를 방제하므로 해충의 방제보다 어렵다.

③ 보호살균제는 액제가 분제보다 더 효과적이다.

④ 보르도액은 황산구리($CuSO_4$)와 생석회(CaO)가 주성분인 무기구리화합물이다.

⑤ thiram은 침투성 살균제로서 저항성 유발이 자주 발생하며, 예방은 효과적이나 치료는 비효과적이다.

---

119 ① 무극성의 지용성 화합물은 생물체 내에 침투하기 쉽다.

120 ⑤ 농약의 분배계수가 높을수록 생물농축 경향이 강하다고 할 수 있다.

　※ 농약의 분배계수 : 농약이 옥탄올/물 양쪽 용매에 분배되는 비율
　※ BCF – 생물농축계수 : 생물농축의 정도를 수치로 표현한 것을 수질 환경 중 화합물의 농도에 대한 생물의 체내에 축적된 화합물의 농도비를 말한다.

121 ⑤ thiram은 비침투성 살균제로서 저항성 유발이 거의 없고, 예방과 치료에 효과적이다.

정답 119 ① 120 ⑤ 121 ⑤

122 제초제의 유효성분에 관한 설명으로 옳은 것은?

① alachlor는 주로 화본과 잡초의 발아 억제제로 탁월한 방제효과가 있으나 잡초의 생육기에 경엽으로부터는 흡수가 거의 되지 않는다.

② propanil는 광합성 과정 중 광계 2를 통한 광합성 암반응 저해 작용을 한다.

③ phenoxy계는 비선택성 제초제로서 분열조직의 활성화, 이상 분열, 엽록소 형성 저해 등의 생리기능을 교란시키는 제초제이다.

④ mecoprop는 식물에 대해 MCPA보다 영향이 적으므로 보리나 밀밭의 광엽잡초 방제를 위하여 토양처리제로 사용된다.

⑤ haloxyfop은 식물의 뿌리로부터 흡수되며, 토양처리제로 1년생 및 다년생 광엽잡초를 방제한다.

123 살충제에 관한 설명으로 옳은 것은?

① 아버멕틴은 소나무재선충의 예방과 오리나무잎벌레의 방제약제로 많이 사용된다.

② 항공방제 약제로 사용되기도 하는 클로르플루아주론은 나비목의 탈피가 끝난 성충에 효과가 있다.

③ 대표적인 소화중독제는 유기인계 살충제와 Bt제이며, 빠는형 입틀을 가진 해충에 효과적이다.

④ 니코틴계는 접촉제이지만 유기합성 네오니코티노이드계 살충제는 접촉독 및 소화중독의 침입경로를 동시에 가진다.

⑤ 산림에서 참나무시들음병과 소나무재선충병 방제에 토양소독으로 사용되는 약제는 주로 침투 살충제이다.

---

122 ② propanil는 광합성 과정 중 광계 2를 통한 광합성 명반응 저해 작용을 한다.

③ phenoxy계는 호르몬형 선택성 제초제로서 분열조직의 활성화, 이상 분열, 엽록소 형성 저해 등의 생리기능을 교란시키는 제초제이다.

④ mecoprop는 식물에 대해 MCPA보다 영향이 적으므로 보리나 밀밭의 광엽잡초 방제를 위하여 경엽처리제로 사용된다.

⑤ haloxyfop은 식물의 잎 및 뿌리로부터 흡수되며, 토양처리 및 경엽처리제로 1년생 및 다년생 화본과 잡초를 방제한다.

123 ① 아버멕틴은 소나무재선충의 예방과 응애류의 방제 약제로 많이 사용된다.

② 항공방제 약제로 사용되기도 하는 클로르플루아주론은 나비목 유충에 효과적이지만, 탈피가 끝난 성충에는 효과가 없다.

③ 대표적인 소화중독제는 유기인계 살충제와 Bt제이며, 씹는형 입틀을 가진 해충에 효과적이다.

⑤ 산림에서 참나무시들음병과 소나무재선충병 방제에 토양소독으로 사용되는 약제는 주로 훈증제이다.

정답 122 ① 123 ④

124 나무의사 응시자격(시행령 별표1)에 해당되지 않는 것은?

① 수목진료 관련 학과의 학사학위를 취득한 사람이 수목진료 관련 직무분야에서 1년 이상 실무에 종사한 사람

② 수목치료기술자 자격증을 취득한 후 수목진료 관련 직무분야에서 4년 이상 실무에 종사한 사람

③ 산림기술사 자격을 취득한 사람

④ 문화재수리기술자(식물보호분야)자격을 취득한 후 1년 이상 실무에 종사한 사람

⑤ 조경기능사 자격을 취득한 후 수목진료 관련 직무분야에서 2년 이상 실무에 종사한 사람

124 조경기능사 자격을 취득한 후 수목진료 관련 직무분야에서 3년 이상 실무에 종사한 사람

125 소나무재선충병 방제특별법에 관한 설명으로 옳지 않은 것은?

① 타인의 토지에 출입할 경우 7일 전까지 그 행위의 목적, 사용기간 등을 토지 소유주에게 통보한다.

② 방제설계를 할 수 있는 자는 산림분야 사무소를 개설한 자 또는 산림전문분야 엔지니어링사업자 등이다.

③ 반출금지구역에서는 산지전용허가지 등에서 생산되는 소나무류의 사업장 외 이동이 제한된다.

④ 재선충병 감염여부 확인서 발급 기관은 시 · 도 산림환경연구 기관이다.

⑤ 산림경영계획의 인가를 받아 생산된 경우 국립수목센터에 감염 여부를 확인받아 반출금지구역에서 이동이 가능하다.

125 ⑤ 산림경영계획의 인가를 받아 생산된 경우 산림환경연구기관에 감염 여부를 확인받아 반출금지구역에서 이동이 가능하다.

정답 ▶ 124 ⑤ 125 ⑤

chapter 06

심화모의고사 제3회

해설

▶ 실력테스트를 위해 해설란을 가리고 문제를 풀어보세요.

【수목병리학】

001 곰팡이와 세균의 공통점이 아닌 것은?

① 병징 관찰만으로 정확히 진단하기는 어려운 경우가 많다.
② 병징으로 구멍이 생긴다.
③ 전자현미경으로 관찰할 수 있다.
④ 병징으로 혹이 발생한다.
⑤ 기주 주목의 세포를 직접 침입한다.

002 총생균강(*Cercospora*)속의 병에 관한 설명으로 옳은 것은?

① 자작나무갈색무늬병을 일으킨다.
② 유성세대는 대부분 반균강에 속한다.
③ 적송의 침엽 윗부분에 띠 모양의 황색 점무늬가 생긴다.
④ 대부분의 *Cercospora*속 병은 이종기생균이다.
⑤ 우리나라에서는 *Cercospora*속의 병이 아직 보고되어 있지 않다.

003 아래 <보기>에 나열한 병원균의 공통점이 바르게 연결된 것은?

┌─[보기]─
⊙ 삼나무붉은마름병
ⓒ 소나무류디플로디아순마름병
ⓒ 사철나무흰가루병
ⓔ *verticillium* 시들음병
└─────

① 분생포자가 1차 전염원이다.
② 뿌리의 상처를 통해 전염된다.
③ 포자가 편모를 가진다.
④ 밤나무줄기마름병균과 같은 아문(subdiv. Ascomycotina)에 속한다.
⑤ 발병 초기에는 지면 가까운 잎이나 줄기에서 병징이 나타난다.

---

001 곰팡이는 기주 수목을 직접 침입할 수 있지만, 세균은 직접 침입하지 못하고, 상처나 자연개구를 통하여 침입한다.

> ▶ 병징으로 혹이 발생하는 병
> • 곰팡이 : 소나무혹병
> • 세균 : 뿌리혹병

002 ③ 적송의 침엽 윗부분에 띠 모양의 황색 점무늬가 생기는 증상은 *Cercospora*속의 소나무잎마름병 증상이므로 옳은 설명이다.
　① 자작나무갈색무늬병은 유각균강에 의한 병으로 *Septoria*속에 속하므로 총생균강과는 거리가 멀다.
　　※ *Septoria*속 병 : 자작나무갈색무늬병, 오리나무갈색무늬병, 가중나무갈색무늬병 등
　② 유성세대는 대부분 소방자낭균강에 속한다.
　④ 대부분의 *Cercospora*속 병은 일종기생균이다. 이종기생균은 기주교대를 하는 병원균으로 녹병균이 해당된다.
　⑤ 우리나라에는 점무늬병, 갈색무늬병, 잎마름병 등 *Cercospora*속의 병이 많다.

003 밤나무줄기마름병균은 자낭균아문에 속하며, 〈보기〉의 병원균도 모두 자낭균 아문이다.
　① 분생포자가 1차 전염원인 것은 삼나무붉은마름병, 소나무류디플로디아순마름병, , 사철나무흰가루병이다.
　② 뿌리의 상처를 통해 전염되는 병원균은 *verticillium* 시들음병이다.
　③ 포자가 편모를 가지는 것은 난균류의 특징이다.
　⑤ 발병 초기에 지면 가까운 잎이나 줄기에서 병징이 나타나는 병원균은 삼나무붉은마름병이다.

정답 001 ⑤ 002 ③ 003 ④

004 줄기 궤양병에 관한 설명으로 옳지 않은 것은?

① *Raffaelea quercus-mongolicae*, *Cryphonectria parasitica*, *Nectria galligena* 등이 있다.

② 호두나무검은돌기가지마름병의 분생포자는 암갈색의 타원형으로 단세포이다.

③ 소나무류 피목가지마름병은 장마철 이후 황갈색의 자낭반에서 자낭포자가 비산한다.

④ 박쥐나방 등 천공성 해충에 의해 간접적으로 병이 발생되기도 한다.

⑤ 줄기 궤양병을 발생시키는 병원체는 대부분 임의기생체이다.

004 *Raffaelea quercus-mongolicae*(참나무시들음병)은 물관부 병에 해당되며, *Cryphonectria parasitica*(밤나무줄기마름병), *Nectria galligena*(Nectria 궤양병)은 줄기 궤양병에 해당된다.

④ 밤나무줄기마름병은 박쥐나방 등의 천공성 해충에 의해 발생한 줄기의 상처를 통해 전반되기도 한다.

005 부후균에 의한 목재부후의 설명으로 옳은 것은?

① 갈색부후, 백색부후, 청색부후 등으로 나뉘어진다.

② Creosotes는 목재부후균으로부터 목재를 보존하는 목재보존재이다.

③ 전기저항을 이용하여 목재부후를 측정하는 장비는 SoT이다.

④ *Ophiostoma* 속의 곰팡이가 주된 원인이다.

⑤ 부후균은 주로 천공성 해충인 소나무좀에 의해 전반된다.

005 ① 갈색부후, 백색부후, 연부후 등으로 나뉘어진다.

③ SoT, ERT 등은 목재부후의 비파괴적 탐색법에 해당된다. 전기저항을 이용하여 목재부후를 측정하는 장비는 ERT이다.

④ *Ophiostoma* 속의 곰팡이가 주된 원인인 것은 목재변색균이다.

⑤ 목재부후균은 다양한 원인에 의해 생긴 수목의 상처에 침입한다. 천공성 해충인 소나무좀에 의해 전반되는 병원균은 목재변색균이다.

▶ 목재부후와 목재변색

목재부후	• 살아있는 나무에서는 주로 심재가 피해를 받으나 죽은 나무나 조직, 벌채목에서는 변재에 목재부후균이 침입하여 목재가 부후되거나 목재 질을 저하 • 목재부후균은 대부분 담자균문(갈색부후·백색부후)과 자낭균문(연부후)에 속한다.
목재변색	• 목재변색균의 균사 내의 멜라닌에 기인한 것으로 목재 질을 저하시키지만, 목재부후균과 달리 목재 강도에는 영향을 미치지 않는다. • 목재변색균은 *Ophiostoma, Ceratocystis*속의 곰팡이들이 있고, 이 청변곰팡이들은 벌채된 침엽수, 특히 소나무류의 변재 부위에 가장 먼저 침입하여 빠르게 생장한다.

006 수목의 녹병에 대한 설명으로 옳은 것은?

① 한 종의 기주에서 생활사를 마치는 녹병균은 회화나무녹병, 포플러잎녹병등이 있다.

② 향나무는 여름 포자세대와 겨울 포자세대를 형성한다.

③ 황벽나무에 침입한 녹포자는 황벽나무의 잎에서 균사상태로 월동한다.

④ 녹병정자기는 주로 잎의 뒷면에 형성되고, 녹포자기는 잎의 앞면에 형성된다.

⑤ 송이풀은 소나무줄기녹병과 잣나무털녹병의 원인이다.

006 ⑤ 잣나무털녹병의 중간기주는 송이풀·까치밥나무이고, 소나무줄기녹병의 중간기주는 모란·작약·송이풀이므로 송이풀은 소나무줄기녹병과 잣나무털녹병의 원인이라고 할 수 있다.

① 녹병은 대부분 이종기생균이지만, 회화녹병은 동종기생균이다.

② 향나무는 여름 포자세대를 형성하지 않는다.

③ 황벽나무에 침입한 녹포자는 몇 개월 후 담자포자를 형성하고, 담자포자는 소나무로 비산한 후 잎에서 발아 한 균사로 월동한다.

④ 녹병정자기는 주로 잎의 앞면에 형성되고, 녹포자기는 잎의 뒷면에 형성된다.

 정답 ▶ 004 ① 005 ② 006 ⑤

007 수목의 세균병에 관한 설명으로 옳지 않은 것은?

① *Erwinia amylovora*는 병든 나무와 잔재물들을 제거하면 이듬해 그 수가 급격히 감소한다.

② *Agrobacterium* 속은 일반적으로 식물의 뿌리나 줄기의 지제부에 침입하여 혹을 만든다.

③ 일반적인 종자의 고온처리(35~40℃)는 세균방제에 효과가 있다.

④ 물관병에 걸린 수목의 가지를 자르면 점액의 세균 덩어리가 흘러나온다.

⑤ 잎가마름병은 FXLB로 불리며 매미충류 곤충에 의해 전반된다.

007 ③ 일반적인 종자의 고온처리 시 세균이 상대적으로 고온에서 죽기 때문에 효과가 없다. 세균은 52℃에서 20분 정도의 처리로 감염 종자의 수를 상당히 줄일 수 있다.

수목 바이러스는 온실에서 열풍으로 열처리(35~40℃, 7~12주간)하면 바이러스를 불활성화시킬 수 있다.

① 불마름병(*erwinia amylovora*)은 주로 장미과 식물의 꽃, 잎, 작은 가지 등에 전염되는데, 처음에는 수침상이 나타나고 나중에는 잎이 시들고 말라 불에 타 죽은 것처럼 보인다.

④ 세균에 의한 풋마름병은 줄기를 자르면 단면의 물관부에서 우윳빛 세균들이 누출되어 나오므로 쉽게 진단할 수 있다.

⑤ 잎가마름병은 물관부국재성 세균(FXLB)으로 매미충류 곤충에 전반되며 식물의 물관에 이상을 일으키는 병원균이다.

008 잎에 발생하는 병원균에 대한 방제로 가장 효과가 적은 것은?

① 질소비료의 과용을 피한다.

② 병든 낙엽을 모아 태우거나 땅속에 묻는다.

③ 가지치기를 하여 통풍과 채광을 개선시킨다.

④ 포자가 비산하는 시기에 적용약제를 살포한다.

⑤ 석회로 토양을 중화시켜 병원균의 생장을 억제시킨다.

008 ⑤ 토양에 석회시용은 뿌리썩음병과 대기오염(오존, PAN)의 피해에는 효과가 있지만, 잎병원균에는 효과가 없다.

009 참나무시들음병을 방제하는 방법으로 옳은 것은?

① 참나무시들음병이 발생한 지역에서는 생장기에 전정을 삼간다.

② 균근 형성을 양호하게 하여 병원균 감염을 사전에 차단한다.

③ 장마 이후에 살균제를 3~4회 살포한다.

④ 감염된 가지를 건전한 부위까지 잘라내어 태운다.

⑤ 겨울포자가 형성되지 않도록 10~11월에 살균제를 살포한다.

009 ① 참나무시들음병이 발생한 지역에서는 생장기에 전정을 삼가야 하는데, 수목에 생긴 상처로 매개충이 유인되기 때문이다.

② 뿌리썩음병의 방제 방법이다. 참나무시들음병은 광릉긴나무좀에 의해 매개되므로 매개충을 방제한다.

③ 잎에 발생한 병의 방제 방법이다. 병원균은 변재에서 생장하며 목재를 변색시키고 물관부에서 생장하면서 물관부의 주요 기능인 물과 양분의 이동을 방해하여 시들음 증상을 나타낸다.

④ 줄기에 발생한 병의 방제 방법이다.

⑤ 녹병의 방제 방법이다.

정답 ▶ 007 ③   008 ⑤   009 ①

010 파이토플라스마(Phytoplasma)에 대한 설명으로 옳은 것은?

① 마이코플라스마(*Mycoplasma*) 속과 유사한 유전자를 가지며 인공배양이 된다.

② 대추나무빗자루병, 붉나무빗자루병, 벚나무빗자루병 등의 수목병을 유발한다.

③ 세균과 크기가 비슷하며 광학현미경으로 외부 형태의 관찰이 가능하다.

④ 형광염색소(DAPI)를 사용하여 파이토플라스마 입자를 쉽게 관찰할 수 있다.

⑤ 세균과 다른 점은 세포벽이 없으며 나선형이나 필라멘트형의 입자인 것이 많다.

011 식물바이러스병의 진단에 관하여 옳은 것은?

① 균총의 크기·모양·색깔 등을 통해서 바이러스의 종류를 동정한다.

② 전자현미경만으로도 바이러스의 종류를 정확히 동정할 수 있다.

③ 바이러스 감염 여부는 광학현미경으로 관찰 가능하다.

④ 수목 바이러스는 검정식물의 즙액접종만으로 바이러스 감염 여부를 정확히 판정할 수 있다.

⑤ ELISA 진단법은 검출감도가 높지만 다량의 시료를 신속히 검정하기에는 부적절하다.

012 <보기>의 식물병을 발견 순서대로 바르게 나열한 것은?

┌ 보기 ┐

㉠ 소나무재선충병
㉡ 잣나무털녹병
㉢ 소나무류 송진가지마름병
㉣ 참나무시들음병

① ㉡ - ㉠ - ㉢ - ㉣
② ㉠ - ㉡ - ㉢ - ㉣
③ ㉣ - ㉢ - ㉡ - ㉠
④ ㉡ - ㉠ - ㉣ - ㉢
⑤ ㉠ - ㉡ - ㉣ - ㉢

010 ① 파이토플라스마는 인공배양이 안 된다.

② 벚나무빗자루병(*Taphrina wiesneri*)은 곰팡이균에 의한 병이다.

③ 전자현미경으로만 외부 형태의 관찰이 가능하다.

④ 식물의 체관부 즙액 속에 밀집해 있으므로 형광염색소(DAPI)를 사용하여 파이토플라스마의 특이적인 형광을 관찰할 수 있다. 파이토플라스마 입자를 관찰하는 것은 어렵다.

011 ③ 광학현미경으로 감염 세포 내에 결정상의 봉입체가 확인되면 바이러스의 감염이 확실하다.

① 균총의 크기·모양·색깔 등을 통해서 세균의 종류를 동정한다.

② 전자현미경만으로는 바이러스의 종류를 정확히 동정할 수 없다. 바이러스를 정확하게 동정하기 위해는 ELISA법이나 PCR법 같은 검출감도가 높은 진단 방법을 사용해야 한다.

④ 수목 바이러스는 검정식물의 즙액접종만으로 바이러스 감염 여부를 정확히 판정할 수 없다.

⑤ ELISA 진단법은 검출감도가 높고, 다량의 시료를 신속히 검정하기에 적절하다.

012 • 잣나무털녹병 (1936년 가평)
• 소나무재선충병 (1988년 부산)
• 소나무류 송진가지마름병 (1996년 인천)
• 참나무시들음병 (2004년 경기도)

정답 ▶ 010 ⑤   011 ③   012 ①

013 기주수목에 자낭각을 형성하는 병원균으로 옳지 않은 것은?

① 버즘나무탄저병(*Apiognomonia veneta*)
② 포플러갈색무늬병(*Pseudocercospora salicina*)
③ 벚나무갈색무늬구멍병(*Mycosphaerella cerasella*)
④ 리지나뿌리썩음병(*Rhizina undulata*)
⑤ 밤나무줄기마름병(*Cryphonectria parasitica*)

013 ④ 리지나뿌리썩음병 (*Rhizina undulata*) - 자낭반
　① 버즘나무탄저병 (*Apiognomonia veneta*) - 자낭각
　② 포플러갈색무늬병 (*Pseudocercospora salicina*) - 자낭각
　③ 벚나무갈색무늬구멍병 (*Mycosphaerella cerasella*) - 자낭각
　⑤ 밤나무줄기마름병 (*Cryphonectria parasitica*) - 자낭각

014 소나무에 발생하는 수목병과 병징의 연결이 옳지 않은 것은?

① *Fusarium circinatum* - 감염 부위의 목질부가 수지로 젖음
② *Cenangium ferruginosum* - 수피를 벗기면 건전 부위와 병든 부위의 경계가 뚜렷함
③ *Sphaeropsis sapinea* - 병든 부위의 수피가 마르면서 터지고 형성층이 죽음
④ *Mycosphaerella gibsonii* - 침엽의 윗부분이 띠 모양으로 황색 점무늬 형성
⑤ *Lophodermium* spp. - 병든 잎은 다 떨어지고 새순만 남아 앙상함

014 소나무가지끝마름병(*Sphaeropsis sapinea*) - 수피를 벗기면 병든 부위가 적갈색으로 변함
　① 푸사리움가지마름병
　② 소나무류 피목가지마름병
　③ 소나무가지끝마름병
　④ 소나무잎마름병
　⑤ 소나무류 잎떨림병

015 분생포자는 중앙의 착색된 세 세포와 양쪽의 무색 세포를 가지며 잎의 가장자리에 잎마름 증상을 나타내는 병이 아닌 것은?

① 은행나무잎마름병
② 삼나무잎마름병
③ 철쭉류 잎마름병
④ 동백나무겹둥근무늬병
⑤ 자작나무갈색무늬병

015 *Pestalotiopsis*에 의한 병
　• 분생포자는 중앙의 착색된 세 세포와 양쪽의 무색 세포를 가지며 잎의 가장자리에 잎마름 증상을 나타내는 병이다.
　• 은행나무잎마름병, 삼나무잎마름병, 철쭉류 잎마름병, 동백나무 겹둥근무늬병 등이 여기에 속한다.

016 *Valsa* 속에 의한 수목병으로 옳지 않은 것은?

① 밤나무가지마름병
② 잣나무수지동고병
③ 오동나무줄기마름병
④ 포플러류 줄기마름병
⑤ 사과나무부란병

016 ① 밤나무가지마름병 - *Botryosphaeria dothidea*
　② 잣나무수지동고병 - *Valsa abieties*
　③ 오동나무줄기마름병 - *Valsa paulowniae*
　④ 포플러류 줄기마름병 - *Valsa sordida*
　⑤ 사과나무부란병 - *Valsa canker*

 정답 ▶ 013 ④　014 ③　015 ⑤　016 ①

017 아밀라리아뿌리썩음병에 대한 설명으로 옳은 것은?

① 죽은 체관부와 물관부에서 부생균으로 생존하며, 반복적인 형성층의 침입으로 윤문 형태의 궤양을 만든다.

② 장란기와 장정기의 유성생식 구조를 만들어 증식하며, 후벽포자로 월동한다.

③ 자낭포자에 의한 토양전염병으로 뿌리의 피층이나 체관부를 침입한다.

④ 뿌리꼴균사다발이 토양을 통해 건전한 나무를 감염시키고, 버섯에서 감염되는 담자포자가 기주를 감염시킨다.

⑤ 병원균은 죽은 나무에서 자실체로 월동한 후 이듬해 봄부터 분생포자와 자낭포자가 기주를 감염시킨다.

017 아밀라리아뿌리썩음병은 담자균 곰팡이에 속한다.

① Nectria 궤양병에 해당

② 난균문 곰팡이에 해당 (Pythium, Phytophthora 등)

③ 리지나뿌리썩음병에 해당

⑤ 밤나무줄기마름병에 해당

018 *Marssonina* 속의 수목병에 대한 설명으로 옳지 않은 것은?

① 불완전균아문 > 유각균강 > 분생포자반균목에 속하며, 모두 잎에 점무늬병을 일으킨다.

② 분생포자는 무색의 두 세포인 두부세포와 기부세포로 나뉜다.

③ 장미검은무늬병은 주로 장마철 이후에 피해가 심하고, 봄비가 잦은 해에도 심하게 발생한다.

④ 참나무갈색둥근무늬병은 잎에 둥글고 작은 회갈색 점무늬가 많이 나타난다.

⑤ 명자꽃점무늬병은 습한 환경에서 많이 발생하며, 6월경에 작은 점무늬가 나타나서 차츰 갈색 병반으로 확대된다.

018 ⑤ *Cercospora* 속 수목병에 대한 설명이다.

019 수목병해의 진단 방법에 대한 설명으로 옳지 않은 것은?

① 육안관찰법은 병징과 표징을 통해서 수목병을 진단하는 것이다.

② 영양배지법은 병원균의 포자 및 구조체가 잘 만들어지지 않아 동정이나 진단이 어려운 경우에 사용한다.

③ 해부학적 진단으로 세균에 의한 풋마름병을 진단할 수 있다.

④ 해부현미경은 광학현미경보다 높은 배율에서 진균과 세균을 관찰할 수 있다.

⑤ 코흐의 원칙은 파이토플라스마 동정에는 적용하기 어렵다.

019 ④ 광학현미경은 해부현미경보다 높은 배율에서 진균과 세균을 관찰할 수 있다.

020 수목병에 대한 설명으로 옳지 않은 것은?

① 포플러잎녹병은 따뜻한 지역에서 주로 여름포자로 월동한다.

② 단풍나무류 흰가루병은 한 번 발생한 군락에서는 반드시 매년 발생한다.

③ 소나무류 잎떨림병은 자낭포자가 비산하는 3~4월에 살균제 살포를 한다.

④ 철쭉류 엽고병은 작은 점무늬로 시작하여 잎 가장자리에 큰 병반이 형성되며, 뒤틀린다.

⑤ 소나무가지끝마름병은 명나방류의 유충 피해 증상과 유사하다.

021 *Collectorichum* 속에 의한 병의 설명으로 옳은 것은?

① 완전세대는 자낭균아문 > 소방자낭균강 > 구균목의 *Glomerella* 속이다.

② 이 병원균은 식물의 잎마름병으로 잘 알려져 있다.

③ 병원균은 잎·어린 줄기·과실 모두를 침해하며, 분생포자경 위에 무색의 분생포자가 형성된다.

④ 잣나무, 적송, 리기다소나무 등이 주로 감수성 수목이다.

⑤ 이 병원균의 방제 농약은 아직 개발된 것이 없다.

022 수목병에 대한 설명으로 옳지 않은 것은?

① 전나무잎녹병은 중간기주가 계곡의 습지에 한정되어 있어 대면적 발생은 잘 일어나지 않는다.

② 소나무시들음병은 솔수염하늘소의 영속유충이 우화하여 감염시킨다.

③ 벚나무갈색무늬구멍병은 5월과 장마 이후에 살균제 살포를 하면 발생률을 매우 낮출 수 있다.

④ 밤나무가지마름병은 적절한 가지치기가 필요하며, 주변의 아까시나무를 제거하면 발병률을 낮출수 있다.

⑤ 리지나뿌리썩음병은 토양전염성 병으로, 포자는 습하고 저온일 때 가장 잘 발아한다.

---

020 ③ 소나무류 잎떨림병의 방제는 7~9월 자낭포자가 비산하는 시기에 살균제를 살포한다.

⑤ 소나무가지끝마름병은 해충의 가해터널이 없으므로 쉽게 구별이 된다.

021 ③ *Collectotrichum* 속에 의한 병은 탄저병균에 속한다.

① 완전세대는 자낭균아문 > 각균강 > 구균목에 속하는 *Glomerella* 속이다.

② 이 병원균은 탄저병이다.

④ 거의 모든 과수나무와 호두나무, 사철나무, 오동나무 등에서 많이 발생한다.

⑤ 탄저병균의 방제 농약은 많이 개발되어 있다.

022 ⑤ 리지나뿌리썩음병은 불이 난 자리에서 많이 발생하며, 포자는 근처의 온도가 40~50℃로 증가한 곳에서 발아한다.

정답 020 ③ 021 ③ 022 ⑤

023 영지버섯속의 뿌리썩음병에 대한 설명으로 옳지 않은 것은?

① 활엽수·침엽수 모두 감염되지만, 특히 단풍나무와 참나무가 감수성이다.

② 감염목에 나타난 병징은 황화증상, 시들음, 가지 고사 등이고, 수목의 활력이 감소한다.

③ 병원균은 심재를 침입하여 나무의 구조적 강도에 큰 영향을 끼친다.

④ 가장 먼저 나타나는 표징은 지제부 근처에 나타난 뽕나무버섯이다

⑤ 뿌리나 줄기의 상처를 통하여 전염된다.

023 ④ 감염 후 처음으로 나타나는 표징은 줄기 하부와 노출된 뿌리에 *ganoderma lucidum* 또는 잔나비불로초 등의 자실체가 형성된다.

※ 뽕나무버섯은 아밀라리아뿌리썩음병의 자실체이다.

024 수목의 병원성 세균에 대한 설명으로 옳지 않은 것은?

① 모든 세균은 그람염색에 의해서 양성균과 음성균으로 구분할 수 있다.

② 세균은 고체 배지에서 균총을 배양하고 균총의 크기나 모양 등에 따라 세균의 종류를 파악할 수 있다.

③ 플라스미드는 세균과 세균 사이의 이동이 가능하고 병원성과 약제저항성을 가지고 있다.

④ 편모는 아주 짧은 거리를 이동할 수 있는 운동성의 기능을 가진다.

⑤ 세균병은 이분법의 무성생식법으로 증식하여 분열속도가 매우 느리다.

024 ⑤ 세균병은 이분법의 무성생식법으로 증식하여 분열속도가 매우 빠르다.

025 장미모자이크병에 관한 설명으로 옳지 않은 것은?

① ELISA 진단 키트로 4종의 장미모자이크 바이러스를 검정할 수 있다.

② 감염된 어린 대목을 38℃에서 약 4주간 열처리하면 바이러스가 불활성화된다.

③ 병의 전염은 접목전염, 꽃가루와 종자, 그리고 선충에 의해서도 전반된다.

④ 바이러스가 한 번 발생한 나무는 매년 반복해서 병징이 나타난다.

⑤ 잎자루와 주맥에 괴사반점이 생기고 잎이 뒤틀리고 일찍 낙엽진다.

025 ⑤ 포플러류 모자이크병에 대한 설명이다. 장미모자이크병은 일부 잎에 발생하며 진전되면 여러 잎에서 발생한다.

정답 023 ④ 024 ⑤ 025 ⑤

【수목해충학】

026 기주 범위에 따른 해충의 분류에서 협식성 해충을 바르게 나열한 것은?

① 광릉긴나무좀, 쥐똥밀깍지벌레, 솔나방

② 솔나방, 자귀뭉뚝날개나방, 회양목명나방

③ 회양목명나방, 아까시잎혹파리, 오리나무좀

④ 조팝나무진딧물, 뿔밀깍지벌레, 알락하늘소

⑤ 뽕나무이, 소나무좀, 왕바구미

026 기주 범위에 따른 해충의 분류

단식성 해충	• 한 종의 수목만 가해하거나 같은 속의 일부 종만 기주로 하는 해충 • 소나무좀, 애소나무좀, 노랑애소나무좀, 회양목명나방, 개나리잎벌, 붉나무혹응애, 회양목혹응애, 자귀뭉뚝날개나방, 솔껍질깍지벌레, 소나무왕진딧물, 뽕나무이, 솔잎혹파리, 아까시잎혹파리 등
협식성 해충	• 기주수목이 1~2개 과로 한정될 경우 • 솔나방, 광릉긴나무좀, 벚나무깍지벌레, 쥐똥밀깍지벌레, 방패벌레류 등
광식성 해충	• 여러 과의 수목을 가해하는 경우 • 독나방, 매미나방, 천막벌레나방, 목화진딧물, 조팝나무진딧물, 복숭아혹진딧물, 뿔밀깍지벌레, 거북밀깍지벌레, 가루깍지벌레, 전나무잎응애, 점박이응애, 차응애, 오리나무좀, 알락하늘소, 가문비왕나무좀 등

027 수목해충의 분류별 특징에 대한 설명으로 옳은 것은?

① 대벌레류는 몸체가 가늘고 길며, 관건해충으로 활엽수의 잎을 갉아 먹는다.

② 명나방과의 유충은 잎을 철하거나 말며, 줄기나 과일 속을 파고 들어가 해를 끼치는 해충이 많다.

③ 가루깍지벌레과는 다리 및 더듬이가 퇴화되어 깍지 속에서 일생을 보낸다.

④ 주머니나방과의 암컷은 수관하부의 가지나 잎 위에서 교미 · 산란한다.

⑤ 재주나방과의 유충은 모두 털벌레형이며, 유충의 휘는 동작으로 재주나방이라 한다.

027 ① 대벌레류는 돌발해충으로 활엽수의 잎을 갉아 먹는다.

③ 가루깍지벌레과는 다리 및 더듬이가 발달되어 평생 자유롭게 보행한다.

④ 주머니나방과의 암컷은 날개가 없거나 퇴화된 종이 많고 도롱이 속에서 교미 · 산란한다.

⑤ 재주나방과의 유충은 애벌레형과 털벌레형이 있다.

▶ **돌발해충과 관건해충**
- 돌발해충 : 평소에는 경제적 피해 수준 이하의 밀도를 형성하여 문제가 되지 않지만, 어떤 요인으로 인하여 대발생하여 경제적 피해수준 이상이 되는 해충이다. 매미나방류, 잎벌류, 대벌레, 주홍날개꽃매미, 미국선녀벌레, 갈색날개매미충 등이 있다.
- 관건해충 : 매년 지속적인 심한 피해를 유발하여 경제적 피해 허용수준 이상을 나타내는 해충으로 주요해충이라고도 한다.

028 곤충의 외골격의 부속기관에 대한 설명으로 옳은 것은?

① 센털과 가동가시는 외골격이 밖으로 돌출하여 생긴 돌기이며 움직일 수 없다.

② 인편은 편평해진 털로서 딱정벌레목에서 나타난다.

③ 감각센털은 감각작용을 하며 부속지에 발달한다.

④ 체표돌기는 단순한 돌기로서 관절막이 있어 움직일 수 있다.

⑤ 외골격의 함입으로 생성된 도랑, 속돌기는 곤충의 표면적을 작게 하여 힘과 강도가 약하다.

028 ① 센털과 가동가시는 움직일 수 있다.

② 인편은 편평해진 털로서 나비목에서 나타난다.

④ 체표돌기는 단순한 돌기로서 관절막이 없어 움직이지 못한다.

⑤ 외골격의 함입으로 생성된 도랑, 속돌기, 봉합선은 힘과 강도를 더해준다.

 정답 **026** ① **027** ② **028** ③

029 해충의 월동 장소가 동일한 것으로 짝지어진 것은?

① 선녀벌레, 오리나무잎벌레, 남방차주머니나방
② 복숭아명나방, 진사진딧물, 소나무좀
③ 복숭아유리나방, 북방수염하늘소, 차응애
④ 주둥무늬차색풍뎅이, 남포잎벌, 아까시잎혹파리
⑤ 도토리거위벌레, 밤바구미, 참긴더듬이잎벌레

029 ④ 주둥무늬차색풍뎅이, 남포잎벌, 아까시잎혹파리는 모두 땅속 월동을 한다.
　① 선녀벌레(가지), 오리나무잎벌레(흙 속, 지피물 속), 남방차주머니나방(가지에 붙은 주머니 속)
　② 복숭아명나방(활엽수 줄기), 침엽수(벌레주머니 속), 진사진딧물(잎눈 기부), 소나무좀(지제부 부근)
　③ 복숭아유리나방(줄기, 가지), 북방수염하늘소(줄기), 차응애(잎 뒷면)
　⑤ 도토리거위벌레(땅속), 밤바구미(땅속), 참긴더듬이잎벌레(겨울눈, 가지)

030 곤충은 정보 교환을 위하여 감각의 일부를 사용한다. 꿀벌의 '춤' 언어인 '8자 춤'은 어떤 의사소통인가?

① 소리 의사소통
② 시각 의사소통
③ 촉감 의사소통
④ 화학 의사소통
⑤ 시간 의사소통

030 ③ 촉감 의사소통 : 물리적인 접촉이 의사소통이 됨. 꿀벌의 '춤' 언어는 주로 벌집 위의 캄캄한 어둠 속에서 수행되는 촉감 의사소통 체계이다.

031 곤충의 번데기 특징에 대한 설명으로 옳지 않은 것은?

① 네발나비과의 번데기는 복부 끝의 갈고리 발톱을 이용하여 머리를 아래로 하여 매달린다.
② 호랑나비과의 번데기는 갈고리발톱으로 몸을 고정하고 몸을 띠로 두른다.
③ 딱정벌레류의 번데기는 발육하는 모든 부속지가 자유롭고, 외부적으로 보인다.
④ 파리류의 번데기는 나용으로서 끝에서 두 번째 유충의 단단한 외골격 내에 몸이 들어 있다.
⑤ 나방류의 번데기는 발육하는 부속지가 껍질 같은 외피로 몸에 밀착되고 실고치 내에 둘러싸인다.

031 ④ 파리류의 번데기는 끝에서 두 번째 유충의 단단한 외골격 내에 몸이 들어 있는 위용이다.

chapter 06

032 우리나라에서 1980년대부터 느티나무에 피해를 주기 시작한 *Orchestes sanguinipes*에 대한 설명으로 옳지 않은 것은?

① 성충은 주둥이로 잎 표면에 구멍을 뚫어 가해한다.
② 유충은 잎 앞면의 잎살만 가해한다.
③ 성충은 넓적마디가 크게 발달해 벼룩처럼 잘 띈다.
④ 연 1회 발생하며, 토양 속에서 성충으로 월동한다.
⑤ 신선충은 5월부터 잎을 가해하며 가을에 월동처로 이동한다.

032 ② 느티나무벼룩바구미(*Orchestes sanguinipes*)의 유충은 잎의 가장자리에 터널을 뚫어 갉아 먹으며, 성충은 주둥이로 잎 표면에 구멍을 뚫어 가해한다.

정답 　029 ④　030 ③　031 ④　032 ②

033 수목해충의 발생에 대한 설명으로 옳지 않은 것은?

① 꽃매미, 미국선녀벌레, 갈색날개매미충은 외국에서 침입한 해충이다.
② 버즘나무방패벌레는 중국이 원산지이다.
③ 1929년에 우리나라에서 처음으로 솔잎혹파리가 발견되었다.
④ 버들재주나방 등 식엽성 해충의 연구는 1962년부터 본격적으로 시작되었다.
⑤ 밤나무의 주요 해충인 밤나무혹벌은 재래종 밤나무에 치명적이다.

034 어떤 곤충의 발육영점온도는 20℃이고, 유효적산온도는 200DD이라고 하면, 평균 30℃에서 알에서 우화까지의 발육기간은?

① 30
② 60
③ 10
④ 40
⑤ 20

035 수목해충의 방제에 관한 설명으로 옳은 것은?

① 솔나방은 겨울에 잠복소를 설치하여 유인한 후 다음 해 여름에 잠복소를 소각한다.
② 버즘나무팡패벌레는 발생 초기에 클로티아니딘 액제를 나무주사한다.
③ 미국선녀벌레는 단식성 해충으로서 농경지, 생활권 수목의 공동방제가 효과적이다.
④ 솔수염하늘소는 성충을 방제하기 위해 11~2월에 티아메톡삼 분산성액제를 나무주사 한다.
⑤ 솔잎깍지벌레는 후약충 시기인 3월15일~4월15일에 티아메톡삼 분산성액제를 나무주사한다.

033 ② 버즘나무방패벌레는 미국 동부와 캐나다 동부에서 유래한 북아메리카 대륙 토종 곤충이다.

034 유효적산온도 = (평균온도 − 발육영점온도)×발육일수
$200 = (30-20) \times x$
$\therefore x = 20$

035 ② 클로티아니딘은 니코틴계 농약이며, 니코틴계 농약은 흡즙성 해충 방제에 효과적이다. 그러므로 흡즙성 해충인 버즘나무방패벌레 방제에 사용된다.
① 소나무의 대표적 해충인 솔나방은 다음 해 봄에 잠복소를 소각한다.
③ 미국선녀벌레의 기주범위는 매우 넓어 농경지, 생활권 수목의 공동방제가 효과적이다.
④ 솔수염하늘소는 성충 우화 전 3월15일~4월15일에 티아메톡삼 분산성액제를 나무주사한다.
⑤ 솔잎깍지벌레는 후약충 시기인 11~2월에 티아메톡삼 분산성액제를 나무주사한다.

정답 ▶ 033 ② 034 ⑤ 035 ②

036 깍지벌레과의 특성에 대한 설명으로 옳은 것은?

① 약충은 보통 부화 후 기주에 정착할 때까지 활발히 이동·분산하고, 정착 후 수컷은 일생 동안 덮개 밑에서 생활한다.

② 솔껍질깍지벌레는 온도가 높은 여름철에 많은 피해를 끼친다.

③ 주머니깍지벌레과는 보통 다리 및 더듬이가 발달되어 자유롭게 보행 및 이동한다.

④ 가루깍지벌레과는 평생 다리를 가지고 있으나 거의 보행 이동을 하지 않는다.

⑤ 밀깍지벌레과의 암컷 성충은 모양의 변화가 많고, 보통 몸 표면에 분비물이 거의 확인되지 않는다.

036 ① 약충은 부화 후 기주에 정착할 때까지 활발히 이동·분산하고, 정착 후 암컷은 일생 동안 덮개 밑에서 생활한다.

② 솔껍질깍지벌레는 여름에는 여름휴면(6~10월)을 하므로 여름철 피해는 거의 없다.

③ 주머니깍지벌레과는 평생 다리를 가지고 있으나 거의 보행 이동을 하지 않는다.

④ 가루깍지벌레과는 보통 다리 및 더듬이가 발달되어 자유롭게 보행 및 이동한다.

037 곤충의 탈피 과정에서 진피세포에서 분비된 표피소층의 역할로 가장 옳은 것은?

① 옛 내원표피의 소화 및 흡수

② 탈피액의 흡수 차단 및 활성화

③ 이원표피의 경화

④ 표피층 분리

⑤ 외골격 팽창

037 호르몬의 변화로 표피층이 분리되면 진피세포는 불활성 탈피액으로 분리된 공간을 채우고, 지질단백질(표피소층)을 분비하여 탈피액이 흡수되지 않도록 차단한다.

표피소층이 형성된 후 탈피액이 활성화되어 옛 외골격의 내원표피를 화학적으로 소화·흡수한다. 흡수된 산물(옛 내원표피)은 새로운 원표피가 된다.

원표피 내외 공간을 통해 새로운 외표피 쪽으로 지질과 단백질이 이동하여 왁스층과 시멘트층이 형성된다.

038 수목해충의 생물적 방제 시 해충과 천적의 연결이 옳은 것은?

① 솔잎혹파리 – 베달리아무당벌레

② 응애류 – 감탕벌류

③ 나방류 – 애꽃노린재류

④ 이세리아깍지벌레 – 혹파리살이먹좀벌

⑤ 솔수염하늘소 – 개미침벌

038 ① 솔잎혹파리 – 혹파리살이먹좀벌

② 응애류 – 애꽃노린재류

③ 나방류 – 감탕벌류

④ 이세리아깍지벌레 – 베달리아무당벌레

정답 036 ⑤ 037 ② 038 ⑤

039 점박이응애의 생태에 관한 설명으로 옳은 것은?

① 연 8~10세대 출현하며, 알로 가지에서 월동한다.

② 가해 수종의 범위는 매우 넓으며 성충은 잎의 앞면에서, 약충은 잎의 뒷면에서 집단으로 즙액한다.

③ 잎 뒷면의 가해 부위에 검은색의 배설물과 탈피각이 붙어 있다.

④ 고온 건조하면 발육기간이 짧아지며, 산란수도 증가하는 경향이 있다.

⑤ 부화유충의 다리는 4쌍이며, 다양한 색상을 띤다.

040 수목해충의 방제에서 물리적(기계적) 방제에 관한 설명으로 옳지 않은 것은?

① 수입된 원목을 물속에 저장하여 천공성 해충의 방제를 한다.

② 해충의 생존 환경조건과 내성한계 등을 이용하여 해충을 방제한다.

③ 봄철에 지피물을 긁어서 솔잎혹파리의 발생 비율을 낮춘다.

④ 진딧물류의 특성인 백색 멀칭 기피현상이나 황색 파장에 유인되는 현상을 이용하여 방제한다.

⑤ 등화유살법은 나방류의 성충 포살효과가 높고, 대상해충만 포살하므로 다른 곤충에게 해가 되지 않는다.

041 벚나무사향하늘소의 생태와 피해에 관한 설명으로 옳은 것은?

① 가해 수종은 주로 참나무과이며, 구멍을 통해 목설을 배출한다.

② 유충에 의한 동정보다는 피해목의 증상을 통해 동정한다.

③ 성충의 몸은 광택이 있는 검은색이며, 암컷과 수컷의 구분은 더듬이의 길이로 결정할 수 있다.

④ 2년에 1회 발생하며, 성충으로 기주 줄기에서 월동하고 성충은 7~8월까지 활동한다.

⑤ 암컷은 가지의 틈에 20~30개의 알을 산란하고, 활동기간 동안 600여 개의 알을 낳는다.

039 ① 점박이응애의 암컷 성충은 낙엽 또는 잡초에서 월동한다.
② 성충과 약충 모두 기주의 잎 뒷면에서 집단으로 즙액한다.
③ 방패벌레류에 의한 피해와 비슷하나, 잎 뒷면의 가해 부위에 검은색의 배설물과 탈피각이 붙어 있지 않다.
⑤ 부화유충은 다리가 3쌍인 반면, 탈피한 약충은 다리가 4쌍이고 다양한 색상을 띠며, 움직임도 활발하다.

040 ⑤ 등화유살법은나방류의 성충 포살효과가 높지만 대상해충 이외에 다른 곤충까지 유인되어 죽는 단점이 있다.

041 ③ 수컷의 더듬이는 몸 길이의 2배 정도로 긴 반면에 암컷의 더듬이는 수컷보다 짧다.
① 벚나무사향하늘소의 가해 수종은 주로 벚나무속으로 구멍을 통해 목설을 배출한다.
② 목질부에서 배출되는 목설은 복숭아유리나방의 피해와 유사하므로 정확한 동정을 위해 목질부 내 유충을 확인하는 것이 중요하다.
④ 2년에 1회 발생하며, 유충으로 기주 줄기에서 월동하고 성충은 7~8월까지 활동한다.
⑤ 암컷은 가지의 틈에 1~6개의 알을 산란하고, 활동기간 동안 300여 개의 알을 낳는다.

정답 039 ④ 040 ⑤ 041 ③

042 수목해충의 학명과 월동태의 연결이 옳은 것은?

① 복숭아유리나방 − *Synanthedon bicingulata* − 유충
② 향나무하늘소 − *Eriococcus lagerstroemiae* − 성충
③ 주머니깍지벌레 − *Semanotus bifasciatus* − 번데기
④ 솔껍질깍지벌레 − *Matsucoccus matsumurae* − 알
⑤ 미국흰불나방 − *Hyphantria cunea* − 알

042 ② 향나무하늘소 − *Semanotus bifasciatus* − 성충
    ③ 주머니깍지벌레 − *Eriococcus lagerstroemiae* − 알
    ④ 솔껍질깍지벌레 − *Matsucoccus matsumurae* − 후약충
    ⑤ 미국흰불나방 − *Hyphantria cunea* − 번데기

043 곤충의 행동에 관한 설명으로 옳지 않은 것은?

① 타고난 행동은 외부 자극에 대해 '프로그래밍된' 반응으로 곤충의 '제멋대로 걷기'로 나타난다.
② 주광성, 주지성 등과 같이 자극에 바로 향하거나 멀어지는 운동은 타고난 행동에 속한다.
③ 성페로몬을 광범위하게 사용하면 곤충의 교미 행동이 중단되는 것은 복합적 행동이다.
④ 나나니벌이 둥지를 떠나서 다시 찾아올 수 있는 것이나 일개미가 둥지를 떠나서 다시 되돌아 갈 수 있는 것은 잠재학습된 행동이다.
⑤ 곤충이 어두울 때 성충으로 탈피하거나 우화하고, 귀뚜라미의 수컷이 황혼에 울기 시작하는 것은 주기적 행동에 의한 것이다.

043 ③ 성페로몬을 광범위하게 사용하면 곤충의 교미 행동이 중단되는 것은 학습된 행동이다.
    ※ 복합적 행동 : 100% 타고난 행동도 아니고, 100% 학습된 행동도 아닌 것으로 메뚜기의 비행 능력이 나이 든 개체가 초보 비행자보다 에너지를 덜 소비하는 예에서 볼수 있다.

044 수목해충에서 식엽성 해충의 생태와 피해에 관한 설명으로 옳은 것은?

① 큰이십팔점박이무당벌레는 이른 봄에만 구기자 나무를 가해한다.
② 참긴더듬이잎벌레는 주로 인동과 나무를 가해하며, 7~8월에 성충의 피해가 크다.
③ 극동등에잎벌은 파리목에 속하며, 잎 가장자리부터 가해하고, 잎과 새 가지의 수피를 갉아 먹는다.
④ 목화명나방은 무궁화에 많은 피해를 주고 성충으로 월동하며, 잎 뒷면에 약 20개의 알을 낳는다.
⑤ 꼬마버들재주나방은 번데기로 땅속에서 월동하며, 알은 흰색에서 검은색으로 변한다.

044 ① 큰이십팔점박이무당벌레는 이른 봄~가을까지 구기자 나무를 가해한다.
    ③ 극동등에잎벌은 벌목에 속한다.
    ④ 무궁화에 많은 피해를 주는 목화명나방은 성충으로 월동하며, 잎 뒷면에 1개의 알을 낳는다.
    ⑤ 꼬마버들재주나방은 번데기로 땅속에서 월동하며, 알은 분홍색에서 적갈색으로 변한다.
    ※ 인동과 나무 : 아왜나무, 가막살나무, 분꽃나무, 백당나무, 딱총나무 등

chapter 06

 042 ① 043 ③ 044 ②

045 곤충의 구조와 기능에 관한 설명으로 옳은 것은?

① 외골격은 근육의 부착면, 방수장벽, 감각영역을 제공하며, 외표피 · 원표피 · 진피 · 기저막 · 혈체강 등 5개 영역을 가진다.

② 노린재류 곤충은 입에서 먹이를 받아들이는 방향이 소화관이 놓인 몸의 방향과 예각인 방향으로 놓인 전구식 입틀을 가진다.

③ 진딧물의 뿔관은 복부 등쪽에 위치하며 포식자를 공격하거나 공생 유도물질을 분비한다.

④ 지방체는 식균작용을 하고, 요산염 · 영양물질의 저장 장소 역할을 하며, 탈피나 휴면기간 중에 증가한다.

⑤ 부속박동기관은 심장의 혈액순환을 돕는 기관으로 주머니 모양이며, 위치는 대부분의 곤충이 동일하다.

046 수목의 흡즙성 해충에 관한 설명으로 옳은 것은?

① 물푸레방패벌레는 *Hemiptera*에 속하며 응애류의 피해와 유사한 잎의 앞면에 황백화 현상이 발생한다.

② 회화나무이는 알로 월동하며 알의 끝에 갈고리형 돌기가 있다.

③ 복숭아혹진딧물은 기주 수목의 잎 앞면에 많은 피해를 주며, 가로 방향으로 잎이 말리며 갈변한다.

④ 장미흰깍지벌레의 깍지는 달걀 모양의 불투명한 하얀색이고, 검은색의 약충 탈피각이 있다.

⑤ 전나무잎응애는 노린재목에 속하며, 성 · 약충이 주로 잎 뒷면에서 수액을 흡즙하여 백색으로 변한다.

047 종실·구과 해충에 관한 설명으로 옳은 것은?

① 도토리거위벌레(*Cyllorhynchites ursulus quercuphillus*)는 밤나무류의 종실에 피해를 준다.

② 밤바구미(*Curculio sikkimensis*)는 밤나무의 조생종보다는 중 · 만생종에 피해를 많이 준다.

③ 복숭아명나방(*Conogethes punctiferalis*)는 침엽수형과 활엽수형으로 구분하며, 만생종 밤에서 피해가 심하다.

④ 대추애기잎말이나방(*Ancylis sativa*)는 대추나무의 주요 해충이며, 잎을 여러 장 묶어 그 속에서 잎을 갉아 먹으며, 과실은 가해하지 않는다.

⑤ 복숭아명나방(*Conogethes punctiferalis*)는 몸과 날개가 황갈색이며, 붉은 반점이 날개 전체에 있다.

---

045 ① 외골격은 외표피 · 원표피 · 진피 · 기저막의 4개 영역을 가진다.

② 노린재류 곤충은 입에서 먹이를 받아들이는 방향이 소화관이 놓인 몸의 방향과 예각인 방향으로 놓인 후구식 입틀을 가진다.

※ 전구식 입틀 : 입에서 먹이를 받아들이는 방향이 소화관이 놓인 몸의 방향과 동일한 방향으로 놓인 입틀

④ 지방체는 탈피나 휴면기간 중에 감소한다.

⑤ 부속박동기관은 심장의 혈액순환을 돕는 기관으로 주머니 모양으로 종에 따라 위치가 다르다.

046 ② 회화나무이는 성충으로 월동하며, 알은 황색이고 끝에 갈고리형 돌기가 있다.

③ 복숭아혹진딧물은 기주 수목의 잎 뒷면에 많은 피해를 주며, 세로 방향으로 잎이 말리며 갈변한다.

④ 장미흰깍지벌레의 깍지는 달걀 모양의 불투명한 하얀색이고, 엷고 투명한 황갈색의 약충 탈피각이 있다.

⑤ 전나무잎응애는 응애목에 속하며, 성 · 약충이 주로 잎 앞면에서 수액을 흡즙하여 황백색으로 변한다.

047 ① 도토리거위벌레(*Cyllorhynchites ursulus quercuphillus*)는 참나무류의 종실에 피해를 준다.

③ 복숭아명나방(*Conogethes punctiferalis*)은 조생종 밤에서 피해가 심하다.

④ 대추애기잎말이나방(*Ancylis sativa*)는 과실 표면을 가해한다.

⑤ 복숭아명나방(*Conogethes punctiferalis*)의 날개에는 검은 반점이 있다.

정답 ▶ 045 ③ 046 ① 047 ②

048 1년에 1세대 - 2세대 - 3세대 발생하는 순으로 수목해충을 바르게 나열한 것은?

① 갈색날개매미충 - 갈색날개노린재 - 장미등애잎벌
② 갈색날개노린재 - 복숭아혹진딧물 - 대추애기잎말이나방
③ 노랑쐐기나방 - 오리나무잎벌레 - 솔나방
④ 오리나무잎벌레 - 소나무좀 - 복숭아명나방
⑤ 소나무좀 - 회양목명나방 - 매미나방

048 ① 갈색날개매미충(1회) - 갈색날개노린재(2회) - 장미등애잎벌(3회)
② 갈색날개노린재(2회) - 복숭아혹진딧물(수회) - 대추애기잎말이나방(3회)
③ 노랑쐐기나방(1회) - 오리나무잎벌레(1회) - 솔나방(1회)
④ 오리나무잎벌레(1회) - 소나무좀(1회) - 복숭아명나방(2~3회)
⑤ 소나무좀(1회) - 회양목명나방(2회) - 매미나방(1회)

049 곤충이 지구상에서 다양한 생물군으로 번성 가능하게 한 요인으로 옳지 않은 것은?

① 외골격의 체내 수분 유지
② 작은 몸집과 비행 능력
③ 번식 능력과 변태
④ 짧은 생활사와 높은 생식 능력
⑤ 지구온난화

049 ⑤ 지구온난화로 인해 생태계가 파괴되므로 다양한 생물군으로 번성 가능하게 하는 요인이 되지 못한다.

050 수목 해충의 생태적 방제에 관한 설명으로 옳지 않은 것은?

① 수목의 생육 조건을 개선하여 해충의 발생이나 가해를 어렵게 하는 예방이 주목적이다.
② 산림의 단순림은 혼효림보다 먹이가 적고 천적도 단순하여 해충의 피해가 더 작다.
③ 내충성을 이용한 방제는 모든 해충에 적용하기 어려운 단점이 있다.
④ 수목 주변 제초나 진딧물류의 중간기주 제거는 해충의 밀도를 낮출 수 있다.
⑤ 산림의 숲가꾸기는 수목의 해충 피해에 대한 내성을 증가시킨다.

050 ② 산림의 단순림은 혼효림보다 먹이가 풍부하고 천적도 단순하여 해충의 피해가 더 크다.
③ 내충성을 이용한 방제는 환경에 미치는 영향이 적고 비용이 상대적으로 낮지만 모든 해충에 적용하기 어렵다.
⑤ 산림의 숲가꾸기는 햇빛의 양이 증가하여 수목의 해충 피해에 대한 내성이 증가한다.

chapter 06

정답 048 ① 049 ⑤ 050 ②

【수목생리학】

051 수목의 생리에 관한 내용으로 옳은 것은?

① 수목의 생리학은 인간과 박테리아 등의 생리학과 상호 연관성이 없기에 다른 생물학 분야와 별개의 독립된 분야이다.

② 무기원소는 식물에게 에너지를 공급해 주지는 못하지만, 대사작용에 꼭 필요한 물질들이다.

③ 잎의 증산작용과 뿌리로부터 수분 이동은 에너지 소모를 통해 수동으로 운반된다.

④ 소나무류는 잎에 유관속이 1개 있고, 잣나무류는 2개 있다.

⑤ 목본식물은 1차목부와 1차사부를 생산하는 식물을 의미한다.

---

051 ② 식물은 광합성에 의해 유기화합물인 탄수화물과 같은 에너지원을 생성하고, 이것을 이용하여 지방, 단백질 등의 성분을 합성한다. 이러한 에너지원을 생성하기 위해 필요한 요소가 물, 탄산가스, 인, 칼륨, 마그네슘, 햇빛 등의 무기물이다. 다시 말해서, 무기물 자체로는 에너지를 공급하지 못하지만 에너지원의 구성요소로 중요한 역할을 한다.

① 수목의 생리학은 인간과 박테리아 등의 다른 생물학 분야와 상호 연관성이 있기에 독립된 분야가 아니다.

③ 나무는 잎의 증산작용만으로 뿌리로부터 양분과 수분이 에너지를 소모하지 않고 자동으로 운반된다.

④ 소나무류는 잎에 유관속이 2개 있고, 잣나무류는 1개 있다.

⑤ 목본식물은 2차목부와 2차사부를 생산하는 식물을 의미한다.

---

052 수목의 영양생장에 관한 설명으로 가장 옳은 것은?

① 수목의 수고를 키우는 조직은 수간에 위치한 형성층이다.

② 소나무의 1차엽 분열조직은 침잎의 정단부에 위치하며 잎을 신장시킨다.

③ 측아가 정아 역할을 하며 줄기가 자라는 생장을 무한생장이라 한다.

④ 포플러의 봄철 줄기 생장은 당년의 기상조건의 영향을 많이 받는다.

⑤ 피자식물은 유목시기부터 구형의 수관형을 만든다.

---

052 ③ 동아에서 유래한 줄기가 자란 다음 가지 끝이 죽거나, 정아를 형성하지 않은 상태에서 가을 늦게 추위로 끝부분이 죽으면 가장 위에 있는 측아가 정아 역할을 하여 이듬해 봄 다시 줄기가 자라는 것을 '무한생장'이라 한다.

① 수목의 수고를 키우는 조직은 줄기와 뿌리의 끝부분에 위치한 분열조직이다.

② 2차엽의 신장은 잎의 기부에 있는 분열조직에서 발생하며 이 조직은 엽초로 싸여 있다.

　※ 소나무의 1차엽 : 유아로부터 처음 만들어지는 잎

④ 포플러는 자유생장을 하므로 봄철의 첫 번째 줄기생장은 전년도 기후조건에서 생성된 동아의 영향을 받고, 여름에 만들어지는 줄기의 생장은 당년의 기후 조건에서 만들어진 눈의 영향을 더 많이 받는다.

⑤ 피자식물은 유목시기에 원추형의 수형을 유지하지만, 곧 정아우세현상이 없어지고 구형의 수관형을 만든다.

---

053 수목의 구조 중 줄기에 관한 설명으로 옳은 것은?

① 외부의 충격으로 나무 줄기의 껍질이 벗겨질 때 매끈매끈하게 노출된 흰 부분이 가장 최근에 생산된 사부조직이다.

② 심재의 조직은 주로 죽은 세포로 타닌, 페놀 등의 물질이 축적되어 있다.

③ 춘재와 추재는 세포의 크기는 같지만, 세포벽의 두께 차이가 있어 뚜렷한 경계선을 만든다.

④ 단풍나무, 포플러 등의 목부조직은 환공재로서 같은 크기의 도관이 연륜 전체에 골고루 산재해 있다.

⑤ 피자식물은 나자식물과 달리 수평 방향으로의 물질이동은 목부섬유를 통해 이루어진다.

---

053 ② 심재는 형성층이 오래 전에 생산한 목부조직으로 세포는 죽어버리고 기름, 껌, 송진, 타닌, 페놀 등의 물질로 축적되어 짙은 색을 나타낸다.

① 나무 줄기의 껍질이 벗겨질 때 형성층이 노출되면서 나무껍질에 붙어서 함께 떨어져 나가는데, 이때 노출되는 매끈매끈한 흰 부분은 목부조직이다.

③ 춘재는 세포의 지름이 크고 세포벽이 얇으며, 추재는 세포의 지름이 작고 세포벽이 두껍고, 추재와 춘재 사이에 경계가 뚜렷하다.

④ 단풍나무, 포플러 등은 산공재로서 춘재와 추재의 도관 지름이 같아서 비슷한 크기의 도관이 연륜 전체에 산재해 있다.

⑤ 피자식물이나 나자식물의 수평방향 물질이동은 수선을 통해 이루어진다.

　※ 목부섬유 : 피자식물의 종축 방향으로 배열되어 있는 세포

 정답 　051 ②　052 ③　053 ②

054 근계의 분류 중 세근에 관한 설명으로 옳지 않은 것은?

① 세근은 형성층이 없어서 직경생장을 하지 않는다.
② 세근의 세포분열조직을 보호하는 부분은 근관이다.
③ 근관 주변은 토양미생물이 많이 서식한다.
④ 뿌리털은 정단분열조직에서 발생한다.
⑤ 사부와 목부의 분화는 세포신장구역에서 일어난다.

054 ④ 뿌리털은 세포신장구역 윗부분인 뿌리털 구역에서 발생한다.

055 수목의 뿌리생장에 관한 설명으로 옳은 것은?

① 종자 내 배의 유아가 발아하여 직근이 된다.
② 뿌리털은 피층이 변형되어 형성된다.
③ 측근은 표피세포가 분열하여 만들어진다.
④ 뿌리의 생장은 일반적으로 줄기와 유사하게 이른 여름까지 자란다.
⑤ 소나무의 뿌리에는 일반적으로 뿌리털이 잘 발달하지 않는다.

055 ⑤ 균근을 형성하는 소나무류의 뿌리에는 일반적으로 뿌리털이 잘 발달하지 않는다.
① 종자 내 배의 유근이 발아하여 직근이 된다.
② 뿌리털은 표피세포가 변형되어 형성된다.
③ 측근은 내초세포가 분열하여 만들어진다.
④ 뿌리의 생장은 가을까지 계속하여 줄기보다 긴 기간 동안 자란다.

056 햇빛이 식물의 생리적인 현상에 끼치는 영향을 옳게 설명한 것은?

① 녹색식물은 자외선과 적외선을 이용하여 광합성을 한다.
② 광도는 식물의 양엽과 음엽의 형성에 영향을 준다.
③ 광주기는 수목의 낙엽시기와 상관이 없다.
④ 자유생장하는 수목은 광주기의 영향으로 줄기의 생장이 정지하더라도 직경생장은 계속된다.
⑤ 북반구의 고위도에서 자라는 수목은 일장이 길어지기 시작하면 즉시 생장을 정지한다.

056 ② 광도는 광합성 속도에 큰 영향을 미친다. 그러므로 햇빛에 노출된 양엽과 그늘 속에 있는 음엽의 형태가 다르게 분화한다.
① 녹색식물은 파장 400~700nm의 가시광선 부근의 광선을 이용하여 광합성을 한다.
③ 광주기는 수목의 낙엽시기를 결정하기도 한다. 백합나무는 장일 조건에서는 잎이 붙어 있고, 단일 조건에서는 낙엽이 진다.
④ 자유생장하는 수목에서 광주기는 줄기의 생장과 직경생장에 함께 영향을 준다. 고정생장하는 수목은 줄기생장은 여름에 일찍 정지하지만 직경생장은 더 늦게까지 계속되는 경향이 있다. 이 경우 광주기가 직경생장에 영향을 준다.
⑤ 북반구의 고위도에서 자라는 수목은 일장이 짧아지기 시작하면 생장을 정지하고, 일장이 길어지면 생장을 시작한다.

▶ 북반구의 고위도는 생육기간이 짧은 대신에, 여름에 일장이 길다. 이 지역의 수목은 일장이 짧아지면 수목은 생장을 정지하고 첫서리의 피해를 미리 방지하고, 봄에는 일장이 길어질 때 싹이 트여서 늦서리의 피해를 예방한다.

▶ 고위도 지역품종을 남쪽 지방으로 옮겨 심으면, 저위도 지방에서는 여름의 낮 길이는 고위도 지방보다 짧기 때문에 일찍 생장을 정지하여 생장이 불량해진다. 반대로 남쪽 지역의 품종을 북쪽에 심으면, 일장이 길어서 가을 늦게까지 자라다가 첫서리 피해를 받을 수 있다.

chapter **06**

 정답 054 ④　055 ⑤　056 ②

057 수목의 광합성 작용에 관한 내용으로 <u>옳은 것은?</u>

① 엽록소가 있는 그라나(grana)는 암반응, 엽록소가 없는 스트로마(stroma)는 명반응을 담당한다.

② 카르테노이드의 기능은 광합성 시 보조색소 역할과 엽록소 파괴를 방지한다.

③ 태양에너지는 광반응을 거치면서 NADP와 ADP 형태로 저장된다.

④ C-3 식물은 PEP가 CO_2를 고정하여 OAA를 엽육세포에서 생산한다.

⑤ C-4 식물은 OAA가 CO_2를 고정하여 3-PGA를 생산한다.

057 ② 카르테노이드는 엽록소를 보조하여 햇빛을 흡수하여 광합성 시 보조색소 역할을 하고, 광도가 높을 경우 광산화작용에 의한 엽록소의 파괴를 방지한다.

① 엽록소가 있는 그라나(grana)는 광(명)반응, 엽록소가 없는 스트로마(stroma)는 암반응을 담당한다.

③ 태양에너지는 광반응을 거치면서 NADPH와 ATP에 저장된다.

④ C-4 식물은 PEP가 CO_2를 고정하여 OAA를 엽육세포에서 생산한다.

⑤ C-4 식물은 RuBP가 CO_2를 고정하여 3-PGA를 생산한다.

058 수목의 호흡작용에 관한 설명으로 <u>옳은 것은?</u>

① 수목의 호흡은 엽록소에서 기질을 산화시키면서 에너지를 발생시키는 과정이다.

② 호흡작용의 3단계 중 산소를 요구하지 않는 단계는 말단전자전달경로이다.

③ 밀식된 임분은 형성층의 표면적이 작으므로 적은 호흡으로 생장량이 감소한다.

④ 수목의 지상부에서 호흡활동이 가장 왕성한 곳은 피목이다.

⑤ 호흡은 수목의 건중량을 감소시킨다.

058 호흡은 저장되어 있는 탄수화물을 소모하고 수목의 건중량을 감소시키는데, 이는 대사작용에 필요한 에너지를 발생시키는 필수적인 작용이다. 특히 수목의 호흡량은 온도에 따라 큰 차이가 있다.

① 수목의 호흡은 미토콘드리아에서 기질을 산화시키면서 에너지를 발생시키는 과정이다.

② 호흡작용의 3단계 중 산소를 요구하지 않는 단계는 해당작용이다.

③ 밀식된 임분은 형성층의 표면적이 많아 저조한 광합성과 많은 호흡으로 생장량이 감소한다.

④ 수목의 지상부에서 호흡활동이 가장 왕성한 곳은 잎이다.

※ 호흡은 유세포(원형질을 가지고 있는 살아있는 세포)가 모여 있는 부위에서 많이 일어나는데, 잎에는 살아 있는 유세포가 다른 부위에 비해 많아 호흡활동이 가장 왕성하다.

059 탄수화물의 대사에 관한 설명으로 <u>옳지 않은 것은?</u>

① 잎조직의 세포 내에는 단당류의 농도보다는 2당류인 설탕의 농도가 훨씬 높다.

② 전분은 잎의 엽록체, 저장조직의 전분체에 축적된다.

③ 성숙해가는 과실 내에서는 설탕이 전분으로 전환되어 과실의 당도가 증가한다.

④ 탄수화물은 유세포에 저장되며, 세포가 죽으면 저장된 탄수화물은 회수된다.

⑤ 탄수화물의 농도는 지하부가 높지만, 탄수화물의 총량은 지상부가 더 많다.

059 ③ 성숙해가는 과실 내에서는 전분이 설탕으로 전환되어 과실의 당도가 증가한다.

- 단당류 : 3탄당-G3P, 6탄당-포도당, 과당
- 2당류 : 설탕, 유당, 맥아당
- 다당류 : 전분, 셀룰로스

정답 057 ② 058 ⑤ 059 ③

060 수목의 질소대사에 관한 설명으로 옳은 것은?

① 토양의 산성화가 심한 경우 수목이 균근의 도움을 받아 NO_3^- 형태의 질소를 직접 흡수한다.

② 뿌리로 흡수된 NO_3^- 질소는 아미노산 합성 이전에 NH_4^+ 형태로 환원된다.

③ 질산환원과정의 첫 단계는 질산환원효소에 의해 엽록체에서 일어난다.

④ 수목 내 암모늄(NH_4^+)은 환원적 아미노반응으로 체내에 축적된다.

⑤ 아미노기 전달반응은 여러 가지 탄수화물을 분해하는 중요한 반응이다.

060 ② 뿌리로 흡수된 NO_3^- 질소는 아미노산 합성 이전에 NH_4^+ 형태로 환원되는데, 질산태질소(NO_3^-)가 암모늄태질소(NH_4^+)로 환원되는 과정을 질산환원이라 한다.

① 토양의 산성화가 심한 경우 수목이 균근의 도움을 받아 NH_4^+ 형태의 질소를 직접 흡수한다.

③ 질산환원과정의 첫 단계는 질산환원효소에 의해 세포질에서 일어난다.

④ 수목 내 암모늄(NH_4^+)은 환원적 아미노반응으로 체내에 축적되지 않는다.

※ 생산된 암모늄은 즉시 글루탐산과 결합하여 글루타민을 생성하고, 생성된 글루타민은 알파케토글루타르산과 결합하여 2분자의 글루타민을 만들어 순환한다.

⑤ 아미노기 전달반응은 여러 가지 아미노산을 합성하는 중요한 반응이다.

061 질소가 식물이 이용할 수 있는 형태의 질소로 바뀌는 과정을 질소고정이라 한다. 다음 중 질소고정에 관여하지 않는 미생물은 어느 것인가?

① Azotobacter

② Clostridium

③ Rhizobium

④ Frankia

⑤ Fusarium

061 푸사리움(Fusarium)은 식물병원균으로 소나무의 푸사리움가지마름병을 유발한다.

• 자유생활 질소고정 미생물 : Azotobacter, Clostridium
• 공생 질소고정 미생물(세균) : Cyanobacteria(외생공생), Rhizobium(내생), Frankia(내생)

062 수목의 무기영양에 관한 설명으로 옳은 것은?

① 토양산도가 높아질수록 인(P)의 불용성화로 식물의 인 결핍현상이 나타난다.

② 토양이 산성화되면 불용성 알루미늄을 생성하여 식물의 체내에 축적시킨다.

③ 잎의 칼슘함량은 낙엽 전에 급격히 감소한다.

④ 엽면시비를 통한 무기 영양소 공급은 장기간의 시비효과에 유용하다.

⑤ 엽면시비 효과는 영양소의 농도와 반비례한다.

062 ① P(인)은 토양 내에서 인산의 형태로 존재하는데, pH가 5.0 이하로 내려가면 철(Fe)이나 알루미늄(Al)과 결합하여 불용성 인산으로 바뀌어 식물이 흡수할 수 없다. 그러므로 토양산도가 높아질수록 인(P)의 불용성화로 식물의 인 결핍현상이 나타난다.

② 토양이 산성화되면 치환성 알루미늄을 생성하여 식물의 체내에 축적시킨다.

※ 알루미늄은 평상시에는 점토의 구성성분으로 식물이 흡수할 수 없는 형태로 존재하지만, 토양이 산성화되면 치환성 알루미늄으로 전환되어 식물이 흡수하면서 체내에 축적된다.

③ 가을로 접어들면 잎의 질소, 인 함량이 급속히 줄어들고, 칼륨도 감소한다. 반면에 칼슘은 어린잎에서 계속 증가하며, 특히 낙엽 전에 급격히 증가한다. N, P, K는 수피로 회수하여 저장되고, Ca은 노폐물과 함께 밖으로 배출된다.

④ 잎을 통해 무기 영양소를 공급하는 엽면시비는 빠른 시비효과를 얻고자 할 경우 사용한다.

⑤ 엽면시비의 효과는 영양소의 농도에 비례하지만, 너무 진하면 잎에 염분 피해가 나타난다.

 정답 060 ② 061 ⑤ 062 ①

063 수목의 생장에서 가장 많은 양이 필요한 것이 물이다. 물의 기능으로 옳지 않은 것은?

① 원형질의 구성성분이다.
② 광합성 시 가수분해의 반응물질이다.
③ 기체, 무기염 등 여러 물질의 용매 역할을 한다.
④ 식물세포의 팽압을 유지하는 데 필요하다.
⑤ 호흡의 전자전달단계에서 에너지생성에 필요하다.

063 ⑤ 물은 호흡의 전자전달단계에서 에너지 생성의 부산물이며, 산소와 수소의 결합으로 물이 생성된다.

※ 광합성은 물이 소모되고, 호흡은 물이 생성된다.

064 수분퍼텐셜과 수분의 이동에 관한 설명으로 옳은 것은?

① 삼투압이 낮을수록 수분퍼텐셜이 낮아진다.
② 팽압과 삼투압은 정방향으로 작용한다.
③ 도관에서 엽육세포로의 수분이동은 삼투압과 수화작용에 의한 것이다
④ 수분퍼텐셜의 구배에 따라 수분이 이동하므로 에너지 소모가 있다.
⑤ 일반적으로 토양의 수분퍼텐셜이 가장 낮고, 대기권이 가장 높으며, 식물은 중간이다.

064 증산작용을 왕성하게 하고 있는 나무의 경우 기공과 엽육조직에서 수분을 잃어버리면 엽육세포의 삼투압과 세포벽의 수화작용(세포벽과 물분자 간의 부착력에 의한 것)에 의해 주위의 도관으로부터 엽육세포로 수분이 이동하게 된다.

① 삼투압이 높을수록 수분퍼텐셜이 낮아진다.
② 팽압과 삼투압은 반대방향으로 서로 작용한다. 삼투압은 세포 안으로 수분이 들어오도록 작용하는 힘이지만, 팽압에 비례하여 수분이 더 이상 들어오지 못하도록 저항하는 힘이 세포벽으로부터 반작용으로 생기기 때문에 팽압과 삼투압은 반대방향으로 서로 작용한다.
④ 수분퍼텐셜의 구배에 따라 수분이 이동하므로 에너지 소모는 없다.
⑤ 일반적으로 토양의 수분퍼텐셜이 가장 높고, 대기권이 가장 낮으며, 식물은 중간이다.

065 식물의 증산작용 기능과 거리가 먼 것은?

① 식물 내 수분의 이동을 가능하게 한다.
② 광합성을 가능하게 한다.
③ 산소를 배출한다.
④ 토양으로부터의 수분 흡수속도를 결정한다.
⑤ 연륜생성에 큰 영향을 미친다.

065 연륜(나이테)은 기온과 연관성이 높다. 열대지방에서 자라는 나무는 대부분 연륜이 없으나, 온대지방에서 자라는 수목은 추재와 춘재가 만들어진다.

066 수목의 수분스트레스에 관한 설명으로 옳은 것은?

① 수분스트레스는 뿌리가 흡수하는 양보다 증산작용으로 손실되는 양이 적을 때 나타나는 현상이다.
② 수분스트레스를 받는 나무는 수간의 직경이 아래에서부터 줄어든다.
③ 수분스트레스에 가장 취약한 부분 중 하나는 세포신장이다.
④ 수분스트레스를 받은 수목은 엽면적이 감소하지만 증산량이 많아진다.
⑤ 수분스트레스는 춘재에서 추재로 이행되는 것을 늦춘다.

066 ③ 수분스트레스에 가장 취약한 부분은 세포신장, 세포벽의 합성, 그리고 단백질의 합성 등이다.

① 수분스트레스는 뿌리가 흡수하는 양보다 증산작용으로 손실되는 양이 많아 생장량이 감소하는 현상이다.
② 수분스트레스를 받은 나무는 수간의 직경이 위에서부터 줄어든다.
④ 수분스트레스를 받은 수목은 엽면적이 감소하여 증산량이 적어지며, 광합성 생산량도 줄어든다.
⑤ 수분스트레스는 춘재에서 추재로 이행되는 것을 촉진시키고, 반대로 관수는 이것을 연장시킨다.

정답 **063** ⑤ **064** ③ **065** ⑤ **066** ③

067 수목의 무기염 흡수기작에 관한 설명으로 옳은 것은?

① 뿌리의 삼투입으로 토양용액은 뿌리 표면까지 확산으로 이동한다.
② 원형질연락사를 통하여 확산과 집단유동으로 무기염은 자유로이 이동한다.
③ 흡수된 무기염은 자유공간을 통해서 이동하다가 내초에서 차단된다.
④ 수목의 무기염 흡수 과정은 선택적이며, 가역적이다.
⑤ 극성을 띤 무기염은 원형질막을 통과하기 쉽다.

067 ① 뿌리의 수분퍼텐셜은 삼투압 등으로 낮아서 수분퍼텐셜의 구배를 만들어 주므로 토양용액은 뿌리표면까지 확산에 의해 쉽게 도달한다.

② 자유공간을 통하여 확산과 집단유동으로 무기염은 자유로이 이동하는데, 뿌리 속으로 흡수되는 초기단계에는 뿌리 내 자유공간을 이용하여 이동한다.

※ 아포플라스트 : 세포질 이동
※ 심플라스트 : 세포벽 이동

③ 흡수된 무기염은 자유공간을 통해서 이동하다가 내피에서 차단되는데, 내피에서 만들어진 목전질의 카스페리안대의 벽으로 인하여 세포질로 이동하게 된다.

④ 수목의 무기염 흡수 과정은 선택적이며, 비가역적(거꾸로 되돌릴 수 없는)이고, 에너지를 소모한다.

⑤ 극성을 띤 무기염은 원형질막을 통과하기 어렵다. 원형질막은 두 층의 인지질로 구성되어 있어 비교적 극성을 띠지 않기 때문에 극성을 띤 이온화된 무기염이 통과하기 어렵다.

▶ 자유공간
• 세포벽 이동과 같은 개념, 세포질 이동과 대립
• 자유공간을 이용한 무기염의 이동은 비선택적이고 가역적이며, 에너지를 소모하지 않는다.

068 수목의 유형과 성숙에 관한 설명으로 옳은 것은?

① 수목이 개화할 수 있는 능력을 가질 때를 유형기라 한다.
② 유형기의 기간은 환경의 영향을 받지 않는다.
③ 유형기에 서양담쟁이덩굴의 유엽은 결각으로 갈라지는 경향이 있다.
④ 활엽수는 환공재의 특성이 어릴 때 잘 나타난다.
⑤ 수목의 유형기에 개화하지 않는 이유는 측방분열조직의 세포분열 횟수 때문이다.

068 ③ 유형기에 서양담쟁이덩굴의 유엽은 결각으로 갈라지는 경향이 있고, 성엽은 둥글게 자란다.

① 수목이 개화할 수 있는 능력을 가질 때를 성숙단계라 한다.
② 유형기는 유전적인 요인과 환경의 영향으로 기간이 변한다.
④ 활엽수는 환공재의 특성이 어릴 때 잘 나타나지 않는다.
⑤ 수목의 유형기에 꽃을 피우지 못하는 것은 정단분열조직의 세포분열 횟수 때문이다.

069 수목의 유성생식에 관한 설명으로 옳은 것은?

① 소나무의 배주는 자방 안에 감추어져 있다.
② 소나무의 '솔방울' 혹은 '구과'는 수꽃을 의미한다.
③ 참나무류의 수꽃의 화아원기는 10월 말에 형성된다.
④ 화분낭에서 생성된 각각의 화분모세포는 2개씩의 화분을 생산한다.
⑤ 화분립의 발아 시 생식핵은 두 개의 정핵을 만든다.

069 ⑤ 화분립(꽃가루)이 발아할 때 화분관핵과 생식핵이 화분관 속으로 들어가고, 생식핵은 한 번 분열에 2개의 정핵을 만든다.

① 소나무 등 나자식물의 배주는 실편의 표면에 노출되어 있으며, 피자식물의 배주는 자방 안에 감추어져 있다.
② 소나무의 '솔방울' 혹은 '구과'는 암꽃을 의미한다.
③ 참나무류의 수꽃의 화아원기는 5월 말에 형성된다. 10월은 구조적으로 성숙한 상태이다.
④ 화분낭에서 생성된 각각의 화분모세포는 4개씩 화분을 생산한다.

• 수술 : 꽃밥 + 꽃실 분화
• 꽃밥(약) : 보통 4개의 화분낭으로 발달
• 화분낭 : 여러 개의 화분모세포가 발생
• 화분모세포 : 각 화분모세포는 4개의 화분을 생산

 정 답 067 ① 068 ③ 069 ⑤

chapter 06

070 수목의 종자가 발아하는 단계로 옳은 것은?

① 수분흡수 – 효소 생산 – 저장물질의 분해와 이동 – 세포분열과 확장 – 기관 분화

② 수분흡수 – 세포분열과 확장 – 효소 생산 – 저장물질의 분해와 이동 – 기관 분화

③ 기관 분화 – 수분흡수 – 효소 생산 – 저장물질의 분해와 이동 – 세포분열과 확장

④ 저장물질의 분해와 이동 – 수분흡수 – 효소 생산 – 세포분열과 확장 – 기관 분화

⑤ 저장물질의 분해와 이동 – 효소 생산 – 세포분열과 확장 – 기관 분화 – 수분흡수

071 종자의 발아에 적당한 환경조건으로 옳은 것은?

① 광선은 종피를 연화시키고 팽창시키며, 가스투과성을 증대시킨다.

② 종자의 발아온도는 대체로 15~20℃이다.

③ 콩과 식물의 발아에 요구되는 수분흡수율은 20~30%이다.

④ 배의 생장에 필요한 ATP를 생산하기 위해 산화반응이 필요하다.

⑤ 광발아성 종자는 피토크롬 Pr 형에서 발아가 일어난다.

072 식물생장 호르몬 중 지베렐린(GA)에 관한 설명으로 가장 옳지 않은 것은?

① 식물의 휴면을 유도하며, 기공을 닫아 증산을 억제한다.

② 봄철 어린잎에서 생산되어 형성층의 세포분열을 유도한다.

③ 과실의 크기를 향상시키며, 바나나에서 노숙을 지연시킨다.

④ 줄기의 신장을 촉진하며, 개화 및 결실에 관여한다.

⑤ 미성숙 종자에 높은 농도로 존재하며, 종자에서 많이 생산된다.

070 종자 발아 단계
수분흡수 – 효소 생산 – 저장물질의 분해와 이동 – 세포분열과 확장 – 기관 분화

071 ④ 종자가 발아하기 위해는 많은 에너지가 필요한데, 이 에너지는 호흡작용이라는 산화반응으로 얻는다. 에너지 ATP를 생산하는 과정에서 충분한 산소의 공급이 필요하다.

① 수분은 종피를 연화시키고 팽창시키며, 가스투과성을 증대시킨다.

② 종자의 발아온도는 대체로 25~30℃이다.

③ 콩과 식물의 발아에 요구되는 수분흡수율은 50~60%이다.

⑤ 광발아성 종자는 피토크롬 Pfr 형에서 발아가 일어난다. 피토크롬 Pr 형이 존재하는 암상태에서는 발아가 일어나지 않는다.

072 ① ABA 호르몬에 대한 설명이다.

정답 070 ①   071 ④   072 ①

073 호르몬 간의 상호작용에 대한 설명으로 옳지 않은 것은?

① 사과나무의 줄기생장이 느려지면 옥신의 함량이 감소한다.

② 정단조직에서 생산되는 지베렐린과 싸이토키닌의 상호작용으로 형성층의 생장이 결정된다.

③ 수간에서 뿌리로 이동하는 옥신에 의해 뿌리의 직경생장이 시작한다.

④ 줄기와 새 가지의 생장에 주로 관여하는 호르몬은 옥신과 지베렐린이다.

⑤ 옥신의 생산량이 감소하면 춘재의 형성이 촉진되고, 증가하면 추재가 만들어진다.

073 ⑤ 옥신의 생산량이 감소하면 추재의 형성이 촉진되고, 증가하면 춘재가 만들어진다.

074 토양이 과습할 경우 나타나는 수목의 피해에 관한 설명 중 옳은 것은?

① 산소가 부족하여 호흡기질의 소모가 줄어든다.

② 말산이 축적되어 뿌리조직의 괴사, 양수분흡수가 저해되며, 경엽이 황백화된다.

③ 철과 망간의 과잉장해와 질산의 탈질로 인한 비효감소를 시킨다.

④ 통기조직이 잘 발달된 식물도 과습상태에서 포도당의 소모가 극히 늘어난다.

⑤ 내습성이 강한 식물은 에탄올을 축적하여 과습에 잘 견딘다.

074 ③ 토양이 산소가 부족하면 토양 내 환원물질이 축적된다. 토양의 미생물은 산소 부족 시 NO_3^-, SO_4^{2-}, MnO_2, Fe_2O_3 등에 결합된 산소를 이용한다. 이 결과로 NO_3^-은 탈질되어 공중으로 날아가 질소부족현상이 나타난다.

① 산소가 부족하여 호흡기질을 과도하게 소모한다. 뿌리세포가 ATP를 얻기 위해 포도당과 같은 호흡기질을 과도하게 소모하게 되고 결과적으로 양분이 소모된다.

② 에탄올이 축적되어 뿌리조직의 괴사, 양수분흡수가 저해되며, 경엽이 황백화 된다.

④ 통기조직이 잘 발달된 식물은 과습상태에서 잘 적응할 수 있다. 통기조직이 잘 발달된 식물은 산소공급을 원활히 한다. 그렇기 때문에 포도당과 같은 호흡기질을 과도하게 소모하지 않는다.

⑤ 내습성이 강한 식물은 에탄올 축적 대신에 말산을 축적하여 과습에 잘 견딘다.

※ 말산 : 식물의 해당과정에서 포도당은 3탄당인산인 인산에놀피루브산(PEP)이 되고 PEP는 피루브산과 말산을 생성한다.

075 수목의 기온에 의한 장해로 옳지 않은 것은?

① 지온이 낮으면 뿌리의 호흡률이 낮아 무기양분의 흡수가 억제되어 생육이 저하된다.

② 온도가 급격히 내려가면 세포내 결빙과 동시에 심한 탈수로 인한 원형질의 구조가 파괴되어 세포가 죽는다.

③ 고온이 되면 광합성과 호흡이 모두 감소하는데, 호흡보다는 광합성이 더 억제되기 때문에 양분이 고갈된다.

④ 온도가 높으면 상대습도가 낮아져서 증산과 증발이 모두 많아져 수분부족으로 장해를 나타낸다.

⑤ 여름에 온도가 높이 올라가면 수목의 세포막의 지질이 수축되며 고체겔화되어 기능을 상실한다.

075 ⑤ 생육기간에 빙점 이상의 온도에서 수목의 세포막의 지질이 수축되며 고체겔화되어 기능을 상실하는 냉해가 발생한다.

정답   073 ⑤   074 ③   075 ⑤

【산림토양학】

076 식물의 영양소 공급에 관한 설명으로 옳은 것은?

① 식물의 영양소 흡수 및 이용은 잘 되지만, 토양의 영양소 농도가 낮으면 식물영양소의 유효도가 낮다고 할 수 있다.

② 토양용액의 이온 농도가 적절하게 유지되는 것은 토양입자의 표면에 흡착된 이온의 흡착·탈착과 밀접한 관계가 있다.

③ 대공극이 많은 사질토양은 영양소의 공급이 빨리 일어나며 완충용량이 높다.

④ 식물이 필요로 하는 대부분의 영양소는 뿌리차단에 의한 공급이며, 확산과 집단류는 1% 미만의 영양소를 공급할 수 있다.

⑤ 식물의 영양소요구량이 많으면 뿌리차단에 의하여 주로 인산과 칼륨이 공급된다.

077 암석에 대한 설명으로 옳은 것은?

① 모든 암석의 근원은 퇴적암이며, 규산 함량에 따라 3가지로 분류한다.

② 섬록암은 규산이 52% 미만 함유된 염기성 암이다.

③ 퇴적암은 지표의 15%를 덮고 있으며, 대표적으로 사암, 석회암 등이 있다.

④ 풍화작용을 받은 암석은 2차광물로만 남게 된다.

⑤ 화성암 중 산성암은 밝은 색을 띠며, 염기성암은 검은색을 띤다.

078 토양의 생성과 발달에 관한 설명으로 옳은 것은?

① 토양생성인자 중 토양유기물의 함량과 토양의 색깔을 결정하는 것은 생물이다.

② 진정한 토양이란 토층의 분화가 이루어지기 전 단계를 말하며, 단순한 퇴적물은 토양물질이라 할 수 있다.

③ 기본토층 중 유기물이 풍부한 층 바로 아래는 최대 용탈층으로서 입단구조가 잘 발달되어서 식물의 잔뿌리가 많이 뻗어 있다.

④ 점토생성작용은 1차광물을 생성하는 과정으로서 토양무기성분의 변화가 주를 이룬다.

⑤ 습윤한 한대지방의 침엽수림에는 주로 강산성의 토양용액이 많고 회백색을 띤 용탈층이 생성된다.

076 ② 토양용액과 토양입자 사이에는 양이온의 흡착과 탈착(양이온 교환현상)이 지속적으로 일어나면서 식물이 흡수 및 이용하게 된다.

① 토양의 영양소 농도가 낮더라도 식물의 흡수 및 이용이 잘 되면 유효도가 높다고 할 수 있다.

③ 대공극이 많은 사질토양은 영양소의 공급이 빨리 일어나지만 완충용량은 낮다.

④ 식물이 필요로 하는 대부분의 영양소는 집단류와 확산에 의한 공급이며, 뿌리차단은 1% 미만의 영양소를 흡수할 수 있다.

⑤ 식물의 영양소요구량이 많으면 영양소 농도기울기가 커지고, 뿌리 근처로의 이온확산도가 증가하며, 인산과 칼륨이 주로 공급된다.

※ 뿌리차단 : 뿌리가 직접 자라나가면서 토양 중의 영양소와 접촉함으로써 영양소가 뿌리까지 공급되는 기작

※ 집단류(mass flow)와 확산 : 영양소가 뿌리 근처로 이동하여 흡수되는 경우의 공급기작

077 ⑤ 산성암은 규산함량이 많아 밝은 색을 띠고, 염기성암은 유색 광물의 함량이 많아 검은색을 띠며 무겁다.

① 모든 암석의 근원은 화성암이며, 규산 함량에 따라 3가지로 분류한다.

② 현무암은 규산이 52% 미만 함유된 염기성 암이다.

③ 퇴적암은 지표의 75%를 덮고 있으며, 대표적으로 사암, 석회암 등이 있다.

④ 풍화작용을 받은 암석은 1·2차 광물로 남게 된다.

▶ 암석이 물리적(기계적)·화학적·생물적 풍화작용을 동시에 받으면서 최종적으로 3개 집단의 광물로 남는다.

· 규산염 점토광물
· 철·알루미늄 산화물 등의 점토광물
· 석영 등 풍화에 대한 안정성이 매우 큰 1차광물

078 ① 토양생성인자에는 모재, 기후, 지형, 생물, 시간 등이 있는데, 이 중에서 토양유기물의 함량과 토양의 색깔을 결정하는 것은 기후이다. 기후(주로 온도)는 생물생산과 토양 중의 유기물이나 식물 잔재의 분해속도에 미치는 효과 때문에 토양 중의 유기물함량의 차이가 결정된다.

② 진정한 토양이란 토층의 분화가 이루어진 것을 말하며, 단순한 퇴적물은 토양물질이라 할 수 있다.

③ 기본토층 중 유기물이 풍부한 층 바로 아래는 입단구조가 잘 발달되어 있는 무기물 토층으로서 식물의 잔뿌리가 많이 뻗어 있다.

④ 점토생성작용은 토양무기성분의 변화가 주를 이루는 생성작용이며, 2차규산염광물을 생성하는 과정이다.

정답 **076 ②   077 ⑤   078 ⑤**

079 <보기>는 산림토양형에 관한 설명이다. 옳은 것을 모두 고른 것은?

[보기]

㉠ 갈색산림토양 : 산정 및 산복부에 주로 분포하며, 균근이 발달한다.

㉡ 적색산림토양 : 토층이 견밀하여 토양의 물리성이 불량하며, 식물의 뿌리는 대부분 표토층에 분포한다.

㉢ 암적색산림토양 : 화강암 지대의 암석을 모재로 생성되었고, 중모재의 영향을 가장 적게 받는 토양이며, 모재층에 가까워질수록 적색이 강하게 나타난다.

① ㉠　　　　　　　② ㉡

③ ㉢　　　　　　　④ ㉠, ㉡

⑤ ㉡, ㉢

079 암적색산림토양 : 퇴적암 지대의 석회암 및 응회암을 모재로 생성되었고, 모재의 영향을 가장 크게 받는 토양이며, 모재층에 가까워질수록 직색이 강하게 나타난다.

080 우리나라의 산림토양 분류 기호에서 'DRb'는 어떤 토양 아군인가?

① 암적색 산림토양

② 암적갈색 산림토양

③ 회갈색 산림토양

④ 갈색 산림토양

⑤ 적색계 갈색 산림토양

080 ① 암적색 산림토양 – DR
③ 회갈색 산림토양 – GrB
④ 갈색 산림토양 – B
⑤ 적색계 갈색 산림토양 – rB

081 토양조사에 대한 설명으로 옳은 것은?

① 토양의 대표적 특성은 토양개체(polypedon)를 대상으로 조사한다.

② 생산성이나 농업입지로서의 적부 등은 페돈(pedon)을 대상으로 조사한다.

③ 토양조사의 과정은 실내준비 – 현장조사 – 토양해설 – 조사성적정리 – 토양도편집 및 발간 등의 순서로 이루어진다.

④ '토양수분 정도'는 토양단면기술 구분 중 '조사지점의 개황'에 포함된다.

⑤ 우리나라의 토양조사에서 정밀토양조사는 축척 1 : 10,000 ~ 1 : 20,000의 항공사진을 주로 사용한다.

081 ① 토양의 대표적 특성은 페돈(pedon)을 대상으로 조사한다.
② 생산성이나 농업입지로서의 적부 등은 토양개체(polypedon)를 대상으로 조사한다.
③ 토양조사의 과정은 실내준비 – 현장조사 – 조사성적정리 – 토양해설 – 토양도편집 및 발간 등의 순서로 이루어진나.
④ '토양수분 정도'는 토양단면기술 구분 중 '조사토양의 개황'에 포함된다.

chapter 06

082 토양구조에 관한 설명으로 옳은 것은?

① 일반적인 토양단면에서 구상과 판상은 지표로부터 약 30cm~ 1m 이내인 심층에서 주로 발견된다.

② 괴상 구조는 유기물이 많은 표층토에서 발달하며, 토양동물의 활동이 많은 토양에서 발견된다.

③ 모래는 낱알구조로서 무형구조에 속하며, 주로 C층에서 발견된다.

④ 구상 구조의 토양은 건조하면 수분이동이 원활하고, 습윤하면 수분이동이 차단되어 뿌리의 생장을 방해한다.

⑤ 우리나라의 논토양에서 심경(깊이갈이)은 각주상 구조를 없애 뿌리가 밑으로 자랄 수 있게 한다.

082 ① 일반적인 토양단면에서 구상과 판상은 지표로부터 약 30cm 이내인 표층에서 주로 발견된다.

② 괴상 구조는 입단의 모양은 불규칙하지만, 배수와 통기성이 양호하며 뿌리의 발달이 원활한 심층토에서 주로 발달한다.

④ 괴상 구조의 토양이 건조할 때는 수분이동이 원활하며, 습윤하면 수분이동을 차단하여 뿌리의 생장을 방해한다.

⑤ 우리나라의 논 토양에서 심경(깊이갈이)은 판상구조를 없애 뿌리가 밑으로 자랄 수 있게 한다.

▶ 구상 구조와 판상 구조

구상 구조 (입상구조)	입단이 구상을 나타내며, 유기물이 많은 표층토에서 발달한다.
판상 구조	접시 모양이거나 수평배열의 토괴로 구성된 구조이며, 우리나라 논 토양에서 많이 발견된다.

083 식물의 뿌리와 토양의 수분에 관한 설명으로 가장 옳은 것은?

① 식물체 내에 수분이 부족하면 팽압이 감소하지만, 어린 세포의 생장은 빨라져 개화를 촉진시킨다.

② 염류가 집적된 토양에서 식물은 뿌리 내에 유기화합물을 능동적으로 축적하여 수분을 흡수한다.

③ 증산작용이 활발하지 않은 경우에는 토양과 뿌리 사이의 삼투현상을 통한 수분의 흡수가 일어나지 못한다.

④ 증산작용이 활발한 경우에는 토양 중의 물은 주로 토양용질과 뿌리 내 용질의 농도 차이에 의한 삼투압 현상으로 뿌리에 흡수된다.

⑤ 증산율은 기상조건 차이보다는 작물별 차이에 따라 차이가 더욱 크다.

083 ② 토양의 염류 농도에 따라 수분퍼텐셜이 크게 낮아진다. 식물 체내의 수분퍼텐셜이 토양용액의 수분퍼텐셜보다 낮게 유지되어야 하므로 식물뿌리는 능동적으로 가용성 유기화합물을 축적하여 삼투퍼텐셜을 낮춤으로써 물을 흡수한다.

① 수분은 식물의 팽압을 유지시키며, 어린 세포의 생장을 촉진시킨다.

③ 증산작용이 활발한 경우에는 토양과 뿌리 사이의 삼투현상을 통한 수분의 흡수가 일어나지 못한다. 증산작용이 활발한 경우에 많은 양의 물이 뿌리에서 식물체 내로 흡수되어 지상부로 이동하므로 뿌리조직 내의 용질의 농도가 매우 낮다. 따라서, 토양과 뿌리 사이의 삼투퍼텐셜의 차이에 따른 삼투현상을 통한 물의 흡수는 일어나지 못한다.

④ 증산작용이 활발하지 않은 경우에는 물관의 용질농도가 상당히 높아지며, 따라서 뿌리조직 내의 수분퍼텐셜이 토양의 수분퍼텐셜보다 낮아진다. 따라서, 토양 중의 물이 수분퍼텐셜의 차이에 따라 뿌리 내로 흡수될 수 있다.

⑤ 증산율은 작물별 차이보다는 기상조건에 따라 증산율의 차이가 더욱 크다.

084 산림토양에서 유기물의 물리·화학·생물적 기능에 관한 설명으로 옳지 않은 것은?

① 토양의 입단 형성 및 안정화

② 열 전달과 토양 답압 개선

③ 양이온교환량 증가

④ 투수성과 보수력, 통기성 증가

⑤ 토양의 완충력 감소로 토양의 pH 조절

084 ⑤ 유기물은 토양의 완충능력을 증가시켜 토양의 급격한 pH 변화를 감소시킨다.

정답 ▶ 082 ③   083 ②   084 ⑤

085 식물의 필수영양소, 흡수 형태 및 주요 기능을 바르게 짝지은 것을 모두 고르시오.

[보기]

㉠ N – NO_3^- : 아미노산, 단백질, 핵산 등의 구성요소
㉡ P – $H_2PO_4^+$: 에너지 저장과 공급
㉢ K – K^+ : 효소의 형태유지 및 기공의 개폐 조절
㉣ Ca – Ca^{2+} : 세포벽 충엽층의 구성요소
㉤ B – H_3BO_3 : 탄수화물대사에 관여

① ㉠, ㉡, ㉢, ㉣, ㉤
② ㉠, ㉢, ㉣, ㉤
③ ㉣, ㉤
④ ㉠, ㉡, ㉣, ㉤
⑤ ㉠, ㉢, ㉤

085 ㉡ P의 흡수 형태는 음이온인 $H_2PO_4^-$, HPO_4^{2-}이다.

086 A 토양의 양이온교환용량(CEC)이 15.0 cmolc/kg이고, 그 중 Fe과 H 이온이 4.0 cmolc 존재할 때 염기포화도는?

① 55%
② 61.5%
③ 4%
④ 73.3%
⑤ 50.3%

086 염기포화도 $= \dfrac{교환성\ 염기의\ 총량}{양이온\ 교환용량} \times 100$

교환성 염기의 양 $= 15-4 = 11$ cmolc/kg

$\therefore$ 염기포화도 $= \dfrac{11}{15} \times 100 = 73.3\%$

087 토양의 화학적 특성에서 이온교환에 대한 설명으로 옳은 것은?

① 토양교질 입자에 흡착된 양이온은 다른 양이온들과 교환보다는 물에 의한 용탈로 토양용액으로 나오는 양이 더 크다.
② 토양입자 주변에 Na^+가 많이 흡착되어 있으면 NO_3^-을 시용하여 토양의 물리성을 개선한다.
③ 부식(humus)의 양이온교환용량(CEC)은 10 cmol+/kg 이상이다.
④ 염기포화도는 pH가 낮은 산성 토양에서 높고, pH가 7 이상인 알칼리성 토양에서 낮다.
⑤ 음이온고정의 중요한 점은 인산의 고정이며, 이로 인하여 작물의 인산 흡수·이용률을 저하시킨다.

087 ⑤ 음이온특이흡착(음이온고정) : 반응성이 강한 음이온($H_2PO_4^-$, HPO_4^{2-})과 만나면 비가역적으로 배위결합이 이루어지며, 일단 결합된 음이온은 용액 중의 다른 음이온과 쉽게 교환되거나 방출되지 않는다.

① 토양교질 입자에 흡착된 양이온은 물에 의한 용탈보다는 다른 양이온들과 교환에 의해 토양용액으로 나온다.
② 토양입자 주변에 Na^+가 많이 흡착되어 있으면 Ca^{2+}을 시용하여 토양의 물리성을 개선한다.
③ 부식(humus)의 양이온교환용량(CEC)은 100 cmol+/kg 이상이다.
④ 염기포화도는 pH가 낮은 산성 토양에서 낮고, pH가 7 이상인 알칼리성 토양에서 높다.

chapter **06**

정답 **085** ② **086** ④ **087** ⑤

088 작물과 무기질비료에 대한 설명으로 <u>옳지 않은</u> 것은?

① 질소질비료 중 요소[$(NH_2)_2CO$]는 질소함량이 최소 45% 이상으로 다른 질소질비료보다 월등히 높다.

② 용과린은 지효성 비료인 과린산석회와 속효성인 용성인비를 혼합하여 제조한 인산질비료이다.

③ 칼리질비료는 용해도가 높아 속효성이며, 식물에 대한 유효도가 높은 반면 특정 양이온과 염을 형성하여 구성원소의 유실이 발생한다.

④ 생석회는 유기물의 분해촉진 효과와 질소의 유효화를 촉진하며, 생석회에 물을 가하면 소석회가 된다.

⑤ 산성 토양은 일반적으로 마그네슘 결핍 현상이 발생하므로 주로 고토석회를 사용하여 중화시킨다.

089 <보기>는 토양에 가해진 탄소에 대한 설명이다. <u>옳은</u> 것을 모두 고르시오.

[보기]

㉠ 탄소의 일부는 토양 미생물의 에너지원으로 사용되어 CO_2로 배출된다.

㉡ 탄소의 일부는 미생물의 생체 구성에 사용된다.

㉢ 탄소의 일부는 부식을 형성한다.

㉣ 탄질률이 큰 유기물은 탄질률이 작은 유기물보다 분해속도가 훨씬 느리다.

① ㉠, ㉡, ㉢, ㉣

② ㉠, ㉢, ㉣

③ ㉡, ㉢, ㉣

④ ㉢, ㉣

⑤ ㉠, ㉡

090 농경지 10a(300평)에 10cm 깊이로 비료를 시비하고자 한다. 이 토양의 용적은? (단, 용적밀도는 1.20g/cm³ 이다)

① 12톤

② 100톤

③ 120톤

④ 50톤

⑤ 300톤

---

088 ② 용과린은 속효성 비료인 과린산석회와 지효성인 용성인비를 혼합하여 제조한 인산질비료이다.

089 ㉠~㉣ 모두 옳은 설명이다.

090 10a의 면적 = 1,000 m²
10cm 두께의 토양용적 = 1,000 m²×0.1 m = 100 m³
용적밀도 1.20 g/cm³ = 1,200 kg/m³
토양의 총 질량 = 100 m³×1,200 kg/m³ = 120,000 kg = 120톤

 정답 ▶ **088** ② **089** ① **090** ③

해설

091 토양오염물질과 토양의 상호반응에 관한 설명으로 옳지 않은 것은?

① 투수성이 양호한 토양은 토양 오염이 심한 반면 지하수 오염은 심하지 않다.

② 토양공극의 형태 및 크기는 지하수 오염을 방지하는 완충 역할과 밀접한 관계가 있다.

③ 오염물질이 지하수나 토양의 수분에 녹아 들어가는 양은 그 물질의 용해도로 결정된다.

④ 미생물은 오염물질을 제거하는 역할을 한다.

⑤ 부식은 유독성 중금속과 킬레이트를 형성하여 독성을 감소시킨다.

091 ① 투수성이 양호한 토양은 지하수 오염이 심한 반면 토양 오염은 심하지 않다.

092 공극의 크기와 기능에 관한 설명으로 옳지 않은 것은?

① 공극의 크기는 주로 토양의 보수성과 통기성에 영향을 끼친다.

② 크기가 0.08~5mm 이상인 공극은 작은 토양 생물의 이동통로가 된다.

③ 중공극은 곰팡이와 뿌리털이 자라는 공간이다.

④ 토양 내 배수와 통기는 주로 대공극을 통해서 이동한다.

⑤ 극소공극은 작물이 이용할 수 없는 물을 보유하며, 미생물이 겨우 생존할 수 있는 공간이다.

092 ⑤ 작물이 이용할 수 없는 물을 보유하며, 미생물이 겨우 생존할 수 있는 공간은 미세공극이다.

093 <보기>는 토양의 산성화에 의한 피해에 대한 설명이다. 옳은 것을 모두 고르시오.

보기
㉠ 식물 뿌리의 단백질 응고
㉡ 세포막의 투과성 저하
㉢ 인산 고정과 영양소 불균형
㉣ 효소활성, 양분흡수 저해
㉤ 독성 화합물의 용해도 증가

① ㉠, ㉡, ㉢, ㉣, ㉤
② ㉡, ㉢, ㉣, ㉤
③ ㉢, ㉣, ㉤
④ ㉠, ㉡, ㉣, ㉤
⑤ ㉠, ㉢, ㉣, ㉤

093 ㉠~㉤ 모두 토양의 산성화에 의한 피해에 대한 옳은 설명이다.

 정 답 091 ① 092 ⑤ 093 ①

094 토양의 미생물에 관한 설명으로 옳은 것은?

① 사상균은 핵막과 세포벽이 있으며, 유기물이 풍부한 곳에서 활성이 높지만, 산성토양에서 세균보다 활성이 약하다.

② 사상균의 수는 세균보다 많지만, 이산화탄소의 농도가 높은 환경에서 대사활성이 약하여 분해역할을 못한다.

③ 인산의 유효도가 낮은 토양에서 균근균의 활성이 약화되어 식물의 양분흡수에 도움이 안 되고 염류와 독성의 축적이 증가한다.

④ 방선균은 세포핵이 있는 자낭균류이며 포자를 형성하고, 유기물을 분해하는 부생성 생물이다.

⑤ 토양 내 세균은 유기물 분해, 무기물산화, 질소고정, 탈질작용 등의 역할을 한다.

094 ① 산성토양에서 산도가 강해질수록 세균은 감소하고 사상균이 증가한다.

② 사상균의 수는 세균보다 적지만, 이산화탄소의 농도가 높은 환경에서도 잘 견디므로 대사활성이 다른 생물보다 강하여 중요한 분해자 역할을 한다.

③ 인산의 유효도가 낮은 토양에서 균근균은 식물의 양분흡수를 돕고 염류와 독성의 축적을 억제한다.

④ 방선균은 세포핵이 없는 원핵생물의 그램양성균이며 포자를 형성하고, 유기물을 분해하는 부생성 생물이다.

095 산불로 인한 토양의 성질 변화에 대한 설명으로 옳지 않은 것은?

① 토양 수분의 함량이 많을수록 토양의 가열 정도를 낮추며 뿌리 치사온도의 지속시간은 더 길어진다.

② 산불 발생이 극심한 지역에서는 유기물 연소와 토양 내 광물질의 변형으로 양이온교환용량이 50% 이상 감소한다.

③ 유기물층의 소실로 인한 광물질 토양층이 노출됨으로써 침식이 증가한다.

④ 표토층의 표면 공극이 막힘으로써 수분침투율과 투수능이 감소한다.

⑤ 산불 발생지에서 재의 유입이 많아지면서 토양의 pH가 낮아지고 인의 함량이 증가한다.

095 ⑤ 산불 발생지에서는 재의 유입으로 인해 토양의 pH가 높아진다.

096 탄소함량이 40%이고, 질소함량이 0.5%인 볏짚 100kg을 사상균에 의하여 분해될 때 식물의 질소기아 없이 분해가 되려면 추가될 질소의 양은? (단, 사상균의 탄질률은 10이고, 탄소동화율 0.3이라 가정한다)

① 0.5 kg

② 12 kg

③ 28 kg

④ 0.7 kg

⑤ 40kg

096 유기물 중 탄소 : 40kg (볏짚이 100kg이므로)
유기물 중 질소 : 0.5kg
사상균에 의하여 동화된 탄소 = 40kg×0.3 = 12kg

28kg(40−12 = 28kg)의 탄소는 호흡작용에 의하여 이산화탄소로 전환된다. 사상균에 의하여 동화된 12kg의 탄소는 미생물체를 구성하고, 사상균의 C/N율이 10이므로 이때 1.2kg의 질소가 동시에 흡수되어야 한다.

∴ 식물의 질소기아를 막기 위하여 토양에 추가로 주어야 하는 질소의 양은 1.2kg−0.5kg(볏짚 중의 질소량) = 0.7kg

정답 **094** ⑤ **095** ⑤ **096** ④

097 토양 수분에 관한 설명으로 **옳은 것은?**

① 일반적으로 토양의 수분퍼텐셜이 −0.1MPa 이하이면 식물은 시들어 죽는다.

② 식물이 흡수할 수 있는 토양 수분은 0 ~ −1.5MPa 사이의 수분이다.

③ 식토의 유효수분 함량은 토양 공극의 반지름과 밀접한 관계가 있다.

④ 비가 온 후 토양이 포장용수량에 도달하는 시간은 양질 사토보다 식양토가 적게 걸린다.

⑤ 포화상태에서 토양의 흡착력이나 모세관력은 물의 이동에 영향을 끼치지 못하므로 메트릭퍼텐셜은 항상 음(−)이다.

098 <보기>는 토양미생물에 관한 설명이다. (㉠)과 (㉡)에 들어갈 적당한 용어를 바르게 나열한 것은?

[보기]

(㉠) 핵막과 세포벽을 가지고 있으며 종속영양생물이기 때문에 유기물이 풍부한 토양에 활성이며, (㉡) 세포핵이 없는 원핵생물로서 그램(Gram) 양성균이며, 실모양의 균사상태로 자라면서 포자를 형성한다.

	㉠	㉡
①	사상균,	방선균
②	방선균,	세균
③	내생균근,	외생균근
④	균근균,	세균
⑤	세균,	외생균근

097 ③ 식토는 미세 공극을 많이 가지고 있어 수분을 많이 보유하지만, 대공극을 많이 가지고 있는 사토는 수분보유력이 상대적으로 낮다.

① 식물은 보통 토양의 수분퍼텐셜이 −1.5MPa 이하이면 시들어 죽는다.

② 식물이 흡수할 수 있는 토양 수분은 −0.033MPa ~ −1.5MPa 사이의 수분이다.

④ 식양토와 같이 점토 함량이 많은 토양은 비가 온 후 4일 정도 지나야 포장용수량에 도달하지만, 양질 사토와 같이 점토 함량이 적은 토양에서는 비가 온 후 1일 이내에 중력수가 모두 제거되어 포장용수량에 도달한다.

⑤ 포화상태에서 토양의 흡착력이나 모세관력은 물의 이동에 영향을 끼치지 못하므로 메트릭퍼텐셜은 '0' 이다.

098 사상균 핵막과 세포벽을 가지고 있으며 종속영양생물이기 때문에 유기물이 풍부한 토양에 활성이며, 방선균 세포핵이 없는 원핵생물로서 그램(Gram) 양성균이며, 실모양의 균사상태로 자라면서 포자를 형성한다.

099 토양생물에 관한 설명으로 가장 옳은 것은?

① 지렁이의 개체수는 토양의 풍부한 질소와 잦은 경운으로 현저히 증가할 수 있다.

② 토양선충의 군락은 pH가 산성이며, 유기물이 풍부한 환경에 많고 식물의 뿌리 근처에서 밀도가 높다.

③ 토양의 외생균근은 식물 뿌리의 세포를 침입하여 식물과 양분교환을 하며 공생한다.

④ 균근균은 뿌리의 근권을 확장시켜주며, 균근균에 감염되지 않은 식물보다 10배 정도의 양분흡수율을 가지게 된다.

⑤ 세균은 유기물을 분해하고, 질소를 고정하면서 동시에 탈질작용으로 토양 중의 질소이용률을 높여준다.

100 점토광물의 기본구조에 관한 설명으로 옳은 것은?

① 규산염광물의 기본 구조는 규소(Si) 1개에 산소(O) 6개가 연결된 규소사면체이다.

② 알미늄팔면체는 알루미늄을 중심으로 8개의 산소가 결합하여 8개의 면을 가지는 구조이다.

③ 감람석은 독립된 규소사면체들이 결정의 단위구조가 되며 광물들 중에서 가장 풍화되기 쉬운 광물이다.

④ 석영, 장석이 풍화에 대한 저항성이 큰 이유는 규소사면체의 배열 중 매우 안정된 이중사슬 구조를 가지기 때문이다.

⑤ 알루미늄팔면체의 내부 공간에 중심 양이온은 오직 Al^{3+}만 들어간다.

099 ① 지렁이의 개체수는 토양의 과다한 질소와 잦은 경운으로 현저히 감소한다.
② 토양선충의 군락의 pH는 중성이다.
③ 토양의 외생균근은 식물 뿌리의 세포와 세포 사이에 균사를 형성하여 식물과 공생한다.
⑤ 세균은 유기물을 분해하고, 질소를 고정하면서 동시에 탈질작용으로 토양 중의 질소이용률을 낮춘다.

▶ 탈질작용 : 토양 내에 있는 탈질균에 의하여 질산(NO_3^-)이 여러 가지 질소산화물을 거쳐 최종적으로 N_2까지 전환되어 대기중으로 되돌아가는 반응
▶ 미생물의 분해작용으로 생성된 유기물은 세균에 의해 암모늄으로 변형되며, 변형된 암모늄은 다시 세균에 의해서 질산(NO_3^-)으로 바뀐다. 질산은 대략 3가지 형태로 변하는데 3가지 형태는 다음과 같다.
• 암모늄으로 다시 환원
• 식물체나 미생물에 흡수
• 탈질작용에 의하여 대기 중으로 되돌아 감

100 ① 규산염광물의 기본구조는 규소(Si) 1개에 산소(O) 4개가 연결된 규소사면체이다.
② 알미늄팔면체는 규산염광물의 또 다른 단위구조이며, 알루미늄을 중심으로 6개의 산소가 결합하여 8개의 면을 가지는 구조이다.
④ 석영, 장석이 풍화에 대한 저항성이 큰 이유는 규소사면체의 배열 중 매우 안정된 3차원 망상 구조를 가지기 때문이다.
⑤ 알루미늄팔면체의 내부 공간에 중심 양이온은 주로 Al^{3+}가 들어가지만, Fe^{2+} 또는 Mg^{2+} 이 대신 들어가기도 한다.

정답 099 ④ 100 ③

【수목관리학】

101 조경수의 식재에 관한 설명으로 옳은 것은?

① 근분 위의 흙이 지표면보다 낮고, 수간이 곧바로 서야 한다.

② 지표면에 노출된 근분의 포장재료는 시간이 흐르면 분해되므로 제거하지 않아도 된다.

③ 구덩이에서 파낸 하층토는 마르지 않게 보관한 후 완숙퇴비와 섞어 개량하여 사용한다.

④ 구덩이에 흙은 한꺼번에 넣어 다지고 관수는 근분이 촉촉할 정도로 준다.

⑤ 여름철 잎이 무성한 나무를 옮길 때 잘린 뿌리의 비율만큼 수관의 비율도 맞추어 준다.

101 ① 근분이 자리를 잡은 후 근분의 맨 위 흙표면이 지표면과 같은 높이가 되는지 확인하고 수간이 곧바로 서 있는지 확인한다.

② 지표면에 노출된 근분의 포장재료는 반드시 제거해야 한다.

③ 구덩이에서 나온 흙 중 하층토를 제외한 흙은 너무 마르지 않게 보관했다가 완숙퇴비(20~30%)를 섞어 개량하여 사용한다.

④ 구덩이에 흙은 1/3씩 채워넣고 다지기를 반복하고 관수는 근분과 주변 흙이 밀착되도록 충분히 한다.

102 대기오염 물질 중에서 PAN에 대한 설명으로 옳지 않은 것은?

① 자동차 매연물질에 의해 생성된 광화학 산화물이다.

② 잎의 조직을 산화하여 붕괴시킨다.

③ 가죽나무는 PAN에 저항성이 약하다.

④ 생장억제제는 대기오염의 저항성을 높일 수 있다.

⑤ 농도 200~300ppb에서 8시간 노출되면 병의 발단이 일어난다.

102 ③ 가죽나무는 PAN에 저항성이 강하다.

103 조경수의 관목전정에 대한 설명으로 옳지 않은 것은?

① 관목 중에서 생장이 빠른 수종은 오래된 가지의 30% 가량을 매년 제거하여 활력을 준다.

② 너무 크게 자란 관목의 키를 전반적으로 낮추고자 할 경우 3~4년에 나누어서 조금씩 낮추어야 한다.

③ 생장이 느린 관목은 지나친 강전정을 실시하면 앙상한 가지만 노출되며 새로운 잎이 나오지 않는다.

④ 어린 나무의 생울타리 전정은 식재 시 지상 40~80cm 높이로 전정하고, 다음해 봄에 15cm 가량 올려 전정하며, 매년 20~30cm 높여 원하는 높이까지 유도한다.

⑤ 높이가 커진 침엽수 울타리는 이른 봄에 과감하게 높이를 반으로 줄여 전정한다.

103 높이가 커진 활엽수 울타리는 이른 봄에 과감하게 높이를 반으로 줄여 전정한다.

※ 상록활엽수나 상록침엽수는 3~5월 수목의 개엽 시기에 전정을 하기 좋은 시기이다.

▶ 봄 전정(3~5월)

수목의 생장기로 개엽과 더불어 형성층의 세포분열이 왕성해 가지를 잘라내도 상처 치유가 빨리 되기 때문에 상록수(활엽수, 침엽수) 가지를 손질하기 좋은 시기이다. 또한 봄에는 수목이 줄기와 가지, 잎을 만들어내며 자기 몸을 키우는 일(영양생장)에 집중한다. 맹아력이 강한 활엽수 등에 수형을 잡기 위해 강전정을 하거나 굵은 가지를 잘라낼 경우 오히려 수세를 약화시키고 잔가지, 웃자란 가지를 발생시켜 수관을 어지럽게 하므로 봄 신장이 끝나는 시기에 다듬어 주는 정도로 약전정을 해준다.

 정답 ▶ 101 ⑤ 102 ③ 103 ⑤

104 뿌리돌림에 관한 설명으로 옳지 않은 것은?

① 뿌리돌림의 목적은 이식목의 세근 발달을 촉진시키기 위한 것이다.

② 수간직경의 약 4배 되는 곳을 기준으로 원형으로 구덩이를 판다.

③ 노출된 뿌리 중 직경 5cm 미만은 절단하고, 그 이상은 부분 혹은 환상박피를 실시한다.

④ 뿌리돌림을 2회에 나누어 실시하는 이유는 단근에 의한 스트레스를 줄이기 위함이다.

⑤ 흙을 되메울 때 미부숙 톱밥을 섞어 개량토양을 만드는 것이 뿌리 발달에 유리하다.

104 ⑤ 흙을 되메울 때 완전 부숙된 유기물 비료를 섞어 개량토양을 만드는 것이 뿌리 발달에 유리하다.

105 토양관리 중 시비에 관한 설명으로 옳지 않은 것은?

① 수목은 생장이 느리기 때문에 비료요구도가 농작물보다 훨씬 낮다.

② 조경수 중 속성수는 양료요구도가 크다.

③ 침엽수 중에는 소나무가 가장 적은 양료를 요구한다.

④ 단풍나무는 척박지를 좋아하고, 오리나무는 비옥지에 강하다.

⑤ 온대지방에서는 수종에 관계없이 늦은 겨울이나 이른 봄에 시비를 주는 것이 가장 알맞다.

105 ④ 감나무와 단풍나무는 비옥지를 좋아하고, 오리나무와 참나무류는 척박지에 강하다.

106 토양개량에 관한 설명으로 옳은 것은?

① 표토 아래 경질지층이 있을 때 유공관을 매설하여 물의 배수를 원활히 한다.

② 토양이 점질토양이면 유공관보다는 배수공 설치가 배수효과를 더 높인다.

③ 토양개량은 주로 배수, 답압 등 토양의 화학적 성질이 불량할 때 실시한다.

④ 답압토양을 개량하는 방법으로 천공법이 가장 간단하면서 효과가 크다.

⑤ 석회는 수목이 심겨진 토양에서 표토 20cm 이상의 깊이까지 잘 섞는다.

106 ② 토양이 점질토양이면 배수공보다는 유공관 설치가 배수효과를 더 높인다.

③ 토양개량은 주로 배수, 답압 등 토양의 물리적 성질이 불량할 때 실시한다.

④ 답압토양을 개량하는 방법으로 천공법, 방사상 도랑, 멀칭 등이 있으며, 이 중 멀칭이 가장 간단하면서 효과가 크다.

⑤ 산성토양을 교정할 때 사용하는 석회는 수목이 심겨진 토양에서 표토 10cm 깊이까지 잘 섞는다.

107 특수지역의 식재에 관한 설명으로 옳은 것은?

① 방음식수대는 소음이 발생하는 도로 쪽보다 소음이 도착하는 주택가에 더 가깝게 식수대를 설치하는 것이 더 효과적이다.
② 방음용 수종은 지하고가 낮은 소나무, 아까시나무, 단풍나무 등이 효과적이다.
③ 방풍림을 통과한 바람은 방풍림 높이의 10배 거리 내에서 풍속이 가장 많이 감소한다.
④ 아황산가스가 주요 요인인 산업공원에 식재하기 적합한 수종은 곰솔, 회양목, 눈향나무 등이 있다.
⑤ 옥상조경의 관수는 주로 아침 시간에 하되 잔디는 3~4일, 수목은 5~8일 간격으로 한다.

108 수목의 기상적 피해에 관한 설명으로 옳지 않은 것은?

① 침엽수의 엽소는 관수를 하여 해결할 수 있다.
② 이식목에 수목 테이프나 흰 도포제를 바르는 주된 목적은 수목의 피소현상을 방지하기 위함이다.
③ 순화되지 않은 상록활엽수가 저온피해를 받으면 잎의 가장자리가 괴사하고 갈변한다.
④ 동해 입은 활엽수의 어린 가지에 잎이 생기는 것은 정아 때문이다.
⑤ 상렬은 수목의 직경이 15~30cm 가량 되는 활엽수에서 발생하기 쉽다.

109 수목의 비생물적 피해에 관한 설명으로 옳지 않은 것은?

① 이식목의 건조피해는 2년 안에 제일 심하며, 회복하는 데 5년 정도 걸린다.
② 수목의 건조피해는 주로 천근성 수종에서 잘 나타나며, 위연륜을 만든다.
③ 과습피해는 엽병이 누렇게 변하면서 잎이 마르고 어린 가지가 고사한다.
④ 백합나무는 느티나무에 비해 염분에 견디는 성질이 강하다.
⑤ 염화칼슘에 의한 도로변 수목의 피해를 줄이는 방법은 물로 세척, 증산억제제 살포, 활성탄 투입 등이 있다.

---

107 ① 방음식수대는 소음이 도착하는 주택가보다는 소음이 발생하는 도로 쪽에 더 가깝게 식수대를 설치하는 것이 더 효과적이다.
② 방음용 수종은 지하고가 낮은 가시나무류, 아왜나무, 생달나무 등이 효과적이다.
③ 방풍림을 통과한 바람은 방풍림 높이의 2배 거리 내에서 풍속이 가장 많이 감소한다.
④ 아황산가스 등의 주요 요인인 산업공원에 식재하기 적합한 수종은 중부지방의 경우 무궁화, 백합나무, 플라타너스 등이 있다. 곰솔, 회양목, 눈향나무는 염해의 피해가 우려되는 중부지방의 임해공업단지에 식재하기 적합한 수종이다.

108 ④ 활엽수의 동해 입은 어린 가지에 잎이 생길 수 있는 것은 숨어 있는 잠아 때문이다.

109 ④ 느티나무는 백합나무에 비해 염분에 견디는 성질이 강하다.
 ※ 위연륜 : 한 개의 연륜 내에 외관상 두 개 이상의 생장륜이 나타나는데, 이를 개개의 생장륜을 위연륜이라 한다.
 ※ 과습피해 : 엽병이 누렇게 변하며 지상부에 나타나는 후기 증상은 수관 위쪽에서 아래로 가지가 고사되면서 수관이 축소된다.

110 조경수의 가지치기에 관한 설명으로 <u>옳은</u> 것은?

① 어린 나무의 가지치기는 골격지가 형성되도록 유도하는 것이 큰 목적이다.
② 이식한 어린 나무는 이식 당해년에 가지치기를 실시하여 수형을 조절한다.
③ 여름철 가지치기는 주로 수목의 형태를 잡는 가지치기이다.
④ 성숙목의 수관축소 전정은 위쪽 원가지를 자를 때 가지끝에서 한 마디 이상 자르지 않는다.
⑤ 수관청소의 목적은 주로 가지밀도를 전체 수관밀도의 1/3 가량 제거하는 것이다.

111 수목을 고정하는 방법에 관한 설명으로 <u>옳은</u> 것은?

① 쇠조임이나 당김줄은 지주 설치로 해결이 안 될 때 실시한다.
② 떠받칠 가지는 약간 들어올린 상태에서 지주에 고정되어야 한다.
③ 쇠조임 설치 시 볼트와 너트를 형성층 바깥쪽의 코르크까지 노출시킨다.
④ 이미 찢어진 가지를 봉합할 때는 2개의 조임쇠 간 거리는 가지직경의 4배로 한다.
⑤ 지주의 아랫부분을 지상부에 고정시킬 때 미관은 중요하지 않다.

112 수목의 뿌리외과수술에 대한 설명으로 <u>옳지 않은</u> 것은?

① 뿌리수술은 심하게 부패하여 그대로 두면 회생의 가능성이 없을 때 시행한다.
② 부분 박피된 곳에 발근촉진제(IBA)를 뿌려주고, 도포제로 발라 준다.
③ 굵은 뿌리는 죽었더라도 제거하지 않고 살아있는 부분에 박피를 실시한다.
④ 뿌리수술은 봄이 적기이며 9월까지 가능하다.
⑤ 복토된 경우 잔뿌리가 모두 살아 있고 대량으로 나타나면 건강한 상태라 할 수 있다.

110 ② 이식한 어린 나무는 2~3년간 활착이 되기를 기다린 후 가지치기를 실시하여 수형을 조절한다.
③ 여름철 가지치기는 이미 형태가 잡힌 수관이 영양생장으로 엽량이 많아져서 태풍, 병충해 등의 피해가 예상될 때 실시하는 전정으로 주로 약전정을 한다.
④ 성숙목의 수관축소 전정은 위쪽 원가지를 자를 때 남겨둘 아래쪽의 측지의 직경이 잘릴 원가지 직경의 1/2 정도 되게 한다.
⑤ 수관 청소의 목적은 주로 전정 후 햇빛이 잘 들어 병충해가 적어지게 하는 데 있으므로 병든 가지, 고사지, 교차지 등 비교적 간단한 작업이다.
※ 수관 솎아 베기 : 전체 수관 밀도의 1/3 가량 제거한다. 수관청소 후 아직도 가지가 너무 많으면 가지수를 줄이는 작업이다.

111 ① 지주 설치는 미관을 해치므로 쇠조임이나 당김줄로 해결이 안 될 때 실시한다.
③ 쇠조임 설치 시 볼트와 너트를 형성층 안쪽의 목질부까지 집어 넣는다.
④ 이미 찢어진 가지를 봉합할 때는 2개의 조임쇠 간 거리는 가지직경의 2배로 한다.
⑤ 지주의 아랫부분을 지상부에 고정시킬 때 미관을 헤치거나 땅을 마구 파헤치지 않는 범위 내에서 구조물과 연결시켜야 한다.

112 ③ 죽은 굵은 뿌리는 깨끗이 제거하고 살아있는 부분이 나올 때까지 수관 안쪽으로 파고 들어간다.

정답 **110 ①** **111 ②** **112 ③**

113 수목의 외과수술에 관한 설명으로 옳지 않은 것은?

① 방수처리는 불포화 폴리에스테르 수지를 사용하며 방부처리가 끝난 다음에 실시한다.

② 수간의 공동이 크지 않을 경우 부패부를 제거한 후 공동을 채우지 않는 것이 효과적일 수 있다.

③ 불포화 폴리에스테르 수지는 방수처리에만 사용된다.

④ 인공수피의 높이는 노출된 형성층의 높이보다 1cm 가량 낮아야 한다.

⑤ 수술 후 가지치기와 수간주사, 토양멀칭 등의 조치를 취한다.

114 농약의 제형에 따른 분류에 관한 설명으로 옳지 않은 것은?

① 유제 : 용제는 xylene, ketone류, alcohol류 등을 주로 사용한다.

② 수화제 : 주요 첨가물인 점토, 규조토 등을 가루로 분쇄하여 만든다.

③ 유탁제 : 유화성이 우수한 유화제의 선발이 유탁제형에서 가장 중요한 요소이다.

④ 수용제 : 분말제제로서 살포액 조제 시 분말의 비산 우려가 있다.

⑤ 분제 : 잔효성이 요구되는 과수에 적용하며, 농약값이 유제나 수화제에 비해 저렴하다.

115 농약의 보조제에 관한 설명으로 옳은 것은?

① 계면활성제는 유제를 현탁액, 수화제를 유화액 상태로 균일하게 분산한다.

② POE(polyoxyethylene)의 폴리머에 의해 제조된 이온 계면활성제 계통의 약제가 전착제로 주로 사용된다.

③ 증량제의 가비중은 입자의 비산성과 밀접한 관계가 있다.

④ 협력제의 작용기작은 체내에 침투한 살충제를 분해시키는 대사작용을 활발히 하는 것이다.

⑤ 농약의 유효성분의 침투성을 향상시켜 약효를 증진시키는 것은 분해방지제의 목적이다.

113 ③ 불포화 폴리에스테르 수지는 방수처리, 표면경화처리, 인공수피 처리 등에 사용된다.

114 ⑤ 분제 : 잔효성이 요구되는 과수에는 적용할 수 없으며, 농약값이 유제나 수화제에 비해 다소 비싸다.

115 ① 계면활성제는 수화제를 현탁액, 유제를 유화액 상태로 균일하게 분산한다.
② POE(polyoxyethylene)의 폴리머에 의해 제조된 비이온 계면활성제 계통의 약제가 전착제로 주로 사용된다.
④ 협력제의 작용기작은 체내에 침투한 살충제를 분해시키는 대사작용을 방해하는 것이다.
⑤ 농약의 유효성분의 침투성을 향상시켜 약효를 증진시키는 것은 활성제의 목적이다.

정답 ▶ 113 ③ 114 ⑤ 115 ③

116 농약의 독성에 관한 설명으로 옳은 것은?

① 발암성 분류에서 Group 2A는 인간에게 발암 가능성 물질이다.
② 노출된 피부가 농약에 중독된 경우 즉시 황산아토로핀 정맥주사를 투여한다.
③ 카바메이트계 농약 중독은 팜이 매우 효과적이다.
④ 피레트로이드계 농약 중독 시 환자의 타액 분비가 과다할 때에는 황산아토로핀을 투여한다.
⑤ 고독성 농약은 2·3급 농약과 구분하여 보관한다.

117 농약의 선택성에 관한 설명으로 옳은 것은?

① 식물의 효소작용은 식물체 내에서 제초제를 활성화시킨다.
② propanil은 콘주게이션에 의한 불활성화를 이용하여 벼 속 식물인 피를 살초하는 제초제이다.
③ 토양살균제는 초기에는 목적 병원균의 밀도가 떨어지지만, 시간이 경화하면서 밀도가 급격히 증가하는 경향을 보인다.
④ 경엽에 처리하는 살균제는 선택성이 높은 약제가 바람직하고, 토양전염 병해에 대해서는 선택성이 낮아야 유리하다.
⑤ 생물의 종류에 따라서 농약의 독성반응이 서로 다르게 나타나는 것을 비선택(독)성이라 한다.

118 농약을 살포한 후 해충의 체내에서 약효가 발현되는 과정에 관한 설명으로 옳지 않은 것은?

① 첫 번째 접촉 단계는 농약 자체의 물리화학적 특성과 밀접한 관계가 있다.
② 일반적으로 전면 살포에서 약제가 직접 부착되는 비율은 70% 이상이다.
③ 두 번째 침투 단계는 방제 대상 해충의 표피 조성과 농약분배계수로 대표되는 유효성분의 극성이 가장 중요하다.
④ 세 번째 작용점으로의 이행 단계는 이행 시 활성화 및 무독화 반응의 유무가 결정된다.
⑤ 최종 단계인 작용점에서의 반응에서는 생물 종에 따른 작용점의 존재 유무가 생물종 간 선택성을 좌우한다.

116 ① 발암성 분류에서 Group 2B는 인간에게 발암 가능성 물질이다.

> ▶ IARC의 발암성 분류
> • Group 1 : 인간에게 발암성 물질
> • Group 2A : 인간에게 발암 추정물질
> • Group 2B : 인간에게 발암 가능성 물질
> • Group 3 : 인간에 대해 발암성으로 분류되지 않음
> • Group 4 : 인간에 대해 발암 가능성이 없음

② 노출된 피부가 농약에 중독된 경우 오염된 작업복을 벗기고 피부를 비눗물로 깨끗이 씻은 다음 안정시킨다.
③ 카바메이트계 농약 중독은 팜의 효과가 입증되지 않고 있다.
⑤ 고독성 농약은 3·4급 농약과 구분하여 보관한다.

117 ① 식물의 효소작용은 식물체 내에서 제초제를 대사·분해시켜 불활성화시킨다.
② propanil은 효소분해에 의한 불활성화를 이용하여 벼 속 식물인 피를 살초하는 제초제이다.
④ 경엽에 처리하는 살균제는 선택성이 낮은 약제가 바람직하고, 토양전염 병해에 대해서는 선택성이 높아야 유리하다.
⑤ 생물의 종류에 따라서 농약의 독성반응이 서로 다르게 나타나는 것을 선택(독)성이라 한다.

118 ② 접촉 단계는 엽면 또는 전면 살포, 토양살포, 훈증법 등에 따라 접촉효율이 좌우된다. 일반적으로 전면 살포에서 약제가 직접 부착되는 비율은 1/3 이하이며, 대부분 비산되거나 토양에 투하된다.

정답 ▶ 116 ④ 117 ③ 118 ②

119 <보기>에서 살균제의 작용기작에 해당하는 것을 모두 고르시오.

[보기]

㉠ 핵산 대사 저해

㉡ 호흡 저해

㉢ 유약호르몬 모사

㉣ 키틴합성 저해

㉤ 세포막 스테롤 생합성 저해

① ㉠, ㉡, ㉤

② ㉠, ㉡, ㉢

③ ㉡, ㉢, ㉣

④ ㉡, ㉣, ㉤

⑤ ㉢, ㉣, ㉤

120 토양환경과 농약에 관한 설명으로 옳은 것은?

① 토양 중 농약은 증발되는 경우가 거의 발생하지 않는다.

② 유기물 함량이 많은 토양에서는 대부분의 농약이 토양 하층으로 이동한다.

③ dicamba는 DDT에 비하여 토양 중 이동성이 매우 약하다.

④ 일반적으로 유기염소계 살충제는 토양 잔류기간이 15년 이상인 농약도 있다.

⑤ 우리나라의 농약 등록 시 반감기가 360일 이상이면 토양잔류성 농약으로 규제한다.

121 <보기>의 농약 중 살균제 농약을 모두 고르시오.

[보기]

㉠ metalaxyl

㉡ difenoconazole

㉢ bifenthrin

㉣ dinotefuran

㉤ dichlorvos

① ㉠, ㉡, ㉢

② ㉠, ㉡, ㉣

③ ㉠, ㉤

④ ㉡, ㉢, ㉣

⑤ ㉠, ㉡

119 ㉠ 핵산 대사 저해 – 살균제

㉡ 호흡 저해 – 살충 · 살균제

㉢ 유약호르몬 모사 – 살충제

㉣ 키틴합성 저해 – 살충제

㉤ 세포막 스테롤 생합성 저해 – 살균제

120 ① 토양 중 농약의 증발은 대부분 토양수분과 함께 공증류 상태로 증발한다.

② 유기물 및 점토광물 함량이 많은 토양에서 흡착되는 농약의 양이 많으므로 대부분의 농약이 표토 10cm 이내에 존재한다.

③ dicamba는 DDT에 비하여 토양 중 이동성이 매우 강하다.

⑤ 우리나라의 농약 등록 시 반감기가 180일 이상이면 토양잔류성 농약으로 규제한다.

▶ 잔류성에 의한 농약의 구분

• 작물잔류성농약 : 농약의 성분이 수확물 중에 잔류하여 식품의약품안전처장이 농촌진흥청장과 협의하여 정하는 기준에 해당할 우려가 있는 농약

• 토양잔류성농약 : 토양 중 농약의 반감기간이 180일 이상인 농약으로서 사용결과 농약을 사용하는 토양에 그 성분이 잔류되어 후작물에 잔류되는 농약

• 수질오염성농약 : 수서생물에 피해를 일으킬 우려가 있거나 공공수역의 수질을 오염시켜 그 물을 이용하는 사람과 가축 등에 피해를 줄 우려가 있는 농약

121 • 살균제 : metalaxyl, difenoconazole

• 살충제 : bifenthri., dinotefura., dichlorvo.

122 농약과 방제에 관한 설명으로 옳지 <u>않은</u> 것은?

① dicamba는 토양에 흡착력이 강하므로 하층으로 이동은 거의 없으므로 식물 근처에 살포하여도 큰 피해가 없다.

② paraquat의 살초 활성은 광의 강도와 밀접한 관계가 있으며, 속효성의 비선택성 접촉형 제초제이다.

③ glufosinate는 접촉형의 비선택성 제초제이며, 식물체 내에서 이동은 잎에서만 이루어진다.

④ simazine은 침투이행성 제초제로 식물체의 뿌리에서 일어나며, 서서히 고사된다.

⑤ IAA는 옥신류 생장조절제로서 절단된 잎이나 줄기에서 새로운 부정근의 형성을 촉진시키는 발근제로 사용된다.

122 ① dicamba는 물에 잘 녹고 토양 중에서 쉽게 이동되는 특성이 있어 감수성 작물 재배지의 근처에서는 살포를 피하여야 한다.

123 살충제에 대한 설명으로 옳지 <u>않은</u> 것은?

① 나무주사에 주로 이용되는 침투성 살충제는 카바메이트계 살충제와 네오니코티노이드계 살충제이다.

② 광릉긴나무좀, 솔수염하늘소 등은 페로몬으로 유인하여 방제하기도 한다.

③ 살충제는 특정 작용부위에서 작용하여 살충작용을 일으키는데, 이러한 부위를 작용점이라 한다.

④ 살충제에 대한 해충의 방어기작은 피부저항 – 체내저항 – 작용점저항 등으로 발현된다.

⑤ diflubenzuron은 곤충의 키틴 생합성을 저해하여 살충효과를 나타내며, 주로 딱정벌레목의 해충 방제용으로 사용된다.

123 ⑤ diflubenzuron은 곤충의 키틴 생합성을 저해하여 살충효과를 나타내며, 나비목의 해충 방제용으로 주로 사용된다.

정답 122 ① 123 ⑤

124 나무의사 결격사유 및 자격제한에 관한 설명으로 옳지 않은 것은?

① 피성년후견인 또는 피한정후견인은 나무의사가 될 수 없다.

② 소나무재선충 방제특별법을 위반하여 징역의 실형을 선고받고 집행이 면제된 날부터 3년이 경과되지 아니한 사람은 나무의사가 될 수 없다.

③ 거짓이나 부정한 방법으로 나무의사등의 자격을 취득한 경우는 자격증을 취소한다.

④ 두 개 이상의 나무병원에 취업한 경우 3년의 범위에서 나무의사 자격정지를 명할 수 있다.

⑤ 나무의사 등의 자격정지기간에 수목진료를 행한 경우 자격증을 취소한다.

125 소나무재선충병 방제특별법에 관한 설명으로 옳지 않은 것은?

① 반출금지구역이 아닌 지역에서 소나무류를 이동하고자 하는 자는 산림청장이 발급한 생산 확인용 검인만 사용할 수 있다.

② 소나무류에 대한 일시 이동중지 명령 기간은 48시간을 초과할 수 없다.

③ 부실 설계 · 감리로 재선충병의 피해 확산 원인을 제공한 자는 1년 이하의 징역 또는 1천만원 이하의 벌금에 처한다.

④ 정당한 사유 없이 역학조사를 거부 · 방해 또는 회피한 자는 500만원 이하의 벌금에 처한다.

⑤ 재선충병 방제 약제의 적정 사용 여부는 방제사업의 감리에 포함되는 사항이다.

124 ② 소나무재선충 방제특별법을 위반하여 징역의 실형을 선고받고 집행이 면제된 날부터 2년이 경과되지 아니한 사람은 나무의사가 될 수 없다.

125 ① 반출금지구역이 아닌 지역에서 소나무류를 이동하고자 하는 자는 시장 · 군수 등으로부터 생산 확인용 검인을 발급받아야 한다.

정답 **124** ② **125** ①

심화모의고사 제4회

해설

▶ 실력테스트를 위해 해설란을 가리고 문제를 풀어보세요.

【수목병리학】

001 다음 중 수목병리학의 역사에 관한 설명으로 옳지 않은 것은?

① 1900년대 초 경기도 가평군에서 처음 발견된 녹병은 *Cronartium ribicola*였다.

② 19세기 독일의 Robert Hartig는 절대기생체의 균사와 자실체의 관계를 처음으로 밝혔다.

③ 20세기 북아메리카의 주요 수목병은 밤나무 줄기마름병, 잣나무 털녹병, 느릅나무 시들음병이다.

④ 조선 후기 서유구의 행포지는 *Gymnosprangium* spp.의 기주교대 현상에 관하여 기술하였다.

⑤ 1940년대 우리나라의 단풍나무 갈색점무늬병균 등을 동정하고 최초의 균학적 소견을 기술한 논문은 '조선삼림식물병원균의 연구'이다.

002 다음 중 1945년 광복 이후의 우리나라 주요 수목병 및 발생이 바르게 연결되지 않은 것은?

① *Melampsora larici-populina* – 1950년대 이태리포플러의 집단조림에서 크게 발생

② *Cronartium ribicola* – 1930년대 가평에서 최초 발견

③ *Raffaelea quercus-mongolicae* – 2004년 신갈나무에서 처음 발견

④ *Bursaphelenchus xylophilus* – 1988년 부산 금정산 소나무림에서 처음 발견

⑤ *Armillaria circinatum* – 1996년 인천의 리기다소나무림에서 최초 발견

---

001 ② Robert Hartig는 임의기생체 또는 임의부생체(부후재의 균사)와 자실체의 관계를 최초로 밝혔다. 절대기생체는 살아있는 세포에서 영양분을 섭취하여 번식하는 병원체이며, 바이러스·파이토플라스마·식물기생선충·원생동물·기생식물·일부 곰팡이 등이 있다. 대다수의 곰팡이와 세균은 임의부생체 또는 임의기생체이다.

① 1936년에 임업시험장 연구소에서 Takaki Goroku는 경기도 가평군 도유림에서 잣나무 털녹병(*Cronartium ribicola*)을 처음 발견하였고, 『조선임업회』에 발표하였다. (우리나라의 주요 수목병의 피해상황과 병원균의 동정에 관한 최초의 기술)

③ 20세기 북아메리카 주요 수목병은 밤나무 줄기마름병, 오엽송(잣나무류) 털녹병, 느릅나무 시들음병 등이 있으며, 이를 '세계 3대 수목유행병'이라 한다. 수목병리학의 발전을 크게 촉진시키는 계기가 되었다.

④ *Gymnosprangium* spp. 향나무 녹병(붉은별무늬병균)은 향나무와 장미과식물을 기주 또는 중간기주로 전반한다.

⑤ 1943년 Hemmi Takeo는 산림식물병 125종의 표본 중에서 단풍나무의 갈색점무늬병균(*Septoria acerina*) 등 14종의 병원균을 동정하고, 『조선삼림식물병원균의 연구』라는 논문을 『식물분류지리』지에 발표하였다. 우리나라 최초의 균학적 연구결과를 수록한 것이다

002 ⑤ 1996년 인천의 리기다소나무림에서 최초로 발견된 수목병은 *Fusarium circinatum*(소나무류 송진가지마름병)이다.

① *Melampsora larici-populina* 포플러류녹병

② *Cronartium ribicola* 잣나무털녹병

③ *Raffaelea quercus-mongolicae* 참나무시들음병

④ *Bursaphelenchus xylophilus* 소나무재선충

⑤ *Fusarium circinatum* 소나무류 수지궤양병(푸사리움가지마름병, 송진가지마름병)

정답 ▶ 001 ② 002 ⑤

003 다음 중 수목병해의 원인과 발생에 관한 설명으로 옳은 것은?

① 수목병의 주요 생물적 원인은 병원성 곰팡이이다.

② 파이토프토라(*Phytophthora* spp.)속은 주로 수피에서 생존하며 생존기간은 최소 2개월 이상이다.

③ 바이러스는 입자, 세균은 그 자체가 전염원이며, 곰팡이는 포자로만 전염한다.

④ 병삼각형에서 환경의 변 길이가 0이 되더라도 병은 발생할 수 있다.

⑤ 대부분 전염성 병의 병환에서 2차 전염원은 1차 전염원의 병징 발현 후 그 다음 해에 발생한다.

003 ① 대부분 수목병의 생물적 원인은 곰팡이이며, 세균과 바이러스에 의한 병은 목본식물보다 초본식물에서 더 흔하다.

② *Phytophthora*는 난균문으로 배수가 불량하고 습한 토양에서 주로 발생하며, 균사체로 토양에서 2개월 이상 생존한다.

③ 바이러스는 입자, 세균은 세균 그 자체가 전염원이 되며, 선충은 성충 또는 알이 전염원이 된다. 곰팡이의 전염원은 휴면 구조체(균사, 균핵, 후벽포자 등)와 포자 등이 있다.

④ 병삼각형의 3가지 필수 요소는 병원체(주인), 기주(소인), 환경이며, 3가지 요소 중 어느 하나라도 0이 되면 병은 발생하지 않는다.

⑤ 곰팡이는 1차 전염원의 병징 발현 후 월동단계에 들어가거나, 2차 전염(병원체 전반) 후 월동단계에 들어간다. 그러므로 대부분 곰팡이의 2차 전염원은 발병 당해 연도에 발생한다.

004 다음 중 병원체의 기주 침입 및 감염 기작에 대한 설명으로 옳은 것은?

① 곰팡이는 발아관을 내지 않고 흡기로 기주세포를 침입하기도 한다.

② 곰팡이의 영양분 섭취는 주로 부착기에서 이루어진다.

③ 세균은 기주 조직을 직접 침입하거나 상처, 자연개구 등을 통하여 침입한 후 세포내 균사로 번식한다.

④ 파이토플라스마는 유관속 조직을 통한 전신적 병해를 일으키며 주로 목부에서 발견된다.

⑤ 바이러스는 절대기생체이며 기주 세포나 조직에서 영양분을 흡수하여 증식한다.

004 ① 포자 → 발아관 → 부착기 → 침입관 → 균사 → 흡기의 순서로 침입을 하지만, 때로는 포자 → 흡기로 바로 침입하기도 한다.

② 곰팡이의 영양분 흡취는 주로 흡기에서 이루어진다.

③ 세균은 기주 조직을 직접 침입하지 못하며 상처, 자연개구(기공, 피목, 수공, 밀선 등)를 통하여 침입한다. 그리고 이분법으로 증식한다. 균사는 곰팡이의 번식 방법이다.

④ 파이토플라스마는 주로 체관부(사부)에서 발견되며 대부분 사부요소에 존재한다.

⑤ 바이러스는 기주의 영양분 흡수 없이 스스로 증식(복제)한다.

005 다음 중 수목병해의 진단에 관한 설명으로 옳은 것은?

① 기생성 병은 종 특이성이 매우 낮고, 비기생성 병은 종 특이성이 높다.

② 바이러스와 파이토플라스마는 병원체들의 뚜렷한 표징이 잘 나타나지 않는다.

③ 수목의 세포가 비정상적으로 분열하여 수목의 조직이 변형되는 것은 웃자람에 의한 생육장애 때문이다.

④ 안토시아닌의 발달 장애로 수목의 색깔이 변하는 것은 물질이동장애이다.

⑤ 잎맥투명화 현상은 잎맥이 투명하게 보이는 것으로 주로 곰팡이에 의한 병징이다.

005 ① 기생성 병은 종 특이성이 매우 높고, 비기생성 병은 종 특이성이 매우 낮다.

③ 수목의 세포가 비정상적으로 분열하여 수목의 조직이 변형되는 것은 분열조직활성화에 의한 생육장애 때문이다.

④ 안토시아닌의 발달 장애로 수목의 색깔이 변하는 것은 2차 대사의 장애이다.

⑤ 잎맥투명화 현상은 잎맥이 투명하게 보이는 것으로 주로 바이러스에 의한 병징이다.

 정답 003 ① 004 ① 005 ②

006 수목병의 진단법에 관한 설명으로 옳은 것은?

① 식물 병원체의 동정은 코흐의 법칙에 따라 수행되며, 특히 파이토플라스마 동정에 많이 적용한다.

② 생리화학적 진단에는 여과지 습실처리법, 황산구리법, Gram 염색법 등이 있다.

③ 분자생물학적 진단은 PCR을 사용하여 병원균의 DNA를 추출한 후 DNA 데이터베이스에서 비교·동정하는 방식이다.

④ 주사전자현미경은 광학현미경의 업그레이드 버전으로 세포 내부, 세균의 부속사 등을 관찰하는 데 이용된다.

⑤ 면역학적 진단의 장점은 특이성과 신속성이며, 최근 가장 많이 이용되는 방법은 ELISA법이다.

006 ① 식물 병원체의 동정은 코흐의 법칙에 따라 수행하지만, 파이토플라스마 동정에는 적용하기 어렵다.

② 생리생화학적 진단은 황산구리법, Biolog 검정법, Gram 염색법 등이 있다. 여과지 습실처리법은 배양적 진단이다.

③ 분자생물학적 진단은 병원균의 DNA를 추출한 후 PCR을 이용하여 증폭한다. 증폭된 유전자를 DNA 데이터베이스에서 비교·동정하는 방식이다.

④ 광학현미경의 업그레이드 버전으로 세포 내부, 세균의 부속사 등을 관찰하는 데 이용되는 현미경은 투과전자현미경이다.

007 수목병해 관리에 대한 내용으로 옳은 것은?

① *Guignardia aesculi*의 제1차 감염을 방제하기 위하여 여름에 병든 낙엽을 모아 묻거나 소각하면 전염의 고리를 끊을 수 있다.

② 반송에 많이 발생하는 *Lophodermium* spp.은 7월 이후에 병든 낙엽을 제거하여 전염을 예방할 수 있다.

③ *Cryphonectria parasitica*에 대한 저항성 품종의 육성은 아직까지 성공한 사례가 없다.

④ 우리나라는 1970년대에 최초로 산림병해충 예찰 사업으로 수목병이 예찰 대상에 포함되었다.

⑤ 국제간의 식물검역은 WHO의 세계보건기구의 조약에 따라 검역을 실시한다.

007 ① 칠엽수얼룩무늬병(*Guignardia aesculi*)의 제1차 감염을 방제하기 위하여 늦가을에 병든 낙엽을 모아 묻거나 소각하면 전염의 고리를 끊을 수 있다.

② 반송에 많이 발생하는 잎떨림병(*Lophodermium* spp.)은 7월 이전에 병든 낙엽을 제거하여 전염을 예방할 수 있다.

③ 밤나무줄기마름병(*Cryphonectria parasitica*)에 대한 저항성 품종의 육성은 성공한 사례가 미국에 있다.

⑤ 국제간의 식물검역은 FAO의 국제식물보호조약에 따라 검역을 실시한다.

008 곰팡이의 생활환에 대한 설명으로 옳지 않은 것은?

① 곰팡이의 무성세대는 병의 전반, 유성세대는 환경적응의 역할을 주로 한다.

② 곰팡이는 주로 포자 번식이며, 모든 포자는 1개의 세포로 형성된 번식체이다.

③ 유주포자는 무성생식으로 만들어진 포자이다.

④ 유성포자는 원형질융합과 핵융합, 감수분열의 단계를 거쳐 만들어진다.

⑤ 포자를 형성하지 않고 번식하는 형태는 균핵, 자좌, 뿌리꼴균사다발 등이 있다.

008 포자는 '1~수'개의 세포로 구성된다.

> ▶ **곰팡이의 포자형성 과정**
> 0. 발아 - 세포분열 - 균사 형성
> 1. 균사 - 곰팡이의 몸체, 다양한 형태(포자형성기관, 균핵, 자좌, 뿌리꼴균사다발 등)
> 2. 포자형성기관 - 포자 형성
> 3. 포자 종류 - 무성포자, 유성포자
> 4. 포자 - 적절한 환경이 되면 비산하여 새로운 기주로 전반

정답 006 ⑤   007 ④   008 ②

009 수목병의 발병환경 개선에 대한 내용으로 옳지 않은 것은?

① 바이러스병은 방제가 거의 불가능하므로 감염되지 않은 건전 묘목을 식재하는 것이 중요하다.

② 낙엽송, 편백, 활엽수류 등의 묘목 이식은 휴면 전이나 생장을 개시한 후 실시하면 뿌리썩음병, 페스탈로티아병, 탄저병 등이 발생할 가능성이 높다.

③ 토양전염성 병을 예방하기 위해서 단일수종을 밀식한다.

④ 침엽수의 모잘록병은 일반적으로 일광 부족이나 토양습도가 높을 때 많이 발생하므로 배수, 통풍관리를 철저히 해야 한다.

⑤ 기주 범위가 좁은 병원균은 작물의 선택 범위가 넓고, 짧은 윤작연한으로도 높은 방제효과를 거둘 수 있다.

010 다음 중 난균강의 설명으로 옳은 것은?

① 난균강의 2차형 유주포자는 모두 앞쪽으로 향한 2개의 편모가 있다.

② 격벽이 없는 단핵균사이며, 세포벽은 글루칸과 섬유소로 이루어진다.

③ 식물병으로 *Pythium*, *Phytophthora*, *Bremia* 등이 있다.

④ 장란기와 장정기의 수정으로 무성포자인 난포자를 형성한다.

⑤ 라이신 생합성 경로나 스테롤 대사 등이 조류와 차이가 많아서 조류계로 분류할 수 없다.

011 다음 중 자낭균아문에 관한 설명으로 옳지 않은 것은?

① 소나무 피목가지마름병을 비롯한 약 64,000여 종이 자낭균아문에 속한다.

② 자낭균아문은 유격벽균사이며, 격벽에는 단순격벽공이 있어 물질 이동통로로 사용된다.

③ 자낭과는 자낭구, 자낭각, 위자낭각, 자낭반, 전담자기 등이 있다.

④ *Mycosphaerella* 속은 자낭이 2중 벽으로 되어 있으며, 자낭자좌를 가진다.

⑤ *Taphrina* 속은 자낭과를 형성하지 않고 병반 위에 나출된다.

009 식재공간을 넓히고 혼종식재하는 것이 토양병 예방에 효과적이다.

▶ **발병환경의 개선 :** 건전묘의 식재, 조림시기와 식재 방법, 토양환경의 개선, 비배 관리, 돌려짓기, 임지무육 등

010 ① 1차형 유주포자는 모두 앞쪽으로 향한 2개의 편모를 가지며, 2차형 유주포자는 앞쪽으로 향한 털꼬리형 편모와 뒤쪽으로 향한 민꼬리형 편모를 가진다.

② 다핵균사는 균사에 격벽이 없어 세포벽 내에 여러 개의 핵을 가진 균사이며, 단핵균사는 균사에 격벽이 있어 하나의 세포에 1~2개의 핵을 가진 균사이다. 난균강은 다핵균사에 속한다.

④ 장란기와 장정기의 수정으로 유성포자인 난포자를 형성한다.

⑤ 라이신 생합성 경로나 스테롤 대사 등이 조류와 유사하여 조류계로 분류한다.

011 전담자기는 담자균의 생식기관이다.

① 자낭균은 흰가루병, 소나무 잎떨림병, 낙엽송 가지끝마름병, 벚나무 빗자루병 등 많은 종이 있다.

④ *Mycosphaerella* 속은 소방자낭균(위자낭각)으로 자낭과는 자낭자좌, 자낭은 2중벽, 병원균은 *Elsinoe*, *Venturia*, *Mycosphaerella*, *Guignardia* 등이 있다.

 정답 ▶ 009 ③   010 ③   011 ③

012 <보기>의 특성을 가진 세균의 수목병원체에 대한 설명으로 옳은 것은?

[보기]
㉠ 식물체의 물관부에만 존재한다.
㉡ 세포벽과 세포막이 있다.
㉢ 잎의 가장자리가 갈색으로 변하며, 안쪽의 조직이 노란색의 물결무늬 모양을 나타낸다.

① 매미충류 곤충과에 의하여 전반된다.
② 체관부국재성 세균이다.
③ 규칙적인 비료 사용은 저항성을 약화시킨다.
④ 증명된 방제 방법은 아직 없다.
⑤ 수분 부족에 의한 증상과는 뚜렷한 차이가 있다.

013 다음 중 뿌리병해의 병원균 우점병에 대한 설명으로 옳은 것은?

① 주로 기주의 성숙한 조직을 침입한다.
② 대표적 병원균은 *Phytophthora* spp., *Rhizina undulata*, *Fusarium* spp. 등이 있다.
③ 대부분 포자로 월동한다.
④ 대부분 활엽수의 뿌리에 많이 발병한다.
⑤ 건조한 토양에서 주로 발생한다.

014 다음 중 뿌리썩음병에 대한 방제법으로 옳은 것은?

① 모잘록병은 질소질 비료와 완숙퇴비를 많이 시비한다.
② 파이토프토라뿌리썩음병은 균근을 형성하면 병원균을 사전에 차단할 수 있다.
③ 리지나뿌리썩음병은 토양의 pH 농도를 높여주면 방제에 효과적이다.
④ 아밀라리아뿌리썩음병은 그루터기 제거 방법으로 산림에 경제적이고, 효과적이다.
⑤ 안노섬뿌리썩음병은 특별한 치료법이 없으므로 식재 거리를 근접하여 방제 효과를 높인다.

012 〈보기〉는 잎가마름병(*Xylella fastidiosa*)의 특성이다.
② 물관부국재성(FXLB) 세균이다.
③ 규칙적인 비료 사용으로 활력을 유지한다.
④ 항생제의 소량주입법은 효과가 있다.
⑤ 수분 부족 증상과 매우 유사하지만 주변 조직과의 경계에 노란색의 물결무늬가 나타나는 것이 특징이다.

013 ① 우점병은 기주의 미성숙한 조직을 침입한다.
③ 대부분 균사로 월동한다.
④ 침엽수, 활엽수의 뿌리에 많이 발병한다.
⑤ 습한 토양에서 주로 발생한다.

014 ② 토양 내에서 균근의 형성이 이 병의 감염을 차단하는 효과가 있지만, 유묘의 경우 균근 형성률이 25% 정도에 불과하므로 균근에 의한 보호를 받지 못한다. 소나무에서 균근이 먼저 형성되면 병원균의 침입이 차단된다.
① 뿌리썩음병은 질소질 비료를 많이 시비하면 수목이 웃자라고 조직이 연약해져서 병 발생률이 높아진다.
③ 산성 토양에서 발생이 심하므로 산성 토양을 석회로 중화시켜준다.
④ 그루터기 제거는 산림에 비경제적이고, 비효율적이다.
⑤ 식재 거리를 충분히 넓게 하여 뿌리를 통한 전염을 방지한다.

정답 ▶ 012 ① 013 ② 014 ②

015 다음 중 밤나무 줄기마름병의 발병 과정으로 옳은 것은?

① 병원균의 가지·줄기 상처 침입 ─ 수피 황갈색 갈변 ─ 수피 내 균사판 형성 ─ 분생포자각 형성 ─ 분생포자덩이 누출

② 가지·줄기 상처 침입 ─ 분생포자덩이 누출 ─ 분생포자각 형성 ─ 유합조직 형성 ─ 수피 내 균사판 형성

③ 가지·줄기 상처 침입 ─ 분생포자각 형성 ─ 수피 황갈색 갈변 ─ 유합조직 형성 ─ 수피 내 균사판 형성 ─ 분생포자덩이 누출

④ 수피 황갈색 갈변 ─ 가지·줄기 상처 침입 ─ 유합조직 형성 ─ 분생포자각 형성 ─ 수피 내 균사판 형성 ─ 분생포자덩이 누출

⑤ 수피 황갈색 갈변 ─ 가지·줄기 상처 침입 ─ 분생포자덩이 누출 ─ 유합조직 형성 ─ 분생포자각 형성 ─ 수피 내 균사판 형성

015 밤나물줄기마름병의 가지·줄기 상처 침입 ─ 수피 황갈색 갈변 ─ 병든 부위 괴저 또는 유합조직 형성 ─ 병든 부위 수피 내 황색의 두꺼운 균시판 형성 ─ 병든 부위 횡색 분생포자각 형성 ─ 적갈색 분생포자덩이 누출

016 다음 중 파이토플라스마(phytoplasma)에 의한 병으로 옳지 않은 것은?

① 벚나무 빗자루병
② 오동나무 빗자루병
③ 대추나무 빗자루병
④ 붉나무 빗자루병
⑤ 쥐똥나무 빗자루병

016 벚나무 빗자루병은 곰팡이 자낭균에 의한 병이다.

 ※ 파이토플라스마의 빗자루병을 매개하는 곤충은 담배장님노린재, 마름무늬매미충, 오동나무애매미충이다.

017 다음 중 주로 추운 지방에서 피해가 심한 병으로 바르게 짝 지어진 것은?

① 파이토프토라뿌리썩음병, 아밀라리아뿌리썩음병, 오동나무 줄기마름병

② 포플러류줄기마름병, 오동나무줄기마름병, Scleroderris 궤양병

③ 소나무가지끝마름병, 파이토프토라뿌리썩음병, 오동나무줄기마름병

④ 오동나무줄기마름병, 포플러류줄기마름병, 낙엽송가지끝마름병

⑤ 낙엽송가지끝마름병, 리지나뿌리썩음병, 안노섬뿌리썩음병

017 • 포플러류 줄기마름병 : 추운 지방에서 피해가 심하다.
 • 오동나무 줄기마름병 : 추운 지방에서 서리, 동해에 의해 수세가 약한 나무에 피해가 심하다.
 • Scleroderris 궤양병 : 추운 지방에서 주로 소나무류에 피해가 심하다.
 • 파이토프토라뿌리썩음병 : 열대 및 아열대 지역에서 침엽수, 활엽수 모두 문제가 된다.
 • 아밀라리아뿌리썩음병 : 한대, 온대, 열대 등에서 침엽수, 활엽수 모두 문제가 된다.
 • 소나무 가지끝마름병 : 봄에 기온이 따뜻하거나 비가 많이 내릴 때 심하게 발생한다.
 • 리지나뿌리썩음병 : 온대, 아한대 지역에서 주로 침엽수에 문제가 된다.
 • 안노섬뿌리썩음병 : 북반구 온대지역에서 주로 침엽수에 문제가 된다.
 • 낙엽송 가지끝마름병 : 고온 다습하고 강한 바람이 마주치는 임지의 일본잎갈나무에서 심하게 발생한다.
 • 소나무류 피목가지마름병 : 따뜻한 가을이 지나고 겨울철 기온이 매우 낮을 때 피해가 심하다.

 정답 015 ① 016 ① 017 ②

018 소나무류 피목가지마름병의 발병 예방을 위하여 6월까지 병든 가지를 제거해야 하는 이유로 옳은 것은?

① 죽은 가지나 줄기의 피목에서 봄~여름 사이에 1차 전염원이 형성되기 때문이다.
② 장마 이후 무성포자의 비산을 막기 위함이다.
③ 월동한 균사의 자낭각 형성을 예방하는 방제법이다.
④ 장마 전 모든 자낭포자가 비산을 하기 때문이다.
⑤ 6월 이후 병원균은 뿌리로 침투하여 아밀라리아 뿌리썩음병을 발병시키기 때문이다.

018 ① 봄~여름 사이 자낭반이 형성되고, 장마 후 자낭반이 부풀어 올라 자낭포자가 비산하므로 그 전에 감염된 가지 등을 제거함으로써 병원균 전반을 예방할 수 있다.
② 장마 이후 자낭포자의 비산을 막기 위함이다.
③ 월동한 균사의 자낭반 형성과 자낭포자 비산을 예방한다.
④ 장마 이후 자낭포자가 비산하기 때문이다.
⑤ 아밀라리아 뿌리썩음병원균은 *Armillaria* 속이며, 소나무 피목가지마름병원균은 *Cenangium* 속이다.

019 점무늬병을 일으키는 불완전균의 특징으로 옳은 것은?

① 점무늬병, 갈색무늬병, 흰무늬병, 탄저병, 녹병 등을 유발한다.
② 엽육조직 내 침입한 후 세포와 공생하며 기생한다.
③ 벚나무 갈색무늬구멍병은 *Marssonina* 속의 곰팡이병이다.
④ 병반이 흰색 또는 갈색으로 보이는 이유는 분생포자의 밀생 때문이다.
⑤ 유각균강의 무성세대는 불완전균아문 > 유각균강 > 총생균목에 속하는 *marssonina* 속의 곰팡이이다.

019 ④ 습하면 분생포자가 다량 형성되어 병반 위에 쌓이고, 흰색·갈색의 포자덩이가 육안으로 관찰된다.
① 녹병은 잎, 가지, 줄기에 발생하는 담자균병이다.
② 엽육조직 내 침입 후 세포를 괴사시키고, 괴사된 세포들은 녹색을 잃고 갈변되면서 다양한 병반을 형성한다.
③ 벚나무 갈색무늬구멍병은 *Cercospora* 속의 곰팡이 병이다.
⑤ 유각균강의 무성세대는 불완전균아문 > 유각균강 > 분생포자낭균목의 *marssonina* 속 곰팡이이다.

020 균류의 특징에 관한 설명으로 옳은 것은?

① *Taphrina* 속 곰팡이는 자낭과를 형성하지 않고, 단일벽의 자낭은 병반 위에 나출된다.
② 난균강은 격벽이 있으며, 세포벽이 있는 균사가 생장하여 난포자를 형성한다.
③ 녹병균은 곰팡이 중 가장 진화된 담자균류에 속하며, 단순격벽공을 가지고 원형질융합으로 담자포자를 생성한다.
④ *Lophodermium* 속 곰팡이는 자낭각을 형성하고, 단일벽의 자낭과 측사를 가지고 있다.
⑤ 자낭균아문은 세포벽과 격벽을 가진 균사를 형성하고, 자낭포자와 접합포자를 생성한다.

020 ① *Taphrina* 속 곰팡이는 자낭균아문의 반자낭균강에 속하는데, 반자낭균강은 자낭과를 형성하지 않고 병반 위에 나출된다.
② 난균강은 격벽이 없으나 세포벽이 있는 균사가 생장하여 난포자를 형성한다.
③ 녹병균은 유연공격벽을 가지고 감수분열로 담자포자를 생성한다.
④ *Lophodermium* 속 곰팡이는 반균강에 속하며, 자낭반을 형성한다.
⑤ 자낭균아문은 세포벽과 격벽을 가진 균사를 형성하고, 자낭포자와 분생포자를 생성한다.

021 다음 중 *Entomosporium* 속의 곰팡이에 의한 병으로 옳은 것은?

① 불완전균아문에 속하며, *Entomo*는 포자를 의미한다.
② 생울타리용 홍가시나무에 흔히 발생한다.
③ 발병 초기에 병반 주변은 회색으로 변한다.
④ 병반 가운데는 까만색의 자낭구가 융기되어 나타난다.
⑤ 봄에 건조하면 묵은 잎과 묵은 가지에서 자주 발생한다.

021 ② *Entomosporium* 속의 곰팡이에 의한 홍가시나무, 채진목나무, 다정큼나무, 비파나무 등에서 흔히 발생한다.
　① *Entomo*는 '곤충'을 의미한다.
　③ 발병 초기에 병반 주변은 붉은색 또는 홍자색으로 변한다.
　④ 병반 가운데는 까만색의 분생포자층이 나타난다.
　⑤ 봄비가 잦으면 햇잎과 어린가지에 점무늬가 자주 발생한다.

022 <보기>에서 점무늬병의 병원균 분류로 옳은 것을 모두 고른 것은?

[보기]
㉠ 무궁화점무늬병 – *Corynespora* 속
㉡ 포플러류점무늬잎떨림병 – *Pestalotiopsis* 속
㉢ 참나무갈색둥근무늬병 – *Drepanopeziza* 속
㉣ 은행나무잎마름병 – *Marssonina* 속
㉤ 느티나무흰별무늬병 – *Sphaerulina* 속

① ㉠, ㉢
② ㉡, ㉣
③ ㉠, ㉤
④ ㉡, ㉢, ㉣
⑤ ㉠, ㉢, ㉤

022 ㉡ 포플러류점무늬잎떨림병 – *Drepanopeziza* 속
　㉢ 참나무갈색둥근무늬병 – *Marssonina* 속
　㉣ 은행나무잎마름병 – *Pestalotiopsis* 속

023 다음 중 소나무 잎떨림병에 대한 설명으로 옳은 것은?

① 학명은 *Sphaeropsis sapinea* 이다.
② 6~7월에 묵은 잎의 1/3 이상이 낙엽진다.
③ 방제법으로 늦가을~초겨울 사이 병든 잎을 모아 태우거나 묻는다.
④ 살균제는 7~9월 자낭포자 비산 시기에 살포한다.
⑤ 감염된 잎의 잎집에 검은색 분생포자각들이 형성된다.

023 ① 학명은 *Lophodermium* spp. 이다.
　② 3~5월에 묵은 잎의 1/3 이상이 낙엽진다.
　③ 방제법으로 늦봄~초여름 사이에 병든 잎을 모아 태우거나 묻는다.
　⑤ 감염된 잎은 노란 점무늬가 나타나며 갈색 띠 모양으로 진전된다. 감염된 잎의 잎집에 검은색 분생포자각들이 형성되는 것은 소나무류 디플로디아순마름병의 병징이다.

024 녹병균의 생활환에서 포자의 핵상이 2n이 되는 시기와 그 포자의 역할에 대한 설명으로 옳은 것은?

① 겨울포자세대에 형성되고 기주교대를 하는 유일한 포자이다.

② 여름포자세대에 형성되고 온도와 습도에 민감하며, 반복전염성이 매우 강하다.

③ 녹포자세대에 형성되고 녹포자기 내에서 연쇄상으로 형성된다.

④ 겨울포자세대에 형성되며 월동포자이다.

⑤ 담자포자세대에 형성되며 담자기 내에서 형성되는 다세포 포자이다.

024 ① 기주교대를 하는 포자는 겨울포자와 녹포자이다.

② ③ 겨울포자세대에 형성되고, 온도와 습도에 민감하지 않다.

⑤ 담자포자는 담자기 내에서 형성되는 단세포 포자이며 핵상이 n이다.

참고)
• 포자의 핵상이 2n (겨울포자) : 핵융합으로 2n의 핵상이 되고, 발아할 때 감수분열을 하여 담자포자(월동포자)를 형성한다.
• 녹병균의 핵상
녹병정자 – n, 녹포자 – n+n, 여름포자 – n+n, 겨울포자 – 2n, 담자포자 – n

025 다음 중 당년에 *Cronartium ribicola*에 감염된 잣나무에서 나타나는 병징으로 옳은 것은?

① 감염 부위는 1~2년 후 적갈색으로 변하지만 수피가 부풀지는 않는다.

② 녹병정자가 형성되고 이듬해 4~6월에 녹포자기를 형성하고, 녹포자가 비산한다.

③ *Cronartium* 속은 절대기생체이므로 포자가 비산한 후에도 수피의 형성층은 살아있다.

④ 갈색의 분생포자 덩이가 누출되며, 자낭각은 수피조직에 파묻혀 형성된다.

⑤ 수피가 갈라지고 황색의 점액이 흐르며, 그 안에는 분생포자가 들어있다.

025 ② *Cronartium ribicola*에 감염된 잣나무는 녹병정자가 형성되고 약 10개월 후 이듬해 4~6월에 녹포자기가 형성되고, 녹포자가 비산한다.

① 수피가 방추형으로 부푼다.

③ 녹병균은 절대기생체이고, 녹포자가 비산한 후 수피는 마르고 형성층은 죽는다.

④ 잣나무수지동고병에 대한 설명이다.

⑤ 수피가 갈라지고 황색의 점액이 흐르며 그 안에는 녹병정자가 들어있다.

정답▶ 024 ④ 025 ②

【수목해충학】

026 곤충의 분류에서 노린재목에 내한 설명으로 옳시 않은 것은?

① 빠는 형의 입틀을 가진다.
② 겉입틀류에 속한다.
③ 아목으로 노린재아목과 매미아목이 있다.
④ 입틀은 머리덮개 안쪽에 위치하며 열린 공동으로 싸여져 있다.
⑤ 날개는 반초시를 가진다.

026 노린재목은 입들이 머리덮개 밖으로 확장된 겉입틀류이다. 입틀이 머리덮개 안쪽에 위치하며 열린 공동으로 싸여져 있는 방식은 속입틀류이다.

※ 노린재목 : 곤충강(겉입틀류) > 유시아강 > 신시군 > 외시류(불완전변태류) > 노린재목(빠는형)
• 유시아강 : 날개가 있거나 이차적으로 날개가 퇴화하여 없는 곤충
• 신시군 : 외시류(불완전변태류)와 내시류(완전변태류) 곤충
• 노린재목 : 노린재아목과 매미아목으로 분류

027 곤충의 번성에 관한 요인으로 가장 옳지 않은 것은?

① 딱딱한 체벽의 수분증발 억제와 체내 보호
② 에너지 소비의 효율적 이용에 적합한 왜소한 신체
③ 짧은 세대기간의 효율적 생식능력
④ 새로운 환경에 적응 능력
⑤ 공동의 이익을 위한 단체행동

027 곤충의 번성 요인으로는 외골격, 작은 몸집, 비행능력, 번식능력, 변태, 환경적응 능력 등이 있다.

028 곤충의 진화와 관련한 목별 특징으로 바르지 않은 것은?

① 파리목 − 빠는 형 입틀을 가지며, 뒷날개는 균형을 유지하는 역할을 한다.
② 돌좀목 − 몸은 원통형이며, 성충이 된 후에도 탈피를 계속한다.
③ 나비목 − 유충은 씹는 형 입틀을 가지며, 복부는 보통 5쌍의 배다리가 있다.
④ 벌목 − 유충은 씹는 입틀을 가지며, 뒷날개는 앞날개보다 크다.
⑤ 딱정벌레목 − 유충은 씹는 형 입틀과 홑눈을 가지며, 앞날개는 뒷날개의 보호 역할을 한다.

028 ④ 벌목 : 유시아강(신시류 − 완전변태)에 속하고 유충은 씹는 형 입틀(꿀벌류는 혀처럼 작동하는 주둥이)이며, 겹눈이 잘 발달되었다. 앞날개에 삼각형의 연문이 있고, 뒷날개가 앞날개보다 작다.

① 파리목 : 유시아강(신시류−완전변태)에 속하며, 빠는 형 입틀이며, 1쌍의 앞날개와 균형을 유지하는 평균곤(뒷날개)을 가지고 있다.
② 돌좀목 : 무시아강에 속하며, 성충과 미성숙충 모두 몸은 원통형이며, 끝으로 갈수록 좁아진다. 11번째 배마디는 중앙미모 형성을 위해 확대된다. 성충이 된 후에도 주기적 탈피를 한다.
③ 나비목 : 유시아강(신시류 − 완전변태)에 속하고, 유충은 머리덮개가 잘 발달되어 있으며, 입틀은 씹는 형이다. 곤충강 중 두 번째로 큰 목이다. 비행중 앞ㆍ뒷날개는 날개가시 또는 날개걸이로 서로 연결되어 동시에 위 아래로 움직인다.
⑤ 딱정벌레목 : 유시아강(신시류 − 완전변태)에 속하고, 유충은 홑눈과 씹는 형 입틀을 가진다. 3쌍의 가슴다리가 있고, 배다리는 없다. 성충은 씹는 형 입틀이고, 앞날개(딱지날개 − 시초)는 단단하고 뒷날개의 덮개 역할을 하며, 뒷날개는 크고 막질이다. 곤충강에서 가장 큰 목이다. 진딧물 및 깍지벌레의 천적이다.

 정답 026 ④ 027 ⑤ 028 ④

029 <보기>에서 곤충의 변태과정 중 번데기 과정이 있는 곤충으로만 묶인 것은?

[보기]

풀잠자리, 극동등에잎벌, 솔잎혹파리, 돈나무이, 회양목혹응애

① 솔잎혹파리, 돈나무이, 회양목혹응애
② 극동등에잎벌, 솔잎혹파리, 회양목혹응애
③ 풀잠자리, 극동등에잎벌, 솔잎혹파리
④ 풀잠자리, 솔잎혹파리, 회양목혹응애
⑤ 극동등에잎벌, 솔잎혹파리, 돈나무이

029 번데기 과정은 완전변태류 곤충에서 나타나는데, 완전변태류(내시류)에는 풀잠자리목, 딱정벌레목, 나비목, 파리목, 벌목 등이 있다.
- 풀잠자리 : 풀잠자리목
- 극동등에잎벌 : 벌목
- 솔잎혹파리 : 파리목
- 돈나무이 : 노린재목 – 불완전변태류(외시류)
- 회양목혹응애 : 응애목 – 거미강
- 응애 : 알 – 유충(다리 3쌍) – 약충(다리 4쌍) – 성충의 발육단계

030 <보기>에서 곤충의 외부구조에 관한 설명으로 옳은 것을 모두 고른 것은?

[보기]

㉠ 원표피 : 표피의 탄력성은 레실린이라는 단백질 성분이 중요한 역할을 한다.
㉡ 진피 : 표피세포와 외표피 사이에 위치하며 탈피액을 분비하여 내원표피물질을 흡수한다.
㉢ 기저막 : 기저층과 망상층의 이중층이며, 물질의 투과에 관여한다.

① ㉠
② ㉡
③ ㉠, ㉡
④ ㉠, ㉢
⑤ ㉠, ㉡, ㉢

030 기저막은 기저층과 망상층의 이중층이며, 물질의 투과에 관여하지 않는다.

031 수목해충의 생물적 방제 시 해충과 천적의 연결이 잘못 연결된 것은?

① 솔수염하늘소 – 남색긴꼬리좀벌
② 솔잎혹파리 – 혹파리살이먹좀벌
③ 잣나무별납작잎벌 – 두더지
④ 점박이응애 – 긴털이리응애
⑤ 솔나방 – 송충알벌

031 ① 솔수염하늘소(소나무재선충의 매개충)의 천적은 개미침벌, 가시고치벌이다.
- 밤나무혹벌 – 남색긴꼬리좀벌

032 벚나무에 발생한 복숭아유리나방에 대한 방제 방법에 대한 설명으로 옳지 <u>않은</u> 것은?

① 철사를 침입공에 넣어 유충을 찔러죽인다.
② 플루벤디아마이드 액상수화제를 6~8월에 살포한다.
③ 원목을 1m 정도 잘라서 2월 하순에 발생지에 세워둔다.
④ 페로몬트랩으로 성충을 포살한다.
⑤ 피해가 심한 나무는 제거하여 소각한다.

032 ③ 소나무좀 방제에 대한 설명이다.

033 곤충의 기관에 대한 설명으로 <u>옳은</u> 것은?

① 말피기관은 탈피호르몬(엑디손)을 생산한다고 알려져 있다.
② 지방체는 식균작용, 영양물질의 저장 장소 역할을 한다.
③ 편도세포는 배설물에서 수분, 이온류 재흡수 및 체내 수분 유지 기능을 한다.
④ 등혈관은 호르몬을 분비하는 내분비계로서 순환계로 호르몬을 방출하는 역할을 한다.
⑤ 내분비샘은 곤충의 등쪽에 있는 심장과 대동맥을 칭한다.

033 ② 지방체는 곤충의 면역기능과 해독, 혈당조절 등의 역할을 한다. 내부에 액포가 들어있고 영양물질이 축적되어 있다. 종에 따라서 식균작용을 하기도 하며, 요산염 세포가 발달하기도 한다.
① 말피기관은 배설물에서 수분, 이온류 재흡수 및 체내 수분 유지 기능을 한다.
③ 편도세포는 탈피호르몬(엑디손)을 생산한다고 알려져 있다.
④ 곤충의 등쪽에 있는 심장과 대동맥을 등혈관이라 한다.
⑤ 내분비샘은 호르몬을 분비하는 내분비계 세포들 중 순환계로 호르몬을 방출하는 역할을 한다.

034 곤충의 배자 발생 과정에서 외배엽성 세포가 분화된 기관으로 옳게 짝지어진 것은?

> [보기]
> 표피, 전장, 심장, 호흡계, 지방체, 중장, 신경계, 생식선(난소 및 정소)

① 신경계, 호흡계, 지방체, 중장
② 표피, 지방체, 생식선(난소 및 정소), 중장
③ 표피, 신경계, 전장, 호흡계
④ 호흡계, 지방체, 생식선(난소 및 정소), 신경계
⑤ 표피, 신경계, 전장, 지방체

034 ・외배엽 : 표피, 외분비샘, 뇌 및 신경계, 감각기관, 전장 및 후장, 호흡계, 외부생식기
・중배엽 : 심장, 혈액, 순환계, 근육, 내분비샘, 지방체, 생식선(난소 및 정소)
・내배엽 : 중장

chapter 06

정답 032 ③   033 ②   034 ③

035 수목해충 중 식엽성 해충으로 짝지어진 것으로 옳은 것은?

① 총채벌레, 잎벌, 독나방, 거위벌레, 잎벌레
② 노린재, 잎벌, 독나방, 무당벌레, 방패벌레
③ 방패벌레, 잎벌, 독나방, 무당벌레, 나무좀
④ 나무좀, 진딧물 , 매미, 풍뎅이, 거위벌레
⑤ 대벌레, 잎벌, 독나방, 무당벌레, 솔나방

036 알로 월동하는 곤충으로 바르게 나열된 것은?

① 대벌레, 갈색날개매미충, 물푸레면충
② 뿔밀깍지벌레, 솔수염하늘소, 복숭아혹진딧물
③ 진달래방패벌레, 전나무잎말이진딧물, 갈색날개노린재
④ 매미나방, 황다리독나방, 제주집명나방
⑤ 노랑털알락나방, 회양목명나방, 느티나무벼룩바구미

037 수목을 가해하는 해충의 학명과 기주, 그리고 발생 세대수의 연결이 옳은 것은?

① 매미나방 – *Lymantria dispar* – 활엽수 – 3회
② 솔껍질깍지벌레 – *Conogethes punctiferalis* – 잣나무 – 2회
③ 복숭아명나방 – *Matsucoccus matsumurae* – 곰솔 – 2회
④ 갈색날개매미충 – *Pochazia shantungensis* – 산수유 –1회
⑤ 호두나무잎벌레 – *Gastrolina depressa* – 가래나무 – 2회

038 유인목을 이용하여 해충이 우화하기 전에 유인목을 박피하거나 태워버리는 방제법을 번식장소유살법이라고 한다. 이러한 방제법이 가장 유용한 해충은?

① 복숭아유리나방, 미국흰불나방
② 주홍날개꽃매미, 광릉긴나무좀
③ 복숭아유리나방, 매미나방
④ 솔나방, 노랑애나무좀
⑤ 소나무좀, 솔수염하늘소

---

035 • 대벌레 – 식엽성
 • 총채벌레 – 흡즙성
 • 노린재목
  – 흡즙성 : 노린재, 방패벌레, 매미, 매미충, 거품벌레, 선녀벌레, 나무이, 진딧물, 각지벌레
 • 나비목
  – 식엽성, 천공성, 종실가해 : 나방, 나비
 • 파리목
  – 충영형성 : 혹파리
 • 딱정벌레목
  – 식엽성 또는 식근성 : 무당벌레, 잎벌레, 풍뎅이
  – 천공성 : 나무좀, 비단벌레, 하늘소
  – 식엽성 또는 천공성 : 바구미
  – 종실가해 : 거위벌레
 • 벌목
  – 식엽성 : 잎벌
  – 충영형성 : 혹벌

036 • 성충월동 : 진달래방패벌레, 뿔밀깍지벌레, 갈색날개노린재, 느티나무벼룩바구미 등
 • 유충월동 : 솔수염하늘소, 제주집명나방, 회양목명나방 등
 • 알월동 : 대벌레, 갈색날개매미충, 물푸레면충, 복숭아혹진딧물, 전나무잎말이진딧물, 매미나방, 황다리독나방, 노랑털알락나방 등

037 ① 매미나방 – *Lymantria dispar* – 호두나무 – 1회
   (침엽수 · 활엽수)
 ② 복숭아명나방 – *Conogethes punctiferalis* – 2~3회
   (침엽수 · 활엽수)
 ③ 솔껍질깍지벌레 – *Matsucoccus matsumurae* – 곰솔 – 1회
   (곰솔, 소나무 가해)
 ⑤ 호두나무잎벌레 – *Gastrolina depressa* – 가래나무 – 1회
   (호두나무, 가래나무 가해)

038 • 유살법 : 유인목을 설치하여 성충이 산란한 후 우화하기 전에 유인목을 박피하거나 태워버리는 기계적 방제법
 • 잠복장소유살법 : 나방류 유충의 월동 준비 시기에 잠복소 설치. 솔나방, 미국흰불나방 등
 • 번식장소유살법 : 유인목 설치. 나무좀류, 하늘소류, 바구미류 등 천공성 해충의 방제법
 • 등화유살법 : 주광성 해충 유인. 나방류
 • 페로몬유살법 : 페로몬 이용. 미국흰불나방, 회양목명나방, 복숭아유리나방, 솔껍질깍지벌레 등

 정답   **035** ⑤   **036** ①   **037** ④   **038** ⑤

039 나비목(Lepidoptera)에 대한 설명으로 옳지 않은 것은?

① 주둥이에 인편털이 없으며 수컷이 날개주름을 가진 해충은 차
잎말이나방, 소나무순나방 등이 있다.

② 유충이 도롱이를 만들고, 암컷은 날개가 없는 퇴화된 종이 많
은 해충은 주로 침엽수만 가해한다.

③ 복부는 오렌지색 또는 황색이며 검은색의 호 모양이 많고, 벌
과 매우 유사한 해충은 벚나무류의 피해를 심각히 유발시킨다.

④ 수컷의 더듬이는 빗살모양이 많고, 낮에 활동하며, 유충은 접
촉 시 통증을 유발시키는 해충은 알락나방과이다.

⑤ 재주나방과 해충은 유충이 주로 애벌레형이며, 중·대형에 속
하고, 가슴다리가 뚜렷이 길다.

040 곤충의 형태 형성에서 탈피와 변태에 대한 설명으로 옳지 않은 것은?

① 표피층 분리는 진피세포와 기존의 외골격의 분리이다.

② 표피소층은 분비된 탈피액의 분해를 방지하고 외골격의 일
부가 된다.

③ 나용은 발육하는 모든 부속지가 자유롭고, 외부적으로 보인
다.

④ 단단한 외골격 내에 몸이 들어 있는 번데기는 위용이다.

⑤ 외원표피의 경화는 새로운 외골격의 팽창 이전에 일어나는
단계이다.

041 수목해충에 대한 설명으로 옳지 않은 것은?

① 버들잎벌레는 오리나무, 버드나무류에 피해를 주며, 성충·유
충 모두 잎을 가해한다.

② 솔잎벌은 알의 길이가 약 2.4mm이며 바나나 모양이다.

③ 벚나무모시나방은 주로 장미과 식물을 가해하며, 연 1회 발
생한다.

④ 솔나방은 연 1회 발생하고, 알로 수피에서 월동하며 7월에 우
화한다.

⑤ 중국 남부 출신인 주홍날개꽃매미는 약충·성충 모두 긴 구침
으로 수액을 빨아먹는 흡즙성 해충이다.

---

039 ② 유충이 도롱이를 만들고, 암컷은 날개가 없는 퇴화된 종이 많은
해충은 주머니나방과인데, 침엽수와 활엽수 모두에서 발생한다.

③ 유리나방과 해충에 대한 설명이다.

040 ⑤ 외원표피의 경화는 마지막 단계에서 일어난다.

▶ **탈피과정 요약**
1단계 : 표피층분리
2단계 : 진피세포에서 불활성 탈피액 분비
3단계 : 새로운 외골격을 위한 표피소층 생산
4단계 : 탈피액의 활성화
5단계 : 기존 내원표피의 소화 및 흡수
6단계 : 진피세포가 새로운 원표피 분비
7단계 : 탈피(기존의 외원표피와 외표피의 허물벗기)
8단계 : 새로운 외골격 팽창
9단계 : 검게 굳히기(새로운 외원표피의 경화 – 색깔이 나타남)

▶ **번데기 : 피용 – 나용 – 위용**
• 피용 : 부속지(더듬이, 날개, 다리 등)가 껍질 같은 외피로
몸에 밀착
• 나용 : 발육하는 모든 부속지가 자유롭고, 외부적으로 보임
• 위용 : 끝에서 두 번째 유충의 단단한 외골격 내에 몸이 들
어 있음

041 ④ 솔나방은 연 1회, 유충으로 지피물에서 월동하며, 7월 하순~8
월 상순에 솔잎 사이에서 우화한다.

 정답 039 ② 040 ⑤ 041 ④

042 꽃매미의 방제 방법으로 옳지 않은 것은?

① 줄기에 부착된 알덩이를 4월 이전에 제거한다.

② 주요 기주목인 가죽나무를 제거한다.

③ 어린 약충 시기에 이미다클로프리드 분산성액제를 나무주사 한다.

④ 유인목을 설치하여 방제하는 것이 효과적이다.

⑤ 동시 발생 해충으로 미국선녀벌레, 갈샐날개매미충과 공동방 제가 필요한 해충이다.

043 우리나라 주요 수목해충의 예찰시기와 방법으로 <u>옳지 않은</u> 것은?

① 솔수염하늘소는 4~8월까지 우화조사목에 대한 우화상황을 매일 조사한다.

② 솔잎혹파리는 4월10일까지 우화상을 설치하고, 충영형성률은 9~10월 조사한다.

③ 솔껍질깍지벌레는 충남, 전북, 경북의 선단지역에서 4월에 알 덩이 발생을 예찰조사한다.

④ 광릉긴나무좀은 4월에 유인목 설치와 끈끈이롤트랩을 부착하 여 4~8월에 유인 개체수를 조사한다.

⑤ 밤바구미는 7~9월 1개군에 조사구를 설치하여 우화시기와 피 해율을 조사한다.

044 수목해충의 방제에 대한 설명으로 옳은 것은?

① 소나무재선충병에 대한 전자파 이용은 수목 치료에 주로 사 용된다.

② 진딧물류는 청색 계열의 빛으로 유인하여 조사한다.

③ 내충성 품종의 주요 특징은 항객성, 내성, 감수성이다.

④ 박쥐나방 성충 시기에 수목 주변의 제초를 실시하면 피해를 예방할 수 있다.

⑤ 복숭아혹진딧물의 중간기주는 무, 배추 등이다.

---

042 ④ 유인목은 주로 나무좀류, 하늘소류 등 천공성 해충에 효과적 이다.

※ 꽃매미는 4월 하순에 검은 약충이 발생하고, 6월 하순에 붉은 약충이 발생하므로 해충발생 초기인 4월과 6월이 약제 살 포의 적기이다.

043 ⑤ 밤바구미는 7~9월 3개군에 조사구를 설치하여 우화시기를 조 사한다. 현재 피해율 조사는 실시하지 않는다.

▶ 주요 수목해충의 예찰조사
솔수염하늘소, 솔잎혹파리, 솔껍질깍지벌레, 솔나방, 광릉긴나 무좀, 미국흰불나방, 복숭아명나방, 밤바구미, 밤나무혹벌 등에 실시한다.

044 ① 소나무재선충병의 전자파 이용 매개충 제거는 피해목의 목재 활용 시 사용된다.

② 진딧물류와 멸구류는 황색계의 빛에 유인되므로 황색수반을 사 용하여 조사용으로 사용한다.

③ 내충성 품종은 항객성, 항생성, 내성이며, 감수성은 기주식물 의 특징이다.

④ 박쥐나방은 어린 유충시기에 수목 주변에서 제초를 실시하여 유 충 피해를 방지한다.

정답 042 ④ 043 ⑤ 044 ⑤

045 해충의 생물적 방제에 관한 설명으로 옳지 않은 것은?

① 증가된 해충의 밀도를 감소시키기 위해 천적이나 미생물을 이용하는 방제이다.

② 핵다각체병바이러스는 주로 잎벌류나 파리목 유충을 기주로 한다.

③ 미생물에 감염된 유충들 중에는 식물체에 거꾸로 매달려 있는 경우도 있다.

④ 곤충병원성 바이러스의 단점은 자외선에 의해 활성이 저하된다.

⑤ Bt(Bacillus thuringiensis) 세균은 다른 살충제와 혼용이 가능하며 속효성이다.

045 ② 핵다각체병바이러스는 주로 나비목 유충을 기주로 한다.

③ 핵다각체병바이러스의 병징이다.

※ 병원성 바이러스는 인공배지 증식이 어려우며, 반드시 기주곤충에서 증식 가능하다.

046 수목해충의 발생조사 중 간접조사에 관한 설명으로 옳지 않은 것은?

① 유아등은 700nm 광원인 형광블랙라이트가 가장 효과적이다.

② 수반트랩에 계면활성제를 섞는 것은 물속의 곤충을 보호하는 기능이다.

③ 우화상은 약충이 탈피하여 성충으로 우화하는 것을 조사한다.

④ 소나무좀은 먹이트랩을 이용하여 포획할 수 있다.

⑤ 말레이즈트랩은 날아다니는 화분매개곤충을 조사하는데 주로 이용된다.

046 ① 유아등은 자외선 근처의 320~400 nm가 많이 사용되고, 360 nm 근처의 형광블랙라이트가 가장 효과적이다.

047 수목해충과 가해 특성의 연결이 옳지 않은 것은?

① 버들잎벌레, 느티나무벼룩바구미 : 잎을 가해한다.

② 복숭아가루진딧물, 벚나무응애 : 흡즙을 하고 감로를 배출한다.

③ 도토리거위벌레, 밤바구미 : 열매에 구멍을 뚫는다.

④ 사사키잎혹진딧물, 외줄면충 : 충영을 만든다.

⑤ 알락하늘소, 소나무좀 : 줄기에 구멍을 뚫는다.

047 ② 복숭아가루진딧물은 흡즙을 하고, 감로를 배출하지만 벚나무응애는 감로 배출을 하지 않는다.

048 **수목해충의 생태적 특성에 관한 설명으로 옳지 않은 것은?**

① 사철나무혹파리는 3령 유충으로 벌레혹에서 월동하며, 성충의 수명은 6~12시간이다.

② 회양목혹응애는 잎눈 속에서 벌레혹을 형성하며, 성충으로 월동한다.

③ 차응애는 잎 뒷면에서 즙액을 먹고, 몸에 검은색의 커다란 무늬가 있다.

④ 뽕나무깍지벌레는 가지에서 즙액을 먹고, 흰색 밀랍을 분비하여 가지가 희게 보인다.

⑤ 이세리아깍지벌레는 흰색의 왁스 물질로 만든 알주머니에 알을 낳고, 알로 월동한다.

048 ⑤ 이세리아깍지벌레는 흰색의 왁스 물질로 만든 알주머니에 알을 낳고, 3령 약충 또는 성충으로 월동한다.

049 **수목의 즙액을 빨아먹는 해충의 방제 방법으로 옳은 것은?**

① 선녀벌레는 성충의 천적인 무당벌레류를 보호한다.

② 버들재주나방은 성충 초기에 집단으로 가해하는 잎을 채취, 소각한다.

③ 주머니깍지벌레는 부화약충시기인 4월 초순에 적용약제를 살포한다.

④ 철쭉띤애매미충은 두더지를 보호한다.

⑤ 목화진딧물은 무궁화 주변에 가지, 오이의 재배를 피한다.

049 ⑤ 중간 기주인 가지, 오이를 제거하면 목화진딧물의 발생을 줄일 수 있다.

① 선녀벌레는 약충의 천적인 무당벌레류를 보호한다.

② 버들재주나방은 유충 초기에 집단으로 가해하는 잎을 채취, 소각한다.

③ 주머니깍지벌레의 부화약충시기는 6월 하순, 8월 하순이다.

④ 철쭉띤애매미충은 거미류를 보호한다.

050 **곤충의 내부 구조에 관한 설명으로 옳지 않은 것은?**

① 말피기관의 분비작용은 관내로 유입된 수분과 이온류의 재흡수를 일으킨다.

② 곤충의 기문은 주로 가슴과 복부의 옆판에 있다.

③ 복숭아유리나방의 혈액은 조직 속으로 스며들고 심장으로 돌아오는 개방순환계를 가진다.

④ 나방류 암컷의 부속샘에는 곤충의 행동 변화 유도물질이 들어있다.

⑤ 암컷의 난황이 들어있는 난모세포는 난소소관에서 만들어진다.

050 ④ 나방류 수컷의 부속샘에는 곤충의 행동 변화 유도물질이 들어있다.

▶ 난소소관의 3가지 유형
• 무영양실형 난소소관 : 혈액에서 양분 공급
• 단영양실형 난소소관 : 긴 영양세포에서 양분 공급
• 다영양실형 난소소관 : 여러 영양세포에서 양분 공급

정답 ▶ 048 ⑤ 049 ⑤ 050 ④

【수목생리학】

051 식물 뿌리에서 무기염의 흡수 시 자유공간의 세포벽 이동에 해당되는 것은?

① 아포플라스트 이동
② 심플라스트 이동
③ 카스페리안대 이동
④ 내초 이동
⑤ 세포질 이동

051 ① 아포플라스트(apoplast) 이동 : 세포벽 이동이라 하며, 뿌리의 세포벽을 통하여 무기염이 이동하는 경로
② 심플라스트(symplast) 이동 : 세포질 이동이라 하며, 세포의 원형질연락사를 통하여 무기염이 이동하는 경로
③ 카스페리안대 : 내피세포의 벽을 수베린으로 채워 자유공간을 없애고, 무기염의 세포벽 이동을 막아주는 역할을 함
④ 내초 : 내피 안쪽에 위치하며, 유조직의 세포층(한층~수층으로 배열)
⑤ 세포질 : 세포에서 핵을 제외한 세포막 안의 부분. 단백질, 물, 무기염류 등으로 구성

052 목본식물에서 부계 세포질유전으로 신세포질이 발현되는 수목에 해당되지 않는 것은?

① 참나무
② 소나무
③ 잎갈나무
④ 개잎갈나무
⑤ 잣나무

052 부계 세포질유전 : 나자식물의 수정과정에서 정핵과 난자의 수정 시 난세포 내의 소기관이 소멸되며 웅성배우체의 세포질 내의 소기관이 분열하여 대체하는 현상 (소나무속, 잎갈나무속, 미송 등)
• 참나무 : 속씨식물
• 소나무, 잎갈나무, 개잎갈나무, 잣나무 : 나자식물

053 마그네슘(Mg)의 결핍증상과 유사하지만, 엽맥 사이 조직과 어린잎에서 증상이 시작되는 것은?

① 철(F)
② 칼륨(K)
③ 인(P)
④ 붕소(B)
⑤ 구리(Cu)

053 ① 철(F) : 체내 이동이 잘 안되어 어린잎에서 먼저 결핍증이 나타나며, 마그네슘 결핍증상과 유사하며 엽맥 사이 조직에서 시작된다.
 ※ 마그네슘 : 체내 이동이 잘 이루어지므로 성숙잎에서 먼저 결핍증이 나타나며, 엽맥과 인접한 엽육조직에서 시작된다.
② 칼륨(K) : 체내 이동이 잘 되므로 성숙잎에서 먼저 결핍증이 나타나며, 잎에 검은 반점이 생기고, 주변이 황화현상, 병에 대한 저항성이 약해져 뿌리썩음병이 잘 걸린다.
③ 인(P) : 토양산도가 pH 5.0 이하에서 흡수가 잘 안 되며, 체내 이동이 잘 되므로 성숙잎에서 먼저 결핍증이 나타나며, 묘목은 왜성화로 자라지 않고, 소나무는 잎이 자주색을 띤다.
④ 붕소(B) : 정단분열조직이 죽고, 수분흡수력이 떨어진다.
⑤ 구리(Cu) : 소나무의 어린줄기와 잎이 꼬이는 증상이 나타난다.

054 목본식물에서 수분 후 수정 및 종자성숙에 소요되는 기간이 긴 순서대로 바르게 나열한 것은?

① 회양목 > 개잎갈나무 > 졸참나무 > 상수리나무
② 개잎갈나무 > 졸참나무 > 회양목 > 상수리나무
③ 상수리나무 > 졸참나무 > 개잎갈나무 > 회양목
④ 회양목 > 개잎갈나무 > 상수리나무 > 졸참나무
⑤ 상수리나무 > 개잎갈나무 > 졸참나무 > 회양목

054 상수리나무(17개월) > 개잎갈나무(12개월) > 졸참나무(5개월) > 회양목(3개월)

 정답 051 ① 052 ① 053 ① 054 ⑤

055 나무의 직경이 굵어짐으로써 형성층 자체의 세포수가 모자랄 때 방사선 방향으로 세포벽을 만드는 세포분열은?

① 수층분열
② 병층분열
③ 단층분열
④ 사부분열
⑤ 정단분열

055 나무의 직경이 굵어짐으로써 형성층 자체의 세포수가 모자랄 때 방사선 방향으로 세포벽을 만드는 세포분열을 수층분열이라 한다.
- 병층분열 : 목부와 사부의 시원세포를 추가로 만들기 위해 횡단 면상에서 접선방향으로 세포벽을 만드는 세포분열이다.
- 정단분열 : 새로운 잎과 가지 그리고 뿌리를 만드는 세포분열로서 분열조직이 식물의 가지와 뿌리끝에 있다고 정단분열이라 한다.

056 카르테노이드(carotenoids)의 분리된 물질로 생장정지를 유도하고 잎의 탈리현상에 관여하는 식물호르몬은?

① 옥신(auxin)
② 인돌아세트산(IAA)
③ 지베렐린(gibberellin)
④ 사이토키닌(cytokinin)
⑤ 에브시스산(ABA)

056 ⑤ 에브시스산(ABA) : 카르테노이드(carotenoids)의 분리된 물질로 생장정지를 유도하고 잎, 꽃, 열매 등의 탈리현상을 촉진한다. 스트레스 감지 호르몬으로 수분스트레스를 받으면 뿌리에서 합성된 ABA가 잎의 기공을 폐쇄시킨다.
① 옥신(auxin) : 주광성, 굴지성, 목본식물의 개화생리, 낙엽 지연, 형성층 세포분열의 시작 유도 등
② 인돌아세트산(IAA) : 천연옥신의 일종으로 어린 조직에서 생합성되며, 줄기 끝의 분열조직, 생장하는 잎과 열매에서 생산
③ 지베렐린(gibberellin, GA) : 줄기신장의 촉진, 개화 및 결실
④ 사이토키닌(cytokinin) : 식물의 어린 기관과 뿌리 끝부분에 많이 존재. 세포분열을 촉진하고 잎의 노쇠를 지연시킨다.

057 식물의 개화생리에 관한 설명으로 옳은 것은?

① 풍년이 든 해의 과수나무는 뿌리의 탄수화물 함량이 높아져 다음해 개화율이 높아진다.
② 소나무의 수관 위치에 따라 햇빛이 많은 수관 상부는 수꽃이 달리고 하부는 암꽃이 달리는 경향이 크다.
③ 화아원기가 형성될 시기에 질소비료의 시비는 개화촉진 효과가 있다.
④ 화아원기가 생성되는 시기에 수분 스트레스는 다음해 수목의 개화에 영향을 크게 끼치지 않는다.
⑤ 무궁화는 단일하에서 화아분화가 촉진된다.

057 ① 풍년이 든 해의 과수나무는 뿌리의 탄수화물 함량이 낮아져 다음해 개화율이 낮아진다.
② 소나무의 수관에서 위치에 따라 햇빛이 많은 수관 상부는 암꽃이 달리고 하부는 수꽃이 달리는 경향이 크다.
④ 화아원기가 생성되는 한여름의 수분 스트레스는 다음해 수목의 개화에 영향을 크게 끼친다.
⑤ 무궁화는 장일하에서 화아분화가 촉진된다.

정답 ▶ 055 ① 056 ⑤ 057 ③

058　식물의 수분 흡수는 대부분 뿌리를 통하여 이루어진다. 뿌리의 구조와 수분 흡수에 관한 설명 중 옳은 것은?

① 장근은 수분과 무기물 흡수를 담당하고, 곰팡이균과 균근을 형성한다.
② 뿌리에 흡수된 대부분의 수분은 내피의 원형질막을 통과해야 한다.
③ 수분의 수동흡수는 뿌리의 삼투압에 의해서 이루어진다.
④ 수분의 능동흡수는 잎의 증산작용에 의해서 이루어진다.
⑤ 식물의 증산작용이 일어나지 않으면 뿌리에서 삼투압이 사라져 수분을 흡수하지 못한다.

058 ② 뿌리의 수분흡수는 세포질이동(심플라스트)과 세포벽이동(아폴라스트)에 의해 이루어지는데, 둘 다 카스페리안대에서 내피의 원형질막의 원형질연락사를 통과해야 한다.
① 세근은 수분과 무기물 흡수를 담당하고, 곰팡이균과 균근을 형성한다.
③ 수분의 수동흡수는 잎의 증산작용에 의해서 이루어진다.
④ 수분의 능동흡수는 뿌리의 삼투압에 의해서 이루어진다.
⑤ 식물의 증산작용이 일어나지 않으면 뿌리에서 삼투압이 발생하여 능동적으로 수분을 흡수한다.

059　수목 내 무기영양소의 분포와 변화에 관한 설명으로 옳은 것은?

① 잎의 영양소 함량이 제일 높고, 수간이 중간 정도이며, 뿌리의 함량이 제일 낮다.
② 온대지방에서 가을이 되면 잎에 질소(N)의 양이 증가한다.
③ 일반석으로 영양소 요구량은 활엽수보다 침엽수가 크다.
④ 수목의 무기영양상태 진단 방법 중 가장 신뢰도가 높은 것은 엽분석이다.
⑤ 엽면시비의 영양소 흡수는 잎의 큐티클층에서만 이루어진다.

059 ④ 수목의 무기영양상태 진단 방법은 가시적 결핍증 관찰, 시비실험, 토양분석, 엽분석 등이 있는데, 이 중에서 가장 신뢰있는 방법은 엽분석이다. 잎의 채취기간은 7월 말~8월 초가 가장 적당하다.
① 잎의 영양소 함량이 제일 높고, 수간의 함량이 제일 낮다.
② 온대지방에서 가을이 되면 잎에 질소의 양은 감소하며, 칼슘(Ca)의 양이 증가한다.
③ 영양소 요구량은 활엽수보다 침엽수가 작다.
⑤ 엽면시비의 영양소 흡수는 큐티클층, 기공, 털(섬모), 가지의 피목에서 이루어진다.

060　잎의 광호흡에 관한 설명으로 옳은 것은?

① 잎의 광호흡은 햇빛이 없어도 일어난다.
② 광합성의 생성물인 탄수화물이 이산화탄소를 소모하면서 분해되는 과정이다.
③ C-3 식물의 광호흡은 산소의 농도를 줄여주면 감소시킬 수 있다.
④ 낮에 일어나는 광호흡과 밤에 일어나는 호흡의 속도는 비슷하다.
⑤ 광호흡에 관여하는 효소는 RuBP carboxylase이다.

060 ① 잎의 광호흡은 햇빛이 있을 때만 일어난다.
② 광합성의 생성물인 탄수화물이 산소를 소모하면서 분해되는 과정이다.
③ C-3 식물의 광호흡은 이산화탄소의 농도를 줄여주면 감소시킬 수 있다.
④ 낮에 일어나는 광호흡은 밤에 일어나는 호흡의 속도의 2~3배 빠르게 진전된다.

정답　058 ②　059 ④　060 ⑤

061 수목의 직경생장은 형성층의 활동에 의해 발생한다. 형성층의 환경적 요인에 관한 설명 중 옳은 것은?

① 한발이 계속되어도 형성층의 세포분열은 왕성하다.
② 여름에 줄기생장이 시작될 때 형성층 활동이 시작된다.
③ 형성층의 활동은 나무 꼭대기에서 제일 나중에 시작된다.
④ 봄에 춘재를 형성하는 시기는 잎의 옥신 생산량이 줄어드는 시기와 일치한다.
⑤ 가을이 되면 나무 밑동의 형성층 분열이 먼저 중단되며, 점점 위로 전달된다.

061 ⑤ 가을이 되면 나무 밑동의 형성층 분열이 먼저 중단되며, 점점 위로 전달되어 나무 꼭대기 부근에서 제일 늦게까지 형성층의 활동이 일어난다.

① 한발이 계속되면 형성층의 활동이 둔화되고 세포분열이 거의 정지된다.
② 봄에 줄기생장이 시작될 때 형성층 활동이 함께 시작된다.
③ 형성층의 활동은 나무 꼭대기에서 제일 먼저 시작된다.
④ 가을에 추재를 형성하는 시기는 잎의 옥신 생산량이 줄어드는 시기와 일치한다.

062 식물의 생명현상을 유지하는 데 필요한 에너지의 역할이 아닌 것은?

① 세포의 분열
② 무기영양소의 흡수
③ 탄수화물의 이동
④ 대사물질의 합성 · 분해
⑤ 체온 유지

062 ⑤ 체온 유지와 근육운동은 동물의 에너지 이용에 관한 것이다. 식물은 체온 유지를 위해 에너지를 소모하지 않는다.

▶ 식물의 에너지 사용
세포의 분열 · 신장 · 분화, 무기영양소의 흡수, 탄수화물의 이동 · 저장, 대사물질의 합성 · 분해 및 분비, 주기적 운동과 기공의 개폐, 세포질 유동 등

063 수목에 저장된 탄수화물을 소모하여 필요한 에너지를 발생시키는 과정이 호흡이다. 호흡에 관한 설명으로 틀린 것은?

① 수목의 수령이 늘어갈수록 호흡량이 늘어나는 것은 비광합성 조직의 비율이 증가하기 때문이다.
② 잎의 호흡량이 가장 왕성한 것은 잎의 유세포가 다른 부위에 비해 많기 때문이다.
③ 뿌리의 세근은 유세포가 많지만, 무기염을 흡수할 때 ATP를 소모하지 않기 때문에 호흡량이 다른 뿌리에 비해 적다.
④ 과실의 호흡은 결실 직후에 가장 높고, 점점 저하되어 과실이 익으면 최소치를 나타낸다.
⑤ 성숙한 종자는 호흡량이 줄어들면서 휴면상태에 들어가면 극히 적어진다.

063 ③ 뿌리의 세근은 유세포가 많지만, 무기염을 흡수할 때 ATP를 소모하기 때문에 호흡량이 다른 뿌리에 비해 많다.

정답 ▶ 061 ⑤ 062 ⑤ 063 ③

064 **수목의 영양성분 중 지질의 특성에 관한 것이 아닌 것은?**

① 지질은 극성을 갖지 않은 물질로 주성분은 탄소(C)와 수소(H)이며, 클로로포름에 잘 녹는다.

② 지방산 및 지방산 유도체에는 인지질, 큐틴, 수베린 등이 있다.

③ 세 분자의 지방산이 글리세롤과 3중으로 에스테르화하여 만들어진 지질을 단순지질이라 한다.

④ 납(wax)은 알코올이 지방산과 에스테르화되어 만들어진 화합물로서 산소 분자를 많이 가지고 있다.

⑤ 황색, 주황색, 적색 등의 다양한 색깔은 카로테노이드(carotenoids)에 의한 것이다.

064 ④ 납(wax)은 알코올이 지방산과 에스테르화되어 만들어진 화합물로서 산소 분자를 거의 가지고 있지 않다.

065 **수목의 기공 개폐에 관한 설명으로 옳은 것은?**

① 고산으로 갈수록 수목 기공의 밀도가 낮아지는 경향이 있다.

② 공변세포의 안쪽 세포가 바깥쪽 세포보다 더 팽창하면서 기공이 형성된다.

③ 공변세포의 팽창은 K^+ 이온의 증가로 삼투퍼텐셜이 높아져서 발생한다.

④ 기공의 닫힘은 수목의 수분 스트레스에 의해 발생되기도 한다.

⑤ 기공의 개폐는 대기 중의 CO_2 농도에 따라 결정된다.

065 ④ 기공의 닫힘은 수목의 수분스트레스로 인한 ABA 호르몬이 만들어져 공변세포로 이동하여 K^+ 이온이 밖으로 나가면서 수분이 빠져나가 기공이 닫히게 된다.

　① 고산으로 갈수록 수목 기공의 밀도가 높아지는 경향이 있다.

　② 공변세포의 바깥쪽 세포가 안쪽 세포보다 더 팽창하면서 기공이 형성된다.

　③ 공변세포의 팽창은 K^+ 이온의 증가로 삼투퍼텐셜이 낮아져 수분이 흡수되어 발생한다.

　⑤ 기공의 개폐는 대기중의 CO_2 농도에 따라 결정되는 것이 아니라 엽육조직 내 CO_2의 농도에 의해 결정된다.

066 **수목의 질소대사에 관한 설명 중 옳은 것은?**

① 뿌리에서 NO_3^- 의 형태로 질소가 흡수되거나, 질산화박테리아에 의한 NH_4^+ 형태의 흡수가 있다.

② 소나무의 뿌리에 흡수된 질산태질소(NO_3^-)는 잎으로 이동된 후 암모늄태질소(NH_4^+)로 환원된다.

③ 세포간극에는 질산환원효소와 아질산환원효소가 관여하며, 세포간극에서 일어난다.

④ 식물이 흡수한 암모늄(NH_4^+)은 체내에 축적되어 에너지로 이용된다.

⑤ 세포 내 광호흡으로 방출된 암모늄(NH_4^+)은 광호흡 질소순환작용에 의해서 세포 내 축적을 방지한다.

066 ⑤ 세포 내 광호흡으로 방출된 암모늄(NH_4^+)은 광호흡 질소수화작용에 의해서 세포 내 축적을 방지하면서 아미노산을 합성한다.

　① 뿌리에서 질소 흡수는 NO_3^-의 형태와, 균근에 의한 NH_4^+ 형태가 있다.

　② 소나무의 뿌리에 흡수된 질산태질소(NO_3^-)는 뿌리에서 암모늄태질소(NH_4^+)로 환원된다.

　③ 질산환원과정에는 질산환원효소와 아질산환원효소가 관여하며 세포질과 엽록체에서 일어난다.

　④ 식물이 흡수한 암모늄(NH_4^+)은 체내에 축적되지 않고 즉시 아미노산으로 전환된다.

 정 답 064 ④　065 ④　066 ⑤

067 호흡작용의 기본반응에 관한 설명으로 옳지 않은 것은?

① 해당작용에서 CO_2를 방출한다.

② 해당작용은 산소를 요구하지 않는 단계이다.

③ 크랩스회로는 NADPH, CO_2, ATP를 생성한다.

④ 크랩스회로는 옥살아세트산(OAA)을 만든다.

⑤ 전자전달경로는 수소와 산소가 물로 환원되는 과정으로 ATP가 생성된다.

067 ③ 호흡작용의 크랩스회로는 NADPH가 아닌 NADH를 생성한다.

※ 광합성의 칼빈회로에서는 NADPH를 생성한다.

▶ 호흡작용의 3단계

1단계 해당작용	포도당이 분해되는 단계, 산소를 요구하지 않음, 피루브산 2분자를 생성, CO_2 2분자 생성, 에너지 ATP 생산효율이 낮다.
2단계 크랩스회로	CO_2 4분자, NADH, ATP, OAA 등 생성
3단계 말단전자전달경로	전자와 수소가 산소에 전달(산소 소모), 물 생성, ATP 생성

068 탄수화물의 종류에 관한 설명 중 옳은 것은?

① 단당류 : 핵산의 기본골격이 되고, ATP의 구성성분이며, 광합성에서 탄소의 이동에 직접 관여한다.

② 올리고당류 : 단당류의 분자가 2개 이상 연결된 형태로서 maltose, sucrose, pectin 등이 있다.

③ 다당류 : 단당류 분자가 수백 개 이상 연결된 형태로 물에 잘 녹으며, gum, hemicellulose, starch 등이 있다.

④ 펙틴(pectin) : 세포벽의 구성성분으로 이웃 세포를 접합시키는 역할을 하고, 목부조직에 함량이 많다.

⑤ 전분 : 세포와 세포로의 이동이 쉽고, 잎의 유세포에 많으며, 2차벽에 많이 존재한다.

068 ① 단당류 : 탄수화물의 기본단위로 핵산의 기본골격, ATP의 구성성분, 광합성에서 탄소의 이동에 직접 관여한다. 포도당(glucose), 과당(fructose) 등이 있다.

② 올리고당류 : 단당류의 분자가 2개 이상 연결된 형태로서, 맥아당(maltose), 유당(lactose), 설탕(sucrose) 등이 있다.

③ 다당류 : 단당류 분자가 수백 개 이상 연결된 형태로 물에 잘 녹지 않으며, gum, hemicellulose, starch, pectin, cellulose, callose 등이 있다.

※ hemicellulose : 세포벽의 주성분. 1차벽에 25~50%로 가장 많고, 2차벽은 30%로 cellulose 다음으로 많다.

④ pectin : 세포벽의 구성성분으로 이웃 세포를 접합시키는 역할을 하고, 1차벽에서는 10~35% 가량 포함되고, 2차벽에는 별로 존재하지 않으므로 목부조직에 함량이 적다.

⑤ 전분 : 세포 간의 이동이 되지 않기 때문에 저장되는 세포 내에서 만들어진다. 잎의 유세포에 많으며, 변재부위 중 살아있는 세포(방사선조직)와 종축유세포에 저장된다.

069 목본식물의 조직의 분류와 기능이 바르게 된 것은?

① 뿌리털 : 원형질을 가지고 있으며, 수지를 분비한다.

② 코르크층 : 수분증발을 억제하며, 내화력을 가진다.

③ 수선 : 어린 목본식물의 표면 가까이에서 지탱 역할을 하는 유세포이다.

④ 사관세포 : 부정아와 부정근 생성 등 가장 왕성한 대사작용을 한다.

⑤ 도관 : 신장, 세포분열, 탄소동화작용, 호흡 등의 작용을 한다.

069 목본식물의 조직의 분류

표피조직	• 어린 식물의 표면 보호, 수분 증발 억제 • 뿌리털, 표피층, 기공, 털
코르크조직	• 표피조직을 대신하여 보호, 수분증발 억제, 내화 • 코르크층, 코르크 형성층, 수피, 피목
유조직	• 원형질을 가지고 살아있음. 신장, 세포분열, 탄소동화작용, 호흡, 양분저장, 저수, 통기, 상처치유, 부정아와 부정근 생성 등 왕성한 대사작용 • 생장점, 분열조직 형성층, 수선, 동화조직, 저장조직, 저수조직, 통기조직 등의 유세포
목부	• 수분 통도 및 지탱 • 도관, 가도관, 수선, 춘재, 추재
사부	• 탄수화물의 이동 및 지탱, 코르크 형성층의 기원 • 사관세포, 반세포
분비조직	• 점액, 유액, 고무질, 수지 등 분비 • 수지구, 선모, 밀선

정답 **067** ③ **068** ① **069** ②

070 수목의 구조에 관한 설명으로 <u>옳은</u> 것은?

① 환공제는 단풍나무, 물푸레나무, 밤나무, 음나무 등이 있다.
② 피나무는 속간형성층의 발달 없이 원형의 형성층을 형성한다.
③ 반환공재는 호두나무, 가래나무, 느티나무 등이 있다.
④ 산공재는 참나무, 피나무, 버드나무, 이태리포플러 등이 있다.
⑤ 층층나무와 팽나무의 잎은 망상맥을 가진다.

070 ① 환공재는 참나무, 물푸레나무, 밤나무, 느티나무, 음나무 등이 있다.
③ 반환공재는 호두나무, 가래나무 등이 있다.
④ 산공재는 단풍나무, 피나무, 버드나무, 이태리포플러 등이 있다.
⑤ 층층나무와 팽나무의 잎은 평행맥을 가진다.

071 수목의 특징에 관한 설명 중 <u>옳은</u> 것은?

① 소나무는 잎의 유관속이 2개이며, 엽속 내의 잎의 숫자가 2~3개이다.
② 잣나무의 아린은 잎이 질 때까지 남아 있고, 목재의 비중이 낮아 연하다.
③ 갈참나무와 상수리나무는 종자가 개화 당년에 익는다.
④ 리기다소나무는 비중이 낮고, 춘재에서 추재의 전이가 점진적이다.
⑤ 백송은 엽속 내의 잎의 숫자가 2개이며, 비중이 낮아 연하다.

071 ② 잣나무의 아린은 첫해 여름에 탈락한다.
③ 갈참나무의 종자는 개화 당년에 익고, 상수리나무의 종자는 개화 이듬해에 익는다.
④ 리기다소나무는 비중이 높고, 춘재에서 추재의 전이가 급하다.
⑤ 백송은 엽속 내의 잎의 숫자가 3~5개이다.

▶ 국내 소나무속의 분류와 아속의 특징

구분	소나무류	잣나무류
엽속 내 잎의 숫자	2~3개	3~5개
잎의 유관 속의 숫자	2개	1개
아린의 성질	잎이 질때까지 있음	첫해 여름 탈락
목재의 성질	비중 높아 굳고 춘재 추재전이 급함	비중 낮고 연함 춘재추재전이 점진
종류	소나무, 곰솔, 리기다소나무, 테다소나무, 방크스소나무 등	잣나무, 섬잣나무, 스트로브잣나무, 백송 등

072 수목의 수분 이동에 관한 설명으로 <u>옳지 않은</u> 것은?

① 수분의 이동은 목부조직에서 저항성이 가장 적은 도관(가도관)을 통해 이루어진다.
② 피자식물의 도관은 환공재가 산공재보다 크며, 길이도 환공재가 훨씬 더 길다.
③ 환공재의 도관은 Tylosis 현상 때문에 시간이 지날수록 수액 운반의 효율이 높아진다.
④ 수목에서 물의 이동은 수분퍼텐셜이 점점 낮아지는 토양, 뿌리, 줄기, 잎, 대기로 이동한다.
⑤ 수액 상승의 원리는 물분자 간의 응집력으로 설명된다.

072 ③ 환공재의 도관은 시간이 지남에 따라 기포, 전충체(도관 주변의 유세포의 원형질체가 막공을 통하여 도관 안으로 들어온 형태) 등에 의해 마히는 Tylosis 현상으로, 수액 상승의 효율이 떨어진다.
② 활엽수의 도관 형태는 도관의 크기가 크며 긴 환공재와, 작고 짧은 산공재, 그리고 환공재와 산공재의 중간 형태인 반환공재로 나뉜다. 침엽수의 도관 형태는 침엽수재이며, 가도관이다.
⑤ 응집력설은 뿌리에서 잎까지 수분퍼텐셜의 구배를 따라서 수분이 이동하지만, 두 곳을 연결하는 도관 내의 수분이 장력하에 있더라도 물기둥이 끊어지지 않고 연속적으로 연결될 수 있는 것은 물분자 간의 응집력 때문이다는 학설이다. (가장 타당한 학설)

chapter 06

073 수목의 줄기 구조에 대한 설명으로 <u>옳은</u> 것은?

① 춘재와 추재를 형성하는 분열조직을 정단분열조직이라 하며, 겨울에도 세포분열을 한다.

② 유관속과 유관속 사이에 속간형성층이 발달한 후 전형성층이 발생하면서 원형의 형성층을 완성한다.

③ 수분의 이동 조직인 변재는 아까시나무의 경우 약 10년이 지나면 그 기능이 변한다.

④ 피자식물의 형성층이 세포분열하여 만드는 조직은 대부분 종축방향이다.

⑤ 피자식물의 수직 방향으로의 물질이동 통로인 수선(ray)은 탄수화물을 저장하는 후각조직이다.

073 ④ 종축방향 조직 : 도관, 가도관, 목부섬유, 종축유세포 등

① 춘재와 추재를 형성하는 분열조직을 측방분열조직이라 하며, 생육기간 동안 세포분열을 한다.

② 원형의 형성층 발달과정 : 발아 후 1차생장 – 전형성층(유관속 안에 존재) – 속내형성층 – 피층세포분열(유관속과 유관속 사이) – 속간형성층 (두 유관속을 연결) – 원형의 유관속형성층

③ 수분의 이동 조직인 변재는 수종에 따라 역할과 수명이 다른데, 아까시나무는 2~3년, 벚나무는 10년 정도 되며, 버드나무, 포플러, 피나무는 구별이 어렵다.

⑤ 피자식물, 나자식물의 수평 방향으로의 물질이동 통로인 수선(ray)은 탄수화물을 저장하는 목부조직이다.

074 수목의 뿌리에 관한 설명으로 <u>옳은</u> 것은?

① 배수가 잘 되고 건조한 토양에서는 주로 측근의 발달이 깊게 이루어진다.

② 뿌리의 굴지성을 유도하며, mucigel의 분비는 주로 정단분열조직에서 이루어진다.

③ 뿌리의 신장은 이른봄 줄기의 신장보다 늦게 시작한다.

④ 뿌리털은 형성층에 의해 2차생장을 시작하기 전에 나타나기 시작한다.

⑤ 형성층에 의한 2차 생장을 하는 뿌리는 개척근, 모근, 단근이 있다.

074 ④ 뿌리는 형성층에 의해 2차생장을 시작하기 전에 뿌리털과 표피를 비롯하여 피층, 내피, 유관소조직 등을 모두 갖춘다.

① 배수가 잘 되고 건조한 토양에서는 주로 장근의 발달이 깊게 이루어진다.

② 뿌리의 굴지성을 유도하며, mucigel의 분비는 주로 근관에서 이루어진다.

③ 뿌리의 신장은 이른봄 줄기의 신장보다 일찍 시작한다.

⑤ 형성층에 의한 2차 생장을 하는 뿌리는 개척근, 모근 등의 장근이다.

▶ 뿌리의 용어
- 장근 : 빨리 뻗어나가고 새로운 근계를 개척, 형성층의 2차 생장(직경이 굵어짐), 오래토록 생존 (개척근, 모근)
- 단근 : 장근에서 기원, 형성층의 2차 생장이 없어 직경생장 안함, 1~2년 생존, 수분·영양분 흡수, 토양곰팡이와 균근 형성 (세근)

▶ 어린뿌리의 분열조직
세포분열 구역, 세포진장 구역, 세포분화 구역, 뿌리털 구역 등 연속적으로 존재

075 수목의 스트레스에 관한 설명 중 <u>옳지 않은</u> 것은?

① 순화된 서양측백나무는 영하 70℃ 이하에서도 살 수 있다.

② 단풍나무는 피소에 의한 형성층과 내수피의 손상을 입기 쉽다.

③ 수목한계선 근처의 소나무는 신장이상재가 발생하기 쉽다.

④ 소나무가 아황산가스에 노출되면 잎 끝부분이 주로 적갈색으로 변한다.

⑤ 독일가문비는 산성비로 인한 칼륨(K), 칼슘(Ca), 페놀류 등의 조직용탈이 발생한다.

075
- 침엽수류 : 압축이상재(바람이 불어가는 쪽에 이상재가 생기는 경우)
- 활엽수류 : 신장이상재(바람이 불어오는 쪽에 이상재가 생기는 경우)
※ 이상재 : 바람에 의해 수목이 한쪽으로 기울면서 형성층의 세포분열이 비정상으로 편심생장한 수목

정답 ▶ 073 ④ 074 ④ 075 ③

[산림토양학]

076 모재에서 토양이 생성되는 데 관여하는 토양생성인자에 속하지 않는 것은?

① 모재
② 기후
③ 지형
④ 생물
⑤ 대기

076 토양생성인자 : 모재, 기후, 지형, 생물, 시간

077 암석의 구분에 관한 설명 중 옳은 것은?

① 규산(SiO_2)의 함량이 52% 이상인 산성암은 유색광물이 많아 어두운 색을 띤다.
② 유문암은 반려암보다 밝은 색깔을 띠고 풍화작용으로 부스러지기가 쉽다.
③ 변성암은 조직이 엉성하고 비중이 가볍다.
④ 1차광물과 2차광물의 화학적 구조는 같다.
⑤ 화성암의 구성 광물인 석영은 풍화에 잘 견디므로 모래입자로 남는다.

077 ⑤ 화성암의 구성 광물에는 석영, 장석, 운모, 각섬석, 휘석 등이 있으며, 장석과 운모는 쉽게 풍화되어 점토를 형성하고, 석영은 풍화에 잘 견디므로 모래입자로 남는다.

① 규산(SiO_2)의 함량이 52% 이하인 염기성암은 유색광물이 많아 어두운 색을 띠며, 반려암, 휘록암, 현무암 등이 여기에 속한다. 화강암, 유문암 등과 같이 규산의 함량이 66% 이상인 산성암은 밝은 색을 띤다.
② 유문암은 반려암보다 밝은 색깔을 띠고 풍화작용에 잘 견딘다.
③ 변성암은 조직이 치밀하고 비중이 무겁다.
④ 2차광물인 규산염 점토광물은 1차광물의 변형된 구조 또는 완전히 다른 구조를 가진다.

078 미국 농무부(USDA) 기준 촉감법에 의한 토성 분류로 옳은 것은?

① 띠의 길이가 2.5cm 이하이면 사양토와 식양토이다.
② 사양토는 공 모양으로 뭉쳐지지 않는다.
③ 손 안에서 뭉쳐지고 밀가루 같은 부드러운 느낌이 강하면 사질의 토성이다.
④ 뭉쳐진 토양이 5cm까지 늘어나며 다소 까칠까칠한 느낌이 있는 토양은 식양토이다.
⑤ 미사질 식토는 공 모양으로 뭉쳐지나 비비면 거칠며 소리가 난다.

078 ① 띠의 길이가 2.5cm 이하이면 사양토이다.
② 사토는 공 모양으로 뭉쳐지지 않는다.
③ 손 안에서 뭉쳐지고 밀가루 같은 부드러운 느낌이 강하면 식토의 토성이다.
⑤ 미사질 식토는 공 모양으로 뭉쳐지고 비비면 거칠거나 소리가 나지 않는다.

chapter 06

079 우리나라의 산림토양 분류에 관한 설명 중 옳은 것은?

① 8개 토양군과 12개 토양아군으로 분류된다.
② B3은 갈색 건조 산림토양이다.
③ 황색 산림토양은 기호가 Y이며, 적황색 산림토양의 아군에 속한다.
④ 암적색 산림토양은 3개의 아군으로 분류된다.
⑤ 회갈색산림토양은 가비중이 낮고, 유기물 함량이 높다.

080 토양 산성화의 원인으로 옳은 것은?

① 토양의 염기포화도 감소와 토양 완충용량의 감소는 토양의 산성화를 촉진시킨다
② 뿌리의 염기성 양이온 흡수가 많아지면 토양을 염기성화시킨다.
③ 토양 내 암모늄이온(NH_4^+)이 산소(O_2)와 결합하면서 메탄(CH_4)을 방출한다.
④ 토양 유기물의 분해과정에서 발생한 아세트산은 대표적인 강산성의 유기산이다.
⑤ 옥시졸(Oxisols) 토양은 염기포화도 증가로 철, 알루미늄의 산화물 축적이 높은 토양이다.

081 입자밀도가 용적밀도의 2.5배일 때 고상의 비율(%)은?

① 25%
② 50%
③ 60%
④ 75%
⑤ 40%

082 용적밀도 1.5g/cm³, 입자밀도 2.65g/cm³, 토양깊이 25cm, 면적 10a일 때 토양의 총 중량은?

① 350톤
② 375톤
③ 3,500톤
④ 3975톤
⑤ 2,650톤

---

079 ① 8개 토양군과 11개 토양아군으로 분류된다.
  ② B3은 갈색 적윤 산림토양이다.
  ④ 암적색 산림토양은 암적색산림토양, 암적갈색산림토양 2개의 아군으로 분류된다.
  ⑤ 회갈색산림토양은 미사량이 높고, 투수성이 불량하다.

▶ 국내 소나무속의 분류와 아속의 특징

토양군	기호	토양군	기호
갈색산림토양	B	화산회산림토양	Va
적황색산림토양	RY	침식토양	Er
암적색산림토양	DR	미숙토양	Im
회갈색산림토양	GrB	암쇄토양	Li

080 ① 토양의 염기포화도(염기성 양이온의 토양 내 포화 정도) 감소와 토양 완충용량(토양산도의 변화 최소화 능력)의 감소는 토양의 산성화를 촉진시킨다.
  ② 뿌리의 염기성 양이온 흡수가 많아지면 토양을 산성화시킨다.
  ※ 식물의 뿌리가 염기성 양이온(칼슘(Ca^{2+}), 마그네슘(Mg^{2+}), 칼륨(K^+), 암모늄(NH_4^+), 나트륨(Na))을 많이 흡수함에 따라 뿌리 내부에서 음·양전하의 불균형이 발생한다. 불균형을 조절하기 위해 뿌리에서 수소이온(H^+)을 방출하게 되며, 방출된 수소이온은 토양콜로이드 표면에 흡착된 염기성 양이온을 교환한다. 따라서 토양콜로이드 표면은 수소이온의 흡착이 많아져서 토양은 산성화된다.
  ③ 토양 내 암모늄이온(NH_4^+)이 산소(O_2)와 결합하면서 수소이온(H^+)을 방출한다.(질산화작용)
  ④ 토양 유기물의 분해과정에서 발생한 아세트산은 약산성의 유기산이다.
  ⑤ 옥시졸(Oxisols) 토양은 염기포화도 감소로 철, 알루미늄의 산화물 축적이 높은 토양이다.

081 토양은 고상, 액상, 기상으로 구성되며, 3상의 무게를 합하면 토양의 총 중량이 된다.
  토양 총 중량 = 고상 + 공극(액상 + 기상)
  공극률(%) = (1 − 용적밀도/입자밀도)×100
  　　　　　 = (1 − 1/2.5)×100 = 60%
  ∴ 토양 총 중량이 100%일 때 공극률이 60%이므로 고상은 100% − 60% = 40% 이다.

082 토양 총 중량 = 부피×용적밀도
  　　　　　　　　　 ↑
  　　　　　　　 면적×깊이
  10 a = 1,000 m²이므로
  (1,000 m²×0.25 m) × 1,500 kg/m³
  　　　부피　　　　　　용적밀도
  = 250×1500 kg
  = 375,000 kg
  = 375 ton

 079 ③　080 ①　081 ⑤　082 ②

083 수목의 양분 순환에 관한 내용으로 옳은 것은?

① 칼륨(K^+)은 식물 조직 내에서 유기물 형태로 존재하며, 단순한 순환과정을 거친다.
② 낙엽 내 질소는 불용성 유기질소로서 토양에서 유기화 과정을 거친 후 식물체에 재흡수된다.
③ 토양용액에서 암모늄 이온의 이동성이 질산태질소보다 크므로 암모늄의 흡수율 또한 질산태질소보다 높다.
④ 토양 유기물 중 인(P)은 미생물의 분해로 무기물이 된 후 부동화 과정을 거쳐 다시 유기물이 된다.
⑤ 토양 유기물 중 칼슘(Ca)은 무기물로 분해된 후 식물체에 재흡수되어 대부분 엽록소의 광합성작용에 사용된다.

083 ④ 낙엽 내에 함유된 유기물 인은 미생물 등에 의해 무기물 인($H_2PO_4^-$)으로 분해되고, 분해된 무기물은 식물이 흡수하거나 토양 미생물이 다시 흡수하여 세포 내 유기물로 합성된다.
① 칼륨(K^+)은 식물 조직 내에서 이온 형태로만 존재한다.
② 낙엽 내 질소는 불용성 유기질소로서 무기화 과정을 거쳐 질산화 과정 이후 식물체로 재흡수된다.
③ 토양용액에서 질산태질소의 이동성이 암모늄보다 크므로 질산태질소 흡수률이 암모늄의 흡수율보다 높다.
⑤ 토양 유기물 중 칼슘(Ca)은 무기물로 분해된 후 식물체에 재흡수되어 대부분 세포벽 합성에 사용된다.

084 토양 산도에 대한 수목의 영향에 대한 설명으로 옳지 않은 것은?

① 침엽수 묘포의 토양이 pH 5.5 이하가 되면 뿌리썩음병에 걸리기 쉽다.
② 황산암모늄은 활엽수나 침엽수의 묘포에 pH 산도 유지 또는 증가에 사용된다.
③ 토양의 pH가 5~6.0 사이는 아연 결핍으로 식물호르몬 IAA의 합성이 저해되어 수목의 절간 생장이 둔화된다.
④ 버즘나무, 튤립나무, 참나무류는 중성인 산도에서 가장 생장이 좋다.
⑤ 전나무는 산성에 대한 내성도 크지만 석회질 토양에서도 잘 자랄 수 있다.

084 ③ 아연은 pH 7.0 이상에서 양분유효도가 급속히 줄어들므로 수목의 결핍증상이 나타나기 쉽다.

085 토양에서 이온 교환에 관한 설명으로 옳지 않은 것은?

① pH 의존 전하는 음이온 교환에 영향을 주며, 토양 산성화는 음이온 교환용량을 크게 한다.
② 토양에 흡착된 양이온의 총량은 토양의 비옥도를 판단하는 기준이 된다.
③ 카올리나이트(Kaolinite)의 양이온교환용량은 부식보다 10~300배 낮다.
④ 2 : 1형 광물의 전하는 동형치환의 발생으로 토양 pH의 영향을 많이 받는다.
⑤ 인산(PO_4^{3-})은 중성 토양에서 인산칼슘과 인산마그네슘의 침전물로도 존재한다.

085 ④ 점토광물의 전하는 토양 pH의 영향을 전혀 받지 않는 영구전하와 토양의 pH에 따라 변화되는 가변전하로 구분한다. smectite, vermiculite, mica, chlorite 등은 2:1형 광물 또는 2:1:1형 광물들이며, 동형치환이 많이 발생하므로 이들 광물은 영구전하를 가진다.
※ 동형치환 : 결정의 격자 내에서 전하의 크기와 상관없이 어떤 이온 대신 크기가 비슷한 다른 이온이 치환되어 들어가는 현상
③ 양이온교환용량
- 카올리나이트(Kaolinite) : 1~10 ($cmolc \cdot kg^{-1}$)
- 몬모릴나이트(Montmorillonite) : 80~120
- 부식(humus) : 100~300

정답 083 ④ 084 ③ 085 ④

086 토양수분퍼텐셜에 관한 설명으로 옳은 것은?

① 토양수분의 4가지 퍼텐셜은 모두 동시에 작용한다.

② 압력퍼텐셜은 대공극에 채워진 과잉의 수분을 제거하는 데 작용한다.

③ 불포화상태의 토양에서 물의 이동은 대부분 압력퍼텐셜의 차이에 의해 발생한다.

④ 수화현상으로 생기는 삼투퍼텐셜은 일반 토양에서 물의 이동에 큰 영향을 끼친다.

⑤ 건조한 토양에 물이 스며드는 현상은 토양의 매트릭퍼텐셜이 매우 낮기 때문이다.

087 토양용액 중 미량원소의 특성에 대한 설명으로 옳지 않은 것은?

① Mn은 Mn^{2+} 형태로 흡수되며, 노화된 잎에서 결핍증상이 먼저 일어난다.

② Fe는 엽록소의 생합성에 관여, 어린 잎에서 황화현상이 주로 발생한다.

③ Zn이 부족하면 로제트 현상, 식물호르몬인 IAA 합성 감소, 어린잎의 황화현상 등이 발생한다.

④ B는 세포분열과 생장에 필수 원소이며, 콩과 식물의 뿌리혹 형성에 관여한다.

⑤ Mo는 질산환원효소의 필수구성 원소이며, 콩과작물에 많이 요구된다.

088 토양 생물에 관한 설명으로 옳은 것은?

① 지렁이의 분변토는 토양 홑알구조를 형성하여 토양물리성을 개선시킨다.

② 조류는 탄산칼슘을 이용하여 유기물을 생성하고, 세균과 공생하여 지의류가 된다.

③ Pt(Pisolithus tinctorus)는 대표적인 외생균근으로 척박한 토양에서 수목의 생육 증가에 큰 효과가 있다.

④ 화학종속영양세균은 탄소원을 대기의 CO_2로부터 얻고, 에너지원을 유기물로부터 얻는다.

⑤ 공생질소고정균은 모든 나무와 동일한 공생관계를 맺는다.

---

086 ⑤ 건조한 토양이나 스펀지를 물에 담그면 매우 빨리 물이 스며든다. 이유는 건조한 토양의 매트릭퍼텐셜이 낮기 때문이다

① 토양수분의 4가지 퍼텐셜은 모두 동시에 작용하지 않는다.

② 중력퍼텐셜은 대공극에 채워진 과잉의 수분을 제거하는 데 작용한다.

③ 불포화상태의 토양에서 물의 이동은 대부분 매트릭퍼텐셜의 차이에 의해 발생한다.

④ 수화현상으로 생기는 삼투퍼텐셜은 일반 토양에서 물의 이동에 큰 영향을 끼치지 않는다.

087 ③ Zn이 부족하면 로제트 현상, 식물호르몬인 IAA 합성 감소로 인한 단백질 합성 저해, 노화된 잎의 황화현상 등이 발생한다.

088 ③ 외생균근은 소나무, 자작나무, 너도밤나무, 참나무, 전나무 및 관목과 공생관계의 균근을 형성한다. 대표적인 외생균근인 Pt(Pisolithus tinctorus)는 나무의 유묘에 널리 사용되며, 척박한 토양에서 수목의 생육 증가에 큰 효과가 있다.

① 지렁이의 분변토는 토양 입단형성(떼알구조)을 형성하여 토양물리성을 개선시킨다.

② 조류는 탄산칼슘을 이용하여 유기물을 생성하고, 사상균과 공생하여 지의류가 된다.

※ 근류균 = 세균, 균근균(사상균) = 곰팡이

④ 화학종속영양세균은 탄소원과 에너지원을 모두 유기물로부터 얻는다. 화학독립영양인 탄소원은 CO_2, 에너지원은 화합물(무기물)로부터 얻는다.

⑤ 공생질소고정균은 특정한 기주식물과 특이적으로 공생관계를 맺는다. (동일교호접종군)

 정답 **086** ⑤ **087** ③ **088** ③

089 성분량 기준으로 10a당 20kg의 질소를 사용하기 위해 필요한 질산암모늄(NH_4NO_3) (32-0-0)의 양은 대략 얼마일까?

① 200kg

② 32kg

③ 62.5kg

④ 200.5kg

⑤ 64kg

089 32(질소) – 0(인) – 0(칼륨) → 질소 32% 함유

10a (= 1,000 m²)에 필요한 질소성분량 20kg 을 공급하기 위해

x (총 요소비료)×32% = 20 kg

x = 62.5kg

---

090 질소순환에 대한 설명으로 옳은 것은?

① 암모늄이온(NH_4^+)의 용탈은 토양의 산성화를 통해서 보호될 수 있다.

② 유기물의 C/N율에 따라 질소의 무기화작용 또는 부동화작용이 발생할 수 있다.

③ 무기화반응이 우세하게 지속되면 토양 중의 무기태 질소의 함량이 줄어들어 식물에 일시적인 질소부족현상이 일어난다.

④ 탈질작용은 배수가 불량한 토양에서 산소를 전자수용체로 이용하면서 발생한다.

⑤ 질소고정작용은 근류균에 의해 고정된 NO_3^- 를 식물에 공급하는 반응이다.

090 ② 토양 내의 질소의 무기화작용과 고정화작용은 동시에 일어나며, 유기물의 C/N율에 따라 그 방향이 결정된다.

※ C/N율 < 20 : 무기화반응이 우세
C/N율 > 30 : 고정화반응이 우세

① 암모늄이온(NH_4^+)의 용탈은 토양콜로이드의 흡착을 통해서 보호될 수 있다.

③ 고정화반응이 우세하게 지속되면 토양 중의 무기태 질소의 함량이 줄어들어 식물에 일시적인 질소부족 현상이 일어난다.

④ 탈질작용은 배수가 불량한 토양에서 산소 대신에 NO_3^-를 전자수용체로 이용하면서 발생한다.

⑤ 질소고정작용은 근류균에 의해 고정된 NH_3를 식물에 공급하는 반응이다.

---

091 토양유기물에 대한 설명으로 옳은 것은?

① 부식의 CEC(양이온교환용량)는 대략 200cmolc/kg으로 점토의 CEC보다 높다.

② 분해 저항성 때문에 성숙한 나무의 유기물이 어린나무보다 분해속도가 빠르다.

③ 북극 침엽수림지대의 많은 낙엽이 분해되지 않는 주된 이유는 토양의 pH 때문이다.

④ 활엽수의 톱밥은 밀짚보다 C/N율이 낮다.

⑤ 부식은 Al^{3+}, Cu^{2+} 등과 킬레이트 화합물을 형성하여 그 독성을 증가시킨다.

091 ① 부식은 토양의 CEC를 증가시키고, 점토의 CEC는 10~150 cmolc/kg, 부식은 200~250 cmolc/kg이다.

② 어린 묘목의 유기물이 성숙한 나무보다 분해속도가 빠르다. 그 이유는 분해 저항성이 높은 유기물(티그닌) 등의 함량이 적게 포함되어 있기 때문이다.

③ 북극 침엽수림지대의 많은 낙엽이 분해되지 않는 주된 이유는 토양의 낮은 온도 때문이다.

④ 활엽수의 톱밥은 밀짚보다 C/N율이 높다.

⑤ 부식은 Al^{3+}, Cu^{2+} 등과 킬레이트 화합물을 형성하여 그 독성을 감소시킨다.

chapter **06**

정답 089 ③ 090 ② 091 ①

092 탄소 함량이 42%이고, 질소 함량이 0.5%인 볏짚 100g이 사상균에 의하여 분해될 때 식물의 질소기아 없이 분해가 되려면 몇 g의 질소가 토양에 가해져야 하는가? (단, 탄소동화율 = 0.25 라 가정하고, 사상균 세포의 탄질률은 10이다.)

① 10.5g

② 0.55g

③ 31.5g

④ 1.05g

⑤ 12g

093 토양의 침식에 관한 설명으로 옳지 <u>않은</u> 것은?

① 산성 산지에 석고를 시용하면 토양침식을 감소시킬 수 있다.

② 세류침식은 골짜기를 이루면서 토양 유실의 피해를 입히지만 농기계로 관리할 수 있다.

③ 산지의 경작지는 고랑과 이랑을 바람의 방향과 평행을 이루게 하여 풍식의 저항력을 증가시킨다.

④ 경사진 밭에서 등고선을 따라 두둑을 만들면 물의 유속을 줄일 수 있어 침식을 줄이게 된다.

⑤ 물에 의한 침식은 토양입자의 분산탈리, 분산탈리된 입자의 이동, 낮은 곳으로 퇴적 등 3단계를 거친다.

094 토양단면에 대한 설명으로 옳은 것은?

① Oi 층은 무기질 토층 위에 있으며, 잘 부숙된 유기물층이다.

② Oe 층은 식생이 풍부한 중위도지대에서 잘 나타나며, 미부숙된 유기물층이다.

③ A 층은 부식된 유기물과 섞여있고, 입단구조가 잘 발달된 유기물층이다.

④ B 층은 상부토층으로부터 Fe, Al의 산화물이 용탈된 집적층이다.

⑤ R 층은 아직 토양생성 작용을 받지 않은 무기물층이다.

092 유기물 중 탄소량 = 42g
유기물 중 질소량 = 0.5g
사상균에 의하여 동화된 탄소 = 42×0.25(탄소동화율) = 10.5g
31.5g의 탄소(C)는 호흡작용에 의하여 CO_2로 전환된다.
(42g − 10.5g = 31.5g)
사상균에 의하여 동화된 10.5g의 탄소는 미생물체를 구성하고, 사상균의 C/N율이 10이므로 이때 1.05g의 질소가 흡수되어야 한다.
따라서 직물의 질소기아를 막기 위하여 토양에 가해 주어야 하는 질소의 양은 다음과 같이 계산할 수 있다.
1.05g − 0.5g(볏짚 중의 질소량) = 0.55g

093 ③ 풍식에 의한 관리는 고랑과 이랑을 바람의 방향과 직각을 이루게 하여 침식의 저항력을 증가시킨다.

① 석고는 산불로 인한 산성 토양의 침식을 감소시키는 데 효과가 매우 크며, 산성 토양의 개량 효과도 크다.

② 물의 침식 중 세류침식은 골짜기를 이루면서 토양 유실의 피해를 입히지만 농기계로 관리할 수 있다.

④ 유거수의 속도를 줄이기 위해 등고선을 따라 두둑을 만들어 경사진 땅의 유속을 줄이며 침식을 줄이는 방법은 등고선재배이다.

094 ① Oi 층은 무기질 토층 위에 있으며, 미부숙된 유기물층이다.

② Oe 층은 식생이 풍부한 중위도 지대에서 잘 나타나며 중간 정도의 부숙 유기물층이다.

③ A 층은 부식된 유기물과 섞여있고, 입단구조가 잘 발달된 무기물층이다.

⑤ C 층은 아직 토양생성 작용을 받지 않은 무기물층이다.

정답 ▶ 092 ② 093 ③ 094 ④

095 식물의 생장에 적합한 환경을 만들기 위해 석회시용이 가장 필요 없는 토양은?

① pH 5.0 이하의 토양
② 토양의 완충능력이 큰 토양
③ 나트륨성 토양
④ 미량원소의 유효도가 낮은 토양
⑤ 인산의 고정이 많은 토양

095 일반적으로 토양의 완충능력은 토양의 양이온치환용량이 클수록 커지며, 따라서 식물양분의 유효도와 연관된다.

① pH 5.0 이하인 토양는 강산성 토양이므로 석회를 시용하여 산도를 낮추어 주어야 한다.
③ 나트륨성 토양 : pH가 8.5 이상인 강알칼리성 토양으로 석고($CaSO_4$)를 이용하여 토양의 교환성 Ca를 높이고 교환성 나트륨 퍼센트를 낮추어 토양의 화학성과 물리성을 개량한다.
④ 미량원소의 유효도가 낮은 토양 : 미량원소 유효도는 토양 pH가 산성일수록 증가한다. 석회시용은 토양 산도를 낮추므로 식물의 미량원소 결핍 가능성이 낮아진다.
⑤ 인산의 고정이 많은 토양 : 석회시용은 산도를 중성으로 유지하여 인산고정을 억제하여 인산의 유효도를 높인다.

096 화살표로 표시한 토양색의 표기법으로 옳은 것은?

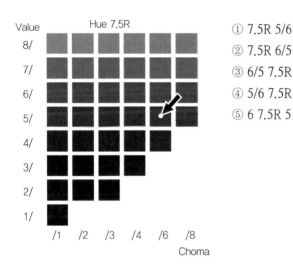

① 7.5R 5/6
② 7.5R 6/5
③ 6/5 7.5R
④ 5/6 7.5R
⑤ 6 7.5R 5

096 토양의 색깔은 색상 명도/채도로 표기한다.

색상 7.5R, 명도 5, 채도 6
(H)   (V)   (C)

097 2 : 1 층상의 규산염광물에 대한 설명으로 옳지 않은 것은?

① 2개의 규소사면체층 사이에 1개의 알루미늄팔면체층이 결합된 구조이다.
② 규소사면체층에서는 Si^{4+} 대신 Al^{3+} 의 동형치환이 흔히 일어난다.
③ Montmorillonite는 팽창과 수축현상이 심하며, 표면노출이 심하여 이온흡착능이 크다.
④ Vermiculite는 삼팔면체와 이팔면체 구조이며, 2 : 1 층과 2 : 1 층 사이에 K^+ 이온이 자리잡고 있다.
⑤ Chlorite는 규소사면체와 알루미늄팔면체층으로 2 : 1층 구조에 brucite 층이 첨가되어 2 : 1 : 1 구조를 형성한다.

097 ④ Vermiculite는 삼팔면체와 이팔면체 구조이며, 2 : 1 층과 2 : 1 층 사이에 K^+ 대신에 Mg^{2+} 이온이 자리잡고 있다.

정답 ▶ 095 ② 096 ① 097 ④

098 토양수분의 분류에 관한 설명 중 옳은 것은?

① 식물이 이용 가능한 수분은 포장용수와 흡습계수 사이의 물이다.
② 비가 온 후에 공극에 남아 있는 수분퍼텐셜은 −0.1MPa 이하이다.
③ 점토함량이 많을수록 토양은 포장용수량이 줄어든다.
④ 일반적인 식물은 수분퍼텐셜이 −1.5MPa 이하가 되면 시들어 죽는다.
⑤ 유효수분의 함량은 양토보다 식토가 더 많다.

099 사상균과 박테리아에 의한 분해율이 가장 낮은 토양 유기물은?

① 펙틴(pectin)
② 리그닌(lignin)
③ 전분(starch)
④ 단백질(protein)
⑤ 셀룰로오스(cellulose)

100 퇴비의 유익한 점이 아닌 것은?

① 탄질률이 낮아 토양에 시비하여도 질소기아가 발생하지 않는다.
② 탄질률이 높은 유기물의 분해를 돕는다.
③ 퇴비화 과정 중에 독성 화합물이 분해된다.
④ 미생물에 의한 토양병원균의 활성을 억제한다.
⑤ 토양의 염기포화도를 낮추어 양이온교환용량을 증가시킨다.

098 ④ 일반적인 식물은 수분퍼텐셜이 −1.5MPa(위조점 : 식물이 물을 흡수하지 못하여 시들게 되는 토양수분 상태) 이하가 되면 시들어 죽는다.

① 식물이 이용 가능한 수분은 포장용수와 위조점 사이의 물이다.
② 비가 온 후에 공극에 남아 있는 수분은 포장용수량(−0.033MPa)부터이다.
③ 점토함량이 많을수록 토양은 포장용수량이 많아진다.
⑤ 유효수분의 함량은 식토보다 양토가 더 많다.

099 토양 유기물 중 대부분의 리그닌은 미생물에 의해 분해되지 않는다.

100 ⑤ 토양의 염기화를 높여 양이온교환용량을 증가시킨다.

【산림관리학】

101 내음성이 가장 강한 극음수 수종으로 나열된 것은?

① 굴거리나무, 소나무, 개비자나무, 노각나무
② 잣나무, 느티나무, 소나무, 자작나무
③ 예덕나무, 은행나무, 측백나무, 삼나무
④ 낙엽송, 자작나무, 굴거리나무, 개비자나무
⑤ 개비자나무, 주목, 굴거리나무, 사철나무

101 • 극음수 수종 : 개비자나무, 금송, 나한백, 주목, 굴거리나무, 사철나무, 식나무, 자금우, 호랑가시나무, 황칠나무, 회양목
• 극양수 수종 : 낙엽송, 대왕송, 방크스소나무, 두릅나무, 버드나무, 붉나무, 예덕나무, 자작나무, 포플러류
• 중성수 수종 : 잣나무, 편백, 화백, 개나리, 산사나무, 참나무, 철쭉류

102 수목 전정에 관한 설명으로 옳은 것은?

① 가늘고 작은 가지의 옆가지를 자를 때 6~7mm 정도 남겨두고 자른다.
② 가는 가지의 원가지를 자를 때 옆 가지와 수평이 되도록 자른다.
③ 가늘고 길게 자란 가지의 중간을 자를 때 옆눈에서 가지터기를 6~7mm 정도 남겨둔다.
④ 가지치기의 기본요령은 가지터기를 남겨서 기지의 찢어짐을 방지하는 것이다.
⑤ 성목의 주지(원가지)를 자를 때 지피융기선과 비교하여 가지터기를 10cm 이상 남긴다.

102 수목 전정

가는 가지	• 원가지를 남겨 놓고 옆 가지를 자를 때 바짝 자른다. • 옆 가지를 남겨 놓고 원가지를 자를 때 옆 가지의 각도와 같게 비스듬하게 자르되 가지터기를 약간 남겨둠으로써 옆 가지가 찢어지는 것을 방지한다. • 길게 자란 가지의 중간을 자를 때 가지터기를 눈 위 6~7mm 정도 남겨둔다.
굵은 가지	• 굵은 가지, 원가지는 가지터기를 남기지 않고 바짝 자른다. • 원가지를 자를 때 지피융기선을 그대로 두기 위하여 위쪽으로 비스듬히 각도를 유지하여 자른다. • 가지터기를 남기지 않고 바짝 자른다.

④ 가지치기의 기본요령은 제거할 가지를 바짝 잘라서 상처의 빠른 치유이다.

103 겨울철에 소나무의 새로 자란 가지의 중간을 자르면 잘린 가지는 고사하게 된다. 고사의 이유로 가장 적당한 것은?

① 기온이 내려가 얼어 죽기 때문이다.
② 잘린 가지에서 새 눈이 생성되지 않기 때문이다.
③ 뿌리의 수분 흡수가 적기 때문이다.
④ 겨울철 건조가 심하여 증산작용이 심하기 때문이다.
⑤ 광합성이 부족하기 때문이다.

103 소나무는 잎이 없는 부분에서 새 눈이 생겨나지 않아 가지 끝이 말라 들어가면서 고사한다. 소나무의 잎 눈 형성시기는 5~6월이다.

104 대경목의 뿌리돌림을 하는 이유로 가장 적당한 것은?

① 세근의 발달을 촉진시킬 수 있기 때문이다.
② 뿌리에 발생하는 뿌리썩음병을 예방하기 때문이다.
③ 나무의 성장을 촉진하기 때문이다.
④ T/R율을 맞추어 광합성량을 조절하기 위해서이다.
⑤ 토양을 개량하여 수목의 생장을 왕성하게 하기 위해서이다.

104 뿌리돌림은 대경목을 이식하기 전에 실시하는 단근작업으로서 세근이 많이 발달되도록 하여 이식성공률을 높이기 위한 것이다.

 정답 **101** ⑤ **102** ③ **103** ② **104** ①

chapter **06**

105 수목의 시비시기에 관한 내용으로 옳은 것은?

① 겨울눈이 생성되기 4~6주 전에 비료를 주는 것이 적당하다.

② 엽면시비는 계절과 상관없이 실시한다.

③ 질소비료는 봄철보다 6~7월에 시비하는 것이 식물생장에 바람직하다.

④ 고정생장 수목은 2월보다는 9~10월에 시비하는 것이 유리할 수 있다.

⑤ 유기질 비료의 과다한 사용은 수목에 큰 피해를 끼친다.

106 수목의 수간주사에 관한 설명으로 옳은 것은?

① 수목의 물관부가 제구실을 못할 때 빠른 수세회복을 위하여 실시한다.

② 지상부에서 60cm 이내의 수간 아래쪽에 수피 통과 후 10cm 이상 깊이로 뚫는다.

③ 수간보다 뿌리에 주사하는 것이 수간의 부패를 줄일 수 있는 방법이다.

④ 소나무재선충 수간주사 약제는 페니트로티온 수화제이다.

⑤ 증산량이 많은 날씨에는 수간주사를 가급적 피한다.

107 염분토양의 토양개량 방법으로 적당한 것은?

① 양토의 경우 150mm의 관수는 지표 30cm 깊이의 염분이 약 50% 제거된다.

② 관수량은 그 지역의 증발산량보다 적어야 염분의 용탈이 가능하다.

③ 황산알루미늄은 나트륨 함유가 높은 염분토양의 염분 제거에 유용하다.

④ 두께 30cm 이상의 멀칭은 증발량 감소로 염분이 표토로 상승하는 것을 감소한다.

⑤ 비료 사용 시 요소(질소함량 : 45%)보다 질산나트륨(질소함량 : 16%) 비료를 시비한다.

---

105 ④ 고정생장 수목은 소나무, 전나무, 가문비나무, 참나무류 등 2월보다는 9~10월 시비가 적절하며, 자유생장 수목은 주목, 향나무, 활엽수 중 속성수 등 가을에 다시 자랄 가능성이 있으므로 안전하게 2월에 시비하는 것이 바람직하다.

① 겨울눈이 트기 4~6주 전인 이른 봄에 비료를 주는 것이 적당하다.

② 엽면시비는 잎이 한창 커지는 봄~초여름에 실시하는 것이 좋다.

③ 질소비료는 봄철의 생장에 맞추어 시비하는 것이 식물생장에 바람직하다.

⑤ 유기질 비료의 과다한 사용은 수목에 큰 피해를 끼치지 않는다.

106 ③ 수간주사는 반드시 수간에만 실시해야 하는 것이 아니다. 구멍으로 인한 수간의 부패를 막기 위해 뿌리에 주사하는 것이 더 바람직하다.

① 수목의 물관부가 제구실을 못하면 약액을 흡수·이동시킬 수 없다.

② 지상부에서 60cm 이내의 수간 아래쪽에 수피 통과 후 2~3cm 깊이로 뚫는다.

④ 소나무재선충 수간주사 약제는 아바멕틴 유제이다.

⑤ 증산량이 많은 날씨에는 약액의 흡수가 빨라 수간주사를 실시하기 적합하다.

107 ① 충분한 관수는 염분 제거를 할 수 있다. 양토의 경우 150mm의 관수는 지표 30cm 깊이의 염분이 약 50% 제거된다. 지하수로 관수할 경우 지하수의 염분함량이 0.5 mS/cm 보다 낮아야 효과적이다.

② 관수량은 그 지역의 증발산량보다 더 많아야 염분의 용탈이 가능하다.

③ 석고($CaSO_4$)를 시비하면 나트륨 함유가 높은 염분토양의 나트륨을 용탈시켜 관수로 나트륨을 제거한다.

④ 두께 15cm 이상의 멀칭은 공기유통이 잘 안 되고 토양이 과습하므로 삼간다. 두께 5cm 이상의 멀칭은 증발량을 감소시켜 염분이 표토로 상승하는 것을 감소시킨다.

⑤ 시비를 할 때는 비료 자체가 염분 역할을 하므로 고농도 비료를 사용한다. 비료 사용 시 질산나트륨(질소함량 : 16%)보다 요소(질소함량 : 45%) 비료를 시비한다.

정답 105 ④ 106 ③ 107 ①

108 토양 내 산도가 높을 때 발생하는 현상이 아닌 것은?

① 인, 칼슘 등이 식물이 흡수할 수 없는 형태로 존재하게 된다.

② 식물이 잘 자랄 수 없는 환경이다.

③ 토양입자 표면에 양이온의 부착률이 낮다.

④ 박테리아보다 곰팡이의 비율이 상대적으로 늘어난다.

⑤ 토성의 변화에 큰 영향을 끼친다.

108 ⑤ 토성은 토양의 성질을 약칭하는 말이 아니라, 토양 내 진흙(점토, 0.002mm 이하), 미사(지름 0.002~0.02mm), 모래(지름 0.02~2.0mm)의 상대적인 혼합비율을 의미한다. 그러므로 토양 내 산도의 변화는 토성의 변화에 크게 영향을 끼치지 않는다.

109 수목관리에 대한 설명으로 옳은 것은?

① 시비 방법으로 토양 내 시비법, 엽면시비법, 분말시비법 등이 있다.

② 토양 수분은 결합수, 모세관수, 자유수로 분류하며, 수목의 이용수는 결합수이다.

③ 이식 후 지주목의 설치는 뿌리 활착을 늦게 하고 초살도에 영향을 준다.

④ 수목 이식 후 멀칭을 하면 과습, 고온현상, 그리고 미생물 번식 등의 현상이 발생한다.

⑤ 식물의 필수원소 중 다량원소에는 질소, 인, 칼륨, 칼슘, 황, 마그네슘 등이 있다.

109 ⑤ 식물의 필수원소는 다량원소와 미량원소로 구분할 수 있는데, 다량원소에는 질소, 인, 칼륨, 칼슘, 마그네슘, 황 등이 있고, 미량원소에는 붕소, 망간, 아연, 구리, 몰리브덴 등이 있다. 철은 다량원소에 포함되기도 하고, 미량원소에 포함되기도 한다.

① 시비 방법으로 토양 내 시비법, 엽면시비법, 표토시비법, 수간주사법 등이 있다.

② 토양 수분은 결합수, 모세관수, 자유수로 분류하며, 수목의 이용수는 모세관수이다.

③ 이식 후 지주목의 설치는 뿌리 조직의 활착, 수고 생장에 도움을 준다. 그리고 초살도는 반대 영향을 준다.

④ 수목 이식 후 멀칭을 하면 과습, 고온현상 등을 방지하고, 토양 미생물의 생장을 촉진한다.

110 특수지역의 수목 식재에 관한 내용으로 옳은 것은?

① 가로수에 유공관 매설은 통기성을 향상시키지만, 장마철에 배수 장애를 유발한다.

② 쓰레기 매립지에 적합한 수종은 심근성의 아까시나무, 포플러 등이 적당하다.

③ 플랜트에 관목을 식새할 경우 최소 30cm 깊이이며, 크기가 작을수록 관수에 유리하다.

④ 실내 수목의 식재 시 낙엽현상을 방지하기 위하여 약 2개월간의 반그늘 적응기간과 2,000럭스 이상의 조명을 유지해야 한다.

⑤ 방음식수대는 도로 쪽보다 주택가 쪽에 더 가깝게 식수대를 설치하는 것이 효과적이다.

110 ④ 햇빛에서 자라던 개체를 실내로 들여오거나 실내에서 자라던 개체를 밖으로 옮기면, 낙엽이 지는 낙엽현상이 발생한다. 낙엽현상을 방지하기 위하여 화분의 이동 전 약 2개월간의 반그늘 적응기간과 2,000럭스 이상의 실내조명을 유지해야 한다.

① 가로수에 유공관 매설은 통기성을 향상시키며 장마철에 일시적 배수와 퇴수 역할도 한다. 이 유공관을 통해서 가물 때 관수하고, 액상비료를 쉽게 줄 수 있다.

② 쓰레기 매립지에 적합한 수종은 천근성의 아까시나무, 포플러 등이 적당하다.

※ 쓰레기매립지는 메탄가스와 탄산가스 분출, 토양 침하, 방열 현상 등이 발생한다. 1m 가량의 성토를 하기 때문에 얕은 토심에서 자랄 수 있는 키 작은 수종으로, 천근성이며 배수불량 상태에서도 견딜 수 있어야 한다. 아까시나무와 포플러는 교목성이지만 천근성으로서 열악한 쓰레기 매립장에서 살아남을 수 있다.

③ 플랜트에 관목을 식재할 경우 최소 45cm 깊이이며, 크기가 클수록 관수에 유리하다. 플랜터가 작을수록 관수를 자주 해야 한다.

⑤ 방음식수대는 주택가보다 도로 쪽에 더 가깝게 식수대를 설치해야 소음이 도착하는 주택가에 유리하다.

 정답 108 ⑤ 109 ⑤ 110 ④

111 무기양료의 결핍 증상으로 옳은 것은?

① 철(Fe) : 활엽수의 노엽이 엽맥 사이에 황화현상이 나타난다.

② 칼륨(K) : 활엽수의 성숙엽 가장자리와 엽맥 사이 황화현상이 나타나고, 나중에 검은 반점이 나타난다.

③ 질소(N) : 초기에는 침엽수의 잎이 어두운 청록색이 되고, 수관상부에서 먼저 변색이 된다.

④ 인(P) : 활엽수의 유엽이 짙은 녹색으로 변하고, 잎의 뒷면은 보라색으로 변한다.

⑤ 마그네슘(Mg) : 침엽수의 잎 끝이 적색으로 변하고, 수관 상부의 성숙엽에서 먼저 나타난다.

112 수목의 고온 피해에 관한 설명으로 옳은 것은?

① 수간의 북동쪽 수피가 피해를 많이 받는다.

② 극양수 수종인 단풍나무, 피나무, 물푸레나무 등에 많이 발생한다.

③ 수목의 수분 부족 해소는 증발산량을 높여 고온 피해 예방에 도움이 되지 않는다.

④ 주목, 잣나무, 자작나무 등에 자주 발생한다.

⑤ 한여름에 수목의 수간에 수간 테이프를 감는 것은 고온 피해를 가중시킨다.

113 수목의 토양 내 산소 부족에 의한 피해에 관한 설명으로 옳지 않은 것은?

① 토양입자 공극이 좁아지고 용적비중이 높아져서 수목 생장이 매우 불량하다.

② 높은 지하수위로 토양 내 산소가 부족하여 잎이 황색으로 변하고 마른다.

③ 잎이 작아지고 신초가 고사하며, 조기낙엽이나 마른 잎이 오래도록 붙어 있다.

④ 천근성 수종이나 토심이 낮은 곳에서 자라는 개체가 피해를 많이 입는다.

⑤ 표토 20cm 이내의 세근이 표토 부근에 집중적으로 모이는 현상이 일어난다.

---

111 ② 칼륨(K) : 이동이 쉬우므로 활엽수의 성숙엽 가장자리와 엽맥 사이 황화현상, 나중에 검은 반점, 측지가 꼬불고불 자라며 길이가 짧다.

① 철(Fe) : 이동이 안 되므로, 활엽수의 어린잎 엽맥 사이에 황화, 나중에 백색으로 변함, 잎의 가장자리와 끝이 타들어감. 쌀쌀한 봄에 쉽게 나타난다.

③ 질소(N) : 체내 이동이 쉬우며 활엽수의 성숙한 잎이 어두운 황록색으로 변색, 잎이 작고 조기 낙엽, 복엽은 소엽의 숫자가 감소 후에 황색, 침엽수의 잎은 짧고 노란색을 띰, 수관 하부에서 먼저 노란색으로 변색된다.

④ 인(P) : 이동이 쉬우므로 활엽수의 노엽이 녹색 혹은 짙은 녹색, 잎의 뒷면이 보라색으로 변함, 조기 낙엽과 꽃이 적게 달린다.

⑤ 마그네슘(Mg) : 이동이 쉬우므로 활엽수 성숙엽의 엽맥 사이와 가장자리가 붉은 색으로 변색 후 엽맥 사이 조직 괴사, 침엽수의 잎 끝이 적색으로 변색, 수관 하부의 성숙엽에서 먼저 나타난다.

112 ④ 한대성 수종인 주목, 잣나무, 자작나무 등과 수피가 얇은 단풍나무, 층층나무, 물푸레나무, 칠엽수, 느릅나무 등에 자주 발생한다.

① 여름 오후에 햇빛이 강하면 수간의 남서쪽 수피가 열에 의해 피해를 많이 받는데 이를 '피소현상'이라 한다.

② 단풍나무는 음수, 피나무와 물푸레나무는 중성수이고 수피가 얇아 고온 피해를 많이 받는다.

③ 수목의 수분 부족 해소는 기온 상승을 막아 엽소 예방에 도움이 된다.

⑤ 한여름에 수목의 수간에 수간 테이프를 감는 것은 햇볕에 의한 피소를 막아주므로 특히 이식목의 경우에 효과가 크다.

113 ④ 건조 피해는 주로 천근성 수종이나 토심이 낮은 곳에서 자라는 개체에서 발생한다.

▶ 토양 내 산소가 부족한 현상	
답압	토양입자 공극이 좁아지고 용적비중이 높아져서 수목생장이 매우 불량하다.
과습	지하수위가 높아서 토양 내 산소가 부족하여 잎이 황색으로 변하고 마른다.
복토	잎이 작아지고 신초가 고사하며 조기낙엽이나 마른 잎이 오래도록 붙어 있다.
복토	표토 20cm 이내에 세근이 표토 부근에 집중적으로 모이는 현상이 일어난다.

정답 ▶ 111 ②   112 ④   113 ④

114 대기오염물질에 의한 수목의 병징으로 옳지 않은 것은?

① 아황산가스 : 엽육조직이 피해를 입고, 잎의 끝부분과 엽맥 사이 조직이 괴사한다.

② 질소산화물 : 엽육조직이 피해를 입고, 잎의 가장자리와 엽맥 사이 조직이 괴사한다.

③ 오존 : 책상조직이 먼저 붕괴되며, 잎 표면에 주근깨 같은 반점이 형성된다.

④ PAN : 엽육조직이 피해를 입고, 잎 뒷면이 청동색으로 변색된다.

⑤ 불소 : 책상조직이 먼저 붕괴되며, 잎 표면에 반점이 합쳐져서 백색화된다.

115 농약제형 중 수화제의 특성이 아닌 것은?

① 원제가 고체인 경우는 백토를 첨가하지 않고 증량제와 계면활성제를 첨가한다.

② 현수성은 보통 2분 이내기 좋다.

③ 증량제로 물을 사용하여 입자를 분쇄한다.

④ 과립 형태로 제제하여 비산 중독 가능성이 낮다.

⑤ 계면활성제를 유화제로 첨가하여 제제한다.

116 침입한 병원균의 치료를 목적으로 사용하며 보호용 살균제의 약효를 겸비한 농약으로 옳은 것은?

① 벤지미다졸계

② 디티오카바메이트계

③ 석회보르도액

④ 유기구리제

⑤ 무기유황제

---

114 ⑤ 불소는 초기에는 잎의 끝이 황화현상이 생기고, 이후 잎 가장자리에서 중륵을 따라 안으로 확대된다. 기체상태의 오염물질 중 가장 독성이 강하다.

115 ⑤ 계면활성제를 유화제로 첨가하여 제제하는 것은 유제이다.

　① 수화제
　　• 원제가 액체인 경우 – 백토, 증량제(점토·규조토), 계면활성제를 혼합하여 미세하게 분쇄하여 만든다.
　　• 원제가 고체인 경우 – 백토를 첨가할 필요 없이 증량제와 계면활성제 등을 첨가하여 혼합, 분쇄한다.
　③ 증량제로 물을 사용하여 입자를 분쇄하는 것은 액상수화제이다.
　④ 과립 형태로 제제하여 비산 중독 가능성이 낮은 것은 입상수화제이다.

116 직접살균제는 침입한 병원을 사멸시키는 약제로서 보호용 살균제로서의 약효를 겸비하고 있으며, 벤지미다졸계, 트리아졸계 등이 있다.

　② 디티오카바메이트계 : 보호살균제
　③ 석회보르도액 : 보호살균제
　④ 유기구리제 : 보호살균제
　⑤ 무기유황제 : 보호살균제

chapter **06**

정답 ▶ 114 ⑤　115 ⑤　116 ①

117 농약 살포 방법 중 직접살포용 제형에 속하지 않는 것은?

① 입제
② 분제
③ 수면부상성 입제
④ 미분제
⑤ 캡슐현탁제

118 농약의 사용법에 관한 설명으로 옳은 것은?

① 약효상승률은 살포량 증가율을 낮아지게 하며, 약효상승률이 0이 되면 약효는 최고에 도달한다.
② 약제 살포량과 부착량은 우상향 그래프를 형성하며 비례한다.
③ 분무입자의 크기는 작으면 작을수록 작물체 표면에 부착률이 높아진다.
④ 토양혼화법은 토양 상하로 약제가 골고루 분포하지만, 표면 유실에 의한 약제손실량이 많다.
⑤ 항공살포는 미량의 저농도 살포를 이용하면 지상 살포와 같은 방제효과를 얻을 수 있다.

119 농약의 독성에 관한 내용으로 옳은 것은?

① 급성독성의 농약량 LD50은 농약에 1회 노출을 기준으로 50%가 사망하는 농약의 양을 나타낸다.
② 급성경구독성은 농약을 기체 및 증기상태로 실험동물에 흡입 투여하였을 때 사망하는 수를 의미한다.
③ 경구독성 2급은 고독성으로 고체 LD50 값은 5~50 미만이다.
④ IARC의 발암성 분류에서 Group 2B는 '인간에게 발암 추정물질' 분류기준이다.
⑤ 농약 독성시험에서 최대무독성용량(NOAEL)은 1일 섭취허용량(ADI)의 값에 따라 변한다.

---

117 ⑤ 캡슐현탁제는 희석살포용 제형에 속한다.

▶ 살포용 제형

희석 살포용	유제, 수화제, 액상수화제, 입상수화제, 액제, 유탁제 및 미탁제, 분산성액제, 수용제, 캡슐현탁제
직접 살포용	입제 및 세립제, 분제, 수면부상성 입제, 수면전개제 및 오일제, 미분제 및 미립분제, 저비산분제, 캡슐제

118 ① 살포량이 증가함에 따라 약효 상승은 점점 떨어지며, 약효상승률이 0이 되면 약효는 최고에 도달한다.
② 약제 살포량과 부착량의 관계는 어느 한계 이하에서는 살포량과 부착량은 비례하나 그 이상에서는 살포량이 증가하여도 부착량은 증가하지 않는다.
③ 분무입자의 크기는 너무 작으면 살포액이 비산되어 병해충이나 작물체 표면에 부착률이 불량하게 되어 약효가 저하되고 주변 환경을 오염시키는 원인이 된다.
④ 토양혼화법은 토양 상하로 약제가 골고루 분포하며, 표면 유실에 의한 약제 손실량이 적어 약효 지속기간이 길게 나타난다.
⑤ 항공살포는 미량의 고농도 살포를 이용하면 지상 살포와 같은 방제효과를 얻을 수 있다.

119 ① 급성독성의 농약량 LD50으로 일정기간 내에 실험동물의 50%가 사망하는 농도이다.
② 급성흡입독성은 농약을 기체 및 증기상태로 실험동물에 흡입 투여하였을 때 사망하는 수를 의미한다.
④ IARC의 발암성 분류에서 Group 2A는 '인간에게 발암 추정물질' 분류기준이다.
⑤ 농약 독성시험에서 1일 섭취허용량(ADI)은 최대무독성용량(NOAEL)의 값에 따라 변한다.

※인축독성 구분

	경구독성(LD50)		경피독성(LD50)	
	고체	액체	고체	액체
1급 (맹독성)	5미만	20미만	10미만	40미만
2급 (고독성)	5~ 50미만	20~ 200미만	10~ 100미만	40~ 400미만
3급 (보통독성)	50~ 500미만	200~ 2,000미만	100~ 1,000미만	400~ 4,000미만
4급 (저독성)	5000이상	2,000이상	1,000이상	4,000이상

정답 117 ⑤ 118 ① 119 ③

120 Fenobucarb 유제(50%)를 500배로 희석하여 10a당 180L를 살포하려고 할 때 fenobucarb 유제(50%)의 소요량은?

① 180mL

② 900mL

③ 450mL

④ 360mL

⑤ 500mL

121 잔류농약의 안전성에 관한 내용으로 옳은 것은?

① 농약의 작물잔류성 증대는 농약성분이 대부분 수용성 약제이기 때문이다.

② 농약의 최대무작용량(NOAEL)이 낮을수록 그 농약의 만성독성이 높게 나타난다.

③ 농약의 안전사용기준은 식품의약품안전처에서 결정·고시한다.

④ 생산단계농약 잔류허용기준 제도는 농민의 불이익을 최대화한다.

⑤ PLS 제도는 국내에 등록된 농약의 잔류에 대하여 일률기준 0.01mg/kg의 잔류허용기준을 적용한다.

122 농약의 작용기작과 화학구조가 바르게 연결된 것은?

① 아세틸콜린에스테라제(AChE) 저해 (1a) – 카바메이트계(Carbamates)

② Na 이온 통로 변조 (3b) – 벤지미다졸계(Benzimidazoles)

③ 글루탐산 의존성 Cl 이온 통로 다른자리 입체성 변조 – 니코틴계(Nicotine)

④ 미세소관 형성 저해 (다1) – 피레스로이드계(Pyrethroids)

⑤ GABA 의존성 Cl 이온 통로 차단 (사1) – 트리아졸계(Triazoles)

---

120 소요제품농약량(mL 또는 g) = $\dfrac{\text{단위면적당 소요 농약 살포액량(mL)}}{\text{희석배수}}$

= $\dfrac{180 \times 1{,}000 \text{ mL}}{500}$ = 360mL

121 ② 최대무작용량이 낮을수록 그 농약의 만성독성이 높다는 것이므로, 농약의 안전성을 확보하기 위해서는 보다 적은 노출량(잔류량)만을 허용하게 된다.

① 농약의 작물잔류성 증대는 농약 성분이 대부분 유용성 약제이기 때문이다.

※ 대부분의 농약은 물에는 난용성이고, 기름에는 잘 녹는 유용성 약제이므로 부착한 농약 성분은 식물 표면의 큐티클에 녹아 들어가므로 비가 오더라도 씻겨 내려가지 않아 작물잔류성을 증대시킨다.

③ 농약의 안전사용기준은 농촌진흥원(안전성심의위원회)에서 결정·고시한다.

④ 생산단계농약 잔류허용기준 제도는 농민의 불이익을 최소화한다.

※ 수확 전에 잔류농약을 측정하여 수확 시점에서의 잔류농약의 수준을 예측해서 출하 여부 및 시기를 결정하는 제도이다. 그러므로 수확일에 잔류농약 초과가 예상되는 농산물은 수확을 금지, 연기 또는 미리 폐기시킴으로써 소비자의 농산물에 대한 안전성 확보는 물론 농민에게도 불이익을 최소화한다.

⑤ PLS 제도는 국내에 비등록 또는 허가되지 않은 농약의 잔류에 대하여 일률기준 0.01mg/kg의 잔류허용기준을 적용한다.

122 ② Na 이온 통로 변조 (3a) – 피레스로이드계(Pyrethroids)

③ 글루탐산 의존성 Cl 이온 통로 다른자리 입체성 변조. – 아베멕틴계(Avermectins)

④ 미세소관 형성 저해 (나1) – 벤지미다졸계(Benzimidazoles)

⑤ GABA 의존성 Cl 이온 통로 차단 (2a) – BHC

 정답 120 ④ 121 ② 122 ①

123 침투성 유기 살균제 중 작물에 대한 약해는 없고 세포막 성분인 ergosterol의 생합성을 저해하여 살균작용을 하는 농약은?

① Metalaxyl

② Benomyl

③ Triadimefon

④ Mancozeb

⑤ Azoxystrobin

124 산림보호법에 따른 나무의사 등의 자격취소 및 행정처분의 세부기준에 관한 내용으로 옳지 않은 것은?

① 위반행위의 횟수에 따른 행정처분기준은 최근 3년 동안 같은 위반행위로 행정처분을 받은 경우에 적용한다.

② 위반행위가 둘 이상이며 동시에 자격정지인 경우에는 각 처분기준을 합산한 기간 동안 자격을 정지하되 3년을 초과할 수 없다.

③ 가중처분의 적용 차수는 그 위반행위 전 부과처분 차수의 다음 차수로 한다.

④ 거짓이나 부정한 방법으로 나무의사 등의 자격을 취득한 경우 1차 위반 시 자격취소한다.

⑤ 과실로 수목진료를 사실과 다르게 행한 경우 3차 위반 시 자격취소를 한다.

125 산림보호법 중 산림병해충 예찰·방제에 관한 설명 중 옳지 않은 것은?

① 중앙산림병해충 예찰·방제대책본부장은 산림청장이다.

② 수목의 발병 여부 확인서 발급기관은 시·도 산림환경연구기관이 한다.

③ 산림병해충의 발생에 대한 방제명령권자는 시·도지사, 구청장, 지방산림청장 등이다.

④ 발병한 조경용 수목은 이동을 제한하거나 사용 금지한다.

⑤ 산림전문분야 엔지니어링사업자는 방제사업의 설계·감리를 할 수 있다.

---

123 세포막 스테롤 생합성 저해 농약(사1~사4. : Triazoles(트리아졸계) – Triadimefon(트리아디메폰), Difenoconazole(디페노코나졸)

▶ 침투성 유기 살균제
- Benzimidazoles (벤지미다졸계) : Benomyl (베노밀), Carbendazim (카벤다짐)
- Phenylamides (페닐라미드계) : Metalaxyl (메타락실)
- Triazoles (트리아졸계) : Triadimefon (트리아디메폰), Difenoconazole (디페노코나졸)
- Strobilurins (스트로빌루린계) : Azoxystrobin (아족시스트로빈)

▶ 비침투성 유기 살균제
- Dithiocarbamates (디티오카바메이트계) : ziram (지람), Thiram (티람), Mancozeb (만코제브)
- Quinone (퀴논계) : Dithianone (디티아논)
- Arylnitrile (아릴니트릴계) : Chlorothalonil (클로로타로닐)

124 과실로 수목진료를 사실과 다르게 행한 경우의 행정처분
- 1차 위반 – 자격정지 2개월
- 2차 위반 – 자격정지 6개월
- 3차 위반 – 자격정지 12개월
- 4차 이상 위반 – 자격 취소

125 산림보호법 중 산림병해충 예찰·방제대책본부는 일반 병해충에 관한 예찰·방제를 다루고 있으며, 병해충의 발병여부 확인서 발급에 관한 내용은 없다.

『소나무재선충병 방제특별법』 소나무재선충병 감염여부 확인서 발급기관은 시·도 산림환경연구 기관이다.

정답 ▶ 123 ③   124 ⑤   125 ②

최종점검 – 출제기준에 따라 출제빈도가 높은 기출문제와 예상문제를 엄선하다!

심화모의고사 제5회

해설

▶ 실력테스트를 위해 해설란을 가리고 문제를 풀어보세요.

【수목병리학】

001 수목병 중에서 줄기·가지마름병의 증상으로 가장 **옳은 것**은?

① 뿌리 변색
② 버섯 발생
③ 가지에 혹 형성
④ 유상조직 형성
⑤ 도장지 발생

001 줄기·가지마름병은 수피와 형성층 조직상에 병반을 형성하는 궤양인데, 주로 병원균이 상처를 통해 수목으로 침입한 후 조직을 감염시키고 감염된 조직은 유상조직을 형성한다. 이러한 과정이 반복되면서 3그룹의 윤문형, 확산형, 궤양마름의 궤양을 형성한다.
  ① 뿌리 변색은 파이토프토라뿌리썩음병(*Phytophthora*), 피시움(*Pythium*) 등의 증상이다.
  ② 버섯 발생은 목재부후균(뽕나무버섯, 영지버섯 등)의 증상이다.
  ③ 가지에 혹을 형성하는 것은 혹병, 줄기녹병의 증상이다.
  ⑤ 도장지는 생물적 또는 비생물적 원인에 의해 수목의 수세가 약해질 때 발생한다.

002 수목병의 방제로 **옳지 않은 것**은?

① 그을음병은 살충제를 수간주사하면 예방할 수 있다.
② 흰가루병은 이른 봄에 수목에 발생한 자낭과를 제거하는 것이 가장 중요하다.
③ 동백나무겹둥근무늬병은 고온기에 살균제를 예방 위주로 살포한다.
④ 소나무류 피목가지마름병에 감염된 가지는 8월까지 제거하여 태운다.
⑤ 아밀라리아뿌리썩음병은 감염목의 그루터기 제거와 석회 처리를 하여 병의 확산을 막는다.

002 ④ 피목가지마름병은 4월에 자낭반이 형성, 장마철 이후 자낭포자가 비산하여 새로운 가지를 감염시키므로 6월까지 제거하여 태운다.

003 수목병 진단 시 생리화학적 진단이 가능한 병원균은?

① *Pythium*
② *Cryphonectria parasitica*
③ *Diplodia pinea*
④ *Xanthomonas arboricola* pv. *pruni*
⑤ *Valsa sordida*

003 생리화학적 진단은 바이러스병이나 병원세균을 동정하는 데 사용되는 진단으로 황산구리법, Biolog 탄소원 이용 여부의 검정방법 등이 있는데, *Xanthomonas arboricola* pv. *pruni*는 세균성구멍병으로 생리화학적 진단이 가능하다.
  ① *Pythium* – 피시움
  ② *Cryphonectria parasitica* – 밤나무줄기마름병
  ③ *Diplodia pinea* – 소나무가지끝마름병
  ⑤ *Valsa sordida* – 포플러류 줄기마름병

chapter 06

정답　**001** ④　**002** ④　**003** ④

004 우리나라의 주요 수목병 연구에 관한 설명으로 옳은 것은?

① 포플러류 녹병 - 1950년대 잎녹병이 크게 발생하였지만 저항성 수종은 아직 개발되지 않은 상태이다.

② 잣나무털녹병 - 1976년에 가평에서 처음 발견되었고, 중간기주인 송이풀류에서만 겨울포자가 발견되고 있다.

③ 오동나무빗자루병 - 담배장님노린재가 매개 전염시키며, 1980년에 옥시테트라사이클린으로 치료에 성공했다.

④ 소나무류 송진가지마름병 - 1996년에 테부코나졸 유탁제의 수간주사 효과를 입증하였다.

⑤ 참나무시들음병 - 떡갈나무에서 처음 발견되었으며, 광릉긴나무좀이 병원균을 매개한다.

005 병원체의 동정 및 병 진단에 관한 설명으로 옳은 것은?

① 코흐의 원칙은 배양이 불가능한 병원균에도 적용할 수 있다.

② ELISA 법은 수목의 진균 진단에 가장 많이 사용된다.

③ 버섯 · 녹병균 등의 포자 표면의 돌기 · 무늬 등을 관찰하는 장비는 주사전자현미경이다.

④ 현미경적 진단은 병원균의 포자와 균총을 관찰하기 위한 진단 방법이다.

⑤ 여과지 습실처리법은 영양배지법으로 병원균의 포자 및 구조체가 잘 만들어지지 않을 때 동정하는 방법이다.

006 종자식물에 의한 수목의 피해를 옳게 설명한 것은?

① 칡은 기생성 종자식물로서 나무의 광합성을 저해한다.

② 새삼은 줄기에 뿌리를 내어 기주식물 유관속 조직의 양분을 흡수하며 혹을 형성한다.

③ 겨우살이의 피해를 입은 나뭇가지는 국부적 이상비대로 가지 끝이 위축되고 말라죽는다.

④ 구과류 겨우살이들은 잎과 줄기로 수분과 영양분을 일부 생산하며 부족한 부분은 기주에 의존한다.

⑤ 기생성 종자식물은 대부분 쌍떡잎식물에 속하며, 외떡잎식물이나 겉씨식물도 가끔 발견된다.

004 ① 1950년대 잎녹병이 크게 발생하였으며, 저항성 수종인 이태리포플러 1호와 2호를 개발 보급하였다.
② 잣나무털녹병은 1936년에 가평에서 처음 발견되었다.
④ 소나무류 송진가지마름병은 1996년에 처음 발견되었으며, 최근에 테부코나졸 유탁제의 수간주사 효과를 입증하였다.
⑤ 참나무시들음병은 신갈나무에서 처음 발견되었다.

005 ① 코흐의 원칙은 배양이 불가능한 병원균에는 적용할 수 없다.
② ELISA 법은 수목의 바이러스 진단에 가장 많이 사용되는 진단법이다.
④ 병원균의 포자와 균총을 관찰하기 위한 진단방법은 영양배지법이다.
⑤ 영양배지법은 여과지 습실처리법으로 병원균의 포자 및 구조체가 잘 만들어지지 않을 때 동정하는 방법이다.

006 ① 칡은 비기생성 종자식물이다.
② 새삼은 줄기에 흡기를 내어 기주식물 유관속 조직의 양분을 흡수하며 혹을 형성한다.
④ 구과류 겨우살이들은 잎과 줄기의 퇴화로 수분과 영양분을 기주식물에 전적으로 의존한다.
※ 활엽수의 겨우살이들은 잎을 가지고 있어 광합성을 한다.
⑤ 기생성 종자식물은 모두 쌍떡잎식물에 속하며, 외떡잎식물이나 겉씨식물은 기생성 종자식물이 발견되지 않았다.

정답 004 ③ 005 ③ 006 ③

007 난균문에 의한 수목병의 특징으로 옳지 <u>않은</u> 것은?

① 어리고 연약한 조직을 침입하여 감염시킨다.
② 뿌리썩음병과 모잘록병 등을 유발한다.
③ 습한 토양에서 서식하는 토양전염성 병원균이다.
④ 균근 형성에 따라 병원균의 감염을 예방할 수 있다.
⑤ 장란기와 장정기의 수정으로 유주포자가 형성된다.

007 ⑤ 난균문은 무성생식으로 유주포자를 형성하고, 장란기와 장정기의 수정(유성생식)으로 난포자를 형성한다.

008 수목병의 생물적·비생물적 원인으로 옳지 <u>않은</u> 것은?

① 점무늬병 – 곰팡이, 세균
② 불마름병 – 세균
③ 빗자루병 – 파이토플라스마, 곰팡이
④ 소나무 시들음병 – 선충
⑤ 잎가마름병 – 곰팡이

008 ⑤ 잎가마름병은 곰팡이가 아닌 세균병이다.

009 빗물에 의한 전반을 일으키는 수목병과 가장 거리가 먼 것은?

① 잣나무털녹병 (*Cronartium ribicola*)
② 동백나무탄저병 (*Colletotrichum* sp.)
③ 소나무잎떨림병 (*Lophodermium* spp.)
④ 소나무류 갈색무늬잎마름병 (*Lecanosticta acicola*)
⑤ 오동나무탄저병 (*Glomerella cingulata*)

009 ① 잣나무털녹병(*Cronartium ribicola*)은 담자균 곰팡이로, 바람에 의해 전반되는 수목병이다.

010 내생균근에 관한 설명으로 옳은 것은?

① 내생균근은 격벽이 있는 VA 내생균근과 격벽이 없는 난초형/철쭉형 균근으로 나뉘어진다.
② VA 균근을 형성하는 곰팡이는 인공배양할 수 없으므로 토양을 수확한 후 인공접종한다.
③ 내생균근균의 후벽포자는 식물체와의 양분 교환을 하며 짧은 시간만 존재한다.
④ 소나무에 주로 형성되며 뿌리의 피층조직에 균사가 많다.
⑤ 세포간극에 존재하는 균사들은 하티그망(Hartig net)을 형성한다.

010 ① 내생균근은 격벽이 없는 VA 내생균근과 격벽이 있는 난초형/철쭉형 균근으로 나뉘어 진다.

③ 내생균근균의 후벽포자는 토양, 뿌리 등 자유롭게 형성되며 월동 구조체로 작용하여 이듬해 전염원의 역할을 한다.

④ 단풍나무·삼나무·열대성 수목에 주로 형성되며 뿌리의 피층 세포 내에 균사가 존재한다. 소나무과·참나무과·자작나무과 등은 외생균근을 형성한다.

⑤ 내생균근은 기주 뿌리의 세포 내에 균사체가 존재하며, 두꺼운 균사층을 형성하지 않는다. 외생균근은 세포간극에 존재하며 균사들에 의해 생성되는 그물모양의 하티그망(Hartig net)을 형성한다.

011 리지나뿌리썩음병에 관한 설명으로 옳은 것은?

① 기주 우점병으로 병원균보다 기주가 병 발생에 더 많은 영향을 미친다.

② 감염된 수목은 만성적인 수목병으로 수목의 생장 지연과 결실률 저하를 일으킨다.

③ 병원균은 줄기·과실·뿌리 등 거의 모든 부위를 침입하며 감염된 나무의 잎은 뒤틀리며 황화현상이 발생한다.

④ 사과 과수원에 주로 발생하며, 자주날개무늬병과 병징이 유사하다.

⑤ 뿌리의 피층이나 체관부를 침입하고 감염된 세포는 수지로 가득 차며 점차 갈색으로 목질화된다.

012 아까시재목버섯에 관한 설명으로 옳지 않은 것은?

① 구멍장이버섯속 담자균의 일종으로 백색부후균이다.

② 뿌리와 줄기의 심재가 먼저 썩기 시작하고 잎은 황록색의 소형화가 되며 조기 낙엽진다.

③ 줄기 밑둥에 초여름에서 가을에 걸쳐 병원균의 자실체가 무리지어 나타나며 자실체는 매년 발생하지 않는다.

④ 줄기밑둥이나 뿌리에 상처가 나면 즉시 상처도포제를 발라 병원균의 침입을 예방한다.

⑤ 줄기밑둥에 아까시재목버섯이 많이 나 있으면 나무를 제거해서 도복에 의한 피해를 예방한다.

013 소나무류 수목병에 관한 설명으로 옳지 않은 것은?

① 균근균의 생성이 많을수록 수목병의 발생률은 낮아진다.

② 나무 주변에 산초나무를 제거하면 잣나무털녹병은 발생하지 않는다.

③ 장마 전에 병든 잎과 가지를 제거하면 *Lophodermium* spp. 병 발생률을 낮출 수 있다.

④ 천공성 해충은 소나무시들음병의 주요 매개충이다.

⑤ 테부코나졸 유탁제는 소나무류 송진궤양병에 효과가 있다.

---

011 ① 리지나뿌리썩음병은 병원균 우점병인데, 병원균 우점병은 잠복해 있던 병원균의 활동으로 미성숙한 조직을 침입하여 뿌리 노화를 촉진하고 초기에 말라죽게 한다. 수목이 어릴 때 병을 일으키는 조직 연화성 병이다.
　② 기주 우점병에 대한 설명이다.
　③ 파이토프토라뿌리썩음병에 대한 설명이다.
　④ 흰날개무늬병에 대한 설명이다.

012 ③ 뽕나무버섯에 대한 설명이다. 아까시재목버섯의 자실체는 나무가 말라 죽을 때까지 매년 발생한다.

013 ② 나무 주변에 송이풀을 제거하면 잣나무털녹병의 발생률이 낮아진다.
　※ 잣나무털녹병의 녹포자 비산거리는 수백 km, 담자포자의 비산거리는 보통 300m 내외이다.

정답 ▶ 011 ⑤ 012 ③ 013 ②

014 Nectria 궤양병(*Nectria galligena*)에 대한 설명으로 옳은 것은?

① 감염된 수피에 검은색과 흰색의 얼룩이 지며 오래되면 목재
　조직이 검게 변하고 균열이 생긴다.

② 백양나무에 자주 발생하며, 봄에 수목의 형성층을 침입하고
　늦여름부터 겨울 사이에 죽은 유관속 조직에서 부생균으로
　생존한다.

③ 포자는 빗물에 씻겨 수피로 흘러 마치 잉크를 뿌린 것 같다.

④ 수피에 자낭각을 형성하며 황색의 분생포자각에서 적갈색의
　포자덩이가 누출된다.

⑤ 잎의 뒷면이 회백색 가루로 뒤덮이고, 가장자리가 흑갈색으로
　변하면 말라죽는다.

014 ② 늦여름~겨울에 수목의 형성층을 침입하고 봄에 죽은 유관속 조
　　　직에서 부생균으로 생존한다.
　　③ 밤나무잉크병에 대한 설명이다.
　　④ 밤나무줄기마름병에 대한 설명이다.
　　⑤ 벚나무빗자루병에 대한 설명이다.

015 소나무류 갈색무늬잎마름병(*Lecanosticta acicola*)에 관한 설명
으로 옳은 것은?

① 가을부터 황색의 반점이 감염된 잎에 발생하며 차츰 황갈색
　띠를 형성한다.

② 초기 발병을 억제하기 위해 장마 전에 약제를 살포한다.

③ 침엽은 노란색에서 적갈색으로 변하고 감염된 부위의 목질부
　가 수지로 젖게 된다.

④ 감염된 새순에 송진이 흘러나오며 말라죽은 표피에 까만 점의
　분생포자각이 형성된다.

⑤ 병든 잎에서 자낭각의 형태로 월동하고 이듬해 자낭포자가 비
　산하여 1차 전염원이 된다.

015 ② 초기 발병을 억제하기 위해 새잎이 자라는 시기에 봄비가 오면
　　　약제를 살포한다.
　　③ 소나무류 수지궤양병(푸사리움가지마름병)에 대한 설명이다.
　　④ 소나무류 디플로디아순마름병(소나무류 가지끝마름병)에 대한
　　　설명이다.
　　⑤ 장미검은무늬병에 대한 설명이다.

016 *Pestalotiopsis*속 수목병에 관한 설명으로 옳지 않은 것은?

① 심나무잎마름병, 동백나무겹둥근무늬병, 회양목잎마름병 등
　이 있다.

② 분생포자는 중앙의 세 세포가 착색되어 있고, 양쪽의 세포는
　무색이며 부속사를 가진다.

③ 태풍이 지난 후에 예방 위주로 살균제를 살포하면 효과적이다.

④ 은행나무잎마름병은 성목에서 거의 발생하지 않으며 주로 묘
　목에서 발생한다.

⑤ 대부분 잎을 침해하며, 잎의 가장자리에 큰 병반을 형성하므
　로 잎마름 증상을 나타낸다.

016 ① *Pestalotiopsis*속 수목병에는 삼나무잎마름병, 동백나무겹둥근무
　　　늬병, 철쭉류 잎마름병, 은행나무잎마름병 등이 있다.
　　　회양목잎마름병(*Marcrophoma candollei*)은 *Marcrophoma*속 수
　　　목병이다.

chapter 06

017 버즘나무탄저병(*Apiognomonia veneta*)에 관한 설명으로 <u>옳은</u> 것은?

① 6월 초순부터 성숙한 잎에서 작은 적갈색 점무늬가 나타나고 습하면 분생포자가 뿔 모양으로 돌출되어 희게 보인다.

② 잎이 뒤틀리거나 위축되며, 7월부터 병반 안쪽에 작고 검은 돌기가 뚜렷이 형성되어 육안으로 관찰이 가능하다.

③ 물관부의 주요 기능을 방해하여 나무를 시들게 하며, 갈색으로 변한 잎은 죽은 나무에 달린 채로 남아 있다.

④ *Glemerella* 속에 속하며, 봄비가 잦은 해에 매우 심하고 어린 잎과 가지가 늦서리를 맞은 것과 유사한 모습이다.

⑤ 장마철 전후, 태풍과 비바람이 지나간 후에 많이 발생하며 새로 자란 어린 가지와 잎에 흔히 발생한다.

017 ① 자작나무갈색무늬병에 대한 설명이다.
② 참나무둥근별무늬병에 대한 설명이다.
③ 참나무시들음병에 대한 설명이다.
⑤ 두릅나무더뎅이병에 대한 설명이다.

018 담자균의 수목병에 관한 설명으로 <u>옳지 않은</u> 것은?

① 아밀라리아뿌리썩음병은 뿌리꼴균사다발로 인접 기주 나무의 뿌리를 통해서 전염된다.

② 뽕나무버섯은 감염목의 뿌리목 부근에서 늦은 여름 또는 가을에 관찰되며 관찰 후 몇 주 만에 죽는다.

③ 목재변색균은 소나무류의 변재 부위에 가장 먼저 침입하며, 특히 방사상 유조직 세포에 존재하면서 생장한다.

④ 소나무혹병은 침입한 후 약 10개월의 잠복기간을 거쳐 이듬해 여름부터 가을에 발병하여 혹을 형성한다.

⑤ 안노섬뿌리썩음병은 적송에서 많이 발생하며, 주위에 위황 및 가지마름 증상을 나타내는 나무들이 둘러싸고 있다.

018 ③ 목재변색균에는 *Ophiostoma*, *Ceratocystis*속 등의 청변곰팡이가 있으며, 이 곰팡이들은 자낭균에 속한다.

019 수목의 그을음병에 관한 설명으로 <u>옳은</u> 것은?

① 대부분의 병원균은 기주식물의 잎을 직접 침해하여 영양분을 흡수한다.

② 바람과 곤충에 의해 전반되며 자낭각의 상태로 월동한다.

③ 살충제나 수간주사는 그을음병 방제에 도움이 안 된다.

④ 병원균은 기주 특이성이 있어 배롱나무 등 특정 나무에 발병한다.

⑤ 잎 표면에 타르를 떨어뜨린 것 같은 새까만 병반들이 지저분하게 나타나며, 대형의 자좌와 소형의 자좌를 형성한다.

019 ① 대부분의 병원균은 기주식물의 잎을 직접 침해하지 않으며, 흡즙성 곤충의 분비물을 영양원으로 흡수한다. (부생성 외부착생균)
③ 살충제나 수간주사는 그을음병 방제에 효과적이다.
④ 병원균은 기주 특이성이 없고, 다양한 나무에 발병한다.
⑤ 타르점무늬병에 대한 설명이다.

정답 ▶ 017 ④ 018 ③ 019 ②

020 유관속조직 병원균에 관한 설명으로 옳은 것은?

① 느릅나무시들음병은 뿌리접목의 전반은 되지 않는다.
② 참나무시들음병은 병원균의 체관부 기능 방해로 인하여 시들음 증상이 나타난다.
③ *Verticillium* 시들음병은 참나무와 밤나무에서 가장 심하게 발병되며, 변재부에 녹색의 변색 부위가 발생한다.
④ 벚나무빗자루병은 매개충에 의해 전염되며, 꽃봉오리의 엽화현상으로 개화 및 결실이 되지 않고 심하면 수년 내에 말라 죽는다.
⑤ 뽕나무오갈병은 마름무늬매미충에 의해 전염되며 접목에 의해서도 전염되지만, 즙액 전염은 되지 않는다.

021 목재부후균에 관한 설명으로 옳지 않은 것은?

① 리그닌, 셀룰로스의 양분을 이용하여 생장하며, 목재의 질을 저하시킨다.
② 침엽수와 활엽수 모두에서 부후균이 나타난다.
③ 갈색부후는 암황색의 네모난 형태의 금이 생기고 잘 부서지며, 주로 침엽수에 나타난다.
④ 백색부후는 셀룰로스가 분해되지만 리그닌은 분해되지 못하며 주로 활엽수에 나타난다.
⑤ 목재의 표면에만 국한적으로 나타나며 건조 시 할렬이 길이 방향으로 나타나면 연부후이다.

022 병원균 우점병에 관한 설명으로 옳지 않은 것은?

① 유묘기를 넘기면 일반적으로 병이 계속되지 않는다.
② 너무 깊이 파종하면 발병이 심하다.
③ 뿌리만 침입하는 병원균이다.
④ 균근균의 형성률이 높을수록 병원균에 대한 저항성도 높아진다.
⑤ 온도가 40℃ 이상에서 발아하는 병원균은 대가 없고 적갈색인 자실체를 형성한다.

020 ① 느릅나무시들음병은 뿌리접목을 통하여 인접한 나무로 전반되기도 한다.
② 참나무시들음병은 병원균의 물관부 기능 방해로 인하여 시들음 증상이 나타난다.
③ *Verticillium* 시들음병은 단풍나무와 느릅나무에서 가장 심하게 발병된다.
④ 대추나무빗자루병에 대한 설명이다.

021 ④ 백색부후는 셀룰로스와 헤미셀룰로스뿐만 아니라 리그닌도 분해되며 주로 활엽수에 나타난다.

022 ③ 주로 뿌리를 침입하는 병원균이다.

▶ 병원균 우점병 : 모잘록병(*Pythium* sp., *Rhizoconia solani*), 파이토프토라뿌리썩음병(*Phytophthora cactorum*), 리지나뿌리썩음병(*Rhizina undulata*) 등이 있다.
▶ 파이토프토라뿌리썩음병(*Phytophthora cactorum*)은 뿌리·줄기·과실 등 거의 모든 부위를 침입한다.
▶ 리지나뿌리썩음병(*Rhizina undulata*)은 온도가 40℃ 이상에서 발아하는 병원균은 대가 없고 적갈색인 자실체를 형성한다.

정답 ▶ 020 ⑤   021 ④   022 ③

023 <보기>에 주어진 병원균들의 공통점으로 옳은 것은?

[보기]

- *Uredinopsis komagatakensis*
- *Gymnosporangium* spp.
- *Exobasidium* spp.

① 점무늬병이다.
② 뿌리썩음병이다.
③ 담자균이다.
④ 녹병이다.
⑤ 토양전염병원균이다.

023 〈보기〉 모두 담자균에 속한다.
- *Uredinopsis komagatakensis* (전나무잎녹병)
- *Gymnosporangium* spp. (향나무녹병)
- *Exobasidium* spp. (철쭉류의 떡병)

024 수목의 병에 관한 설명으로 옳은 것은?

① *Helicobasidium mompa*는 목질부에 부채 모양의 균사막과 실 모양의 균사다발을 형성한다.
② *Botryosphaeria dothidea*는 6~8월에 분생포자각과 자낭각이 형성된다.
③ *Cenangium ferruginosum*은 장마철 이후 분생포자에 의해 최초 감염이 시작된다.
④ *Mycosphaerella cerasella*는 병반이 다각형 수침상이며 장마철 이전에 심하게 발병한다.
⑤ *Erysiphe euonymicola*는 장마 이후에는 거의 발병하지 않는다.

024 ② *Botryosphaeria dothidea*(밤나무가지마름병)는 6~8월에 분생포자각과 자낭각이 형성된다.
① *Helicobasidium mompa*(자주날개무늬병)는 자갈색의 자실체가 헝겊처럼 땅에 깔리는 모습이다.
③ *Cenangium ferruginosum*(소나무류 피목가지마름병)은 감염성 무성포자를 생성하지 않으므로 자낭포자에 의해 최초 감염이 시작된다.
④ *Mycosphaerella cerasella*(벚나무갈색무늬구멍병)는 병반이 다소 부정형이고 옅은 동심윤문이 생기며, 장마철 이후에 급격히 심해진다.
⑤ *Erysiphe euonymicola*(사철나무흰가루병)는 장마 이후에 새로 올라온 가지에서 발병하는 경우가 흔하다.

025 모과나무점무늬병과 소나무류 디플로디아순마름병에 관한 설명으로 옳은 것은?

① 둘 다 총생균강(*Hyphomyetes*)에 의한 병이다.
② 둘 다 장마철 이후 발생된다.
③ 둘 다 중간기주를 없애면 발생률이 매우 낮아진다.
④ 모과나무점무늬병은 잎에 발생하며, 소나무류 디플로디아순마름병은 줄기에만 발생한다.
⑤ 모과나무점무늬병의 분생포자는 달걀형이며, 소나무류 디플로디아순마름병의 분생포자는 긴 막대형이다.

025 ② 모과나무점무늬병은 8~9월에 주로 발생하지만, 소나무류 디플로디아순마름병은 봄비를 맞고 전염된다.
③ 둘 다 죽은 가지나 병든 잎을 땅속에 묻거나 태워 전염원을 없앨 수 있다.
④ 모과나무점무늬병은 잎에, 소나무류 디플로디아순마름병은 가지와 잎에 발생한다.
⑤ 모과나무점무늬병의 분생포자는 긴 막대형이며, 소나무류 디플로디아순마름병의 분생포자는 달걀형이다.

정답 ▶ 023 ③   024 ②   025 ①

【수목해충학】

026 분비자와 감지자 모두에게 이득이 되는 이종 간 통신물질로 옳은 것은?

① 알로몬
② 시노몬
③ 카이로몬
④ 성페로몬
⑤ 집합페로몬

026 이종 간 통신물질 (서로 다른 종 개체에게 영향을 주는 현상)

카이로몬	신호물질을 분비한 개체에는 해가 되고, 상대는 도움이 되는 경우 예 기생벌이나 기생파리는 자신의 숙주 냄새에 끌린다.
알로몬	분비자에게 도움이 되지만 상대에게는 손해가 되는 경우 예 담흑부전나비의 유충은 일본왕개미를 꾀어 자신을 돌보는 행동을 유도하는 화합물을 생산하고 이들 유충은 개미 둥지로 옮겨져 개미 유충들 사이에서 보호를 받으며 자라게 된다.
시노몬	분비자와 상대 모두에게 도움이 되는 경우 예 식물을 먹는 나방 유충은 때때로 무의식적으로 그 식물체(발신자)가 유충에 기생하는 기생벌(수신자)을 유인하는 방어화합물을 방출하도록 유도한다.

※ 페로몬(동일 종의 한 개체가 다른 개체에게 정보 전달) : 성페로몬, 집합페로몬, 분산페로몬, 길잡이페로몬, 경보페로몬

027 곤충의 진화와 목별 특징에 관한 설명으로 옳지 않은 것은?

① 곤충은 범갑각류의 육발이류에 속한다.
② 완전변태를 거치는 딱정벌레목은 약 36만 종으로 가장 많으며, 나비목이 두 번째로 많다.
③ 빠는형 입틀은 내시류 곤충에 주로 나타나며 외시류 일부에서도 나타난다.
④ 불완전변태의 미성숙충은 새끼라 하지 않고 약충이라고 부른다.
⑤ 노린재목은 노린재아목과 매미아목으로 분류하고 모두 기다란 주둥이가 있다.

027 ③ 빠는형 입틀은 외시류에 주로 나타나며, 내시류 일부에서도 나타난다.

028 곤충의 탈피 과정을 순서대로 바르게 나열한 것은?

① 외골격 분리 – 불활성 탈피액 분비 – 표피소층 분비 – 원표피 · 외표피 형성 – 왁스층 – 외골격 형성 – 외골격 탈피
② 불활성 탈피액 분비 – 외골격 분리 – 표피소층 분비 – 원표피 · 외표피 형성 – 왁스층 – 외골격 형성 – 외골격 탈피
③ 외골격 분리 – 표피소층 분비 – 불활성 탈피액 분비 – 원표피 · 외표피 형성 – 외골격 형성 – 왁스층 – 외골격 탈피
④ 외골격 분리 – 원표피 · 외표피 형성 – 불활성 탈피액 분비 – 표피소층 분비 – 왁스층 – 외골격 형성 – 외골격 탈피
⑤ 불활성 탈피액 분비 – 외골격 분리 – 표피소층 분비 – 원표피 · 외표피 형성 – 왁스층 – 외골격 탈피 – 외골격 형성

028 곤충의 탈피 과정
외골격 분리 – 불활성 탈피액 분비 – 표피소층 분비 – 원표피 · 외표피 형성 – 왁스층 – 외골격 형성 – 외골격 탈피

 정답 026 ② 027 ③ 028 ①

029 곤충의 감각기관에 대한 설명으로 옳은 것은?

① 털감각기는 화학감각기로서 털의 기부에 신경의 수상돌기가 붙어 있으며, 머리 뒤나 다리 또는 관절 근처에 주로 분포한다.

② 신장수용기의 자극으로 알이 산란되지는 않는다.

③ 존스톤 기관은 각 더듬이의 흔들마디 안에 있으며 더듬이의 털이 공기음에 반응한다.

④ 미각수용체는 표피에서 하나의 구멍을 통해 하나의 감각신경 수상돌기가 노출되어 있다.

⑤ 등홑눈은 빛의 강도 변화에 신속하게 반응하며, 겹눈이 없는 종에서도 나타난다.

030 <보기>에서 곤충의 타고난 행동에 해당되는 것을 모두 고른 것은?

[보기]

ⓐ 정위행동　　　ⓒ 무정위운동
ⓒ 각인　　　　　ⓔ 관습화
ⓜ 주성

① ⓐ, ⓒ, ⓒ

② ⓐ, ⓒ, ⓜ

③ ⓒ, ⓒ, ⓔ

④ ⓒ, ⓔ, ⓜ

⑤ ⓐ, ⓒ, ⓒ, ⓔ, ⓜ

031 식엽성 해충에 관한 설명으로 옳은 것은?

① 대벌레는 성충이 집단으로 이동하면서 잎 전체를 갉아먹으며, 암컷은 수컷보다 빠르게 움직인다.

② 버들잎벌레는 6월경 출현하여 새잎을 갉아먹고 잎 뒷면에 수십 개의 알을 덩어리로 낳는다.

③ 느티나무벼룩바구미는 5월부터 신성충이 비술나무를 가해하고, 잎의 조직 내에 번데기가 된다.

④ 회양목명나방은 연 2회 발생하는데, 잎이나 토양 속에서 월동하며 유충 기간은 8령기, 평균 40일이다.

⑤ 미국흰불나방은 4월 하순부터 유충이 잎을 가해하며, 우화한 성충은 주로 낮에 활동한다.

---

029 ③ 존스톤 기관은 각 더듬이의 흔들마디 안에 있으며, 더듬이의 털이 공명성 진동을 감지하여 공기음에 반응한다.

① 털감각기는 기계감각기로서 털의 기부에 신경의 수상돌기가 붙어 있다.

② 신장수용기가 자극을 받으면 성숙한 알이 산란되기도 한다.

④ 미각수용체는 표피에서 하나의 구멍을 통해 여러 개의 감각신경 수상돌기가 노출되어 있다.

⑤ 등홑눈은 빛의 강도 변화에 신속하게 반응하며, 겹눈이 없는 종에서는 나타나지 않는다.

030 • 곤충의 타고난 행동 : 반사, 정위행동, 무정위운동, 주성
　　• 곤충의 학습된 행동 : 관습화, 고전적 조건화, 도국적 학습, 잠재학습, 각인

031 ① 대벌레는 성충과 약충이 집단으로 이동하면서 잎 전체를 갉아먹으며, 암컷은 수컷보다 느리게 움직인다.

② 버들잎벌레는 4월경 출현하여 새잎을 갉아 먹고 잎 뒷면에 수십 개의 알을 덩어리로 낳는다.

④ 회양목명나방은 잎이나 토양 속에서 월동하며, 유충 기간은 6령기, 평균 24일이다.

⑤ 미국흰불나방은 5월 하순부터 유충이 잎을 가해하며, 우화한 성충은 주로 밤에 활동하고 주광성이 강하다.

정답　029 ③　030 ②　031 ③

032 곤충의 생존 전략에 관한 설명으로 <u>옳지 않은</u> 것은?

① 곤충은 기존 서식처를 벗어나서 방향성 있는 이동을 함으로써 대체 기주식물로 분산할 수 있다.

② 소리 의사소통으로 발신자의 위치를 상대에게 알려줌으로써 자신의 위치를 노출시킨다.

③ 동면과 하면 모두 환경적 신호에 의해 시작되며 다른 환경적 신호에 의해 휴면이 종결될 때까지 지속된다.

④ 온도가 떨어짐에 따라 곤충은 비활동 상태의 휴지상태에 도달하며, 체내에 부동액 화합물을 생산하여 내한성을 높인다.

⑤ 암컷이 수컷으로부터 정자를 받지 않고 자손을 생산할 수 있으며, 단기간에 많은 수의 자손을 생산할 잠재력을 갖고 있다.

032 ② 소리 의사소통으로 발신자의 위치를 상대에게 알려줌으로써 포식자에게 자신의 위치를 노출시키므로 생존 전략이 아니라 소리 의사소통의 단점에 해당한다.

033 <보기>에서 해충의 가해 형태에 따른 특징을 설명한 것 중 <u>옳은</u> 것을 모두 고른 것은?

[보기]

㉠ 식엽성 해충 : 주로 씹는형 입틀을 가지며, 엽육 사이로 터널을 뚫고 가해하는 해충도 있다.

㉡ 흡즙성 해충 : 주로 노린재목 해충으로 빠는형 입틀을 가지며, 대부분 그을음병을 유발시킨다.

㉢ 충영형성 해충 : 식물체의 조직 이상비대로 충영이 형성되며, 그 안에서 흡즙하는 해충으로 진딧물·혹응애류 등이 있다.

㉣ 천공성 해충 : 나비목의 유리나방류는 건강한 나무줄기와 가지를 가해하며, 딱정벌레목의 나무좀류는 주로 수세가 약한 나무줄기와 가지를 가해한다.

① ㉠, ㉡

② ㉠, ㉣

③ ㉡, ㉢

④ ㉡, ㉢, ㉣

⑤ ㉠, ㉡, ㉢, ㉣

033 ㉠~㉣ 모두 맞는 설명이다.

034 <보기>의 (㉠), (㉡)에 들어갈 적당한 말을 순서대로 바르게 나열한 것은?

[보기]

(㉠)은 매년 지속적으로 발생하고 경제적 피해 허용수준 이상이거나 비슷하게 유지되며 인위적 방제가 요구되지만, (㉡)은 경제적 피해수준 이하로 일반적으로 큰 문제가 되지 않지만 대발생하는 경우에는 피해가 심각하다.

	㉠	㉡
①	2차 해충,	비경제해충
②	돌발해충,	관건해충
③	비경제해충,	돌발해충
④	관건해충,	돌발해충
⑤	관건해충,	2차 해충

035 곤충의 배설계에 관한 설명으로 옳지 않은 것은?

① 주기관은 말피기관으로 질소화합물의 최종 분해생성물 제거와 체액 내의 이온류 조성을 조절한다.

② 말피기관의 수는 종에 따라 차이가 있으나, 보통 2의 배수이며 6개가 기본인데 이보다 많은 경우도 있다.

③ 지방체는 초기에 세포질 내 망상체에 저장되고 나중에 지방구를 형성하며, 영양물질의 저장장소 역할을 한다.

④ 공생균기관은 곤충의 소화관 벽이나 장벽에 돌출한 낭상체 안에 있으며, 공생미생물을 갖고 있어 영양분을 공급받는다.

⑤ 공생균기관은 딱정벌레목과 노린재목에서 가장 잘 발달하며 주로 세균이 들어있다.

036 곤충의 호흡 과정이 순서대로 나열된 것은?

① 기낭 – 기문 – 기관지 – 기관소지 – 근육(조직)

② 기문 – 기낭 – 기관지 – 기관소지 – 근육(조직)

③ 기문 – 기관지 – 기관소지 – 기낭 – 근육

④ 기관지 – 기문 – 기낭 – 근육(조직) – 기관소지

⑤ 기문 – 기관지 – 기낭 – 기관소지 – 근육(조직)

---

034 • 관건해충(주요 해충) : 매년 지속적으로 발생하고 경제적 피해 허용수준 이상이거나 비슷하게 유지되며 인위적 방제가 요구
• 돌발해충 : 경제적 피해수준 이하로 일반적으로 큰 문제가 되지 않지만, 대발생하는 경우에는 피해가 심각하다.
• 2차 해충 : 기존에 문제가 없던 해충이 천적 등의 요인이 제거된 후 급격히 증가하여 해충화
• 비경제해충(잠재해충) : 피해가 경미하여 방제가 요구되지 않는다.

035 ⑤ 공생균기관은 딱정벌레목과 노린재목에서 가장 잘 발달하며 주로 효모류가 들어 있으나 세균류가 있는 경우도 있다.

036 곤충의 호흡 과정은 기문 – 기관지 – 기낭 – 기관소지 – 근육(조직) 순이다.

정답 ▶ **034** ④ **035** ⑤ **036** ⑤

037 흡즙성 해충에 관한 설명으로 <u>옳지 않은</u> 것은?

① 버즘나무방패벌레의 학명은 *Corythucha ciliata*이며, 물푸레나무류·닥나무를 가해한다.

② 갈색날개매미충의 학명은 *Pochazia shantungensis*이며, 침엽수의 주목을 가해하기도 한다.

③ 소나무왕진딧물은 단식성 해충으로 소나무속만을 가해하며, 5~6월경에 성충과 약충이 집단 흡즙한다.

④ 쥐똥밀깍지벌레는 협식성 해충으로 쥐똥나무 이외의 수목을 가해하며, 암컷 약충이 가지에 흰색 밀랍을 분비한다.

⑤ 점박이응애는 기주 범위가 대단히 넓으며, 방패벌레류에 의한 피해와 유사하지만, 잎 뒷면에 배설물과 탈피각이 없다.

038 수목 해충에 관한 설명으로 옳은 것은?

① 동북아 원산지 외래 해충은 미국흰불나방, 버즘나무방패벌레, 소나무재선충 등이 있다.

② 동남아 활엽수에 큰 피해를 입힌 유리알락하늘소는 북아메리카 원산지 외래 해충이다.

③ 밤나무혹벌에 저항성있는 내충성 밤나무 품종을 개발하였으나 이후 내충성 품종에 저항성이 생겼다.

④ 1960년대는 솔잎혹파리의 생물적 방제를 위한 천적의 대량사육법을 확립하여 현장에 적용한 시기였다.

⑤ 1958년 갈색날개매미충이 서울 이태원에서 발견됨으로써 도심지역의 활엽수 해충에 관심을 가지는 계기가 되었다.

039 수목해충의 목 – 과 – 학명의 연결이 <u>옳지 않은</u> 것은?

① 잣나무납작잎벌 : *Hymenoptera - Pamphiliidae - Acantholyda parki*

② 황다리독나방 : *Lepidoptera - Lymantriinae - Ivela auripes*

③ 솔수염하늘소 : *Coleoptera - Cerambycidae - Monochamus saltuarius*

④ 솔잎혹파리 : *Diptera - Cecidomyiidae - Thecodiplosis japonensis*

⑤ 소나무좀 : *Coleoptera - Curculionidae - Tomicus piniperda*

---

037 ④ 쥐똥밀깍지벌레는 협식성 해충으로 쥐똥나무 이외에 물푸레나무, 수수꽃다리 등의 수목을 가해하며, 수컷 약충이 가지에 흰색 밀랍을 분비한다.

▶ 협식성 해충
기주수목이 1~2개 과로 한정된 해충. 솔나방, 광릉긴나무좀, 벚나무깍지벌레, 쥐똥밀깍지벌레, 대부분의 방패벌레류 등이 있다.

038 ① 미국흰불나방, 버즘나무방패벌레, 소나무재선충 등은 북아메리카 원산지 외래 해충이다.

② 유리알락하늘소는 동북아시아 원산지 해충으로 북아메리카로 침입하여 활엽수에 큰 피해를 입혔다.

④ 솔잎혹파리의 생물적 방제를 위한 천적의 대량사육법을 확립하여 현장에 적용한 시기는 1977년이다.

※ 솔잎혹파리 천적 : 솔잎혹파리먹좀벌, 혹파리살이먹좀벌

⑤ 1958년 미국흰불나방이 서울 이태원에서 발견됨으로써 도심지역의 활엽수 해충에 관심을 가지는 계기가 되었다.

039 ③ 솔수염하늘소 : *Coleoptera - Cerambycidae - Monochamus alternatus*

• *Hymenoptera*(벌목), *Pamphiliidae*(납작잎벌과)
• *Lepidoptera*(나비목), *Lymantriinae*(독나방아과)
• *Diptera*(파리목), *Cecidomyiidae*(혹파리과)
• *Coleoptera*(딱정벌레목), *Curculionidae*(바구미과) / *Cerambycidae*(하늘소과)

 정답 037 ④ 038 ③ 039 ③

040 <보기>의 해충 중에서 월동태와 월동 장소가 같은 해충으로 옳게 짝지은 것은?

[보기]
㉠ 솔나방   ㉡ 매미나방
㉢ 미국선녀벌레   ㉣ 밤바구미
㉤ 솔잎혹파리

① ㉠, ㉡
② ㉡, ㉢, ㉣
③ ㉡, ㉣, ㉤
④ ㉣, ㉤
⑤ ㉢, ㉣, ㉤

040

	월동태	월동 장소
㉠ 솔나방	5령 유충	나무껍질 · 지피물 밑
㉡ 매미나방	알덩어리	줄기 · 가지
㉢ 미국선녀벌레	알	가지
㉣ 밤바구미	노숙 유충	땅속
㉤ 솔잎혹파리	유충	지피물 밑 · 흙속

041 곤충의 순환계에 관한 설명으로 옳지 않은 것은?

① 심장은 대개 복부에 있으며, 1쌍의 심문이 있어 혈액이 심장으로 들어간다.
② 심장의 혈액순환을 돕는 부속박동기관은 주머니 모양이고, 종에 따라 위치가 다르다.
③ 혈액은 혈장과 혈구세포로 되어 있으며 체적의 15~75%를 차지한다.
④ 혈장은 수분의 보존, 양분의 저장, 호르몬의 운반 등의 기능이 있다.
⑤ 혈액이 날개를 순환할 때 들어가는 곳은 둔연부를 통하고, 돌아 나올 때는 날개의 전연부를 통하여 나온다.

041 ⑤ 혈액이 날개를 순환할 때 들어가는 곳은 전연부를 통하고, 돌아 나올 때는 날개의 둔연부를 통하여 나온다.

042 수목 해충의 분류와 특징에 관한 설명으로 옳은 것은?

① 노린재목의 꽃매미과는 성충과 약충이 모두 수목을 흡즙하는데, 특히 가중나무에 대발생하여 많은 피해를 일으킨다.
② 가루이과는 나비목에 속하며, 주로 초본류의 재배식물을 가해하며 수목 가해종으로 회양목가루이, 귤가루이 등이 있다.
③ 노린재목의 진딧물과는 식물바이러스병의 병원을 매개하며, 그을음병을 일으키고, 이주형이다.
④ 유리나방과는 성충의 날개 일부분에 인편가루가 없고, 복부에 밝은 황색과 흰색의 호 모양이 많다.
⑤ 딱정벌레목의 잎벌레과는 모양이 단순하고 소형이 많으며, 주로 천공성이 많다.

042 ② 가루이과는 노린재목에 속한다.
  ③ 노린재목의 진딧물과는 식물바이러스병의 병원을 매개하며, 이주형과 비이주형이 있다.
  ④ 유리나방과는 성충의 날개 일부분에 인편가루가 없고, 복부에 밝은 황색과 검은색의 호 모양이 많다.
  ⑤ 딱정벌레목의 잎벌레과는 주로 식엽성이 많다.

정답 ▶ 040 ④ 041 ⑤ 042 ①

043 수목해충의 예찰에 관한 설명으로 옳지 않은 것은?

① 해충의 특정 발육단계 도달 시기와 발생량을 추정하기 위해 해충의 생활과 온도와의 관계를 파악해야 한다.

② 다른 생물현상과의 관계를 이용하여 예찰하는 방법으로 솔잎 혹파리의 우화 시기와 아까시나무 개화를 비교한다.

③ 솔수염하늘소의 우화상은 겨울철에 목재 내부에 들어가 있는 해충을 조사하기 위해 설치한다.

④ 끈끈이트랩은 날아다니는 곤충을 포획하는 방법으로 벌, 파리 등 화분매개곤충 조사에 주로 이용된다.

⑤ 유인제트랩은 광릉긴나무좀 등의 나무좀류를 유인하기 위해 에탄올 등을 사용하여 방제하는 방법이다.

044 소나무재선충의 매개충에 관한 설명으로 가장 옳은 것은?

① 우화목을 설치하면 매개충의 발생량을 예찰할 수 있다.

② 피해목에서 유충으로 월동하며 성충이 4월부터 우화하여 소나무에 피해를 일으킨다.

③ 탈출공을 탈출한 성충은 어린 가지의 침엽을 갉아먹는 후식피해를 일으키며 동시에 소나무재선충을 매개한다.

④ 성충이 우화하기 전에 티아클로프리드 액상수화제를 나무에 살포한다.

⑤ 더듬이는 몸길이의 약 1~3배 정도 길며, 더듬이의 마디로는 암수 구별이 힘들다.

045 충영형성 해충에 관한 설명으로 옳지 않은 것은?

① 외줄면충이 느티나무 잎 뒷면을 흡즙하면 잎 표면에 담녹색의 벌레혹이 형성된다.

② 밤나무혹벌의 유충은 밤나무 눈에 기생하면서 붉은색 벌레혹을 만들며, 피해를 입은 나무는 개화는 되지만 열매가 열리지 않는다.

③ 아까시잎혹파리는 꿀을 채취하는 시기에 가해를 시작하여 피해가 심하며, 잎 전체가 고사리 새순처럼 말려들어간다.

④ 때죽납작진딧물의 간모가 잎의 측아를 흡즙하여 돌기가 있는 바나나 송이 모양의 황록색 벌레혹을 만든다.

⑤ 붉나무혹응애는 붉나무에 피해를 주며, 잎 앞면에 사마귀 같은 둥근 벌레혹을 만들며 늦여름 이후 붉게 변한다.

043 ④ 날아다니는 곤충을 포획하는 방법으로 벌, 파리 등 화분매개곤충 조사에 주로 이용되는 것은 말래이즈트랩이다.

※ 끈끈이트랩 : 표면에 끈끈한 물질을 발라서 해충을 포획하는 방법으로 참나무시들음병의 매개충 조사에 사용된다.

044 ① 우화목을 설치하면 매개충의 발생량이 아닌 매개충 성충의 출현 시기를 예찰할 수 있다.

③ 탈출공을 탈출한 성충은 어린 가지의 수피를 갉아먹는 후식피해를 일으킨다.

④ 성충이 우화 시기에 티아클로프리드 액상수화제를 나무에 살포한다.

⑤ 소나무재선충의 매개충인 솔수연하늘소와 북방수염하늘소는 더듬이 마디의 색깔로 암수 구별이 가능하다. 수컷은 더듬이의 채찍마디 전체가 흑갈색 미모로 덮여 있는 반면, 암컷은 기부 쪽의 절반 정도만 회백색 미모로 덮여 있다.

045 ② 밤나무혹벌의 유충은 밤나무 눈에 기생하면서 붉은색 벌레혹을 만들며, 피해를 입은 나무는 개화가 되지 않는다.

 정답 043 ④ 044 ② 045 ②

046 천공성 해충에 관한 설명으로 옳지 <u>않은</u> 것은?

① 벗나무사향하늘소는 복숭아유리나방의 피해와 유사하지만 목설이 수액과 함께 배출되는 것이 다르다.

② 알락하늘소는 단풍나무류에 심한 피해를 일으키며, 성충의 후식피해로 나무가 고사하기도 한다.

③ 광릉긴나무좀은 6월 중순 이전까지 끈끈이롤트랩을 설치하여 우화 성충의 탈출을 방제하고, 6월 중순에 적용 약제를 줄기에 살포한다.

④ 오리나무좀은 잡식성 해충으로 150종이 넘는 나무를 가해하며, 월동 성충이 줄기에 구멍을 뚫고 갱도 끝에 알을 무더기로 낳는다.

⑤ 복숭아유리나방은 줄기나 가지의 가해 부위에서 유충으로 월동하며, 수피 밑에 고치를 짓고 번데기가 된다.

046 ② 알락하늘소는 성충의 후식피해는 크지 않고, 수피를 고리 모양으로 갉아 먹어 고사하기도 한다.

047 종실·구과 해충에 관한 설명으로 옳지 <u>않은</u> 것은?

① 도토리거위벌레의 암컷 성충은 7~8월에 주둥이를 이용하여 도토리에 산란공을 뚫고 산란한다.

② 대추애기잎말이나방은 과실에 잎 1~2장을 붙여 놓는 것이 특징이며, 특히 대추나무의 주요 해충이다.

③ 백송애기잎말이나방은 잣나무 구과의 70% 이상 피해를 주며, 주로 5~6월경에 피해가 심하다.

④ 복숭아명나방의 침엽수형 유충은 신초의 잎을 갉아 먹으며, 활엽수형 유충은 과육을 먹고 자라면서 배설물을 배출하므로 쉽게 발견된다.

⑤ 밤바구미는 밤송이의 가시 밀도가 높은 품종에 피해가 높으며, 유충이 탈출하기 전에 피해를 확인할 수 있다.

047 ⑤ 밤바구미는 밤송이의 가시 밀도가 높은 품종에 피해가 낮으며, 유충이 탈출하기 전까지 피해를 확인할 수 없다.

정답 ▶ **046** ② **047** ⑤

048 수목해충의 곤충병원성 미생물 방제에 관한 설명으로 옳지 않은 것은?

① Bt세균은 포자형성 세균으로 나비목 유충의 방제용에 사용화 되었으나 살포 후 수일이 지나야 효과가 나타난다.

② 백강균은 해충의 전 생육단계에 걸쳐 침입하여 감염된 해충이 흰색의 가루 같은 분생포자에 덮여 죽는다.

③ 핵다각체병바이러스는 기주 범위가 넓어 다양한 해충방제에 유용하다.

④ 곤충병원성 바이러스는 인공배지에서 증식이 어려우며 온도 등의 환경요인에 의해 병원성이 변한다.

⑤ 녹강균의 감염 초기에는 해충의 몸 전체가 흰색을 띠는 포자와 균사로 뒤덮인 후 점차 초록색을 띠며 굳는다.

048 ③ 핵다각체병바이러스는 기주 범위가 좁아 천적의 피해가 적다.

049 곤충의 분비계에 대한 설명으로 옳은 것은?

① 앞가슴샘은 가장 크고 뚜렷한 내분비샘으로 머리 바로 뒤에 있으며 탈피호르몬 분비를 억제한다.

② 알라타체는 카디아카체 앞에 위치하며 성충 형질의 발육을 억제하는 유약호르몬을 생성한다.

③ 카디아카체는 뇌의 신호에 반응하여 타 기관의 호르몬 생성을 자극하는 중간자 역할을 한다.

④ 페로몬은 종간의 정보를 전달하는 화합물로 감각모의 발달로 적은 양의 페로몬으로 작용한다.

⑤ 카이로몬은 신호물질을 분비한 개체에는 도움이 되고, 상대에게는 해가 되는 결과를 초래하므로 포식자에게 해가 된다.

049 ① 앞가슴샘은 가장 크고 뚜렷한 내분비샘으로 탈피호르몬을 분비한다.
② 알라타체는 카디아카체 뒤에 위치한다.
④ 페로몬은 동일 종의 한 개체가 다른 개체에게 정보를 전달하는 화합물로 적은 양의 페로몬으로 작용한다.
⑤ 카이로몬은 신호물질을 분비한 개체에는 해가 되고, 상대에게는 도움이 되는 결과를 초래하므로 포식자에게 도움이 된다.
※ 포식자가 먹잇감이 내는 페로몬을 인지한다.

050 회양목명나방에 관한 방제법으로 옳지 않은 것은?

① 유충 발생 초기에 적용 약제를 10일 간격으로 2회 살포하여야 하며, 4월 하순과 8월 초순이 적기이다.

② 유충의 밀도가 낮을 때는 손으로 잡아 죽이고, 심하면 피해 잎과 가지를 채취하여 소각한다.

③ 핵다각체병바이러스인 Bt균을 살포하거나 페로몬트랩으로 성충을 유인하여 유살한다.

④ 포식성 천적인 거미류를 보호하며, 기생천적인 좀벌류 등을 보호하여 방제한다.

⑤ 주변에 서식하는 중간기주인 국화과 초본류를 제거한다.

050 ⑤ 회양목명나방은 중간기주가 없다.

【수목생리학】

051 나무에 관한 설명으로 **옳은 것은?**

① 모든 목본식물은 2차 생장을 통해서 직경생장을 하는 식물이다.

② 나무와 박테리아의 가장 두드러진 공통점은 광호흡으로 산소를 소모하면서 당분을 에너지로 바꾸는 호흡현상이다.

③ 광합성으로 생산된 탄수화물은 식물의 지방, 단백질, 그리고 무기염을 합성할 수 있다.

④ 나무는 생식생장에 많은 에너지를 소비하여 다음 세대를 위해 최대한 많은 열매를 맺는다.

⑤ 단자엽식물은 대나무류, 청미래덩굴류만이 목본식물이다.

052 참나무속 중 종자가 개화 이듬해에 익으며 상록성인 나무로 바르게 나열된 것은?

① 갈참나무, 졸참나무

② 상수리나무, 굴참나무

③ 종가시나무, 붉가시나무

④ 붉가시나무, 참가시나무

⑤ 가시나무, 개가시나무

053 수목의 잎의 구조와 기능에 관한 설명으로 **옳은 것은?**

① 기온과 건조의 차이가 있더라도 수목 잎의 세포간격과 왁스층의 두께는 같다.

② 잎의 각피는 표피 표면에 사이에 있으며 수분 증발을 억제한다.

③ 건조지역의 수목은 잎의 해면조직이 양쪽에 있는 등면엽을 가진다.

④ 소나무류의 잎의 표피는 두 개의 표피세포로 되어있어 증산작용 억제가 비효율적이다.

⑤ 공변세포의 삼투압을 조절하는 해면조직은 기공의 개폐에 영향을 준다.

---

051 ① 목본식물은 야자류와 대나무류를 제외하고는 2차 생장을 통해서 직경생장을 하는 식물이라 할 수 있다.

② 나무와 박테리아의 가장 두드러진 공통점은 호흡작용으로 산소를 소모하면서 당분을 에너지로 바꾸는 호흡현상이다.

※ 광호흡 : 식물의 잎에서 광조건 하에서만 일어나는 호흡작용으로, 엽록체에서 광합성으로 고정한 탄수화물의 일부가 산소를 소모하면서 다시 분해되어 미트콘드리아에서 CO_2가 방출되는 과정

③ 광합성으로 생산된 탄수화물은 식물의 지방, 단백질, 그리고 비타민을 합성할 수 있다.

※ 무기염류 : 토양 내에 존재하는 무기양분을 뿌리가 흡수하여 물질대사에 사용한다.

④ 나무는 생식생장에 많은 에너지를 소비하지 않고, 다음 생장을 위해 에너지를 저장한다. 잡초나 1년생 식물은 열매를 맺고 죽지만, 나무는 여유를 가지고 성숙할 때까지 기다린 후 꽃을 피우되, 꽃과 열매 생산에 적은 에너지를 투여함으로써 다음 생장을 위해 에너지를 저장한다.

052 • 종자가 개화 당년에 익는 낙엽성, 상록성 : 갈참나무 졸참나무 신갈나무, 떡갈나무, 종가시나무, 가시나무, 개가시나무

• 종자가 개화 이듬해에 익는 낙엽성, 상록성 : 상수리나무, 굴참나무, 정릉참나무, 붉가시나무, 참가시나무

053 ① 기온과 건조의 차이에 따라 수목의 잎의 세포간격과 왁스층의 두께가 다르다.

③ 유칼리나무와 같이 건조지에서 자라는 수목의 잎은 책상조직이 양쪽에 있어서 앞뒤의 구별이 불분명한 등면엽을 가진다.

※ 온대지방의 적습지에서 자라는 중생식물은 잎의 책상조직이 주로 위쪽에 존재하고, 해면조직이 아래쪽에 존재함으로써 잎의 앞뒤의 구별이 뚜렷한 양면엽을 가진다.

④ 소나무류의 잎의 표피는 표피세포와 내표피세포로 되어 있어 증산작용억제를 효율적으로 한다.

⑤ 공변세포의 삼투압을 조절하는 반족세포는 기공의 개폐에 영향을 준다.

정답 051 ⑤　052 ④　053 ②

054 나무 뿌리의 근관이 없으면 발생되는 문제로 가장 옳은 것은?

① 수분과 영양분을 흡수하지 못한다.
② 뿌리는 땅속 수직방향으로 잘 자란다.
③ 새로운 뿌리를 형성할 수 없다.
④ 뿌리 주변에 토양 미생물의 수가 줄어든다.
⑤ 뿌리의 자유로운 수분 이동이 차단된다.

055 수목의 생장에 관한 설명으로 옳은 것은?

① 소나무류의 엽속은 장지, 엽속이 붙어있는 가지는 단지에 해당한다.
② 원추형 수관은 대부분 수목의 측아가 정아의 생장을 억제하기 때문에 나타난다.
③ 직경생장은 정단분열조직에 의한 제2차 목부조직의 생장으로 이루어진다.
④ 생장 환경이 불리하면 목부의 생산량이 사부의 생산량보다 더 줄어든다.
⑤ 토양 중에 수분이 약간 부족할 때보다 과할 때 뿌리털의 발달이 더 왕성하게 이루어진다.

056 햇볕이 식물의 성장에 끼치는 영향으로 옳지 않은 것은?

① 햇볕은 수목의 형태를 결정하고, 식물분포를 결정한다.
② 식물은 호흡작용으로 방출되는 CO_2 양과 광합성으로 흡수되는 CO_2 양이 같은 광보상점 이상이 되어야 생장할 수 있다.
③ 단풍나무 활엽수림 밑의 임상에는 파장이 긴 적색광선이 주종을 이룬다.
④ 참나무의 눈이 한겨울 휴면상태에 있을 때 장일처리를 하면 휴면이 타파된다.
⑤ 나무뿌리의 주근이 가장 강력한 굴지성을 나타내며, 측근, 세근의 굴지성은 점점 약해진다.

054 ④ 근관은 분열조직을 보호하는 기능 외에 중력의 방향을 감지하여 굴지성을 유도, 탄수화물로 만든 mucigel을 분비하여 토양입자를 뚫고 지나가는 데 윤활제 역할을 한다. mucigel 주변에는 토양 미생물이 많이 서식하고 있다.
① 수분과 무기염은 심플라스트, 아포플라스트 경로를 통해서 흡수된다.
② 근관이 없으면 굴지성을 유도하지 못하므로 뿌리가 땅속 수직으로 자라기 어렵다.
③ 새로운 뿌리는 내초와 표피 등에서 분화된다.
⑤ 뿌리의 자유로운 수분 이동은 내피의 카스페리안대에서 차단된다.

055 ④ 목부 생산량은 사부 생산보다 환경 변화에 더 예민한 반응을 보이는 경향이 있다.
① 소나무류의 엽속은 단지, 엽속이 붙어있는 가지는 장지에 해당한다.
② 원추형 수관형을 이루는 대부분의 수목은 정아가 측아의 생장을 억제하기 때문에 나타난다.
③ 직경생장은 측방분열조직에 의한 제2차 목부조직에 의해 이루어진다. 정단분열조직에 이해 이루어지는 것은 수고생장이다.
⑤ 토양 중에 수분이 과다할 때보다는 약간 부족할 때 뿌리털의 발달이 더 왕성하게 이루어진다.

056 ④ 참나무의 눈이 한겨울 휴면상태에 있을 때에는 장일처리로 휴면이 타파되지 않고, 단지 저온처리만이 효과가 있다.
⑤ 나무뿌리의 주근이 굴지성이 강하고, 2차근은 측근이 되며, 3차근은 굴지성을 거의 나타내지 않고 여러 방향으로 자라서 토양 속에 골고루 퍼진다.

정답 054 ④   055 ④   056 ④

057 다음 중 식물 세포의 소기관에 해당하지 않는 것은?

① 액포
② 미토콘드리아
③ 원형질연락사
④ 핵막
⑤ 리소좀

058 녹색식물의 광합성에 관여하는 물질에 관한 설명으로 <u>옳은 것</u>은?

① 크립토크롬(cryptochrome)은 광합성 암반응에 작용하는 색소이다.
② 엽록소는 극성 화합물로서 물에 잘 녹는 친수성 화합물이다.
③ 카르테노이드(carotenoids)는 광합성 보조색소로서 흡수율은 95~99%이다.
④ 엽록체의 그라나(grana)에서 ATP 에너지가 만들어진다.
⑤ 루비스코(rubisco)는 물 분자를 분해하여 산소를 발생시킬 때 관여하는 효소이다.

059 어린 임분에서 단위건중량당 호흡량이 증가하는 이유로 가장 <u>옳은 것</u>은?

① 성숙한 숲에 비하여 엽량이 많고 살아 있는 조직이 많기 때문이다.
② 전체 광합성량이 호흡량보다 적기 때문이다.
③ 전체 조직에 대한 비광합성 조직의 비율이 증가하기 때문이다.
④ 뿌리의 세포분열이 왕성하고, 무기염을 흡수하는 데 ATP를 소모하기 때문이다.
⑤ 대기오염에 의해 파괴된 조직 부위를 치료하기 위한 과정에서 호흡이 증가한다.

057 리소좀은 동물세포로 단백질 분해 효소가 들어있는 세포 내의 작은 주머니이다. 오래되거나 못 쓰게 된 세포소기관을 파괴하거나 외부에서 탐식작용을 통해 먹어 치운 바이러스나 박테리아 같은 외부 물질들을 파괴하는 데에 사용된다.

058 ④ 엽록체의 그라나에서 엽록소는 햇빛에너지를 한 군데로 모으고 산소를 발생시키며, NADPH를 만들고 ATP를 생산한다.

① 크립토크롬(cryptochrome) 색소는 식물의 주광성에 영향을 끼친다.
② 엽록소는 비극성 화합물로서 물에 잘 녹지 않으며, 에테르에 잘 녹는 지질 화합물이다.
③ 카르테노이드(carotenoids)는 엽록소를 보조하여 햇빛을 흡수하는 광합성 보조색소이며, 흡수율은 30~40%이다.
⑤ 루비스코(rubisco)는 공기 중의 CO_2를 RuBP(5탄당)가 고정할 때 관여하는 효소이다.

059 ① 어린 숲일 경우 왕성한 대사로 인하여 단위건중량당 호흡이 증가하는데, 그 이유는 성숙한 숲에 비하여 엽량이 많고 살아 있는 조직이 많기 때문이다.

② 어린 임분에서 전체 광합성량의 1/3 가량이 호흡작용으로 이용되며, 혼효림은 약 절반 가량, 노숙한 임분은 90%까지 호흡작용으로 이용된다.
③ 수목의 나이가 증가할수록 전체 조직에 대한 비광합성 조직의 비율이 증가한다.
④ 뿌리의 호흡량은 보통 나무 전체 호흡량의 8% 가량 되므로 전체 호흡량에 큰 비중을 차지하지 않는다.
⑤ 일반적으로 수목이 대기오염에 의한 조직이 파괴되면 그 부위를 치료하기 위해 호흡이 증가하는데. 어린 임분에서 단위건중량당 호흡량이 증가하는 이유가 될 수는 없다.

정답 ▶ 057 ⑤   058 ④   059 ①

060 수목의 탄수화물 대사에 관한 설명으로 옳은 것은?

① 탄수화물은 엽록체 속에서 크렙스회로(Krebs Cycle)를 통하여 단당류로 합성된다.

② 세포질에서 설탕으로 합성된 탄수화물은 공생균근에게도 제공된다.

③ 셀룰로스(cellulose)는 2개 이상의 단당류가 연결된 다당류로서 세포벽의 주성분이다.

④ 저장된 탄수화물은 낙엽수의 경우 하루를 주기로 주간의 광호흡작용에만 이용된다.

⑤ 활엽수를 제거하기 위해 밑동을 자를 때에는 3~4월에 실시하는 것이 가장 적당하다.

061 수목의 단백질과 질소대사에 관한 설명으로 옳은 것은?

① 식물체 내의 단백질 함량은 상대적으로 높고, 소나무 잎은 건중량의 20% 내외가 질소이다.

② 여러 개의 아미노산이 펩티드(peptide) 결합으로 연결된 단백질은 단순지질, 복합지질 등을 형성한다.

③ 식물은 무기질소를 흡수해야 아미노산을 합성할 수 있다.

④ 질소의 함유량은 식물체 내에서 잎보다 수간의 중앙 부위인 2차목부에는 더 많다.

⑤ 질소함량이 증가하는 시기는 봄철에 줄기생장이 가장 왕성하게 이루어지는 기간이다.

062 질소가 식물이 흡수할 수 있는 형태의 무기질 질소로 바뀌는 과정을 질소고정이라 한다. 질소고정에 대한 설명으로 옳지 않은 것은?

① 질소고정의 세 가지 방법에는 생물적, 광화학적, 산업적 질소고정이 있다.

② 생물학적 질소고정은 N_2 가스를 환원시키는 과정으로, nitrogenase 효소를 촉진시킨다.

③ 질소고정에 관련된 미생물 중 Rhizobium은 기주식물의 세포 안으로 들어가서 공생하는 내생공생이다.

④ 산림 내 질소고정식물 중 오리나무류는 비콩과식물로서 온대지방에서 토양 개량에 중요한 수목이다.

⑤ Azotobacter은 혐기성 박테리아로서 Clostridium보다 산성토양에서 잘 견디며, 비교적 많은 양의 질소를 고정한다.

060 ② 세포질에서 설탕으로 합성된 탄수화물은 공생균근에게도 제공된다. 공생을 하는 경우 질소고정박테리아나 균근곰팡이에게 탄수화물을 제공한다.

① 탄수화물은 엽록체 속에서 칼빈회로(Calvin Cycle)를 통하여 단당류로 합성된다.

※ 크렙스회로(Krebs Cycle) : 미토콘드리아의 호흡작용

③ 섬유소(cellulose) : 수백 개 이상의 단당류로 연결된 형태의 다당류로서 세포벽의 주성분 (전분, 펙틴 등)

④ 저장된 탄수화물은 낙엽수의 경우 하루를 주기로 야간의 호흡작용, 1년을 주기로 겨울철의 호흡에 이용된다.

⑤ 활엽수의 밑동을 제거할 때에는 새순이 자라면서 저장된 탄수화물을 모두 소모시킨 6월 중·하순에 실시하면 맹아지의 생장력이 약해지므로 더 효과적이다.

061 ③ 식물이 아미노산을 합성하기 위해 무기질소를 흡수해야 질소대사가 이루어진다. 식물이 아미노산을 합성하기 위해서는 토양으로부터 무기질소를 흡수하고, 식물이 무기질소를 이용하여 단백질을 합성한다.

※ 질소대사 : 식물이 무기질소를 이용하여 단백질을 합성하는 과정

① 식물체 내의 단백질 함량은 상대적으로 극히 적고, 소나무 잎은 건중량의 1.5% 내외가 질소이다.

② 여러 개의 아미노산이 펩티드(peptide) 결합으로 연결된 단백질은 원형질, 효소, 저장물질 등에 이용된다.

④ 질소는 식물체 내에서 잎, 눈, 형성층 등에 많이 함유되어 있고, 수간의 중앙 부위인 2차목부에는 함량이 극히 적다.

⑤ 봄철에 줄기생장이 가장 왕성할 때는 질소함량이 제일 적으며, 그 후 생장량이 감소하거나 정지하면 다시 증가하기 시작한다.

062 ⑤ Clostridium은 혐기성 박테리아로서 Azotobacter보다 산성토양에서 잘 견디며, 비교적 많은 양의 질소를 고정한다.

정답 060 ② 061 ③ 062 ⑤

063 수목의 지질대사에 관한 설명으로 옳은 것은?

① 지방은 비극성으로 탄소(C), 수소(H), 그리고 산소(O)가 주성분이다.

② 세 분자의 지방산 중에서 한 분자가 당으로 대체된 것을 인지질이라 하며, 원형질막의 주요 구성성분이다.

③ 지방산과 지방산 유도체에는 리그닌(lignin), 탄닌(tannins), 플라보노이드(flavonoids) 등이 있다.

④ 페놀 화합물은 방향족 고리를 가지며, 납, 큐틴(cutin), 수베린(suberin), 단순지질, 복합지질 등이 있다.

⑤ 지방은 리파아제(lipase) 효소에 의해 분해된 후 세포질에서 설탕으로 합성되어 필요한 곳으로 이동된다.

064 식물의 필수원소인 무기영양소에 관한 내용으로 옳은 것은?

① 대량원소는 식물건중량의 1.0% 이상이고, 미량원소는 1.0% 이하 함유되어 있다.

② 식물체 내 이동이 쉬운 원소는 질소(N), 인(P), 칼륨(K), 붕소(B) 등이다.

③ 산성토양에서 주로 인(P)의 결핍이, 알칼리성 토양에서는 주로 철(Fe)의 결핍현상이 자주 나타난다.

④ 백합나무의 무기영양소 함량은 잎이 가장 많고, 수간이 측지보다 많다.

⑤ 사과나무의 꽃이 피고 난 후 잎의 질소 함량은 어린잎에서 제일 낮고, 가을에 접어들면서 함량이 서서히 증가한다.

---

063 ⑤ 지방은 분해된 후 말산($C_4H_6O_5$, malate)의 형태로 세포질(cytosol)로 이동되어, 역해당작용에 의해 설탕(sucrose)으로 합성된 후, 에너지가 필요한 다른 곳으로 이동된다.

① 지방은 비극성으로 탄소(C)와 수소(H)가 주성분이며, 산소를 극히 적게 가지거나 가지지 않는다.
예 수지 – $C_{20}H_{32}$, 카르테노이드 – $C_{40}H_{64}$

② 세 분자의 지방산 중에서 한 분자가 인산으로 대체된 것을 인지질이라 하며, 원형질막의 주요 구성성분이다.

③ 지방산과 지방산 유도체에는 납, 큐틴(cutin), 수베린(suberin), 단순지질, 복합지질 등이 있다.

④ 페놀 화합물은 방향족 고리를 가지며, 리그닌(lignin), 탄닌(tannins), 플라보노이드(flavonoids) 등이 있다.

064 ③ pH 5.0 이하로 내려가면 Fe나 Al과 결합하여 불용성 인산으로 바뀌기 때문에 가용성 인산의 함량이 낮아진다. 알칼리성 토양에서 철(Fe)의 결핍현상이 자주 나타난다.

① 대량원소는 식물건중량의 0.1% 이상이고, 미량원소는 0.1% 이하 함유되어 있다.

② 식물체 내 이동이 쉬운 원소는 질소(N), 인(P), 칼륨(K), 마그네슘(Mg) 등이다.

④ 백합나무의 영양소 함량은 상대적으로 잎이 가장 많고, 측지는 수간보다 많다.

⑤ 사과나무의 꽃이 피고 난 후 질소 함량은 어린잎에서 제일 높고, 가을에 접어들면 함량이 급격히 감소한다.

▶ 평상시 Al은 점토의 구성성분으로 식물이 흡수할 수 없는 형태로 존재하지만, 토양이 산성화되면 치환성 알루미늄이 되어 식물이 흡수하여 체내에 축적된다.

▶ 식물체내 이동이 어려운 원소 : 칼슘, 철, 붕소

▶ 이동성이 중간인 원소 : 황, 아연, 망간, 구리, 몰리브덴

▶ 사과나무 잎의 개화 후 어린잎에서 무기영양소 함량이 제일 높고 그 후 계속 감소하다가 가을에 접어들면서 질소와 인의 함량이 급격히 감소하고, 칼륨도 감소한다. 반면에 칼슘의 함량은 계속 증가하다가 낙엽 전에 급격히 증가한다.

정답 063 ⑤ 064 ③

065 산림토양의 특징에 관한 설명으로 옳은 것은?

① 산림토양의 성질은 낙엽층의 발달로 인하여 경작토양과 유사하다.

② 토양의 단면 중 O층(유기물층)은 L층 – B층 – H층으로 나뉜다.

③ 토양의 용적비중은 공극률에 반비례하며, 통기성은 비례한다.

④ 부식은 그 표면이 음전기를 띠고 있기 때문에 무기영양소를 저장하거나 다른 양이온과 교환할 수 있다.

⑤ 토양생물은 토양 내 무기물을 광물질화시켜서 식물이 무기물을 이용할 수 있도록 도와준다.

065 ④ 점토 입자와 콜로이드 형태의 부식은 그 표면이 음전기를 띠고 있기 때문에 양전기를 띤 영양소를 흡착하여 저장하거나 다른 양이온과 교환할 수 있다.

① 산림토양은 경운층이 없으며, 낙엽의 분해 정도에 따라 토양의 성질이 다르게 나타나므로 경작토양과 성질이 크게 다르다. 경작토양은 경운층이 있는 반면에, 산림토양은 경운층이 없으며, 대신 낙엽층이 있다. 낙엽층의 존재와 낙엽의 분해로 인하여 산림토양의 물리적 · 화학적 · 생물학적 성질은 경작토양과 크게 다르다.

② 토양의 단면 중 O층(유기물층)은 L층 – F층 – H층으로 나뉜다.

　※ 토양의 단면 순서 : O층(유기물층), A층(용탈층), B층(직접층), C층(모재층)

③ 토양의 용적비중은 공극률과 통기성에 반비례한다. 용적비중이 낮을수록 공극률과 통기성이 높아진다.

⑤ 토양생물은 유기물을 광물질화시켜서 식물이 유기물을 이용할 수 있도록 도와준다.

　※ 광물질화 : 토양 중에 있는 유기물을 토양생물이 분해하여 식물이 이용할 수 있는 광물질 형태로 바꾸는 것

066 수목의 생장에서 가장 많은 양을 필요로 하는 물질인 물에 관한 설명으로 옳지 않은 것은?

① 원형질의 구성성분으로서 비극성이다.

② 광합성 기작에 관여하는 반응 물질이다.

③ 여러 물질의 용매 역할을 한다.

④ 여러 대사물질을 다른 곳으로 이동시키는 운반체이다.

⑤ 식물세포의 팽압을 유지하는 데 필요하다.

066 수목의 생장에 필요한 물질 가운데 가장 많은 양을 필요로 하는 물질은 물이며, 물은 극성이다. (지질은 비극성)

▶ 물의 기능
• 원형질의 구성성분으로서 극성이다.
• 광합성 기작에 관여하는 반응 물질이다.
• 여러 물질의 용매 역할을 한다.
• 여러 대사물질을 다른 곳으로 이동시키는 운반체이다.
• 식물세포의 팽압을 유지하는 데 필요하다.

067 염생식물인 망그로브나무가 수분을 흡수할 수 있는 이유로 옳은 것은?

① 뿌리의 통기조직이 잘 발달되어 있고, 뿌리의 수분퍼텐셜이 바닷물의 수분퍼텐셜보다 높기 때문이다.

② 뿌리의 피층세포의 간극이 좁아 수분이 쉽게 세포질이동을 할 수 있기 때문이다.

③ 식물의 도관 내 삼투압이 높아서 물기둥이 끊기지 않고 연결되기 때문이다.

④ 나트륨(Na)이 식물체외로 방출되면서 식물체내의 삼투압이 낮아지기 때문이다.

⑤ 바닷물의 염분이 뿌리를 쉽게 침투하지만 세포내 액포에 염분이 저장되기 때문이다.

067 ④ 나트륨(Na)이 식물체 내에서 삼투압을 유지시켜주기 때문에 수분 흡수가 원활하다.

① 바닷물의 수분퍼텐셜이 뿌리보다 높다. 수분은 수분퍼텐셜이 높은 곳에서 낮은 곳으로 이동한다.

② 뿌리의 피층세포의 간극이 크므로 통기가 원활하여 과습상태에서도 수분흡수가 용이하다.

③ 식물의 도관 내 물분자 간의 응집력에 의해서 물기둥이 끊기지 않고 연결되기 때문이다.

⑤ 뿌리에서 바닷물의 염분 침투를 차단하고 세포내 액포에서 염분을 저장하며, 잎의 염분배출구를 통해서 염분을 배출하는 내염성 기작을 갖추고 있기 때문이다.

정답　065 ④　066 ①　067 ④

068 토양 내 무기염이 식물의 뿌리에 흡수되는 과정에 관한 설명으로 옳은 것은?

① 토양의 무기함량이 적당하고 수분함량이 영구위조점 근처일 때 토양용액은 확산으로 뿌리 표면까지 이동한다.

② 세포벽을 구성하는 섬유들 사이의 공간으로 무기염이 자유로이 이동하는 것을 세포질이동이라 한다.

③ 뿌리의 비선택적 무기염 흡수는 내피세포의 원형질막을 통과할 때 일어난다.

④ 뿌리 호흡이 억제되면 무기염의 흡수가 중단되는 현상은 에너지 소모와 관련이 있다.

⑤ 토양 내의 무기염은 뿌리와의 압력퍼텐셜 차이로 뿌리까지 도달한다.

069 식물의 뿌리에서 균근으로 인하여 발생되는 현상이 아닌 것은?

① 인산과 암모늄태 질소를 흡수할 수 있도록 한다.

② 외생균근은 세포 사이의 간극에 하티그망을 만들고 피층 안쪽으로 들어가지 않는다.

③ 균사에 감염된 뿌리에는 뿌리털이 발생하지 않는다.

④ 뿌리의 내초세포에 가지모양의 균사와 소낭을 형성한다.

⑤ 소나무 뿌리에 감염된 균근은 주로 Y자 형태를 가진다.

070 식물호르몬에 관한 설명으로 옳지 않은 것은?

① 유기물로서 한 곳에서 생산되어 다른 곳으로 이동하며, 아주 낮은 농도에서 작용하는 화합물이다.

② 식물의 외부 자극을 감지하고, 내적으로 연락하는 매개체의 기능을 한다.

③ 원형질막과 세포질 내에 수용단백질이 식물호르몬을 감지하여 결합하고 활성화되어 여러 대사과정을 가능하게 한다.

④ 생장촉진제에는 옥신(auxin), 사이토키닌(cytokinin)이 있으며, 생장억제제에는 아브시스산(ABA), 지베렐린(GA), 에틸렌(ethylene)이 있다.

⑤ 뿌리로 공급되는 식물호르몬은 지상부로부터 탄수화물의 공급과 동시에 이루어진다.

---

068 ④ 자유공간을 이용한 무기염의 이동은 비선택적이고 가역적이며, 에너지를 소모하지 않는 반면, 식물의 무기염 흡수 과정은 선택적이고, 비가역적이며, 에너지를 소모한다. 그러므로 뿌리의 호흡작용으로 에너지를 생산하지 못하면 뿌리의 무기염 흡수는 중단된다.

① 토양의 무기함량이 적당하고 수분함량이 포장용수량 근처일 때 토양용액은 확산으로 뿌리 표면까지 이동한다.

② 세포벽을 구성하는 섬유들 사이의 공간이 넓어 수분과 무기염이 확산과 집단유동으로 자유로이 이동하는 것을 세포벽이동이라 한다.

③ 흡수된 무기염이 내피세포의 원형질막을 통과함으로써 무기염의 선택적 흡수를 할 수 있다.

※ 원형질막은 인지질로 구성되어 있고, 비극성이다. 극성을 띤 무기염은 인지질을 통과하지 못하므로 운반단백질의 작용으로 이동한다.

⑤ 토양 내의 무기염(토양용액)은 확산에 의해서 뿌리표면까지 도달한다.

069 ④ 뿌리의 피층세포에 가지모양의 균사와 소낭을 형성한다.

① 균근은 토양의 인산 흡수를 촉진시키며, 산성토양에서 암모늄태 질소를 흡수할 수 있도록 해준다.

③ 외생균근에 감염된 뿌리에는 뿌리털이 발생하지 않고, 대신 균사가 뿌리 표면으로부터 토양 속으로 뻗어 뿌리털의 역할을 대신하여 더 효율적으로 무기염을 흡수한다.

▶ 균사의 생장은 내·외생균근 모두 뿌리의 피층세포에 국한되고 내피 안쪽으로 들어가지 않는데, 이러한 특징은 뿌리 한복판의 통도조직을 침범하지 않는 것이 일반적인 병원균과 다르다.

070 ④ 생장촉진제에는 옥신(auxin), 사이토키닌(cytokinin), 지베렐린(GA)이 있으며 생장억제제에는 아브시스산(ABA), 에틸렌(ethylene)이 있다.

② 외부 자극을 감지하고, 이 자극을 내적으로 각 부위에 연락하여 공통적인 대응책을 마련하기 위한 수단으로서 혹은 이러한 정보를 전달하는 매개체 혹은 전령의 기능을 한다.

⑤ 뿌리는 지상부로부터 탄수화물이 계속하여 공급되어야 생장할 수 있는데, 이때 식물호르몬의 공급도 동시에 이루어진다. 특히 수간에서 뿌리로 이동하는 옥신에 의해 뿌리의 형성층이 분열을 시작한다.

 정답 ▶ 068 ④ 069 ④ 070 ④

071 종자식물의 종자 발아 과정으로 옳은 것은?

① 종자의 저장양분은 수분에 의해 분해되어 배유로 이동한다.

② 배유와 자엽의 저장양분은 종자의 발아 후 생식생장에 필요한 에너지를 공급한다.

③ 종자는 가수분해로 저장양분인 단백질을 아미노산과 글리세롤로 분해한 후 호흡과정에서 에너지를 얻는다.

④ 배반은 수분 흡수가 진행되면 지베렐린을 방출하고, 분해된 수용성 양분들을 흡수하여 배 쪽으로 전달하는 중계역할을 한다.

⑤ 쌍자엽식물의 종자 대부분은 유아가 먼저 나오고 유근이 나중에 나오면서 유아갈고리가 솟아나온다.

---

071 ④ 배반은 배와 배유 사이에 위치하는데, 수분흡수가 진행되면 지베렐린을 방출한다. 지베렐린의 대사작용으로 배유조직의 녹말 등 저장물질이 분해되고, 분해된 수용성 양분들은 배반에 다시 흡수된 후 배 쪽으로 전달된다.

　※ 배 : 식물의 축소형으로 1개 이상의 자엽과 유아, 하배축, 그리고 유근 등으로 구성된다.

① 종자의 저장양분은 수분에 의해 분해되어 배로 이동한다.

② 배유와 자엽의 저장양분은 종자의 발아 후 영양생장에 필요한 에너지를 공급한다.

③ 종자는 가수분해에 의해 녹말은 당으로, 단백질은 아미노산과 펩티드로, 기름은 글리세롤과 지방산으로 분해된 후 호흡과정에서 에너지를 얻는다.

⑤ 쌍자엽식물의 종자 대부분은 유근이 먼저 나오고, 유아가 나중에 나오면서 유아갈고리가 솟아나온다.

▶ 유아갈고리 : 쌍자엽식물이 발아할 때 반드시 줄기의 선단이 갈고리 모양으로 구부러져서 땅 위로 솟아나오는 것. 식물이 땅속에서 발아해 나올 때 흙을 밀어젖히고 안전하게 출아하는 데 중요한 역할을 한다.

▶ 유식물이 지상으로 출현하면 광조건이 배축의 신장을 억제하고 유아갈고리를 펴게 하면서 잎의 전개를 촉진한다.

---

072 휴면상태에 있지 않은 성숙한 종자는 환경이 적합하면 발아한다. 발아에 영향을 미치는 환경요인에 관한 설명으로 옳은 것은?

① 대부분의 수목종자는 광선의 유무에 따라 발아율의 차이가 많이 난다.

② 종자의 발아를 촉진하는 파장은 730 nm인 적색광이다.

③ 토양 속 투수성 종자는 토양수분이 포장용수량에 가까울 때 발아에 필요한 수분을 충분히 흡수할 수 있다.

④ 종자의 휴면을 타파하기 위해서는 저온처리가 필요하며, 휴면 타파된 종자는 온도에 상관없이 발아가 촉진된다.

⑤ 식물이 생산하는 페놀류 화합물은 화학적 발아촉진작용을 하여 다른 식물의 종자발아율을 높인다.

---

072 ① 대부분의 수목종자는 광선의 존재에 관계없이 발아한다. 광선을 요구하는 수종도 극히 낮은 광도에서 발아하므로 광도의 영향은 적다고 할 수 있다.

② 종자의 발아를 촉진하는 파장은 적색광(660 nm)이며, 원적색광(730 nm)을 받으면 발아가 억제된다.

④ 종자의 휴면을 타파하기 위해는 저온처리가 필요하며, 휴면 타파된 종자는 온도가 적당히 높아야 발아가 촉진된다.

⑤ 식물이 생산하는 타감물질인 페놀류 화합물은 화학적 발아억제작용을 하여 다른 식물의 종자발아율을 방해한다.

▶ 빛의 파장에 반응을 나타내는 색소인 파이토크롬(phytochrome)이 적색광을 받으면 활성이 있는 Pfr 형으로 바뀌어 발아가 촉진되고, 원적색광을 받으면 불활성의 Pr 형으로 바뀌어 발아가 억제된다.

▶ 식물이 생산하는 가장 흔한 타감물질은 페놀류 화합물과 타닌이다.

▶ 용어
　• 타감물질 : 타감작용으로 생산된 물질
　• 타감작용 : 한 생물이 다른 생물에게 해로운 영향을 끼치는 물질을 생산하여 경쟁이 되는 생물의 생장을 억제하는 것
　• 포장용수량 : 토양이 모세관수만을 최대로 보유하고 있을 때, 포장용수량에 달해 있다고 한다. (모세관수 : 식물이 이용 가능한 물)

chapter 06

정답　071 ④　072 ③

073 식물의 유성생식에 관한 설명으로 옳은 것은?

① 나자식물과 목본피자식물의 꽃은 모두 양성화가 있다.
② 봄에 일찍 꽃이 피는 목본피자식물의 화아원기는 주로 당년의 이른 봄에 형성된다.
③ 소나무류는 암꽃의 정단조직이 수꽃과 비교할 때 훨씬 더 작고 좁으며, 뾰족하다.
④ 나자식물의 자성배우체는 피자식물의 배유 역할을 대신한다.
⑤ 피자식물의 주공 감수성, 나자식물의 주두 감수성이 높을 때 수분의 성공률이 높아진다.

074 수목 고유의 생장능력이 최대한으로 발휘되도록 나무를 심고 가꾸는 조림과 무육생리에 관한 설명으로 옳지 않은 것은?

① 임분 내 수목의 경쟁으로 수고생장은 어느 정도 유지되지만, 직경생장은 급격히 감소한다.
② 간벌 후에는 수관의 크기가 커지며, 직경생장이 촉진된다.
③ 식재 간격이 좁으면 초살도가 작은 수간을 유도하고 자연낙지를 유도하며, 지하고를 높일 수 있다.
④ 인산이나 칼륨을 단독으로 사용하는 것이 개화촉진의 효과를 높인다.
⑤ 조림 후 최초의 가지치기는 맨 아랫가지가 죽어가기 시작할 때까지 기다리는 것이 바람직하다.

075 대기오염 물질에 의한 수목의 병징에 관한 설명으로 옳지 않은 것은?

① 아황산가스(SO_2) : 침엽수는 물에 젖은 듯한 모양을 하며, 적갈색으로 변색된다.
② 불소(F) : 활엽수는 초기에 잎끝의 황화, 잎 가장자리로 확대되며, 중륵을 따라 안으로 확대된다.
③ 질소산화물(NO_x) : 침엽수는 초기에 잎끝의 자홍색~적갈색으로 변색되며, 잎의 기부까지 확대된다.
④ 오존(O_3) : 활엽수는 잎 앞면에서 발생하며 침엽수는 잎끝의 괴사, 황화현상의 반점, 잎의 왜성화가 나타난다.
⑤ PAN : 활엽수는 잎 앞면에 광택이 나면서 후에 청동색으로 변한다.

---

073 ④ 소나무과에서 배 주안의 장란기 주변에 있는 세포들인 자성배우체는 영양소를 저장하여 배가 필요로 하는 영양소를 공급해 준다. 따라서 나자식물의 자성배우체는 피자식물의 배유의 역할을 대신한다.

① 나자식물의 꽃은 양성화가 없으며, 목본피자식물은 양성화가 있다.
② 봄에 일찍 꽃이 피는 목본피자식물의 화아원기는 주로 전년도에 이미 형성된다.
③ 소나무류는 암꽃의 정단조직이 수꽃과 비교할 때 훨씬 더 크고 넓으며 둥글다. 반면에 수꽃은 정단조직이 암꽃보다 작고 뾰족하다.
⑤ 피자식물의 주두 감수성, 나자식물의 주공 감수성이 높을 때 수분의 성공률이 높아진다. 피자식물의 수분이 이루어질 때 주두가 감수성을 나타내서 화분을 받아들일 수 있는 상태에 있어야 수분이 성공한다. 이처럼 화분이 비산할 때 주두가 감수성이 높은 상태에 있을 때 동시성이 있다고 한다.

074 ④ 인산이나 칼륨을 단독으로 사용하면 개화촉진의 효과가 없지만, 질소비료와 함께 쓰면 개화가 촉진된다. 질소비료를 사용하면 암꽃의 생산이 촉진되지만 수꽃은 거의 반응을 보이지 않는다.

※ 질소비료가 화아원기 형성시기에 맞추어 시비가 이루어지면 개화촉진 효과가 가장 크게 나타나며, 봄철에 시비하면 영양생장만을 촉진하는 경우가 많다.

① 경쟁으로 인하여 생장이 둔화되더라도 수고생장은 어느 정도 수준을 유지하지만, 직경생장은 급격히 감소한다.
② 간벌 후에는 점진적으로 수관의 크기가 커지며, 엽면적이 증가하기 때문에 더 많은 탄수화물이 수간으로 이동하여 직경생장이 촉진된다.
③ 식재간격을 좁게 하면 수관폭과 초살도가 작고, 자연낙지를 유도하여 옹이가 없고, 지하고가 높은 밋밋한 목재를 만들 수 있다.
⑤ 조림 후 최초의 가지치기는 맨 아랫가지가 죽어가기 시작할 때까지 기다리는 것이 바람직하며, 살아 있는 가지를 자르면 상처를 주기 쉽다. 가지치기는 휴면기인 겨울철이 좋다.

075 PAN은 잎 뒷면에 광택이 나면서 후에 고농도에서 잎 표면도 피해(엽육조직 피해)를 입힌다.

※ 오존은 잎 앞면에 피해를 주며, 책상조직이 먼저 붕괴된다.

정답 ▶ 073 ④ 074 ④ 075 ⑤

[산림토양학]

076 풍화내성이 강한 순서대로 2차광물을 바르게 짝지은 것은?

① 석영 > 백운모 > 각섬석 > 감람석
② 적철광 > 점토광물 > 백운석
③ 흑운모 > 점토광물 > 석고
④ 깁사이트 > 방해석 > 점토광물
⑤ 감람석 > 점토광물 > 석영

076 주요 1차광물과 2차광물의 풍화내성

풍화내성	1차광물	2차광물
강 ↑		침철광 적철광 깁사이트
	석영	점토광물
	백운모	
	흑운모	백운석

077 토양수분의 함량과 퍼텐셜에 관한 설명으로 옳은 것은?

① 토양의 수분함량은 용적비로만 나타낼 수 있다.
② 용적수분함량은 중량수분함량에 입자밀도를 곱하여 구할 수 있다.
③ 전기저항법은 토양수분의 에너지상태를 측정하며, tensiometer 법은 토양의 수분함량을 직접 측정한다.
④ 배수가 잘 되는 밭토양에서 토양의 수분퍼텐셜은 삼투퍼텐셜과 거의 비슷한 값을 가진다.
⑤ 토양의 습윤과정에서 측정된 수분함량이 건조과정에서 측정된 수분함량보다 낮게 되는 것은 이력현상때문이다.

077 ⑤ 이력현상이란 토양공극의 불균일성과 공극 내에 잡혀 있는 공기 또는 토양의 팽창과 수축으로 인한 토양구조의 변화 등에 의하여 나타나는 현상이다.

① 토양의 수분함량은 질량비 또는 용적비와 에너지 개념, 즉 퍼텐셜(potential)로 나타낸다. 이들 두 방법은 서로 상호 보완적인 관계이다.
② 용적수분함량 = 중량수분함량×용적밀도
③ 전기저항법은 포장에서 직접 수분함량을 측정하는 것이며, tensiometer법은 수분의 에너지상태를 직접 측정하는 방법이다
④ 배수가 잘 되는 밭 토양에서 토양의 수분퍼텐셜은 매트릭퍼텐셜과 거의 비슷한 값을 가진다.

078 Cl^-이 암석에 0.03%, 바닷물의 광물잔재에 5.75% 존재한다. SO_4^{2-}는 암석에 0.12%, 바닷물의 광물잔재에 10.5% 존재한다. SO_4^{2-}의 가동률은? (단, Cl^- 가동률은 100이다.)

① 23%
② 100%
③ 45.65%
④ 15.80%
⑤ 50.75%

078 가동률은 암석의 풍화생성물 중 Cl^-의 이동을 100으로 하여 다른 성분들의 이동성을 비교한 상대적인 값이다.
만약, SO_4^{2-}와 Cl^-의 가동률이 같다면 암석 중 SO_4^{2-} 함량이 Cl^- 함량의 4배이므로 바닷물 중의 SO_4^{2-} 농도도 Cl^- 농도의 4배가 되어야 한다.
바닷물 광물잔재의 SO_4^{2-} 농도 = 5.75%(바닷불의 광물잔재 Cl^- 농도)×4 = 23%
그러나, 실제 바닷물 광물잔재 중의 SO_4^{2-} 농도는 10.5%이므로 SO_4^{2-}의 가동률은 (10.5% / 23%)×100 = 45.65%

chapter **06**

정답 076 ② 077 ⑤ 078 ③

079 토양의 공극에 관한 설명으로 옳은 것은?

① 같은 양의 공극을 가지고 있는 각각의 토양은 공극의 크기에 상관없이 물의 흐름과 건조속도가 같다.

② 각 토양입자들의 배열상태는 식물의 생육뿐만 아니라 환경오염물질의 이동에도 영향을 끼친다.

③ 특수공극은 물을 보유하는 성질을 지니며, 토성공극은 공기의 통로로 작용한다.

④ 대공극은 모세관현상이 유지되며 곰팡이와 뿌리털이 자라는 공간이다.

⑤ 사양토는 깊이에 따른 공극률의 감소가 크며, 미사질 양토는 공극률의 감소가 적다.

080 토양생물 중 지렁이에 관한 설명으로 옳은 것은?

① 지렁이의 개체수는 spodosol 토양에 많지만, mollisol 토양에는 적다.

② 수확 후 유기물을 회수하고 부숙퇴비를 시비하면 지렁이의 개체 수를 증가시킬 수 있다.

③ 분변토는 떼알구조 형성에 중요한 역할을 하며 양이온교환용량을 높인다.

④ 지렁이는 질소·인·황 등의 함량이 많은 유기물을 동화하여 체내에 축적하기 때문에 지렁이의 사체는 쉽게 분해되지 않는다.

⑤ 지렁이가 만드는 토성공극은 토양의 배수성과 통기성을 증대시킨다.

081 점토광물에 관한 설명으로 옳지 않은 것은?

① 규소사면체의 이중사슬 배열은 석영의 구조이다.

② 규산염광물의 단위구조는 규소사면체와 알루미늄팔면체이다.

③ 알루미늄팔면체의 층상배열에서 중심 양이온은 주로 Al^{3+}가 들어간다.

④ 동형치환은 규소사면체에서 Si^{4+} 대신 Al^{3+}의 치환이 일어나는 것이다.

⑤ 1차광물은 규소사면체를 기본구조로 하며 규소사면체의 배열에 따라 다양한 광물들이 생성된다.

---

079 ② 동일한 양의 공극을 가지고 있는 토양도 각 토양입자들의 배열 상태에 따라 공극의 크기가 달라지며 식물의 생육뿐만 아니라 환경오염물질의 이동에도 영향을 끼친다.

① 같은 양의 공극을 가지고 있어도 공극의 크기에 따라 물의 흐름과 건조속도가 달라진다.

③ 일반적으로 토양입자 사이에 발달하는 토성공극은 물을 보유하는 성질을 지니며, 특수공극은 공기의 통로로 작용한다.

④ 중공극은 식물에 필요한 수분을 모세관현상을 유지하는 공극으로 곰팡이 등이 자라며 뿌리털이 자라는 공간이다.

⑤ 사양토는 깊이에 따른 공극률의 감소가 크지 않지만, 미사질 양토는 토양이 깊어짐에 따라 뚜렷하게 공극률이 감소된다. 특히, 입단구조가 잘 발달할수록 표토에서의 공극률이 크다.

▶ 토양의 생성원인별 분류

구분	크기	특징
토성공극	작다	기본 토양입자 사이에 발달
구조공극	크다	토양입단 사이에 발달
특수공극 (생물공극)	생물 크기에 따라 다름	식물의 뿌리와 소동물의 활동 및 유기물 분해 시 발생하는 가스에 의하여 생성

▶ 토성공극은 물을 보유하고 있고, 구조공극과 특수공극은 공기의 통로로 작용한다.

080 ① 지렁이의 개체수는 spodosol 토양에 적지만, mollisol 토양에는 많다.

② 신선한 유기물의 사용은 지렁이의 개체 수를 증가시키므로 수확 후 유기물을 회수하지 말아야 한다.

④ 지렁이는 질소·인·황 등의 함량이 적은 유기물을 동화하여 체내에 축적하기 때문에 지렁이의 사체는 쉽게 분해된다.

⑤ 지렁이가 만드는 생물공극은 토양의 배수성과 통기성을 증대시킨다.

▶ spodosol : 용탈이 용이한 사질 모재조건과 냉·온대의 습윤한 기후조건에서 발달한다. 특히, 낙엽이 분해될 때 산의 생성이 많고 염기 공급이 부족한 침엽수림지대에서 잘 나타난다. 강한 산도 때문에 표층에서 석영을 제외한 대부분의 광물이 분해되므로 O층 바로 아래에는 석영만 남은 백색의 E층이 발달하고, 광물의 분해에서 생성된 철과 알루미늄은 O층에서 생성된 유기화합물과 가용성 복합체를 형성하여 하층으로 이동하여 침적된다.

▶ mollisol : 표층에 유기물이 많이 축적되어 있고, Ca이 풍부한 토양으로서 주로 암갈색의 mollic 표층이 mollisol의 감식토층이 된다.

▶ 분변토 : 지렁이의 배설물

081 ① 규소사면체의 이중사슬 배열은 각섬석의 구조이다.

※ 석영의 규소사면체 배열은 3차구조이다.

정답 079 ②   080 ③   081 ①

082 토양유기물에 관한 설명으로 옳지 않은 것은?

① 동·식물 등의 사체가 토양 속에서 토양유기물로 생성되며, 미생물이 유기물을 분해한다.

② 토양유기물은 미생물의 호흡작용으로 분해되며 이 과정에서 이산화탄소가 대기중으로 배출된다.

③ 셀룰로오스는 토양에서 분해되지 않고 미생물의 생성물과 결합하여 토양부식을 형성한다.

④ 토양유기물은 토양의 양이온교환용량(CEC)과 보수력을 증가시킨다.

⑤ 식물의 뿌리에서 분비되는 가용성 유기물은 토양미생물이 직접 흡수한다.

082 ③ 리그닌은 토양에서 분해되지 않고 미생물의 생성물과 결합하여 토양부식을 형성한다.

083 작물의 생산성에 영향을 끼치는 토양인자에 해당되는 것을 모두 고른 것은?

보기
㉠ 유기물   ㉡ 토성
㉢ 양이온교환용량   ㉣ 염기포화도
㉤ 토양 온도   ㉥ 수확률
㉦ 영양   ㉧ CO₂ 농도

① ㉠, ㉡, ㉢, ㉣, ㉤
② ㉠, ㉡, ㉢, ㉣, ㉦
③ ㉠, ㉡, ㉢, ㉦, ㉧
④ ㉠, ㉡, ㉣, ㉤, ㉥
⑤ ㉠, ㉡, ㉤, ㉥, ㉦

083 작물의 생산성에 영향을 끼치는 인자

토양인자	유기물, 토성, 구조, 양이온교환용량, 염기포화도, 경사도, 토양 온도, 깊이
작물인자	작물의 종류, 영양, 병해충, 수확률
기후인자	강수, 공기, 빛, 고도, 바람, CO_2 농도

084 식물의 필수영양소의 기능에 관한 설명으로 옳지 않은 것은?

① 유기화합물에서 질소(N)의 결합형태($-NH_2$, $=NH$)는 암모니아에서 유래되며 엽록체, 핵, 원형질막의 구성성분이다.

② 인(P)은 주로 식물체 내에서 유기화합물의 $-OH$와 결합한 에스테르 형태로 존재하며, 세포구성물과 대사중간물질의 구성성분이다.

③ 칼륨(K)은 식물체 내 유일하게 1가 양이온(K^+)으로서 세포 내에서 음이온과 전하균형을 이루는 역할을 한다.

④ 칼슘(Ca)은 세포벽에 많이 함유되어 있으며, 펙틴의 카르복실기를 서로 연결시켜 세포벽구조를 안정화시키는 역할을 한다.

⑤ 마그네슘(Mg)은 엽록소의 구성원소로 결핍되면 잎이 왜소화되고 짙은 녹색 또는 적록색을 띠며 고사한다.

084 ⑤ 마그네슘(Mg)은 엽록소의 구성원소로 결핍되면 엽맥 사이에 황화현상과 잎의 가장자리에 갈색 또는 적갈색 점무늬가 발생한다.

정답 082 ③   083 ①   084 ⑤

085 토양오염의 특징에 관한 설명으로 옳지 않은 것은?

① 2차오염
② 축적성
③ 오염의 균질성
④ 사유 재산성
⑤ 시차성과 고비용성

085 ③ 토양오염은 대기오염이나 수질오염에 비하여 오염의 영향이 국소적으로 나타난다. 이 때문에 토양오염은 대기오염이나 수질오염에 비하여 오염의 정도가 불균질하기 쉽다.

086 토양침식에 관한 설명으로 옳은 것은?

① 지질침식은 새로운 토양의 생성보다 이미 생성된 토양의 유실이 더 빠르다.
② 빗방울의 타격은 토양의 분산탈리, 입단의 파괴, 입자의 비산 등의 작용을 한다.
③ 수식은 세류침식이 면상침식을 거쳐 협곡침식으로 이어진다.
④ 풍식에서 포행하는 토양입자가 약동하는 입자의 움직임을 더욱 빠르게 한다.
⑤ 토양침식에 가장 큰 영향을 끼치는 인자는 온도이며, 겨울보다 여름에 더 큰 영향을 끼친다.

086 ① 지질침식은 이미 생성된 토양보다 새로운 토양의 유실이 더 빠르다.
③ 수식은 면상침식이 세류침식을 거쳐 협곡침식으로 이어진다.
④ 풍식에서 약동하는 토양입자가 포행하는 입자의 움직임을 더욱 빠르게 한다.
⑤ 토양침식에 가장 큰 영향을 끼치는 인자는 강우이며, 강우강도가 강우량보다 큰 영향을 끼친다.

▶ 지질침식 : 굴곡이 심한 자연지형을 고르고 평평하게 하는 과정이며, 토양 생성 과정의 일환으로 높은 산이나 언덕을 끊임없이 침식시키고 여기에서 생성된 퇴적물이 계곡이나 골짜기 및 호수를 메우게 된다.
▶ 용어 정의
 • 약동 : 대개 바람에 의해 지름 0.1~0.5mm의 토양입자가 지표면에서 30cm 이하의 높이로 비교적 짧은 거리를 구르거나 튀는 모양으로 이동하는 것
 • 포행 : 보다 큰 토양입자가 토양 표면을 구르거나 미끄러지며 이동하는 것
 • 부유 : 가는 모래 정도 크기의 토양입자가 공중에 떠서 토양 표면과 평행하게 멀리 이동하는 것

087 토양조사와 분류에 관한 설명으로 옳은 것은?

① 미국 신토양분류법의 감식표층에 따르면 folistic은 과습 부식질 표층이다.
② 미국 신토양분류법의 감식차표층에 따르면 agric은 A층과 E층에서 이동한 점토가 집적된 차표층이다.
③ Entisol은 argillic 차표층이 주요 감식토층이며, 염기포화도가 35% 이상이다.
④ 토양속은 모재와 퇴적양식이 같고, 단면의 생성이 거의 같은 특성을 지닌 토양개체들의 분류이다.
⑤ 토양해설에서 기술적 구분은 유형별로 대략적인 생산력의 정도가 표시되지만, 유형간의 정확한 우열관계를 나타낼 수 없다.

087 ① 미국 신토양분류법의 감식표층에 따르면 folistic은 건조유기물 표층이다.
② 미국 신토양분류법의 감식차표층에 따르면 agric은 경작으로 미사·점토·부식 등이 집적된 층이다.
③ Alfisol은 argillic 차표층이 주요 감식토층이며, 염기포화도가 35% 이상이다.
④ 토양통은 모재와 퇴적양식이 같고, 단면의 생성이 거의 같은 특성을 지닌 토양개체들의 분류이다.

정답 ▶ 085 ③ 086 ② 087 ⑤

088 A라는 토양에서 0~30cm 깊이의 상층부 토양의 중량수분함량은 10%이고 용적밀도가 1.2g/cm³이었다. 그리고 30~100cm 깊이의 하층부 토양의 중량수분함량이 20%이고 용적밀도가 1.4g/cm³이었다. 이 토양 10a에서 1m 깊이까지 함유되어 있는 물의 양은?

① 196t

② 36t

③ 232t

④ 70t

⑤ 12t

088 · 상층부 토양의 수분함량 : 0.1×1.2 = 0.12
　　→ 0~30cm 깊이 토양의 수분 : 0.12×30cm = 3.6cm
· 하층부 토양의 수분함량 : 0.2×1.4 = 0.28
　　→ 30~100cm 깊이 토양의 수분 : 0.28×70cm = 19.6cm
∴ 1m 깊이 토양의 수분함량 = 3.6cm + 19.6cm = 23.2cm

· 물이 차지하는 부피 : 1,000m² × 0.232m = 232m³
· 물의 비중을 1로 가정하면 232m³ × 1Mg/m³ = 232Mg = 232t

※ 단위변환 : 1,000kg = 1t = 1Mg(메가그램)

089 토양의 입단형성에 관한 설명으로 가장 옳은 것은?

① 토양의 입단은 떼알구조라고도 하며, 농경지는 입단의 붕괴가 거의 발생하지 않는다.

② 점토의 응집은 양이온에 의해서 유기물이 첨가되는 정전기적인 힘이 작용하는 현상이다.

③ Na⁺은 음전하를 띠고 있는 점토입자들의 응집력을 높여 입단의 발달에 도움이 된다.

④ 입단화의 대표적인 양이온인 Ca^{2+}은 전하와 수화반지름이 작아 점토입자들을 쉽게 응집시킨다.

⑤ 대부분의 식물과 공생하는 균근균은 입단 생성에 기여하지 않는다.

089 ① 토양의 입단은 떼알구조라고도 하며, 농경지에서는 입단의 붕괴와 생성이 반복된다.
③ Na⁺은 음전하를 띠고 있는 점토입자들 사이에 반발력이 작용하여 서로 응집되지 않고 분산되므로 Na⁺의 농도가 높은 토양에서는 입단이 잘 발달하지 못하고 입단의 분산이 촉진된다.
④ 점토입자들의 응집현상을 강하게 유발하는 대표적인 양이온은 Ca^{2+}, Al^{3+}, Mg^{2+} 등이며, 전하가 크고 수화반지름이 작아 점토입자들을 쉽게 응집시킨다.
⑤ 대부분의 식물과 공생하는 균근균은 큰 입단을 생성하는 데 중요한 역할을 한다.

▶ 수화반지름 : 수용액 속에서 용질분자나 이온이 용매인 물분자와 결합하여 하나의 분자군을 이루게 되는데 이때 분자군의 반지름
▶ 폴리사카라이드(polysaccharide) : 유기물의 분해를 촉진시키면서 큰 입단을 형성하는 미생물이다. 미생물들은 유기물의 분해를 촉진시키고 이때 생성되는 점액성 물질들이 입단형성을 도우며, 식물의 뿌리로부터 배출되는 분배액도 입단생성을 촉진한다.

090 토양구성물의 용적과 질량에 관한 설명으로 옳은 것은?

① 토양의 입자밀도(Ps)는 고형입지의 무게를 고형입자의 용적으로 나누어 구하며, 일반 토양의 입자밀도는 2.6~2.7g/cm³이다.

② 토양의 용적밀도(Pb)는 고형입자의 무게를 전체 질량으로 나누어 구하며, 일반 토양의 용적밀도는 1.2~1.35g/cm³이다.

③ 토양 공극률은 용적밀도와 유기물에 비례한다.

④ 토양수분의 무게(Mw)는 자연건조한 토양의 감량된 무게이며, 일반적인 토양의 중량수분함량은 25~60%이다.

⑤ 토양에 수분이 전혀 없을 때에는 수분포화도가 100이 되고, 공극이 물로 완전히 포화된 상태에서는 0을 나타낸다.

090 ② 토양의 용적밀도(Pb)는 고형입자의 무게를 전체 용적으로 나누어 구한다.
③ 토양 공극률은 용적밀도와 반비례하고 유기물과 비례한다.
④ 토양수분의 무게(Mw)는 현장에서 채취한 토양을 105℃에서 건조시켜 감량된 무게를 토양수분의 무게로 계산한다.
⑤ 토양에 수분이 전혀 없을 때에는 수분포화도가 '0'이 되고, 공극이 물로 완전히 포화된 상태에서는 '100'을 나타낸다.

정답 ▶ 088 ③　089 ②　090 ①

091 토양수분의 특징에 관한 설명으로 옳은 것은?

① 물은 2개의 수소 원자와 1개의 산소 원자가 대칭 공유결합으로 이루어진다.

② 물 분자와 물 분자는 수소 원자와 수소 원자의 전기적 결합으로 서로 연결되며 용매가 된다.

③ 이슬방울은 액체 분자들 사이에 끌어당기는 힘이 액체 분자와 기체 분자 사이에 끌어당기는 힘보다 작을 때 생긴다.

④ 모세관현상은 관의 반지름에 비례하고, 용액의 표면장력에 반비례한다.

⑤ 용적수분함량은 강수량에 의한 토양수분함량의 변화를 나타낼 때 이용되며, 최대 용적수분함량은 토양의 공극률과 같다.

091 ① 물은 2개의 수소 원자와 1개의 산소 원자가 V자 모양의 비대칭 공유결합으로 이루어진다.

② 물 분자와 물 분자는 산소 원자와 수소 원자의 전기적 결합으로 서로 연결되며 용매가 된다.

③ 이슬방울은 액체 분자들 사이에 끌어당기는 힘이 액체 분자와 기체 분자 사이에 끌어당기는 힘보다 클 때 생긴다.

④ 모세관현상은 관의 반지름과 액체의 점도에 반비례하고, 용액의 표면장력과 흡착력에 비례한다.

092 어떤 토양의 CEC가 30 cmolc/kg이고, 그 중에서 Al과 H 이온이 6.6 cmolc 존재할 때 염기포화도는 얼마인가?

① 78%

② 73.7%

③ 30%

④ 25%

⑤ 50%

092 • 염기포화도(%) $= \dfrac{\text{교환성 염기의 총량}}{\text{양이온 교환 용량}} \times 100$

• 교환성 염기의 양 $= 30 - 6.6 = 23.4 \, cmolc/kg$ 이므로

※ 염기포화도(%) $= \dfrac{23.4}{30} \times 100 = 78\%$

093 토양수분과 작물의 생육에 관한 설명으로 옳지 않은 것은?

① 불포화상태의 토양에서는 물의 이동이 하루에 수 mm 정도의 거리를 이동하므로 뿌리의 밀도가 높을수록 물을 많이 흡수할 수 있다.

② 일반적으로 식물의 물 흡수능력은 뿌리의 발달 깊이보다는 뿌리의 밀도에 따라 크게 달라진다.

③ 토양의 염류농도는 EC로 측정하며, EC가 4 dS/m 이상이면 염류가 집적된 토양으로 판정한다.

④ 식물이 시드는 현상은 증산에 의한 물의 손실이 뿌리의 물 흡수보다 많을 때 토양의 물 함량과 상관없이 나타난다.

⑤ 작물의 증산율과 소비용수량은 기상조건에 따라 차이가 크게 난다.

093 ② 일반적으로 식물의 물 흡수능력은 뿌리의 밀도보다는 뿌리의 발달 깊이에 따라 크게 달라진다.

정답 091 ⑤ 092 ① 093 ②

094 토양의 이온교환에 관한 설명으로 옳지 않은 것은?

① 토양에 흡착된 양이온은 일반적으로 물에 의한 용탈에 의해서 토양용액으로 나온다.

② 양이온의 흡착 세기는 양이온의 전하와 교환체의 음전하가 증가할수록 증가한다.

③ 산성 토양을 중화시키기 위해 석회를 사용하면 대부분의 교환성 H^+과 $Al(OH)_2^+$은 Ca^{2+}과 교환되어 중화됨으로써 pH가 교정된다.

④ 우리나라의 토양은 kaolinite가 주요 점토광물이어서 양이온 교환량이 평균 10 cmolc/kg 정도로 매우 낮은 편이다.

⑤ 교환성 염기에는 Ca · Mg · K · Na 등이 있으며, 토양을 알칼리성으로 만드는 성질이 있다.

094 ① 토양에 흡착된 양이온은 일반적으로 물에 의한 용탈보다는 다른 양이온과의 교환에 의해 토양용액으로 나온다.

▶ 양이온교환용량(CEC) : 무기 및 유기콜로이드가 흡착할 수 있는 양이온의 총량이다. (유기물의 양이온교환용량은 매우 높으며, 점토입자의 양이온교환용량은 점토광물의 종류에 따라 그 값이 매우 다르다.)

▶ 교환성염기 : 토양콜로이드입자의 표면에 흡착되어 있는 양이온 중 토양을 산성화시키는 수소와 알루미늄 이온을 제외한 양이온들, 즉 Ca · Mg · K · Na 등은 토양을 알칼리성으로 만들려는 경향이 있기 때문에 교환성 염기라고 한다.

095 배수가 불량한 사질토양에서 발생되는 현상으로 옳지 않은 것은?

① 양분 부족 현상이 생긴다.
② 유해물질이 집적된다.
③ 톱밥의 시용 효과가 크다.
④ 통기성이 낮아진다.
⑤ 탈질작용이 발생한다.

095 ③ 배수가 불량한 토양은 산소 부족으로 유기물 분해 속도가 감소하여 톱밥의 시용 효과가 작다.

096 토양의 산도에 관한 설명으로 옳지 않은 것은?

① 토양의 산성 여부는 활산도로 나타내며, 식물의 뿌리 및 미생물의 활동에 매우 중요하다.

② 산성 토양을 중화시키기 위한 석회시용량은 잠산도(전산도)를 이용한다.

③ 산성 토양을 중화시키기 위한 석회요구량은 토성이 고울수록, CEC가 높은 점토광물일수록 더 많이 요구한다.

④ 석회의 입자 분말이 고울수록 빨리 반응하고 효력이 일찍 끝나는 반면, 입자의 분말이 거칠수록 늦게 반응하지만 효과는 오래 지속된다.

⑤ 특이산성토양을 계속 담수 상태로 유지시키면 황화수소의 발생률이 높아 작물의 피해가 발생한다.

096 ⑤ 특이산성토양은 중성인 것이 보통이다. 토양을 계속 담수상태로 유지시키면 황화물의 산화가 억제되어 산성의 발달을 제어할 수 있으며, 토지를 벼 재배에 이용할 때 가능한 방법이다.

① 활산도는 pH값으로 나타내며, 토양용액에서 H^+의 활동도를 측정한 값이다.

② 잠산도는 토양 입자에 흡착된 교환성 수소와 교환성 알루미늄에 의한 것으로 교환성 수소와 교환성 알루미늄 이온은 토양산도의 주요 원인물질이다. 이러한 물질은 물로 용출되지 않으며 염류용액(비완충성 염용액에 의해 용출되는 산도–교환성 산도/석회물질에 의해 중화되는 산도–잔류산도)으로 용출된다.

③ 산성토양을 중화시키기 위한 석회요구량은 토성이 고울수록, CEC가 높은 점토광물일수록, 그리고 유기물의 함량이 많을수록 더 많은 수소이온을 가지고 있으므로 석회를 더 많이 요구한다.

④ 석회의 효과는 사용한 석회 분말도에 따라 다르며 입자 분말이 고울수록 빨리 반응하고 효력이 일찍 끝나는 반면, 입자 분말이 거칠수록 늦게 반응하지만 효과는 오래 지속된다.

정답 094 ① 095 ③ 096 ⑤

097 토양 균근균에 관한 설명으로 옳은 것은?

① 균근균에 감염된 식물은 그렇지 못한 식물보다 10배 정도의 낮은 양분흡수율을 가지게 된다.

② 균근균은 항생물질을 생성하거나 뿌리의 표피를 변환시키며, 병원균이나 선충으로부터 식물을 보호한다.

③ 외생균근균 중 *Arbuscular mycorrhiza*는 척박한 토양에서 식물의 생육 증가를 50~500% 높여준다.

④ 내생균근이 형성한 수지상체는 주로 양분 저장소역할을 하고, 낭상체는 양분 전달 역할을 한다.

⑤ AM 균근균은 콩과식물에서는 질소의 흡수를 증가시켜 체내에 축적하며, 외부와 양분 교환을 차단한다.

098 식물영양소 중 질소의 순환에 관한 설명으로 옳지 않은 것은?

① 암모니아화반응은 유기태질소의 무기화 과정이며, NH_4^+가 생성된다.

② 알칼리성 토양에서는 NH_3가 축적될 수 있으며 질산화균의 작용을 저해하여 질산화작용이 낮아진다.

③ 유기물의 C/N율이 20 이하이면 토양 내의 질소의 고정화작용이 우세하게 일어난다.

④ 탈질작용은 유기물의 함량이 많고 세균의 활동이 왕성한 토양에서 일어난다.

⑤ 토양 중에 있는 질소의 80~95%가 유기물에 존재하고 이 중 2~3% 정도를 식물이 이용한다.

097 ② 균근균은 식물의 수분흡수를 증가시켜 한발에 대한 저항성을 높여준다. 항생물질을 생성하거나 뿌리의 표피를 변환시키며, 병원성 균과 경합하여 병원균이나 선충으로부터 식물을 보호하기도 한다.

① 균근균의 균사는 뿌리털이 도달하지 못하는 작은 공극까지 도달하게 된다. 따라서 균근균에 감염된 식물은 그렇지 못한 식물보다 10배 정도의 높은 양분흡수율을 가지게 된다.

③ 외생균근균에는 수백 종이 존재하며, 소나무·참나무·전나무 등과 같은 나무 및 관목과 공생관계의 균근을 형성한다. 균사는 식물의 뿌리에 침입하여 피층의 세포 주변의 공간에서 증식하지만, 피층의 세포벽을 침입하지는 않는다. *Pisolithus tinctorus*는 나무의 유묘에 널리 사용되는 종이며, 척박한 토양에 접종할 경우 50~500%의 생육 증가의 효과가 있다.

④ 대표적인 내생균근인 *Arbuscular mycorrhiza*(AM)는 피층의 세포벽 공간은 물론이고 피층 세포벽을 뚫고 들어가 식물 세포 안에서 나뭇가지 모양의 구조인 수지상체를 형성한다. 수지상체는 사상균으로부터 양분을 기주식물에 전달하고 식물로부터 탄수화물을 얻는 역할을 한다. 낭상체는 일부 내생균근이 세포벽의 공간에 형성되는 양분 저장소이다.

⑤ AM 균근균은 척박한 토양에서 자라고 있는 식물에 인산 및 기타 양분의 흡수를 증대시킬 뿐만 아니라 콩과식물에서는 질소의 흡수도 증가시킨다. 또한 균사의 연결에 의한 한쪽의 식물에서 다른 쪽의 식물로 양분을 전달하기도 한다.

098 ③ 유기물의 C/N율이 20 이하이면 토양 내의 질소의 무기화작용이 우세하게 일어난다.

④ 탈질작용은 배수가 불량한 토양이나 산소가 부족한 토양에서 일어나지만, 유기물의 함량이 많은 토양에서 잘 일어날 수 있는 이유는 세균의 왕성한 분해활동으로 산소가 쉽게 고갈될 수 있으며 산소 외의 다른 전자수용체가 유기물의 분해에 소요되기 때문이다.

정답 ▶ **097** ② **098** ③

099 토양관리기술에 관한 설명으로 옳지 않은 것은?

① 우리나라의 정밀농업은 매우 초보적인 단계에 있다.

② 지속농업은 자연물질 순환과정을 중시하지만 원시농업으로 돌아가는 것을 의미하지는 않는다.

③ 저투입농업은 농약 사용량을 절감하고, 화학비료의 사용량을 절감하여 농업환경오염을 경감하고 안전한 농산물을 생산하는 농업이다.

④ 좁은 의미의 유기농업이란 허용된 화학비료와 유기물 자재만을 사용하여 농산물을 생산하는 농업을 말한다.

⑤ 작물양분종합관리의 실천 방안은 지역의 농업적 입지조건까지 고려하여 비료의 종류, 시용량 및 시용 방법 등을 정하는 것이다.

099 ④ 좁은 의미의 유기농업이란 합성화학물질을 전혀 사용하지 않고 유기물과 자연광석 등의 자연적인 자재만을 사용하여 농산물을 생산하는 농업을 말한다.

100 토양개량과 그 효과에 관한 설명으로 옳지 않은 것은?

① 토착미생물은 광범위한 저농도 오염지역의 토양 정화에는 비효과적이다.

② 오염 토양의 생물적 처리의 목적은 오염물질을 완전 무기화시켜 이산화탄소와 물로 분해하는 데 있다.

③ 식물복원 방법은 식물을 이용하여 환경오염물질을 제거·분해·안정화시키는 것으로서 미생물들의 작용도 포함된다.

④ soil flushing은 계면활성제를 첨가하여 용해도를 증가시켜 토양 오염물질을 추출하는 것으로 중금속 오염토양의 처리에 뛰어난 효과가 있다.

⑤ 유리화는 휘발성 유기물질, 디옥신, PCBs 등의 처리에 적용된다.

100 ① 토착미생물은 오염지역의 토양에 저농도로 광범위하게 오염된 토양의 정화에 효과적이다.

※ PCBs(폴리염화비페닐) : 염소계 유기화합물로 생태계에 유해한 독성물질이다.

[수목관리학]

101 수목의 환경내성에 관한 설명으로 옳은 것은?

① 동백나무, 후박나무는 상록성 조경수로서 내한성이 강하다.

② 중부지방의 수목 중에서 자작나무류, 능소화, 소나무는 내한성이 강하다.

③ 최근 대기 중에 이산화탄소(CO_2)의 농도가 300ppm까지 증가하면서 지구의 온난화 현상이 계속되고 있다.

④ 배롱나무가 서울에서 월동 대책 없이 월동 가능한 것은 최근의 지구온난화 때문이다.

⑤ 은행나무와 이태리포플러는 한국의 가로수 중 수량이 제일 많으며 대기오염에 강하다.

102 산성비에 대한 설명으로 옳지 않은 것은?

① 주요 원인물질은 SOx, NOx 등이다.

② pH가 5.6 이하인 비를 일컫는다.

③ 토양 내 불활성 알루미늄이 활성화되어 식물에 피해를 준다.

④ 잎의 왁스층을 부식시켜서 물이 잎에 접촉할 때 생기는 접촉각을 감소시킨다.

⑤ 활엽수의 수관층을 통과한 산성비는 잎의 표면에 있는 염에 의해 산도가 약해진다.

103 조경수의 전정에 관한 설명으로 옳은 것은?

① 침엽수의 원추형을 유지하기 위해 중앙의 원대가 쌍대일 때 한 개를 제거하여 외대로 유지하는 것이 중요하다.

② 침엽수의 묵은 가지를 중간에서 제거하면 맹아지가 발생하여 수관이 치밀하게 된다.

③ 봄에 침엽수의 묵은 가지 중간부위를 잘라내면 마디 간의 간격이 작아져서 수관이 치밀하게 보인다.

④ 낙엽송, 측백나무류는 묵은 가지에 잠아가 거의 없기 때문에 과감하게 전정을 하면 가지가 말라 죽는다.

⑤ 성숙한 관목은 윗가지가 잘려 나가거나 지제부에 햇빛이 비쳐도 맹아지는 자라지 않는다.

---

101 ① 동백나무, 후박나무는 상록성 조경수이지만 내한성이 극히 약하다.

② 중부지방의 수목 중에서 자작나무류, 전나무, 소나무는 내한성이 강하다. 능소화는 남부지방 수종이므로 내한성이 약하다.

③ 최근 대기 중에 이산화탄소(CO_2)의 농도가 390ppm까지 증가하면서 지구의 온난화 현상이 계속되고 있다.

⑤ 은행나무와 플라타너스는 한국의 가로수 중 수량이 제일 많으며 대기오염에 강하다.

102 ④ 잎의 왁스층을 부식시켜서 물이 잎에 접촉할 때 생기는 접촉각을 증가시킨다.

103 ② 침엽수의 묵은 가지를 중간에서 제거하면 잠아가 거의 없으므로 맹아지가 발생하지 않아 자른 가지는 죽어버린다.

③ 침엽수의 마디 간의 간격을 줄이기 위해 늦은 봄 새 가지의 중간부위를 잘라내면 마디 간의 간격이 작아져 수관이 치밀하게 보인다.

④ 낙엽송, 측백나무류는 묵은 가지에 잠아가 존재하기 때문에 소나무류보다 더 과감하게 전정을 할 수 있다.

⑤ 성숙한 관목은 지제부에서 새로운 가지를 잘 생산하지 않지만, 윗가지가 잘려 나가거나 밑쪽에 햇빛이 비치면 맹아지가 지제부에서 올라온다.

정답 101 ④ 102 ④ 103 ①

104   <보기>의 원소들 중 결핍 증상이 수목의 어린잎에서 먼저 나타나는 원소들로 바르게 나열한 것은?

[보기]

철, 칼슘, 황, 질소, 칼륨, 아연, 인, 몰리브덴, 마그네슘, 붕소

① 철, 칼슘, 황, 붕소
② 질소, 칼륨, 아연, 인
③ 아연, 인, 몰리브덴, 마그네슘
④ 철, 칼슘, 마그네슘, 붕소
⑤ 황, 질소, 칼륨, 아연, 인

105   조경수 식재 시 구덩이파기에 관한 설명으로 옳은 것은?

① 나무는 이식 전에 심겨졌던 깊이보다 더 깊게 심어야 한다.
② 딱딱한 토양은 구덩이 깊이를 근분의 2배가량 깊게 파서 뿌리가 밑으로 뻗도록 유도한다.
③ 구덩이의 밑바닥이 딱딱할 때에는 10cm 가량만 더 깊게 파고 다시 흙으로 바닥을 채워 다진다.
④ 배수가 불량한 토양의 경우 바닥에 자갈을 깔아 주면 과다한 수분을 격리시켜 배수 효과가 있다.
⑤ 구덩이의 표면이 매끄럽게 되면 뿌리 침투가 쉬우므로 삽을 이용하여 표면을 매끄럽게 다져준다.

106   수목관리에서 시비에 관한 설명으로 옳은 것은?

① 천공시비는 토양에 직경 3~4cm의 구멍을 15cm 깊이로 뚫고 수관 안쪽부터 시작하여 바깥쪽으로 나간다.
② 천공시비를 할 때 나무 밑동둘레에는 구멍을 파지 말아야 하며, 수간 직경이 30cm 이상이면 반경 30cm 이상 남겨둔다.
③ 토양관주는 토양 30cm 깊이에 1개 구멍당 5L씩 주입하여 100m² 당 800L 가량을 관주한다.
④ 엽면시비는 미량원소 중에서 체내 이동이 잘 되는 철분, 아연, 망간, 구리의 결핍증상을 치료할 때 주로 사용한다.
⑤ 수간주사는 철분과 아연의 결핍증을 치료할 때 가장 효과가 크다.

---

104 • 수목의 어린잎에서 증상이 먼저 나타나는 원소 : 칼슘, 황, 철, 붕소
    • 수목의 성숙엽에서 증상이 먼저 나타나는 원소 : 질소, 인, 칼륨, 마그네슘

105 ① 나무는 이식 전에 심겨졌던 깊이만큼 심어야 하며, 더 깊게 심지 않는다.
    ② 딱딱한 토양은 구덩이 직경을 근분의 3배가량 넓게 파서 뿌리가 옆으로 뻗도록 유도한다.
    ④ 배수가 양호한 토양의 경우 바닥에 자갈을 깔아 주면 과다한 수분을 격리시켜 배수 효과가 있다. 배수가 불량한 토양의 경우에는 유공관을 묻어 배수를 원활하게 한다.
    ⑤ 구덩이의 표면이 매끄럽게 되면 뿌리 침투가 어려우므로 삽을 이용하여 표면을 긁어 주어 거칠게 만든다.

106 ① 천공시비는 토양에 직경 3~4cm의 구멍을 15cm 깊이로 뚫고 수관 가장자리의 바깥쪽부터 시작하여 안쪽으로 들어온다.
    ② 천공시비를 할 때 나무 밑동둘레에는 구멍을 파지 말아야 하며, 수간 직경이 30cm 이상이면 반경 1m 이상 남겨둔다.
    ③ 토양관주는 토양 15cm 깊이에 1개 구멍당 5L씩 주입하여 100m² 당 800L 가량을 관주한다.
    ④ 엽면시비는 미량원소 중에서 체내 이동이 잘 안 되는 철분, 아연, 망간, 구리의 결핍증상을 치료할 때 주로 사용한다.

chapter 06

정답   104 ①   105 ③   106 ⑤

107 토양관리에 관한 설명으로 옳지 않은 것은?

① 토양에 보수력과 견밀화 등의 문제가 발생하면 유기물을 첨가하여 토양을 개선할 수 있다.

② 이탄이끼는 산성 토양을 좋아하는 진달래, 소나무류 등의 식재 시에 가장 적합하다.

③ 토양에 유기물을 첨가할 경우 일반적으로 25% 이상을 섞어야 효과가 있으며, 진흙이 많은 토양은 50%가량 혼합해야 한다.

④ 땅에 깊이 1.2m의 구덩이를 파고 큰비가 온 후 5시간이 지난 후에도 물이 고여 있다면 배수에 문제가 있다.

⑤ 명거배수는 땅고르기로 배수 문제가 해결되지 않을 경우 배수 도랑을 만들어 실시한다.

108 수목의 기상적 피해 중 온도에 의한 피해에 관한 설명으로 옳지 않은 것은?

① 온도에 의한 피해는 엽소, 피소, 동해, 만상, 조상, 상열 등이 있다.

② 도로 표면과 건물 벽에 가까이 있는 수목은 상열 발생 가능성이 높다.

③ 냉해는 빙점 이상의 온도에서 나타나는 저온피해로 사과나무는 0~4℃에서 피해를 입는다.

④ 4월 말경에 목련의 잎이 검은색으로 변색되면 만상의 가능성이 높다.

⑤ 조상의 피해를 예방하기 위해 늦여름 시비를 자제하여 가을에 생장을 일찍 정지시킨다.

109 폭우를 동반한 강풍이 불어 풍도될 확률이 상대적으로 높은 수목을 <보기>에서 모두 고르시오.

[보기]

㉠ 곰솔	㉡ 낙엽송
㉢ 벽오동	㉣ 버드나무
㉤ 주목	㉥ 아까시나무

① ㉠, ㉢, ㉤

② ㉠, ㉢, ㉥

③ ㉣, ㉤, ㉥

④ ㉡, ㉣, ㉥

⑤ ㉡, ㉢, ㉤

107 ④ 땅에 깊이 1.2m의 구덩이를 파고 큰비가 온 후 5일이 지난 후에도 물이 고여 있다면 배수에 문제가 있다.

> ▶ 이탄이끼
> 추운 습지에서 이끼가 부패된 후 남은 잔여물로 갈색을 띤 섬유상 물질로서 질소 성분이 1% 이내로 적게 들어 있다. 산성을 띠며 보수력이 대단히 커서 토양의 통기성, 투수성, 보수력을 크게 향상시킨다.

108 ② 상열현상은 수간의 종축 방향으로 갈라지는 현상으로 낮에 햇빛에 의해서 온도가 올라가서 온도차가 더 많은 남서쪽 수간에서 나타나며, 침엽수보다는 활엽수가 자주 나타난다.

※ 도로 표면과 건물 벽에 가까이 있는 수목은 엽소현상의 발생 가능성이 높다.

109 풍도는 뿌리가 깊게 들어가지 않은 천근성 수종에서 높게 나타난다.

• 심근성 : 곰솔, 벽오동, 주목
• 천근성 : 낙엽송, 버드나무, 아까시나무

정답 ▶ 107 ④ 108 ② 109 ④

110 수목의 비전염성 피해에 대한 설명으로 <u>옳은</u> 것은?

① 토양입자 사이의 공극이 좁아져서 용적비중이 높아지는 것은 과습에 의한 피해일 수 있다.

② 소나무는 편백보다 대기오염에 대한 수목의 저항성이 강하다.

③ 뿌리가 청색을 띠면서 수침상의 증세를 보이면 매립지의 유독 가스에 의한 피해로 볼 수 있다.

④ 오존(O_3)은 광화학 산화물로서 수목 잎의 해면조직을 붕괴하며 백색화시킨다.

⑤ 아황산가스(SO_2)는 활엽수 잎의 뒷면에 광택이 나면서 후에 청동색으로 변하며, 엽육조직에 피해를 준다.

111 수목의 외과수술에 관한 설명으로 <u>옳은</u> 것은?

① 수간의 외과수술은 서양에서 크게 발달한 기술이다.

② 수간의 부패 여부를 탐색하는 장비는 동력아가, 산습도계 등이 있다.

③ 부패부를 제거할 때 약간 변색되고 단단한 목질부는 제거한다.

④ 공동 내 방부제 처리는 유산동과 중크롬산카리를 섞어서 충분히 도포한다.

⑤ 공동충전은 저렴한 우레탄 고무를 주로 사용하며, 주제와 발포경화제를 1:1 배합으로 사용한다.

112 가로수 선정에 관한 설명으로 <u>옳은</u> 것은?

① 보행에 지장이 되지 않는 지하고의 높이는 1.5m이며, 수형이 아름다워야 한다.

② 사방용 수종은 토양 긴박력이 우수한 오리나무 등이 적당한 수종이다.

③ 울산의 석유화학단지와 같은 공업단지는 팽나무, 곰솔, 아까시나무, 자귀나무 등이 적합하다.

④ 해안매립지는 은행나무, 가죽나무, 수수꽃다리 등이 적절하다.

⑤ 어린이 놀이터는 명자나무가 잘 어울린다.

---

110 ① 토양입자 사이의 공극이 좁아져서 용적비중이 높아지는 것은 답압에 의한 피해일 수 있다.

② 편백이 소나무보다 대기오염에 대한 수목의 저항성이 강하다.

④ 오존(O_3)은 광화학 산화물로서 수목 잎의 책상조직을 붕괴하며 백색화시킨다.

⑤ 아황산가스(SO_2)는 활엽수의 잎 끝부분과 엽맥 사이 조직을 괴사시키고, 엽육조직에 피해를 준다.

111 ① 수간의 외과수술은 서양에서는 크게 발달하지 않은 기술이다.

② 수간의 부패 여부를 탐색하는 장비는 생장추, 샤이고메터 등이 있다.

③ 부패부를 제거할 때 약간 변색되고 단단한 목질부는 그대로 둔다.

⑤ 공동충전은 폴리우레탄 폼을 주로 사용하며, 주제와 발포경화제를 1:1 배합으로 사용한다.

112 ① 가로수는 보행에 지장이 되지 않는 지하고를 갖고 수형이 아름다워야 한다.

③ 울산의 석유화학단지와 같은 공업단지는 은행나무, 가죽나무, 수수꽃다리가 적합하다.

④ 해안매립지는 팽나무, 곰솔, 아까시나무, 자귀나무 등이 적절하다.

⑤ 어린이 놀이터는 가시가 있거나 독이 있는 수종은 심지 않는다.

정답 110 ③ 111 ④ 112 ②

113 수목의 뿌리돌림에 관한 설명으로 옳은 것은?

① 상록수의 뿌리돌림 적기는 10월 하순~11월 토양 동결 전이 가장 적당하다.

② 낙엽수의 뿌리돌림 적기는 3~4월에 실시하는 것이 가장 유리하다.

③ 뿌리돌림한 수목은 4년 내에 이식을 하는 것이 가장 효과적이다.

④ 굵은 뿌리를 절단하지 않는 것은 뿌리돌림한 나무를 고정하기 위함이다.

⑤ 낙엽수를 봄에 뿌리돌림하면 여름철에 엽소현상이 발생할 수 있다.

114 접촉독제의 살충제에 대한 설명으로 옳은 것은?

① 작물을 갉아먹는 식엽성 해충이 주요 방제 대상이 된다.

② 물에 대한 용해도가 수 mg/L 이하로 낮은 비극성 화합물이다.

③ 약제가 식물체 내로 흡수·이행되어 식물체 각 부위로 이동, 분포된다.

④ 해충의 호흡기관을 통하여 체내에 침투한다.

⑤ 해충이 기피하는 성분을 이용하여 해충이 작물에 접근하지 못하게 한다.

115 농약의 안전사용에 관한 설명으로 옳지 않은 것은?

① 농약허용기준강화(PLS) 제도는 비등록 농약의 잔류에 대하여 일률기준 0.01mg/kg의 잔류허용기준을 적용한다.

② 수확 전 최대 임박살포일(PHI)은 농약의 최종 잔류수준에 가장 큰 영향을 미친다.

③ 잔류농약의 검사는 식품의약품안전처와 농촌진흥청 등에서 수행한다.

④ 규제 모니터링은 농약 섭취량의 조사자료로 활용하기 위한 모니터링이다.

⑤ 식이섭취량 조사는 실제 잔류농약의 섭취량을 조사하는 모니터링으로 소비자가 식품을 구매하는 시점 및 지점에서 수행된다.

---

113 ① 상록수의 뿌리돌림 적기는 3~4월에 실시하는 것이 가장 유리하다.
② 낙엽수의 뿌리돌림 적기는 10월 하순~11월 토양 동결 전이 가장 적당하다.
③ 뿌리돌림한 수목은 2년 내에 이식을 하는 것이 가장 효과적이다.
⑤ 상록수를 봄에 뿌리돌림하면 여름철에 엽소현상이 발생할 수 있으므로 해가림 시설이 요구되기도 한다.

114 ① 식독제에 대한 설명이다.
③ 침투성제에 대한 설명이다.
④ 훈증제에 대한 설명이다.
⑤ 기피제에 대한 설명이다.

115 ④ 규제 모니터링은 유통 및 수입 농산물의 안전관리를 목적으로 부적합 농산물의 금지를 조치한다.
※ 발생/수준 모니터링 : 농약 섭취량의 조사자료로 활용하기 위한 모니터링이다.

정답 ▶ **113 ④**　　**114 ②**　　**115 ④**

116 농약 살포에 대한 설명으로 옳은 것은?

① 미량살포는 일반적으로 인력 살포기와 동력 살포기를 이용한다.

② 미스트법은 분무법에 비하여 살포액의 농도를 1/3~1/5배 낮게 하여 살포액량을 3~5배로 높여 살포할 수 있다.

③ 미량살포는 높은 농도의 농약원액을 소량 살포하여 대상물의 표면 전체에 살포액이 균일하게 부착한다.

④ 연무법은 토양 내에 서식하고 있는 병원균이나 해충을 방제하기에 적합하다.

⑤ 토양혼화법은 경작 후에 토양에 처리하여야 한다.

116 ① 일반적으로 인력 살포기와 동력 살포기를 이용하는 살포는 분무살포이다.

② 미스트법은 분무법에 비하여 살포액의 농도를 3~5배 높게 하여 살포액량을 1/3~1/5로 줄여 살포할 수 있다.

④ 토양 내에 서식하고 있는 병원균이나 해충을 방제하기에 적합한 방법은 관주법이다.

⑤ 토양혼화법은 경작 전에 토양에 처리하여야 한다.

117 농약의 저항성에 관한 설명으로 옳은 것은?

① 질적 저항성은 곰팡이의 기주식물에 자연적으로 존재하는 독성물질에 대한 방어기구로 알려졌다.

② 세포막의 변화, 분해효소 생합성 등은 질적 저항성의 예이다.

③ 농약을 추천 사용량 및 농도보다 적게 사용하는 것은 질적 저항성을 유발할 위험성이 크다.

④ 2개 이상의 작용점을 갖는 살균제는 병원균의 저항성을 높일 수 있다.

⑤ 제초제의 저항성 작용기작은 식물 세포의 액포나 세포벽에 흡수된 제초제를 격리시켜 불활성화한다.

117 ① 질적 저항성은 유전적 변이가 작용점의 단백질에서 일어나고 약제와의 결합력이 낮아진다. 양적 저항성은 곰팡이의 기주식물에 자연적으로 존재하는 독성물질에 대한 방어기구로 알려졌다.

② 세포막의 변화, 분해효소 생합성 등은 양적 저항성의 예에 해당한다.

③ 농약을 추천 사용량 및 농도보다 적게 사용하는 것은 양적 저항성을 유발할 위험성이 크다.

④ 2개 이상의 작용점을 갖는 살균제는 병원균의 저항성을 줄일 수 있다.

118 농약의 약해에 관한 설명으로 옳지 않은 것은?

① 약해는 급성적 약해와 만성적 약해, 후작물 약해 등으로 구분한다.

② 엽록소를 보호하는 carotenoid의 합성과정이 농약에 의해 저해되면 잎의 백화현상이 나타난다.

③ 페녹시계 제초제와 같은 auxin 활성을 가진 약제는 호르몬 증상이 나타나서 잎이나 싹의 기형이 발생한다.

④ 기계유 유제를 살포한 낙엽 과수 등에서는 개화가 지연되기도 한다.

⑤ 일반적으로 수화제가 유제에 비하여 식물 조직 내 침투량이 많아지는 경향이 있어 약해 가능성이 높다.

118 ⑤ 일반적으로 유제가 수화제에 비하여 식물 조직 내 침투량이 많아지는 경향이 있어 약해 가능성이 높다.

정답 116 ③ 117 ⑤ 118 ⑤

chapter 06

119 제초제의 작용기작에 대한 설명으로 옳지 않은 것은?

① dicamba의 작용기작은 세포분열을 저해하는 제초제이다.
② 세포분열을 저해하는 제초제의 표시기호는 K이다.
③ 카로티노이드 생합성 저해하는 제초제는 pyridazinone계의 제초제이다.
④ simazine은 광화학계2를 저해하는 제초제이다.
⑤ 아세틸 CoA 카르복실화 효소를 저해하는 표시기호는 A이다.

120 살충제에 대한 설명으로 옳은 것은?

① etoxazole – 응애의 알, 유충, 약충에 대한 효과보다 성충에 대한 효과가 뛰어나다.
② dinotefuran – 잎 뒷면에 처리하면 잎 전체에 골고루 퍼지지 않으므로 약효가 뒷면에 한정적이다.
③ cartap – 유기인계 및 carbamate계 살충제에 저항성인 해충에도 안정적이지만, 살포 후 강우에 대해서는 영향을 많이 받는다.
④ fenvalerate – 유기인계 등의 저항성 해충, 특히 응애의 방제에 효과적이다.
⑤ EPN – 포유동물에 대한 독성이 높아 45%의 유제는 고독성 농약으로 분류되어 있다.

121 살충제의 화학성분에 따른 분류에 대한 설명으로 옳은 것은?

① 제충국에서 추출한 데리스(derris)는 천연유기살충제이다.
② 유기염소계 살충제는 적용 해충의 범위가 넓고 살충력이 강하며, 잔류성이 상대적으로 낮다.
③ 마크로라이드계 살충제는 카르밤산을 기본구조로 AChE를 저해하여 살충효과를 일으키는 농약이다.
④ 네오니코티노이드계 살충제는 노린재목의 흡즙성 해충방제에 많이 사용되지만, 선충과 응애에는 효과가 없다.
⑤ 벤조일페닐우레아계 살충제는 해충의 성충 발육과정에서 탈피를 교란시켜 살충을 일으키는 곤충생장조절제이다.

119 ① dicamba의 작용기작은 옥신작용을 저해하는 제초제이다.

120 ① etoxazole – 응애 성충에 대한 효과보다 알, 유충, 약충에 대한 효과가 뛰어나다.
② dinotefuran – 침투이행성으로 잎 뒷면에 처리하여도 잎 전체에 골고루 퍼져 약효가 안정적으로 나타난다.
③ cartap – 유기인계 및 carbamate계 살충제에 저항성인 해충에도 안정적이며, 살포 후 강우에 대해서도 영향이 적다.
④ fenvalerate – 유기인계 등의 저항성 해충, 특히 딱정벌레목의 방제에 효과적이다.

121 ① 제충국에서 추출한 물질은 피레스린(pyrethrin)이며, 천연유기살충제이다. 데리스는 인도네시아 등에서 자생하는 콩과의 덩굴성 식물이며, 데리스 추출물은 진딧물류의 살충제로 천연유기살충제이다.
② 적용 해충범위가 넓고 살충력이 강하며, 잔류성이 상대적으로 낮은 살충제는 유기인계 살충제이다. 유기염소계 살충제는 DDT계, BHC계 등은 토양 내 잔류성이 높고, 생체 내 만성중독의 우려가 있다.
③ 카르밤산을 기본구조로 AChE를 저해하여 신경전달물질 ACh을 축적시켜 살충효과를 일으키는 살충제는 카바메이트계 살충제이다.
⑤ 벤조일페닐우레아계 살충제는 해충의 유충 발육과정에서 탈피를 교란시켜 살충을 일으키는 곤충생장조절제이다.

 정답 ▶ 119 ①   120 ⑤   121 ④

122 <보기>의 ㉠~㉣의 공통점은?

[보기]
㉠ 수화제 ㉡ 미탁제
㉢ 유제 ㉣ 캡슐현탁제

① 훈증제
② 희석살포제
③ 직접살포제
④ 도포제
⑤ 항공살충제

122 수화제, 미탁제, 유제, 캡슐현탁제 희석살포제의 공통점은 희석살포제이다.

123 fenobucarb 유제(50%)를 2,000배로 희석하여 10a당 100L를 살포하려고 할 때 fenobucarb유제(50%)의 소요량은?

① 100mL
② 50mL
③ 150mL
④ 200mL
⑤ 70mL

123 소요 제품농약량(mL 또는 g) = $\frac{\text{단위 면적당 소요 농약 살포액량(mL)}}{\text{희석배수}}$

소요량(mL) = $\frac{100 \times 1,000}{2,000}$ = 50mL

124 (산림보호법 제21조의10) 나무병원의 등록취소 등에 관한 설명으로 옳지 않은 것은?

① 거짓이나 부정한 방법으로 등록을 한 경우 1차 위반 시 등록취소를 한다.
② 법 제21조의9제1항에 따른 기술수준 및 자본금등의 등록기준에 미치지 못하게 된 경우 2차 위반 시 등록취소를 한다.
③ 법 제21조의9제3항을 위반하여 부정한 방법으로 변경등록을 한 경우 1차 위반 시 등록 취소를 한다.
④ 법 제21조의9제5항을 위반하여 다른 자에게 등록증을 빌려준 경우 2차 위반 시 등록취소를 한다.
⑤ 최근 5년간 3회 이상 영업정지 명령을 받은 경우 1차 위반 시 등록취소를 한다.

124 ② 법 제21조의9제1항에 따른 기술수준 및 자본금등의 등록기준에 미치지 못하게 된 경우 3차 위반 시 등록 취소한다.

정답 122 ② 123 ② 124 ②

125 소나무재선충병 방제특별법에 관한 설명으로 옳지 않은 것은?

① 반출금지구역에서 소나무류를 이동한 자는 국유림관리소장이 과태료를 부과할 수 있다.

② 훈증, 파쇄, 소각 등의 방제를 위하여 감염목의 이동은 반출금지 구역 안에서 가능하다.

③ 반출금지구역 해제는 잣나무림 지역은 추가감염목이 1년 이상 발생하지 아니할 때 한다.

④ 국가 및 지방자치단체의 장은 방제사업을 시행하면서 설계자와 시공자, 시공자와 감리자를 동일인으로 선정하여서는 아니된다.

⑤ 역학조사에 포함되는 사항은 재선충병의 감염시기, 발생한 지역, 감염목의 반출 여부 등이 있다.

125 ③ 반출금지구역 해제는 잣나무림 지역은 추가감염목이 2년 이상 발생하지 아니할 때 한다.

정답 125 ③

APPENDIX

부록

OX 문제로
기출 분석하기

OX 문제로 기출 분석하기

수목병리학

01 수목병리학의 역사

1 독일의 Robert Hartig는 수목병리학의 아버지로 불린다. (O)

2 식물학의 원조로 불리는 Theophrastus가 올리브나무 병을 기록하였다. (O)

3 실학자인 서유구가 배나무 적성병과 향나무의 기주교대현상을 기록하였다. (O)

4 미국의 Alex Shigo가 CODIT 모델을 개발하여 수목외과 수술 방법을 제시하였다. (O)

5 한국 발생 소나무 줄기녹병은 Takaki Goroku가 경기도 가평군에서 처음으로 발견하여 보고하였다. (×)
   → 1936년 : 잣나무털녹병 처음 발견(경기도 가평), Takaki Goroku의 '조선에서 새로 발견된 잣나무의 병해' 는 『조선임업회보』에 발표, 우리나라 중요 수목병의 피해상황과 병원균의 동정에 관한 최초 기술

02 바이러스의 일반적인 특성

1 감염 후 새로운 바이러스 입자가 만들어지는 데는 대략 10시간이 소요된다. (O)

2 세포 내 침입 바이러스는 외피에서 핵산이 분리되어 상보 RNA 가닥을 만든다. (O)

3 바이러스의 종류와 기주에 따라서 얼룩, 줄무늬, 엽맥투명, 위축, 오갈, 황화 등의 병징이 나타난다. (O)

4 바이러스의 종류에 따라 영양번식기관, 종자, 꽃가루, 새삼, 곤충, 응애, 선충, 균류 등에 의하여 전염될 수 있다. (O)

5 바이러스 입자는 인접세포와 체관에서 빠르게 이동한 후 물관에 존재한다. (×)
   → 바이러스는 기주 세포 내에서 기주의 대사계에 의존하며 살아가는 순활물(절대활물)기생체이다. 바이러스는 스스로 증식이 불가능하기 때문에 식물세포에 침입하여 세포내 효소나 복제기구를 이용하여 증식한다. 대부분의 식물 바이러스는 전신감염을 일으킨다.

03 코흐(Koch)의 원칙

1 복합감염된 병에는 적용할 수 없다. (×)
   → 바이러스, 파이토플라스마, 물관부국재성 세균, 원생동물 등은 코흐의 원칙을 적용하기 어렵다. (배양이나 순화가 불가능, 재접종 불가능 등)

2 병원체는 병든 부위에 존재해야 한다. (O)

3 분리한 병원체는 순수배양이 가능해야 한다. (O)

4 동종 수목에 접종했을 때, 병원체를 분리했던 병징이 재현되어야 한다. (O)

5 접종에 의해 재현된 병징에서 접종했던 병원체와 동일한 것이 분리되어야 한다. (O)

04 CODIT 이론

1 방어벽 3은 나이테 방향으로 만들어진다. (×)
   → 방어벽1 : 도관과 가도관을 폐쇄
      방어벽2 : 나이테를 따라 만든 벽
      방어벽3 : 방사단면에 만든 벽
      방어벽4 : 신생세포로 된 벽

2 CODIT 박사가 만든 부후균 생장 모델이다. (×)
   → CODIT 이론 : 부후균에 감염된 수목의 자기방어기작에 대한 이론으로 '수목부후의 구획화'라 불린다.

3 방어벽 1이 파괴되면 CODIT 방어는 완전히 실패한 것이다. (×)
   → 네 가지 방어벽 중 방어벽4가 가장 강력한 벽, 방어벽 1이 가장 약한 벽이다. 그러므로 방어벽4가 파괴되면 전체 방어가 실패하는 것이다.

4 주된 내용은 부후재와 건전재 경계에 방어벽을 형성하는 것이다. (×)
   → 수목의 자기방어기작은 부후외측의 변색재와 건전재의 경계에 방어벽을 형성하여 부후균의 침입에 저항한다.

5 방어벽 4는 나무에 상처가 생긴 후 만들어진 조직(세포)에 형성된다. (O)

05 병원체의 침입

1 세균은 기공을 통해 침입할 수 있다. (O)

2 선충은 식물체를 직접 침입할 수 있다. (O)

3 균류는 식물체의 표피를 통해 직접 침입할 수 있다. (O)

4 파이토플라스마와 바이로이드는 식물체를 직접 침입할 수 없다. (O)

5 바이러스는 상처나 매개생물 없이 식물체를 직접 침입할 수 있다. (×)
   → 바이러스는 외부의 도움 없이는 식물세포를 침입할 수 없다. 매개생물(곤충, 응애, 선충 등)이나 상처를 통해서 세포 내 침입한다. 전염방법은 즙액접촉, 접목, 영양번식체, 매개생물, 종자 및 꽃가루 전염 등이 있다.

06 병원체 잠복기

6 포플러 잎녹병의 병원체 잠복기는 4일에서 6일이다. (O)

7 삿나무 털녹병의 병원체 잠복기는 3년에서 4년이다. (O)

8 소나무 혹병의 병원체 잠복기는 9개월에서 10개월이다. (O)

9 낙엽송 잎떨림병의 병원체 잠복기는 1개월에서 2개월이다. (O)

07 수목 병원체의 동정 및 병 진단

1 분리된 선충에 구침이 없으면 외부기생성 식물기생신충이다. (×)
   → 식물기생선충은 구침을 가지고 기주식물체에서 영양분을 탈취한다. 식물기생선충은 외부기생선충, 내부기생선충, 반내부기생선충으로 나눈다. 암컷 성충의 운동성에 따라 이주성, 고착성으로 나눈다.

2 세균은 세포막의 지방산 조성을 분석함으로써 동정할 수 있다. (O)

3 향나무녹병균의 담자포자는 200배율의 광학현미경으로 관찰할 수 없다. (×)
   → 광학현미경은 해부현미경보다 높은 배율에서 진균과 세균을 관찰할 수 있다. 진균의 포자, 균사, 세균 등을 관찰할 수 있다.

4 파이토플라스마는 16S rRNA 유전자 염기서열 분석으로 동정할 수 없다. (×)
   → 파이토플라스마는 감염식물에서 추출한 DNA로부터 PCR를 이용하여 16S rRNA 영역의 염기서열 분석할 수 있다.

5 바이러스에 감염된 잎에서 DNA를 추출하여 면역확산법으로 진단한다. (×)
   → 면역학적 진단은 면역확산법, 면역효소항체법, 면역효소항체법(ELISA) 등이 있다. 면역학적 진단은 병든 식물에서 분리한 병원균의 항혈청을 만들어서 새로 만든 항혈청이 분리한 병원체와 같은 것인지를 조사하는 방법이다. 주로 바이러스병의 진단에 사용되지만, 진균과 세균의 진단에도 사용된다.

08 수목병의 진단

1 표면살균에 차아염소산나트륨(NaOCl) 또는 알코올을 주로 사용한다. (O)

2 광학현미경 관찰 시 일반적으로 저배율에서 고배율로 순차적으로 관찰한다. (O)

3 병원균 분리에 사용되는 물한천배지는 물과 한천(agar)으로 만든 배지이다. (O)

4 식물 내의 바이러스 입자를 관찰하기 위해서는 주사전자현미경을 사용한다. (×)
   → 투과전자현미경(TEM) : 명암대비 상을 형성하여 세포내부, 부속사, 바이러스 등을 관찰한다.
   주사전자현미경(SEM) : 반사된 형상을 통해서 진균, 세균, 식물표면, 포자표면 돌기·무늬 등을 관찰한다.

5 곰팡이 포자형성이 잘 되지 않는 경우 근자외선이나 형광등을 사용하여 포자 형성을 유도한다. (O)

6 임의기생체는 인공배양이 쉬우며 본래는 부생적으로 생활하는 것이지만, 조건에 따라서는 기생생활을 할 수 있다. (O)

7 한입버섯은 산불로 고사한 소나무에서 발생하는 백색부후균이다. (O)

09 나무병

1 철쭉류 떡병은 잎과 꽃눈이 국부적으로 비대해진다. (O)

2 버즘나무 탄저병이 초봄에 발생하면 어린싹이 검게 말라 죽는다. (O)

3 밤나무 가지마름병균이 뿌리를 감염하면 잎이 황변하며 고사한다. (O)

4 전나무 잎녹병은 당년생 침엽 뒷면에 담황색을 띤 여름포자퇴를 형성한다. (×)
   → 전나무의 당년생 침엽에 녹색의 작은 반점이 나타나고 뒷면에 녹포자기가 2줄로 형성되어 6월 중순부터 녹포자가 비산한다.

5 소나무류 잎마름병은 침엽의 윗부분에 황색 반점이 생기고, 점차 띠모양을 형성한다. (O)

6 가을 또는 이른 봄에 낙엽을 제거하여 예방할 수 있는 나무병은 단풍나무 타르점무늬병이다. (O)

7 감귤 궤양병은 세균에 의한 수목병이다. (O)

8 소나무하늘소는 소나무재선충을 매개한다. (×)
   → 솔수염하늘소 또는 북방수염하늘소는 소나무재선충을 매개한다.

9 잣나무 털녹병균의 중간기주에 여름포자가 형성된다. (O)

10 담배장님노린재가 오동나무 빗자루병균을 매개한다. (O)

11 포플러류 녹병균의 중간기주는 낙엽송과 현호색류이다. (O)

12 참나무 시들음병은 국내에서는 2004년 처음 발견되었다. (O)

10 나무병의 방제법

1 장미 모자이크병은 항생제를 엽면살포한다. (×)
   → 항생제 방제는 세균병 치료에 사용된다. 수목 바이러스에 감염되면 치료가 어려우므로 무병묘목을 사용하거나, 병든 잎은 제거한다. 또한 감염된 어린 묘목은 38도에서 약 4주간 열처리하면 바이러스가 불활성화된다.

2 뽕나무 오갈병 감염목은 벌채 후 훈증한다. (×)
   → 뽕나무오갈병은 파이토플라스마에 의한 나무 조직내 체관속 병이므로 훈증제는 효과가 없으며, 치료하기 위해서 OTC(옥시테트라사이클린)을 뿌리에 나무주사하면 효과가 있다. 또한 병이 심하면 병든 나무를 뽑아버리고 저항성 품종을 식재한다.

3 아밀라리아뿌리썩음병은 감염목의 그루터기를 제거한다. (O)

4 회화나무 녹병은 중간기주인 일본 잎갈나무를 제거한다. (×)
   → 회화나무녹병은 중간기주가 없는 동종기생균이다.

5 소나무 시들음병(소나무재선충병)은 살균제를 나무주사한다. (×)
   → 소나무시들음병은 선충이 병원체이므로 살균제는 효과가 없으며, 침투성 살충제를 사용해서 나무주사로 예방한다.

11 나무줄기 상처치료

1 수피 절단면에 햇빛을 가려주면 유합조직 형성에 도움이 된다. (O)

2 상처조직 다듬기에 사용하는 도구들은 100% 에탄올에 담가 자주 소독한다. (×)
   → 70% 에탄올에 소독한다.

3 상처 주변 수피를 다듬을 때는 잘 드는 칼로 모가 나지 않게 둥글게 도려낸다. (O)

4 상처에 콜타르, 아스팔트 등을 바르면 목질부의 살아있는 유세포가 피해를 볼 수 있다. (O)

5 물리적 힘에 의해 수피가 벗겨졌을 때는 즉시 제자리에 붙이고 작은 못이나 접착테이프로 고정한다. (O)

12 수목의 흰가루병

1 단풍나무의 흰가루병이 발생하면 발병 초기에 집중 방제를 한다. (O)

2 쥐똥나무에 발생하면 잎이 떨어지고 관상가치가 크게 떨어진다. (O)

3 목련류 흰가루병균은 식물의 표피세포 속에 흡기를 뻗어 양분을 흡수한다. (O)

4 배롱나무 개화기에 발생하면 잎을 회백색으로 뒤덮는데 대부분 자낭포자와 균사이다. (×)

→ 배롱나무 개화기는 7~9월이며, 이 때는 무성세대인 분생포자로 전염을 한다. 가을이 되면 자낭과로 무성세대로 월동한다. 이듬해 봄 1차전염원은 주로 자낭포자이다.

5 장미의 생육후기에 날씨가 서늘해지면 자낭과를 형성하고 자낭에 8개의 자낭 포자를 만든다. (○)

13 수목병의 관리

1 티오파네이트메틸은 상처도포제로 사용된다. (○)

2 나무주사는 이미 발생한 병의 치료목적으로만 사용된다. (×)

→ 나무주사는 치료와 예방 모두 사용된다. 특히 소나무재선충병은 예방목적으로 나무주사를 실시한다.

3 잣나무 털녹병 방제를 위해 매발톱 나무를 제거한다. (×)

→ 중간기주인 송이풀과 까치밥나무를 제거한다.

4 보르도액은 방제효과의 지속시간이 짧으나 침투이행성이 뛰어나다. (×)

→ 보르도액은 지속기간이 길고, 침투이행성이 아니다.

5 공동 내의 부후부를 제거할 때는 변색부만 제거하되 건전부는 도려내면 안 된다. (×)

→ 공동 내의 부후부를 제거할 때는 부후부만 제거하되 변색부와 건전부는 도려내면 안 된다.

14 수목병의 원인

1 수목병의 원인에는 전염성과 비전염성 요인이 있다. (○)

2 전염성 수목병의 원인은 균류, 세균, 바이러스, 선충, 기생성 종자식물 등이 있다. (○)

3 벚나무 갈색무늬 구멍병의 원인은 Mycosphaerella 속의 진균이다. (○)

4 호두나무 갈색썩음병의 원인은 *Pseudomonas* 속의 세균이다. (×)

→ 호두나무 갈색썩음병의 원인은 *Xanthomonas arboricola* pv. *juglandis* 이다.

5 오동나무 탄저병의 원인은 *Colletotrichum* 속의 진균이다. (○)

15 수목의 뿌리병

1 뿌리썩음병을 일으키는 주요 병원균은 세균이다. (×)

→ 뿌리썩음병은 곰팡이에 의한 모잘록병, 파이토프토라뿌시썩음병, 리지나뿌리썩음병, 아밀라리아뿌리썩음병, 안노섬뿌리썩음병, 자주날개무늬병, 흰날개무늬병 등이 있다.

2 리지나뿌리썩음병균은 담자균문에 속하고 산성토양에서 피해가 심하다. (×)

→ 리지나뿌리썩음병균은 자낭균문에 속하는 파상땅해파리버섯이며, 산성토양, 불이 난 곳 등에서 피해가 심하다.

3 유묘기 모잘록병의 주요 병원균은 *Pythium Rhizoctonia solani* 등이 있다. (○)

4 아밀라리아뿌리썩음병균은 자낭균문에 속하며 뿌리꼴균사다발을 형성한다. (×)

→ 아밀라리아뿌리썩음병균은 담자균문에 속하며 뿌리꼴균사다발, 부채꼴균사판, 뽕나무버섯 등을 형성한다.

16 참나무 시들음병

1 매개충은 천공성 해충인 광릉긴나무좀이다. (○)

2 주요 피해 수종은 물참나무와 졸참나무이다. (×)

→ 주요 피해 수종은 신갈나무이다.

3 병원균은 자낭균으로서 *Raffaelea quercus-mongolicae* 이다 (○)

4 감염된 나무는 물관부의 수분흐름을 방해하여 나무 전체가 시든다. (○)

5 고사한 나무는 벌채 후 일정 크기로 잘라 쌓은 후 살충제로 훈증처리하여 매개충을 방제한다. (○)

17 밤나무줄기마름병

1 가지나 줄기에 황갈색~적갈색의 병반을 형성한다. (O)

2 병원균의 자좌는 수피 밑에 플라스크 모양의 자낭각을 형성한다. (O)

3 저병원성 균주는 dsDNA 바이러스를 가지며 생물적 방제에 이용한다. (×)
   → 저병원성 균주는 진균기생바이러스(dsRNA)를 가진다. 진균기생바이러스(dsRNA)에 감염되어 병원성이 약해진 저병원성 균주를 이용하여 수목을 방제하는 생물적 방제이다.

4 병원균은 *Cryphonectria parasitica*로 북아메리카 지역에서 큰 피해를 주었다. (O)

5 일본 및 중국 밤나무 종은 상대적으로 저항성이고, 미국과 유럽 종은 상대적으로 감수성이다. (O)

18 소나무 가지끝마름병

1 피해를 입은 새 가지와 침엽은 수지에 젖어 있고 수지가 흐른다. (O)

2 명나방류나 얼룩나방류의 유충에 의해 고사하는 증상과 비슷하다. (O)

3 말라죽은 침엽의 표피를 뚫고 나온 검은 자낭각이 중요한 표징이다. (×)
   → 침엽, 침엽의 잎집 및 어린 가지의 병든 부위에 표피를 뚫고 나온 구형의 검은 분생포자각이 형성된다. 돌기 주변에 암갈색의 분생포자가 흩어져 있다.

4 감염된 리기다소나무의 어린 침엽은 아래쪽 일부가 볏짚색으로 퇴색된다. (O)

5 새 가지의 침엽이 짧아지면서 갈색 내지 회갈색으로 변하고 말라죽은 어린 가지는 구부러지면서 밑으로 처진다. (O)새 가지와 침엽은 수지에 젖어 있다. (O)

6 병원균은 *Septobasidium bogoriense*이다. (×)
   → 병원균은 *Sphaeropsis sapinea*, *Diplodia pinea*이다.

7 수피를 벗기면 적갈색으로 변한 병든 부위를 확인할 수 있다. (O)

8 6월부터 새 가지의 침엽이 짧아지면서 갈색 내지 회갈색으로 변한다. (O)

9 침엽 및 어린 가지의 병든 부위에는 구형 내지 편구형의 분생포자각이 형성된다. (O)

19 침엽수 얼룩무늬병

1 발생은 봄부터 장마철까지 지속되나, 8~9월에 병세가 가장 심하다. (O)

2 진균병으로 병원균은 자낭균문에 속하며, 자낭포자와 분생포자를 형성한다. (O)

3 땅에 떨어진 병든 잎을 모아 태우거나 땅속에 묻어 월동 전염원을 제거한다. (O)

4 묘포는 통풍이 잘되도록 밀식을 피하고, 빗물 등의 물기를 빠르게 마르도록 한다. (O)

5 어린잎에 물집 모양의 반점이 생기고 진전되면 병반의 모양과 크기가 일정하고 뚜렷해진다. (×)
   → 어린잎에 작고 희미한 점무늬 형성되고, 점점 적갈색 얼룩무늬를 형성한다. 병반 위에는 분생포자각이 까만 점들처럼 다수 형성된다. 병은 대부분 빗물에 의해 전반된다.

20 향나무 녹병

1 감염된 장미과 식물의 잎과 열매에는 작은 반점이 다수 형성된다. (O)

2 병원균은 향나무와 장미과 식물을 기주교대하는 이종(異種)기생균이다. (O)

3 향나무에는 겨울포자와 담자포자, 장미과에는 녹병정자, 녹포자, 여름포자가 형성된다. (×)
   → 향나무녹병은 여름포자세대를 형성하지 않는다. 장미과에는 녹병정자, 녹포자가 형성된다.

4 향나무와 노간주나무의 줄기와 가지가 말라 생장이 둔화되고 심하면 고사한다. (O)

5 방제 방법으로는 향나무와 장미과 식물을 2km 이상 거리를 두고 식재하는 방법과 적용 살균제를 살포하는 방법이 있다. (O)

21 파이토플라스마

1 수목에 전신감염을 일으킨다. (O)

2 세포 내에 리보솜이 존재한다. (O)

3 일반적으로 크기는 바이러스보다 작다. (×)
　→ 파이토플라스마는 세균보다 훨씬 작고 바이러스보다 크다.

4 염색체 DNA의 크기는 530kb~1,130kb까지 다양하다. (O)

5 Aniline blue를 이용한 형광염색법으로 검정이 가능하다. (O)

6 붉나무 빗자루병은 표징으로 육안진단할 수 있다. (×)
　→ 붉나무 빗자루병은 파이토플라스마에 의한 병으로 표징으로 육안진단할 수 없으며, DAPI의 형광염색소를 사용한 형광현미경으로 파이토플라스마의 감염 여부를 판단할 수 있다.

22 참나무 시들음병

1 병원균은 인공배지에서 잘 자란다. (O)

2 병원균은 *Raffaelea quercus-mongolicae*이다. (O)

3 참나무류 중에서 신갈나무에 주로 발생한다. (O)

4 피해가 심해지면 자낭반이 수피 틈을 뚫고 나온다. (×)
　→ 병원균은 자낭균으로 변재의 물관부에서 생장하면서 목재를 변색시키고 물관부의 기능을 방해하여 수목이 시들게 한다.

5 물관부의 주요 기능인 물과 무기양분의 이동을 방해한다. (O)

23 장미 검은무늬병

1 감염된 잎은 조기 낙엽되고 심한 경우 모두 떨어지기도 한다. (O)

2 장마 후에 피해가 심하나 봄비가 잦으면 5~6월에도 피해가 발생한다. (O)

3 병든 낙엽은 모아 태우거나 땅속에 묻고, 5월경부터 10일 간격으로 적용 살균제를 3~4회 살포한다. (O)

4 병원균은 감염된 잎에서 자낭구로 월동하고 봄에 자낭포자가 1차 전염원이 된다. (×)
　→ 병원균은 marssonina속의 불완전균류이며 자낭각 형태로 월동하고 이듬해 봄에 자낭포자로 1차 전염한다. 포자는 무색의 두 세포가 형성되며 크기와 모양이 다른 윗세포와 아랫세포로 나뉜다.

5 잎에 암갈색~흑갈색의 병반과 검은색의 분생포자층 및 분생포자를 형성하여 곤충이나 빗물에 의해 전반된다. (O)

24 지의류

1 아황산가스에 민감하다. (O)

2 수피에 서식하면서 수목으로부터 양분을 얻는다. (×)
　→ 수목에 서식하는 지의류는 외생성 지의류이다. 외생성 지의류는 남조류와 공생하여 질소를 고정하므로 수목의 줄기나 수피에 서식하지만 수목으로부터 양분을 취하거나 피해를 입히지 않는다.

3 외생성 지의류의 대부분은 남조류와 공생한다. (O)

4 균류와는 뚜렷하게 구별되는 엽상체를 형성한다. (O)

5 형태는 고착형, 엽형, 수지형의 세 가지로 나누어진다. (O)

25 수목병의 생물적 방제

1 소나무재선충병 감염목을 벌채 후 훈증한다. (×)
　→ 수목병의 기계적 방제에 해당한다.

2 포플러 잎녹병 방제를 위해 저항성 품종을 육종한다. (×)
　→ 수목병의 생태적 방제에 해당한다.

3 항생제를 수간주입하여 대추나무 빗자루병을 방제한다. (×)
　→ 수목병의 화학적 방제에 해당한다.

4 잣나무 털녹병 방제를 위해 중간 기주인 송이풀을 제거한다. (×)
　→ 수목병의 생태적 방제에 해당한다.

5 밤나무 줄기마름병 방제를 위해 병원 균의 저병원성 균주를 이용한다. (O)

26 환경 조건 개선 방법

1 밤나무 줄기마름병을 예방하기 위하여 배수를 개선한다. (○)

2 오동나무 줄기마름병을 예방하기 위하여 간벌을 강하게 한다. (×)

  → 적절한 제벌과 간벌은 소나무류의 잎떨림병.피목가지마름병, 낙엽송의 낙엽송 · 가지끝마름병 등의 방제효과가 높다. 하지만 과도한 제벌, 간벌 · 가지치기는 주로 남서쪽의 수간이나 가지에 볕뎀 등이 발생하여 줄기마름병을 유발할 수 있다.

3 소나무 피목가지마름병을 예방하기 위하여 덩굴류를 제거한다. (○)

4 일본잎갈나무 묘목은 뿌리썩음병을 예방하기 위하여 생장 개시 전에 식재한다. (○)

5 미분해 유기물이 많은 임지에서는 자주날개무늬병 피해가 심하므로 석회를 처리한다. (○)

27 리지나뿌리썩음병

1 병원균의 담자포자는 수목 뿌리 근처의 온도가 45℃이면 발아한다. (×)

  → 병원균의 자낭포자는 수목 뿌리 근처의 온도가 40℃ 이상 24시간 지속하면 발아한다.

2 초기 병징은 땅가의 잔뿌리가 흑 갈색으로 부패하고, 점차 굵은 뿌리로 확대된다. (○)

3 산성토양에서 피해가 심하므로 석회로 토양을 중화시키면 발병이 감소한다. (○)

4 뿌리의 피층이나 물관부를 침입하며, 감염된 세포는 수지로 가득 차게 된다. (×)

  → 뿌리의 체관부를 침입하여 세포를 수지로 가득 매운다.

28 영지버섯속에 의한 뿌리썩음병

1 침엽수는 감염하지 못한다. (×)

  → 활엽수와 일부 침엽수를 침입한다.

2 매개충은 알락하늘소로 알려져 있다. (×)

  → 영지버섯속 뿌리썩음병은 매개충에 의해 병이 전반되지 않고 바람이나 빗물에 의해 담자포자가 전반된다.

3 감염된 나무는 잎이 시들기도 한다. (○)

4 가장 먼저 나타나는 표징은 지표면에 발생한 자낭각이다. (×)

  → 초기 표징은 줄기 하부와 노출된 뿌리에 여러 개 또는 단독으로 나타나는 버섯이다.

5 병원균은 심재를 감염하지만, 나무의 구조적 강도에는 큰 영향이 없다. (×)

  → 심재를 침입하여 수목의 구조적 강도를 약하게 하여 풍도의 피해를 유발하게 된다.

29 낙엽송 가지끝마름병

1 고온건조한 곳에서 피해가 심하다. (×)
  → 고온 · 다습하고 강한 바람이 부는 지역에 잘 발생한다.

2 디플로디아순마름병이라고도 한다. (×)
  → 소나무가지끝마름병은 디플로디아순마름병이라고도 한다.

3 명나방류 유충이 피해를 증가시킨다. (×)
  → 명나방류 유충에 의해 피해가 발생되지 않고 강한 바람에 의해 피해가 증가된다.

4 초여름 감염과 늦여름 감염의 증상이 다르다. (○)

5 감염된 조직에서 수지가 흘러 나오지는 않는다. (×)
  → 새로 나온 가지가 감염되면 퇴색하고 수축되며 흘러내린 수지로 가지가 희게 보인다.

30 나무 불마름병

1 과실에서는 수침상 반점이 생긴다. (○)

2 꽃은 암술머리가 가장 먼저 감염된다. (○)

3 잎에서는 가장자리에서 증상이 먼저 나타난다. (○)

4 늦은 봄에 어린 잎과 작은 가지 및 꽃이 갑자기 시든다. (○)

5 큰 가지에 형성된 병반으로부터 선단부의 작은 가지로 번져간다. (×)
  → 수관 상부의 작은 가지에서 발병하여 가지의 아랫부분으로 진전한다.

31 뿌리썩이선충

1 성충은 감염된 뿌리 내에 산란한다. (○)

2 *Meloidogyne*속 선충으로 고착성 내부 기생성 선충이다. (×)
   → *Pratylenchus* 속 선충이며, 암수가 모두 벌레 모양인 이주성 내부기생
   선충이다.

3 유충과 성충은 주로 뿌리의 피층조직 안을 이동하면서 양분을
   흡수한다. (○)

4 선충의 침입 부위로 *Fusarium* 등 토양 병원미생물이 쉽게 침
   입하게 된다. (○)

5 *Radopholus*속 선충의 감염 부위에 공간이 생겨 뿌리가 부풀어
   오르고 표피가 갈라진다. (○)

32 활엽수의 구멍병

1 세균 또는 곰팡이에 의한 증상이다. (○)

2 나무 생장 저해 효과보다는 미관을 해시는 피해가 너 크나. (○)

3 병원균이 이층(떨켜)을 형성하여 조직을 탈락시킨 결과이다. (×)

   → 이층은 건전부를 보호하기 위한 잎의 생리작용에 의해 발생한다. 작은
   점무늬가 동심원상이 되면서 건전부와 감염부의 경계에 이층이 생기고
   변환부가 탈락하여 구멍이 생긴다.

4 병원균은 기주식물의 잎 이외에 열매나 가지를 감염하기도 한
   다. (○)

5 구멍은 아주 작은 것부터 수 mm에 이르는 것까지 크기가 다
   양하다 (○)

33 시들음병

1 *Verticillium* 시들음병과 느릅나무 시들음병의 매개충은 나무
   좀류이다. (×)
   → 느릅나무시들음병의 매개충은 유럽느릅나무좀이다.

2 Verticillium 시들음병균에 감염된 느릅나무 가지는 변재부
   가장자리가 녹색으로 변한다. (○)

3 느릅나무 시들음병균의 균핵은 토양 내에 존재하다가 뿌리상
   처를 통해 침입할 수 있다. (×)
   → 병원균은 주로 봄에 매개충에 의한 상처로 감염된다. 침입한 병원균은
   아랫방향으로 즉시 이동하고, 뿌리에 존재하다가 뿌리접목을 통해 다른
   수목으로 전염한다.

4 광릉긴나무좀은 시들음병균이 신갈나무 수피 아래에 만든 균
   사매트의 달콤한 냄새에 유인된다. (×)
   → 매개충(광릉긴나무좀)이 5월말 쇠약한 신갈나무에 침입한 후 딸려온 병
   원균을 나무에 감염시키고, 감염된 나무는 7월말부터 빠르게 시들고 잎
   은 빨갛게 말라 죽는다.

5 한국 참나무 시들음병균과 미국 참나무 시들음병균은 같은 속
   (Genus)이지만 종(Species)이 다르다. (×)
   → 한국 참나무시들음병 *Raffaelea quercus-mongolicae*, 미국 참나무 시들
   음병 *Ceratocystis fagacearum*은 속이 다르다.

34 포플러 잎녹병

1 병원균은 Melampsora 속으로 일본 잎갈나무가 중간기주이
   다. (○)

2 봄부터 여름까지 병원균의 침입이 이루어지며 나무를 빠르게
   고사시킨다. (×)
   → 여름~가을에 전염되고, 1~2개월 일찍 낙엽진다. 생장이 감소하지만 고
   사하지는 않는다.

3 한국에는 병원균이 2종 분포하며, 그 중 *Melampsora
   magnusiana*에 의하여 해마다 대발생한다. (×)
   → 대부분 M.*larici-populina* 피해이며, M.*magnusiana*도 발생한다.

4 포플러 잎에서 월동한 겨울포자가 발아하여 형성된 자낭포자
   가 중간 기주를 침해하면 병환이 완성된다. (×)
   → 포플러 잎에서 월동한 겨울포자가 발아하여 형성된 담자포자가 중간 기
   주인 일본잎갈나무를 침해하면 병환이 완성된다.

5 4~5월에 감염된 잎 표면에 퇴색한 황색 병반이 나타나며, 잎
   뒷면에는 겨울포자퇴와 겨울포자가 형성된다. (×)
   → 4~5월에 감염된 잎 표면에 황색 병반이 나타나며, 잎 뒷면에는 녹포자
   기와 녹포자가 형성된다.

6 낙엽송 가지끝마름병은 자낭반이 형성되는 나무병이다. (×)
   → 낙엽송 가지끝마름병은 자낭각이 형성되는 나무병이다.

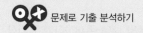

수목해충학

01 곤충의 기관계

1 체벽이 함입되어 생성된다. (O)

2 기관(Trachea)은 외배엽성이다. (O)

3 솔수염하늘소 기문은 몸마디 양측면에 위치한다. (O)

4 수분증발을 막기 위해 기문을 닫을 수 있도록 해주는 개폐장치가 있다. (O)

02 곤충의 생식계

1 벌의 독샘은 부속샘이 변형된 것이다. (O)

2 암컷의 부속샘은 알의 보호막이나 점착액을 분비한다. (O)

3 난소에 존재하는 난소소관의 수는 종에 관계 없이 일정하다. (×)
　→ 난소에 존재하는 난소소관의 수는 곤충의 종에 따라 다르다.

4 암컷 저정낭(Spermatheca)은 교미 시 수컷으로부터 받은 정자를 보관한다. (O)

5 수컷의 저정낭(저장낭, Seminal vesicle)은 정소소관의 정자를 수정관을 통해 모으는 곳이다. (O)

6 밑들이는 전갈의 꼬리처럼 복부 끝이 부풀어 오른 독샘이 발달하여 있고, 뾰족한 입틀을 가진 강력한 포식자이다. (×)
　→ 밑들이의 수컷은 복부 끝부분에 있는 생식기관은 전갈의 꼬리처럼 부풀어 오른 모양이지만 독을 가지고 있지는 않다.

03 곤충의 특성

1 곤충의 몸은 머리, 가슴, 배로 구분된다. (O)

2 절지동물강에 속하며 외골격을 가지고 있다. (×)
　→ 곤충은 절지동물문의 곤충강에 속하며 외골격을 가지고 있다.

3 지구상의 거의 모든 육상 및 담수 생태계에서 관찰된다. (O)

4 린네가 이명법을 제창한 이후 곤충은 100만종 이상이 기록되어 있다. (O)

5 곤충은 비행할 수 있는 유일한 무척추동물로서 적으로부터의 방어 및 먹이 탐색에 활용할 수 있다. (O)

6 풀잠자리는 완전변태를 한다. (O)

7 말피기관은 곤충의 배자 발생 과정에서 중배엽성 세포가 분화된 기관이다. (×)
　→ 말피기관은 외배엽성 세포가 분화된 기관이다.
　※ 배자 발생 과정에서 중배엽성 세포가 분화된 기관 : 근육, 심장, 내분비샘, 정소, 난소 등

8 지방체는 곤충의 면역기능과 해독, 혈당 조절 등을 담당한다. (O)

9 느티나무벼룩바구미, 오리나무잎벌레는 성충으로 월동하는 곤충이다. (O)

10 계급분화페로몬은 행동을 유발하는 페로몬이다. (×)
　→ 행동을 유발하는 페로몬 : 성페로몬, 집합페로몬, 경보페로몬, 길잡이페로몬 등

11 개미귀신은 뱀잠자리의 유충으로 낫 모양의 큰턱을 이용하여 사냥한다. (×)
　→ 개미귀신은 명주잠자리과의 유충이다.

04 곤충의 외부구조

1 앞날개는 가운데가슴에 붙어 있다. (O)

2 파리나 모기의 뒷날개는 퇴화되어 있다. (O)

3 다리는 앞가슴, 가운데가슴, 뒷가슴에 한 쌍씩 붙어 있다. (O)

4 집게벌레의 미모는 방어나 교미 시 도움을 주는 a집게로 변형되어 있다. (O)

5 입틀은 기본적으로 윗입술, 아랫입술, 한 쌍의 큰턱, 1개의 작은턱으로 구성되어 있다. (×)
   → 입틀의 구조 : 상순 1개, 큰턱 1쌍. 작은턱 1쌍, 하인두 1개, 아래 입술 수염·작은 턱수염1쌍씩, 아랫입술 1개

05 곤충 체벽의 구조와 기능

1 표피층은 외부와 접해있고 몸 전체를 보호한다. (O)

2 외표피층은 곤충의 수분 증발을 억제하는 기능을 한다. (O)

3 원표피층은 키틴 당단백질로 구성되며 퀴논 경화를 통해 단단해진다. (O)

4 표피층은 바깥쪽에서부터 왁스층, 시멘트층, 외원표피, 내원표피 순으로 구성된다. (×)
   → 표피층은 바깥쪽에서부터 시멘트층, 왁스층, 외원표피, 내원표피 순으로 구성된다.

5 표피층 아래 표피세포(epidermis)는 단일 세포층으로 표피형성 물질과 탈피액 분비 등에 관여한다. (O)

06 곤충의 외골격

1 몸의 보호, 근육 부착점 기능을 한다. (O)

2 외표피, 원표피, 진피, 기저막으로 이루어진다. (O)

3 외표피의 시멘트층과 왁스층은 방수 및 이물질 차단과 보호 역할을 한다. (O)

4 진피는 상피세포층으로서 탈피액을 분비하여 내원표피 물질을 분해하고 흡수한다. (O)

5 원표피층은 다당류와 단백질이 얽힌 키틴질로 구성되며 칼슘 경화를 통해 강화된다. (×)
   → 원표피층은 다당류와 단백질이 얽힌 키틴질로 구성되며 단백질 경화를 통해 강화된다.

07 곤충의 성충 입틀(구기)

1 나비 입틀은 긴 관으로 된 빨대주둥이를 형성하고 있다. (O)

2 노린재 입틀은 전체적으로 빨대(구침) 구조를 하고 있다. (O)

3 총채벌레 입틀은 큰턱과 작은턱이 좌우 비대칭이다. (O)

4 파리 입틀은 주로 액체나 침으로 녹일 만한 먹이를 흡수한다. (O)

5 메뚜기 입틀은 큰턱이 먹이를 분쇄하기 위하여 위아래로 움직이며 작동한다. (×)
   → 메뚜기 입틀은 큰턱이 먹이를 분쇄하기 위하여 좌우로 움직이며 작동하는 씹는형 입틀이다.

08 곤충 날개의 진화

1 날개를 발달시킨 초기 곤충은 하루살이와 잠자리이다. (O)

2 곤충은 고생대에서 신생대까지 비행 가능한 유일한 동물집단이다. (×)
   → 곤충은 비행하는 파충류가 처음 출현하기까지 거의 1억년 전인 약 3억년 전부터 1억 5000만년 동안 비행 가능한 유일한 최초의 생명체였다.

3 돌좀이나 좀은 날개가 발달하지 못한 원시형질을 가진 유시류 곤충이다. (×)
   → 돌좀이나 좀은 무시아강에 속한다.

4 날개를 접을 수 있는 신시류 곤충은 신생대부터 나타나 크게 번성하였다. (×)
   → 날개를 접을 수 있는 신시류 곤충은 석탄기 초기에(350만 ~400만년 전) 나타나 크게 번성하였다.

5 10억 년 전 고생대 데본기에 물에 살던 곤충이 처음으로 날개
　를 발달시켰다.　　　　　　　　　　　　　　　　　　(×)
　　→ 석탄기(대략 3억 8,000만 년 전)에 날개를 가진 종의 조상형이 갑자기
　　　 나타난다.

6 부채벌레는 벌, 말벌의 기생자로, 암컷 성충의 앞날개는 평균
　곤으로 퇴화했고 뒷날개는 부채모양이다.　　　　　　　(×)
　　→ 부채벌레 : 수컷만이 날개를 가지고 있다. 뒷날개가 퇴화된 파리와는 달
　　　 리, 앞날개가 퇴화되었으며 작은 평균곤 모양으로 변형되어 있다.

7 파리 유충은 구더기형으로, 성장하면 1쌍의 앞날개를 가지며,
　뒷날개는 평균곤으로 변형되어 있다.　　　　　　　　　(○)

09　곤충의 알과 배자 발생

1 배자발생은 난황물질이 모두 소비되면 끝나고 알 발육이 시
　작된다.　　　　　　　　　　　　　　　　　　　　　(×)
　　→ 배자발생은 보통 알이 수정되면서 일어나는 발육과정이다.

2 순환계, 내분비계, 근육, 지방체, 난소와 정소, 생식기 등은 중
　배엽성 조직이다.　　　　　　　　　　　　　　　　　(×)

3 표피, 뇌와 신경계, 호흡기관, 소화기관(전장, 중장, 후장) 등은
　외배엽성 조직이다.　　　　　　　　　　　　　　　　(×)
　　→ 배엽에 따른 조직

중배엽	심장, 혈액, 순환계, 근육, 내분비샘, 지방체, 생식선(난소 및 정소)
외배엽	표피, 외분비샘, 뇌 및 신경계, 감각기관, 전장 및 후장, 호흡계, 외부생식기
내배엽	중장

4 곤충의 알은 정자 출입을 위한 정공은 있으나, 호흡을 위한 기
　공은 없어 수분 손실을 방지한다.　　　　　　　　　　(×)
　　→ 곤충의 알 껍질은 알 내부와 외부 사이의 산소 및 이산화탄소의 가스
　　　 교환, 정자 유입 선택적 수용, 외부 침입 방어, 효율적 산란 등의 역할
　　　 을 한다.

5 대부분 암컷 성충은 정자를 주머니에 보관하면서, 산란 시 필
　요에 따라 정자를 방출하여 수정시킨다.　　　　　　　(○)

10　소리를 통한 곤충의 의사소통

1 곤충은 주파수, 진폭, 주기성으로 소리를 표현한다.　(○)

2 귀뚜라미와 매미는 몸의 일부를 비벼서 마찰음을 만들어 낸다.
　　　　　　　　　　　　　　　　　　　　　　　　　(×)
　　→ 귀뚜라미와 여치는 몸의 일부를 비벼서 마찰음을 낸다. 매미는 막을 진
　　　 동시켜 소리를 낸다. 꿀벌, 모기 등은 날개진동으로 소리를 만든다.

3 모기와 빗살수염벌레는 날개 진동을 통해 소리를 만들어 낸다.
　　　　　　　　　　　　　　　　　　　　　　　　　(×)
　　→ 모기는 날개 진동을 통해 소리를 만들어 내고, 빗살수염벌레는 부딪치거
　　　 나 두드리면서 소리를 만들어 낸다.

4 메뚜기와 여치는 앞다리 종아리마디의 고막기관을 통해 소리
　를 감지한다.　　　　　　　　　　　　　　　　　　　(×)
　　→ 대부분의 곤충은 복부(메뚜기류, 나방류)나 앞다리의 종아리마디(귀뚜라
　　　 미류, 여치류)에 있는 고막기관으로 소리를 감지한다.

5 꿀벌과 나방류는 다리의 기계감각기인 현음기관을 통해 소리
　의 진동을 감지한다.　　　　　　　　　　　　　　　　(×)
　　→ 꿀벌과 개미는 다리의 기계감각기(현음기관)로 진동을 감지한다.

11　곤충의 신경연접과 신경전달물질

1 신경세포와 신경세포가 만나는 부분을 신경연접이라 한다.
　　　　　　　　　　　　　　　　　　　　　　　　　(○)

2 Gamma-aminobutyric acid (GABA)는 억제성 신경전달물
　질이다.　　　　　　　　　　　　　　　　　　　　　(○)

3 전기적 신경연접은 신경세포 사이에 간극 없이 활동전위를 빠
　르게 전달한다.　　　　　　　　　　　　　　　　　　(○)

4 Acetylcholine은 흥분성 신경전달물질로
　acetylcholinesterase에 의해서 가수분해 된다.　　　(○)

5 화학적 신경연접은 신경세포 사이에 간극이 있어 신경전달물
　질을 이용하여 휴지막전위를 전달한다.　　　　　　　(×)
　　→ 화학적 신경연접은 신경세포 사이에 간극이 있어 휴지막전위를 이용하
　　　 여 신경전달물질을 전달한다.

12　해충 피해

1　소나무재선충에 감염된 소나무는 수관하부부터 고사한다.
（×）
　→ 소나무재선충에 감염된 소나무는 갑자기 침엽이 갈변하여 나무 전체가
　　고사한다.

2　솔껍질깍지벌레는 소나무 잎을 가해하며 1년 안에 고사시킨다.
（×）
　→ 솔껍질깍지벌레의 감염 증상은 송진의 양이 감소하고 몇 주 내에 침엽이
　　황화되면서 시들고 진전하면 침엽 전체가 갈변하여 고사한다.

3　소나무재선충병 고사목이 가장 많이 발생하는 시기는 5월이
다.
（×）
　→ 5월은 성충 우화시기이며, 후식피해 5~6월, 유충기간은 30~45일 정
　　도이다. 감염 후 3주 정도 지나면 나무가 쇠락증세를 보이며 고사하기
　　시작한다.

4　솔껍질깍지벌레에 피해받은 소나무잎은 우산처럼 아래로 처진
다.
（×）
　→ 소나무재선충에 감염된 소나무잎은 우산처럼 아래로 처진다.

5　광릉긴나무좀은 흉고직경 30㎝가 넘는 대경목에 피해가 많이
발생하며, 수컷 성충이 먼저 침입하여 암컷을 유인한다.　（○）

13　생물적 방제

1　기생벌의 유충은 육식성이다.　（○）

2　포식성 천적은 먹이를 직접 탐색하여 섭식한다.　（○）

3　솔잎혹파리 천적으로 이용했던 기생벌은 솔잎혹파리먹좀벌과
굴파리좀벌이다.
（×）
　→ 솔잎혹파리의 천적 : 솔잎혹파리먹좀벌, 혹파리살이먹좀벌, 혹파리등뿔
　　먹좀벌, 혹파리반뿔먹좀벌 등

4　접종방사는 피해선단지에 매년 일정량의 천적을 방사하여 밀
도를 높이는 방법이다.　（○）

5　다포식기생(Polyparasitism)은 2마리 이상의 동종개체가 한
마리의 기주에 기생하는 것을 칭한다.　（○）

14　소나무 기생 해충

1　소나무왕진딧물은 여름철 기주 전환을 하지 않는다.　（○）

2　솔나방은 연 1회 발생하고 5령 유충으로 월동한다.　（○）

3　솔잎혹파리의 학명은 *Thecodiplosis japonensis*이다.　（○）

4　솔껍질깍지벌레는 하면을 하며 수컷은 불완전변태를 한다.
（×）
　→ 암컷 성충은 불완전변태를 하지만, 수컷 성충은 완전변태를 한다.

5　솔수염하늘소는 연 1회 혹은 2년 1회 발생하며, 목질부 속에서
유충으로 월동한다.　（○）

15　가해 습성 및 형태에 따른 해충의 구분

1　솔잎혹파리, 외줄면충, 때죽납작진딧물은 충영형성 해충이다.
（○）

2　버즘나무방패벌레, 미국선녀벌레, 회화나무이는 흡즙성 해충
이다.　（○）

3　느티나무벼룩바구미, 소나무좀, 솔수염하늘소는 천공성 해충
이다.　（×）
　→ 느티나무벼룩바구미는 식엽성 해충이다.

4　밤바구미, 도토리거위벌레, 솔알락명나방은 종실, 구과 해충이
다.　（○）

5　큰이십팔점박이무당벌레, 주둥무늬차색풍뎅이, 호두나무잎벌
레는 식엽성 해충이다.　（○）

6　개나리잎벌은 흡즙성 해충이다.　（×）
　→ 개나리잎벌은 식엽성 해충이다.

16　벌목(Hymenoptera)

1　성충의 날개는 1쌍이며 막질이다.　（×）
　→ 성충의 날개는 2쌍이며 막질이다.

2　천적이나 화분 매개자가 많이 포함되어 있다.　（○）

3　잎벌아목의 곤충은 복부에 배다리 (proleg)를 가진다.　（○）

4 꿀벌상과의 곤충은 노동분업 등 진화된 사회체계를 가진다.
(O)

5 기생성 벌 중에는 발육을 완료하기 전까지 숙주를 죽이지 않는 것도 있다.
(O)

17 수목해충

1 미국선녀벌레는 성충으로 월동한다. (×)
→ 미국선녀벌레는 알로 월동한다.

2 외줄면충의 여름 기주는 대나무류이다. (O)

3 소나무좀은 봄과 여름에 2번 가해하며, 연 2회 발생한다. (×)
→ 소나무좀은 봄과 여름에 2번 가해하며, 연 1회 발생한다.

4 솔나방은 연 3회 발생하며 주로 소나무류를 가해한다. (×)
→ 솔나방은 연 1~2회 발생하며 주로 소나무류를 가해한다.

5 광릉긴나무좀은 연 3회 발생하고, 참나무 시들음병의 병원균을 매개한다. (×)
→ 광릉긴나무좀은 연 1회 발생하고, 참나무 시들음병의 병원균을 매개한다.

18 수목해충의 방제 방법

1 솔수염하늘소는 분산페로몬을 이용하여 대량포집한다. (×)
→ 페로몬 유인트랩을 설치한다.

2 미국흰불나방은 분산하기 전 어린 유충기에 방제하는 것이 효율적이다. (O)

3 북방수염하늘소의 유충을 구제하기 위하여 지제부에 잠복소를 설치한다. (×)
→ • 유충 방제 : 3월 하순까지 고사목을 벌채 후 훈증 및 소각 등을 실시한다.
• 성충 방제 : 매개충 페로몬 유인트랩 설치

4 밤나무혹벌 유충이 가지에 출현하여 보행할 때 침투성 살충제를 처리한다. (×)
→ 밤나무혹벌 유충은 벌레혹 속에서 생활한다.

5 밤바구미는 배설물을 종실 밖으로 배출하므로 배설물이 보이지 않는 시기에 훈증한다. (×)
→ 배설물을 밖으로 내보내지 않아 유충 탈출 전까지 피해 확인이 안 된다.

19 해충의 약제 방제 시기 및 방법

1 솔껍질깍지벌레는 12월에 등록약제를 나무주사한다. (O)

2 외줄면충은 충영 형성 전에 등록약제를 나무주사한다. (O)

3 밤나무혹벌은 성충 발생 최성기에 등록약제를 살포한다. (O)

4 갈색날개매미충은 알 월동기에 등록약제를 나무주사한다. (×)
→ 발생초기에 아세타미프리드 수화제 등의 적용 약제를 살포한다.

5 미국선녀벌레는 어린 약충 발생 시기부터 등록약제를 살포한다. (O)

20 곤충의 탈피와 변태 과정

1 탈피호르몬은 앞가슴샘에서 분비되며, 탈피를 조절한다. (O)

2 유약호르몬은 알라타체에서 분비되며, 유충의 탈피에 관여한다. (O)

3 무변태의 원시성 곤충은 성충이 되어도 계속 탈피를 한다. (O)

4 번데기 중 다리나 큰턱을 따로 움직일 수 없는 형태를 나용이라고 한다. (×)
→ 다리나 큰턱을 따로 움직일 수 없는 형태를 피용이라고 한다.

5 곤충 성장저해제는 곤충 특유의 성장 과정에 작용하므로, 포유류에 대한 독성이 낮다. (O)

6 장미등에잎벌의 번데기는 유충 탈피각을 가진 위용의 형태이다. (×)
→ 피용(나비번데기) : 부속지가 몸에 달라붙음
나용(딱정벌레류(벌목), 풀잠자리) : 모든 부속지가 자유로움
위용(파리류) : 가짜번데기 유각

21 식식성 곤충의 먹이 범위

1 식물 1, 2개 과(family)를 가해하는 협식성 곤충은 솔나방이다. (O)

2 식물 한 종 또는 한 속을 가해하는 단식성 해충은 회양목명나방이다. (O)

3 먹이 범위는 식물의 영양, 곤충의 소화와 해독 능력에 의해 결정된다. (O)

4 식물 4개 과(family) 이상의 식물을 먹이로 하는 광식성 해충은 황다리 독나방이다. (×)
   → 황다리독나방은 단식성 해충이다.
   ※ 광식성 해충 : 미국흰불나방, 매미나방, 천막벌레나방, 목화진딧물, 조팝나무진딧물, 복숭아혹진딧물, 전나무잎응애, 점박이응애, 오리나무좀, 알락하늘소 등

22 매미나방의 밀도억제 과정

1 월동하는 번데기를 찾아서 제거한다. (×)
   → 알로 월동하며, 4월 이전에 월동난괴를 제거한다.

2 기생벌류, 기생파리류의 일반평형밀도를 높인다. (O)

3 4, 5월 저온과 잦은 강우는 유충 사망률을 높인다. (O)

4 곤충병원성인 바이러스, 세균, 곰팡이의 밀도를 높인다. (O)

5 피해가 심한 지역은 선택적으로 약제를 사용하여 관리한다. (O)

23 수목 해충 예찰조사의 시기와 방법

1 솔수염하늘소는 4~8월에 우화목 대상 우화 상황 조사를 한다. (O)

2 잣나무별납작잎벌는 5월경 잣나무림 토양 내 유충수 조사를 한다. (O)

3 광릉긴나무좀는 유인목에 끈끈이트랩을 설치하고 4~8월에 유인 개체수 조사를 한다. (O)

4 오리나무잎벌레는 5~7월에 상부 잎 100개, 하부 잎 200개에서 알덩어리와 성충밀도 조사를 한다. (O)

24 종합적 해충관리

1 일반평형밀도를 높여 방제 횟수를 줄인다. (×)
   → 일반평형밀도를 낮추어 방제 횟수를 줄인다.
   ※ 일반평형밀도(GEP) : 약제방제와 같은 외부 간섭을 받지 않고 천적에 의해 자연적으로 형성된 해충 개체군의 평균밀도

2 예찰자료에 기반하여 방제 의사를 결정한다. (O)

3 경제적 피해허용수준 이하로 밀도를 관리한다. (O)

4 천적 등 유용생물에 영향이 적은 방제제를 사용한다. (O)

5 약제 저항성 발달 및 약제 잔류 등의 부작용을 최소화한다. (O)

25 해충의 화학적 방제

1 솔잎혹파리는 성충 우화기인 5~7월에 수관살포한다. (O)

2 솔껍질깍지벌레는 후약충기인 7월에 나무에 살포한다. (×)
   → 후약충시기(11월~2월)에 나무주사 또는 적용약제를 살포한다.

3 버즘나무방패벌레는 발생 초기인 5, 6월에 경엽처리한다. (O)

4 솔나방은 유충 가해기인 4~6월과 8, 9월에 경엽처리한다. (O)

5 미국흰불나방은 유충 발생 초기인 5월과 8월에 경엽처리한다. (O)

6 밀베멕틴 유제는 소나무재선충병을 예방하기 위한 나무주사제로 적합하다. (O)

7 해충이 어떤 식물을 섭식하였을 때 유독물질이나 성장저해물질로 인하여 죽거나 발육이 지연되는 내충성 기작은 항생성이다. (O)

26 수목해충의 방제

1 물리적 방제는 포살, 매몰, 차단 등의 방제 행위를 말한다.
(×)

→ 물리적 방제 : 온도, 습도, 색깔의 이용, 이온화에너지, 감압법 등
기계적 방제 : 포살, 유살, 소각, 매몰, 박피, 파쇄, 진동, 차단 등

2 생활권 도시림은 인간과 환경을 동시에 고려한 방제방법이 더욱 요구된다. (○)

3 법적 방제는 「식물방역법」, 「소나무 재선충병 방제특별법」과 같은 법령에 의한 방제를 의미한다. (○)

4 생물적 방제는 천적이나 곤충병원성 미생물을 이용하여 해충 밀도를 조절하는 방법이다. (○)

5 행동적 방제는 곤충의 환경 자극에 대한 반응과 이에 따른 행동반응을 응용하여 방제하는 방법이다. (○)

27 해충의 개념적 범주와 방제 수준

1 돌발해충은 간헐적으로 대발생하여 밀도가 경제적 피해수준을 넘는 해충이다. (○)

2 관건해충(상시해충)은 효과적인 천적이 없어서 인위적인 방제가 필수적이다. (○)

3 잠재해충은 유용천적이 다량 존재하여 자연적으로 발생이 억제되는 해충이다. (○)

4 응애나 진딧물과 같이 잎만 가해하는 해충은 과일을 가해하는 심식류 해충에 비하여 경제적 피해 수준의 밀도가 낮다. (×)
→ 심식류 해충에 비하여 경제적 피해 수준의 밀도가 낮지 않다.

5 경제적 피해허용수준의 밀도는 방제 수단을 사용할 수 있는 시간적 여유가 있어야 하므로 경제적 피해수준의 밀도보다 낮다.
(○)

28 해충의 발생 밀도 조사 방법

1 유아등 조사는 주지성을 지닌 해충 조사 방법이다. (×)
→ 유아등 조사는 주광성을 지닌 해충 조사 방법이다.

2 먹이 유인 조사는 미끼에 끌리는 성질을 이용한 조사 방법이다. (○)

3 페로몬 조사는 합성 페로몬에 유인되는 성질을 이용한 조사 방법이다. (○)

4 수반 조사는 물을 담은 수반에 유인되는 해충의 종류 및 발생 상황 조사 방법이다. (○)

5 공중 포충망 조사는 공중에 망을 설치해 놓고 그 안에 들어오는 해충 조사 방법이다. (○)

29 해충의 생태

1 자귀나무이는 잎 뒷면을 흡즙하고 끈적한 배설물을 분비한다. (○)

2 회화나무이는 성충으로 월동하고 흡즙하여 잎을 말리게 한다. (○)

3 철쭉띠띤애매미충은 잎 앞면을 흡즙하며 검은 배설물을 많이 남긴다. (×)
→ 철쭉띠띤애매미충은 성·약충이 잎 뒷면을 즙액 흡즙하여 잎 표면이 탈색되며, 방패벌레와 피해가 유사하지만 잎 뒷면에 검은 배설물이 없다.

4 뽕나무이는 잎, 줄기, 열매에 모여 흡즙하고 하얀 실 같은 밀납 물질을 분비한다. (○)

5 전나무잎말이진딧물은 하얀 밀납으로 덮여 있고, 신초를 흡즙하여 잎을 말리게 한다. (○)

30 수목 해충의 예찰 이론

1 예찰이란 해충의 분포상황·발생시기·발생량을 사전에 예측하는 일을 말한다. (○)

2 온도와 곤충 발육의 선형관계를 이용한 적산온도모형으로 발생시기를 예측한다. (○)

3 축차조사법은 해충의 밀도를 순차적으로 조사 누적하면서 방제여부를 판단하는 방법이다. (O)

4 연령생명표는 어떤 시점에 존재하는 개체군의 연령별 사망률을 추정한 것이지만 취약 발육단계를 구분하기는 어렵다. (×)

→ • 연령생명표 : 암컷 1마리당 산란수를 시점으로 각 발육단계를 연령등급으로 하여 사망요인으로 감소한 개체수를 산출한다.
• 시간생명표 : 어떤 시점에 존재하는 개체군의 연령 구성으로부터 각 연령 간격의 사망률을 추정하여 제작

5 해충이 수목을 가해하는 특정 발육 단계에 도달하는 시기와 발생량을 추정하기 위하여 환경조건과 기주범위 등에 대한 조사가 필요하다. (O)

---

31 산림 해충 모니터링 방법

1 소나무재선충 매개충은 우화목을 설치하여 우화시기를 조사한다. (O)

2 광릉긴나무좀은 유인목에 끈끈이트랩을 설치하여 유인수를 조사한다. (O)

3 오리나무잎벌레는 오리나무 50주에서 성페로몬을 이용하여 암컷 포획수를 조사한다. (×)

→ 5~7월 전국의 고정조사지에서 30본의 수목을 선정하여 조사목의 수관 상부에서 100개의 잎, 하부에서 200개의 잎에서 알덩어리와 성충 밀도를 매년 조사한다.

4 솔나방은 고정 조사지에서 가지를 선택하여 유충수를 조사하는 것을 기본으로 한다. (O)

5 솔잎혹파리는 고정 조사지에서 우화상을 설치하여 우화시기를 조사하고 신초에서 충영형성률을 조사한다. (O)

---

32 노린재목 곤충

1 노린재아목의 등판에는 사각형 소순판이 있으며 날개는 반초시이다. (×)

→ 앞가슴등판 아래에 삼각형의 소순판이 있으며, 앞 날개는 기부 절반이 가죽질, 끝 절반이 막질로 된 반초시이다.

2 육서종 노린재류는 식물을 흡즙하지만, 포유동물을 흡즙하지 못한다. (×)

→ 육서종 노린재류는 식물체의 관속 조직이나 종자 내에 저장된 영양분을 흡즙하며, 식물병원균을 전반한다. 포식성 노린재아목은 일반적으로 유용곤충으로 분류되지만, 인간의 피를 빨아 병을 매개하기도 한다.

3 매미의 소화계에는 여러 개의 식도가 있어서 잉여의 물과 감로를 빠르게 배설한다. (×)

→ 매미의 소화계는 여과실로 변형되어 있다. 여과실은 다량의 식물체 즙액을 소화하고 처리하는 기능을 하는데, 과잉의 물과 당류 등은 중장을 우회하여 감로와 같은 분비물로 배출되며, 여과된 식물체의 즙액 중 적은 양이 중장을 통과하면서 소화 · 흡수된다.

4 매미아목에는 매미, 잎벌레, 진딧물, 깍지벌레 등이 있으며, 찌르고 빠는 입틀을 가졌다. (×)

→ 잎벌레는 딱정벌레목에 속한다.

5 뿔밀깍지벌레는 자신이 분비한 밀랍으로 된 덮개 안에서 생활하고 부화 약충과 수컷 성충이 이동태이다. (O)

---

33 진딧물류의 생태와 피해

1 복숭아가루진딧물의 여름 기주는 대나무이다. (×)

→ 복숭아가루진딧물의 여름 기주는 억새나 살대이다.

2 목화진딧물의 겨울 기주는 무궁화나무이고 알로 월동한다. (O)

3 조팝나무진딧물은 기주의 신초나 어린 잎을 가해한다. (O)

4 소나무왕진딧물은 소나무 가지를 가해하며 기주전환을 하지 않는다. (O)

5 복숭아혹진딧물의 겨울 기주는 복숭아 나무 등이고 양성생식과 단위생식을 한다. (O)

---

34 천공성 해충의 생태와 피해

1 복숭아유리나방의 어린 유충은 암브로시아균을 먹고 자란다. (×)

→ 수피 밑의 형성층 부분을 갉아 먹는다.

2 박쥐나방의 어린 유충은 초본류의 줄기 속을 가해한다. (O)

3 광릉긴나무좀 암컷은 수피에 침입공을 형성한 후에 수컷을 유인한다. (×)
→ 수컷이 수피에 침입공을 형성한 후에 유인물질을 발산하여 암컷을 유인한다.

4 벚나무사향하늘소 유충은 수피를 고리 모양으로 파먹고 배설물 띠를 만든다. (×)
→ 박쥐나방의 유충은 어릴 때는 초본식물의 줄기를 가해하며, 성장한 유충은 나무로 이동하여 수피와 목질부 표면을 고리 모양으로 파먹고 혹처럼 생긴 배설물 띠를 만든다.

5 오리나무좀 성충은 외부로 목설을 배출하지 않기 때문에 피해를 발견하기 쉽지 않다. (×)
→ 오리나무좀 성충은 외부로 목설을 배출한다.

35 종실 해충의 생태와 피해

1 솔알락명나방은 잣 수확량을 감소시키는 주요 해충으로 연 1회 발생한다. (O)

2 복숭아명나방은 밤의 주요 해충으로 알로 월동하며 밤송이를 가해한다. (×)
→ 복숭아명나방은 밤의 주요 해충으로 유충으로 월동하며 밤송이를 가해한다.

3 밤바구미는 성충으로 월동하며 유충은 과육을 가해하므로 피해 증상이 쉽게 발견된다. (×)
→ 밤바구미는 유충으로 월동하며 유충은 피해 증상이 쉽게 발견되지 않는다.

4 백송애기잎말이나방은 연 3회 발생하고 번데기로 월동하며 유충은 구과나 새가지를 가해한다. (×)
→ 백송애기잎말이나방은 연 1회 발생한다.

5 도토리거위벌레는 성충으로 땅 속에서 흙집을 짓고 월동하며 성충은 도토리에 주둥이로 구멍을 뚫고 산란한다. (×)
→ 도토리거위벌레는 유충으로 땅 속에서 흙집을 짓고 월동하며 성충은 도토리에 주둥이로 구멍을 뚫고 산란한다.

36 식엽성 해충

1 솔나방은 5령 유충으로 월동하고 4월경부터 활동하면서 솔잎을 먹고 자란다. (O)

2 오리나무잎벌레는 연 2~3회 발생하고 성충은 잎 하나당 한 개의 알을 낳는다. (×)
→ 연 1회 발생, 잎 뒤에 50~60개 산란

3 버들잎벌레는 연 1회 발생하며 성충으로 월동하고, 잎 뒷면에 알덩어리를 낳는다. (O)

4 회양목명나방은 연 2~3회 발생하며, 유충이 실을 분비하여 잎을 묶고 잎을 섭식한다. (O)

5 주둥무늬차색풍뎅이는 연 1회 발생하며, 주로 성충으로 월동하고 참나무 등의 잎을 갉아 먹는다. (O)

37 식엽성 해충의 방제 방법

1 제주집명나방은 벌레집을 채취하여 포살한다. (O)

2 호두나무잎벌레는 피해 잎에서 유충과 번데기를 제거한다. (O)

3 좀검정잎벌은 볏짚 등을 이용하여 유인한 후 제거한다. (×)
→ 피해 초기에 유충을 포살한다.

4 느티나무벼룩바구미는 끈끈이트랩을 이용하여 성충을 제거한다. (O)

5 황다리독나방은 줄기에서 월동 중인 알덩어리를 채취하여 제거한다. (O)

38 천적의 특성

1 개미침벌은 솔수염하늘소의 내부 기생성 천적이다. (×)
→ • 내부 기생성 천적 : 먹좀벌류, 진디벌류
• 외부 기생성 천적 : 개미침벌, 가시고치벌

2 애꽃노린재는 총채벌레를 포식하는 천적이다. (O)

3 기생성 천적은 알을 기주 몸체 내부 또는 외부에 낳는다. (O)

4 칠성풀잠자리는 유충과 성충이 진딧물의 포식성 천적이다. (O)

5 기생성 천적은 대체로 기주특이성이 강하고 기주보다 몸체가 작다. (O)

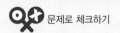

수목생리학

01 잎의 구조와 기능

1 기공은 2개의 공변세포로 이루어져있다. (O)

2 대부분의 피자식물에서 기공은 하표피에 분포한다. (O)

3 주목과 전나무의 침엽은 책상조직과 해면조직으로 분화되어 있지 않다. (×)
  → 은행나무, 주목, 전나무, 미송 등은 책상조직과 해면조직으로 분화되어 있으며, 소나무류는 분화되어 있지 않다.

4 광합성이 왕성할 때 이산화탄소를 흡수하고 산소를 방출하는 장소이다. (O)

5 기공의 분포밀도가 높은 수종은 기공이 작고, 밀도가 낮은 수종은 기공이 큰 경향이 있다. (O)

02 수목 뿌리의 구조와 생장

1 세근의 내초에는 카스파리대가 있다. (×)
  → 내피는 방사단면의 세포벽과 내피세포가 맞닿아 있어 자유로운 수분의 이동을 효율적으로 차단할 수 있는 카스페리안대가 형성되어 있다.

2 근관은 분열조직을 보호하고 굴지성을 유도한다. (O)

3 점토질 토양보다는 사질 토양에서 근계가 더 깊게 발달한다. (O)

4 수분과 양분을 흡수하는 세근은 표토에 집중적으로 모여 있다. (O)

5 온대지방에서 뿌리의 생장은 줄기의 신장보다 먼저 시작되며 가을에 늦게까지 지속된다. (O)

03 식물의 호흡

1 과실의 호흡은 결실 직후에 가장 적다. (×)
  → 호흡형은 과실 형성 직후에는 호흡이 왕성하지만 과실이 성장함에 따라 서서히 저하되다가 성숙단계를 지나 완숙이 진행되는 전환기에 호흡이 급상승한 후 점차 감소하며 과실이 노화된다.

2 눈이 휴면에 들어가면 호흡이 증가한다. (×)
  → 호흡은 세포분열이 활발한 곳에 많은 에너지가 필요할 때 왕성하게 발생하며, 휴면기에 접어든 조직은 에너지 사용량을 줄이고 체내에 축적한다.

3 호흡활동이 가장 왕성한 기관은 줄기다. (×)
  → 지상부에서 잎의 호흡이 가장 왕성하고, 눈의 호흡은 계절적 변동이 심하다. 형성층의 호흡은 외부접촉을 안해 산소공급이 부족하므로 혐기성 호흡이 일어나는 경향이 있다. 지하부에서 뿌리는 무기염을 흡수하면서 ATP를 소모하므로 산소 호흡량이 많다.

4 C-4식물은 C-3식물에 비해 광호흡이 많다. (×)
  → C-4식물은 광호흡량이 적으므로 C-3식물보다 광합성 속도가 더 빠르다.

5 성숙한 종자는 미성숙한 것보다 호흡이 적다. (O)

6 해당작용은 포도당이 분해되는 단계로 산소가 필요하다. (×)
  → 해당 작용는 산소를 요구하지 않는다.

7 주로 탄수화물을 산화시켜 에너지를 발생시키는 과정이다. (O)

8 줄기 호흡은 수피와 형성층 주변 조직에서 주로 일어난다. (O)

9 호흡기작은 해당작용, 크랩스회로, 전자전달계의 3단계로 이루어진다. (O)

10 호흡에서 생산되는 ATP는 광합성 광반응에서 생기는 ATP와 같은 형태의 조효소이다. (O)

04 수목의 조직

1 원표피는 1차 분열조직이며, 수(pith)는 1차 조직이다. (O)

2 뿌리 횡단면에서 내피는 내초보다 안쪽에 위치한다. (×)
→ 뿌리 횡단면에서 내피는 내초보다 바깥쪽에 위치하며 카스페리안대가 위치한다.

3 줄기 횡단면에서 피층은 코르크층보다 바깥쪽에 위치한다.
(×)
→ 줄기 횡단면 : 목부 – 형성층 – 사부 – 피층 – 코르크형성층 – 코르크층피층 – 표피

4 코르크형성층의 세포분열로 바깥쪽에 코르크피층을 만든다.
(×)
→ 주피(코르크조직) : 피층 – 코르크피층 – 코르크형성층 – 코르크층 – 표피

5 관다발(유관속)형성층의 세포분열로 1차 물관부와 1차 체관부가 형성된다. (×)
→ 어린 뿌리는 내초 안쪽에 1차목부와 1차사부가 배열하고 있다. 1차목부와 1차사부 사이에 있는 유세포가 세포분열을 시작하여 형성층을 만들기 시작한다.

05 식물 호르몬

1 지아틴(zeatin), 키네틴(kinetin)과 같은 아데닌(adenine) 구조를 가진 물질로 세포분열을 촉진하고 잎의 노쇠지연에 관여하는 식물 호르몬은 시토키닌(cytokinin)이다. (O)

06 수목의 생장

1 형성층에서 2차 생장이 일어난다. (O)

2 정단분열조직은 줄기, 가지, 뿌리의 끝에 있다. (O)

3 생식생장이 영양생장을 억제하는 경우가 있다. (O)

4 원추형의 수관은 식물호르몬 옥신에 의한 정아우세의 결과이다. (O)

5 무한생장형 줄기에는 끝에 눈이 맺혀서 주지의 생장이 조절된다. (×)
→ 무한생장은 정아가 죽으면 맨 위에 있는 측아가 정아의 역할을 하여 이듬해 봄 다시 줄기가 자란다.

07 수목의 수피 조직

1 외수피는 죽은 조직이다. (O)

2 2차 사부는 내수피에 속한다. (O)

3 코르크피층은 살아있는 조직이다. (O)

4 유관속 형성층을 기준으로 수피와 목질부를 구분한다. (O)

5 뿌리가 목질화될 때 발달하는 코르크층은 피층에서 발생한다. (×)
→ 뿌리가 목질화될 때 발달하는 코르크층은 코르크형성층에서 발생한다.

08 수목의 유세포

1 원형질이 있으며, 세포벽이 얇다. (O)

2 잎, 눈, 꽃, 형성층 등에 집중적으로 모여 있다. (O)

3 세포분열, 광합성, 호흡, 증산작용 등의 기능을 담당한다. (O)

09 균근

1 소나무과의 수목은 외생균근을 형성한다. (O)

2 사과나무 등 과수류의 수목은 내생 균근을 형성한다. (O)

3 어린뿌리가 토양에 있는 곰팡이와 공생하는 형태이다. (O)

4 내생균근의 균사는 내피 안쪽의 통도조직까지 들어간다.
(×)
→ 내생균근은 기주 뿌리의 피층세포 내에 존재하며, 두꺼운 균사층을 형성하지 않는다. 짧은 기간 동안 생장하고 난 후 없어지거나 분해된다.

5 주기적으로 비료를 주는 관리토양 에서는 균근의 형성률이 낮다. (O)

10 생물학적 질소고정

1 아조토박터는 자유생활을 하는 질소 고정 미생물이다.　（O）

2 소철과 공생하는 질소고정 미생물은 클로스트리듐이다.　（×）
   → 클로스트리듐(Clostridium)은 토양 내 자유로운 질소 고정 미생물이며, 식물과 공생하는 질소 고정 미생물은 Cyanobacteria, Rhizobium, Frankia 등이 있다.

3 미생물에 의해 불활성인 N_2 가스가 환원되는 과정이다.　（O）

4 아까시나무와 공생하는 질소고정 미생물은 리조비움이다.　（O）

5 오리나무류와 공생하는 질소고정 미생물은 프랑키아이다.　（O）

11 수목의 직경생장

1 형성층 세포는 분열할 때 접선 방향으로 새로운 세포벽을 만드는 병층분열에 의하여 목부와 사부를 만든다. 생리적으로 체내 식물호르몬 중 옥신의 함량이 높고 지베렐린이 낮은 조건에서는 목부를 우선 생산하는 것으로 알려져 있다.　（O）

2 목부와 사부의 시원세포를 추가로 만들기 위해 횡단면상에서 접선 방향으로 세포벽을 만드는 세포분열은 병층분열이다.　（O）

12 수목의 뿌리

1 측근은 내초세포가 분열하여 만들어진다.　（O）

2 건조한 지역에서 자라는 수목일수록 S/R율이 상대적으로 작다.　（O）

3 소나무의 경우 토심 20cm 내에 전체 세근의 90% 정도가 존재한다.　（O）

4 균근을 형성하는 소나무 뿌리에는 뿌리털이 거의 발달하지 않는다.　（O）

5 증산작용이 왕성한 잎에서 수분의 능동흡수가 나타난다.　（×）
   → 증산작용이 왕성하면 수분의 집단유동에 의해 뿌리는 수동적으로 수분을 흡수한다.

6 온대지방에서는 봄에 줄기 생장이 시작된 후에 뿌리 생장이 시작된다.　（×）
   → 뿌리는 이른 봄에 줄기의 신장보다 빨리 시작하며, 가을에 줄기보다 더 늦게 지속된다.

7 일액현상은 수동흡수에 의해 나타나는 현상이다.　（×）
   → 일액현상은 능동흡수에 의해 나타나는 현상이다.

8 카스페리안대는 물과 무기염의 자유로운 이동을 막는다.　（O）

9 여름철에는 뿌리의 삼투압에 의해서만 수분흡수가 이루어진다.　（×）
   → 겨울철에 증산작용을 하지 않는 낙엽수는 뿌리의 삼투압에 의하여 수분을 흡수한다(일액현상).

10 근압에 의한 수분이동은 수동흡수에 의한 것보다 빠르게 진행된다.　（×）
   → 근압에 의한 수분이동은 능동흡수로서 증산작용에 의한 수분이동보다 매우 느리고 수목의 수분흡수 양은 매우 적다.

11 뿌리의 분포는 토성의 영향을 많이 받는다.　（O）

12 소나무류는 일반적으로 뿌리털이 발달하지 않는다.　（O）

13 겨울에 토양 온도가 낮아지면 뿌리 생장이 정지된다.　（O）

14 수분과 양분을 흡수하는 세근은 표토에 집중되어 있다.　（O）

13 수고생장

1 도장지는 우세목보다 피압목에서, 성목보다 유목에서 더 많이 만든다.　（O）

2 느릅나무는 어릴 때의 정아우세 현상이 없어지면서 구형 수관이 된다.　（O）

3 대부분의 나자식물은 정아지가 측지보다 빨리 자라서 원추형 수관이 된다.　（O）

4 잣나무는 당년에 자랄 줄기의 원기가 전년도 가을에 동아 속에 미리 만들어진다.　（O）

5 은행나무는 어릴 때 고정생장을 하는 가지가 대부분이지만, 노령기에는 거의 자유생장을 한다.　（×）
   → 은행나무는 어릴 때 자유생장을 하는 가지가 대부분이지만, 노령기에는 거의 고정생장을 한다.

6 고정생장을 하는 수종은 여름 이후에는 키가 자라지 않는다.　（O）

7 참나무류, 은행나무는 자유생장을 하는 수종이다. (×)
→ 자유생장 수목인 은행나무, 포플러류는 어릴 때 자유생장을 하지만, 노령기에는 고정생장을 한다. 고정생장 수목인 가문비나무는 어린 묘목 시기에 자유생장을 하지만, 차츰 고정생장을 한다.

8 자유생장을 하는 수종은 춘엽과 하엽을 생산하여 이엽지를 만든다. (O)

9 자유생장을 하는 벚나무를 이식하면 수년간 고정생장에 그치는 경우가 많다. (O)

10 잣나무, 전나무와 같이 가지가 윤생을 하는 고정생장 수종은 줄기의 마디 수를 세어 수령을 추정할 수 있다. (O)

---

14 압축이상재

1 활엽수보다 침엽수에서 나타난다. (O)

2 응력이 가해지는 아랫쪽에 형성된다. (O)

3 가도관 세포벽에 두꺼운 교질섬유가 축적된다. (×)
→ 신장이상재는 활엽수의 도관에서 두꺼운 세포벽을 가진 교질섬유가 다량으로 축적된다.

4 가도관의 횡단면은 모서리가 둥글게 변형된다. (O)

5 신장이상재보다 편심생장 형태가 더 뚜렷하게 나타난다. (O)

---

15 탈리현상

1 에틸렌은 탈리현상을 촉진한다. (O)

2 이층(떨켜)은 생장 중인 어린잎에서 미리 예정되어 있다. (O)

3 분리층의 세포벽이 분해되어 세포가 떨어짐으로써 탈리가 일어난다. (O)

4 이층 안의 분리층은 세포의 형태가 구형이고 크기가 팽창되어 있다. (×)
→ 탈리현상 : 잎의 엽병 밑부분에서 이층이 형성된다. 이층 세포는 크기가 작고 세포벽이 얇다. 가을이 되면 분리층이 떨어져가고 분리된 표면에 수베린, gum등이 분비되어 보호층을 형성한다.

5 탈리가 일어나기 전부터 보호층에 목전질(Suberin)이 축적되기 시작한다. (O)

---

16 수분퍼텐셜

1 엽육조직에는 압력퍼텐셜이 삼투퍼텐셜 보다 더 낮다. (×)
→ 증산작용을 하고 있는 수목은 엽육조직에서 수분 부족으로 엽육세포의 삼투압과 세포벽의 수화작용(세포벽과 물분자 간의 부착력)에 의해 주위의 도관으로부터 엽육세포로 수분이 이동하게 된다. 이때 도관벽은 수축되며 팽압 대신 장력하에 놓이며 압력포텐셜을 (−)값으로 만들어 수목의 수분포텐셜이 더 낮아지게 된다.

2 수분은 토양에서 대기까지 수분퍼텐셜이 낮은 방향으로 이동한다. (O)

3 줄기 목부도관의 수분퍼텐셜은 주로 압력퍼텐셜에 의해서 결정된다. (O)

4 뿌리 내초 세포의 수분퍼텐셜이 −0.7 MPa, 삼투퍼텐셜이 −1.8 MPa 이라면, 압력퍼텐셜은 +1.1 MPa이다. (O)

5 나무 체내의 수분 이동 경로에서 수분퍼텐셜에 기여하는 주요 요소는 압력퍼텐셜과 삼투퍼텐셜이다. (O)

6 순수한 물은 삼투퍼텐셜이 '0'이다. (O)

7 진공 상태에 있는 물은 압력퍼텐셜이 '0'이다. (×)
→ 진공 상태에 있는 물은 압력퍼텐셜이 (−)값을 가진다.

8 같은 높이에 있는 세포는 중력퍼텐셜의 차이가 '0'이다. (O)

9 물을 최대로 흡수한 팽윤세포는 수분퍼텐셜이 '0'이다. (O)

10 탈수로 원형질이 분리된 세포는 압력퍼텐셜이 '0'이다. (O)

---

17 수분 스트레스에 대응하는 생리 · 생장 반응

1 엽육세포의 삼투압이 증가한다. (O)

2 추재의 생장 감소율이 춘재보다 더 크다. (×)
→ 춘재의 생장 감소율이 추재보다 더 크다.

3 식물호르몬인 ABA의 작용으로 기공이 폐쇄된다. (O)

4 조기 낙엽은 수분 손실을 감소시키는 효과가 있다. (O)

5 팽압 감소로 잎과 어린가지에 시들음 증상이 나타난다. (O)

18 　수목의 기공 개폐

1 가시광선에 노출되면 기공이 닫힌다. 　　　　　　　(×)
　　→ 햇빛을 받으면 기공이 열리고, 엽육조직 세포간극 내 CO_2 농도가 낮으면 기공이 열린다.

2 건조 스트레스가 커지면 기공이 열린다. 　　　　　　(×)
　　→ 건조 스트레스가 커지면 기공이 닫힌다.

3 온도가 35℃ 이상으로 높아지면 기공이 열린다. 　　(×)
　　→ 온도가 높아지면 호흡작용이 높아져 CO_2가 축적되므로 기공이 닫힌다.

4 엽육 조직의 세포 간극 내 CO_2 농도가 낮으면 기공이 열린다.
　　　　　　　　　　　　　　　　　　　　　　　　　(○)

5 에브시식산(abscisic acid) 농도가 증가하면 기공이 열린다.
　　　　　　　　　　　　　　　　　　　　　　　　　(×)
　　→ 수분이 부족하면 뿌리와 엽육세포에서 만든 ABA가 공변세포로 이동하여 K^+를 밖으로 나가게 하므로 기공이 닫힌다.

19 　수목의 질소대사

1 잎에서 회수된 질소의 이동은 목부를 통하여 이루어진다. (×)
　　→ 잎에서 회수된 질소의 이동은 사부를 통하여 이루어진다.

2 잎에서 회수된 질소는 목부와 사부 내 방사 유조직에 저장된다. 　　　　　　　　　　　　　　　　　　　　　(○)

3 낙엽 직전의 질소함량은 잎에서는 감소하고 가지에서는 증가한다. 　　　　　　　　　　　　　　　　　　　　　(○)

4 수목이 진수함량은 변재보다 심재에서 더 적다. 　　(○)

5 수목은 제한된 질소를 효율적으로 활용하기 위하여 오래된 조직에서 새로운 조직으로 재분배한다. 　　　　　　(○)

20 　봄과 가을의 수목 내 질소 이동

1 회수되는 질소의 이동은 목부를 통해 이루어진다. 　(×)
　　→ 회수되는 질소의 이동은 사부를 통해 이루어진다.

2 질소 함량의 계절적 변화는 사부보다 목부가 더 크다. 　(×)
　　→ 질소 함량의 계절적 변화는 목부보다 사부가 더 크다.

3 잎에서 회수된 질소는 줄기의 목부와 사부의 수선유세포에 저장된다. 　　　　　　　　　　　　　　　　　　　(○)

4 엽병의 이층(abscission layer) 세포는 다른 부위의 것에 비해 크고 세포벽이 얇다. 　　　　　　　　　　　　(×)
　　→ 잎의 엽병 밑부분에서 이층이 형성되는데, 이층 세포는 크기가 작고 세포벽이 얇다.

5 봄이 되면 줄기나 가지 등에 있는 저장 단백질은 질산태질소 형태로 분해되어 이동된다. 　　　　　　　　(×)
　　→ 봄철에 저장단백질이 분해되어 아미노산, 아미드, 우레이드 등의 형태로 목부를 통해 새로운 잎으로 이동한다.

21 　수목의 호흡

1 형성층은 수피와 가깝기 때문에 호기성 호흡만 일어난다. (×)
　　→ 형성층의 호흡은 외부접촉을 하지 않아 산소공급이 부족하므로 혐기성 호흡이 일어나는 경향이 있다.

2 수령이 증가할수록 광합성량에 대한 호흡량이 증가한다. (○)

3 음수는 양수에 비해 최대 광합성량이 적고, 호흡량도 낮은 수준을 유지한다. 　　　　　　　　　　　　　　(○)

4 밀식된 임분은 개체 수가 많고 직경이 작아 임분 전체 호흡량이 많아진다. 　　　　　　　　　　　　　　　(○)

5 잎의 호흡량은 잎이 완전히 자란 직후 가장 왕성하며, 가을에 생장을 정지하거나 낙엽 직전에 최소로 줄어든다. 　(○)

6 기질이 환원되어 에너지가 발생된다. 　　　　　　(×)
　　→ 미토콘드리아에서 기질(탄수화물 등의 유기물)을 산화시키면서 에너지를 발생한다.

7 호흡의 모든 단계는 미토콘드리아에서 일어난다. 　(×)
　　→ 해당작용 : 세포질(시토졸), 크랩스회로(Krebs cycle) : 미토콘드리아 기질, 말단전자전달경로 : 미토콘드리아 내막

8 호흡의 모든 단계에서는 산소가 필수적으로 요구된다. 　(×)
　　→ 해당 작용단계에서는 산소를 요구하지 않는다.

9 전자전달경로는 해당작용에 비해 에너지 생산효율이 낮다.
(×)

→ 해당작용은 ATP를 소모하면서 ATP를 생산하여 ATP를 생산하므로 에너지 생성률이 낮다. 말단전자경로는 NADH로 전달된 전자와 수소가 산소에 전달되어 물을 환원시키면서 추가로 ATP를 생산하는 과정이므로 해당작용보다 에너지 생산효율이 높다.

10 전자전달경로에서 NADH로 전달된 전자는 최종적으로 산소에 전달된다.
(O)

11 포도당이 완전히 분해되면, 각각 2개의 CO_2 분자와 물 분자를 생성시킨다.
(×)

→ 포도당이 완전히 분해되면, 각각 6개의 CO_2 분자와 물 분자를 생성시킨다.

12 해당작용은 포도당이 2분자의 피루브산으로 분해되는 과정으로 세포질에서 일어난다.
(O)

13 크랩스 회로는 기질 수준의 인산화 과정으로 CO_2, ATP, NADPH, $FADH_2$가 생성된다.
(×)

→ 4개의 CO_2를 발생하며, NADH, $FADH_2$, ATP가 생성된다.

14 전자전달계를 통해 일어나는 호흡은 혐기성 호흡으로 효율적으로 ATP가 생산된다.
(×)

→ 말단전자전달경로는 산소가 소모되므로 호기성 호흡이며 ATP가 생산된다.

15 호흡을 통해 만들어진 ATP는 광합성 반응에서와 같은 화합물이며, 높은 에너지를 가진 효소이다.
(×)

→ 호흡을 통해서 생성된 ATP는 광합성의 광반응에서 생성된 ATP와 같은 형태의 조효소이며 높은 에너지를 가진 화합물이다.

22   수목의 꽃

1 벚나무 꽃은 완전화이다. (O)

2 가래나무과 꽃은 2가화이다. (×)

→ 목본 피자식물이 단성화를 가진 경우에는 대부분 1가화 로 암꽃과 수꽃이 한 그루 내에 달린다. 참나무과(참나무류, 밤나무류), 가래나무과, 자작나무과(자작나무류, 오리나무류)가 있다.

3 잡성화는 물푸레나무에서 볼 수 있다. (O)

4 자귀나무는 암술과 수술을 한 꽃에 모두 가진다. (O)

5 버드나무류는 암꽃과 수꽃이 각각 다른 그루에 달린다. (O)

23   질산환원

1 질산환원효소에 의한 반응은 색소체(plastid)에서 일어난다.
(×)

→ 질산환원효소 반응은 세포질에서, 아질산환원효소 반응은 전색소체(엽록체) 내에서 일어난다.

2 탄수화물의 공급 여부와는 관계없이 체내에서 쉽게 이루어지지 않는다.
(×)

→ 질산환원은 쉽게 이루어지지만 탄수화물의 공급이나 대사활동이 느려지면 축적되는 경우가 있다.

3 소나무류와 진달래류는 NH_4^+가 적은 토양에서 자라면서 질산환원 대사가 뿌리에서 일어난다.
(×)

→ 소나무류와 진달래류는 NH_4^+가 많은 산성 토양에서 자라면서 공생균의 도움으로 NH_4^+를 흡수하여, 뿌리에서 질산환원 대사가 일어난다.

4 뿌리에서 흡수된 NO_3^-는 아미노산으로 합성되기 전 $NH4+$ 형태로 먼저 환원된다.
(O)

5 질산환원효소는 햇빛에 의해 활력도가 낮아지기 때문에 효소의 활력이 밤에는 높고 낮에는 줄어든다.
(×)

→ 질산환원효소는 햇빛에 의해 활력도가 높아지므로 낮에 효소 활력이 높고, 밤에 줄어든다.

6 나자식물의 질산환원은 뿌리에서 일어난다. (O)

7 질산환원효소에는 몰리브덴이 함유되어 있다. (O)

8 NO_3^-가 NO_2^-로 바뀌는 반응은 세포질 내에서 일어난다. (O)

9 루핀(   )형 수종의 줄기 수액에는 NO_3^-가 많이 검출된다.
(×)

→ 루핀형 수종은 소나무류와 마찬가지로 질산환원 대사가 뿌리에서 일어나므로 줄기의 수액에는 NO_3^-가 거의 없고 아미노산과 질소의 농축물인 ureides가 존재한다.

10 NO_2^-가 NH_4^+로 바뀌는 반응이 도꼬마리 (   )형 수종에서는 엽록체에서 일어난다.
(O)

24   햇빛과 수목의 생리적 효과

1 명반응에서 ATP가 만들어진다. (O)

2 햇빛을 향해 자라는 현상은 옥신의 재분배로 일어난다. (O)

3 중력작용 방향으로 자라는 현상은 옥신의 재분배로 일어난다. (O)

4 우거진 숲의 지면에서는 원적색광이 적색광보다 적어 종자 발아가 억제된다. (×)
 → 대부분의 수목종자는 광선의 존재에 관계없이 발아한다.

5 청색광을 감지하여 햇빛 쪽으로 자라게 유도하는 색소는 크립토크롬(cryptochrome)이다. (O)

<hr>

25 탄수화물

1 포도당, 과당은 단당류이다. (O)

2 세포벽의 주요 구성 성분이다. (O)

3 전분, 셀룰로스, 펙틴은 다당류이다. (O)

4 에너지를 저장하는 주요 화합물이다. (O)

5 온대지방 낙엽수의 탄수화물 농도는 늦은 봄에 가장 높다. (×)
 → 가을에 줄기의 탄수화물 농도가 최고치에 도달하여 겨울철 내한성을 증가시킨다.

6 늦은 봄이 되면 수목의 초기생장에 모두 사용되므로 탄소화물의 함량은 최저치에 달한다. (O)

7 겨울철에는 전분이 설탕과 환원당으로 바뀌어 가지의 내한성을 증가시키는 역할을 한다. (O)

8 리보오스(ribose)는 핵산의 구성 물질이다. (O)

9 수크로스(sucrose)는 살아있는 세포 내에 널리 분포하고 있다. (O)

10 헤미셀룰로오스는 2차 세포벽에서 셀룰로오스 다음으로 많다. (O)

11 아밀로스(amylose)는 포도당이 가지를 많이 친 사슬 모양을 하고 있다. (×)
 → 아밀로펙틴(amylopectin)은 포도당이 가지를 많이 친 사슬 모양을 하고 있다.

12 펙틴은 1차 세포벽에는 있지만 2차 세포벽에는 거의 존재하지 않는다. (O)

13 탄수화물은 뿌리에서 수(pith), 종축방향 유세포와 방사조직 유세포에 저장된다. (O)

14 수목 내 탄수화물은 지방이나 단백질을 합성하기 위한 예비 화합물로 쉽게 전환된다. (O)

15 잎에서는 단당류보다 자당(sucrose)의 농도가 높으며, 자당의 합성은 엽록체 내에서 이루어진다. (×)
 → 잎 조직 세포내에는 단당류보다 2당류인 설탕의 농도가 훨씬 더 높다. 설탕의 합성은 엽록체 내에서 이루어지지 않고 세포질에서 합성된다. 전분(starch)은 엽록체, 전분체에 축적된다.

16 낙엽수의 사부에는 겨울철 전분의 함량은 감소하고 자당과 환원당의 함량은 증가한다. (O)

17 자유생장수종은 수고생장이 이루어질 때마다 탄수화물 함량이 감소한 후 회복된다. (O)

18 주로 환원당 형태로 운반된다. (×)
 → 탄수화물이 이동할 때 모두 비환원당이 된다. (비환원당이 효소에 분해가 잘 되지 않고, 화학반응에 안정적이라서 먼 거리까지 이동이 용이하기 때문이다.)

19 사부조직을 통하여 이루어진다. (O)

20 성숙한 잎의 엽육조직은 탄수화물의 공급원이다. (O)

21 열매, 형성층, 가는 뿌리는 탄수화물의 수용부이다. (O)

22 공급부와 수용부 사이의 압력 차이로 발생한다는 압류설이 유력하다. (O)

<hr>

26 다당류

1 점액질(mucilage)은 뿌리가 토양을 뚫고 들어갈 때 윤활제 역할을 한다. (O)

2 펙틴은 중엽층에서 이웃세포를 결합시키는 역할을 하지만, 2차 세포벽에는 거의 존재하지 않는다. (O)

3 전분은 세포 간 이동이 안되기 때문에 세포 내에 축적되는데, 잎의 경우 엽록체에 직접 축적된다. (O)

4 헤미셀룰로오스는 2차 세포벽에서 가장 많은 비율을 차지하나, 1차 세포벽에서는 셀룰로오스보다 적은 비율을 차지한다. (×)
 → 헤미셀룰로오스는 세포벽의 주성분으로 1차 세포벽에 25~50%, 2차 세포벽에서 30% 정도로 셀룰로오스 다음으로 많다.

27 수목의 지질

1 카로티노이드는 휘발성으로 타감작용을 한다. (×)
→ 정유는 수목의 독특한 냄새(향기)를 유발하는 휘발성 물질로 타감작용으로 경쟁식물의 생장을 억제한다. 카르테노이드는 식물에 노란색, 오렌지색, 적색 등을 나타내는 색소이다.

2 페놀화합물의 함량은 초본식물보다 목본식물에 더 많다. (O)

3 납(wax)과 수베린은 휘발성화합물로 종자에 저장된다. (×)
→ 왁스, 큐틴, 수베린 등은 잎, 줄기 또는 종자의 표면에 피복층을 만든다.

4 리그닌은 토양 속에 존재하며, 식물 생장을 억제한다. (×)
→ 타닌은 폴리페놀의 중합체로서 떫은맛이 나고, 토양에 분해되지 않고 남아 있어 타감작용을 하여 경쟁식물의 생장을 억제한다.

5 팔미트산(palmitic acid)은 불포화지방산에 속하며, 목본식물에 많이 존재한다. (×)
→ 팔미트산은 대표적인 포화지방산이다.

28 수지(resin)와 수지구(resin ducts)

1 수지는 수목에서 저장에너지 역할을 한다. (×)
→ 수지는 수목에서 에너지저장의 역할을 하지 않는다. 목재의 부패 방지, 나무좀의 공격에 대한 저항성 생성 등의 역할을 한다.

2 수지는 목질부의 부패를 방지하는 기능이 있다. (O)

3 수지를 분비하는 세포는 수지구의 피막세포이다. (O)

4 수지는 C10~C30의 탄소수를 가지고 있는 물질의 혼합체이다. (O)

5 침엽수가 나무좀의 공격을 받으면 목부의 유세포가 추가로 수지구를 만든다. (O)

29 수목의 유형기와 성숙기의 형태적, 생리적 차이

1 향나무의 비늘잎은 유형기의 특징이다. (×)
→ 향나무의 바늘잎은 유형기의 특징이다.

2 서양담쟁이덩굴 잎의 결각은 성숙기의 특징이다. (×)
→ 서양담쟁이덩굴 잎의 결각은 유형기의 특징이다.

3 리기다소나무의 유형기는 전나무에 비해 길다. (×)
→ 리기다소나무의 유형기는 전나무에 비해 짧다.

4 굴나무는 유형기보다 성숙기에 가시가 많이 발생한다. (×)
→ 굴나무는 성숙기보다 유형기에 가시가 많이 발생한다.

5 음나무의 환공재 특성은 유형기보다 성숙기에 잘 나타난다. (O)

30 무기영양소

1 망간은 효소의 활성제로 작용한다. (O)

2 마그네슘은 엽록소의 구성성분이다. (O)

3 칼륨은 삼투압 조절의 역할에 기여한다. (O)

4 엽면시비 시 칼슘은 마그네슘보다 빨리 흡수된다. (×)
→ 마그네슘이 칼슘보다 빨리 흡수된다.
→ 이동이 쉬운 원소 : 질소, 인, 칼륨, 마그네슘
이동이 쉽지 않은 원소 : 칼슘, 철, 붕소

5 식물조직에서 건중량의 0.1% 이상인 무기영양소는 대량원소, 0.1% 미만은 미량원소라 한다. (O)

6 잎, 수간, 뿌리의 순서로 인의 농도가 높다. (×)
→ 잎, 뿌리, 수간의 순서로 인의 농도가 높다.

7 수목 내 질소의 계절적 변화폭은 잎이 뿌리보다 크다. (O)

8 잎의 칼륨 함량 분석은 9월 이후에 실시하는 것이 적절하다. (×)
→ 온대지방에서 가을이 가까워지면 이동이 용이한 N, P, K 등의 함량은 잎에서 감소하고, Ca과 같은 이동이 쉽지 않은 원소는 증가한다. 그러므로 가을 이후는 이동성 용이 원소가 대부분 감소하여 적절하지 않다.

9 무기영양소에 대한 요구도는 일반적으로 침엽수가 활엽수보다 크다. (×)
→ 활엽수는 침엽수보다 더 많은 영양소를 필요로 하며, 침엽수 중 소나무류는 가장 적은 양을 필요로 한다.

10 잎의 성장기 이후에 잎의 질소 함량은 증가하고, 칼슘 함량은 감소한다. (×)
→ 잎의 성장기 이후에 잎의 질소 함량은 감소하고, 칼슘 함량은 증가한다.

31 수목의 무기이온 흡수 기작

1 세포벽 이동은 비가역적이며, 에너지를 소모한다. (×)
   → 세포벽이동은 세포벽 사이의 공간을 통해 무기이온이 자유로이 이동하는 통로이다. 그러므로 가역적이며, 에너지를 소모하지 않는다.

2 뿌리 속 무기이온 농도는 토양 용액 보다 높다. (○)

3 뿌리 호흡이 억제되면 무기이온 흡수가 감소된다. (○)

4 세포질 이동은 원형질막을 통과하면서 선택적 흡수를 가능하게 한다. (○)

5 무기이온의 흡수 경로는 세포벽 이동과 세포질 이동으로 구분한다. (○)

32 무기양분의 결핍 현상

1 황의 결핍으로 어린잎이 황화된다. (○)

2 인은 산성 토양에서 불용성이 되어 식물이 흡수하기 어렵다. (○)

3 칼슘은 체내 이동이 어려워 결핍 시 어린잎이 기형으로 변한다. (○)

4 알칼리성 토양에서 잎의 황화 현상은 대부분 칼륨 부족 때문이다. (×)
   → 알칼리성 토양에서 잎의 황화 현상은 대부분 질소 부족 때문이다.

5 유기물 분해로 주로 공급되는 질소는 결핍되기 쉽고 T/R율이 감소한다. (○)

33 수목의 수분흡수

1 대부분 수동흡수를 통해 이루어진다. (○)

2 낙엽수가 겨울철 뿌리의 삼투압에 의해 수분을 흡수하는 것은 능동흡수이다. (○)

3 수목은 뿌리 이외에 잎의 기공과 각피층, 가지의 엽흔, 수피의 피목에서도 수분을 흡수할 수 있다. (○)

4 측근은 주변조직을 찢으며 자라기 때문에 그 열린 공간을 통해 수분이나 무기염이 이동할 수 있다. (○)

5 근압은 낮에 기온이 상승하여 수간의 세포간극과 섬유세포에 축적되어 있는 공기가 팽창하면서 압력이 증가하는 것을 의미한다. (×)
   → 근압은 증산작용을 하지 않을 때, 뿌리의 삼투압에 의하여 능동적으로 수분을 흡수함으로써 나타나는 뿌리 내의 압력을 말한다.

34 수목의 수분이동

1 수액 상승의 원리는 압력유동설로 설명된다. (×)
   → 수액 상승의 원리는 응집력설로 설명된다.

2 용질로 인해 발생한 삼투퍼텐셜은 항상 양수(+) 값을 가진다. (×)
   → 삼투퍼텐셜은 액포 속에 용해된 여러 용질 사이의 삼투압에 의한 것으로 값은 항상 0보다 작은 음수(−)이다.

3 수목에서 물의 이동은 수분퍼텐셜이 점점 높아지는 토양, 뿌리, 줄기, 잎, 대기로 이동한다. (×)
   → 수목에서 물의 이동은 수분퍼텐셜이 점점 낮아지는 토양, 뿌리, 줄기, 잎, 대기로 이동한다.

4 수액 상승의 속도는 가도관에서 가장 느리고 환공재가 산공재보다 빠르다. (○)

5 도관 혹은 가도관에서 기포가 발생하였을 때 도관이 가도관보다 기포의 재흡수가 더 용이하다. (×)
   → 환공재의 도관에 발생하는 틸로시스(tylosis) 현상은 수분 이동의 효율성을 떨어뜨려 가도관의 기포 재흡수가 더 용이하다.

35 수분 및 무기염의 흡수와 이동

1 카스페리안대는 무기염을 선택적으로 흡수할 수 있도록 한다. (○)

2 수분 이동은 통수저항이 적은 목부 조직에서 이루어진다. (○)

3 수액의 이동 속도는 산공재 > 환공재 > 침엽수재 순이다. (×)
   → 수액의 이동 속도는 '환공재 > 산공재 > 침엽수재' 순이다.

4 뿌리의 무기염 흡수는 원형질막의 운반체에 의해 선택적이며 비가역적으로 이루어진다. (O)

5 토양 비옥도와 인산 함량이 낮을 때에는 균근균을 통하여 무기염을 흡수할 수 있다. (O)

36 수목의 줄기 구조

1 심재는 변재 안쪽의 죽은 조직이다. (O)

2 형성층은 안쪽으로 사부를 만들고 바깥쪽으로 목부를 만든다. (×)

→ 형성층은 안쪽으로 목부를 만들고 바깥쪽으로 사부를 만든다.
심재 – 목부 – 형성층 – 사부 – 피층 – 주피 – 표피

3 춘재는 세포의 지름이 큰 반면, 추재는 세포 지름이 작다. (O)

4 전형성층은 속내형성층이 되고 피층의 일부 유조직은 속간형성층이 된다. (O)

5 분열조직은 위치에 따라 정단분열 조직과 측방분열조직으로 나눌 수 있다. (O)

37 수목의 뿌리 구조

1 근관은 세포분열이 일어나는 정단분열 조직을 보호한다. (O)

2 내피의 안쪽에 유관속조직이 있고 유관속조직 안쪽에 내초가 있다. (×)

→ 표피 – 피층 – 내피 – 내초 – 유관속조직과 형성층

3 원형질연락사는 세포벽을 관통하여 인접세포와 서로 연결하는 통로이다. (O)

4 정단분열조직으로부터 위쪽 방향으로 분열대, 신장대, 성숙대가 연속한다. (O)

5 습기가 많거나 배수가 잘 안되는 토양에서는 뿌리가 얕게 퍼지는 경향이 있다. (O)

38 수목의 세포와 조직

1 유세포는 원형질을 가지고 있다. (O)

2 후각세포는 원형질을 가진 1차벽이 두꺼운 세포이다. (O)

3 잎의 책상조직보다 해면조직에 더 많은 엽록체가 있다. (×)

→ 일반적으로 엽록체는 책상조직에 더 많이 분포하고, 잎의 앞면이 뒷면보다 더 짙은 녹색이다.

4 후벽세포는 죽은 세포이며 리그닌이 함유된 2차벽이 있다. (O)

5 소나무류의 표피조직 안에는 원형의 수지구가 있어서 수지를 분비한다. (O)

39 수목의 유성생식

1 소나무와 전나무의 종자 성숙 시기는 같다. (×)

→ 소나무속의 종자는 2년 동안 성숙하며, 전나무류, 가문비나무류, 낙엽송류 등은 당년에 성숙한다.

2 수정 후에는 항상 배유보다 배가 먼저 발달한다. (×)

→ 배는 배유가 어느 정도 자란 뒤 자라기 시작하며 배유로부터 영양소를 공급받는다.

3 호두나무는 단풍나무에 비해 화분의 생산량이 적다. (×)

→ 충매화인 과수류, 피나무, 단풍나무, 버드나무류는 화분 생산량이 적으며, 풍매화인 포도나무, 자작나무, 포플러, 참나무류, 침엽수는 화분생산량이 많다.

4 나자식물에서는 단일 수정과 부계 세포질유전이 이루어진다. (O)

40 온대지방 수목의 수고생장

1 수고생장 유형은 수종 고유의 유전적 형질에 따라 결정된다.
(O)

2 고정생장을 하는 수목은 한 해에 줄기가 한 마디만 자란다.
(O)

3 고정생장을 하는 수종으로는 소나무, 잣나무, 참나무류 등이 있다.
(O)

4 자유생장을 하는 수종으로는 은행나무, 자작나무, 일본잎갈나무 등이 있다.
(O)

5 자유생장을 하는 수목은 고정생장에 비해 한 해 동안 자라는 양이 적다.
(×)
→ 자유생장은 가을 늦게까지 줄기생장이 이루어지며 수고생장속도가 고정생장 수종보다 빠르다.

41 수목의 개화생리

1 과습하고 추운 날씨는 개화를 촉진한다.
(×)
→ 덥고 건조한 여름 날씨는 개화를 촉진한다.

2 가지치기, 단근, 이식은 개화를 촉진한다.
(O)

3 자연상태에서 수목의 유생기간은 5년 이상이다.
(O)

4 옥신은 수목의 개화에서 성을 결정하는 데 관여하는 호르몬이다.
(O)

5 불규칙한 개화의 원인은 주로 화아원기 형성이 불량하기 때문이나.
(O)

42 수목의 개화생리

1 진달래는 단일조건에서 화아 분화가 촉진된다.
(O)

2 무궁화는 장일처리를 하면 지속적으로 꽃이 핀다.
(O)

3 결실 풍년에는 탄수화물이 고갈되어 화아 발달이 억제된다.
(O)

4 소나무에서 암꽃은 질소 관련 영양상태가 양호할 때 촉진된다.
(O)

5 소나무에서 암꽃 분화는 높은 지베렐린 함량에 의해 촉진된다.
(×)
→ 소나무에서 암꽃 분화는 높은 옥신 함량에 의해 촉진된다.

43 수목의 스트레스 반응

1 고온은 과도한 증산작용과 탈수현상을 수반한다.
(O)

2 당 함량과 인지질 함량이 높으면 내한성이 증가된다.
(O)

3 바람에 의해 기울어진 수간 압축 이상재의 아래쪽에는 옥신 농도가 높다.
(O)

4 세포간극의 결빙으로 인한 세포 내 탈수는 초저온에서 생존율을 높인다.
(O)

5 한대 및 온대지방 수목은 일장에는 반응을 보이지 않고, 온도에만 반응을 보인다.
(×)
→ 대부분의 목본식물은 광주기에 개화반응을 보이지 않는다. 무궁화(장일성 식물), 진달래(단일성 식물), 측백나무과(장일-개화촉진) 등은 예외적으로 광주기에 반응한다.

6 수분 부족 피해는 수관의 아래 잎에서 시작하여 위의 잎으로 이어진다.
(×)
→ 수관의 위 잎에서 시작하여 아래 잎으로 이어진다.

7 냉해는 빙점 이하에서, 동해는 빙점 이상에서 일어나는 저온피해를 말한다.
(×)
→ 냉해는 빙점 이상에서, 동해는 빙점 이하에서 일어나는 저온피해를 말한다.

8 바람에 의해 수간이 기울어질 때 침엽수에서는 압축이상재가, 활엽수에는 신장이상재가 생성된다.
(O)

9 산림쇠퇴는 대부분 생물적 요인에 의해 시작된 후, 최종적으로 비생물적 요인에 의해 수목이 고사한다.
(×)
→ 산림쇠퇴는 대부분 무생물적 요인에 의해 시작된 후, 최종적으로 생물적 요인에 의해 수목이 고사한다.

10 아황산가스 대기오염은 선진국에서, 질소산화물과 오존 대기오염은 후진국에서 발생하는 경우가 많다.
(×)
→ 아황산가스 대기오염은 후진국에서, 질소산화물과 오존 대기오염은 선진국에서 발생하는 경우가 많다.

44 옥신

1 뿌리에서 생산되어 목부조직을 따라 운반된다. (×)
→ 옥신은 수목의 정아에서 생산되어 가지의 활력과 성 결정에 영향을 준다.

2 IAA는 수목 내 천연호르몬이며, NAA는 합성호르몬이다. (O)

3 옥신의 운반은 수목의 ATP 생산을 억제하면 중단된다. (O)

4 줄기에서는 유세포를 통해 구기적(basipetal)으로 이동한다. (O)

5 부정근을 유발하며, 측아의 생장을 억제 또는 둔화시킨다. (O)

45 옥신의 합성과 이동

1 IAA와 IBA는 천연 옥신이다. (O)

2 트립토판은 IAA 합성의 전구물질이다. (O)

3 뿌리쪽 방향으로의 극성이동에 에너지가 소모되지 않는다. (×)
→ 뿌리쪽 방향으로의 극성이동에 에너지가 소모된다.

4 옥신 이동은 유관속 조직에 인접해 있는 유세포를 통해 일어난다. (O)

5 상처난 관다발 조직의 재생에서, 옥신의 공급부는 절단된 관다발의 위쪽 끝이다. (O)

46 종자의 휴면 및 발아

1 종자의 크기는 발아속도에 영향을 준다. (O)

2 휴면타파에는 저온처리, 발아율 향상에는 고온처리가 효율적이다. (O)

3 건조한 종자는 호흡이 거의 없지만 수분흡수 후에는 호흡이 증가한다. (O)

4 종자가 수분을 흡수하면 지베렐린 생합성은 증가되지만 핵산 합성은 억제된다. (×)
→ 종자가 수분을 흡수하면 지베렐린이 생산되어 효소 생산을 촉진하고 핵산 생산을 유도한다.

5 발아는 수분 흡수 → 식물 호르몬 생산 → 세포분열과 확장 → 기관 분화 과정을 거친다. (O)

6 종자 발아에서부터 개화까지 식물생장의 전 과정에 관여하며 적색광과 원적색광에 반응을 보이는 광수용체는 피토크롬이다. (O)

47 수목의 광합성

1 엽록소는 그라나에 없으며 스트로마에 있다. (×)
→ 그라나에는 엽록소가 존재하고, 스트로마에는 엽록소가 존재하지 않는다.

2 양수는 음수보다 높은 광도에서 광보상점에 도달한다. (O)

3 광보상점은 이산화탄소의 흡수량과 방출량이 같은 때의 광도이다. (O)

4 엽록소는 적색광과 청색광을 흡수하는 반면 녹색광은 반사하여 내보낸다. (O)

5 광포화점은 광도를 높여도 더 이상 광합성량이 증가하지 않는 상태의 광도이다. (O)

48 태양광의 특성 및 생리적 효과

1 단풍나무 활엽수림 아래의 임상에는 적색광이 주종을 이루고 있다. (O)

2 가시광선보다 파장이 더 긴 적외선은 CO_2와 수분에 흡수된다. (O)

3 효율적인 광합성 유효복사의 파장은 340~760nm이다. (O)

4 자유생장 수종은 단일조건에 의해 줄기생장이 정지되며 이는 저에너지 광 효과 때문이다. (O)

5 뿌리가 굴지성에 의해 밑으로 구부러지는 것은 옥신이 뿌리 아래쪽으로 이동하여 세포의 신장을 촉진하고, 위쪽 세포의 신장을 억제하기 때문이다. (×)
→ 옥신이 뿌리 아래쪽으로 이동해서 세포 신장을 억제하면 위쪽의 세포가 더 빨리 자라서 수평으로 자라던 뿌리가 굴지성에 의해 밑으로 구부러진다.

1 포토트로핀은 굴광성과 굴지성을 유도 하고, 잎의 확장과 어린 식물의 생장을 조절한다. (O)

2 크립토크롬은 식물에만 존재하는 광수용체로 야간에 잎이 접히는 일주기 현상을 조절한다. (×)
   → 크립토크롬은 식물과 동물에 모두 존재한다.

3 피토크롬은 암흑 조건에서 Pr이 Pfr 형태로 서서히 전환되면서 Pfr이 최대 80%까지 존재한다. (×)
   → 피토크롬은 암흑 조건에서 pfr이 pr 형태로 서서히 전환된다.

4 피토크롬은 암흑 속에서 기른 식물체 내에는 거의 존재하지 않으며, 햇빛을 받으면 합성이 촉진된다. (×)
   → 피토크롬은 암흑 속에서 기른 식물체 내에는 가장 많은 양이 들어있으며, 햇빛을 받으면 일부 금지되거나 파괴된다.

5 피토크롬은 생장점 근처에 많이 분포하며, 세포 내에서는 세포질, 핵, 원형질막, 액포에 골고루 존재한다. (×)
   → 피토크롬은 생장점 근처에 많이 분포하며, 세포 내에서는 세포질과 핵에 존재하며, 원형질막, 액포, 소기관에는 존재하지 않는다.

1 암반응은 엽록소가 없는 스트로마에서 야간에만 일어난다. (×)
   → 암반응은 엽록소가 없는 스트로마에서 주간에 일어난다.

2 명반응에서 얻은 ATP는 캘빈회로에서 3-PGA에 인산기를 하나 더 붙여주는 과정에만 소모된다. (×)
   → 명반응에서 얻은 ATP는 캘빈회로의 2단계에서 3-PGA를 BPGA로 변환시키는데 사용되고, 3단계의 RuBP 재생단계에서 또 사용된다.

3 암반응에서 RuBP는 루비스코에 의해 공기 중의 CO_2 한 분자를 흡수하여, 3-PGA 한 분자를 생산한다. (×)
   → 암반응에서 RuBP는 루비스코에 의해 공기 중의 CO_2 한 분자를 흡수하여, 3-PGA 두 분자를 생산한다.

4 물분자가 분해되면서 방출된 양성자($H+$)는 전자전달계를 거쳐 최종적으로 NADP+로 전달되어 NADPH를 만든다. (×)
   → 물분자는 분해되면서 산소분자(O_2), 수소이온(H^+), 전자(e^-)를 생성하는데, 산소는 방출되고, 수소이온(H^+)은 루멘으로 이동하고, 전자(e^-)는 NADP+에 전달되어 NADPH를 생성한다.

5 CAM 식물은 낮에 기공을 닫은 상태에서 OAA가 분해되어 CO_2가 방출되면 캘빈 회로에 의해 탄수화물로 전환된다. (O)

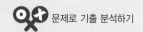

산림토양학

01 산림토양학 일반

1 현무암은 마그마로부터 형성된 대표적 암석이다. (O)

2 모세관퍼텐셜은 토양의 수분퍼텐셜에 해당한다. (×)
→ 토양의 수분퍼텐셜 : 삼투퍼텐셜, 압력퍼텐셜, 중력퍼텐셜, 매트릭퍼텐셜

3 방해석은 2차 점토광물이다. (O)

4 산림토양 층위 중 토양동물이나 미생물에 의한 분해작용으로 식물 유체가 파괴되고 그 원형을 잃었으나, 본래의 조직을 육안으로 확인할 수 있는 분해단계의 층위는 F층이다. (O)

02 토양의 특성

1 점토는 수분 및 물질의 흡착능력이 크다. (O)

2 유기물의 분해 속도와 온도변화는 모래에서 가장 빠르다. (O)

3 모래는 비표면적이 작아 수분과 양분 보유능력이 거의 없다. (O)

4 미사 입자는 습윤상태에서 점착성 또는 가소성을 갖지 않는다. (O)

5 바람에 의한 침식 정도는 입자 크기가 작은 점토에서 가장 높다. (×)
→ 바람에 의한 침식 정도는 입자의 크기가 0.1~0.5mm에서 가장 높다.

6 토양의 색깔은 투수성에 영향을 미치는 요인에 해당한다. (×)
→ 토양색은 토양의 투수성에 영향을 미치지 않는다. 토양의 투수성에 영향을 미치는 요인에는 퇴적양식, 공극의 종류, 토양 견밀도, 토양구조의 발달 정도 등이 있다.

03 토양의 물리적 특성

1 대공극이 많으면 뿌리 생장에 좋다. (O)

2 견밀도가 큰 토양에서 뿌리 생장은 저해된다. (O)

3 토심이 얕으면 뿌리가 깊게 발달하지 못해 건조 피해를 받기 쉽다. (O)

4 온대 지방에서 뿌리의 생장은 토양 온도가 높아지는 여름에 가장 왕성하다. (×)
→ 온대 지방에서 뿌리의 생장은 토양 온도가 높아지는 여름에 약해진다.

5 소나무의 뿌리는 유기물이 적은 사질 토양이나 점토질 토양에서 생장이 나쁘다. (O)

04 산림토양

1 토양습도는 균일하다. (O)

2 수분 침투능력이 높다. (O)

3 미세기후의 변이가 적다. (O)

4 농경지 토양보다 토심이 깊다. (O)

5 토양 유기탄소의 함량이 적다. (×)
→ 산림토양은 유기물층이 많아 유기탄소의 함량이 높다.

05 한국의 산림토양 분류 체계

1 성대성 – 간대성 – 비성대성 토양으로 구분한다. (×)
→ 성대성 – 간대성 – 비성대성 토양 분류는 토양의 생성론적 분류 방식
이다.

2 산림토양 분류체계는 토양군 – 토양아군 – 토양형 순이다. (○)

3 한국 산지에 가장 널리 분포하는 토양은 갈색산림토양군이다.
(○)

4 토양군은 생성작용이 같고 단면층위의 배열과 성질이 유사한
것으로 구분한다. (○)

5 토양형은 지형에 따른 수분환경을 감안한 층위발달 정도, 구
조, 토색의 차이 등으로 구분한다. (○)

6 홍적대지에 생성된 토양으로 야산에 주로 분포하며 퇴적상태
가 치밀하고 토양의 물리적 성질이 불량한 토양은 적황색산림
토양이다. (○)

7 부분적으로 또는 심하게 분해된 수생식물의 잔재가 연못이
나 습지에 퇴적되어 형성된 토양목(soil order)은 히스토졸
(Histosols)이다. (○)

8 기후와 식생의 영향을 받으면서 다른 토양생성인자의 영향을
받아 국지적으로 분포하는 간대성 토양은 테라 로사이다. (○)

06 특이산성토양의 특성

1 담수 상태는 황화물 산화를 억제할 수 있다. (○)

2 황화수소(H_2S)의 발생으로 작물의 피해가 발생한다. (○)

3 토양의 pH가 4.0 이하로 낮아지며, 강한 산성을 나타낸다. (○)

4 환원형 황화물이 퇴적된 해안가 습지가 배수될 때 나타난다.
(○)

5 소량의 석회 시용으로 교정되며 현장 개량법으로 많이 활용
된다. (×)
→ 특이산성토양의 개량으로 석회를 시용하는 것은 실질적인 방법으로 보
기 어렵다.

07 토양 유기물

1 이온 교환 능력을 증진한다. (○)

2 식물과 미생물에 양분을 공급한다. (○)

3 토양 pH, 산화–환원전위에 영향을 미친다. (○)

4 임목과 동물의 사체는 유기물의 공급원이다. (○)

5 토양 입단에 포함된 유기물은 입단화 없이 토양 중에 있는
유기물보다 분해가 훨씬 빠르게 진행된다. (×)
→ 토양 입단에 포함된 유기물은 부식이 되었으므로 유기물 분해가 이미 많
이 된 상태이므로 유기물 분해가 저조하고, 입단화가 안된 토양의 유기
물은 미부숙 상태이므로 토양미생물에 의한 유기물의 분해가 활발하다.

08 토양 미생물

1 종속영양세균은 유기물을 탄소원과 에너지원으로 이용한다.
(○)

2 조류(algae)는 대기로부터 많은 양의 CO_2를 제거하고 이를 풍
부하게 한다. (○)

3 세균의 수는 사상균보다 적지만 물질 순환에 있어서 분해자
로서 중요한 역할을 한다. (×)
→ 세균의 수는 사상균보다 훨씬 많고, 세균은 많은 유기물을 분해하여 철,
암모니아, 황 등과 같은 무기물을 산화, 질소 고정 등의 기능을 한다.

4 균근균은 인산과 같이 유효도가 낮거나, 낮은 농도로 존재하는
양분을 식물이 쉽게 흡수할 수 있도록 도와준다. (○)

5 사상균은 유기물이 풍부한 곳에서 활성이 높고, 호기성 생물이
지만 이산화탄소의 농도가 높은 환경에서도 잘 견딘나. (○)

09 지렁이 개체수와 토양의 특성 변화

1 지렁이 개체수가 증가하면 토양의 용적밀도를 증가시킨다.
(×)
→ 지렁이 개체수가 증가하면 토양의 공극이 발달하여 용적밀도를 감소시
킨다.

2 지렁이 개체수가 증가하면 토양구조를 개선시킨다. (O)

3 지렁이 개체수가 증가하면 토양의 통기성을 증가시킨다. (O)

4 지렁이 개체수가 증가하면 양이온교환용량을 개선시킨다. (O)

5 지렁이 개체수가 증가하면 유기물의 무기화 작용을 증가시킨다. (O)

10 토양의 입경분석

1 유기물을 제거한다. (O)

2 입자를 분산시킨다. (O)

3 입자 지름이 0.002㎜ 이하는 점토이다. (O)

4 입경분석 결과에 따라 토양구조를 판단한다. (×)
→ 모래, 미사 및 점토입자 등의 입경분석은 함유 비율에 따라 12가지의 토성으로 분류한다. 토양구조를 판단하지 못한다.

5 토성 결정은 지름 2mm 이하의 입자만을 사용한다. (O)

11 인산의 특성

1 산성 토양에서는 철에 의해 고정된다. (O)

2 토양의 pH에 따라 유효도가 제한적이다. (O)

3 $H_2PO_4^-$, HPO_4^{2-} 형태가 식물에 주로 흡수 이용된다. (O)

4 pH가 7 이상의 토양에서는 칼슘에 의해 고정된다. (×)
→ pH가 7 이상의 토양에서는 알루미늄에 의해 고정된다.

5 인(P)의 유실은 주로 토양 침식에 동반하여 일어난다. (O)

6 세포원형질의 핵산, 핵단백질 구성 성분이며, 뿌리의 분열조직에 가장 많이 함유되어 있는 원소는 인(P)이다. (O)

12 pH에 대한 토양의 완충용량

1 점토의 함량이 많을수록 크다. (O)

2 양이온교환용량이 클수록 크다. (O)

3 유기물이 많은 토양일수록 크다. (O)

4 완충용량이 클수록 pH 상승을 위한 석회 소요량이 적다. (×)
→ 완충용량이 클수록 석회 소요량이 많다.

5 카올리나이트(kaolinite)보다 몬모릴로 나이트 (montmorillonite)가 크다. (O)

13 양이온교환 반응

1 양이온교환용량 30cmole/kg은 3meq/100g에 해당한다. (×)
→ 양이온교환용량 30cmole/kg은 30meq/100g에 해당한다.
→ 해설) 양이온교환용량 단위는 토양 100g당 밀리당량 meq/100g 또는 토양 kg당 cmolc/kg 이다.
㉑ 6meq/100g을 cmolc/kg단위로 고치면 6meq/100g = 60mmolc/kg = 6cmolc/kg

2 양이온교환반응은 주변 환경의 변화에 영향을 받지 않으며, 불가역적이다. (×)
→ 양이온교환은 직접 토양의 물질공급, 토양의 구조, 수분, 공기, 생물의 활성 및 토양반응 등 여러 가지 토양의 성질에 영향을 끼친다.

3 흡착의 세기는 양이온의 전하가 증가할수록, 양이온의 수화반지름이 작을수록 감소한다. (×)
→ 양이온의 흡착의 세기는 양이온의 전하가 증가할수록, 양이온의 수화반지름이 작을수록, 교환체의 음전하가 증가할수록 증가한다.

4 한국의 토양은 유기물 함량이 적고, 주요 점토광물이 kaolinite이므로 양이온 교환용량이 매우 낮은 편이다. (O)

5 토양입자 주변에 Ca^{2+}이 많이 흡착되어 있으면 입자가 분산되어 토양의 물리성이 나빠지는데, Na^+을 시용하면 토양의 물리성이 개선된다. (×)
→ 간척지 토양은 Na 이온으로 포화되어 있어 토양이 잘 분산되며 입단이 파괴되기 쉽다. 석고를 시용하면 교환성 Ca^{2+}를 높이고 교환성 나트륨의 비율을 낮추어 토양의 물리성과 화학성을 개량하여 입단의 분산을 억제한다.

14 토양입단

1 입단의 크기가 작을수록 전체 공극량이 많아진다. (×)
→ 토양입단의 사이가 클수록 구조공극이 발달하여 전체 공극량이 많아진다.

2 균근균은 큰 입단(macroaggregate)을 생성하는데 기여한다. (○)

3 Ca^{2+}은 수화도가 커서 점토 사이의 음전하를 충분히 중화시킬 수 없다. (×)
→ Ca^{2+}은 교환성 양이온으로서 흡착세기가 크고 음이온인 점토 사이에 많은 양의 Ca 이온이 흡착된 상태로 존재한다.
→ 흡착세기(이액순서) : $H^+ > Al > Ca^{2+} > Mg^{2+} > K^+ = NH_4^+ > Na^+$

4 입단이 커지면 모세관 공극량이 많아지기 때문에 통기성과 배수성이 좋아진다. (×)
→ 토양 입자 사이가 발달하면 모세관 공극량이 많아지고, 토양 입단 사이가 커지면 큰 공극이 형성되어 통기성과 배수성이 양호해진다.

5 동결-해동, 건조-습윤이 반복되면 토양의 팽창-수축이 반복되어 입단 형성이 촉진되며, 이는 옥시솔(oxisols)에서 잘 일어난다. (×)
→ 동결-해동, 건조-습윤이 반복되면 토양의 팽창-수축이 반복되어 입단 형성이 촉진되며, 이는 히스톨(Histosols)에서 잘 일어난다.

6 토양입자가 비교적 소형(2~5mm)으로 둥글며 유기물 함량이 많은 표토에서 발달하는 토양구조는 입상구조이다. (○)

15 점토광물

1 Illite는 2:1층 사이의 공간에 K^+이 비교적 많아 습윤상태에서도 팽창이 불가능하다. (○)

2 Kaolinite는 다른 층상 규산염 광물에 비하여 음전하가 상당히 적고, 비표 면적도 작다. (○)

3 Vermiculite가 운모와 다른 점은 2:1층 사이의 공간에 K^+ 대신 Al^{3+}이 존재한다는 것이다. (×)
→ 운모는 2:1 층(규소사면체층과 알루미늄팔면체층의 2:1 층)들 사이에 K+에 의해 연결된다. Vermiculite는 2:1 층들 사이의 공간에 Mg^{2+} 양이온에 의해 연결된다.

4 Smectite 그룹에서는 다양한 동형치환 현상이 일어나므로 화학적 조성이 매우 다양한 광물들이 생성된다. (○)

5 Chlorite는 양전하를 가지는 brucite 층이 위아래 음전하를 가지는 2:1 층과의 수소결합을 통하여 강하게 결합하므로 비팽창성이다. (○)

16 식물영양소의 공급기작

1 인산과 칼륨은 확산에 의해 공급된다. (×)
→ 인산과 칼륨은 집단류에 의해 공급된다.

2 뿌리가 발달할수록 뿌리차단에 의한 영양소 공급은 많아진다. (○)

3 확산에 의한 영양소의 공급은 온도가 높을 때 많이 일어난다. (×)
→ 온도가 높을수록 증산작용과 함께 집단류에 의한 영양소 공급도 증가한다.

4 식물이 필요로 하는 영양소의 대부분은 뿌리차단에 의해 공급된다. (×)
→ 식물이 필요로 하는 영양소의 대부분은 집단류와 확산에 의해 공급된다.

5 확산에 의하여 식물이 흡수할 수 있는 영양소의 양은 토양 중 유효태 영양소의 1% 미만이다. (×)
→ 뿌리차단에 의하여 식물이 흡수할 수 있는 영양소의 양은 토양 중 유효태 영양소의 1% 미만이다.

6 Na^+는 토양의 입단형성을 저해한다. (○)

7 Na_2CO_3의 가수분해는 토양산성화의 원인이다. (×)
→ Na_2CO_3의 가수분해는 pH가 8.5 이상인 나트륨성 토양을 형성한다.

17 균근균

1 수목의 내병성을 증가시킨다. (○)

2 소나무는 외생균근균과 공생한다. (○)

3 수목으로부터 탄수화물을 얻는다. (○)

4 수목의 한발에 대한 저항성을 증가시킨다. (○)

5 인산을 제외한 무기염의 흡수를 도와준다. (×)
→ 균근균의 균사는 감염된 뿌리에서 5~15cm까지 토양 중으로 연장하므로 식물의 양분흡수율을 높인다. 특히 인산의 흡수를 쉽게 한다.

18 탈질작용

1 주로 배수가 불량한 토양에서 높게 나타난다.　　(O)

2 NO_3^-에서 N_2까지 환원되기 전 N_2O의 형태로도 손실된다. (O)

3 탈질균은 산소 대신 NO_3^-를 전자 수용체로 이용한다.　(O)

4 pH가 낮은 산림토양에서 알칼리성 토양보다 많이 발생한다.
　　(×)

　　→ pH가 낮은 산림토양보다 알칼리성 토양인 농경지에서 많이 발생한다.

5 쉽게 분해될 수 있는 유기물 함량이 많은 토양에서 잘 일어
　난다.　　(O)

19 산불로 인한 토양 특성 변화

1 양분유효도는 일시적으로 증가한다.　　(O)

2 염기포화도는 유기물 연소에 따른 염기 방출로 증가한다. (O)

3 유기물 연소와 토양 내 광물질의 변화로 양이온교환용량이
　감소한다.　　(O)

4 유기인은 정인산염 형태로 무기화되며 휘산에 의한 손실이
　매우 크다.　　(×)

　　→ 유기인은 휘산이 되지 않는다.

5 토양 pH는 일반적으로 산불 발생 즉시 증가하고 수 개월 ~ 수
　십 년의 기간을 거쳐 발생 이전 수준으로 돌아간다.　(O)

20 토양 공극

1 토양 공극량은 식토보다 사토에 더 많다.　　(×)

　　→ 토양 공극량은 사토보다 식토에 더 많다.

2 토양 입단은 공극률에 큰 영향을 준다.　　(O)

3 자연상태에서 공극은 공기 또는 물로 채워져 있다.　(O)

4 토양 내 배수와 통기는 대부분 대공극에서 이루어진다.　(O)

5 극소 공극은 미생물도 생육할 수 없는 매우 작은 공극을 말한
　다.　　(O)

21 토양수

1 흡습수는 비유효수분이다.　　(O)

2 점토함량이 많을수록 포장용수량은 적어진다.　　(×)

　　→ 식토는 포장용수량이 가장 많지만 수분의 흡착이 강하여 위조점 수분함
　　량도 많아 다른 토성의 토양에 비하여 유효수분의 함량이 적다.

3 토양의 미세 공극에 존재하는 물을 모세관수라고 한다.　(O)

4 중력수는 식물이 생육기간 동안 지속적으로 이용할 수 있는 물
　이 아니다.　　(O)

5 식물이 흡수할 수 있는 유효수분은 포장 용수량과 영구위조
　점 사이의 토양수이다.　　(O)

22 토양 산도

1 토양 산도는 계절에 따라 달라진다.　　(O)

2 같은 토양이라도 각 토양층 사이에서 산도는 상당한 차이가 있
　다.　　(O)

3 활산도는 토양미생물의 활동과 식물의 생장에 직접적인 영
　향을 준다.　　(O)

4 산림에서 낙엽의 분해로 발생하는 유기산은 토양의 산도를
　증가시킨다.　　(O)

5 잔류산도는 토양 콜로이드에 흡착되어 있는 HE과 Al에 의
　한 산도이다.　　(×)

　　→ 활산도는 토양 콜로이드에 흡착되어 있는 HE과 Al에 의한 산도이다.

23 산림토양의 낙엽 분해

1 침엽에 비해 활엽의 분해가 느리다.　　(×)

　　→ 가문비나무의 톱밥 C/N율 600, 활엽수의 톱밥 C/N율 400

2 분해 초기에는 진행이 느리지만 점차 빨라진다.　　(×)

　　→ 토양의 pH가 심하게 높거나 낮으면 유기물의 분해속도는 매우 느리다.

3 토양의 산소와 수분이 적당하게 유지되면 유기물의 분해가 빠
　르다.　　(O)

4 유기물에 리그닌과 페놀화합물의 함량이 많으면 분해되는 데 시간이 많이 걸린다. (O)

5 온대지방에 비해 열대지방에서 느리게 진행된다. (×)
→ 낮은 온도에서는 유기물(낙엽) 분해가 느리거나 되지않고 쌓이게 된다.

6 C/N율이 높으면 미생물의 분해 활동에 유리하다. (×)
→ 일반적으로 탄질률이 20~30보다 높으면 유기물 분해가 질소부족으로 느려진다.(질소기아현상 발생)

7 토양 미소동물은 낙엽을 잘게 부수어 미생물의 분해 활동을 촉진한다. (O)

24 C/N비

1 가축분뇨의 C/N비는 톱밥보다 높다. (×)
→ 가축분뇨(20)의 C/N비는 톱밥보다 낮다.

2 C/N비는 탄소와 질소의 비율을 의미한다. (O)

3 유기물의 C/N비는 미생물에 의한 분해속도를 가늠하는 지표가 된다. (O)

4 C/N비가 30인 유기물의 탄소 함량이 15%라면 질소 함량은 0.5%이다. (O)

5 C/N비가 높은 유기물을 토양에 넣으면 식물의 일시적인 질소기아현상이 일어난다. (O)

25 「토양환경보전법」시행규칙

1 임야는 2지역에 해당한다. (O)

2 우려기준과 대책기준으로 나누어 관리한다. (O)

3 페놀, 벤젠, 톨루엔에 대한 기준을 제시한다. (O)

4 카드뮴, 구리, 비소, 수은에 대한 기준을 제시한다. (O)

5 1지역에서 3지역으로 갈수록 기준 농도가 낮아진다. (×)
→ 1지역과 2지역의 오염기준이 같은 물질도 있지만. 대부분의 물질이 1지역에서 3지역으로 갈수록 기준 농도가 높아진다.

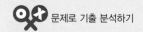

수목관리학

01 수목관리의 원칙

1 수종 선정은 적지적수에 기반을 둔다. (O)

2 수목관리는 장기간, 낮은 강도로 진행한다. (O)

3 수목의 건강과 위해는 서로 관계가 있으나 일치하지는 않는다. (O)

4 수목은 시간이 경과하면서 생장하기 때문에 수목관리가 필요하다. (O)

02 대형 수목 이식

1 수목의 크기와 수종, 인력, 예산 등을 모두 고려하여야 한다. (O)

2 이식 성공은 이식 전 수준으로의 생장률 회복 여부로 판단한다. (×)
   → 이식은 뿌리와 수관을 절단한 상태로 옮겨 심은 상태이므로 생장률이 많이 낮아진다. 그러므로 이식의 성공은 절단된 뿌리의 활착과 병해충 방제가 중요한 역할을 한다.

3 스트로브잣나무는 동토근분(凍土根)으로 이식할 때 위험성이 비교적 낮은 수종이다. (O)

4 온대지방 수목 중 낙엽활엽수는 낙엽 이후 초겨울, 침엽수는 초가을 이내 늦봄, 야자나무류는 이른 봄이 이식 적기이다. (×)
   → 이른봄 이식은 겨울눈이 커지기 시작할 때 활엽수, 침엽수, 상록활엽수 등을 이식한다. 뿌리의 발생 시기는 겨울눈이 커지는 시기와 일치하며, 잎이 트는 시기보다 2주 이상 먼저 진행되므로 이때가 이식 적기이다.

03 수목 식재지 토양의 답압피해 현상

1 토양의 용적밀도가 낮아진다. (×)
   → 토양의 용적밀도가 높아진다.

2 토양 내 공극이 좁아져 배수가 불량해진다. (O)

3 토양 내 산소 부족으로 유해물질이 생성된다. (O)

4 토양의 투수성이 낮아져 표토가 유실된다. (O)

5 토양 내 공극이 좁아져 통기성이 불량해진다. (O)

04 피해 부위가 위아래로 넓을 때 교접 방법

1 교접의 적기는 생장이 왕성한 여름이다. (×)
   → 교접의 적기는 늦은 봄이다.

2 접수는 실제 상처의 간격을 측정하여 같은 크기로 조제해야 한다. (×)
   → 약간 크게 조제한다.

3 교접은 잎에서 만든 탄수화물이 뿌리 쪽으로 이동할 수 있는 통로를 만드는 것이다. (O)

4 가지의 하중을 지탱하기 위하여 가지 밑에 생기는 불룩한 조직으로, 목질부를 보호하기 위한 화학적 보호층을 가지고 있는 조직은 지륭(枝隆)이다. (O)

05 방풍용 수목의 기준

1 천근성이고 지엽이 치밀하지 않은 것이 좋다. (×)
　→ 심근성 지엽이 치밀한 것이 좋다.

2 낙엽활엽수는 상록침엽수에 비해 바람에 약하다. (×)
　→ 낙엽활엽수는 상록침엽수에 비해 바람에 강하다.

3 내풍력은 수관 폭, 수관 길이, 수고 등에 좌우된다. (○)

4 수목에 미치는 풍압은 풍속의 제곱에 반비례한다. (×)
　→ 풍압은 풍속의 제곱에 비례한다.

5 척박지에서 자란 수목은 근계발달이 양호해 바람에 대한 저항성이 작다. (×)
　→ 척박지에서 자란 수목은 근계발달이 양호해 바람에 대한 저항성이 크다.

06 방풍림

1 겨울철에는 한풍으로부터 어린 묘목을 보호해 준다. (○)

2 방풍림은 주풍 방향에 직각으로 배치해야 효과적이다. (○)

3 해풍이나 염풍의 주풍 방향은 해안선에 주로 직각 방향이다. (○)

4 방풍림의 수종은 주로 심근성이고 지하고가 높은 수종이다. (×)
　→ 방풍림의 수종은 주로 심근성이고 지하고가 낮은 수종이다.

5 방풍림은 강한 상풍이나 태풍을 막아 묘목의 도복 손상을 감소시킨다. (○)

07 수목 진료 관련 용어

1 상처유합은 상처 위로 유합조직과 새살을 형성하는 과정을 말한다. (○)

2 자연표적전정은 지륭과 지피융기선의 각도만큼 이격하여 가지를 절단하는 가지치기 이론이다. (○)

3 두목전정은 나무의 주간과 골격지 등을 짧게 남기고 전봇대 모양으로 잘라 맹아지만 나오게 하는 전정이다. (○)

4 토양관주는 약제주입기 등을 이용하여 양액을 토양에 주입하는 방법으로 약제처리나 관수에 이용하는 방법이다. (○)

5 갈색부후균은 목질부의 주성분인 리그닌과 헤미셀룰로오스, 셀룰로오스 등 모든 성분을 분해하여 이용하는 곰팡이를 말한다. (×)
　→ 갈색부후균은 세포벽 성분인 셀룰로스, 헤미셀룰로스 등은 분해하지만, 리그닌은 잘 분해하지 않는다.

6 정적 견인실험(static pull test)은 위험 수목의 부후를 탐지하는 방법에 사용되는 장비에 해당한다. (×)
　→ 수목의 부후를 탐지하는 방법에 사용되는 장비 : 나무망치, 생장추, 마이크로 드릴, 음향측정장치 등

08 뿌리 외과수술

1 죽은 부위에서 절단하여 살아있는 조직을 보호해야 한다. (×)
　→ 살아 있는 부위에서 절단한다.

2 죽은 뿌리를 제거하거나 새로운 뿌리의 형성을 유도하기 위하여 실시한다. (○)

3 절단한 뿌리를 박피한 후 발근촉진제인 옥신을 분무하고 상처 도포제를 발라 준다. (○)

4 수술 후 되메우기 시 퇴비는 총 부피의 10% 이상 되도록 하며 완숙된 퇴비를 사용해야 한다. (○)

5 뿌리 조사는 수관 낙수선 바깥에서 시작한 후 수간 방향으로 건전한 뿌리가 나올 때까지 실시한다. (○)

09 수목의 이식

1 상대적으로 낙엽수보다 상록수, 관목보다 교목의 이식이 쉽다. (×)
　→ 상록수가 낙엽수보다, 관목이 교목보다 이식이 쉽다.

2 이식이 잘되는 나무로 은행나무, 광나무, 느릅나무, 배롱나무 등이 있다. (○)

3 이식 방법은 뿌리 상태에 따라 나근법, 근분법, 동토법, 기계법 등으로 나눈다. (○)

4 온대지방 수목의 이식 적기는 휴면하는 늦가을부터 새싹이 나오는 이른봄까지이다. (O)

5 대경목 이식 시 2년 전부터 수간직경의 4배 되는 곳에 원형구덩이를 파고 뿌리돌림해 세근이 발달하도록 유도한다. (O)

10 식재 후 수목관리

1 식물의 다량원소로서 질소, 인, 칼륨, 칼슘, 붕소, 황 등이 있다. (×)
→ 다량원소에는 질소, 인, 칼륨, 칼슘, 마그네슘, 황 등이 있고, 미량원소에는 붕소, 망간, 아연, 구리, 몰리브덴 등이 있다.

2 시비방법으로 표토시비법, 토양 내 시비법, 엽면시비법, 수간주사법 등이 있다. (O)

3 토양수분은 결합수, 모세관수, 자유수로 분류하는데 수목은 주로 모세관수를 이용한다. (O)

4 이식 후 지주목의 설치는 수고생장에 도움을 줄 뿐 아니라 뿌리 조직의 활착에 도움을 준다. (O)

5 이식 후 멀칭은 토양 수분과 온도 조절, 토양의 비옥도 증진, 잡초의 발생 억제 등 효과가 있다. (O)

11 식재수목의 선정

1 만성적 대기오염의 피해는 침엽수보다도 활엽수가 높게 나타난다. (×)
→ 만성적 대기오염의 피해는 침엽수의 잎이 피해를 오래 받는다.

2 동백나무, 녹나무, 먼나무, 후박나무 등은 상록성으로 내한성이 약하다. (O)

3 침엽수는 대개 상록성이지만 일본잎 갈나무, 낙우송, 메타세콰이아는 낙엽성이다. (O)

4 산림청 가로수 관리규정에 계수나무, 느티나무, 노각나무, 쉬나무 등은 시가지에 권장되는 것이다. (O)

5 어떤 개체가 변종으로서 다른 개체들과 다른 독특한 외형의 특징을 가지는 경우 종자로 번식시키면 그 특징을 그대로 유지할 수 없다. (O)

12 식재 수목 선정 시 고려사항

1 수목관리자의 관리능력을 고려한다. (O)

2 식재 목적에 부합하는 수종을 선정한다. (O)

3 식재 부지의 지상과 지하 공간을 고려한다. (O)

4 수목의 유전적 생장 습성은 고려할 필요가 없다. (×)
→ 수목의 유전적 생장 습성을 고려해야 한다.

5 복잡한 도시 환경에서는 미세기후가 중요할 수 있다. (O)

6 대왕송, 후피향나무, 고로쇠나무는 내화수림대(耐火樹林帶)를 조성하는 수종이다. (O)

13 수목 안전시설물

1 줄당김 유형은 관통형과 밴드형으로 나눌 수도 있다. (O)

2 가지의 당김줄 설치 위치는 지지할 가지 길이의 기부로부터 1/3 지점이 좋다. (×)
→ 가지의 당김줄 설치 위치는 지지할 가지 길이의 기부로부터 2/3 지점이 좋다.

3 쇠조임은 쇠막대기를 수간이나 가지에 관통시켜 약한 분지점을 보완하는 것이다. (O)

4 지지대는 지상부에 고정하기 전에 가지를 살짝 들어 올린 상태에서 설치한다. (O)

5 줄당김 설치 시 와이어로프 등을 팽팽하게 조이기 위하여 조임틀을 중간에 사용한다. (O)

14 체인톱 취급 및 안전사항

1 시동 후 2~3분간 저속 운전한다. (O)

2 정지시킬 때는 엔진 회전을 저속으로 낮춘 후에 끈다. (O)

3 톱니를 잘 세우지 않으면 거치효율이 저하되어 진동이 생긴다. (O)

4 사용 시간을 1일 2시간 이내로 하고 10분 이상 연속 운전을 피한다. (O)

5 연료에 대한 윤활유의 혼합비가 과다하면 엔진 내부 부품이 눌어붙을 염려가 있다. (×)
   → 출력이 낮아지고, 연료에 대한 윤활유의 혼합비가 적으면 엔진 내부 부품이 눌어붙을 염려가 있다.

15 토양 내 통기불량

1 토양이 과습하면 산소 확산이 저해된다. (O)

2 유기물을 첨가하면 통기성을 개선할 수 있다. (O)

3 보행자의 답압으로 토양의 용적 밀도가 감소한다. (×)
   → 답압으로 용적밀도가 증가한다.

4 답압토양의 개선방법에는 천공법, 방사상 도랑 설치 등이 있다. (O)

5 경질 지층이 존재할 때 배수공과 유공관을 설치하여 개선할 수 있다. (O)

16 대경목 이식 시 뿌리돌림

1 이식 2년 전에 뿌리돌림을 시작해야 한다. (O)

2 뿌리직경 5cm 이상은 환상박피하는 것이 좋다. (O)

3 최종적인 분의 크기는 근원직경의 3~5배로 한다. (O)

4 뿌리돌림의 목적은 이식할 때 굴취를 쉽게 하기 위함이다. (×)
   → 뿌리돌림의 목적은 이식할 때 세근의 발생을 유도하여 활착에 도움을 주기 위함이다.

5 뿌리돌림 후 되메울 때 유기질 비료를 시용하면 발근에 도움이 된다. (O)

17 절토(切土)에 의한 수목피해

1 외부의 충격으로 나무가 쉽게 넘어진다. (O)

2 질소시비로 생육을 개선하여 피해를 줄인다. (×)
   → 질소시비는 수목의 웃자람을 발생시켜 조직이 연약해지고 병충해를 쉽게 입는다.

3 뿌리 생육을 돕는 인산시비로 피해를 줄인다. (O)

4 활엽수는 뿌리가 잘린 쪽의 수관에서 피해가 나타난다. (O)

5 침엽수는 뿌리가 잘린 쪽의 반대편 수관에서도 피해가 나타난다. (O)

18 볕데기(피소)

1 코르크층이 얇은 수목에서 발생한다. (O)

2 가지치기, 주위목 제거를 통해 예방한다. (×)
   → 가지치기, 주위목 제거를 하면 햇빛을 많이 받아 피소현상이 발생한다.

3 유관속을 파괴하여 물과 양분의 이동이 제한된다. (O)

4 가문비나무, 호두나무, 오동나무에서 잘 발생한다. (O)

5 가로수 또는 정원수 고립목에 피해가 잘 발생한다. (O)

19 균근균의 기주 정착

1 감염원의 밀도가 높아야 한다. (O)

2 유전적 친화성이 높아야 한다. (O)

3 균근균이 침입할 수 있는 세포간극이 충분하여야 한다. (O)

4 고산과 툰드라 지역에서 생육하는 수목에는 균근균이 정착하지 못한다. (×)
→ 척박지에는 세균이 적고 균근균이 상대적으로 많아 나무의 뿌리와 공생 관계를 형성하고, 수목의 생장을 돕는다.

5 송이버섯은 소나무림의 나이가 20~80년 정도로 활력이 가장 왕성할 때 공생관계를 형성한다. (O)

20 건설 현장의 수목보호구역

1 울타리를 설치한다. (O)

2 활력이 좋고 넓은 수관을 갖는 나무는 낙수선(dripline)을 기준으로 설정한다. (O)

3 수간이 기울어져 수관이 한쪽으로 편향된 나무는 수고를 기준으로 설정한다. (O)

4 수목보호구역의 크기와 형태는 해당 수종의 충격 민감성, 뿌리와 수관의 입체적 형태 등을 고려한다. (O)

21 이식 후 지주를 설치한 수목

1 근계가 더 커지기 쉽다. (×)
→ 지주목에 의해 뿌리의 활착력이 늦어져서 근계 발달이 늦다.

2 결속이 풀리면 똑바로 서지 못할 수도 있다. (O)

3 수간 초살도가 낮아지거나 역전되기도 한다. (O)

4 결속으로 인한 마찰과 환상의 상처를 입을 가능성이 높다. (O)

5 결속 지점에서 횡단면적당 스트레스를 더 많이 받기 쉽다. (O)

22 지구온난화

1 각종 프레온 가스는 산업혁명 이전부터 존재해 왔다. (×)
→ 각종 프레온 가스는 산업혁명 이후부터 증가하기 시작했다.

2 온실효과 가스에는 CO_2, CH_4, N_2O, CFCs 등이 있다. (O)

3 온실효과 가스 중 CO_2의 대기 중 농도는 현재 약 300ppm 정도이다. (×)
→ 이산화탄소의 대기 중 농도는 현재 약 400ppm 정도이다.

4 한국의 아한대 수종들은 기온 상승에 따라 급속도로 생육 범위가 넓어질 입체적 형태 등을 고려한다. (×)
→ 기온이 상승함에 따라 아한대 수종들은 생육범위가 좁아진다.

5 지구온난화로 열대·아열대의 해충 유입은 될 수 있으나 온대 지방에서는 월동이 어려워 발생하지 못한다. (×)
→ 지구온난화는 온대 지방의 겨울이 짧아지고 기온을 높이는 효과가 있다.

23 나무 뿌리에 의한 배수관로의 막힘 예방

1 $CuSO_4$ 용액을 배수관로 표면에 도포한다. (O)

2 토목섬유에 비선택성 제초제를 도포한 방근막으로 배수관로를 감싼다. (O)

3 관로 주변에 버드나무류 등 침투성 뿌리를 갖는 수종의 식재를 피한다. (O)

4 배수관로의 연결부위는 방수가 되고 탄력이 있는 이중관으로 설치한다. (O)

24 수목의 위험평가

1 평가 방법은 정량적 평가와 정성적 평가가 있다. (O)

2 부지환경, 수목의 구조와 각 부분(수간, 수관, 가지, 뿌리)의 결함 유무를 종합적으로 판단한다. (O)

3 제한적 육안평가는 명백한 결함이나 특정한 상태를 확인하기 위해 신속평가하는 것을 말한다. (O)

4 매몰된 수피, 좁은 가지 부착 각도, 상처와 공동(空洞) 등은 수목의 파손 가능성을 높이는 부정적 징후들이다. (O)

25 전정 시기

1 수액 유출이 심한 나무는 잎이 완전히 전개된 이후 여름에 전정한다. (O)

2 전정 상처를 빠르게 유합시키기 위해서 휴면기 직전에 전정하는 것이 좋다. (×)
　→ 이른 봄에 실시하면 형성층의 생장이 곧 시작되므로 상처를 빠르게 유합할 수 있다.

3 목련류, 철쭉류는 꽃이 진 직후 전정하면, 다음 해 꽃눈의 수가 감소한다. (×)
　→ 목련류, 철쭉류는 꽃이 지고 30일 이내에 화아원기가 형성되므로 꽃이 진 직후 전정은 올바른 전정이다.

4 수간과 가지의 구조를 튼튼하게 발달시키기 위해서 어릴 때 전정을 시작한다. (O)

5 봄철 건조한 날에 전정하는 것이 비오는 날 전정하는 것보다 소나무가지끝마름병으로부터 상처 부위의 감염을 억제할 수 있다. (O)

6 침엽수에서 지나치게 자란 가지의 신장을 억제하기 위해 신소의 마디 간 길이를 줄여 수관이 치밀해지도록 진징하는 작업을 적심(摘心)이라고 한다. (O)

7 도장지가 발생하는 부위는 잠아이다. (O)

26 수피 상처의 치료방법

1 수피이식을 시도할 수 있다. (O)

2 목재부후균의 길항미생물을 집종한다. (O)

3 교접(橋接)으로 사부 물질의 이동통로를 확보한다. (O)

4 살아있는 들뜬 수피는 발생 즉시 작은 못으로 고정하고 보습재로 덮은 후 폴리에틸렌 필름을 감아 준다. (O)

27 벌목작업 및 체인톱 취급

1 경사지에서의 벌도방향은 경사방향과 평행하게 하는 것이 좋다. (×)
　→ 경사지의 나무 벌도방향은 가로방향 또는 경사지 아래 방향이다.

2 체인톱은 시동 후 2~3분, 정지하기 전에는 저속 운전한다. (O)

3 벌도목 수고의 1.5배 반경 안에는 작업자 이외 사람의 접근을 막는다. (O)

4 체인톱을 사용할 때 톱니를 잘 세우지 않으면 거치효율이 저하되어 진동이 발생할 수 있다. (O)

5 근원직경 15cm 이하인 소경목은 수구와 추구없이 20도 정도의 기울기로 가로 자르기를 한다. (O)

28 상렬(霜裂)의 피해

1 추위가 심한 북서쪽 줄기 표면에 잘 일어난다. (×)
　→ 햇볕이 늦게까지 비치는 남서쪽에 잘 일어난다.

2 피해는 흉고직경 15~30cm 정도의 수목에서 주로 발견된다. (O)

3 피해는 활엽수보다 수간이 곧은 침엽수에서 더 많이 관찰된다. (×)
　→ 수피가 얇은 활엽수의 피해가 많이 발생한다.

4 초겨울 또는 초봄에 습기가 많은 묘포장에서 발생하기 쉽다. (×)
　→ 겨울철 건조하면서 길게 갈라지는 현상으로 수간을 싸거나 흰 페인트 도포로 방제한다.

5 북쪽지방이 원산지인 수종을 남쪽지방 으로 이식했을 경우에 피해를 입는다. (×)
　→ 특히 남부수종을 중부지역에 이식 시 발생 확률이 높다. 아왜나무, 목서류, 홍가시나무, 광나무, 가시나무류에서 자주 발생한다.

29 풍해

1 가문비나무와 낙엽송은 풍해에 약하다. (O)

2 주풍은 10~15m/s, 강풍은 29m/s 이상의 속도로 부는 바람을 말한다. (O)

3 주풍의 피해로 침엽수는 상방편심을, 활엽수는 하방편심을 하게 된다. (O)

4 방풍림의 효과는 주풍 방향에 직각으로 배치하기보다는 비스듬히 배치하는 것이 더 좋다. (×)
  → 직각배치를 하는 것이 효과가 높다.

5 유령목에 나타나는 강풍의 피해는 수간이 부러지는 피해보다 만곡이나 도복의 피해가 많다. (O)

30 2차 대기오염물질

1 오존과 PAN에 의한 피해는 햇빛이 강한 날에 잘 발생한다. (O)

2 이산화질소와 불포화탄화수소의 광화학 반응에 의하여 생성된 것은 PAN이다. (O)

3 PAN에 의한 피해는 계속 성장하는 미성숙한 잎에서 심하게 발생한다. (O)

4 오존의 조직학적 가시 장해의 특징은 기공에 가까운 해면조직이 피해를 받는다. (×)
  → 책상조직이 피해를 받는다.

5 느티나무, 중국단풍나무 등은 오존에 대한 감수성이 대체로 크며, 낙엽송은 이들 수목보다 내성이 있는 편이다. (O)

31 오존

1 소나무는 오존에 민감하다. (O)

2 피해를 받으면 잎 하부 표면이 청동색으로 변한다. (×)
  → 오존의 피해 : 활엽수는 잎 앞면에서 발생하며, 잎끝의 괴사, 황화현상의 반점, 잎의 왜성화가 나타난다.

3 오존의 피해증상은 잎의 책상조직 세포가 파괴되어 나타난다. (O)

4 오존의 일부는 자연적으로 성층권에서 생성되어 대류권으로 하강 유입된다. (O)

5 산화질소나 이산화질소 등 1차 오염 물질과의 반응산물인 2차 오염물질 중의 하나이다. (O)

32 산성비

1 pH 5.6 이하의 산성도를 나타내는 강우이다. (O)

2 주요 원인물질은 황산화물과 질소 산화물이다. (O)

3 지속적으로 내리는 강한 산성비는 토양을 산성화시켜 활성 알루미늄을 생성시킨다. (O)

4 수목 잎 표면의 왁스층을 부식시켜서 잎에 물이 접촉할 때 생기는 습윤각을 증가시킨다. (×)
  → 습윤각을 감소시킨다.

5 활엽수 수목의 수관층을 통과하여 지상으로 하강하는 강한 산성비는 잎 표면의 염에 의해 산도가 중화된다. (O)

33 염소

1 잎의 가장자리부터 마르기 시작하여 갈색으로 변한다. (O)

2 칠엽수, 층층나무, 단풍나무 등에서는 피해가 나타나지 않는다. (×)
  → 수피가 얇은 수종에서 많이 나타난다.

3 여름철 더운 날 주변의 통풍을 도모 하여 기온의 상승을 막아준다. (O)

4 건강하게 뿌리를 잘 뻗은 나무는 치명적인 피해를 줄일 수 있다. (O)

5 아스팔트나 콘크리트 포장 대신 잔디를 입히거나 유기물 멀칭으로 토양의 복사열을 줄인다. (O)

34 주풍

1 주풍의 풍속은 대략 10~15m/s 정도의 속도이다. (O)

2 주풍은 잎이나 줄기의 일부를 탈락하게 한다. (O)

3 주풍이 지속적으로 불면 임목의 생장이 저하된다. (O)

4 침엽수는 하방편심생장, 활엽수는 상방편심생장을 하게 된다. (×)
→ 침엽수는 상방편심생장, 활엽수는 하방편심생장을 하게 된다.

5 수목은 일반적으로 주풍 방향으로 굽게 되고, 수간하부가 편심생장을 하게 된다. (O)

35 수목의 화재

1 한국에서 지중화가 발생하는 경우는 극히 드물다. (O)

2 대왕송과 분비나무는 내화력이 약한 수종이다. (×)
→ 대왕송과 분비나무는 내화력이 강하다.

3 한국에서도 낙뢰로 인하여 산불이 발생한 경우가 있다. (O)

4 노령목이 될수록 수관화로 연결되는 산불의 위험도는 낮아진다. (O)

5 산불의 발생원인은 야영자, 산채 채취자 등 입산자 실화가 가장 많다. (O)

36 토양수분 과다 시 수목에 나타나는 영향

1 과습 토양에 대한 저항성은 주목이 낮으며 낙우송은 높은 편이다. (O)

2 토양 내 산소 부족현상이 나타나서 세근의 생육을 방해할 수 있다. (O)

3 토양 과습의 초기 증상은 엽병이 누렇게 변하면서 아래로 처지는 현상을 나타낸다. (O)

4 지상부에 나타나는 후기 증상은 수관 아래부터 위로 가지가 고사되면서 수관이 축소된다. (×)
→ 과습에 의한 후기 병징은 수관 꼭대기에서부터 가지가 밑으로 죽어내려오면서 수관이 축소되는 현상이다.

5 고산지 수종은 침수에 대한 내성이 거의 없어서 토양수분이 과다하게 되면 피해가 빠르게 나타난다. (O)

37 수분부족에 의한 수목피해

1 낙엽성 수종은 만성적인 수분부족으로 단풍이 일찍 든다. (O)

2 잎의 가장자리보다 주맥이 먼저 갈색으로 변한다. (×)
→ 활엽수의 잎이 가장자리로부터 엽맥 사이 조직이 갈변하고 고사한다. 남서향의 가지와 바람에 노출된 부분이 먼저 피해를 받는다.

3 수분 요구도가 다른 수종을 동일 구역에 심으면 피해가 커진다. (O)

4 증발억제제를 잎과 가지 전체에 살포하여 피해를 줄인다. (O)

5 모래땅에 비이온계 계면활성제를 처리함으로써 보수력을 높여 피해를 줄인다. (O)

38 저온에 의한 수목피해

1 냉해로 잎이 황화되고 심하면 가장자리 조직이 죽는다. (O)

2 생육 후기에 시비하여 저온 저항성을 높여 피해를 줄인다. (×)
→ 생육 후기 시비는 웃자람을 유발하여 겨울의 동해피해를 입을 수 있다.

3 나무 전체의 꽃, 눈이 갈변되면 동해(凍害)로 추정할 수 있다. (O)

4 세포 사이의 얼음으로 세포 내 수분 함량이 낮아져 원형질이 분리된다. (O)

5 온도가 떨어지면 세포 사이의 물이 세포 내부의 물보다 먼저 동결된다. (O)

39 제초제에 의한 수목피해

1 가지치기, 인산시비로 피해가 더 나오지 않게 한다. (O)

2 토양에 활성탄을 혼합하고 제독하여 피해를 줄인다. (O)

3 글리포세이트는 토양을 통해 뿌리에 피해를 주지 않는다. (O)

4 디캄바는 뿌리를 통해 흡수되어 철쭉류 지상부의 변형을 일으킨다. (O)

5 비호르몬계열인 2,4-D는 이행성이 강하여 잎에 피해가 나타난다. (×)
   → 호르몬계열 2,4-D는 이행성이 강하여 잎에 피해가 나타난다.

40 염류에 의한 수목피해

1 제설제에 의하여 잎과 가지의 끝에 괴저가 나타난다. (O)

2 토양의 염류가 10dS/m 이상에서 민감한 식물에 피해가 나타나기 시작한다. (×)
   → 전기전도도(EC)가 4.dS/m 이상이고 대부분의 식물이 생육할 수 없다.

3 제설제 피해는 수목 생장 초기에 토양습도가 높을 때 나타난다. (×)
   → 건조에 의하여 수분의 증발이 많으면 토양수분에 녹아있는 염류 농도가 높아진다.

4 염류가 포함된 토양용액의 삼투퍼텐셜이 높아 뿌리가 물을 흡수하기 어렵다. (×)
   → 토양용액의 삼투퍼텐셜이 낮아서 뿌리가 물을 흡수하기 어렵다.

5 염류 집적으로 토양이 산성화되어 철, 망간, 아연 결핍증을 일으킨다. (×)
   → 염류 집적으로 토양이 염기화되어 철, 망간, 아연 결핍증을 일으킨다.

6 제설염 피해진단을 위한 염류농도를 측정하는 장비는 EC meter이다. (O)

7 제초제저항성 GMO 작물은 농약관리법에서 규정하고 있는 농약의 범주에 속한다. (×)
   → 제초제저항성 GMO 작물은 농약관리법상 농약의 범주에 속하지 않는다.

41 휘감는 뿌리에 의한 수목피해

1 단풍이 일찍 들고 잎도 일찍 떨어진다. (O)

2 장기화하면서 물과 양분의 이동이 방해된다. (O)

3 수간의 발달이 제한되어 풍해에 취약해진다. (O)

4 협착이 일어나는 아랫부분의 수간이 위보다 더 굵어진다. (×)
   → 협착이 일어나는 윗부분의 수간이 아래보다 더 굵어진다.

5 조임을 당한 뿌리의 바로 위쪽 가지에서 증상이 가장 먼저 나타난다. (O)

42 염해

1 해빙염의 피해는 낙엽수보다 상록수의 피해가 더 크다. (O)

2 곰솔, 느티나무, 후박나무 등은 염해에 내성이 있다고 알려져 있다. (O)

3 토양 내 염류 물질이 적을수록 전기 전도도는 높아지며 식물피해도 줄어든다. (×)
   → 토양 내 염류 물질이 적을수록 전기 전도도는 낮아지며 식물피해도 줄어든다.

4 해빙염의 피해는 침엽수와 활엽수에서 서로 다른 수관 위치에서 나타날 수 있다. (O)

5 해빙염의 경우 상록수는 봄이 오기 전에 잎에 피해가 나타나고 낙엽수는 새싹이 생육한 후 나타난다. (O)

43 농약 보조제

1 증량제에는 활석, 납석, 규조토, 탄산칼슘 등이 있다. (O)

2 계면활성제는 음이온, 양이온, 비이온, 양성 계면활성제로 구분된다. (O)

3 협력제는 농약의 약효를 증진시킬 목적으로 사용하는 첨가제이다. (O)

4 계면활성제의 HLB 값은 20 이하로 나타나며, 낮을수록 친수성이 높다. (×)
→ HLB 값이 높을수록 친수성이 높다.

5 유기용제는 원제를 녹이는데 사용하는 용매로 농약의 인화성과 관련된다. (○)

44 제초제 저항성 잡초 관리방법

1 종합적 방제를 실시한다. (○)

2 제초제 사용량을 늘려서 자주 처리한다. (×)
→ 오남용은 잡초의 약제 저항성을 유발한다.

3 작용기작이 유사한 제초제의 연용을 피한다. (○)

4 작용기작이 다른 제초제와의 혼합제를 사용한다. (○)

5 교차저항성이 없는 다른 제초제와 교호처리한다. (○)

45 토양 중 농약의 동태

1 볏짚 등 신선 유기물 첨가는 토양 중 농약의 분해를 늦춘다. (×)
→ 유기물은 농약의 흡착을 유발하므로 농약의 분해를 빠르게 한다.

2 식양토에서 농약의 분해와 이동이 빨라지고 잔류는 적어진다. (×)
→ 식양토는 토양의 완충용량이 사질토양보다 높고, 토양의 교질에 농약이 흡착되어 이동이 잘 안된다.

3 토양 중 농약의 분해는 주로 화학적 분해이고, 미생불 분해는 없다. (×)
→ 농약의 분해는 미생물 분해도 있다.

4 부식함량이 높은 토양에서 농약 흡착이 많고, 분해가 늦어진다. (○)

5 농약의 토양흡착은 토성에 따라 다르고, 농약 제형의 영향은 없다. (×)
→ 농약의 토양흡착은 토성에 따라 다르고, 농약 제형에 따라서도 따르다.

46 농약의 품목

1 유효성분명을 계통으로 분류한 것이다. (×)
→ 유효성분명을 제제형태로 분류한 것이다.

2 '델타메트린 수화제'는 품목명이다. (○)

3 보조제 함량과 제제의 형태로 분류한 것이다. (×)
→ 유효성분명을 제제형태로 분류한 것이다.

4 품목이 동일한 농약은 같은 상표명을 갖는다. (×)
→ 상표명은 회사가 임의로 정한다.

47 호흡과정 저해와 관련된 농약의 작용기작

1 Alachlor은 대표적인 호흡과정 저해제이다. (×)
→ Alachlor은 세포분열 저해제이다.

2 살충제 작용기작 분류기호 '20a'와 관련된다. (○)

3 살균제 작용기작 분류기호 '다1'과 관련된다. (○)

4 전자전달을 교란하거나 ATP 생합성을 억제한다. (○)

5 미토콘드리아 막단백질 복합체의 기능을 교란한다. (○)

48 농약 제형을 만드는 목적

1 농약 살포자의 편의성을 향상시킨다. (○)

2 최적의 약효 발현과 약해를 최소화한다. (○)

3 유효성분의 물리화학적 안정성을 향상시킨다. (○)

4 소량의 유효성분을 넓은 지역에 균일하게 살포한다. (○)

5 유효성분 부착량 감소를 위한 다양한 보조제를 적용한다. (×)
→ 유효성분 부착량 증가를 위한 다양한 보조제를 적용한다.

49 농약의 제형

1 액상수화제는 물과 유기용매에 난용성인 원제를 이용한 액상 형태이다. (O)

2 액제는 원제가 수용성이며 가수분해의 우려가 없는 원제를 물 또는 메탄올에 녹인 제형이다. (O)

3 유제는 농약 원제를 유기용매에 녹이고, 계면활성제를 첨가한 액체 제형이다. (O)

4 캡슐제는 농약원제를 고분자 물질로 피복하여 고형으로 만들거나 캡슐 내에 농약을 주입한 제형이다. (O)

5 훈증제는 낮은 증기압을 가진 농약 원제를 액상, 고상 또는 압축가스상으로 용기 내에 충진한 제형이다. (×)
→ 훈증제는 증기압이 높은 농약 원제를 액상, 고상 또는 압축가스상으로 용기 내에 충진한 제형이다.

50 농약의 안전사용기준

1 작물, 방제 대상, 살포 방법, 희석 배수 등이 표시되어 있다. (O)

2 최종 살포시기와 살포 횟수를 명시하여 안전한 농산물을 생산할 수 있게 한다. (O)

3 안전사용기준 설정은 병해충 발생 시기와 잔류허용기준을 동시에 고려해 설정한다. (O)

4 농약 사용 환경을 고려해야 하므로 농약 등록 후 경과 기간을 두고 설정하는 것이 원칙이다. (×)
→ 농약 등록 전 경과 기간을 두고 설정하는 것이 원칙이다.

5 농약 판매업자가 농약 안전사용기준을 다르게 추천하거나 판매하는 경우에는 500만원 이하의 과태료가 부과된다. (O)

51 한국의 농약의 독성관리 제도

1 동일성분의 경우 고체 제품보다는 액체 제품의 독성이 더 높게 구분되어 있다. (×)
→ 고체 제품의 독성이 더 높다.

2 ADI(1일 섭취허용량)는 농약잔류허용 기준 설정의 근거가 된다. (O)

3 농약살포자의 농약 위해성 평가에 대한 중요한 요소는 노출량이다. (O)

4 농약제품의 인축독성은 경구독성과 경피독성으로 구분하여 관리하고 있다. (O)

5 농약제품의 독성은 I(맹독성), II(고독성), III(보통독성), IV(저독성) 급으로 구분하고 있다. (O)

52 농약의 잔류허용기준

1 농약 및 식물별로 잔류허용기준은 다르다. (O)

2 농약잔류허용기준은 「농약관리법」에 의하여 고시된다. (×)
→ 농약잔류허용기준은 「식품위생법」에 의하여 고시된다. 「농약관리법」에는 농약안전사용기준이 고시된다.

3 일본과 유럽, 대만 등은 PLS 제도를 한국보다 앞서서 운영하고 있다. (O)

4 한국에서 잔류허용기준 미설정 농약은 불검출 수준(0.01mg/kg)으로 관리한다. (O)

5 적절한 사용법으로 병해충을 방제하는데 필요한 최소한의 양만을 사용하도록 유도한다. (O)

53 벤조일유레아(Benzoylurea)계 살충제

1 곤충과 포유동물 사이에 높은 선택성을 가진다. (O)

2 곤충의 표피를 구성하는 키틴(Chitin) 합성 저해제이다. (O)

3 유충단계에서 가해하는 나비목, 노린재목 방제에 사용된다. (O)

4 일부 약제에서 알의 비정상적인 탈피를 유도하여 살충효과를 나타낸다. (O)

5 이미다클로프리드, 아세타미프리드, 티아메톡삼 등의 약이 등록되어 있다. (×)
→ 디플루벤주론(diflubenzuron), 테플루벤주론(teflubenzuron), 클로로플루아주론(chlorfluazuron), 비스트릴퓨론(bistrilfuron), 플루페녹수론(flufenoxuron), 뷰프로페진(bufrofezin) 등의 약이 등록되어 있다.

54 살균제 작용기작 기호 사1

1 처리농도를 높였을 때 식물의 생장을 억제한다. (O)

2 디페노코나졸, 헥사코나졸, 테부코나졸 등이 등록되어 있다. (O)

3 세포막 구성성분인 인지질의 생합성을 저해하는 약제이다. (×)
   → 막에서 스테롤 생합성을 저해하는 약제이다.

4 벚나무 갈색무늬구멍병 잎에 발생하는 진균병에 효과적이다. (O)

5 침투이행성으로서 예방제이나, 일부는 치료제 효과를 나타낸다. (O)

55 계면활성제의 역할

1 전착제로 사용된다. (O)

2 유화제로 사용된다. (O)

3 농약액의 현탁성을 높여 준다. (O)

4 농약액의 표면장력을 낮추어 준다. (O)

5 농약액과 엽면 사이의 접촉각을 크게 해준다. (×)
   → 농약액과 엽면 사이의 접촉각을 작게 해준다.

56 지방산 생합성 억제 작용기작을 갖는 제초제

1 Cyclohexanedione계 성분이 있다. (O)

2 Aryloxyphenoxypropionate계 성분이 있다. (O)

3 Glufosinate는 지방산 생합성 억제제이다. (×)
   → Glufosinate는 아미노산 생합성 저해제이다.

4 Cyhalofop-butyl은 협엽(단자엽) 식물에 선택성이 높다. (O)

5 아세틸 CoA 카르복실화효소(ACCase)의 저해작용을 갖는다. (O)

57 살균제로 개발된 항생제 농약

1 스트렙토마이신, 가스가마이신, 옥시테트라사이클린은 단백질 합성과정을 저해한다. (O)

2 스트렙토마이신은 복숭아 세균구멍병과 같은 세균병에 효과를 나타낸다. (O)

3 가스가마이신은 여러 가지 진균병의 예방제 및 치료제로 사용된다. (O)

4 바리다마이신은 잔디 갈색잎마름병에 연용하면 저항성이 출현하므로 주의해야 한다. (O)

58 제초제 플루아지포프-P-뷰틸

1 벼과식물에는 강한 살초효과를 나타낸다. (O)

2 식물 체내의 지질합성계 효소(ACCase)를 저해한다. (O)

3 철쭉, 소나무, 은행나무 등의 묘포장 잡초방제에 사용한다. (O)

4 여름철 주요 잡초인 환삼덩굴, 닭의 장풀의 방제에 사용한다. (×)
   → 1년생, 월년생 화본과 잡초를 선택적으로 방제한다.

5 분열조직으로 이동하여 생장을 저해 하므로 서서히 효과가 나타난다. (O)

59 산림병해충 방제용 드론

1 무인헬기보다 장비의 휴대 및 관리가 용이하다. (O)

2 무인헬기보다 농약 살포액의 탑재 용량을 많이 할 수 있어 작업이 효율적이다. (×)
   → 무인헬기보다 농약 살포액의 탑재용량이 적다.

3 날개가 회전하면서 생기는 하향풍이 살포 입자의 부착량에 영향을 미친다. (O)

4 표준희석 배수보다 높은 농도의 살포액을 사용해야 작업의 효율성을 높일 수 있다. (O)

5 기류가 안정된 시간대에 살포비행을 해야 하고 지상 1.5m에서 풍속이 3m/s를 초과할 경우 비행을 중지한다. (O)

60 생물농축계수

1 농약의 증기압과 수용성이 낮을수록 생물농축 경향이 강하다. (O)

2 생물체 내에서 배설 속도가 느릴수록 생물농축 경향이 강하다. (O)

3 BCF는 생물 중 농약의 농도를 생태계 중 농약의 농도로 나눈 것이다. (O)

4 수질 중 농약의 농도가 1이고 송사리 중 농도가 10이면 BCF는 10이다. (O)

5 농약이 옥타놀/물 양쪽에 분배되는 비율인 분배계수(LogP)가 높을수록 BCF는 낮아진다. (×)
→ 분배계수가 높은 화합물은 생물농축가능성(BCF)이 높다

61 소나무재선충병 예방나무주사

1 약제 피해가 우려되는 식용 잣·송이 채취지역은 제외한다. (O)

2 장기 예방나무주사는 보호수 등 보존 가치가 높은 수목에 한하여 사용한다. (O)

3 선단지 등 확산우려 지역은 소나무 재선충과 매개충 동시방제용 약제를 사용한다. (O)

4 예방나무주사 1, 2순위 대상지는 최단 직선거리 5km 이내에 소나무재선충병이 발생하였을 때 시행한다. (×)
→ 예방나무주사 1, 2순위 대상지는 최단 직선거리 10km 이내에 소나무재선충병이 발생하였을 때 시행한다.

5 선단지 및 소규모 발생지에 대하여 피해고사목 방제 후 벌채지 외곽 30m 내외의 건전목에 실행한다. (O)

62 법령상 소나무재선충병 관련 용어

1 "감염목"이란 재선충병에 감염된 소나무류를 말한다. (O)

2 "감염의심목"이란 재선충병에 감염된 것으로 의심되어 진단이 필요한 소나무류를 말한다. (O)

3 "반출금지구역"이란 재선충병 발생 지역으로부터 2km 이내에 포함되는 행정 동, 리의 전체구역을 말한다. (O)

4 "비병징 감염목"이란 반출금지구역 내 소나무류 중 재선충병 감염여부 확인을 받지 아니한 소나무류를 말한다. (×)
→ "비병징 감염목"이란 재선충병에 감염되었으나 잎의 변색이나 시들음, 고사 등 병징이 감염당년도에 나타나지 않고 이듬해부터 나타나는 소나무류를 말한다.

5 "점형선단지"란 감염목으로부터 반경 2km 이내에 다른 감염목이 없을 때 해당 감염목으로부터 반경 2km 이내의 지역을 말한다. (O)

63 나무의사의 자격취소 및 정지 행정처분

1 수목진료를 고의로 사실과 다르게 한 경우 1차 위반으로 자격이 취소된다. (O)

2 두 개 이상의 나무병원에 동시에 취업한 경우 1차 위반으로 자격이 취소된다. (×)
→ 두 개 이상의 나무병원에 동시에 취업한 경우 2차 위반 시 자격이 취소된다.

3 법 제21조의5에 따른 결격사유에 해당하게 된 경우 1차 위반으로 자격이 취소된다. (O)

4 거짓이나 부정한 방법으로 나무의사 자격을 취득한 경우 1차 위반으로 자격이 취소된다. (O)

5 나무의사 자격증을 빌려준 경우 1차 위반으로 자격정지 2년, 2차 위반으로 자격이 취소된다. (O)

64 수목병리학의 역사

1 나무의사가 보수교육을 받지 않은 경우 1차 위반 시 과태료 금액은 50만원이다. (O)

2 법 위반상태의 기간이 12개월 이상인 경우 과태료 금액의 1/2범위에서 그 금액을 가중할 수 있다. (×)

→ 법 위반상태의 기간이 6개월 이상인 경우 과태료 금액의 1/2 범위에서 그 금액을 가중할 수 있다.

3 위반행위가 고의나 중대한 과실에 의한 것으로 인정되는 경우 과태료 금액의 1/2 범위에서 그 금액을 가중할 수 있다. (O)

4 위반행위가 사소한 부주의나 오류에 의한 것으로 인정될 경우 과태료 금액의 1/2 범위에서 그 금액을 감경할 수 있다. (O)

5 나무의사가 정당한 사유 없이 처방전 등의 발급을 거부한 경우 2차 위반 시 과태료 금액은 70만원이다. (O)

65 외래 · 돌발 산림병해충 적기 대응

1 지역별 적기 나무주사를 실행하여 방제효과 제고 및 안전관리를 강화한다. (×)

→ 외래해충은 동시방제가 효과적이다.

2 붉은불개미 등 위해(危害) 병해충의 유입 차단을 위한 협력체계를 구축한다. (O)

3 농림지 동시발생 병해충에 대한 공동 협력 방제 강화로 피해를 최소화한다. (O)

4 예찰조사를 강화하여 조기발견·적기 방제 등 협력체계를 정착시켜 피해를 최소화한다. (O)

5 대발생이 우려되는 외래·돌발병해충은 사전에 적극적으로 대응하여 국민생활의 안전을 확보한다. (O)

66 기타

1 철, 칼슘 결핍증상은 수목의 어린잎에서 먼저 나타난다. (O)

2 인, 칼슘은 강산성 토양에서 결핍되기 쉽다. (O)

3 3 솔껍질깍지벌레의 후약충 발생 초기에 살충제 작용기작 기호4a (네오니코티노이드계)를 나무주사 하려고 한다. 이에 해당하는 약제는 이미다클로프리드 분산성액제이다. (O)

4 디페노코나졸은 세포막 스테롤 생합성을 교란한다. (O)

5 농축된 상태의 액제 제형으로 항공 방제에 사용되는 특수 제형이며 원제의 용해도에 따라 액체나 고체 상태의 원제를 소량의 기름이나 물에 녹인 형태의 제형은 미량살포액제이다. (O)

6 Pinus strobus는 「2021년도 산림병해충 시책」소나무재선충병 미감염확인증 발급대상 수종이 아니다. (O)

7 살서제는 한국의 농약관리법에서 규정하고 있는 농약에 해당된다. (×)

→ 농약관리법에서 규정하고 있는 농약 : 살균제, 살충제, 제초제, 기피제, 유인제, 전착제, 농작물의 생리기능을 증진하거나 억제하는 데에 사용하는 약제 등

8 농약의 보조제 중 그 자체만으로는 약효가 없으나, 혼용하였을 때 농약 유효성분의 약효를 상승시키는 작용을 하는 농약 보조제는 협력제이다. (O)

9 농약 제품의 포장지에 화학명을 반드시 표기해야 한다. (×)

→ 농약 제품의 포장지에 화학명을 반드시 표기하지 않아도 된다.

10 곤충의 키틴 합성을 저해하여 탈피, 용화가 불가능하게 함으로써 살충 효과를 나타내는 계통은 벤조일우레아계이다. (O)

11 물에 용해되기 어려운 농약 원제를 물에 대한 친화성이 강한 특수용매를 사용하여 계면활성제와 함께 녹여 만든 제형은 분산성액제이다. (O)

8·9회 기출지문 OX

01 수목병리학

1 소나무의 외생균근

1 균근균은 대부분 담자균문에 속한다. (○)

2 뿌리와 균류가 공생관계를 형성한다. (○)

3 뿌리병원균의 침입으로부터 뿌리를 방어한다. (○)

4 뿌리표면적이 넓어지는 효과로 인(P) 등의 양분 흡수를 용이
하게 한다. (○)

5 베시클(vesicle)과 나뭇가지 모양의 아뷰스큘(arbuscule)
을 형성한다. (×)
→ 베시클(vesicle)과 나뭇가지 모양의 아뷰스큘(arbuscule)을 형성하는
것은 내생균근이다.

2 백색부후

1 대부분의 백색부후균은 담자균문에 속한다. (○)

2 주로 활엽수에 나타나지만, 침엽수에서도 나타난다. (○)

3 조개껍질버섯, 치마버섯, 간버섯 등은 백색부후균이다.(○)

4 목재 성분인 셀룰로스, 헤미셀룰로스, 리그닌이 모두 분해되
고 이용된다. (○)

5 부후된 목재는 암황색으로 네모난 형태의 금이 생기고 쉽게
부러진다. (×)
→ 갈색부후에 대한 설명이다.

3 수목에 발생하는 병

1 배롱나무 흰가루병의 피해는 7~9월 개화기에 심하다. (○)

2 미국밤나무는 일반적으로 밤나무 줄기마름병에 감수성이 크
다. (○)

3 포플러류 점무늬잎떨림병은 주로 수관 하부의 잎에서 시작
된다. (○)

4 소나무재선충병 매개충은 우화 · 탈출 시기에 살충제를 살포
하여 방제한다. (○)

5 느티나무 흰별무늬병에서 흔하게 나타나는 증상은 조기 낙
엽이다. (×)
→ 느티나무흰별무늬병은 주로 묘목에서 발생하고 큰 나무에서는 땅 부근
의 맹아지에서 발생한다. 조기 낙엽은 되지 않지만 병이 진전되면 묘목
은 생장이 많이 낮아진다.

4 수목 뿌리에 발생하는 병

1 모잘록병은 병원균 우점병이다. (○)

2 리지나뿌리썩음병균은 파상땅해파리버섯을 형성한다.(○)

3 파이토프트라뿌리썩음병균은 미끼법과 선택배지법으로 분
리할 수 있다. (○)

4 아밀라리아뿌리썩음병은 기주 우점병으로 토양 내에서 뿌리
꼴균사다발이 건전한 뿌리쪽으로 자란다. (○)

5 아까시흰구멍버섯에 의한 줄기밑둥썩음병은 변재가 먼저 썩
고 심재가 나중에 썩는다. (×)
→ 아까시흰구멍버섯은 구멍장이버섯속의 균으로 줄기밑둥썩음병을 유
발하며, 뿌리와 줄기 밑둥의 심재가 먼저 썩고 나중에 변재도 썩는다.

5 Marssonina 속에 의한 병

1 장미 검은무늬병은 봄비가 잦은 해에는 5~6월에도 심하게
발생한다. (○)

2 분생포자각을 형성한다. (×)
→ 분생포자반을 형성한다.

3 분생포자는 막대형이며 여러 개의 세포로 나뉘어 있다.
(×)
→ 분생포자는 무색의 두 세포인데, 윗세포와 아랫세포의 크기와 모양이
다른 경우가 많다.

4 은백양은 포플러류 점무늬잎떨림병에 감수성이 있다. (×)
→ 이태리계 개량포플러는 점무늬잎떨림병에 감수성이고, 은백양과 일본
사시나무 등은 저항성이다.

5 증상이 심한 병반에는 짧은 털이 밀생한 것처럼 보인다.

(　×　)

→ 증상이 심한 병반에는 짧은 털이 밀생한 것처럼 보이는 것은 Coryne-spora 속 곰팡이의 특징이다.

6 환경 개선에 의한 수목병 예방 및 방제법

1 철쭉류 떡병은 통풍이 잘되게 해준다.　(　○　)

2 리지나뿌리썩음병은 산성토양일 때에는 석회를 시비한다.

(　○　)

3 자주날개무늬병은 석회를 살포하여 토양 산도를 조절한다.

(　○　)

4 소나무류 잎떨림병은 임지 내 풀깎기 및 가지치기를 한다.

(　○　)

5 *Fusarium* sp.에 의한 모잘록병은 토양을 과습하지 않게 유지한다.　(　○　)

7 *Corynespora cassiicola*에 의한 무궁화점무늬병

1 초기에는 작고 검은 점무늬가 나타나고 차츰 겹둥근무늬가 연하게 나타난다.　(　○　)

2 이른 봄철부터 발생한다.　(　×　)

→ 장마 이후부터 발생한다.

3 건조한 지역에서 흔히 발생한다.　(　×　)

→ 그늘지고 습한 지역에서 잘 발생한다.

4 어린잎의 엽병 및 어린줄기에서도 나타난다.　(　×　)

→ 잎에 국한되어 나타낸다. 처음에는 작고 검은 점무늬로 시작되어 차츰 확대되면서 동심윤문이 옅게 나타난다.

5 수관 위쪽 잎부터 발병하기 시작하여 아래쪽 잎으로 진전된다.　(　×　)

→ 수관의 아래쪽 잎부터 시작하여 위쪽으로 진전된다.

8 밤나무 잉크병의 병원체

1 격벽이 없는 다핵균사를 형성한다.　(　○　)

2 세포벽의 주성분은 글루칸과 섬유소이다.　(　○　)

3 무성생식으로 편모를 가진 유주포자를 형성한다.　(　○　)

4 참나무 급사병 병원체와 동일한 속(*genus*)이다.　(　○　)

5 장정기의 표면이 울퉁불퉁하다.　(　×　)

→ 밤나무잉크병은 난균류이며 대형의 장란기와 소형의 장정기 사이에 수정이 이루어져 난포자를 형성한다. 밤나무잉크병 병원균의 장란기는 표면이 울퉁불퉁한 것이 특징이다.

9 수목병과 증상

1 소나무 잎마름병 – 봄에 침엽의 윗부분(선단부)에 누런 띠 모양이 생긴다.　(　○　)

2 소나무류 (푸자리움) 가지마름병 – 신초와 줄기에서 수지가 흘러내려 흰색으로 굳어 있다.　(　○　)

3 버즘나무 탄저병 – 잎이 전개된 이후에 발생하면 잎맥을 중심으로 번개 모양의 갈색 병반이 형성된다.　(　○　)

4 참나무 갈색둥근무늬병 – 잎의 앞면에 건전한 부분과 병든 부분의 경계가 뚜렷하게 적갈색으로 나타난다.　(　○　)

5 회양목 잎마름병 – 병반 주위에 짙은 갈색 띠가 형성되며, 건전 부위와의 경계가 뚜렷하다.　(　×　)

→ 병반의 테두리에 짙은 갈색을 띠며 건전부와의 경계는 뚜렷하지 않다.

10 벚나무 빗자루병

1 병원균은 *Taphrina wiesneri*이다.　(　○　)

2 벚나무류 중에서 왕벚나무에 피해가 가장 심하게 나타난다.

(　○　)

3 감염된 가지에는 꽃이 피지 않고 작은 잎들이 빽빽하게 자라 나오며 몇 년 후에 고사한다.　(　○　)

4 병원균의 균사는 감염 가지와 눈의 조직 내에서 월동하므로 감염 가지는 제거하여 태우고 잘라낸 부위에 상처 도포제를 바른다.　(　○　)

5 유성포자인 자낭포자는 자낭반의 자낭 내에 8개가 형성된다.　(　×　)

→ 벚나무빗자루병은 자낭과를 형성하지 않고(반자낭균강), 나출자낭 내에 8개의 자낭포자가 형성된다.

11 소나무 푸른무늬병(청변병)

1 멜라닌 색소를 함유한 균사가 변재 부위의 방사유조직을 침입하고 생장하여 변색시킨다. (○)

2 목재 구성 성분인 셀룰로오스, 헤미셀룰로오스, 리그닌이 분해된다. (×)

→ 목재부후균(갈색부후, 백색부후, 연부후)과는 달리 셀룰로오스, 헤미셀룰로오스, 리그닌 등을 분해하지 않는다. 목재의 표면에 주로 서식하는 균이며, 목재 변재부의 방사유조직에 침입하여 방사상으로 변색시킨다.

3 상처에 송진 분비량이 감소하고 침엽이 갈변하여 나무 전체가 시들기 시작한다. (×)

→ 소나무시들음병(재선충병)에 대한 설명이다.

4 감염목의 변재 부위는 병원균의 증식으로 갈변되고 물관부가 막혀서 수분이동 장애가 발생된다. (×)

→ 소나무시들음병(재선충병)에 대한 설명이다.

5 습하고 배수가 불량한 지역에서 뿌리가 감염되고 수피 제거 시 적갈색의 변색 부위를 관찰할 수 있다. (×)

→ 파이토프토라뿌리썩음병(*Phytophthora cactorum, P. cinnamomi*) : 습하고 배수가 불량한 지역에서 운동성 있는 유주포자가 대량 형성되어 인접한 기주 수목에 이동하여 침입하므로 발병이 심해지고, 감염된 뿌리는 갈색~흑색의 병반이 나타난다.

12 회색고약병

1 병원균은 깍지벌레 분비물을 영양원으로 이용한다. (○)

2 두꺼운 회색 균사층이 가지와 줄기 표면을 덮는다. (○)

3 병원균은 *Septobasidium* spp.로 담자포자를 형성한다. (○)

4 줄기 또는 가지 표면의 균사층을 들어내면 깍지벌레가 자주 발견된다. (○)

5 병원균은 외부기생으로 수피에서 영양분을 취하지 않는다. (×)

→ 고약병균은 깍지벌레와 공생하며, 발생 초기에는 깍지벌레의 분비물에 의존하여 번식하고 점차 침입균사를 내어 수피에서도 영양분을 흡수한다.

13 편백 · 화백 가지마름병

1 병반 조직 수피 아래에 분생포자층을 형성한다. (○)

2 감염된 가지와 줄기의 수피가 세로로 갈라진다. (○)

3 분생포자는 방추형이며 세포 6개로 나뉘어 있다. (○)

4 병원균은 *Seiridium unicorne*(=*Monochaetia unicornis*)이다. (○)

5 감염 부위에서 누출된 수지가 굳어 적색으로 변한다. (×)

→ 수지가 굳어져 흰색으로 변하는 특징으로 이 병을 진단할 수 있다. 초기에 죽은 가지의 기부나 상처에서 발병하지만 수피가 점차 세로로 찢어지면서 수지가 흘러내린다.

14 회화나무 녹병

1 병원균은 *uromyces truncicola*이다. (○)

2 줄기와 가지에 방추형 혹이 생기고 수피가 갈라진다. (○)

3 병든 낙엽과 가지 또는 줄기의 혹에서 겨울포자로 월동한다. (○)

4 잎 아랫면에 황갈색 가루덩이가 생긴 후 흑갈색으로 변한다. (○)

5 늦은 봄 수피의 갈라진 틈에 흑갈색 가루덩이(포자퇴)가 나타난다. (×)

→ 가을이 되면 줄기와 가지 혹의 갈라진 껍질 밑에 흑갈색의 가루덩이(겨울포자)가 무더기로 나타난다.

15 뿌리혹병(근두암종병)

1 목본과 초본 식물에 발생한다. (○)

2 토양에서 부생적으로 오랫동안 생존할 수 있다. (○)

3 한국에서는 1973년 밤나무 묘목에 크게 발생하였다. (○)

4 병원균은 그람음성세균이며 짧은 막대 모양의 단세포이다. (○)

5 주요 병원균으로는 *Agrobacterium tumefaciens*, A. radiobacter K₈₄ 등이 있다. (×)

→ Agrobacterium radiobacter K84은 병원균이 아니라 장미 뿌리혹병의 생물농약이다.

16 느릅나무 시들음병

1 세계 3대 수목병 중 하나이다. (○)

2 매개충은 나무좀으로 알려져 있다. (○)

3 방제법으로는 매개충 방제, 감염목 제거 등이 있다. (○)

4 병원균은 자낭균문에 속하며, 학명은 *Ophiostoma* (*novo-*) *ulmi* 이다. (○)

5 병원균은 뿌리접목으로 전반되지 않는다. (×)

> → 병원균이 물관 내로 유입하여 수목의 아랫방향으로 증식하면서 이동하며 뿌리에도 존재한다. 뿌리접목을 통하여 인접한 나무의 물관으로 이동하기도 한다.

17 흰날개무늬병

1 감염목의 뿌리 표면에 균핵이 형성된다. (○)

2 감염된 나무뿌리는 흰색 균사막으로 싸여 있다. (○)

3 병원균은 리지나뿌리썩음병과 동일한 문(phylum)에 속한다. (○)

4 뿌리꼴균사다발이나 뽕나무버섯이 주요한 표징이다. (×)

> → 아밀라리아뿌리썩음병(*armillaria mellea, A. solidipes*)에 대한 설명이다. 흰날개무늬병은 자낭균이며, 주로 10년 이상 된 사과 과수원에서 발생하고, 지상부 병징은 자주날개무늬병과 유사하다. 굵은 뿌리 목질부에 부채 모양의 균사막과 실 모양의 균사다발이 발생한다.

02 수목해충학

1 곤충의 일반적인 특성

1 변태를 하여 변화하는 환경에 적응하기가 용이하다. (○)

2 몸집이 작아 최소한의 자원으로 생존과 생식이 가능하다. (○)

3 지구상에서 가장 높은 종 다양성을 나타내고 있는 동물군이다. (○)

4 날개가 있어 적으로부터 도망가거나 새로운 서식처로 빠르게 이동할 수 있다. (○)

5 내골격을 가지고 있어 몸을 지탱하고 외부의 공격으로부터 방어할 수 있다. (×)

> → 외골격을 가지고 있어 몸을 지탱하고 외부의 공격으로부터 방어할 수 있다. 외골격은 근육의 부착면, 건조에 대한 방수, 외부 환경에 대한 감각영역 등의 역할도 한다.

2 곤충 형태

1 매미나방 유충은 씹는 입틀을 갖는다. (○)

2 아까시잎혹파리 성충은 날개가 1쌍이다. (○)

3 미국선녀벌레 성충은 찔러빠는 입틀을 갖는다. (○)

4 뽕나무이 약충은 배 끝에서 밀랍을 분비한다. (○)

5 줄마디가지나방 유충은 배다리가 없다. (×)

> → 줄마디가지나방은 나비목으로 유충(미성숙충)은 복부에 보통 5쌍의 배다리가 있다.

3 곤충 눈(광감각기)

1 겹눈은 낱눈이 모여 어우러진 것이다. (○)

2 완전변태를 하는 유충은 옆홑눈이 있다. (○)

3 낱눈에서 빛을 감지하는 부분을 감간체라 한다. (○)

4 대부분 편광을 구별하여 구름 낀 날에도 태양의 위치를 알 수 있다. (○)

5 적외선을 식별할 수 있다. (×)

> → 곤충의 눈은 짧은 파장(300~600nm)의 빛인 자외선을 포함한 청색이나 자색 등에는 반응하기 쉽고, 긴 파장의 빛인 적색 등에는 반응이 둔하여 분홍색은 잘 보이지 않는다. 그러므로 곤충의 눈에는 청−자색 계열이 가장 눈에 띄고, 적색, 노란색 등 긴 파장이나 흰색, 분홍색 등은 눈에 잘 띄지 않는다.

4 곤충 배설계

1 말피기관은 후장의 연동활동을 촉진한다. (○)

2 배설과 삼투압은 주로 말피기관이 조절한다. (○)

3 육상 곤충은 일반적으로 질소를 요산 형태로 배설한다.
(○)

4 수서 곤충은 일반적으로 질소를 암모니아 형태로 배설한다.
(○)

5 진딧물의 말피기관은 물을 재흡수하며 소관 수는 종에 따라
다르다. (×)
→ 진딧물은 말피기관이 없다.

5 곤충 체벽

1 단단한 부분과 부드러운 부분을 모두 가지고 있어 유연한
움직임이 가능하다. (○)

2 표면에 있는 긴털은 주로 후각을 담당한다. (×)
→ 곤충의 후각은 주로 더듬이 끝에 있는 후각 세포에서 담당한다.

3 원표피에는 왁스층이 있어 탈수를 방지한다. (×)
→ 왁스층은 외표피의 표피소층 바로 위에 위치하며, 수분 손실을 줄이
고 이물질의 침입을 차단하는 기능을 한다.

4 원표피의 주요 화학적 구성성분은 키토산이다. (×)
→ 원표피의 주요 화학적 구성성분은 키틴(chitin)이다.

5 허물벗기를 할 때는 유약호르몬의 분비량이 많아진다.
(×)
→ 허물벗기를 할 때는 탈피호르몬인 엑디스테로이드를 생산한다. 엑디
스테로이드는 앞가슴샘에서 만들어진다. 유약호르몬은 곤충의 미성
숙 단계(유충단계)에서 성충 형질의 발육을 억제하고 성충 단계에서
성적 성숙을 촉진하는 호르몬이다.

6 곤충의 말피기관

1 대사산물과 이온 등 배설물을 혈림프에서 말피기관 내강으
로 분비한다. (○)

2 맹관으로 체강에 고정된 상태이다. (×)
→ 말피기관은 가늘고 긴 맹관으로 끝은 체강 내에 유리된 상태로 있다.

3 중장 부위에 붙어 있으며 개수는 종에 따라 다르다. (×)
→ 후장의 시작부분에 붙어 있으며, 개수는 종에 따라 다르다.

4 분비작용 과정에서 많은 칼륨이온이 관외로 배출된다.
(×)
→ 분비작용 과정에서 칼륨이온이 관내로 유입되고 뒤따라 다른 염류와
수분이 이동한다. 관내에 들어온 액체가 후장을 통과하는 동안에 수
분과 이온류의 재흡수가 일어난다.

5 육상 곤충의 단백질 분해산물은 암모니아 형태로 배설된다.
(×)
→ 육상 곤충의 단백질 분해산물은 주로 요산 형태로 배설되어 체내 수
분 유지에 도움을 주며, 나비목과 노린재목 등에서는 요산의 산화생
성물인 알란토인과 알란토산이 발생된다.

7 곤충의 내분비계

1 성충의 유약호르몬은 알에서의 난황 축적과 페로몬 생성에
관여한다. (○)

2 알라타체는 탈피호르몬을 분비한다. (×)
→ 알라타체는 유약호르몬을 생산한다. 유약호르몬은 곤충의 미성숙 단
계(유충단계)에서 성충 형질의 발육을 억제하고 성충 단계에서 성적
성숙을 촉진하는 호르몬이다.

3 카디아카체는 유약호르몬을 분비한다. (×)
→ 카디아카체는 앞가슴샘자극호르몬을 저장 및 분비한다. 앞가슴샘자
극호르몬은 앞가슴으로 이동해 앞가슴의 분비작용을 자극한다. 이에
자극받은 앞가슴은 엑디손과 같은 엑디스테로이드를 분비한다. 카디
아카체는 뇌의 신경분비세포에서 신호를 받은 후에만 저장된 앞가슴
샘자극호르몬을 방출한다.

4 내분비샘에서 성페로몬과 집합페로몬을 분비한다. (×)
→ 외분비샘은 몸 밖으로 페로몬, 타감물질, 통신물질 등을 분비한다.
내분비샘은 호르몬을 생산하여 순환계로만 방출하는 분비구조이다.

5 신경분비세포에서 분비되는 호르몬은 엑디스테로이드이
다. (×)
→ 엑디스테로이드는 앞가슴에서 분비한다. 신경분비세포에서 분비되
는 호르몬은 뇌호르몬, 경화호르몬, 이뇨호르몬, 알라타체자극호르
몬 등이 있다.

8 곤충 내분비계 호르몬의 기능

1 신경호르몬은 곤충의 성장, 항상성 유지, 대사, 생식 등을 조
절한다. (○)

2 유시류는 성충에서도 탈피호르몬을 지속적으로 분비한다.
(×)
→ 곤충은 성충이 되면 탈피를 멈추고 성장을 위해 쓰이던 에너지는 알
또는 정자를 생산하는 데 사용된다. 그러므로 성충은 더 이상 탈피호
르몬을 분비하지 않는다.

3 앞가슴샘은 탈피호르몬을 분비하여 유충의 특징을 유지한
다. (×)

→ 앞가슴샘은 엑디스테로이드라는 탈피호르몬을 분비하여 유충에서 성
충으로의 탈피를 유도한다. 일단 곤충이 성충이 되면 앞가슴샘은 퇴
화되어 다시는 탈피하지 않는다.

4 알라타체는 내배엽성 내분비기관으로 유약호르몬을 분비
한다. (×)

→ 알라타체는 중배엽성 내분비기관으로 유약호르몬을 분비한다.

5 탈피호르몬 유사체인 메토프렌(methoprene)은 해충방제
제로 개발되었다. (×)

→ 유약호르몬 유도체인 메토프렌은 해충방제제로 개발되었다. 직접적
으로 죽이지는 않지만 성충이 되는 것을 막아 살충효과를 나타낸다.

9 곤충 생식기관 부속샘의 분비물

1 알의 보호막 역할을 한다. (○)

2 암컷의 행동을 변화시킨다. (○)

3 정자가 이동하기 쉽게 한다. (○)

4 산란 시 점착제 역할을 한다. (○)

5 정자를 보관한다. (×)

→ · 수컷의 부속샘 : 정액과 정자주머니를 만들어 정자가 이동하기 쉽
도록 도와준다.
· 암컷의 부속샘 : 알의 보호막이나 점착액을 분비하여 알을 감싼다.
· 수컷의 저장낭 : 정소소관에서 만들어진 정자는 수정관을 통해서
저장낭으로 이동하여 모인다.
· 암컷의 저장낭 : 수컷으로부터 받은 정자를 보관하는 곳이다.

10 성충의 외부 구조

1 암락하늘소의 더듬이는 머리에 있으며 세 부분으로 구성된
다. (○)

2 백송애기잎말이나방은 머리에 옆홑눈이 있다. (×)

→ 대부분 곤충의 성충은 겹눈을 가지고 있다. 백송애기잎말이나방 역시
완전변태하는 나비목 성충이므로 옆홑눈은 없고 겹눈을 가지고 있다.

3 네눈가지나방의 기문은 머리와 배 부위에 분포한다. (×)

→ 곤충의 기문은 일반적으로 가슴과 복부의 옆판에 있다. 기문의 수는
앞가슴과 가운뎃가슴 사이, 가운뎃가슴과 뒷가슴 사이에 각각 1쌍씩,
복부의 앞 8개 마디 각각 1쌍씩 모두 10쌍이 있다.

4 갈색날개매미충의 다리는 3쌍이며 배 부위에 있다. (×)

→ 곤충의 다리는 곤충의 앞가슴, 가운뎃가슴, 뒷가슴 3개의 각 마디에
각각 1쌍의 다리가 있어 전부 3쌍의 다리가 있다.

5 진달래방패벌레의 날개는 앞가슴과 가운뎃가슴에 각각 1쌍
씩 있다. (×)

→ 성충은 일반적으로 가운뎃가슴과 뒷가슴에 각각 1쌍의 날개가 있어
전부 2쌍의 날개가 있다.

11 곤충의 의사소통

1 꿀벌의 원형춤은 밀원식물의 위치를 알려준다. (○)

2 애반딧불이는 루시페린으로 빛을 내어 암 · 수가 만난다.
(○)

3 복숭아혹진딧물은 공격을 받을 때 뿔관에서 경보페로몬을
분비하여 위험을 알려준다. (○)

4 매미는 복부 첫마디에 있는 얇은 진동막을 빠르게 흔들어
내는 소리로 의사소통한다. (○)

5 일부 곤충에 존재하는 존스턴기관은 더듬이의 채찍마디(편
절)에 있는 청각기관이다. (×)

→ 존스턴기관은 현음기관의 하나로서, 더듬이의 흔들마디 안에 있다. 곤
충 자신의 더듬이가 몸과 비교해 어디에서 어떻게 움직이는지 더듬이
의 위치와 방향에 대한 정보를 제공하는 기능을 하며, 특정 진동수의
공기음에 반응하여 소리를 듣는 청각기관이다.

12 딱정벌레목

1 대부분 초식성과 육식성이지만, 부식성과 균식성도 있다.
(○)

2 부식아목에는 길앞잡이, 물방개 등이 있다. (×)

→ 딱정벌레목은 신시군(Neoptera)의 완전변태를 하는 내시류
(Endopterygota)에 속한다. 딱정벌레목은 식육아목, 풍뎅이아목, 원
시아목 및 식균아목의 4아목으로 나뉜다. 곤충의 25% 이상을 차지
하는 가장 큰 목(Order)으로, 바닷물을 제외한 모든 환경에 서식한다.
길앞잡이와 물방개는 식육아목에 속한다.

3 다리가 있는 유충은 대개 4쌍의 다리를 가지고 있다. (×)

→ 3쌍의 가슴다리가 있으나, 배다리는 없다.

4 딱지날개는 단단하여 앞날개를 보호하는 덮개 역할을 한다.
(×)

→ 딱지날개는 뒷날개를 보호하는 덮개 역할을 한다.

5 대부분의 유충과 성충은 강한 입틀을 가지고 있고 후구식이
다. (×)

→ 강한 입틀을 가지고 있고 머리가 전구식 곤충이다.

Appendix

13 풀잠자리목과 총채벌레목

1 총채벌레는 식물바이러스를 매개하기도 한다. （ ○ ）

2 총채벌레는 줄쓸어빠는 비대칭 입틀을 가지고 있다. （ ○ ）

3 명주잠자리는 풀잠자리목에 속하며 유충은 개미귀신이라
한다. （ ○ ）

4 풀잠자리목 중에 진딧물, 가루이, 깍지벌레 등을 포식하는
종은 생물적 방제에 활용되고 있다. （ ○ ）

5 볼록총채벌레는 복부에 미모가 있고 완전변태를 한다.
（ × ）

→ 볼록총채벌레는 노린재 계열의 빠는형 입틀을 가지고, 외시류의 불완
전변태류 곤충이다. 복부 3~8마디에 어두운 갈색의 띠가 있고, 성충
의 날개는 가늘고 좁으며 둘레에 가는 털이 있다.

14 곤충 신경계

1 신경계를 구성하는 기본 단위는 뉴런이다. （ ○ ）

2 신경절은 뉴런들이 모여 서로 연결되는 장소를 일컫는다.
（ ○ ）

3 뉴런이 만나는 부분을 신경연접이라 하며, 전기와 화학적
신경연접이 있다. （ ○ ）

4 신경전달물질에는 아세틸콜린과 GABA (Gamma-
AminoButyric Acid) 등이 있다. （ ○ ）

5 뉴런은 핵이 있는 세포 몸을 중심으로 정보를 받아들이는
축삭돌기와 내보내는 수상돌기로 구성되어 있다. （ × ）

→ 뉴런은 핵을 중심으로 정보를 받아들이는 수상돌기와 축삭 끝에 연결
되어 정보를 내보내는 축삭돌기로 구성되어 있다.

15 종합적 해충관리

1 자연 사망요인을 최대한 이용한다. （ ○ ）

2 잠재 해충은 미리 방제하면 손해다. （ ○ ）

3 일반평형밀도를 해충은 낮추고, 천적은 높이는 것이 해충밀
도 억제에 효과적이다. （ ○ ）

4 여러 가지 방제수단을 조화롭게 병용함으로써 피해를 경제
적 피해허용수준 이하에서 유지하는 것이다. （ ○ ）

5 경제적 피해허용수준에 도달하는 것을 막기 위하여 경제적
피해수준에서 방제한다. （ × ）

→ • 경제적 피해수준(EIL)은 해충에 의한 피해액과 방제비가 같은 수준
의 밀도로 경제적 손실이 나타나는 최저밀도이다.
• 경제적 피해허용수준(ET)은 해충의 밀도가 경제적 피해수준에 도달
하는 것을 억제하기 위하여 방제수단을 써야 하는 밀도 수준이다.
• 일반평형밀도(GEP)는 약제방제와 같은 외부 간섭을 받지 않고 천
적의 영향으로 장기간에 걸쳐 형성된 해충 개체군의 평균밀도이다.

16 벚나무 해충 방제

1 벚나무모시나방은 집단 월동유충을 포살한다. （ ○ ）

2 벚나무응애는 월동 시기에 기계유제로 방제한다. （ ○ ）

3 복숭아혹진딧물은 7월 이후에는 월동 기주에서 방제하지
않는다. （ ○ ）

4 벚나무깍지벌레는 발생 전에 이미다클로프리드 분산성액
제를 나무주사하여 방제한다. （ ○ ）

5 벚나무사향하늘소 유충은 성페로몬 트랩으로 유인 포살한
다. （ × ）

→ 벚나무사향하늘소 방제
• 페로몬트랩을 이용하여 성충을 유인 포살한다.
• 끈끈이롤트랩을 이용하여 성충을 포획한다.
• 피해 부위를 박피하거나 철사 등을 이용하여 유충을 포살한다.

17 해충의 방제 방법

1 솔나방은 기생성 천적을 보호한다. （ ○ ）

2 말매미는 산란한 가지를 잘라서 소각한다. （ ○ ）

3 매미나방은 성충 우화시기에 유아등으로 포획한다. （ ○ ）

4 이세리아깍지벌레는 가지나 줄기에 붙어 있는 알덩어리를
제거한다. （ ○ ）

5 솔잎혹파리는 지표면에 비닐을 피복하여 성충이 월동처로
이동하는 것을 차단한다. （ × ）

→ 솔잎혹파리의 방제
• 지표면에 비닐을 피복하여 낙하유충이 월동처로 이동하는 것을 차
단하거나 성충 우화시기에 우화한 성충이 수관으로 이동하는 것
을 막는다.
• 봄철에 지피물을 긁어서 제거하여 토양을 건조시켜 토양 속 유충
의 폐사를 유도한다.
• 솔잎혹파리먹좀벌, 혹파리살이먹좀벌, 혹파리등뿔먹좀벌, 혹파리반
뿌먹좀벌 등의 천적을 방사한다.

18 수목해충의 약제 처리

1 꽃매미는 어린 약충기에 수관살포한다. (○)

2 갈색날개매미충은 어린 약충기인 4월 하순부터 수관살포
   한다. (○)

3 미국선녀벌레는 어린 약충기에 수관 살포한다. (○)

4 솔나방은 월동한 유충의 활동기인 4월 중·하순경에 경엽
   살포한다. (○)

5 밤바구미는 성충 우화기인 6월 초순경에 수관살포한다.
   (×)

   → 밤바구미는 성충 우화기인 8월 상순경에 수관살포한다.

19 수목해충의 천적

1 혹파리살이먹좀벌은 솔잎혹파리 유충에 내부기생한다.
   (○)

2 꽃등에의 유충과 성충 모두 응애류를 포식한다. (×)
   → 꽃등에 유충, 풀잠자리 유충, 침노린재, 애꽃노린재 등은 빠는형 입틀
   을 가진 포식성 천적이다.

3 개미침벌은 솔수염하늘소 번데기에 내부기생한다. (×)
   → 개미침벌은 외부기생성 천적으로 기주의 체외에서 영양을 섭취하여
   기생하는 곤충이다. 특히 소나무재선충의 매개충인 솔수염하늘소의
   천적으로 개미침벌과 가시고치벌 등이 있다.

4 중국긴꼬리좀벌은 밤나무혹벌 유충에 외부기생한다. (×)
   → 중국긴꼬리좀벌은 밤나무혹벌 유충에 내부기생한다.

5 홍가슴애기무당벌레는 진딧물류의 체액을 빨아 먹는 포식
   성이다. (×)
   → 무당벌레는 씹는형 입틀을 가진 포식성 천적으로 무당벌레, 사마귀,
   풀잠자리, 말벌류 등이 있다.

20 해충의 기계적 방제

1 일부 깍지벌레류는 솔로 문질러 제거한다. (○)

2 해충이 들어있는 가지를 땅속에 묻어 죽인다. (○)

3 소나무재선충병 피해목은 두께 1.5cm 이하로 파쇄한다.
   (○)

4 주홍날개꽃매미나 매미나방은 알 덩어리를 찾아 문질러 제
   거한다. (○)

5 광릉긴나무좀 성충과 유충은 전기충격으로 제거한다.
   (×)

   → 수목해충의 방제 방법에는 법적 방제, 물리적 방제, 기계적 방제, 생
   태적 방제, 생물적 방제, 화학적 방제 등이 있다. 이 중에서 전기충격
   으로 해충을 제거하는 방법은 물리적 방제로서 온도, 습도, 이온화에
   너지, 음파, 전기, 압력, 색깔 등의 방법이 있다.

21 수목해충의 물리적·기계적 방제법

1 수확한 밤을 30℃ 온탕에 7시간 침지 처리한다. (○)

2 간단한 도구를 사용하여 매미나방 알을 직접 제거한다.
   (○)

3 해충 자체나 해충이 들어가 있는 수목 조직을 소각한다.
   (○)

4 석회와 접착제를 섞어 수피에 발라 복숭아유리나방의 산란
   을 방지한다. (○)

22 갈색날개매미충과 미국선녀벌레

1 미국선녀벌레 약충은 흰색 밀랍이 몸을 덮고 있다. (○)

2 갈색날개매미충은 1년에 1회 발생하며, 알로 월동한다.
   (○)

3 갈색날개매미충은 잎과 어린 가지 등에서 수액을 빨아먹는
   다. (○)

4 갈색날개매미충의 수컷은 복부 선단부가 뾰족하고, 암컷은
   둥글다. (○)

5 미국선녀벌레는 1년생 가지 표면을 파내고 2열로 알을 낳는
   다. (×)
   → • 미국선녀벌레 : 성충은 9~10월경 기주식물의 나뭇가지 밑이나 수
   피의 갈라진 틈에 90여 개의 알을 낳는다.
   • 갈색날개매미충 : 암컷 성충은 1년생 가지 표면을 파내고 2열로 알
   을 낳고 톱밥과 하얀색의 밀랍물질을 그 위에 덮는다.

23 노린재목

1 노린재아목, 매미아목, 진딧물아목 등으로 나뉜다. (○)

2 식물을 가해하면서 병원균을 매개하는 종도 있다. (○)

3 노린재아목의 일부 종은 수서 또는 반수서 생활을 한다.
   (○)

4 진딧물아목의 미성숙충은 성충과 모양이 비슷하지만 기능적인 날개가 없다. (○)

5 진딧물은 찔러 빨아 먹는 전구식 입틀을 갖고 있다. (×)

→ 진딧물, 노린재 등 흡즙성 해충의 머리 방향은 후구식이다.

24 소나무재선충과 솔수염하늘소

1 소나무재선충은 소나무, 곰솔, 잣나무에 기생하여 피해를 입힌다. (○)

2 솔수염하늘소 부화유충은 목설을 배출하고 2령기 후반부터는 목질부도 가해한다. (○)

3 소나무로 침입한 재선충 분산기 4기 유충은 바로 탈피하여 성충이 되고 교미하여 증식한다. (○)

4 솔수염하늘소 성충은 우화하여 어린 가지의 수피를 먹고 몸에 지니고 있는 소나무재선충을 옮긴다. (○)

5 솔수염하늘소는 제주도를 제외한 전국에 분포하며 1년에 2회 발생한다. (×)

→ 솔수염하늘소의 성충은 제주도에서 육지(5월 하순~8월 상순)보다 1주일 빨리 우화하며, 1년에 1회 발생한다. 추운 지방에서는 2년에 1회 발생하기도 한다.

25 버즘나무방패벌레와 진달래방패벌레

1 잎응애 피해 증상과 비슷하지만 탈피각이 붙어 있어 구별된다. (○)

2 성충이 잎 앞면의 조직에 1개씩 산란한다. (×)

→ 버즘나무방패벌레는 잎 뒷면의 주맥과 부맥이 만나는 곳에 무더기로 알을 낳으며, 한 마리당 평균 90개 내외이다. 진달래방패벌레는 잎 뒷면의 조직에 1개씩 산란한다.

3 성충의 날개에 X자 무늬가 뚜렷이 보인다. (×)

→ 진달래방패벌레는 날개를 접었을 때 X자 모양의 갈색 무늬가 보이지만, 버즘나무방패벌레는 날개에 X자 모양이 나타나지 않는다.

4 낙엽 사이나 지피물 밑에서 약충으로 월동한다. (×)

→ 진달래방패벌레는 성충으로 낙엽 사이나 지피물 밑에서 월동하지만, 버즘나무방패벌레는 성충으로 버즘나무류의 수피 틈에서 월동한다.

5 약충이 잎 앞면과 뒷면을 가리지 않고 가해한다. (×)

→ 버즘나무방패벌레와 진달래방패벌레 모두 성충과 약충이 잎 뒷면에서 집단으로 즙액을 빨아 먹으며 피해 잎은 황백색으로 변한다.

---

03 수목생리학

1 잎의 구조와 기능

1 소나무 잎의 유관속 개수는 잣나무보다 많다. (○)

2 대부분 피자식물은 기공의 수가 앞면보다 뒷면에 많다. (○)

3 나자식물에서는 내피와 이입조직이 유관속을 싸고 있다. (○)

4 소나무류는 왁스층이 기공의 입구를 에워싸고 있어 증산작용을 효율적으로 억제한다. (○)

5 1차목부는 하표피 쪽에, 1차사부는 상표피 쪽에 있다. (×)

→ 1차목부는 상표피 쪽에, 1차사부는 하표피 쪽에 있다.

2 수목의 꽃

1 버드나무는 2가화이다. (○)

2 벚나무는 암술과 수술이 한 꽃에 있다. (○)

3 상수리나무는 암꽃과 수꽃이 한 그루에 달린다. (○)

4 단풍나무는 양성화와 단성화가 한 그루에 달린다. (○)

5 자귀나무는 불완전화이다. (×)

→ 자귀나무는 완전화이다.

3 수목의 뿌리생장

1 수목은 봄철 뿌리의 발달이 시작되기 전에 이식하는 것이 바람직하다. (○)

2 주근에서는 측근이 내피에서 발생한다. (×)

→ 측근은 주근의 내피 안쪽에 있는 내초 세포가 분열하여 만들어진다.

3 외생균근이 형성된 수목들은 뿌리털의 발달이 왕성하다. (×)

→ 외생균근을 형성하는 소나무류의 뿌리에는 일반적으로 뿌리털이 발달하지 않는다. 그 이유는 외생균근이 뿌리털의 역할을 대신하여 수분이나 영양분을 흡수하기 때문이다.

4 온대지방에서 뿌리의 신장은 이른 봄에 줄기의 신장보다 늦게 시작한다. (×)

→ 온대지방에서 뿌리의 신장은 이른 봄에 줄기의 신장보다 먼저 시작하며, 가을에 줄기보다 더 늦게까지 지속된다. 특히 뿌리의 활동은 줄기의 생장이 정지하는 시기에 관계없이 가을까지 지속되는 것이 일반적이다.

5 주근은 뿌리의 표면적을 확대시켜 무기염과 수분의 흡수에 크게 기여한다. (×)

→ 뿌리털은 뿌리의 표면적을 확대시켜 무기염과 수분의 흡수에 크게 기여한다. 뿌리털은 표피세포가 변형되어 길게 자란 형태로서 뿌리 끝에 신장생장을 하는 부분 바로 뒤에 위치한다.

4 온대지방 수목의 수고생장

1 도장지는 침엽수보다 활엽수에 더 많이 나타난다. (○)

2 느티나무와 단풍나무는 고정생장을 한다. (×)

→ 느티나무와 단풍나무는 자유생장을 한다.

3 액아가 측지의 생장을 조절하는 것을 유한생장이라 한다. (×)

→ 유한생장은 정아가 주지의 한복판에 자리잡고 있어 줄기의 생장을 조절하면서 제한하는 수목의 생장 유형이다.

4 임분 내에서는 우세목이 피압목보다 도장지를 더 많이 만든다. (×)

→ 임분 내에서는 피압목이 우세목보다 도장지를 더 많이 만든다.

5 정아우세 현상은 지베렐린이 측아의 생장을 억제하기 때문이다. (×)

→ 정아우세 현상은 정아가 옥신계통의 호르몬을 생산하여 측아의 생장을 억제하는 현상이다.

5 온대지방 수목에서 지하부의 계절적 생장

1 지상부와 지하부 생장 기간 차이는 자유생장보다 고정생장 수종에서 더 크다. (○)

2 잎이 난 후에 생장이 시작된다. (×)

→ 뿌리는 이른 봄에 줄기보다 먼저 신장을 시작하고, 가을에 줄기보다 더 늦게까지 지속된다. 그러므로 잎이 나기 전 뿌리의 생장이 시작된다.

3 생장이 가장 활발한 시기는 한여름이다. (×)

→ 뿌리는 봄에 줄기생장이 시작되기 전에 자라기 시작하여 왕성하게 자라다가, 여름에 생장속도가 감소했다가 가을에 다시 생장이 왕성해지며, 겨울에 토양온도가 낮아지면 생장을 정지한다.

4 지상부의 생장이 정지되기 전에 뿌리의 생장이 정지된다. (×)

→ 지상부의 생장이 정지하는 시기에 관계없이 가을까지 지속되는 것이 일반적이다.

5 수목을 이식하려면 봄철 뿌리 발달이 시작한 후에 하는 것이 좋다. (×)

→ 이른 봄 뿌리 발달이 시작되기 전에 이식하는 것이 좋다.

6 수목의 직경생장

1 유관속형성층이 생산하는 목부는 사부보다 많다. (○)

2 유관속형성층의 병층분열은 목부와 사부를 생산한다.(○)

3 유관속형성층의 수층분열은 형성층의 세포수를 증가시킨다. (○)

4 유관속형성층이 안쪽으로 생산한 2차 목부조직에 의해 주로 이루어진다. (○)

5 유관속형성층이 봄에 활동을 시작할 때 목부가 사부보다 먼저 만들어진다. (×)

→ 봄에 형성층에 의한 사부조직이 목부조직보다 먼저 만들어진다. 하지만 목부생산량은 사부 생산량보다 항상 더 많다.

7 수목의 광합성

1 회양목은 아까시나무보다 광보상점이 낮다. (○)

2 포플러와 자작나무는 서어나무보다 광포화점이 낮다.(×)

→ 극양수인 포플러와 자작나무는 음수인 서어나무보다 광포화점이 높다.

3 광도가 낮은 환경에서는 주목이 포플러보다 광합성 효율이 낮다. (×)

→ 주목은 극음수이고, 포플러는 극양수이므로 광도가 낮은(음지) 지역에서는 주목이 포플러보다 광합성 효율이 높다.

4 광합성은 물의 산화과정이며 호흡작용은 탄수화물의 환원과정이다. (×)

→ 광합성은 물을 환원시켜서 산소와 탄수화물을 만드는 과정이며, 호흡은 탄수화물을 산화시켜서 이산화탄소와 에너지를 발생시키는 과정이다.

5 단풍나무류는 버드나무류보다 높은 광도에서 광보상점에 도달한다. (×)

→ 음수인 단풍나무는 극양수인 버드나무류보다 낮은 광도에서 광보상점에 도달한다.

8 광합성에 영향을 주는 요인

1 침수는 뿌리호흡을 방해하여 광합성량을 감소시킨다.(○)

2 수목은 광도가 광보상점 이상이어야 살아갈 수 있다. (○)

3 그늘에 적응한 나무는 광반(sunfleck)에 신속하게 반응한다.
(○)

4 상록수의 광합성량은 낙엽수보다 완만한 계절적 변화를 보인다.
(○)

5 성숙잎이 어린잎보다 단위면적당 광합성량이 적다. (×)

→ 엽면적이 최대치에 달하면 광합성량도 최대치에 도달하므로, 성숙잎이 어린잎보다 단위면적당 광합성량이 많다.

6 수목은 이른 아침에 수분 부족으로 인한 일중침체 현상을 겪는다.
(×)

→ 수목의 광합성은 오전 12시가 가까워질 때 가장 왕성하다. 오전 동안 수목이 광합성을 수행하면서 수분을 많이 소비하게 되고, 수목은 일시적인 수분부족 현상으로 기공을 닫는다. 이때 수목의 광합성이 일시적으로 감소하면서 일중침체현상이 나타난다. 차츰 수분상태가 회복되면 오후 늦게 다시 회복세를 보이면서 광합성량이 증가한다. 그러므로 일중침체 현상은 대략 오전 12시 부터~오후 3시까지 나타나며 일시적으로 광합성량 감소가 나타난다.

9 광색소와 광합성색소

1 Pfr은 피토크롬의 생리적 활성형이다. (○)

2 크립토크롬은 일주기현상에 관여한다. (○)

3 카로티노이드는 광산화에 의한 엽록소 파괴를 방지한다.
(○)

4 엽록소 외에도 녹색광을 흡수하여 광합성에 기여하는 색소가 존재한다. (○)

5 적색광이 원적색광보다 많을 때 줄기생장이 억제된다.
(×)

→ 식물에 적색광을 비추면 피토크롬(Phytochrome)이 생리적으로 활성을 띠는 Pfr 형태로 바뀌고, 원적색광을 비추면 피토크롬(Phytochrome)이 생리적으로 불활성을 띠는 Pr 형태로 바뀐다. 그러므로 적색광이 많으면 줄기생장이 왕성해진다.

10 온대지방 낙엽활엽수의 무기영양

1 Fe, Mn, Zn, Cu는 필수미량원소에 해당한다. (○)

2 가을이 되면 잎의 Ca 함량은 감소한다. (×)

→ 수목은 낙엽 전에 잎에서 질소, 인, 칼륨의 화합물을 회수하므로 잎에

서의 함량이 줄고, 칼슘, 마그네슘 등의 화합물은 거의 회수하지 않으므로 함량이 증가한다.

3 가을이 되면 잎의 P, K 함량은 증가한다. (×)

→ 수목은 낙엽 전에 잎에서 질소, 인, 칼륨의 화합물을 회수하므로 N, P, K 양은 감소한다.

4 양분요구도가 낮은 수목은 척박지에서 더 잘 자란다. (×)

→ 침엽수는 활엽수보다 더 낮은 영양소를 요구한다. 침엽수류 중 소나무류는 가장 적은 양을 요구한다. 이것은 소나무류가 척박한 토양을 좋아하는 것이 아니라, 소나무류는 비옥한 토양에서 활엽수와의 경쟁에서 지기 때문에 척박한 토양으로 밀려난다는 것이다. 그래서 소나무류는 산 위로 올라가 비교적 척박하고 건조한 토양에서 자라게 된다.

5 무기양분 요구량은 농작물보다 많고 침엽수보다 적다.
(×)

→ 산림의 낙엽활엽수목은 농작물보다 영양소의 요구량이 적으며, 침엽수보다 많다. 또한 생장속도도 농작물보다 느리다.

11 수목 뿌리에서 무기이온의 흡수와 이동

1 자유공간을 통해 무기이온이 이동할 때는 에너지를 소모하지 않는다. (○)

2 뿌리의 호흡이 중단되더라도 무기이온의 흡수는 계속된다.
(×)

→ 무기영양소 흡수는 에너지가 요구되는 능동흡수이다. 수목은 호흡을 통해 에너지를 생산한다. 그러므로 호흡이 중단되면 무기영양소 흡수는 멈춘다.

3 세포질이동은 내피 직전까지 자유공간을 이동하는 것이다.
(×)

→ • 세포질이동 : 무기염은 표피나 피층에서 원형질막을 통과하여 내피까지 도달한다.
• 세포벽이동 : 무기염은 자유공간을 이용하여 세포벽이동으로 내피까지 도착한다.

4 내초에는 수베린이 축적된 카스파대가 있어 무기이온 이동을 제한한다. (×)

→ 내피에는 카스페리안대가 있어 세포벽을 통한 무기염의 자유로운 이동은 이곳에서 차단된다. 카스페리안대는 목전질(suberin)로 만들어진다.

5 원형질막을 통한 무기이온의 능동적 흡수과정은 비선택적이고 가역적이다. (×)

→ 자유공간을 이용한 무기염의 이동은 비선택적이며, 가역적이고, 에너지를 소모하지 않는다. 하지만, 세포가 무기염을 흡수하는 과정은 선택적이며, 비가역적이며, 에너지를 소모한다. 따라서 원형질막에는 이러한 선택적 흡수 기작이 있다.

12 햇빛이 있을 때 기공이 열리는 기작

1 K$^+$이 공변세포 내로 유입된다. (○)

2 공변세포 내 음전하를 띤 malate가 축적된다. (○)

3 이른 아침에 적색광보다 청색광에 민감하게 반응한다. (○)

4 공변세포의 기공 쪽 세포벽보다 반대쪽 세포벽이 더 늘어나 기공이 열린다. (○)

5 H$^+$ ATPase가 활성화되어 공변세포 안으로 H$^+$가 유입된다. (×)

→ 햇빛을 받으면 공변세포의 전분이 분해되어 음전기(−)를 띤 malate의 농도가 높아지고, 주변세포에서 칼륨이온(K$^+$)이 공변세포 안으로 들어온다. 그 결과 칼륨이온(K$^+$)이 흡수된 만큼 수소이온(H$^+$)이 밖으로 방출된다.

13 수목의 수분흡수와 이동

1 액포막에 있는 아쿠아포린은 세포의 삼투조절에 관여한다. (○)

2 토양용액의 무기이온 농도와 뿌리의 수분흡수 속노는 비례한다. (×)

→ 토양용액에 여러 가지 무기염이 고농도로 녹아 있을 경우, 토양 중에 수분이 많더라도 식물은 수분을 제대로 흡수하지 못한다. 고농도의 무기염으로 토양의 수분포텐셜이 뿌리보다 낮아지면 수분은 뿌리 쪽으로 이동하지 않는다. 그러므로 토양용액의 무기이온 농도와 뿌리의 수분흡수 속도는 비례하지 않는다.

3 능동흡수는 증산작용에 의해 수분이 집단유동하는 것을 의미한다. (×)

→ • 능동흡수 : 수목이 증산작용을 하지 않는 겨울철에 뿌리의 삼투압에 의하여 능동적으로 수분을 흡수하는 경우이다.
• 수동흡수 : 수목이 증산작용을 왕성하게 할 때 수분이 집단유동으로 이동하는데 이때 뿌리는 수동적으로 수분을 흡수하는 장치로 변하게 된다.

4 이른 봄 고로쇠나무에서 수액을 채취할 수 있는 것은 근압 때문이다. (×)

→ 고로쇠나무의 수액 채취는 수간압 때문에 발생한다.

5 일액현상은 온대지방에서 초본식물보다 목본식물에서 흔하게 관찰된다. (×)

→ 일액현상은 근압에 의해 발생하는 현상으로 목본식물에서는 흔히 관찰되지 않고, 초본식물에서 관찰된다.

14 스트레스에 대한 수목의 반응

1 상륜은 발달 중인 미성숙 목부세포가 서리 피해를 입어 생긴다. (○)

2 바람에 자주 노출된 수목은 뿌리 생장이 감소한다. (×)

→ 바람에 자주 노출되면 수목의 수고생장이 감소하며, 반면에 기부의 직경생장이 촉진되고 지하부가 바람에 저항성을 갖도록 뿌리생장이 증가한다.

3 가뭄스트레스를 받으면 춘재 구성세포의 직경이 커진다. (×)

→ 가뭄스트레스는 연륜폭이 줄어들고 특히 춘재의 양이 감소하며, 춘재의 구성세포가 강우량이 많은 해보다 직경이 작고, 춘재의 비율이 적어진다.

4 대기오염물질에 피해를 받으면 균근 형성이 촉진된다. (×)

→ 대기오염물질은 뿌리의 생장을 감소시킨다. 뿌리의 호흡량이 감소하며, 균근 형성이 저하된다.

5 동일 수종일지라도 북부산지 품종은 남부산지보다 동아 형성이 늦다. (×)

→ 북부산지 품종의 동아 형성이 남부산지보다 빨라서 가을에 첫서리의 피해를 적게 받는다.

15 수목의 호흡

1 잎의 호흡량은 잎이 완전히 자란 직후 최대가 된다. (○)

2 뿌리에 균근이 형성되면 호흡이 감소한다. (×)

→ 뿌리에 균근이 형성되면 영양소를 더 많이 흡수하여 호흡이 증가하고 에너지 생산량이 늘어난다.

3 형성층에서는 호기성 호흡만 일어난다. (×)

→ 형성층 조직은 외부와 직접 접촉하지 않기 때문에 산소의 공급이 부족하여 혐기성 호흡이 일어난다.

4 그늘에 적응한 수목은 호흡을 높게 유지한다. (×)

→ 음수(그늘에 적응한 수목)는 양수에 비해 최대 광합성량이 적지만, 호흡량도 낮은 수준을 유지함으로써 효율적으로 그늘에서 살아간다.

5 유령림은 성숙림보다 단위건중량당 호흡량이 적다. (×)

→ 어린 숲은 왕성한 대사로 인하여 단위건중량당 호흡량이 성숙한 숲에 비하여 증가한다. 어린 숲은 엽량이 많고 살아 있는 조직이 성숙한 숲보다 많기 때문이다.

Appendix

16 수목의 호흡 과정

1 해당작용은 세포질에서 일어난다. (○)

2 기질이 산화되어 에너지가 발생한다. (○)

3 크렙스 회로는 미토콘드리아에서 일어난다. (○)

4 말단전자전달경로의 에너지 생산효율이 크렙스 회로보다 높다. (○)

5 말단전자전달경로에서 전자는 최종적으로 피루브산에 전달된다. (×)

→ 호흡작용의 3단계인 말단전자전달경로는 NADH로 전달된 전자와 수소가 최종적으로 산소에 전달되어 물로 환원되면서 추가로 ATP 를 생산하는 과정이다. 이때 산소가 소모되므로 호기성 호흡이라고도 한다.

17 줄기의 수액

1 수액 상승 속도는 침엽수가 활엽수보다 느리다. (○)

2 수액 상승 속도는 증산작용이 활발한 주간이 야간보다 빠르다. (○)

3 목부수액에는 질소화합물, 탄수화물, 식물호르몬 등이 용해되어 있다. (○)

4 환공재는 산공재보다 기포에 의한 공동화현상에 취약하다. (○)

5 사부수액은 목부수액보다 pH가 낮다. (×)

→ 목부수액의 pH는 산성(pH 4.5~5.0)이고 사부수액은 알칼리성(pH 7.5)이므로 사부수액의 pH가 목부수액보다 높다.

18 수목의 형성층 활동

1 옥신에 의해 조절된다. (○)

2 정단부의 줄기부터 형성층 세포분열이 시작된다. (○)

3 상록활엽수가 낙엽활엽수보다 더 늦은 계절까지 지속한다. (○)

4 임분 내에서 우세목이 피압목보다 더 늦게까지 지속한다. (○)

5 고정생장 수종은 수고생장과 함께 형성층 활동도 정지된다. (×)

→ 고정생장 수종은 여름에 줄기생장(수고생장)이 정지하지만 형성층의 활동은 일반적으로 봄에 줄기생장이 시작될 때 함께 시작하여 여름에 줄기생장이 정지한 다음에도 더 지속되는 경향이 있다.

19 탄수화물의 합성과 전환

1 전분은 잎에서는 엽록체, 저장조직에서는 전분체에 축적된다. (○)

2 줄기와 가지에는 수와 심재부에 전분 형태로 축적된다. (×)

→ 전분은 줄기, 가지, 그리고 뿌리의 종축방향 유세포, 방사조직 유세포와 한복판의 수(pith) 조직에 저장된다. 심재는 살아있는 유세포가 없으므로 전분이 축적되지 않고, 변재에는 살아 있는 유세포 내에 저장된다.

3 잎에서 합성된 전분은 단당류로 전환되어 사부에 적재된다. (×)

→ 잎에서 합성된 전분(다당류)은 설탕(이당류)으로 전환되어 이동하며, 다시 전분으로 전환되어 사부에 적재된다.

4 엽육세포 원형질에는 포도당이 가장 높은 농도로 존재한다. (×)

→ 세포질에서 설탕(이당류)의 농도가 가장 높다. 설탕의 합성은 엽록체 내에서 이루어지지 않고, 세포질(세포원형질)에서 이루어진다.

5 열매 속에 발달 중인 종자 내에서는 전분이 설탕으로 전환된다. (×)

→ 자라고 있는 종자 내에서는 설탕이 전분으로 전환되며, 성숙해가는 과실 내에서는 전분이 설탕으로 전환되어 과실의 당도가 증가한다.

20 수목에서의 탄수화물

1 공생하는 균근균에 제공된다. (○)

2 단백질을 합성하는 데 이용된다. (○)

3 호흡 과정에서 에너지 생산에 이용된다. (○)

4 겨울에 빙점을 낮춰 세포가 어는 것을 방지한다. (○)

5 잣나무 종자의 저장물질 중 가장 높은 비율을 차지한다. (×)

→ 소나무류(소나무, 잣나무 등)는 지방의 함량이 높고, 밤나무, 참나무류는 탄수화물이 가장 많은 비율을 차지한다.

21 수목 내 탄수화물 함량의 계절적 변화

1 낙엽수는 계절에 따른 탄수화물 함량 변화폭이 상록수보다 크다. (○)

2 가을에 낙엽이 질 때 줄기의 탄수화물 농도가 최고치에 도달한다. (○)

3 초여름에 밑동을 제거하면 탄수화물 저장량이 적어 맹아지 발생을 줄일 수 있다. (○)

4 상록수는 새순이 나올 때 전년도 줄기의 탄수화물 농도는 감소하고 새 줄기의 탄수화물 농도는 증가한다. (○)

5 겨울에 줄기의 전분 함량은 증가하고 환원당의 함량은 감소한다. (×)
→ 겨울철에 전분의 함량이 감소하고 환원당의 함량은 증가한다. 그 이유는 전분이 설탕과 환원당으로 바뀌어 가지의 내한성을 증가시키기 때문이다.

22 다당류

1 전분은 주로 유세포에 전분립으로 축적된다. (○)

2 셀룰로스는 포도당 분자들이 선형으로 연결되어 있다. (○)

3 펙틴은 중엽층에서 세포들을 결합시키는 접착제 역할을 한다. (○)

4 잔뿌리 끝에서 분비되는 점액질은 토양을 뚫고 들어갈 때 윤활제 역할을 한다. (○)

5 세포의 2차벽에는 헤미셀룰로스가 셀룰로스보다 더 많이 들어 있다. (×)
→ 셀룰로스와 헤미셀룰로스는 세포벽의 주성분이다. 헤미셀룰로스는 1차벽에는 25~50%, 2차벽에는 30% 정도 포함되어 있고, 셀룰로스는 1차벽에 9~25%, 2차벽에 41~45% 포함되어 있다. 그러므로 세포의 2차벽에는 셀룰로스가 헤미셀룰로스보다 더 많이 포함되어 있다.

23 수목의 질소대사

1 탄수화물 공급이 느려지면 질산환원도 둔화된다. (○)

2 소나무류는 주로 잎에서 질산태 질소가 암모늄태로 환원된다. (×)
→ 소나무류는 주로 뿌리에서 질산태질소가 암모늄태로 환원된다.

3 산성토양에서는 질산태 질소가 축적되고, 이를 균근이 흡수한다. (×)
→ 산성 토양은 암모늄태 질소가 축적되고 수목이 균근의 도움을 받아 암모늄태 질소를 직접 흡수한다.

4 흡수한 암모늄 이온은 고농도로 축적되어 아미노산 생산에 이용된다. (×)
→ 뿌리로 흡수된 암모늄은 생물체 내에 축적되지 않고 곧바로 아미노산 생산에 이용된다. 왜냐하면 암모늄은 식물의 ATP 생산을 방해하는 유독한 물질이기 때문이다.

5 뿌리에서 흡수된 질산은 질산염 산화효소에 의해 아질산태로 산화된다. (×)
→ 뿌리에 흡수된 질산태질소는 질산환원효소에 의해 아질산태로 환원되며, 뿌리세포의 전색소체 또는 엽록체 안에서 아질산태가 아질산환원효소에 의해 암모늄태질소로 환원된다.

24 목본식물의 질소함량 변화

1 낙엽수나 상록수 모두 계절적 변화가 관찰된다. (○)

2 오래된 가지, 수피, 목부의 질소함량비는 나이가 들수록 감소한다. (○)

3 질소함량은 낙엽 직전에 잎에서는 감소하고 가지에서는 증가한다. (○)

4 봄철 줄기 생장이 개시되면 목부 내 질소함량이 감소하기 시작한다. (○)

5 줄기 내 질소함량의 계절적 변화는 사부보다 목부에서 더 크다. (×)
→ 목부보다는 사부(내수피 부분)의 계절적 변화가 더 심하다. 이유는 저장된 질소를 공급하는 조직은 주로 사부조직이기 때문이다. 이때 사부조직은 살아있는 내수피를 의미하고, 줄기와 뿌리의 사부조직에 모두 질소를 저장한다.

25 낙엽이 지는 과정

1 분리층의 세포는 작고 세포벽이 얇다. (○)

2 신갈나무는 이층 발달이 저조한 수종이다. (○)

3 옥신은 탈리를 지연시키고 에틸렌은 촉진한다. (○)

4 탈리가 일어나기 전 목전질이 축적되며 보호층이 형성된다. (○)

5 가을철 잎의 색소변화와 함께 엽병 밑부분에 이층 형성이 시작된다. (×)
→ 수목은 어린 잎에서부터 엽병 밑부분에 이층(분리층과 보호층)을 사전에 형성한다.

26 수목의 질산환원

1 흡수된 NO_3^-는 아미노산 합성 전에 NH_4^+로 환원된다. (○)

2 산성토양에서 자라는 진달래류는 질산환원이 뿌리에서 일어난다. (○)

3 산성토양에서 자라는 소나무의 목부수액에는 NO_3^-가 거의 없다. (○)

4 질산환원효소에 의한 환원은 세포질에서 일어난다. (○)

5 잎에서 질산환원은 광합성속도와 부(-)의 상관관계를 갖는다. (×)

　→ 질산환원은 질산태질소(NO_3^-)가 암모늄태질소(NH_4^+)로 환원되는 과정인데, 탄수화물의 공급(광합성)이나 대사활동이 느려지면 질산태질소(NO_3^-)가 축적되어 질산환원이 느려진다.

27 수목의 페놀화합물

1 감나무 열매의 떫은맛은 타닌 때문이다. (○)

2 폴라보노이드는 주로 액포에 존재한다. (○)

3 페놀화합물은 토양에서 타감작용을 한다. (○)

4 이소플라본은 파이토알렉신 기능을 한다. (○)

5 나무좀의 공격을 받으면 리그닌 생산이 촉진된다. (×)

　→ isoprenoid 화합물 중 수지(resin)는 목재의 부패를 방지하는 기능과 나무좀의 공격에 대한 저항성 기능이 있다. 페놀(phenol)화합물 중 리그닌은 세포벽의 셀룰로오스의 인장강도를 높여 목부의 지지능력을 크게 하고, 동물에 의해 소화가 안 되기 때문에 목본식물의 셀룰로오스가 병원균, 곤충, 동물의 먹이로 사용되는 것을 방지하는 기능이 있다.

28 유성생식

1 화분 입자가 작을수록 비산 거리가 늘어난다. (○)

2 온도가 높고 건조한 낮에 화분이 더 많이 비산된다. (○)

3 잣나무의 암꽃은 수관 상부에, 수꽃은 수관 하부에 달린다. (○)

4 소나무는 탄수화물 공급이 적은 상태에서 수꽃을 더 많이 만드는 경향이 있다. (○)

5 피자식물은 감수 기간에 배주 입구에 있는 주공에서 수분액을 분비한다. (×)

　→ 나자식물은 감수기간(감수성을 보이는 기간)에 배주의 입구에 있는 주공에서 수분액을 분비하여 화분이 부착되기 쉽게 하며 주공 안으로 수분액이 후퇴할 때 화분이 함께 안으로 빨려 들어간다.

29 수목의 사부수액

1 흔하게 발견되는 당류는 환원당이다. (○)

2 탄수화물은 약 2% 미만으로 함유되어 있다. (○)

3 탄수화물과 무기이온이 주성분이며 아미노산은 발견되지 않는다. (○)

4 참나무과 수목에는 자당보다 라피노즈 함량이 더 많다. (○)

5 장미과 마가목속 수목은 자당과 함께 소르비톨도 다량 포함하고 있다. (×)

　→ 장미과의 식물에는 당알코올의 하나인 소르비톨이 설탕보다 더 많이 함유되어 있다.

30 수목의 호르몬

1 암 상태에서 발아한 유식물에 시토키닌을 처리하면 엽록체가 발달한다. (○)

2 옥신은 줄기에서 곁가지 발생을 촉진한다. (×)

　→ 옥신은 정아에서 생산되어 측아의 생장을 억제시키는 역할을 하며 이러한 현상을 정아우세현상이라고 한다.

3 뿌리가 침수되면 에틸렌 생산이 억제된다. (×)

　→ 식물의 뿌리가 침수되면 뿌리에서 생산된 에틸렌이 확산에 의해 뿌리 밖으로 나가지 못하고, 줄기로 이동하여 여러 가지 독성을 나타낸다.

4 아브시스산은 겨울눈의 휴면타파를 유도한다. (×)

　→ 아브시스산은 목본식물에서 아휴면(눈 휴면)과 종자 휴면을 유도한다.

5 일장이 짧아지면 브라시노스테로이드가 잎에 형성되어 낙엽을 유도한다. (×)

　→ 생장조절제 중에서 jasmonates는 낙엽을 촉진하고, 페놀화합물은 생장 억제 효과가 있으며, 브라시노스테로이드(brassinosteroids)는 생장촉진 효과가 있다. 그리고 salicylic acid는 병원균에 대한 저항성을 높여주는 항균성 단백질의 생산을 촉진한다.

31 수목의 물질대사

1 지방은 설탕(자당)으로 재합성된 후 에너지가 필요한 곳으로 이동된다. (○)

2 광주기를 감지하는 피토크롬은 마그네슘을 함유한다. (×)

　→ 광주기 현상, 종자휴면, 광형태 변화 등을 지배하는 피토크롬은 pyrrole이 4개 모인 발색단을 가지고 있다.

3 세포벽의 섬유소는 초식동물이 소화할 수 없는 화합물이다.

(×)

→ 다당류인 섬유소(cellulose)는 세포벽의 주성분으로서 생물의 유기물 중에서 가장 흔한 화합물이며 초식동물의 주요한 먹이가 된다.

4 겨울철 자작나무 수피의 지질함량은 낮아지고 설탕(자당) 함량은 증가한다. (×)

→ 수목은 일반적으로 월동기간(겨울철)에 에너지를 저장하고 내한성을 높이기 위하여 수피의 지질함량이 높아지고, 설탕과 환원당의 함량이 증가한다. 전분이 설탕과 환원당으로 전환되므로 전분의 함량은 감소한다.

5 콩꼬투리와 느릅나무 내수피 주변에서 분비되는 검과 점액질은 지질의 일종이다. (×)

→ gum(검, 고무질)과 mucilage(무실리지)는 다당류의 일종이다. 특히 gum은 벚나무 속의 나무기둥에 상처를 받을 때 밖으로 분비되는 물질이다. mucilage는 콩과식물의 경우 콩꼬투리에서, 느릅나무의 내수피, 그리고 잔뿌리의 표면 주변에 분비되는 물질이다.

32 수목의 지방 대사

1 지방은 에너지 저장수단이다. (○)

2 지방 분해과정의 첫 번째 효소는 리파아제이다. (○)

3 지방의 분해는 O_2를 소모하고 ATP를 생산하는 호흡작용이다. (○)

4 지방은 글리세롤과 지방산으로 분해된 후 자당으로 합성된다. (○)

5 지방의 해당작용은 엽록체에서 일어난다. (×)

→ 지방의 해당작용은 세포질에서 일어난다.

33 잎과 줄기의 발생과 초기 발달

1 눈 속에 잎과 가지의 원기가 있다. (○)

2 전형성층은 정단분열조직에서 발생한다. (○)

3 잎이 직접 달린 가지는 잎과 나이가 같다. (○)

4 소나무 당년지 줄기는 목질화되면 길이생장이 정지된다.

(○)

5 잎차례는 눈이 싹트면서 결정된다. (×)

→ 잎차례는 화아분화시기에 결정된다.

34 방사(수선)조직

1 전분을 저장한다. (○)

2 2차생장 조직이다. (○)

3 중심의 수에서 사부까지 연결된다. (○)

4 침엽수 방사조직을 구성하는 세포에는 가도관세포가 포함된다. (○)

5 방추형시원세포의 수층분열로 발생한다. (×)

→ 방사조직시원세포는 수층분열로 안쪽으로 목재의 방사조직을, 그리고 바깥쪽으로 수피의 방사조직의 수평방향 요소를 형성한다.

35 칼슘

1 산성토양에서 쉽게 결핍된다. (○)

2 심하게 결핍되면 어린순이 고사된다. (○)

3 펙틴과 결합하여 세포 사이의 중엽층을 구성한다. (○)

4 세포 외부와의 상호작용에서 신호전달에 필수적이다.(○)

5 칼로스(callose)를 형성하여 손상된 도관 폐쇄에 이용된다.

(×)

→ 사관세포는 사공이 칼로스(callose, 포도당으로 만들어진 다당류)로 막혀 있는 경우가 자주 있다. 온대지방의 밤나무를 비롯한 낙엽수는 가을에 휴면에 들어갈 때 칼로스가 사공을 막고 있다가 봄철에 사부조직이 다시 활성화될 때 없어진다. 피자식물의 사관세포는 인접한 사관세포와 서로 사판으로 연결되어 있어 사공을 통하여 탄수화물이 효율적으로 상하 방향으로 이동할 수 있다.

36 토양의 건조에 관한 수목의 적응 반응

1 기공을 닫아 증산을 줄인다. (○)

2 잎의 삼투퍼텐셜을 감소시킨다. (○)

3 조기낙엽으로 수분 손실을 줄인다. (○)

4 휴면을 앞당겨 생장기간을 줄인다. (○)

5 수평근을 발달시켜 흡수 표면적을 증가시킨다. (×)

→ 뿌리털을 발달시켜 흡수 표면적을 증가시킨다.

37 잎의 시듦(위조)

1 위조점에서 엽육세포의 팽압은 0이다. (○)

2 위조점에서 엽육세포의 삼투압은 음(-)의 값이다. (×)

→ 늘어진 세포(위조점)에서 엽육세포의 삼투포텐셜은 음(-)의 값이다.
※ 삼투포텐셜은 삼투압에 비례해서 낮아지므로 삼투압이 높을수록
수분을 흡수하려는 힘, 즉 수분포텐셜은 낮아진다. 그러므로 삼투
포텐셜은 음(-)의 값이고, 삼투압은 양(+)이다.

3 엽육세포의 팽압은 수분함량에 반비례하여 증가한다.(×)

→ 수분을 많이 흡수할수록 세포의 팽압이 커지므로 서로 비례한다. 압
력포텐셜은 세포가 수분을 흡수하여 부피가 커져서 원형질막이 세포
벽을 향하여 밀어내는 압력, 즉 팽압을 의미한다.

4 위조점에서 엽육조직의 수분퍼텐셜은 삼투퍼텐셜보다 작
다. (×)

→ 늘어진 세포(위조점)에서 엽육조직의 수분퍼텐셜은 삼투포텐셜과 같
고, 압력포텐셜은 0이 된다.

5 영구적인 위조점에서 엽육세포의 수분퍼텐셜은 -1.5MPa
이다. (×)

→ 영구적인 위조점에서 토양의 수분퍼텐셜은 -1.5MPa이다.

38 파클로부트라졸이 수목에 미치는 영향

1 신초의 길이 생장이 감소한다. (○)

2 조기낙엽을 유도한다. (×)

→ 식물의 영양생장을 억제하여 식물의 스트레스 저항성을 향상시키므
로 조기낙엽을 유도하지 않는다. 대신에 잎의 두께가 두꺼워지고 녹
색잎을 가진다.

3 줄기조직이 연해진다. (×)

→ 가지를 증가시키고, 뿌리를 발달시킨다.

4 잎의 엽록소 함량이 감소한다. (×)

→ 잎을 두껍게 하고, 짙은 녹색 잎을 가지게 한다.

5 꽃에 처리하면 단위결과가 유도된다. (×)

→ 단위결과는 인공적으로 지베렐린 처리(포도) 등으로 일어나게 할 수
있는데, 파클로부트라졸은 지베렐린의 생합성을 억제하는 농약이므
로 단위결과 유도가 안 된다.

---

1 토양 입단화

1 유기물은 토양입단 형성 및 안정화에 중요한 역할을 한다.
(○)

2 다가 양이온은 점토입자 사이에서 다리 역할을 하여 입단
형성에 도움을 준다. (○)

3 뿌리의 수분흡수로 토양의 젖음-마름 상태가 반복되어 입
단형성이 가속화된다. (○)

4 사상균의 균사는 점토입자들 사이에 들어가 토양입자와 서
로 엉키며 입단을 형성한다. (○)

5 나트륨이온은 점토입자들을 응집시켜 입단화를 촉진시킨
다. (×)

→ Na^+(나트륨)은 점토입자들이 서로 응집되지 않고 분산시키므로 Na^+
의 농도가 높은 토양에서는 입단이 잘 발달하지 못하고 입단의 분산
이 촉진된다.

2 답압 피해 관리

1 토양 표면에 수피, 우드칩, 매트 등을 멀칭한다. (○)

2 토양 내에 유기질 재료를 처리하여 입단을 개선한다. (○)

3 토양에 구멍을 뚫고 모래, 펄라이트, 버미큘라이트 등을 넣
는다. (○)

4 나지 상태가 되지 않도록 초본, 관목 등으로 토양 표면을 피
복한다. (○)

5 수목 하부의 낙엽과 낙지를 제거한다. (×)

→ 수목 하부의 낙엽과 낙지는 토양 답압 방지, 입단화 촉진, 수분증발
감소, 표토 유실 방지, 잡초발생 최소화 등의 멀칭효과가 있기 때문에
답압피해 관리를 위해서 제거하지 않는다.

3 토양수분 특성

1 위조점은 식물이 시들게 되는 토양 수분 상태이다. (○)

2 흡습수와 비모세관수는 식물이 이용하지 못하는 수분이다.
(○)

3 물은 토양수분퍼텐셜이 높은 곳에서 낮은 곳으로 이동한다.
(○)

4 포장용수량에 해당하는 수분함량은 점토의 함량이 높을수록 많아진다. (○)

5 포장용수량은 모든 공극이 물로 채워진 토양수분 상태이다. (×)

→ 모든 공극이 물로 채워진 상태는 포화상태이며, 산소가 부족하여 뿌리흡이 나빠진다. 포장용수량은 토양의 수분함량이 식물의 생육에 가장 적당한 상태이다.

4 토양 수분퍼텐셜

1 매트릭(기질)퍼텐셜은 항상 음(-)의 값을 갖는다. (○)

2 토양수는 퍼텐셜이 높은 곳에서 낮은 곳으로 이동한다. (○)

3 수분 불포화 상태에서 토양수의 이동은 압력퍼텐셜의 영향을 받지 않는다. (○)

4 불포화 상태에서 토양수의 이동은 주로 매트릭(기질)퍼텐셜에 의하여 발생한다. (○)

5 중력퍼텐셜은 임의로 설정된 기준점보다 상대적 위치가 낮을수록 커진다. (×)

→ 중력퍼텐셜은 기준면으로부터 물의 위치가 높아질수록 커진다.

5 부식

1 토양 입단화를 증진시킨다. (○)

2 양이온교환용량을 증가시킨다. (○)

3 미량원소와 킬레이트 화합물을 형성한다. (○)

4 pH의 급격한 변화를 촉진한다. (×)

→ 부식은 토양 pH의 변화에 완충작용을 한다. 강산과 강알칼리가 토양에 들어가면 부식은 토양 pH의 급격한 변화를 감소시킨다.

5 모래보다 g당 표면적이 작다. (×)

→ 부식은 모래보다 입경이 작기 때문에 표면적이 크다. 표면적이 크면 용적밀도가 낮아져서 토양의 물리성이 향상된다.

6 산림토양 내 미생물

1 공생질소고정균은 뿌리혹을 형성하여 공중질소를 기주식물에게 공급한다. (○)

2 사상균은 종속영양생물이기 때문에 유기물이 풍부한 곳에서 활성이 높다. (○)

3 조류(algae)는 독립영양생물로 광합성을 할 수 있기 때문에 임상에서 풍부하게 존재한다. (○)

4 세균 중 종숙영양세균은 가장 수가 많으며 호기성, 혐기성 또는 양쪽 모두를 포함하기도 한다. (○)

5 한국 산림토양에서 방선균은 유기물 분해와 양분 무기화에 중요한 역할을 한다. (×)

→ 한국 산림토양은 산성토양에 속한다. 알칼리성에 내성이 있지만 산성에 약한 방선균은 pH가 5 이하인 토양에서 전체 미생물 개체군의 1% 이하에 불과하다. 그러므로 한국 산림토양에서 방선균의 유기물 분해 역할은 매우 적다.

7 토양조사를 위한 토양단면 작성 방법

1 토양단면은 사면 방향과 직각이 되도록 판다. (○)

2 깊이 1m 이내에 기암이 노출된 경우에는 기암까지만 판다. (○)

3 낙엽층은 전정가위로 단면 예정선을 따라 수직으로 자른다. (○)

4 임상이나 지표면의 상태가 정상적인 곳을 조사지점으로 정한다. (○)

5 토양단면 내에 보이는 식물 뿌리는 원 상태로 남겨둔다. (×)

→ 토양단면 관찰 시에는 자연토양의 색상과 구조가 잘 관찰될 수 있어야 하므로 토양단면 내에 보이는 식물 뿌리를 원 상태로 남겨두면 안 된다.

8 한국 산림토양

1 토성은 주로 사양토와 양토이다. (○)

2 산림토양의 분류체계는 토양군, 토양아군, 토양형 순이다. (○)

3 토양단면의 발달이 미약하고 유기물 함량이 적은 편이다. (○)

4 화강암과 화강편마암으로부터 생성된 산성토양이 주로 분포된다. (○)

5 토양형으로 생산력을 예측할 수 있다. (○)

6 주로 모래 함량이 많은 사양토이며 산성 토양이다. (○)

7 수분 상태는 건조, 약건, 적윤, 약습, 습으로 구분한다. (○)

8 산림토양형은 8개이다. (×)

→ 한국 산림토양형은 8개 토양군, 11개 토양아군, 28개 토양형으로 분류된다.

9 가장 널리 분포하는 토양은 암적색 산림토양이다. (×)

→ 우리나라에서 가장 널리 분포하는 토양은 갈색 산림토양이며, 암적색 산림토양, 회갈색산림토양, 화산회산림토양 순이다.

9 토양 산도

1 토양 산도는 활산도, 교환성 산도 및 잔류 산도 등 세 가지로 구분한다. (○)

2 산림토양에서 pH값은 가을에 가장 높고, 활엽수림이 침엽수림보다 높다. (○)

3 산림에 있는 유기물층과 A층은 주로 산성을 띠고, 아래로 갈수록 산도가 감소한다. (○)

4 한국 산림토양은 모암의 영향도 있지만, 주로 강우 현상에 의한 염기용탈로 산성을 띤다. (○)

5 산림에서 낙엽의 분해로 발생하는 유기산은 토양의 산도를 감소시킨다. (×)

→ 유기산은 산성이므로 토양의 산도를 높인다.

10 특이산성토양

1 토양의 pH가 3.5 이하인 산성토층을 가진다. (○)

2 황화수소의 발생으로 수목의 피해가 발생한다. (○)

3 한국에서는 김해평야와 평택평야 등지에서 발견된다.(○)

4 개량방법은 석회를 시용하는 것이나 경제성이 낮아 적용하기 어렵다. (○)

5 담수상태에서 환원상태인 황화합물에 의해 산성을 나타낸다. (×)

→ 배수되기 전 토양의 습윤 또는 담수상태에서 황화합물들이 환원상태로 존재하기 때문에 토양은 주로 중성을 나타낸다.

11 산림토양에서 미생물에 의한 낙엽 분해

1 낙엽에 의한 유기물 축적은 열대림보다 온대림에서 많다. (○)

2 낙엽의 분해율은 분해 초기에는 진행이 빠르지만 점차 느려진다. (○)

3 양분 이온들은 미생물의 에너지 획득 과정의 부산물로 토양수로 들어간다. (○)

4 낙엽의 양분 함량이 많고 적음에 따라 미생물에 의한 양분 방출 속도가 다르다. (○)

5 주로 탄질비(C/N)가 높은 낙엽이 분해 속도와 양분 방출 속도가 빠르다. (×)

→ 유기물의 분해속도는 탄질률에 따라 다르다. 탄질률(탄질비)이 큰 유기물은 탄질률이 작은 유기물보다 분해속도가 훨씬 느리다.

12 물에 의한 토양침식

1 유기물 함량이 많으면 토양유실이 줄어든다. (○)

2 토양에 대한 빗방울의 타격은 토양입자를 비산시킨다. (○)

3 분산 이동한 토양입자들은 공극을 막아 수분의 토양침투를 어렵게 한다. (○)

4 강우강도는 강우량보다 토양침식에 더 많은 영향을 미치는 인자이다. (○)

5 토양유실은 면상침식이나 세류침식보다 계곡침식에서 대부분 발생한다. (×)

→ 토양유실은 대부분 가시적으로 확실히 구별되는 협곡침식(계곡침식)보다 면상침식이나 세류침식에 의하여 일어난다.

13 균근

1 균근은 균과 식물뿌리의 공생체이다. (○)

2 굴참나무는 외생균근, 단풍나무는 내생균근을 형성한다. (○)

3 균사는 토양을 입단화하여 통기성과 투수성을 증가시킨다. (○)

4 식물은 토양으로 뻗어나온 균사가 흡수한 물과 양분을 얻는다. (○)

5 인산을 제외한 양분 흡수를 도와준다. (×)

→ 균근균은 인산과 같이 유효도가 낮거나 적은 농도로 존재하는 토양양분을 식물이 쉽게 흡수할 수 있도록 도와주고, 과도한 양의 염류와 독성 금속이온의 흡수를 억제한다.

14 토양의 완충용량

1 식물양분의 유효도와 밀접한 관계가 있다. (○)

2 완충용량이 클수록 토양의 pH 변화가 적다. (○)

3 부식의 함량이 많을수록 완충용량은 커진다. (○)

4 양이온교환용량이 클수록 완충용량은 커진다. (○)

5 모래함량이 많은 토양일수록 완충용량은 커진다. (×)

　→ 점토나 부식물이 많은 토양일수록 pH 완충용량이 커서 pH값을 변화
　　시키는 데에는 더 많은 석회를 시용해야 한다.

15 토양유기물 분해

1 토양이 산성화 또는 알칼리화되면 유기물 분해속도는 느려진다. (○)

2 발효형 미생물은 리그닌의 분해를 촉진시키는 기폭효과를 가지고 있다. (○)

3 탄질비가 300인 유기물도 외부로부터 질소가 공급되면 분해속도가 빨라진다. (○)

4 리그닌과 같은 난분해성 물질은 유기물 분해의 제한요인으로 작용할 수 있다. (○)

5 페놀화합물 함량이 유기물 건물 중량의 3~4%가 되면 분해속도는 빨라진다. (×)

　→ 페놀함량이 건물 무게의 3~4%가 포함되어 있으면 분해속도가 대단
　　히 느려진다. 유기물의 분해속도는 리그닌(lignin)의 함량에 따라 달라
　　진다. 따라서 어린 조직은 쉽게 분해되지만 리그닌을 많이 함유하고
　　있는 나무조직은 분해 시간이 많이 걸린다.

16 식물영양소의 공급기작

1 식물이 필요로 하는 영양소의 대부분은 집단류에 의해 공급된다. (○)

2 인산이 칼륨보다 큰 확산계수를 가진다. (×)

　→ 인산이 주요 영양소 중에서 가장 작은 확산계수값을 갖는다. 토양에
　　서 영양소의 확산속도는 NO_3^-, Cl^-, SO_4^{2-} > K^+ > $H_2PO_4^-$ 의 순이다.

3 칼슘과 마그네슘은 주로 확산에 의해 공급된다. (×)

　→ 인산과 칼륨은 확산에 의하여 주로 공급되고, 나머지 대부분의 영양
　　소는 집단류에 의하여 주로 공급된다.

4 집단류에 의한 영양소 공급기작은 접촉교환학설이 뒷받침한다. (×)

　→ 뿌리차단에 의한 영양소공급기작은 접촉교환학설의 뒷받침을 받는
　　다.

　※ 접촉교환학설 : 뿌리와 토양교질의 표면이 접촉하여 뿌리에서 배
　　　출되는 H^+이 토양교질의 표면에 흡착되어 있는 다른 양이온과 교
　　　환되고 교환된 양이온이 뿌리에 흡수된다는 것이다.

5 뿌리차단에 의한 영양소 흡수량은 뿌리가 발달할수록 적어진다. (×)

　→ 뿌리가 발달할수록 많은 토양과 새로이 접촉하며, 영양소 또한 더 많
　　이 공급받을 수 있다.

17 석회질비료

1 토양 개량으로 양분 유효도 개선을 기대할 수 있다. (○)

2 석회고토는 백운석을 분쇄하여 분말로 제조한 것이다. (○)

3 소석회는 알칼리성이 강하므로 수용성 인산을 함유한 비료와 배합해서는 안 된다. (○)

4 부식과 점토함량이 낮은 토양의 산도 교정에는 생석회를 많이 사용하지 않아도 된다. (○)

5 석회석의 토양 산성 중화력은 생석회보다 더 높은 편이다. (×)

　→ 토양 산성 중화력은 석회석보다 생석회가 더 높은 편이다.

18 토양의 용적밀도

1 답압이 발생하면 높아진다. (○)

2 유기물 함량이 많으면 낮아진다. (○)

3 토양 내 뿌리 자람에 영향을 미친다. (○)

4 공극을 포함한 단위용적에 함유된 고상의 중량이다. (○)

5 공극량이 많을 때 높아진다. (×)

　→ 공극량이 많으면 토양의 용적밀도가 낮아져서 푸석푸석한 상태를 나
　　타낸다. 반면에, 용적밀도가 큰 토양은 단위용적당 고형 입자가 많은
　　것을 의미하며 다져진 상태를 나타낸다.

1 수목 이식

1 나무의 크기가 클수록 이식성공률이 낮다.   (○)

2 낙엽수는 상록수보다, 관목은 교목보다 이식이 잘된다.
    (○)

3 수피 상처와 피소를 예방하고자 수간을 피복한다.   (○)

4 대경목의 뿌리돌림은 이식 2년 전부터 2회에 걸쳐 실시하는 것이 바람직하다.   (○)

5 교목은 인접한 나무와 수관이 맞닿을 정도로 식재한다.
    (×)

→ 인접한 나무와 수관이 맞닿으면 일조량, 통풍, 뿌리의 경쟁 등의 간섭을 받기 쉬우므로 거리를 유지하여 서로 닿지 않게 식재하는 것이 바람직하다.

2 도시숲의 편익

1 유거수와 토양침식을 감소시킨다.   (○)

2 잎은 미세먼지 흡착 기여도가 가장 큰 기관이다.   (○)

3 건물의 냉난방에 소요되는 에너지 비용을 절감한다. (○)

4 SO_2, NO_x, O_3 등 대기오염물질을 흡수 또는 흡착하여 대기의 질을 개선한다.   (○)

5 휘발성 유기화합물을 발산하여 O_3 생성을 억제한다. (×)

→ 휘발성유기화합물(VOCs)은 대기 중으로 휘발되어 악취를 유발하고, 대기 중에서 질소산화물(NO_x)과 함께 광화학반응으로 오존 등 광화학산화제를 생성하여 광화학스모그를 유발한다.

3 가로수

1 내병충성과 강한 구획화 능력이 요구된다.   (○)

2 보행자 통행에 지장이 없는 나무로 선정한다.   (○)

3 식재지역의 역사와 문화에 적합하고 향토성을 지닌 나무를 선정한다.   (○)

4 난대지역에 적합한 수종으로는 구실잣밤나무, 녹나무, 먼나무, 후박나무 등이 있다.   (○)

5 보도 포장의 융기와 훼손을 예방하려고 천근성 수종을 선정한다.   (×)

→ 천근성 수종은 뿌리가 지표면 근처에서 뻗어나가기 때문에 지표면 보도 포장을 훼손할 가능성이 크다.

4 수목 지지대의 적용 방법

1 부러질 우려가 있는 처진 가지에 지지대를 설치한다. (○)

2 할렬로 파손 가능성이 있는 줄기를 쇠조임한다.   (○)

3 기울어진 나무는 다시 곧게 세우고 당김줄을 설치한다.
    (○)

4 결합이 약한 동일세력 줄기의 분기지점으로부터 분기 줄기의 2/3 되는 지점을 줄당김으로 연결한다.   (○)

5 쇠조임을 위한 줄기 관통구멍의 크기는 삽입할 쇠막대 지름의 2배로 한다.   (×)

→ 쇠조임 시 줄기의 구멍은 쇠막대기가 꼭 맞을 만큼 크기로 해야 빗물이 스며들지 않는다.

5 녹지의 잡초

1 잡초 종자는 수명이 길고 휴면성이 좋다.   (○)

2 방제법으로는 경종적 · 물리적 · 화학적 방법 등이 있다.
    (○)

3 다년생 잡초에는 쑥, 쇠뜨기, 질경이, 띠, 소리쟁이, 개밀 등이 있다.   (○)

4 병해충의 서식지, 월동장소 등을 제공하여 병해충 발생을 조장하는 잡초종도 있다.   (○)

5 대부분의 잡초 종자는 광조건과 무관하게 발아한다. (×)

→ 대부분의 잡초는 광발아 잡초이다. 광발아 잡초에는 바랭이, 쇠비름, 개비름, 소리쟁이 등이 있고, 암발아 잡초에는 냉이, 광대나물, 별꽃, 독말풀 등이 있다.

6 식물건강관리(PHC) 프로그램

1 인공지반 위에 식재할 경우 균근을 활용한다.   (○)

2 환경과 유전 특성을 반영하여 수목을 선정하고 식재한다.
    (○)

3 병해충 모니터링과 수목 피해의 사전방지가 강조된다.
    (○)

4 PHC의 기본은 수목 식별과 해당 수목의 생리에 대한 지식이다. (○)

5 교목 아래에 지피식물을 식재하는 것이 유기물로 멀칭하는 것보다 더 바람직하다. (×)

→ 지피식물은 토양의 수분을 흡수하여 교목의 수분공급에 방해가 될 수 있으므로, 수피(樹皮), 모래, 우드 칩(wood chip) 등의 재료를 이용하여 수관 주위에 5cm 이상 두께로 깔아주면 된다. 멀칭의 효과는 토양의 비옥도가 증진되고 토양수분 유지, 염분농도 조절 등의 효과도 얻을 수 있다.

7 수목 이식

1 일반적으로 7월과 8월은 적기가 아니다. (○)

2 가시나무와 층층나무는 이식성공률이 낮은 편이다. (○)

3 근원직경 5cm 미만의 활엽수는 가을이나 봄에 나근 상태로 이식할 수 있다. (○)

4 교목은 한 개의 수간에 골격지가 적절한 간격으로 균형있게 발달한 것을 선정한다. (○)

5 대형수목 이식 시 근분의 높이는 줄기의 직경에 따라 결정한다. (×)

→ 근분의 높이는 근분이 작을 경우 근분의 직경과 비슷한 크기로 제작하지만, 근분이 커질수록 직경보다 작게 만들며, 최고 100cm 이내로 한다.

8 전정

1 구조전정, 수관솎기, 수관축소는 모두 바람의 피해를 줄인다. (○)

2 구획화(CODIT)의 두 번째 벽(Wall 2)은 종축 유세포에 의해 형성된다. (○)

3 침엽수 생울타리는 밑부분의 폭을 윗부분보다 넓게 유지하는 것이 좋다. (○)

4 주간이 뚜렷하고 원추형 수형을 갖는 나무는 전정을 거의 하지 않아도 안정된 구조를 형성한다. (○)

5 자작나무, 단풍나무는 이른 봄이 적기이다. (×)

→ 단풍나무와 자작나무는 늦가을이나 초겨울, 또는 잎이 완전히 나온 후 전정을 하여 수액이 나오는 시기를 피한다. 이른 봄은 수액이 많이 나오는 시기이므로 피한다.

9 수목의 위험성을 저감하기 위한 처리 방법

1 죽었거나 매달려 있는 가지 – 수관을 청소하는 전정을 실시한다. (○)

2 매몰된 수피로 인한 약한 가지 부착 – 줄당김이나 쇠조임을 실시한다. (○)

3 부후된 수간 – 부후가 경미하면 수관을 축소 전정하고, 심하면 해당 수목을 제거한다. (○)

4 초살도가 낮고 끝이 무거운 수평 가지 – 가지의 무게와 길이를 줄이고 지지대를 설치한다. (○)

5 부후된 가지 – 보통 이하의 부후는 길이를 축소하고, 심하면 쇠조임을 실시한다. (×)

→ 부후가 심하면 가지를 절단하여 낙지로 인한 사고를 예방한다.

10 조상(첫서리) 피해

1 벌채 시기에 따라 활엽수의 맹아지가 종종 피해를 입는다. (○)

2 생장휴지기에 들어가기 전 내리는 서리에 의한 피해이다 (○)

3 남부지방 원산의 수종을 북쪽으로 옮겼을 경우 피해를 입기 쉽다. (○)

4 찬 공기가 지상 1~3m 높이에서 정체되는 분지에서 가끔 피해가 나타난다. (○)

5 잠아로부터 곧 새순이 나오기 때문에 수목에 치명적인 피해는 주지 않는다. (×)

→ 조상은 가을에 첫 번째 오는 서리에 의해서 나타나는 피해이며 만상보다 더 심각하게 나무의 모양을 망치거나 나무가 죽는 경우도 있다. 만상 피해는 새순에만 주로 나타나고, 다시 새순이 나오기 때문에 나무에 치명적인 피해를 주지 않는다.

11 한해(건조 피해)

1 인공림과 천연림 모두 수령이 적을수록 피해를 입기 쉽다. (○)

2 포플러류, 오리나무, 들메나무와 같은 습생식물은 한해에 취약하다. (○)

3 조림지의 경우에 수목을 깊게 심는 것도 한해를 예방하는 방법이다. (○)

4 침엽수의 경우 건조 피해가 초기에 잘 나타나지 않기 때문에 주의가 필요하다. (O)

5 토양에서 수분결핍이 시작되면 뿌리부터 마르기 시작한다. (×)

   → 건조피해는 어린 잎과 줄기의 시듦 현상이 먼저 나타난다. 수분스트레스를 받으면 잎의 크기가 작아지고 새 가지 생장이 위축되어 엽면적이 감소한다.

12 바람 피해

1 방풍림의 효과를 충분히 발휘시키기 위해서는 주풍 방향에 직각으로 배치해야 한다. (O)

2 천근성 수종인 가문비나무와 소나무가 바람에 약하다. (×)

   → 천근성 수종인 가문비나무와 낙엽송이 바람에 약하다. 심근성 수종인 소나무류, 잣나무류, 은행나무 등은 바람의 피해가 적으므로 방풍림으로도 적합하다.

3 수목의 초살도가 높을수록 바람에 대한 저항성이 낮다. (×)

   → 수목의 밑동의 직경생장을 촉진시켜 초살도를 높이면 바람에 저항하는 힘이 강해진다.

4 폭풍에 의한 수목의 도복은 사질토양보다 점질토양에서 발생하기 쉽다. (×)

   → 점질토양은 점성이 높아 서로 떨어지지 않으려는 성질이 강한 반면에, 사질토양은 점성이 상대적으로 낮아 잘 부서지기 때문에 빗물에 나무가 쉽게 도복될 수 있다.

5 주풍에 의한 침엽수의 편심생장은 바람이 부는 반대방향으로 발달한다. (×)

   → 수목은 주풍방향으로 굽게 되고 수간하부가 편심생장을 하게 되어 횡단면이 타원형으로 된다.

13 제설염 피해

1 침엽수는 잎 끝부터 황화현상이 발생하고, 심하면 낙엽이 진다. (O)

2 일반적으로 수목 식재를 위한 토양 내 염분한계농도는 0.05% 정도이다. (O)

3 상대적으로 낙엽수보다 겨울에도 잎이 붙어 있는 상록수에서 피해가 더 크다. (O)

4 피해를 줄이기 위해 토양 배수를 개선하고, 석고를 사용하여 나트륨을 치환해준다. (O)

5 토양 수분퍼텐셜이 높아져서 식물이 물과 영양소를 흡수하기가 어려워진다. (×)

   → 식물의 염해기작은 과도한 염류 집적에 의한 토양내 삼투압 증가(토양 수분퍼텐셜 낮아짐)와 이로 인한 수목의 수분흡수 저하로 수분 결핍 현상이 나타난다.

14 우박 및 우박 피해

1 상층 수관에 피해를 일으키는 경우가 많다. (O)

2 지름 1~2cm인 우박은 14~20m/s 속도로 낙하한다. (O)

3 가지에 난 우박 상처가 오래되면 궤양같은 흔적을 남긴다. (O)

4 우박은 불안정한 대기에서 만들어지며 상승기류가 발생하는 지역에 자주 내린다. (O)

5 우박 피해는 줄기마름병 피해와 증상이 흡사하다. (×)

   → 줄기마름병은 줄기나 가지에 처음에는 갈색의 작은 병반이 형성되고, 점차 진전되면 적갈색의 병반으로 확대되면서 병반의 건전부의 경계에 균열이 나타난다. 우박 피해는 줄기에 움푹 패인 흔적이 생긴다.

15 수목의 낙뢰 피해

1 방사조직이 파괴되어 영양분을 상실한다. (O)

2 피해 즉시보다 일정기간 생존 후 고사하는 사례가 많다. (O)

3 수간 아래로 내려오면서 피해 부위가 넓어지는 것이 특징이다. (O)

4 대부분의 경우 나무 전체에 피해가 나타난다. (×)

   → 낙뢰는 주로 줄기가 갈라지는 형태가 많이 발생한다.

5 느릅나무, 칠엽수 등 지질이 많은 수종에서 피해가 심하다. (×)

   → 낙뢰에 의한 수종에 따른 피해의 차이점은 체내 전분함량과 수피의 특징에 따라 다르다. 낙뢰 피해가 큰 수종에는 참나무, 느릅나무, 소나무, 백합나무, 포플러, 단풍나무 등이 있고, 낙뢰 피해가 작은 수종에는 자작나무, 마로니에, 칠엽수 등이 있다.

16 수목의 기생성 병과 비기생성 병의 특징

1 기생성 병은 기주 특이성이 높지만 비기생성 병은 낮다.
(○)

2 기생성 병과 비기생성 병 모두 표징이 존재하는 경우도 있다.
(×)

> → 병징은 기생성 병과 비기생성 병 모두에서 나타나지만, 표징은 기생성 병에서만 나타난다.

3 기생성 병은 수목 조직에 대한 선호도가 없지만 비기생성 병은 있다.
(×)

> → 기생성 병은 수목 조직에 대한 선호도(심재부후균, 변재부후균, 뿌리병, 줄기병, 잎병 등 수목의 특정 조직에 발생하는 균)가 높지만, 비기생 병은 그렇지 않다.

4 기생성 병은 병의 진전도가 비슷하게 나타나지만 비기생성 병은 다양하게 나타난다.
(×)

> → 기생성 병은 이병개체 간 혹은 동일 개체 내에서도 발병 정도가 다르며 하루 이틀만에 진전되는 경우는 드물다. 비기생성 발병 정도는 동일 또는 이병개체 간에 비슷하게 나타나며, 하루 이틀 사이에 급속히 빠른 속도로 나타나는 경우도 있고, 특별한 위치에서만 발병하는 경우도 있다.

5 기생성 병은 수목 전체에 같은 증상이 나타나나, 비기생성 병은 증상이 임의로 나타난다.
(×)

> → 비기생성 병(비전염성 병)은 거의 모든 나무에서 동일하면서 균일한 병징으로 나타나며, 다른 수종에서도 비슷한 증상을 보인다. 하지만 기생성 병(전염성 병)은 동일 수종에만 제한되어 나타나며, 동일 수종 내에서도 이병개체와 건전개체가 불규칙하게 섞여 있다.

17 햇볕에 의한 고온 피해

1 목련, 배롱나무는 피소에 민감하다.
(○)

2 엽육조직이 손상되어 피해 조직에서는 광합성을 하지 못한다.
(○)

3 피소되어 형성층이 파괴되면 양분과 수분 이동이 저해된다.
(○)

4 성숙잎보다 어린잎에서 심하게 나타난다.
(×)

> → 고온 피해는 성숙잎이 어린잎보다 피해가 심하게 나타난다.

5 양엽에서는 햇볕에 의한 고온 피해가 일어나지 않는다.
(×)

> → 수관의 남서향에 있는 잎(양엽)이 햇빛을 집중적으로 받으므로 고온 피해가 심하게 나타난다.

18 수종별 내화성

1 소나무는 줄기와 잎에 수지가 많아 연소의 위험이 높다.
(○)

2 가문비나무는 음수로 임내에 습기가 많아 산불 위험도가 낮다.
(○)

3 은행나무는 생가지가 수분을 많이 함유하고 있어 잘 타지 않는다.
(○)

4 리기다소나무는 맹아력이 강하여 산불 발생 후 소생하는 경우가 많다.
(○)

5 녹나무는 불에 강하며, 생엽이 결코 불꽃을 피우며 타지 않는다.
(×)

> → 녹나무는 내화성이 낮아서 불에 약한 수목이다.

19 산성비의 생성 및 영향

1 황산화물과 질소산화물이 산성비 원인 물질이다.
(○)

2 활성 알루미늄으로 인해 인산 결핍을 초래한다.
(○)

3 토양 산성화로 미생물, 특히 세균의 활동이 억제된다.
(○)

4 잎 표면의 왁스층을 심하게 부식시켜 내수성을 상실한다.
(○)

5 활엽수림보다 침엽수림이 산 중화능력이 더 크다.
(×)

> → 토양 pH는 활엽수 임지가 침엽수 임지보다 높고, 산중화 작용과 관계되는 양이온 치환용량과 염기포화도 역시 활엽수임지가 침엽수림임지보다 높으므로, 활엽수림의 산 중화능력이 침엽수림보다 더 크다.

20 침투성 살충제

1 흡즙성 해충에 약효가 우수하나.
(○)

2 유효성분 원제의 물에 대한 용해도가 수 mg/L 이상이어야 한다.
(○)

3 네오니코티노이드계 농약인 아세타미프리드, 티아메톡삼이 있다.
(○)

4 흡수된 농약이 이동 중 분해되지 않도록 화학적, 생화학적 안정성이 요구된다.
(○)

5 보통 경엽처리제로 제형화하며, 토양에 처리하는 입제로는 적합하지 않다. (×)

→ 침투성 살충제는 식물의 뿌리, 줄기, 잎 등을 통해 침투 이행되는 살충제이다.

21 보호살균제

1 정확한 발병 시점을 예측하기 어려우므로 약효 지속기간이 길어야 한다. (○)

2 병 발생 전에 식물에 처리하여 병의 발생을 예방하기 위한 약제이다. (○)

3 발달 중의 균사 등에 대한 살균력이 낮아, 일단 발병하면 약효가 떨어진다. (○)

4 석회보르도액과 각종 수목의 탄저병 등 방제에 쓰이는 만코제브는 이에 해당한다. (○)

5 식물의 표피조직과 결합하여, 발아한 포자의 식물체 침입을 막아준다. (×)

→ 보호살균제는 식물체 내로 침투능력이 낮아서 병원균이 식물체 표면에 닿기 전 또는 포자가 발아하지 못하도록 방지한다. 직접살균제는 침입한 병원균을 죽이는 치료제이다. 작물체 내에 침투한 균사를 살멸시키기 위하여 대개 반침투성 이상의 침투성이 요구된다.

22 액제 농약

1 원제가 극성을 띠는 경우에 적합한 제형이다. (○)

2 원제가 수용성이며 가수분해의 우려가 없는 것이어야 한다. (○)

3 원제를 물이나 메탄올에 녹이고, 계면활성제를 첨가하여 제제한다. (○)

4 저장 중에 동결에 의해 용기가 파손될 우려가 있으므로 동결방지제를 첨가한다. (○)

5 살포액을 조제하면 계면활성제에 의해 유화성이 증가되어 우윳빛으로 변한다. (×)

→ 수화제의 살포액은 흰색, 유제는 우유색깔, 미탁제·액제는 투명하다.

23 아바멕틴 미탁제

1 접촉독 및 소화중독에 의하여 살충 효과를 나타낸다. (○)

2 꿀벌에 대한 독성이 강하여 사용에 주의하여야 한다. (○)

3 소나무에 나무주사 시 흉고직경 cm당 원액 1mL로 사용하여야 한다. (○)

4 작용기작은 글루탐산 의존성 염소이온 통로 다른자리입체성 변조이다. (○)

5 미생물 유래 천연성분 유도체이므로 계속 사용하여도 저항성이 생기지 않는다. (×)

→ 계속 사용하면 약제 저항성이 발생할 우려가 있다.

24 테부코나졸 유탁제

1 작용기작은 사1로 표기한다. (○)

2 세포막 스테롤 생합성 저해제이다. (○)

3 침투이행성이 뛰어나 치료 효과가 우수하다. (○)

4 리기다소나무 푸사리움가지마름병 방제에 사용한다. (○)

5 스트로빌루린계 살균제이다. (×)

→ 테부코나졸은 트리아졸계 농약이다.

수험교육의 최정상의 길 - 에듀웨이 EDUWAY

(주)에듀웨이는 자격시험 전문출판사입니다.
에듀웨이는 독자 여러분의 자격시험 취득을 위한 교재 발간을 위해 노력하고 있습니다.

기분파

나무의사 필기 심화 모의고사 625제

2024년 01월 20일 2판 1쇄 인쇄
2024년 01월 31일 2판 1쇄 발행

지은이 | 박범수·에듀웨이 R&D 연구소(조경분야)
펴낸이 | 송우혁

펴낸곳 | (주)에듀웨이
주 소 | 경기도 부천시 소향로13번길 28-14, 8층 808호(상동, 맘모스타워)
대표전화 | 032) 329-8703
팩 스 | 032) 329-8704
등 록 | 제387-2013-000026호
홈페이지 | www.eduway.net

기획,진행 | 에듀웨이 R&D 연구소
북디자인 | 디자인동감
교정교열 | 정상일, 김지현
인 쇄 | 미래피앤피

Copyrightⓒ에듀웨이 R&D 연구소. 2024. Printed in Seoul, Korea

ISBN 979-11-86179-84-0

이 도서의 국립중앙도서관 출판시도서목록(CIP)은 서지정보유통지원시스템 홈페이지
(http://seoji.nl.go.kr)와 국가자료공동목록시스템(http://www.nl.go.kr/kolisnet)에서 이
용하실 수 있습니다.